中国地质大学(武汉)珠宝学院 GIC 系列丛书

Rhino 珠宝首饰设计

周汉利　张　兴　编著

图书在版编目(CIP)数据

Rhino 珠宝首饰设计/周汉利,张兴编著. —武汉:中国地质大学出版社,2022.7
ISBN 978-7-5625-5315-1

Ⅰ.①R…
Ⅱ.①周… ②张…
Ⅲ.①首饰-计算机辅助设计-应用软件-教材
Ⅳ.①TS934.3-39

中国版本图书馆 CIP 数据核字(2022)第 106521 号

Rhino 珠宝首饰设计　　周汉利　张　兴　编著

责任编辑:张玉洁　　选题策划:张　琰　张玉洁　　责任校对:杨　念

出版发行:中国地质大学出版社(武汉市洪山区鲁磨路 388 号)　　邮政编码:430074
电　　话:(027)67883511　　传　　真:(027)67883580　　E-mail:cbb@cug.edu.cn
经　　销:全国新华书店　　http://cugp.cug.edu.cn

开本:787 毫米×1092 毫米 1/16　　字数:590 千字　　印张:24.25
版次:2022 年 7 月第 1 版　　印次:2022 年 7 月第 1 次印刷
印刷:湖北金港彩印有限公司

ISBN 978-7-5625-5315-1　　定价:88.00 元

Rhino是美国Robert McNeel公司开发的一种功能强大的高级三维建模与造型设计软件。由于该软件具有用户界面易学易用、建模精度高、文件兼容性强、插件多样化、实物模型输出效果逼真、可直接用于3D打印,以及性能卓越但价格低廉等特点和优势,因而备受各行业领域人士的青睐。在珠宝首饰行业中,Rhino亦是一种重要的建模与造型设计应用软件。

近年来,国内许多高校的珠宝首饰设计专业都相继开设了"Rhino珠宝首饰设计"课程,但可供使用的专业教材甚少。本书作者曾从事计算机辅助珠宝首饰设计教学和研究工作多年,擅长应用多种设计软件,包括GemCAD、JewelCAD、Rhino、3Design等,积累了丰富的教学经验和资料。本书便是在对这些设计软件教学资料整理和借鉴的基础上,以Rhino的操作技术为主线,结合各种典型范例编著而成。希望本书的出版能对从事Rhino珠宝首饰设计的教学人员、学生和行业中的相关设计人员有所帮助。

本书在简要介绍Rhino软件的界面构成、环境设置、基本操作、常用功能以及KeyShot渲染器操作技术的基础上,详细地介绍了各种首饰的建模设计与制作技法,包括常见宝石琢型的制作、各种首饰镶口的设计与制作,以及各类戒指、耳饰和胸针的设计与制作,内容全面系统,从入门到专业。书中包含大量珠宝首饰建模范例,全面细致地讲解了首饰设计相关数据的设置和具体制作步骤与技法,易学易会,实用性强。

Rhino是一种通用的工业设计软件。在不同行业中应用Rhino来建模设计时,通常还会用到一些专业插件,如Rhino珠宝首饰设计常用的插件有Techgems、RhinoGold等。专业插件的使用无疑会使设计工作变得更加容易,可以实现更多功能,同时提高效率和精度。但本书内容并不涉及这些插件,而注重介绍如何使用Rhino自带的一些功能来实现首饰建模设计,这样有助于学习者深入理解Rhino软件的功能并熟练掌握相关的操作技能。

本书适合作为高等院校珠宝首饰设计专业及其他专业类似课程的教材,同时也可作为珠宝首饰行业相关设计人员、兴趣爱好者等的自学和参考用书。

由于本书从策划、撰写到出版的时间跨度较长,因而书中涉及从Rhino4.0到Rhino7.0的多个软件版本。但是,各版本的软件界面和操作方法变化不大,基础功能大同小异，本书所介绍的是各版本均具有的一般功能，因而本书的使用不受Rhino版本影响，对各版本都能适应。

本书由周汉利（教授）策划，并撰写完成第3～7章；由张兴（讲师）撰写完成第1～2章、第8～9章。由于作者水平有限，书中内容难免存在不足，敬请读者谅解并批评指正。

本书的编写和出版，得到了中国地质大学（武汉）珠宝学院GIC系列教材建设立项和经费资助，珠宝学院院长尹作为教授和党委书记薛保山对本书的顺利出版给予了大力支持，中国地质大学出版社张琰副总经理和责任编辑张玉洁为本书的出版付出了辛勤的劳动，在此表示衷心感谢！

编著者

2022年5月

目 录

Rhino 软件概述

Rhino(全称 Rhinoceros,又名 Rhino 3D)是一款功能强大的高级 3D 建模软件,由于其中文名为“犀牛”,故通常称之为犀牛软件。Rhino 包含了所有的 NURBS(Non - Uniform Rational B - Splines)建模功能,具有强大的曲面建模能力和优质的模型结构,用它建模操作非常流畅,所以大家经常用它来建模,然后导出高精度模型供其他三维软件使用。

Rhino 软件由美国 Robert McNeel 公司于 1998 年推出。当今,由于三维图形软件异常丰富,想要在激烈的竞争中取得一席之地,必定要在某一方面有特殊的价值。自 Rhino 推出以来,无数的 3D 设计制作人员及爱好者都被其强大的建模功能深深吸引。首先,Rhino 是一款“平民化”的高端软件,它不用搭配价格昂贵的高档显卡,在日常家用 PC 机上便可运行。其次,它不像其他三维软件那样有着“庞大的身躯”,全部安装完毕才区区几百兆,并且由于引入了 KeyShot 或 Flamingo 等渲染器,其图像的真实品质已非常接近高端的渲染效果。再次,Rhino 不但广泛应用于 CAD、CAM 等工业设计,可为各种卡通设计、场景制作及广告片头打造出优良的模型,更可以应用于首饰设计,创建高品质的精致首饰模型,并以其人性化的操作流程让设计人员爱不释手。

本书主要针对 Rhino 软件在电脑首饰设计中的运用,结合各种首饰种类、款式、工艺的建模,让学习者感受到电脑首饰设计的强大功能与可操控性。Rhino 可以在 Windows 系统中建立、编辑、分析和转换 NURBS 曲线、曲面和实体,不受复杂度、阶数以及尺寸的限制。Rhino 所提供的曲面工具可以用来精确地制作渲染表现、动画效果、分析评估以及生产加工用的模型。学习者可以用 Rhino 建立任何想象中的造型,同时该造型也完全符合珠宝首饰在设计、快速成型和加工中所需的精确度。

1.1 界面构成

Rhino 的工作界面保持了 Windows 系列软件的风格,这让熟悉 Windows 操作界面的人都不会觉得陌生。下面简单介绍一下 Rhino 软件界面和一些基本设置,以及常用工具的基本用法。

如图 1 - 1 - 1 所示,Rhino 的主界面由标题栏、菜单栏、命令栏、工具栏、工作区和状态栏几部分组成。

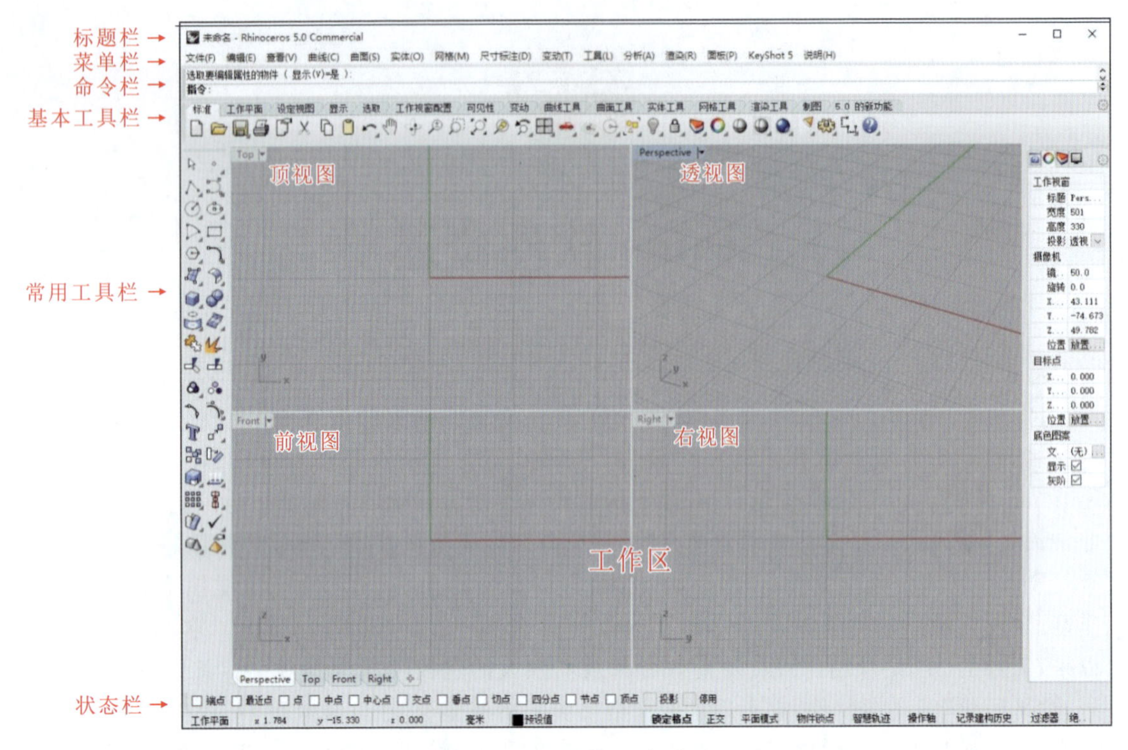

图 1－1－1　Rhino 主界面

1.1.1　标题栏

标题栏用来显示当前的文件名，对于新建文件，则显示“未命名”。标题栏的右侧是窗口的最小化、最大化和关闭按钮。

1.1.2　菜单栏

如图 1－1－1 所示，Rhino 的菜单栏中包括“文件”“编辑”“查看”“曲线”“曲面”“实体”“网格”“尺寸标注”“变动”“工具”“分析”“渲染”“说明”等项。菜单栏是根据命令功能来分类的，它包含了 Rhino 的所有命令。例如，所有用于新建、打开、保存文件，导入、导出其他格式的文件等关于文件的操作命令，都在“文件”菜单下；所有用于创建线段、弧等二维图形及混合图形的操作，都在“曲线”菜单下；所有用于创建长方体、球体等三维物体以及进行交集、差集、并集运算的命令，都在“实体”菜单下。

1.1.3 命令栏

命令栏是 Rhino 的一个非常重要的组成部分，Rhino 可以和 Auto CAD 等软件一样直接输入命令。命令栏不仅可以显示当前命令执行的状态，可以用键盘输入命令、参数、数值、坐标，还可以显示每一个步骤的具体提示，显示分析命令的分析结果。此外，直接在命令栏中的选项上单击鼠标即可更改该选项的设置。比如，点击"多重直线"命令或者直接在命令栏中输入指令"Polyline"时，命令栏里就会出现选项，也可以直接在命令栏中点击选项（圆弧或者直线）进行绘制。

1.1.4 工具栏

工具栏包含一些常用的操作命令，直接点击工具按钮即可执行相应的操作，不需要进入菜单中选择，十分快捷。Rhino 中很多按钮集成了两个命令，将鼠标停留在相应的按钮上，将会显示该按钮的名称。值得注意的是，对于有些按钮，单击鼠标左键和单击鼠标右键执行的是不同的命令。如图 1-1-2 中左图所示的是"点"按钮，单击鼠标右键可以绘出多点；中图所示的是"多重直线"按钮，单击鼠标右键可以绘出线段；右图所示的是"修剪"按钮，单击鼠标右键可以取消修剪。

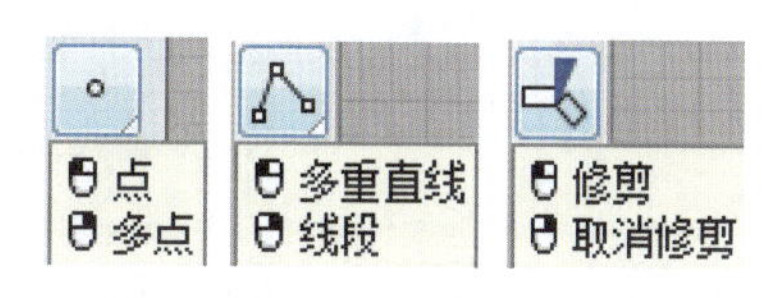

图 1-1-2 按钮提示

Rhino 中的工具栏可以分为基本工具栏和常用工具栏。基本工具栏中，工具按钮由左至右分别是新建、打开、保存、打印、文件属性、剪切、复制、粘贴、复原或重做、平移、旋转视图、动态缩放、框选缩放、缩放至最大范围、缩放至选取物体、复原视图、工作视窗配置、设置视图、设置工作平面基点、物件锁点、全部选取、隐藏或显示物件、锁定或解锁物件、编辑或关闭图层、物件属性、着色、着色模式或线框模式工作视窗、渲染、灯光、选项、直线尺寸标注、帮助主题。

常用工具栏分为两组，并列分布于主界面工作区的左侧，工具按钮自上而下排列，左右大致对应。其中主要包括取消、点、多重直线、控制点曲线、圆、椭圆、圆弧、矩形、多边形、曲线圆角、曲面圆角、立方体、布尔运算、投影至曲面、转换为网格曲面、组合、炸开、修剪、分割、群组、解散群组、开启编辑点、开启控制点、文字物件、移动、复制、旋转、缩放、分析方向、陈列、对齐物件、变形、检查物件、图块定义、构建历史设定。

常用工具栏中很多按钮图标右下角带有小三角，表示该工具下面还有其他隐藏的工具。在图标上按住鼠标左键不放，可以链接到该命令的子工具箱，图 1-1-3 所示就是各种类型的曲面工具。

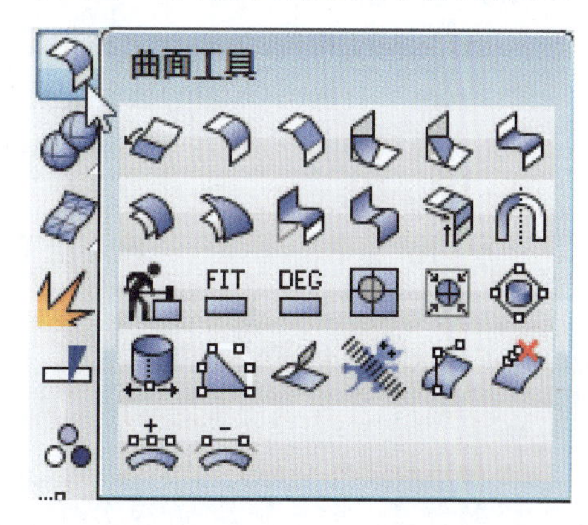

图 1-1-3 "曲面工具"展开栏

另外，选择菜单栏中的“工具”/“工具列配置”命令，可弹出“工具列”对话框。在“工具列”列表中勾选相应的选项，即可在界面中显示其他的工具箱。更改工具箱的配置后，可以选择“工具列”对话框菜单栏中的“文件”/“另存为”命令，如图1-1-4(左)所示，将自定义的工具箱保存起来，以便以后调用，注意不要覆盖了原来的文件。执行“文件”/“保存”命令，即可保存界面方案。

若界面中未显示工具栏与命令栏，可以执行“工具”/“工具列配置”命令，在弹出的对话框中执行“文件”/“打开”命令，打开Rhino安装目录下的Default.tb文件，如图1-1-4(右)所示。

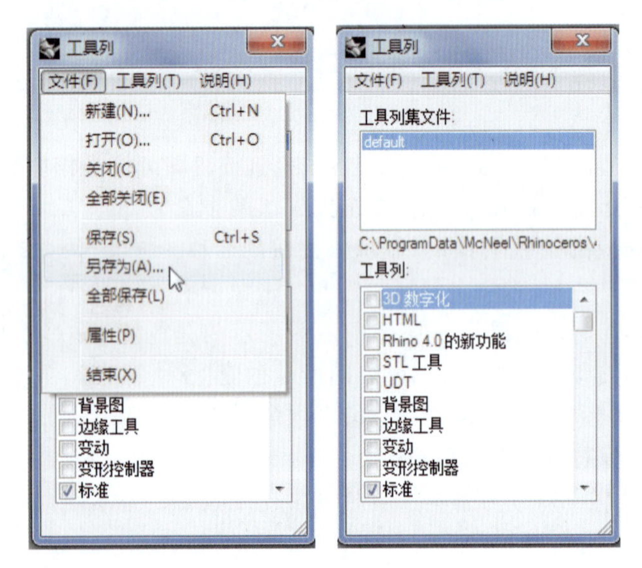

图1-1-4 “工具列”对话框

1.1.5 工作区

工作区是绘图的区域，所有图形的绘制均在工作区中进行。Rhino的顶视图(Top)、前视图(Front)、右视图(Right)通称为正交视图或工作平面视图。

正交视图：用于创建图形，通常绘制曲线等操作都在此处完成。在正交视图中，对象不会产生透视变形效果。

透视图(Perspective)：一般不用于绘制曲线，可以在该视图中观察模型的形态，偶尔会在此视图中通过捕捉来定位点。

工作区中有如下基本概念。

(1)网格：工作视图中的辅助工具。

(2)世界坐标：也叫绝对坐标。

(3)世界坐标 x 轴：Top视图中的红色轴。

(4)世界坐标 y 轴：Top视图中的绿色轴。

(5)世界坐标 z 轴:Front 视图中的绿色轴。

(6)世界坐标轴图标:视图左下角的图标。

(7)工作平面坐标:基于当前工作平面的坐标系统,在任何视窗上作图,鼠标输入的点都会处于这个工作平面上,除非使用了“物件锁点”工具或打开了正交模式等。

在 Rhino 中,我们可以在基本工具栏中选择“工作视窗配置”工具(按钮田),如图 1-1-5 所示,也可以根据需要新增工作视图,或者垂直分割视图等。Rhino 的默认显示状态是 4 个工作视窗。

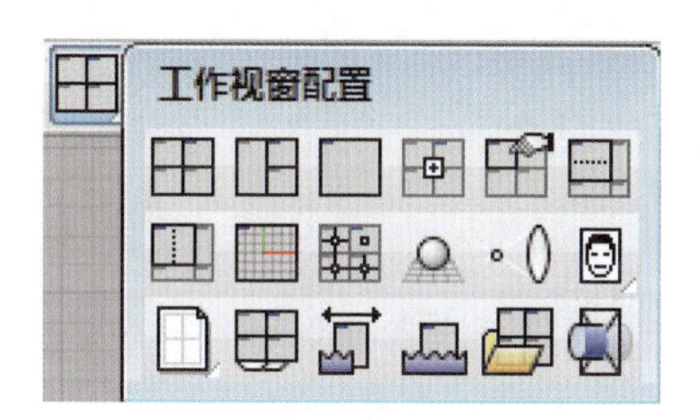

图 1-1-5 工作视窗配置

1.1.6 状态栏

状态栏是 Rhino 的一个重要组成部分(图 1-1-6)。状态栏中显示了当前坐标、图层、锁定格点、物件锁点等信息。熟练地使用状态栏将在很大程度上提高建模的效率。

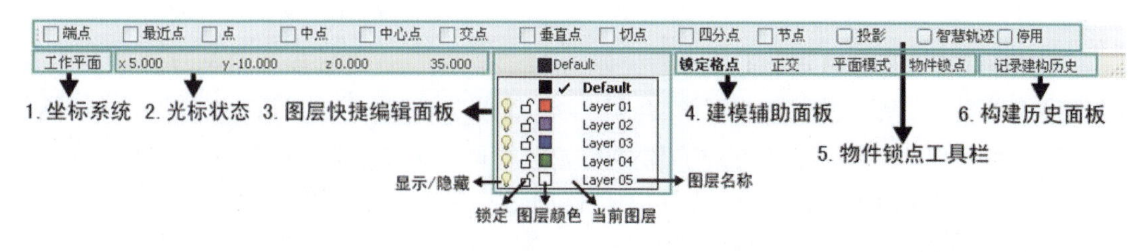

图 1-1-6 状态栏

(1)坐标系统:点击可自由切换当前工作平面坐标系统或世界坐标系统。

(2)光标状态:此处显示光标的坐标位置(x,y,z)及下一点相对于上一点的距离。

(3)图层快捷编辑面板:通常根据物体的材质、颜色等分层,合理的分层能有效提升工作效率。在不同图层创建对象,既可以单独对其进行修改和观察,也可以把它当作整个图形的组成部分进行修改和观察。属性管理与图层管理配合使用,可以在属性管理栏修改物件的图层。图层信息包括显示/隐藏、锁定、图层颜色、当前图层、图层名称。

(4)建模辅助面板:包括锁定格点、正交、平面模式、物件锁点。

(5)物件锁点工具栏:当需要准确选点时,可以开启物件锁点捕捉模式。打开“物件锁点”工具栏,勾选需要捕捉的锁点选项,当鼠标光标靠近现存物件上的相关点位时,会显示点

的名称，并可自动精确地捕捉到指定锁点。锁点的选项及作用见表 1-1-1。

表 1-1-1　锁点的选项及作用

选项	用途	选项	用途
端点	端点物件锁点	切点	切点物件锁点
最近点	最近点物件锁点	四分点	四分点物件锁点
点	点物件锁点	节点	节点物件锁点
中点	中点物件锁点	投影	投影物件锁点
中心点	中心点物件锁点	智慧轨迹	切换智慧轨迹
交点	交点物件锁点	停用	停用物件锁点
垂直点	垂直点物件锁点		

(6)构建历史面板：Rhino 里面有部分工具可以用于记录构建历史。

1.2　环境设置

1.2.1　Rhino 文件属性

在 Rhino 中有一些常用的属性设置。如图 1-2-1 所示，用鼠标左键单击基本工具栏中的“文件属性”工具(按钮)，软件会弹出“文件属性”对话框。选择该对话框中左侧列表的“Rhino 渲染”选项，即可在对话框右侧自定义整个 Rhino 文件渲染的显示参数，从而改变渲染显示速度。我们可以根据自己电脑的性能和显示速度，选择不同的方式。比如为了显示得更细腻，可以将“抗锯齿”设置为“高(10×)”，同时显示阴影；而在“网格”设置中，我们可以让显示方式为“平滑、较慢”，或者自己定义显示精度，这样可以避免一些现实问题，比如边缘看起来有缝隙，或者一些表面不平滑等。在该对话框左侧列表中还有一个“尺寸标注”选项，这个会在后面单独讲解。当然，也可以根据自己的实际需要，在属性面板中改变一些文件属性的设置。

1.2.2　Rhino 选项

用鼠标右键单击基本工具栏中的“文件属性”工具(按钮)，或者用左键点击基本工具栏中的“选项”工具(按钮)，系统会弹出“Rhino 选项”对话框。在该对话框左侧列表的“Rhino 选项”中有一些关于视图、鼠标、插件等的设置，在这里我们就不一一讲解。

“Rhino 选项”中，常用的还有“外观”设置，在这里我们可以对工作区的背景颜色、坐标

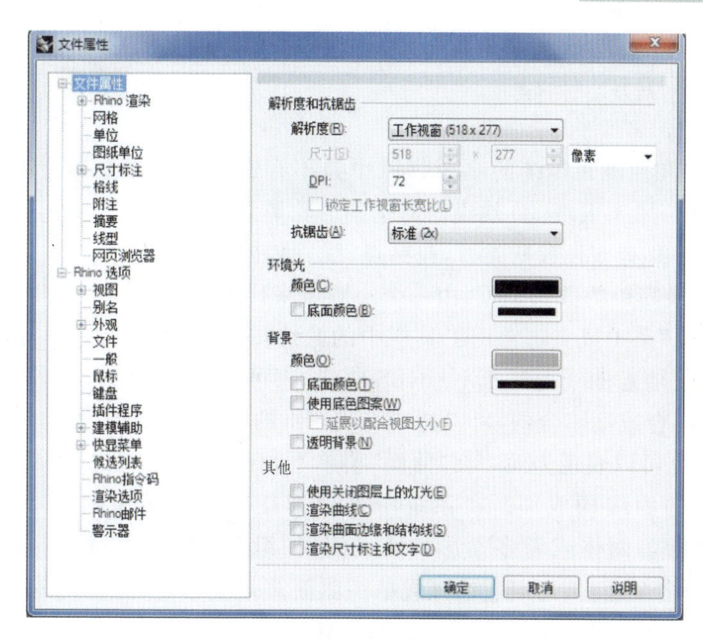

图 1-2-1 “Rhino 渲染”设置面板

轴的颜色、网格的颜色和物体被选中后显示的颜色进行设置。只需要在相应的颜色格子上单击，即可弹出调色板，更改颜色。我们可以根据自己的喜好对颜色进行设置。

而在“外观”/“高级设置”中有很多的显示模式选项，如图 1-2-2 所示，在此可对各种显示模式自定义设置。每种模式都可以自定义背景颜色、对象的可见性、对象的显示颜色、曲线的粗细等。

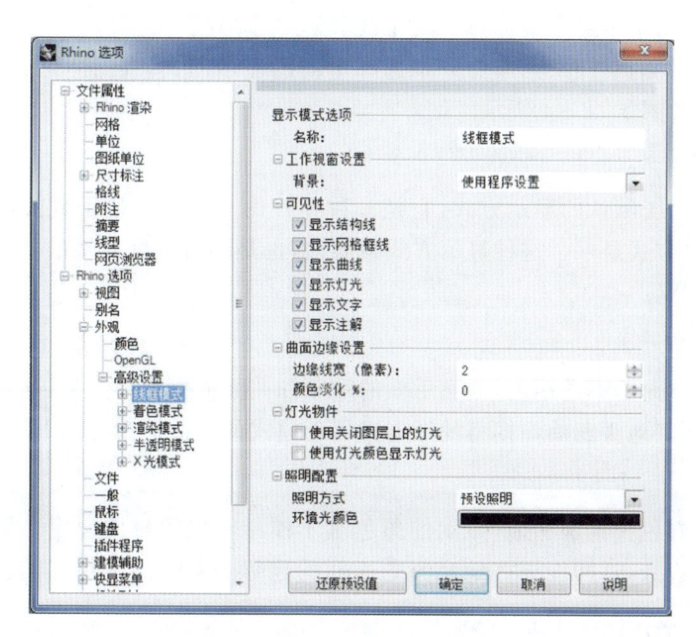

图 1-2-2 显示模式选项

1.2.3 NURBS 模型

NURBS 曲线和曲面在传统的制图领域中是不存在的。它们是为使用计算机进行 3D 建模而专门建立的，用于表现 3D 建模内部空间的轮廓和外形。

在 Rhino 中一共有 5 种数据类型，包括点、线、面、体及网格。

点：Rhino 中最简单的数据类型，由一个小圆点来代表。

线：使用“曲线”菜单或点击常用工具栏中的曲线按钮绘制出的线段、复合线、弧、圆、随意曲线均属于 NURBS 曲线，都可以选择、修改、删除。线可以是闭合或不闭合的，可以是二维或三维的。

面：NURBS 也可以表现为面。在“曲面”菜单下，有许多工具可以把一些形状任意的曲线构成面。在系统中可以把任何形状转化为 NURBS 曲面，包括多面体或者多面形。通过使用“组合”工具（按钮 ）连接在一起的多个曲面，可以被炸开成单一曲面。

网格：Rhino 中可以将所有几何形状的物体转换为 NURBS 物体，也可以把 NURBS 物体转换成网格，以支持 3DS、LWO、DWG、DXF、IGES 等文件格式，便于与其他软件交换。

在 Rhino 中，NURBS 模型可以以多种模式进行显示，每一种显示模式都有各自的特点，可以根据需要灵活选用。具体操作方法：可以在基本工具栏中单击“着色”工具（按钮 ）、“线框模式”工具（右键点击按钮 ）、“渲染”工具（按钮 ）来选择这 3 种常用的显示模式，也可以将鼠标放置在工作区的视窗名 Perspective（或 Top、Front、Right）上单击右键，在弹出的菜单命令中选择不同的显示模式，如图 1-2-3 所示，还可以在菜单栏的“查看”菜单命令中选择不同的显示模式。各种显示模式的效果如图 1-2-4 所示。

图 1-2-3 显示模式选项

1. 线框模式（图 1-2-4a）

线框模式是系统默认的显示方式，它是一种纯粹的空间曲线显示方式，曲面以框架（结构线和曲面边缘）方式显示。这种显示方式最简洁，也是刷新速度最快的。线框模式的快捷键为 Ctrl+Alt+W。

2. 着色模式（图 1-2-4b）

着色模式中曲面是不透明的，曲面后面的对象和曲面框架将不显示，这种显示方式看起来比较直观，能更好地观察曲面模型的形态。着色模式的快捷键为 Ctrl+Alt+S。

3. 渲染模式（图 1-2-4c）

渲染模式和着色模式很相似，显示的颜色基于模型对象的材质设定。可以不显示曲面的结构线与曲面边缘，这样能更好地观察曲面间的连续关系。渲染模式的快捷键为 Ctrl+Alt+R。

4. 半透明模式(图 1-2-4d)

半透明模式和着色模式很相似,但是曲面以半透明方式显示,可以看到曲面后面对象的形态。可以在"Rhino 选项"对话框中自定义透明度。半透明模式的快捷键为 Ctrl+Alt+G。

5. X 光模式(图 1-2-4e)

X 光模式和着色模式很相似,但是可以看到曲面后面的对象和曲面框架。X 光模式的快捷键为 Ctrl+Alt+X。

6. 平坦着色模式(图 1-2-4f)

此种模式可以将光滑的曲面转为网格面方式显示,并不常用。

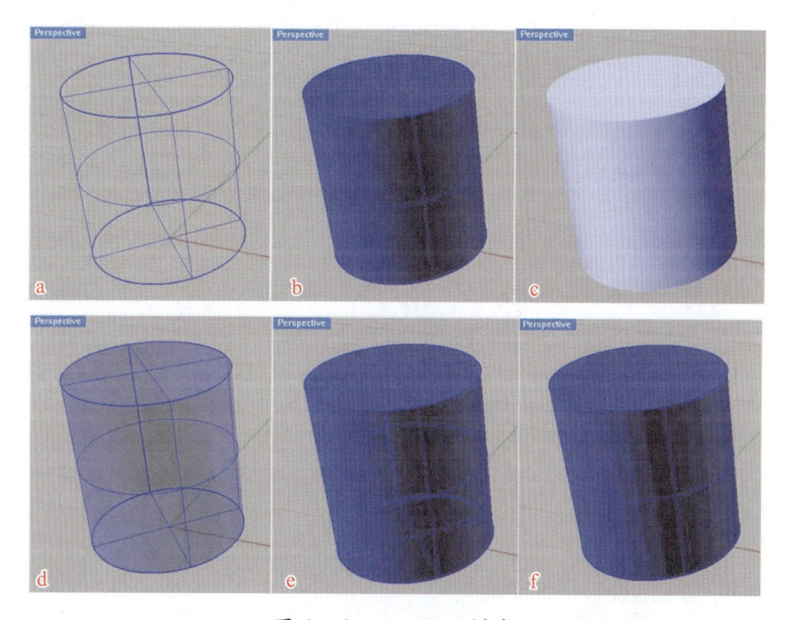

图 1-2-4 显示模式

1.2.4 输入背景图片

在曲线绘制过程中,如果有手稿的线条或者参考照片就能更好地描绘出形体的曲面和形状。

在图片放入场景之前,需要对图片进行一定的处理和加工。三视图中各个视图应当调整大小以匹配各个方向的尺寸。

在需要放背景图的视窗标题上单击右键。如图 1-2-5(左)所示,选择"背景图"/"放置"。放置好之后,同样在视窗标题上单击右键,如图 1-2-5(右)所示,有一系列选项,比如"隐藏"就是将背景图暂时隐藏;"移动"就是调整背景图的位置;"灰阶"是指显示黑白还是彩色的背景等。

值得注意的是,背景图一次只能放一个,放第二个则自动删除第一个,而且背景图不能被渲染。

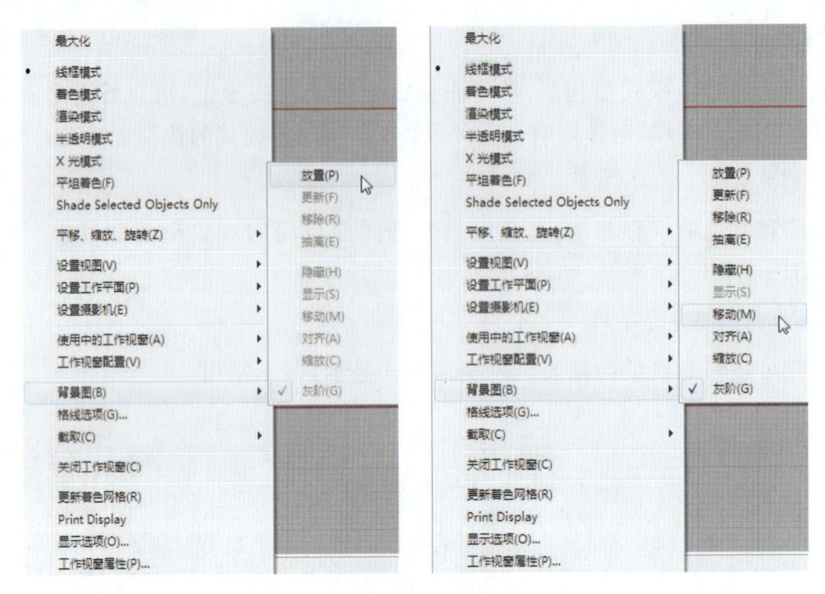

图 1-2-5 输入背景设置

1.2.5 尺寸标注和制作 2D 图形

Rhino 中可以进行简单的尺寸标注。在菜单栏里可以选择“尺寸标注”命令，其下选项如图 1-2-6(左)所示。也可以在基本工具栏中单击“直线尺寸标注”工具(按钮)并按住不放，在弹出的“尺寸标注”工具栏中选用尺寸标注工具，与前述从菜单栏中调用的“尺寸标注”命令的功能基本一致，如图 1-2-6(右)所示。

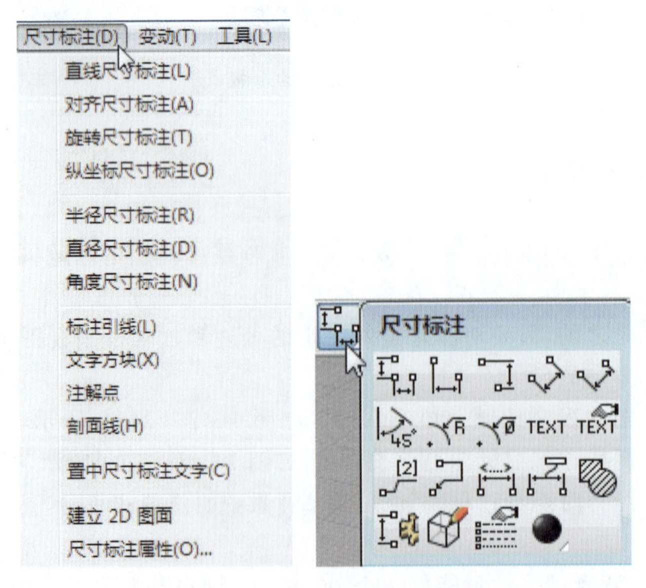

图 1-2-6 “尺寸标注”命令菜单(左)与“尺寸标注”工具栏(右)

基本的尺寸标注工具，如直线尺寸标注、对齐尺寸标注、旋转尺寸标注、纵坐标尺寸标注等，使用方法比较简单，在此不一一介绍。标注的样式如图 1-2-7 所示。

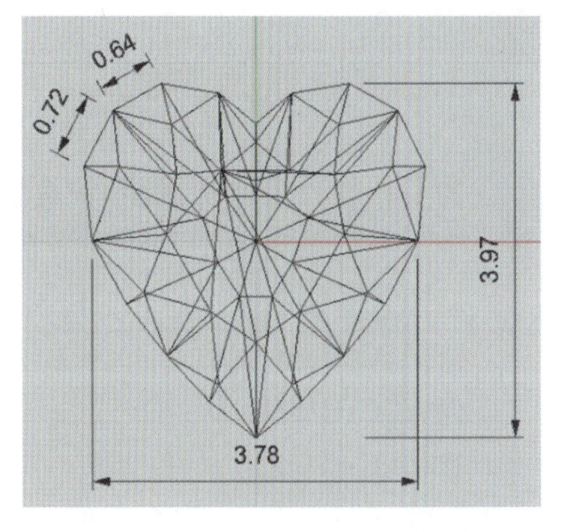

图 1-2-7　直线尺寸标注和旋转尺寸标注

使用"编辑尺寸标注"工具（按钮），可以对标注完毕后的文字内容进行再编辑。

使用"建立 2D 图面"工具（按钮），可以将制作好的形体投影生成三视图。用鼠标选择菜单栏中的"文件"/"导出"/"DWG 格式"，可以将三视图输出到 AutoCAD 中进行进一步的绘制和打印输出等。

1.2.6　简单渲染和输出

用鼠标右键点击"渲染"工具（按钮），会弹出"文件属性"面板，可以从中设置渲染输出的参数，主要是解析度、抗锯齿、环境光、背景等，之前有过介绍，如图 1-2-8 所示。

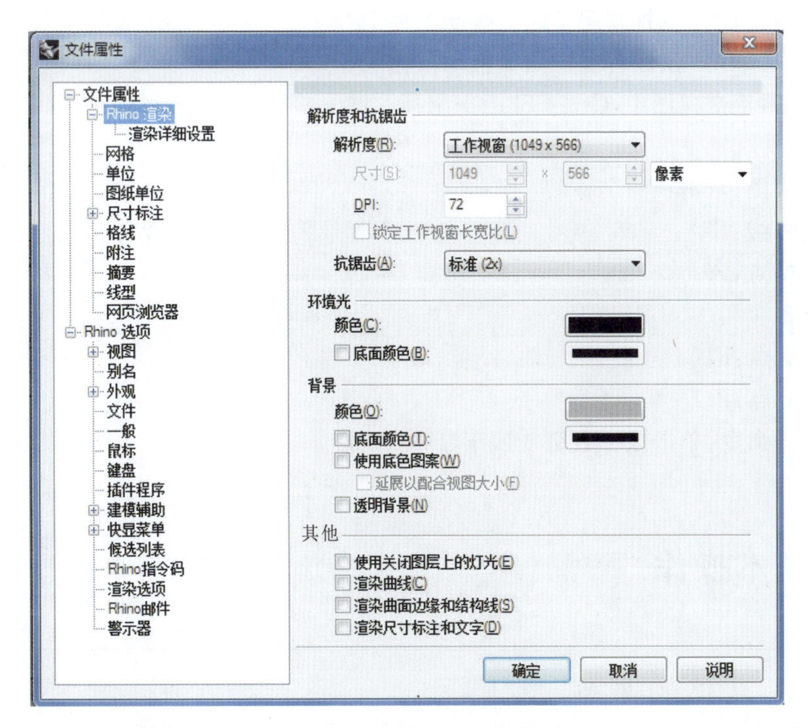

图 1-2-8　Rhino 渲染设置

用鼠标左键点击"渲染"工具（按钮），会弹出渲染视窗，可以通过渲染视窗"文件"菜单下的"另存为"命令，将渲染结果输出，保存为 bmp、jpg 等多种图像格式。

1.2.7 快捷方式

为了让软件操作更灵活，快捷键的运用必不可少。在 Rhino 中，有一些命令使用频率很高。下面我们就来列举一些调用常见命令的快捷键。

新建：Ctrl＋N

打开：Ctrl＋O

保存：Ctrl＋S

取消：Ctrl＋Z

复原：Ctrl＋Y

删除：Delete

选择全部物体：Ctrl＋A

剪贴：Ctrl＋X

复制：Ctrl＋C

粘贴：Ctrl＋V

平移视图：正交视图中，鼠标右键＋拖动鼠标；透视图中，Shift＋鼠标右键＋拖动鼠标

放大视图：Ctrl＋鼠标右键＋向上拖动鼠标

缩小视图：Ctrl＋鼠标右键＋向下拖动鼠标

旋转视图：正交视图中，Ctrl＋Shift＋鼠标右键＋拖动鼠标；透视图中，鼠标右键＋拖动鼠标

最大化视图：双击视图名称

显示栅格线：F7

捕捉栅格点：F9

正交：F8

显示 CV 点：F10

隐藏 CV 点：F11

重复上一命令：单击鼠标右键或回车(Enter)键

1.3 基本操作

1.3.1 物体的选择

在 Rhino 操作中，可以先选择对象再调用命令，或者根据命令需要选择合适的对象。

Rhino 有一个很特别的选择功能，即选择物件提示。当鼠标点击的位置上有多个对象的时候，会出现一个选择列表，在列表中选择所需要的对象就可以避免很多误选，如图 1－3－1 所示。

当进行物体选择操作时，若只需要选择一个物体，可以在该物体上单击鼠标左键；若需要累加选择，可以按住 Shift 键并单击鼠标左键；如果需要减少选择，可以按住 Ctrl 键并单击鼠标左键；当同时按住 Shift 和 Ctrl 键时，既可增加物件，也可减少物体。除此之外，还有框选选择，即单击鼠标左键，从左往右拉一个选框，完全被框住的物体即为被选取的对象；交叉选择，单击鼠标左键，从右往左拉一个选框，被碰到的物体都为被选取的对象；全部选择，按住 Ctrl 和 A 键，可以选取工作区内的全部物体；特殊选择，通过调用菜单栏中的“编辑”/“选择物件”子菜单下的相关命令，可以选择指定种类的物体。

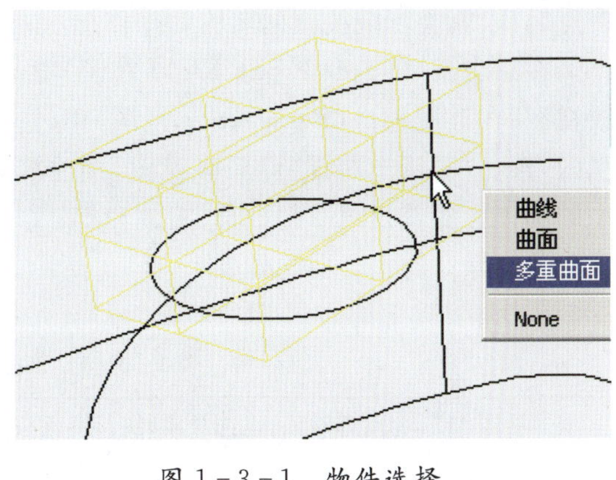

图 1－3－1　物件选择

1.3.2　移动物体

在视图中建立一个正方体，用鼠标左键单击它，这时正方体变为黄色高亮显示，表示已被选中。选择多个物体可以用框选。选中物体后拖动鼠标，可以看到从鼠标点击的点处拖出一条线，用于定位。配合使用状态栏中物件锁点的端点、中心点、垂直点等按钮，可以在视图中准确地移动物体。

1.3.3　命令栏的使用

在 Rhino 中，可以通过命令栏输入和执行命令。命令栏中不仅可以输入数据，还可以显示每一个步骤的具体提示，如图 1－3－2 所示。

指令: _Circle
圆心 (可塑形的(D) 垂直(V) 两点(P) 三点(O) 相切(T) 环绕曲线(A) 配合点(F)):
半径 <2.099> (直径(D)):

图 1－3－2　命令栏

在命令栏中，对于命令的选项，可以直接用鼠标点击选择，也可以用键盘输入选项括号内的英文字符选择。

点击 Enter 键、空格键或者单击鼠标右键就可以重复上一次的命令。

1.3.4　鼠标操作

在 Rhino 当中，鼠标的操作是非常灵活的。比如之前介绍过，把鼠标放在某一个按钮上多点时间，就会出现按钮的名称和操作提示；很多时候单击鼠标右键等同于按下 Enter 键。

在正交窗口(Top、Front、Right 视图)中，按住鼠标右键可平移视图，滑动中键滚轮可缩放视图；在透视窗口(Perspective 视图)中，按住鼠标右键可旋转视图，滑动中键滚轮可缩放视图，按住“Shift＋右键”可平移视图，按住“Ctrl＋右键”可缩放视图。在上述操作中，视窗中的物体会随着视图一起平移、缩放和旋转。

鼠标操作的主要功能如表 1－3－1 所示。

表 1－3－1　鼠标操作的主要功能

左键	点选对象；框选对象；执行图标按钮命令；拖拽移动物体
中键	弹出 POP 快捷工具栏；滚轮缩放视图
右键	确认命令；重复上次命令；拖拽平移视图；在透视图中旋转视图
Ctrl＋左键	复选、取消对象
Shift＋左键	复选对象
Ctrl＋右键	缩放视图
Shift＋右键	在透视图中平移视图

1.3.5　其他基本工具使用

之前我们讲解过基本工具栏中一些工具的使用，比如“文件属性”工具(按钮)、“工作视窗配置”工具(按钮)、“尺寸标注”工具(按钮)等，以下介绍其他基本工具的使用。

1. 新建文件与打开文件

运行 Rhino 后，点击基本工具栏上的“新建”工具(按钮)，或者在菜单栏中的“文件”下拉菜单中，选择“新建”，在弹出的 Template Files 窗口中有 5 种模板，分别是厘米、英尺、英寸、米和毫米(图 1－3－3)。选择哪种模板需要根据我们制作模型的大小及尺寸精度而定。

当需要打开文件时，可以用鼠标左键点击基本工具栏上的“打开”工具(按钮)，或者在菜单栏中的“文件”下拉菜单中，选择“打开”，在弹出的对话框中，可以选择打开包括 Rhino 3D 模型(＊.3dm)、IGES(＊.ige; ＊.iges)、AutoCAD drawing file-(＊.dwg)、3D studio (＊.3ds)等在内很多格式的兼容文件，并使其能在 Rhino 里继续建模，如图 1－3－4 所示。当用鼠标右键点击“打开”工具(按钮)时，执行的是“导入/合并”命令，在这里可以将多个格式兼容的文件导入 Rhino，进行合并编辑，直至完成建模。

2. 文件的保存和打印

当文件完成或者需要导出编辑时，都可以选用基本工具栏中的“保存”工具(按钮)。用鼠标左键点击它时，进行的是保存当前文件的操作；而用右键点击它时，完成的是导出当前 Rhino 3D 模型(＊.3dm)的操作。

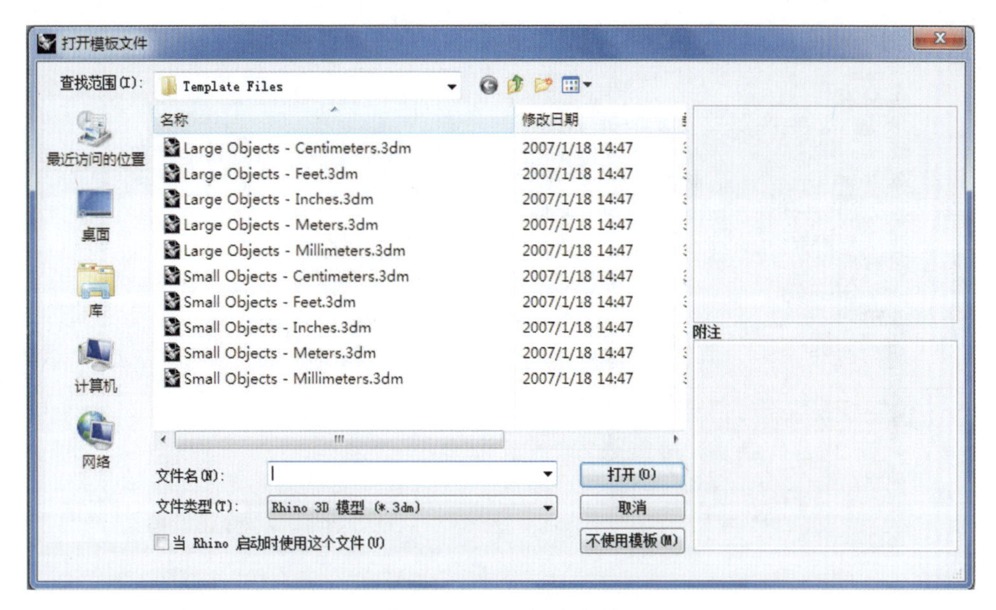

图 1-3-3 新建文件

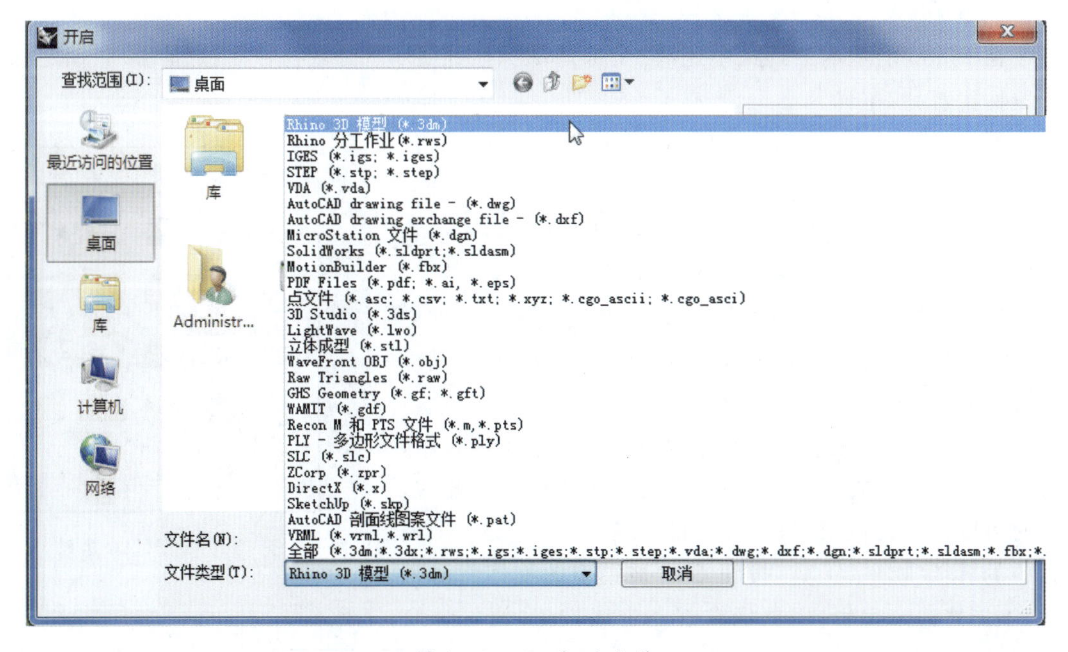

图 1-3-4 打开文件

采用 Rhino 软件，也可以直接将图纸打印出来。用鼠标左键点击基本工具栏中的“打印”工具(按钮🖨)，会弹出打印设置对话框，在这里可以设置目的地、视图与输出缩放比、边界与位置、线型与线宽、可见性、打印机详细信息(图 1-3-5)。

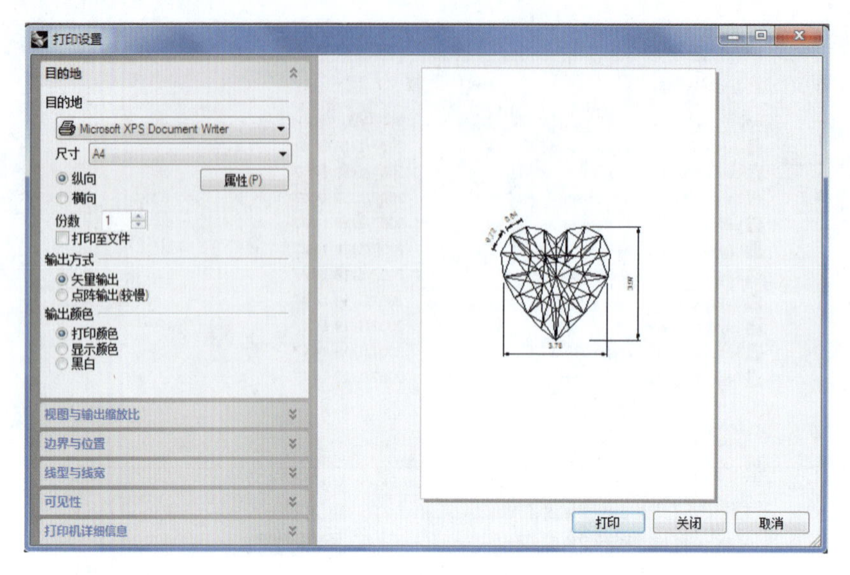

图 1－3－5 打印设置

3. 全部选取、隐藏物体与锁定物体

在 Rhino 的基本工具栏中还有“全部选取”(按钮)、“隐藏物件”(按钮)、“锁定物件”(按钮)等工具。

用鼠标左键点击“全部选取”工具(按钮)，会出现选取的展开工具列，包括全部选取、反选选取集合、选取最后建立的物件、选取上一次选取的物件等功能按钮(图 1－3－6)。具体的操作将在后面的实物建模中讲解。

图 1－3－6 “选取”工具列

选中要隐藏的物体后，用鼠标左键点击基本工具栏中的“隐藏物件”工具(按钮)，即可将物体隐藏；使用鼠标右键点击该按钮便可显示物体。

一个模型经常是由多个物体组成的，在制作过程中，有时需要将一个或多个物体锁定，使其不被移动和修改，这时可以选中要锁定的物体。用鼠标左键点击基本工具栏中的“锁定物件”工具(按钮)，被锁定的物体将呈灰色，不能被选定编辑；用鼠标右键点击该按钮，便可解除锁定。

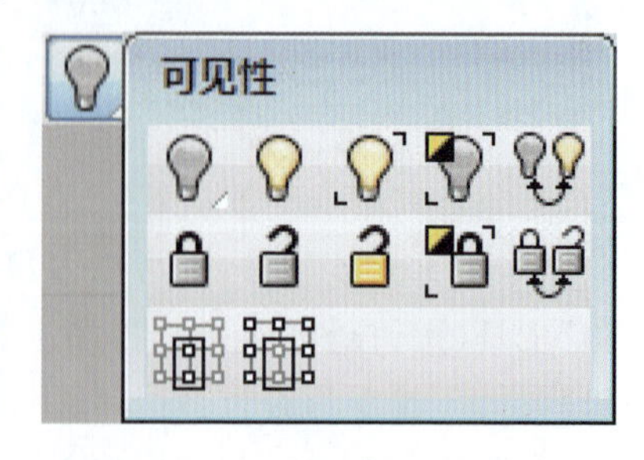

图 1－3－7 “可见性”工具列

用鼠标左键按住“隐藏物件”工具(按钮)或“锁定物件”工具(按钮)，会出现“可见性”工具列，如图 1－3－7 所示，包括隐藏物件、显示物件、显示选取的物件、隐藏未选取的物件、对调隐藏与显示物件、锁定物件、解除锁定物件、解除锁定选定的物件、锁定未选取的物件、对调锁定与未锁定物件、隐藏未选取的控制点、隐藏/显示

控制点。在菜单栏的“编辑”下拉菜单中也可以进行“可见性”操作。

4. 建立聚光灯

与其他一些 3D 制作软件相比，Rhino 的灯光功能非常弱，很难得到比较真实的效果。如果要想得到更好的效果，最好是将模型输出到其他 3D 制作软件中进行灯光和材质方面的处理，也可以下载 Rhino 的渲染插件，这个将在后续章节具体介绍，我们先来了解一下 Rhino 中灯光的设置。

运行 Rhino 后，点击基本工具栏上的快捷按钮，即可建立聚光灯。用鼠标右键点击该按钮便可出现“灯光”的展开工具栏，包括建立聚光灯、建立点光源、建立平行光、建立区域灯光、建立管状灯、反弹灯光、编辑灯光属性（图 1-3-8）。

聚光灯：它的光线呈圆锥状发散，用于场景照明和模拟一些真实世界中的灯光，如探照灯、手电筒的光等。

点光源：光线像太阳光一样向四周投射。

平行光：与聚光灯唯一不同的就是它发出的光线是平行的。

图 1-3-8 灯光

Rhino 的常用功能

2.1 常用的曲线功能

2.1.1 指令执行方法

在 Rhino 软件中，大部分命令的调用方式有 3 种。

第一种是在菜单栏中找到对应的下拉菜单并选择命令，比如要绘制多重直线，就可以在菜单栏“曲线”/“多重曲线”下拉菜单中选择“多重直线”或“通过数个点”等方式绘制。

第二种是在操作界面上直接点击相应的图标快捷按钮，比如同样绘制多重直线，也可以用鼠标左键点击常用工具栏中的“多重直线”工具(按钮)，按住不放会出现展开的直线工具栏，其内有多种不同的直线绘制工具。

第三种是直接在命令栏输入命令，比如在命令栏输入指令“Polyline”，命令栏就会提示多重直线的起点、下一点等，如图 2-1-1 所示。在构建模型时，通常是将图标快捷按钮与命令栏输入结合使用。

```
指令: Polyline
多重直线起点: 0,0
多重直线的下一点 ( 模式(M)=直线  导线(H)=否  复原(U) ):
```

图 2-1-1 命令栏的指令“Polyline”

2.1.2 曲线的绘制

Rhino 的建模功能是非常强大的，它的指令也非常多。下面我们将对常用的曲线工具进行详细的讲解。

2.1.2.1 点的绘制

1. 单点的绘制

·命令调用方式

①从菜单栏选择：点击“曲线”/“点物件”/“单点”命令。

②使用图标选择：点击工具栏中的“点”工具（按钮 ◦）。

③直接从命令栏输入指令“Point”。

·绘制步骤

①从上述方式中选取一种，调用“单点”命令。

②命令栏会出现提示“点物件的位置”，可以在命令栏输入点的坐标，回车，或者直接用鼠标点击指定位置。比如，在命令栏中输入坐标(0,0)，回车，或者打开状态栏的“锁定格点”，直接点击 Top 视图的坐标原点(0,0)。

2. 多点的绘制

·命令调用方式

①从菜单栏选择：点击“曲线”/“点物件”/“多点”命令。

②使用图标选择：点击工具栏中的“点”（按钮 ◦）/“多点”工具（按钮 ⁙）。

③直接从命令栏输入指令“Points”。

·绘制步骤

①从上述方式中选取一种，调用“多点”命令。

②命令栏出现提示“点物件的位置”，操作与单点的绘制步骤一样，可以在命令栏输入点的坐标，回车，或者直接用鼠标点击指定位置。

③命令栏会一直重复提示“点物件的位置”，直到多点绘制完成后，按 Enter 键或者鼠标右键结束命令。

3. 曲线分段

利用“曲线分段”命令，可以将点分置于曲线上，分段方式可以是按照指定长度分或者按照指定线段数目分。

·命令调用方式

①从菜单栏选择：点击“曲线”/“点物件”/“曲线分段”/“分段长度”或者“分段数目”命令。

②使用图标选择：点击工具栏中的“点”（按钮 ◦）/“依线段长度分段曲线”工具（按钮 ）。若用鼠标右键点击该按钮，则为“依线段数目分段曲线”。

③直接从命令栏输入指令“Divide”。

·绘制步骤

①调用“曲线分段”命令。

②使用任意曲线工具如“控制点曲线”工具（按钮 ）或“多重直线”工具（按钮 ）绘制一段曲线，作为分段曲线对象。

③使用“依线段长度分段曲线”工具（按钮 ），命令栏提示“选择要分段的曲线:”，选择

曲线,回车。这步操作也可以先选择曲线,然后再点击“依线段长度分段曲线”工具。

④命令栏提示“曲线长度为 14.674 3,分段长度〈1〉(标示端点(M)=是):”,输入需要分段的长度 2,回车。

上述的第③、④步操作是依线段长度将曲线分段。如果需要依线段数目将曲线分段,可以用右键点击“依线段长度分段曲线”工具(按钮),到第③步时,命令栏提示“分段数目〈3〉(长度(L)标示端点(M)=是):”,直接输入需要分段的数目 6,回车。两种分段方式的命令提示与绘制效果如图 2-1-2 所示。

```
指令: _Divide
指令: _Pause
分段数目 <6> ( 长度(L) 标示端点(M)=是 ): _Length
曲线长度为 14.6743。分段长度 <1> ( 标示端点(M)=是 ): 2
```

```
指令: _Divide
选取要分段的曲线:
选取要分段的曲线:
分段数目 <3> ( 长度(L) 标示端点(M)=是 ): 6
```

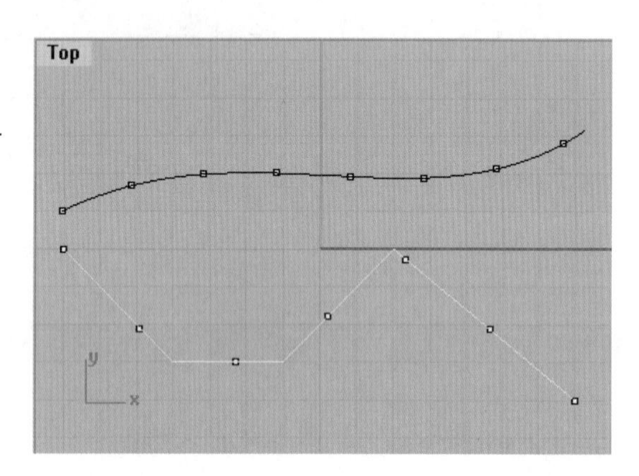

图 2-1-2　曲线分段命令栏与绘制效果

4. 点格的绘制

利用“点格”命令,可以建立点对象的阵列形式。

· 命令调用方式

①点击工具栏中“点”(按钮)/“点格”工具(按钮)。

②直接输入命令“PointGrid”。

· 绘制步骤

①调用“点格”命令(按钮)。

②命令提示“X 方向的点数〈4〉:”,可以在命令栏中输入指定的数量,回车。

③命令提示“Y 方向的点数〈4〉:”,同样可以在命令栏中输入指定的数量,回车。

④命令提示“点格的第一角(三点(P)　垂直(V)　中心点(C)):”,在视图中选择指定点作为确定点格的第一个角,这里的“三点”指的是指定两个相邻的角点和对边上的一点,三个点绘制一个矩形阵列;“垂直”指的是绘制一个与当前视图垂直的矩形阵列;“中心点”指的是指定一个中心点和一角点或长度绘制矩形阵列。

⑤命令提示“其他角或长度:”同样在视图选择指定点作为确定点格的另一个角,回车。点格命令栏与绘制效果如图 2-1-3 所示。

```
指令: _PointGrid
X 方向的点数 <4>: 5
Y 方向的点数 <4>: 5
点格的第一角 ( 三点(P)  垂直(V)  中心点(C) ):
其他角或长度:
```

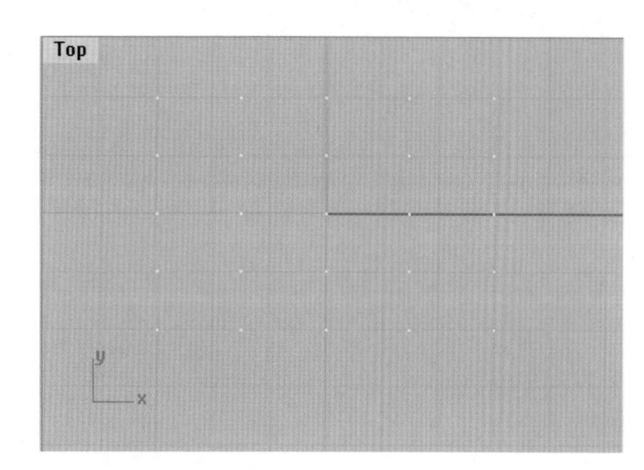

图 2-1-3　“点格”命令栏与绘制效果

2.1.2.2　直线的绘制

1. 直线的绘制

· 命令调用方式

①从菜单栏选择:点击“曲线”/“直线”/“单一直线”命令。

②使用图标选择:点击工具栏中“多重直线”(按钮)/“直线”工具(按钮)。

③直接从命令栏输入指令“Line”。

· 绘制步骤

①从上述方式中选取一种,调用“直线”命令。

②命令栏出现提示“直线起点(法线(N)　指定角度(A)　与工作平面垂直(V)　四点(F)　角度等分线(B)　与曲线相切(T)　延伸(E)　两侧(O)):”,在命令栏中输入第一点的坐标,回车,或者直接用鼠标点击指定位置。

③命令栏提示“直线终点(两侧(B)):”,输入终点坐标值,或者直接用鼠标点击指定位置。如图 2-1-4 所示的直线,其第一点坐标为(0,0),终点坐标为(2,2)。

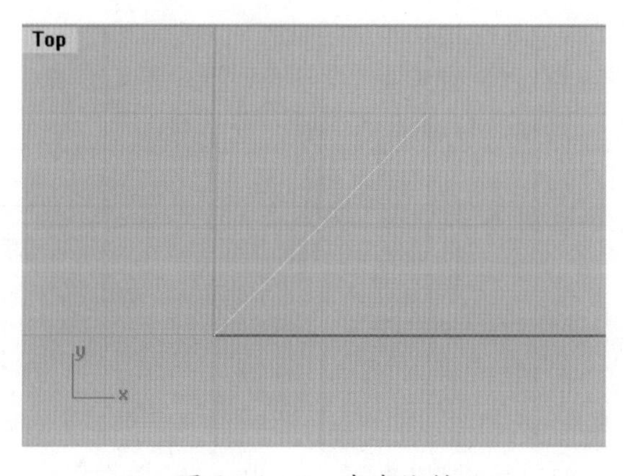

图 2-1-4　直线绘制

在步骤②的命令栏提示中，“法线”指的是绘制一条与曲面或多重曲面垂直的直线；“指定角度”指的是绘制一条与基准线成指定角度的直线；“与工作平面垂直”指的是绘制一条与当前工作平面垂直的直线；“四点”指的是指定两个点确定基准线，表示直线的方向，再指定两个点绘制直线；“角度等分线”指的是以指定的角度绘制出一条角度平分线；“与曲线相切”指的是绘制出一条与其他曲线相切的直线；“延伸”指的是延伸另一条曲线，并在其切线方向上绘制直线；“两侧”是在起点的两侧绘制直线，这也是绘制直线时的默认选择。

2. 多重直线的绘制

利用“多重直线”命令，可以连续绘制相连接的直线或圆弧。

· 命令调用方式

①从菜单栏选择：点击“曲线”/“多重直线”/“多重直线”命令。

②使用图标选择：点击工具栏中“多重直线”工具(按钮)。

③直接从命令栏输入指令“PolyLine”。

· 绘制步骤

①从上述方式中选取一种，调用“多重直线”命令。

②命令栏提示“多重直线起点：”，在命令栏中输入第一点的坐标，回车，或者直接用鼠标点击指定位置。

③命令栏提示“多重直线的下一点(模式(M)=*直线*　导线(H)=*否*　复原(U))：”，输入终点坐标值，或者直接用鼠标点击指定位置。

④命令栏提示“多重直线的下一点。按 Enter 完成(模式(M)=*直线*　导线(H)=*否*　长度(L)　复原(U))：”，在命令栏中输入第二点的坐标，回车，或者直接用鼠标点击指定位置。

⑤命令栏提示“多重直线的下一点。按 Enter 完成(封闭(C)　模式(M)=*直线*　导线(H)=*否*　长度(L)　复原(U))：”，在命令栏中输入下一点的坐标，回车，或者直接用鼠标点击指定位置。

⑥命令栏会重复提示上一步操作，直到多重直线绘制完成，按 Enter 键或者鼠标右键结束命令。

在上述命令栏提示的选项中，“模式(M)=*直线*”指线段模式，它可以转换为“模式(M)=*圆弧*”；“复原(U)”可以用来取消最后一个指定的点；“封闭”可以用来让所绘制的多重直线闭合。

如图 2-1-5 所示的多重直线，其第一点坐标为(0,0)，第二点坐标为(0,1)，模式为“圆弧”，第三点坐标为(1,0)，且曲线封闭。

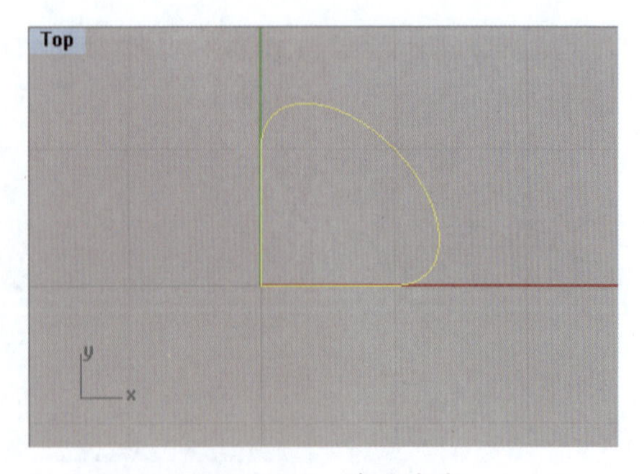

图 2-1-5　多重直线

3. 从中心点绘制直线

利用“直线：从中点”命令，可以以直

线的中点为起点绘制直线。

· 命令调用方式

①使用图标选择：点击工具栏中“多重直线”(按钮)/“直线：从中点”工具(按钮)。

②直接从命令栏输入指令“Line”。

· 绘制步骤

①从上述方式中选取一种，调用“直线：从中点”命令。

②命令栏提示“直线中点(法线(N) 指定角度(A) 与工作平面垂直(V) 四点(F) 角度等分线(B) 与曲线垂直(P) 与曲线相切(T) 延伸(E))：”，在命令栏输入点的坐标，回车，或者直接用鼠标点击指定位置。

③命令栏提示“直线终点：”，在命令栏输入点的坐标，回车，或者直接用鼠标点击指定位置。其中的选项之前已介绍过，此处不一一说明。

如图 2－1－6 所示，直线中点坐标为(0,0)，终点坐标为(2,2)。

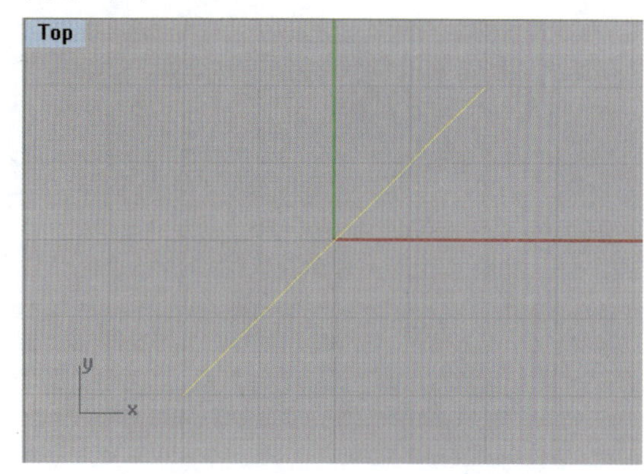

图 2－1－6 直线：从中点

4. 与曲线垂直线的绘制

利用“直线：起点与曲线垂直”命令，可以绘制与已知曲线(直线)在指定点上的垂直线。

· 命令调用方式

①从菜单栏选择：点击“曲线”/“直线”/“起点与曲线垂直”命令。

②使用图标选择：点击工具栏中“多重直线”(按钮)/“直线：起点与曲线垂直”工具(按钮)。若用右键点击该按钮，则为“直线：至曲线上的垂直点”工具。

③直接从命令栏输入指令“Line”。

· 绘制步骤

①从上述方式中选取一种，调用“直线：起点与曲线垂直”命令。

②命令栏提示“直线起点(两侧(B) 点(P) 两条曲线(C))：”，在指定曲线(直线)上选择起点，也就是垂直点，视图上会出现相应的法线，回车。

③命令栏提示“直线终点(点(P) 从第一点(F))：”，指定直线的终点。绘制效果如图 2－1－7 所示。

2.1.2.3 曲线的绘制

1. 控制点曲线的绘制

利用“控制点曲线”命令，可以以控制点绘制曲线。

· 命令调用方式

①从菜单栏选择：点击“曲线”/“自由造型”/“控制点”命令。

②使用图标选择：点击工具栏中“控制点曲线”工具(按钮)，右键点击该按钮为“通过

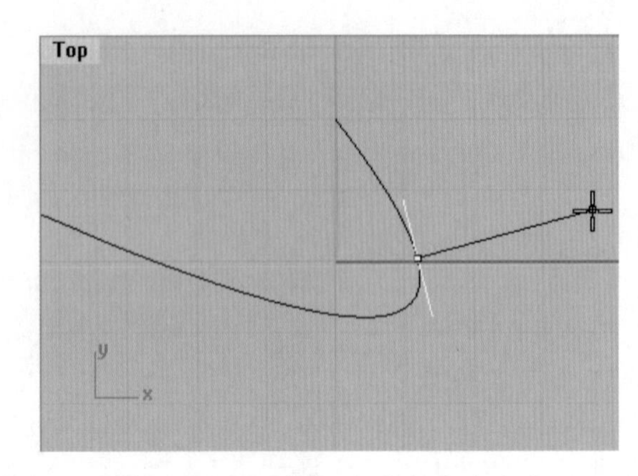

图 2-1-7　直线:起点与曲线垂直

数个点的曲线”工具。

③直接从命令栏输入指令“Curve”。

・绘制步骤

①从上述方式中选取一种,调用“控制点曲线”命令。

②命令栏提示“曲线起点(阶数(D)=3):”,在命令栏输入第一点坐标,回车,或者直接用鼠标点击指定位置。

③命令栏提示“下一点(阶数(D)=3)　复原(U)):”,输入第二点坐标,回车,或者直接用鼠标点击指定位置。

④命令栏提示“下一点。按 Enter 完成(阶数(D)=3)　复原(U)):”,输入第三点坐标,回车,或者直接用鼠标点击指定位置。

⑤命令栏提示“下一点。按 Enter 完成(阶数(D)=3　封闭(C)　尖锐封闭(S)=否　复原(U)):”,输入下一点坐标,回车,或者直接用鼠标点击指定位置。

⑥命令栏会重复提示上一步操作,直到曲线绘制完成,按 Enter 键或者鼠标右键结束命令。绘制效果如图 2-1-8 所示。

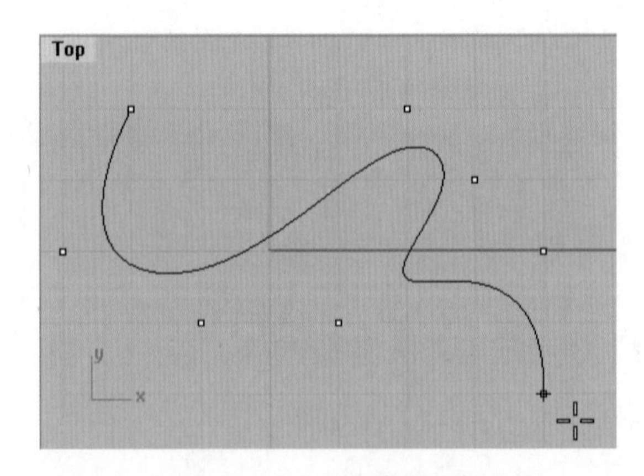

图 2-1-8　控制点曲线

2. 内插点曲线的绘制

利用“内插点曲线”命令，可以以内插点绘制曲线。

· 命令调用方式

①从菜单栏选择：点击“曲线”/“自由造型”/“内插点”命令。

②使用图标选择：点击工具栏中“控制点曲线”(按钮)/“内插点曲线”工具(按钮)，右键点击该按钮为“控制杆曲线”工具。

③直接从命令栏输入指令“InterpCrv”。

· 绘制步骤

①从上述方式中选取一种，调用“内插点曲线”命令。

②命令栏提示“曲线起点(阶数(D)=3　节点(K)=*弦长*　起点相切(S))：”，在命令栏输入第一点坐标，回车，或者直接用鼠标点击指定位置。

③命令栏提示“下一点(阶数(D)=3　节点(K)=*弦长*　终点相切(S)　复原(U))：”，输入第二点坐标，回车，或者直接用鼠标点击指定位置。

④命令栏提示“下一点。按 Enter 完成(阶数(D)=3　节点(K)=*弦长*　终点相切(S)　复原(U))：”，输入第三点坐标，回车，或者直接用鼠标点击指定位置。

⑤命令栏提示“下一点。按 Enter 完成(阶数(D)=3　节点(K)=*弦长*　终点相切(S)　封闭(C)　尖锐封闭(S)=*否*　复原(U))：”，输入下一点坐标，回车，或者直接用鼠标点击指定位置。

⑥命令栏会重复提示上一步操作，直到曲线绘制完成，按 Enter 键或者鼠标右键结束命令。

如图 2-1-9 所示，“内插点曲线”与“控制点曲线”这两个命令的区别在于，前者是点在曲线上，也就是绘制编辑点；后者是点在曲线外，也就是绘制曲线方向的控制点。

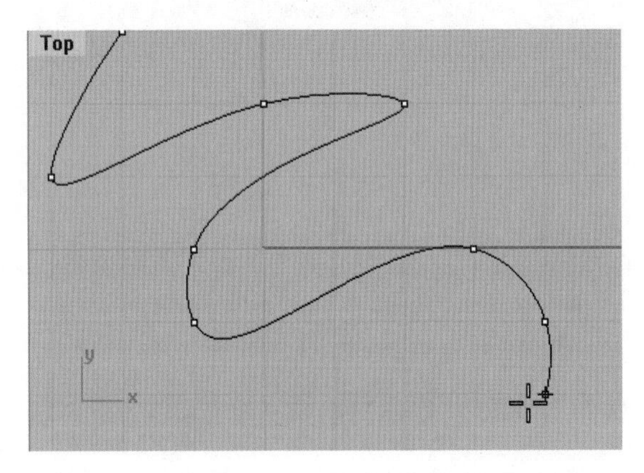

图 2-1-9　内插点曲线

3. 曲面上曲线的绘制

利用“曲面上的内插点曲线”命令，可以在已知曲面上绘制内插点曲线。

· 命令调用方式

①从菜单栏选择：点击“曲线”/“自由造型”/“曲面上的内插点”命令。

②使用图标选择：点击工具栏中“控制点曲线”(按钮)/“曲面上的内插点曲线”工具(按钮)。

③直接从命令栏输入指令“InterpCrvOnSrf”。

· 绘制步骤

①从上述方式中选取一种，调用“曲面上的内插点曲线”命令。

②命令栏提示“选取要在其上画曲线的曲面：”，选取指定曲面。

③命令栏提示“曲线起点：”，在指定曲面上绘制曲线的起点。

④命令栏提示“下一点(复原(U))：”，绘制下一点。

⑤命令栏提示“下一点。按 Enter 完成(复原(U))：”，指定下一点。

⑥命令栏将重复提示“下一点。按 Enter 完成(封闭(C)　复原(U))：”，直到曲线绘制完成，回车。

在圆球形曲面上绘制心形曲线，效果如图 2-1-10 所示。

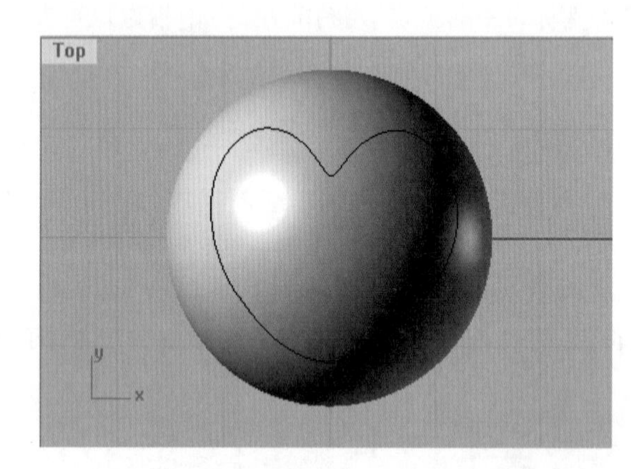

图 2-1-10　曲面上的内插点曲线

4. 螺旋线的绘制

利用“螺旋线的绘制”命令，可以绘制空间螺旋线和平面螺旋线。

· 命令调用方式

①从菜单栏选择：点击“曲线”/“螺旋线”命令。

②使用图标选择：点击工具栏中“控制点曲线”(按钮)/“螺旋线”工具(按钮)。

③直接从命令栏输入指令“Spiral”。

· 绘制步骤

①从上述方式中选取一种，调用“螺旋线”命令。

②命令栏提示“轴的起点(平坦(F)　垂直(V)　环绕曲线(A))：”，在视图中绘制螺旋线起点。

③命令栏提示“轴的终点：”，在指定位置绘制螺旋线的终点，或者通过输入数值确定终

点位置。

④命令栏提示“第一半径和起点〈1.00〉(直径(D) 模式(M)=*圈数* 圈数(T)=10 螺距(P)=0.2 反向扭转(R)=*否*):”,回车确定第一圈螺旋线的半径为1个单位,或者输入螺旋线半径,回车。

⑤命令栏提示“第二半径〈0.50〉(直径(D) 模式(M)=*圈数* 圈数(T)=10 螺距(P)=0.2 反向扭转(R)=*否*):”,回车,确定第一圈螺旋线的半径为0.5mm,或者输入螺旋线半径,回车。图2-1-11所示为Perspective视图中第一半径为1mm、第二半径为0.5mm的螺旋线。

在步骤②的命令选项中,“平坦”表示绘制平面上的螺旋线;“垂直”表示绘制与工作平面垂直的螺旋线;“环绕曲线”表示绘制环绕指定曲线的螺旋线。在步骤④的命令选项中,“模式(M)=*圈数*”表示根据输入的圈数绘制螺旋线,相应的“螺距”值会自动计算出;点击“螺距”可转换到“模式(M)=*螺距*”,表示根据输入的螺距长度绘制螺旋线,相应的圈数会自动调整。

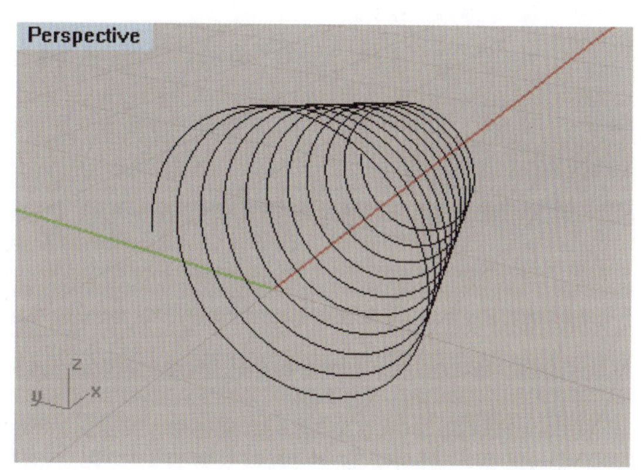

图2-1-11 螺旋线

2.1.2.4 圆的绘制

1. 指定圆心和半径绘制圆

利用“圆:中心点、半径”命令,可以绘制已知圆心位置和半径大小的圆。

· 命令调用方式

①从菜单栏选择:点击“曲线”/“圆”/“中心点、半径”命令。

②使用图标选择:点击工具栏中的“圆:中心点、半径”工具(按钮)。

③直接从命令栏输入指令“Circle”。

· 绘制步骤

①从上述方式中选取一种,调用“圆:中心点、半径”命令。

②命令栏提示“圆心(可塑形的(D) 垂直(V) 两点(P) 三点(O) 相切(T) 环绕曲线(A) 配合点(F)):”,在命令栏中输入第一点的坐标,回车,或者直接用鼠标点击指定位置。

③命令栏提示“半径〈1.5〉:”,回车,确认半径为1.5mm,或者输入半径大小,回车。如图2-1-12所示,圆的第一点坐标为(0,0),半径为1.5mm。

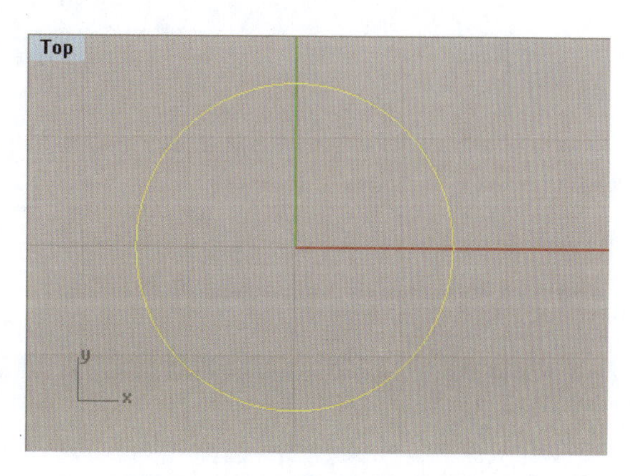

图2-1-12 圆:中心点、半径

在步骤选项②中,“可塑形的”表示以指定的阶数和控制点数绘制圆;“垂直”表示绘制一个与工作平面垂直的圆;“两点”指的是以直径的两个端点绘制圆;“三点”指的是以圆周上任意的三个点绘制一个圆;“相切”表示绘制一个与指定三条曲线相切的圆;“环绕曲线”指的是绘制圆的圆心在指定曲线上,且该圆与曲线的切线相垂直;“配合点”表示绘制一个配合多个指定点的圆。

2. 指定直径两端点绘制圆

利用“圆:直径”命令,可以通过已知圆直径两端点绘制圆。

· 命令调用方式

①从菜单栏选择:点击“曲线”/“圆”/“两点”命令。

②使用图标选择:点击工具栏中“圆:中心点、半径”(按钮)/“圆:直径”工具(按钮)。

③直接从命令栏输入指令“Circle”。

· 绘制步骤

①从上述方式中选取一种,调用“圆:直径”命令。

②命令栏提示“直径起点(垂直(V)):”,在命令栏中输入第一点的坐标,回车,或者直接用鼠标点击指定位置。

③命令栏提示“直径终点(垂直(V)):”,输入直径终点的坐标,回车,或者直接用鼠标点击指定位置。如图 2-1-13 所示,第一点坐标为(1.5,0),第二点坐标为(-1.5,0),绘制的就是直径为 3mm 的圆。

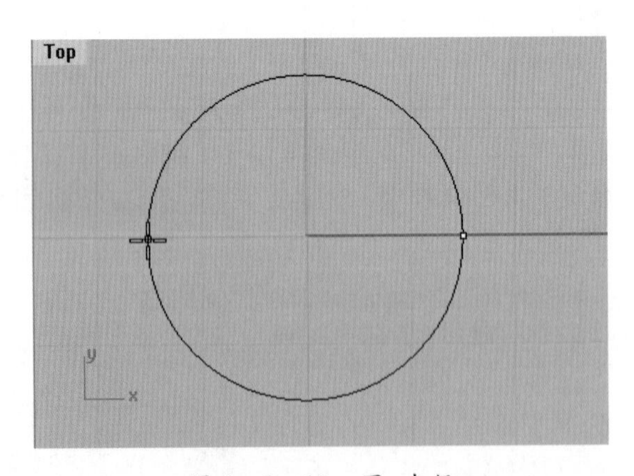

图 2-1-13　圆:直径

3. 指定三点绘制圆

利用“圆:三点”命令,可以通过指定的三点绘制圆。

· 命令调用方式

①从菜单栏选择:点击“曲线”/“圆”/“三点”命令。

②使用图标选择:点击工具栏中“圆:中心点、半径”(按钮)/“圆:三点”工具(按钮)。

③直接从命令栏输入指令"Circle"。

·绘制步骤

①从上述方式中选取一种，调用"圆：三点"命令。

②命令栏提示"第一点："，在命令栏中输入第一点的坐标，回车，或者直接用鼠标点击指定位置。

③命令栏提示"第二点："，输入第二点的坐标，回车，或者直接用鼠标点击指定位置。

④命令栏提示"第三点："，输入第三点的坐标，回车，或者直接用鼠标点击指定位置。

2.1.2.5 圆弧的绘制

1. 指定中心点、起点、角度绘制圆弧

利用"圆弧：中心点、起点、角度"命令，可以根据已知圆弧的起点、圆弧所包含的圆心及圆心角度绘制圆弧。

·命令调用方式

①从菜单栏选择：点击"曲线"/"圆"/"中心点、起点、角度"命令。

②使用图标选择：点击工具栏中的"圆弧：中心点、起点、角度"工具(按钮)。

③直接从命令栏输入指令"Arc"。

·绘制步骤

①从上述方式中选取一种，调用"圆弧：中心点、起点、角度"命令。

②命令栏提示"圆弧中心点(可塑形的(D) 起点(S) 相切(T) 延伸(E))："，在命令栏中输入中心点的坐标，回车，或者直接用鼠标点击指定位置。

③命令栏提示"圆弧起点(倾斜(T))："，在命令栏中输入起点的坐标，回车，或者直接用鼠标点击指定位置。

④命令栏提示"终点或角度："，输入指定角度，或者直接用鼠标点击指定位置。如图2-1-14所示，圆弧中心点坐标为(0,0)，起点坐标为(1,1)，圆心角角度为45°。

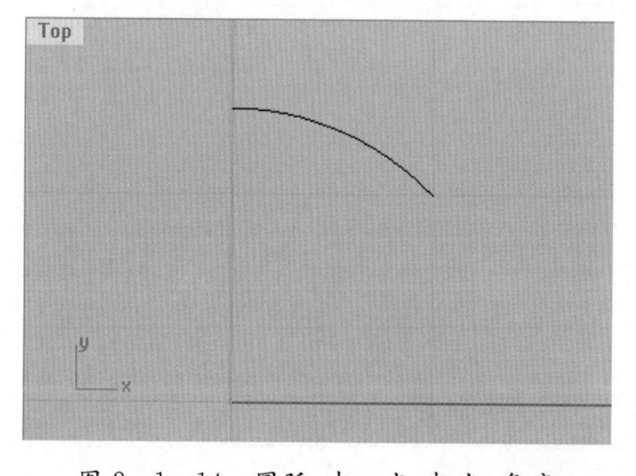

图2-1-14 圆弧：中心点、起点、角度

2. 指定起点、终点和通过点绘制圆弧

利用“圆弧:起点、终点、通过点”命令,可以根据已知的圆弧起点、圆弧终点和圆弧上一点绘制圆弧。

· 命令调用方式

①从菜单栏选择:点击“曲线”/“圆弧”/“起点、终点、通过点”命令。

②使用图标选择:点击工具栏中“圆弧”(按钮)/“圆弧:起点、终点、通过点”工具(按钮)。若用鼠标右键点击该按钮,则为“圆弧:起点、通过点、终点”。“圆弧:起点、终点、通过点”与它功能上的区别在于:前者确定指定三点的顺序是起点、终点和通过点,也就是确定起点、终点再确定弧度;后者的指定点顺序是起点、通过点和终点。

③直接从命令栏输入指令“Arc”。

· 绘制步骤

①调用“圆弧:起点、终点、通过点”命令。

②命令栏提示“圆弧起点:”,在命令栏输入起点坐标,回车,或者直接用鼠标点击指定位置。

③命令栏提示“圆弧终点(方向(D)　通过点(T)):”,输入终点坐标,回车,或者直接用鼠标点击指定位置。

④命令栏提示“圆弧上的点(方向(D)　半径(R)):”,输入通过点的坐标,回车,或者直接用鼠标点击指定位置。图 2－1－15 所示为经过起点(0,0)、终点(1,1)、通过点(1,0)的圆弧。

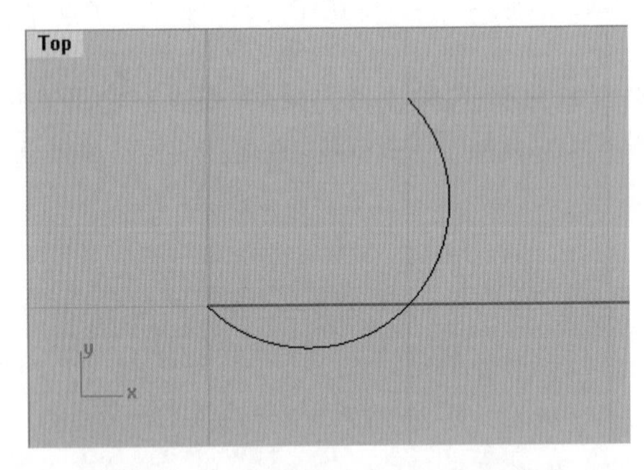

图 2－1－15　圆弧:起点、终点、通过点

在步骤②、③的命令选项中,点击括号内的“方向”“通过点”“半径”,可以分别快捷地将命令转换为“圆弧:起点、起点的方向、终点”“圆弧:起点、通过点、终点”“圆弧:起点、终点、半径”。

2.1.2.6　椭圆的绘制

1. 指定中心点绘制椭圆

利用"椭圆:从中心点"命令,可以根据椭圆的中心点、第一轴终点和第二轴终点绘制椭圆。

· 命令调用方式

①从菜单栏选择:点击"曲线"/"椭圆"/"从中心点"命令。

②使用图标选择:点击工具栏中"椭圆:从中心点"工具(按钮)。

③直接从命令栏输入指令"Ellipse"。

· 绘制步骤

①调用"椭圆:从中心点"命令。

②命令栏提示"椭圆中心点(可塑形的(D)　垂直(V)　角(C)　直径(I)　从焦点(F)　环绕曲线(A)):",在命令栏输入中心点坐标,回车,或者直接用鼠标点击指定位置。

③命令栏提示"第一轴终点(角(C)):",输入第一轴终点坐标,回车,或者直接用鼠标点击指定位置。

④命令栏提示"第二轴终点:",输入第二轴终点的坐标,回车,或者直接用鼠标点击指定位置。图2-1-16所示为经过中心点(0,0)、第一轴终点(1,0)、第二轴终点(0,2)的椭圆。

在步骤②的命令选项中,点击括号内的"角""直径""从焦点""环绕曲线",可以分别快捷地将命令转换为"椭圆:角""椭圆:直径""椭圆:从焦点""椭圆:环绕曲线"。

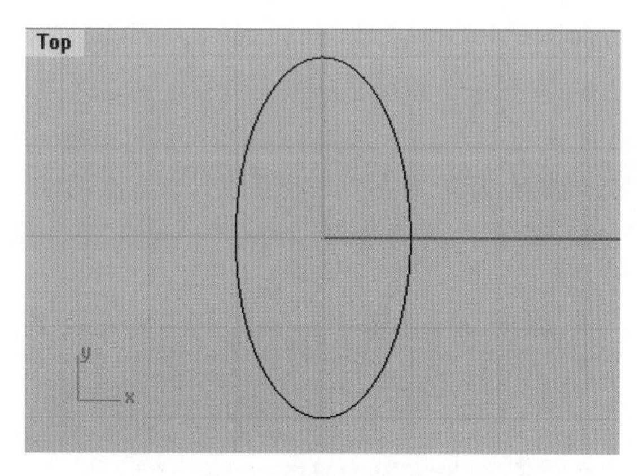

图2-1-16　椭圆:从中心点

2. 指定直径绘制椭圆

利用"椭圆:直径"命令,可以通过第一轴起点、终点和第二轴的终点绘制椭圆。

· 命令调用方式

①从菜单栏选择:点击"曲线"/"椭圆"/"直径"命令。

②使用图标选择:点击工具栏中"椭圆:从中心点"(按钮)/"椭圆:直径"工具(按钮)。

③直接从命令栏输入指令“Ellipse”。

· 绘制步骤

①调用“椭圆:直径”命令。

②命令栏提示“第一轴起点(垂直(V)):”,在命令栏输入第一轴起点坐标,回车,或者直接用鼠标点击指定位置。

③命令栏提示“第一轴终点:”,输入第一轴终点坐标,回车,或者直接用鼠标点击指定位置。

④命令栏提示“第二轴终点:”,输入第二轴终点坐标,回车,或者直接用鼠标点击指定位置。可尝试以第一轴起点(−2,0),第一轴终点(2,0),第二轴终点(0,1)绘制椭圆。

3. 指定焦点绘制椭圆

利用“椭圆:从焦点”命令,可以通过椭圆的两个焦点和椭圆上的任意一点绘制椭圆。

· 命令调用方式

①从菜单栏选择:点击“曲线”/“椭圆”/“从焦点”命令。

②使用图标选择:点击工具栏中“椭圆:从中心点”(按钮)/“椭圆:从焦点”工具(按钮)。

③直接从命令栏输入指令“Ellipse”。

· 绘制步骤

①调用“椭圆:从焦点”命令。

②命令栏提示“第一焦点(标示焦点(M)=否):”,在命令栏输入第一焦点坐标,回车,或者直接用鼠标点击指定位置。

③命令栏提示“第二焦点(标示焦点(M)=否):”,输入第二焦点坐标,回车,或者直接用鼠标点击指定位置。

④命令栏提示“椭圆上的点(标示焦点(M)=否):”,输入点的坐标,回车,或者直接用鼠标点击指定位置。图2-1-17所示为通过第一焦点(−2,0)、第二焦点(2,0)、椭圆上的点(0,1)绘制的椭圆。

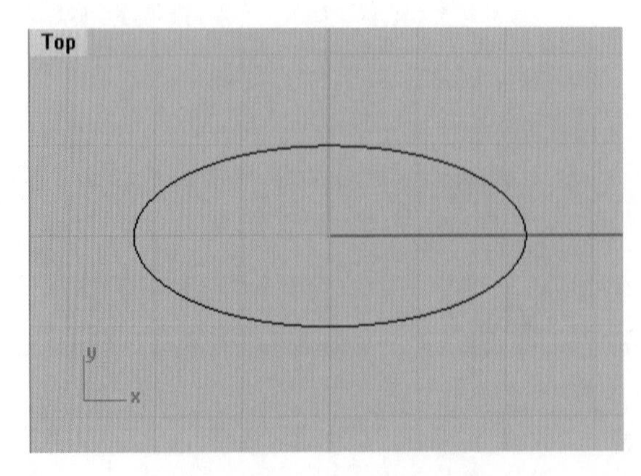

图2-1-17　椭圆:从焦点

2.1.2.7 矩形的绘制

1. 指定对角绘制矩形

利用“矩形:角对角”命令,可以根据矩形的两个对角点绘制矩形。

· 命令调用方式

①从菜单栏选择:点击“曲线”/“矩形”/“角对角”命令。

②使用图标选择:点击工具栏中“矩形:角对角”工具(按钮)。

③直接从命令栏输入指令“Rectangle”。

· 绘制步骤

①调用“矩形:角对角”命令。

②命令栏提示“矩形的第一角(三点(P) 垂直(V) 中心点(C) 圆角(R)):”,在命令栏输入第一角点坐标,回车,或者直接用鼠标点击指定位置。

③命令栏提示“其他角或长度(圆角(R)):”,输入第二角点坐标,回车,或者直接用鼠标点击指定位置。图2-1-18所示为根据第一角点(-2,-2)和第二角点(2,2)绘制的矩形。

在步骤选项②的命令选项中,点击括号中的“三点”“垂直”“中心点”“圆角”,可以分别快捷地将命令转换为“矩形:三点”“矩形:垂直”“矩形:中心点、角”“圆角矩形”。

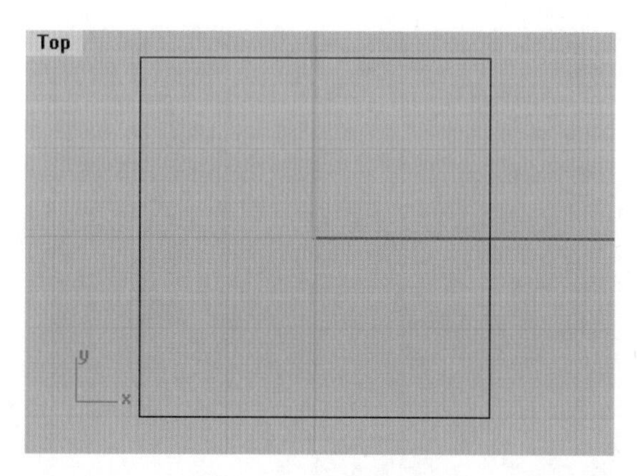

图2-1-18 矩形:角对角

2. 指定中心点和角绘制矩形

利用“矩形:中心点、角”命令,可以根据矩形的中心点和其中一个角点绘制矩形。

· 命令调用方式

①从菜单栏选择:点击“曲线”/“矩形”/“中心点、角”命令。

②使用图标选择:点击工具栏中“矩形:角对角”(按钮)/“矩形:从中心点、角”工具(按钮)。

③直接从命令栏输入指令“Rectangle”。

· 绘制步骤

①调用“矩形:从中心点、角”命令。

②命令栏提示“矩形中心点(圆角(R))：”，在命令栏输入矩形中心点坐标，回车，或者直接用鼠标点击指定位置。

③命令栏提示“其他角或长度(圆角(R))：”，输入其中一角点坐标，回车，或者直接用鼠标点击指定位置。可尝试以中心点(0,0)、角点(2,2)绘制矩形。

3. 绘制圆角矩形

利用“圆角矩形”命令，可以根据矩形的角点、长度以及圆角的半径绘制圆角矩形。

· 命令调用方式

①使用图标选择：点击工具栏中“矩形：角对角”(按钮)/“圆角矩形”工具(按钮)。

②直接从命令栏输入指令“Rectangle”。

· 绘制步骤

①调用“圆角矩形”命令。

②命令栏提示“矩形的第一角(三点(P)　垂直(V)　中心点(C))：”，在命令栏输入矩形的第一个角点坐标，回车，或者直接用鼠标点击指定位置。

③命令栏提示“其他角或长度：”，输入其中对角的角点坐标，回车，或者直接用鼠标点击指定位置。

④命令栏提示“半径或圆角通过点〈0.5〉(角(C)＝*圆弧*)：”，输入半径长度或者输入圆角通过点坐标，绘制圆角。如图2-1-19所示，尝试以矩形第一角坐标(2,1)、对角坐标(－2,－1)、半径0.5mm绘制矩形。

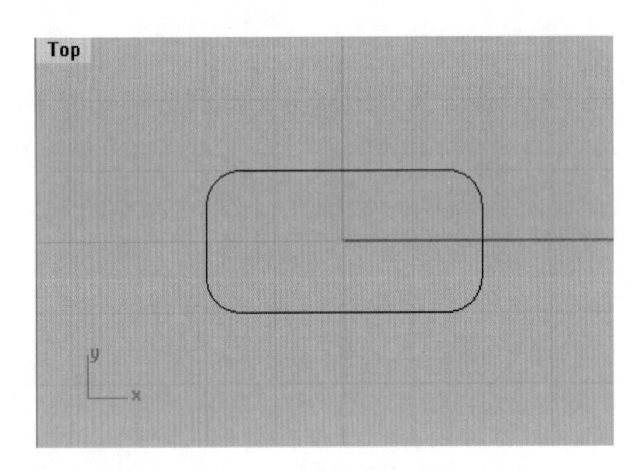

图2-1-19　圆角矩形

2.1.2.8　多边形的绘制

1. 指定中心点和半径绘制多边形

利用“多边形：中心点、半径”命令，可以根据多边形的中心点和外接圆半径绘制正多边形(指二维平面内各边相等、各角也相等的多边形，如正五边形、正六边形等)。

· 命令调用方式

①从菜单栏选择：点击“曲线”/“多边形”/“中心点、半径”命令。

②使用图标选择：点击工具栏中“多边形：中心点、半径”工具（按钮 ）。

③直接从命令栏输入指令“Polygon”。

· 绘制步骤

①调用“多边形：中心点、半径”命令。

②命令栏提示“内接多边形中心点（边数（N）＝5　外切（C）　边（E）　星形（S）　垂直（V）　环绕曲线（A））：”，在命令栏输入中心点坐标，回车，或者直接用鼠标点击指定位置。

③命令栏提示“多边形的角（边数（N）＝5）：”，输入角点坐标，回车，或者直接用鼠标点击指定位置，也可以在这里点击“边数”来修改多边形的边数。如图 2－1－20 所示，尝试以中心点（0，0）、角点（2，2）、边数＝5 绘制正多边形。

在步骤②的命令选项中，点击括号内的“外切”“边”“星形”，可以分别快捷地将命令转换为“外切多边形：中心点、半径”“多边形：边”“多边形：星形”。

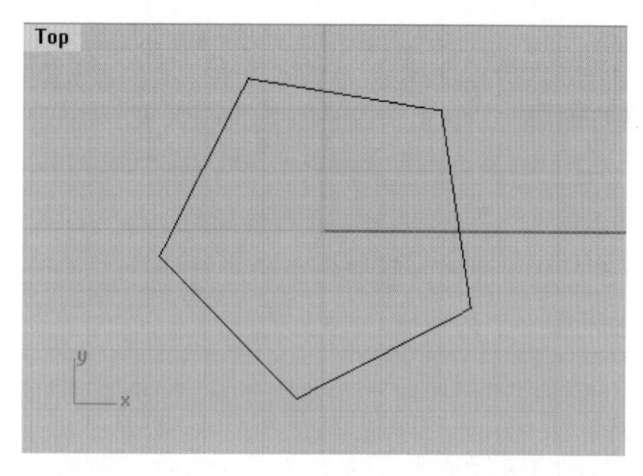

图 2－1－20　多边形：中心点、半径

2. 指定边绘制多边形

利用“多边形：边”命令，可以根据多边形一条边的起点和终点绘制正多边形。

· 命令调用方式

①从菜单栏选择：点击“曲线”/“多边形”/“以边”命令。

②使用图标选择：点击工具栏中“多边形：中心点、半径”（按钮 ）/“多边形：边”工具（按钮 ）。

③直接从命令栏输入指令“Polygon”。

· 绘制步骤

①调用“多边形：边”命令。

②命令栏提示“边缘起点（边数（N）＝5　垂直（V））：”，在命令栏输入多边形一条边的起点坐标，回车，或者直接用鼠标点击指定位置。

③命令栏提示“边缘终点（边数（N）＝5　反转（F））：”，输入边的终点坐标，回车，或者直接用鼠标点击指定位置。如图 2－1－21 所示，尝试以一条边起点坐标（2，－1）、终点坐标（－2，－1）绘制正五边形。

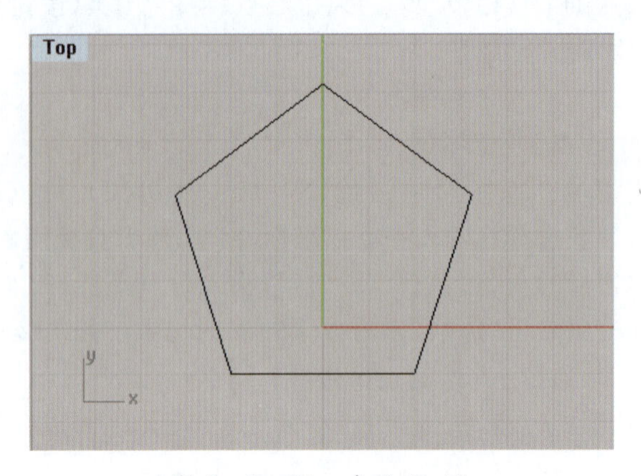

图 2-1-21　多边形：边

2.1.3　曲线的编辑

1. 延伸曲线

“延伸曲线”命令的作用是将曲线延伸到指定的位置。它既可以将曲线延伸到另一条边线上，也可以将曲线单独延伸一定的长度。

· 命令调用方式

①从菜单栏选择：点击“曲线”/“延伸曲线”/“延伸曲线”命令。

②使用图标选择：点击工具栏中“曲线圆角”(按钮)/“延伸曲线”工具(按钮)。

③直接从命令栏输入指令“Extend”。

· 编辑步骤：将曲线延伸到另一条边线上

①调用“延伸曲线”命令。

②命令栏提示“选取边界物体或输入延伸长度，按 Enter 使用动态延伸：”，如图 2-1-22 所示，选择圆作为曲线将要延伸到的边界，回车。

③命令栏提示“选取要延伸的曲线(类型(T)=*原本的*　复原(U))：”，点击选取需要编辑延伸的曲线，曲线将沿着原本的路径方向延伸到圆上。

④继续点击曲线，命令栏提示“延伸终点或输入延伸长度〈1.00〉：”，这个时候可以在视图中点击指定的曲线终点，也可以直接输入将要延伸的长度，回车或点击鼠标右键完成。步骤③中命令栏提示中的“类型”有 4 个选项：“原本的”指曲线沿本身的路径方向延伸；“直线”指曲线将转为沿着直线延伸；“圆弧”指曲线将转为沿着圆弧延伸；“平滑”指曲线将平滑延伸。

· 编辑步骤：将曲线单独延伸一定的长度

①调用“延伸曲线”命令。

②命令栏提示“选取边界物体或输入延伸长度，按 Enter 使用动态延伸：”时，如图 2-1-23 所示，在命令栏输入长度“3”并回车。

③命令栏提示“选取要延伸的曲线(类型(T)=*原本的*　延伸长度(E)=3):”,在这里可以修改类型,也可以修改延伸长度,如果不需要修改,选取要延伸的曲线。

④命令栏会重复提示“选取要延伸的曲线(类型(T)=*原本的*　延伸长度(E)=3　复原(U)):”,重复延伸曲线,且可以随时修改,点击曲线任意一端都可以按照指定长度延伸,直到点击 Enter 键或鼠标右键确定编辑完成。

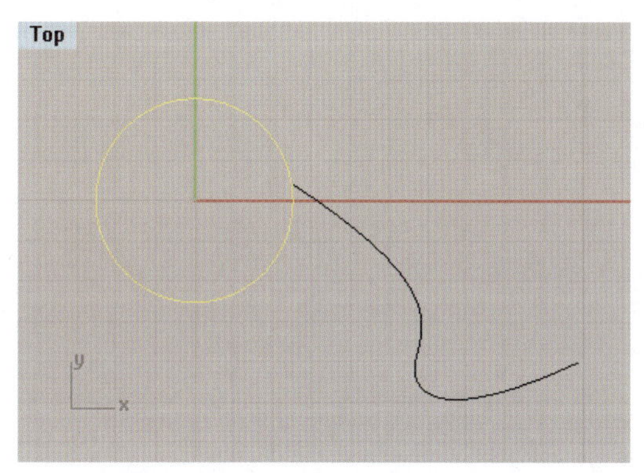

图 2-1-22　选取边界物体延伸曲线

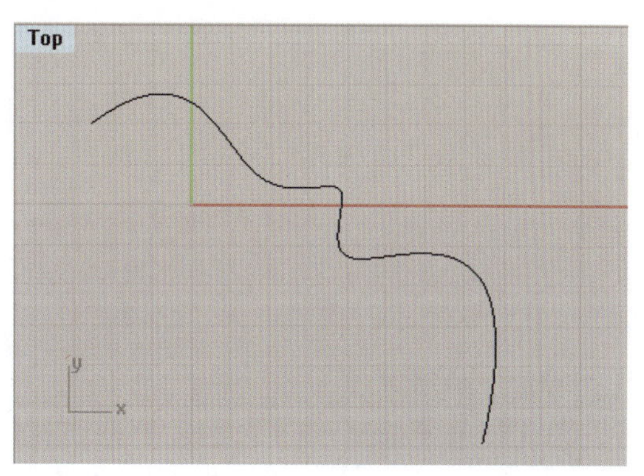

图 2-1-23　延伸曲线

2. 曲线倒角

倒角是将两条曲线的交点部位编辑成用直线或圆弧连接。在 Rhino 的曲线编辑里有“曲线圆角”和“曲线斜角”两种倒角方式。

1)曲线圆角

利用“曲线圆角”命令,可以将两条曲线之间的交点编辑成用圆弧连接。

·命令调用方式

①从菜单栏选择:点击“曲线”/“曲线圆角”命令。

②使用图标选择:点击工具栏中的“曲线圆角”工具(按钮)。

③直接从命令栏输入指令“Fillet”。

·编辑步骤

①调用“曲线圆角”命令。

②命令栏提示“选取要建立圆角的第一条曲线(半径(R)=1　组合(J)=*否*　修剪(T)=*是*　圆弧延伸方式(E)=*圆弧*):”,选择第一条曲线。

③命令栏提示“选取要建立圆角的第二条曲线(半径(R)=1　组合(J)=*否*　修剪(T)=*是*　圆弧延伸方式(E)=*圆弧*):”,选择第二条曲线,倒圆角完成。

在这里,命令栏中的编辑选项“半径”指连接圆弧的半径,可以通过输入数值修改;“组合(J)=*否*”表示倒角完成后,两条被编辑的曲线和中间的圆弧线相分离,“组合(J)=*是*”则表示三条曲线连接在一起;“修剪(T)=*是*”表示倒角完成后自动删去原两曲线交角,“修剪(T)=*否*”则表示原两曲线交角保留。曲线圆角效果如图 2-1-24 所示。

2)曲线斜角

利用“曲线斜角”命令,可以将两条曲线之间的交点部位编辑成用直线连接。

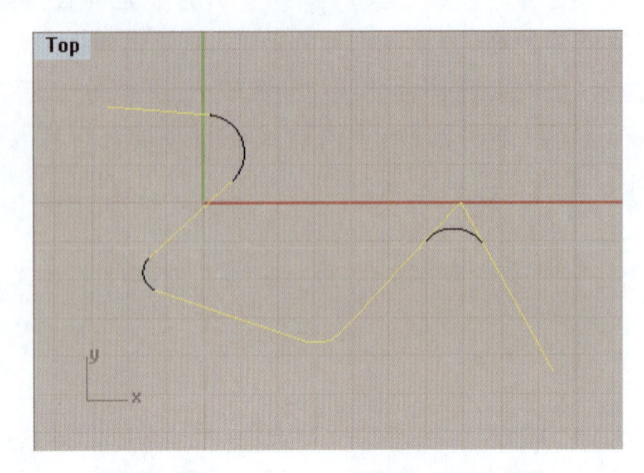

图 2-1-24 曲线圆角

· 命令调用方式

①从菜单栏选择：点击“曲线”/“曲线斜角”命令。

②使用图标选择：点击工具栏中“曲线圆角”(按钮)/“曲线斜角”工具(按钮)。

③直接从命令栏输入指令“Chamfer”。

· 编辑步骤

①调用“曲线斜角”命令。

②命令栏提示“选取要建立斜角的第一条曲线(距离(D)=1 组合(J)=否 修剪(T)=是 圆弧延伸方式(E)=直线)：”，选择第一条曲线。

③命令栏提示“选取要建立斜角的第二条曲线(距离(D)=1 组合(J)=否 修剪(T)=是 圆弧延伸方式(E)=直线)：”，选择第二条曲线，倒斜角完成效果，如图 2-1-25 所示。

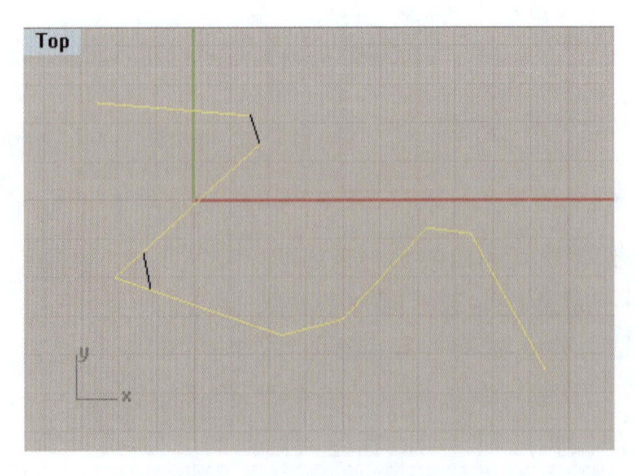

图 2-1-25 曲线斜角

3. 混接曲线

利用“混接曲线”命令，可以使两条曲线通过平滑的混接曲线连接起来。

· 命令调用方式

①从菜单栏选择:点击“曲线”/“混接曲线”命令。

②使用图标选择:点击工具栏中“曲线圆角”(按钮)/“混接曲线”工具(按钮)。

③直接从命令栏输入指令“Blend”。

· 编辑步骤

①调用“混接曲线”命令。

②命令栏提示“选取要混接的第一条曲线－点选要混接的端点处(垂直(P) 以角度(A) 连续性(C)=*曲率*):”,在靠近要混接的端点处点击选择第一条曲线。

③命令栏提示“选取要混接的第二条曲线－点选要混接的端点处(垂直(P) 以角度(A) 连续性(C)=*曲率*):”,在靠近要混接的端点处点击选择第二条曲线。如图 2-1-26 所示,左图为两条待连接的曲线,右图为使用“混接曲线”命令后绘制出的平滑曲线。

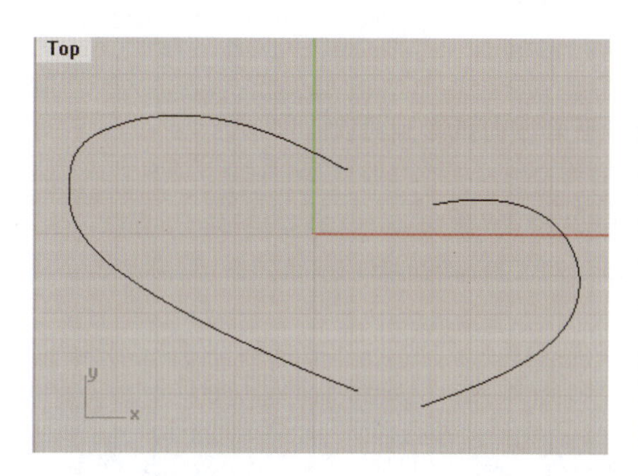

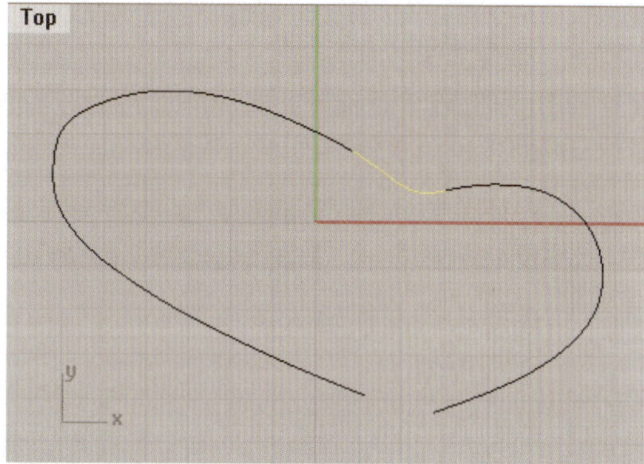

图 2-1-26 混接曲线

4. 偏移曲线

利用“偏移曲线”命令,可以将曲线按照指定的长度等距离复制。

· 命令调用方式

①从菜单栏选择:点击“曲线”/“偏移曲线”命令。

②使用图标选择:点击工具栏中“曲线圆角”(按钮)/“偏移曲线”工具(按钮)。

③直接从命令栏输入指令“Offset”。

· 编辑步骤

①调用“偏移曲线”命令。

②命令栏提示“选取要偏移的曲线(距离(D)=1 角(C)=*尖锐* 通过点(T) 公差(O)=0.001 两侧(B)):”时,选择需要偏移复制的曲线。

③命令栏提示“偏移侧(距离(D)=1 角(C)=*尖锐* 通过点(T) 公差(O)=0.001 两侧(B)):”时,确定待偏移曲线的法线偏移方向。如图 2-1-27 所示,左图为待偏移曲线,且法线偏移方向为曲线内侧,右图为向内偏移复制的曲线。

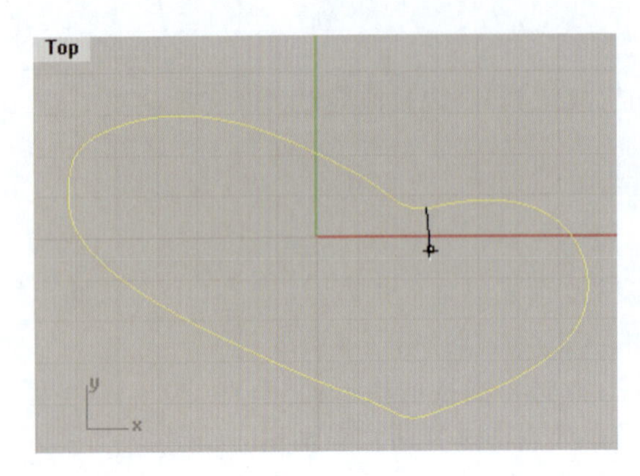

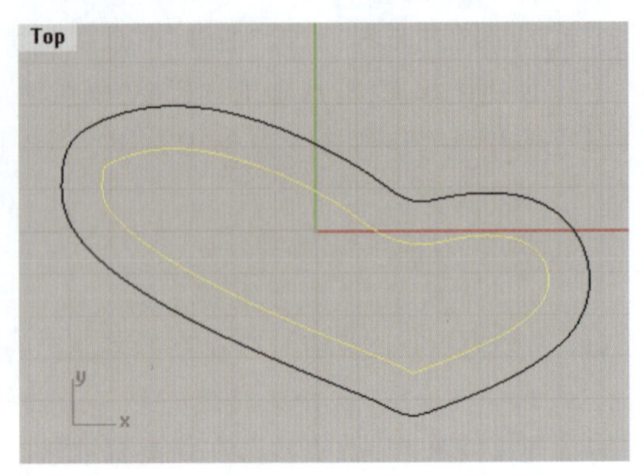

图 2-1-27　偏移曲线

5. 投影至曲面

利用“投影至曲面”命令，可以将曲线往工作平面方向投影到曲面。

· 命令调用方式

①从菜单栏选择：“曲线”/“从物件建立曲线”/“投影”命令。

②使用图标选择：点击工具栏中的“投影至曲面”工具（按钮）。

③直接从命令栏输入指令“Project”。

· 编辑步骤

①调用“投影至曲面”命令。

②命令栏提示“选取要投影的曲线和点（删除输入物件（D）＝否）：”时，选择要投影的曲线。

③命令栏提示“选择要投影的曲线和点。按 Enter 完成（删除输入物件（D）＝否）：”，回车。

④命令栏提示“选择要投影至其上的曲面、多重曲面和网格（删除输入物件（D）＝否）：”，选择被投影的曲面。

⑤命令栏提示“选择要投影至其上的曲面、多重曲面和网格。按 Enter 完成（删除输入物件（D）＝否）：”，回车。如图 2-1-28 所示，左图黄色线为选择的投影曲线，右图为投影完成的曲线和曲面。

6. 将曲线拉至曲面

利用“将曲线拉至曲面”命令，可以将曲线拉回到曲面上。

· 命令调用方式

①从菜单栏选择：“曲线”/“从物件建立曲线”/“拉回”命令。

②使用图标选择：点击工具栏中“投影至曲面”（按钮）/“将曲线拉至曲面”工具（按钮）。

③直接从命令栏输入指令“Pull”。

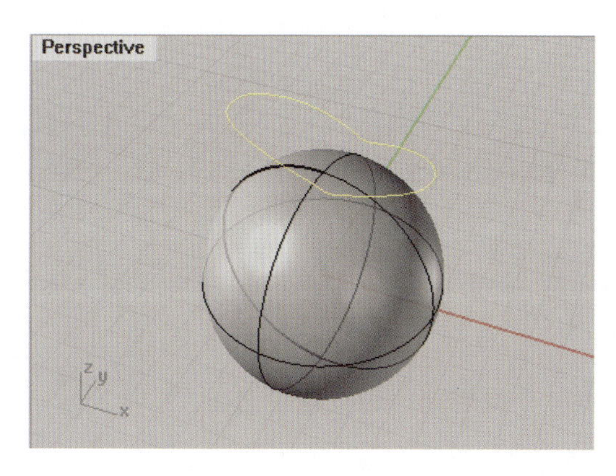

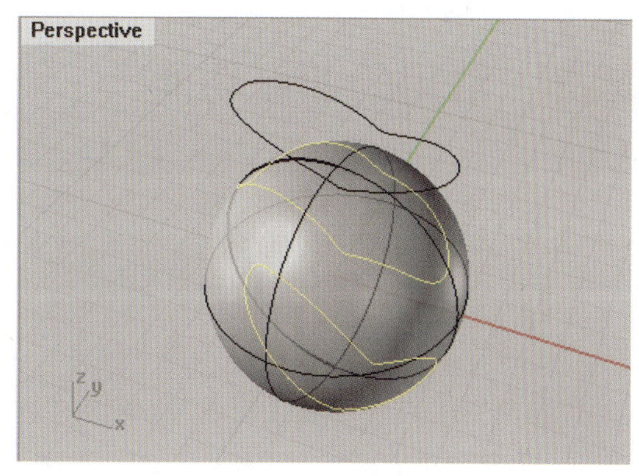

图 2-1-28 曲线投影至曲面

· 编辑步骤

①调用“将曲线拉至曲面”命令。

②命令栏提示“选取要被拉回的曲线和点(删除输入物件(D)=否):”时,选择要被拉回的曲线。

③命令栏提示“选择要被拉回的曲线和点。按 Enter 完成(删除输入物件(D)=否):”,回车。

④命令栏提示“选择要拉至其上的曲面或网格(删除输入物件(D)=否):”,选择相应曲面。

⑤命令栏提示“选择要拉至其上的曲面或网格。按 Enter 完成(删除输入物件(D)=否):”,回车。如图 2-1-29 所示,左图黄色线为选择被拉回的曲线,右图为完成的曲线和曲面。

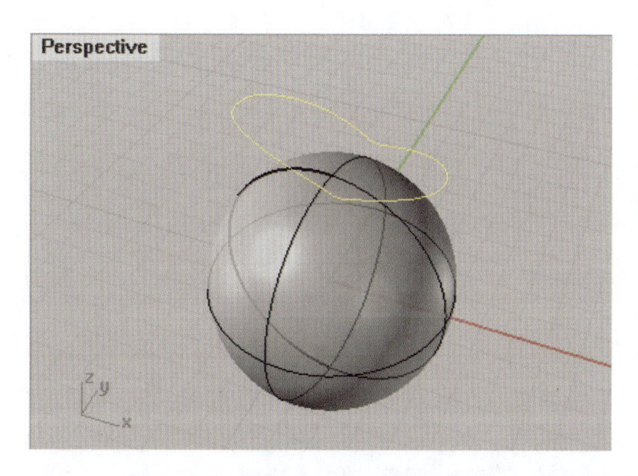

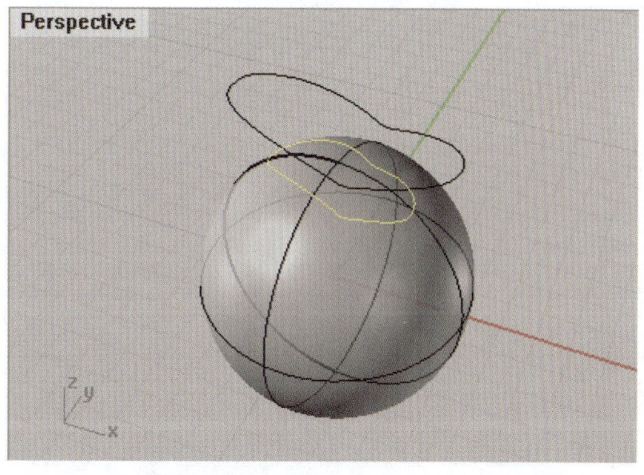

图 2-1-29 将曲线拉至曲面

2.2 常用的曲面功能

2.2.1 曲面的绘制

1. 指定三或四个角建立曲面

“指定三或四个角建立曲面”命令指的是根据三个或者四个角点创建曲面。

·命令调用方式

①从菜单栏选择:点击“曲面”/“角点”命令。

②使用图标选择:点击工具栏中“指定三或四个角建立曲面”工具(按钮)。

③直接从命令栏输入指令“SrfPt”。

·绘制步骤

①调用“指定三或四个角建立曲面”命令。

②命令栏提示“曲面的第一个角:”,在命令栏输入第一角点坐标,回车,或者直接用鼠标点击指定位置。

③命令栏提示“曲面的第二个角:”,输入第二角点坐标,回车,或者直接用鼠标点击指定位置。

④命令栏提示“曲面的第三个角:”,输入第三角点坐标,回车,或者直接用鼠标点击指定位置。

⑤命令栏提示“曲面的第四个角:”,输入第四角点坐标,回车,或者直接用鼠标点击指定位置。如图 2-2-1 所示,尝试以第一角点(−2,−2)、第二角点(−2,2)、第三角点(2,2)、第四角点(2,−2)绘制矩形面。

也可以使用 3 个角点创建曲面,此种情况下,只用在输入曲面的第三个角后直接敲击回车键即可。

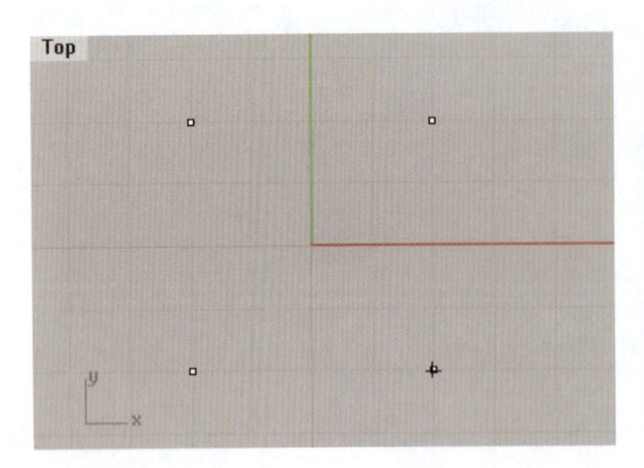

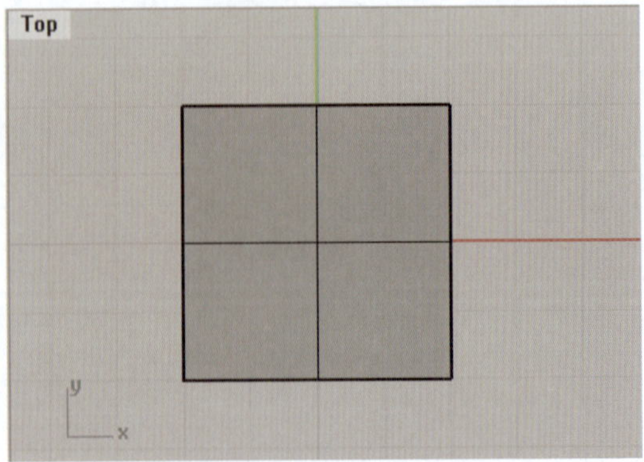

图 2-2-1 指定三或四个角建立曲面

2. 以二、三或四个边缘曲线创建曲面

“以二、三或四个边缘曲线创建曲面”命令，即“边缘曲线”命令，指的是通过二、三或四个边缘曲线来创建曲面。

· 命令调用方式

①从菜单栏选择：点击“曲面”/“边缘曲线”命令。

②使用图标选择：点击工具栏中“指定三或四个角建立曲面”(按钮)/“以二、三或四个边缘曲线创建曲面”工具(按钮)。

③直接从命令栏输入指令“EdgeSrf”。

· 绘制步骤

①调用“以二、三或四个边缘曲线创建曲面”命令。

②命令栏反复提示为“选择 2、3 或 4 条曲线：”，直接用鼠标选定已知曲线，回车。如图 2-2-2 所示，选择两条已知曲线，创建曲面。

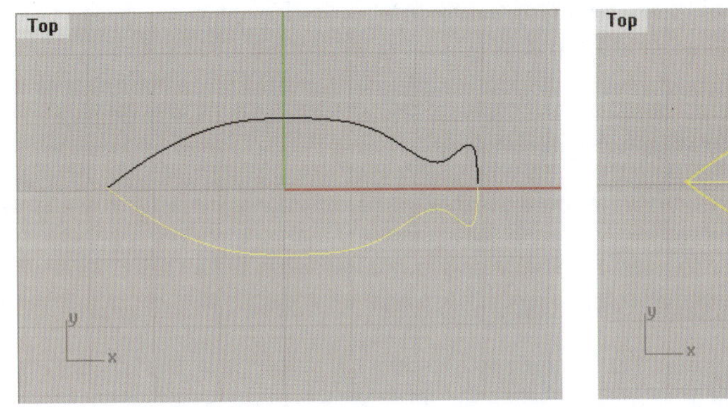

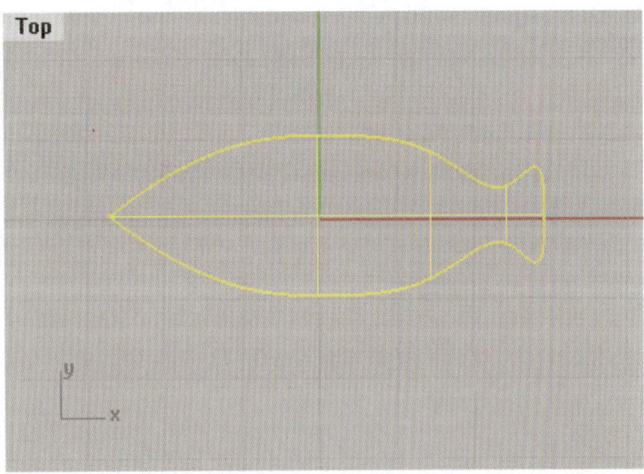

图 2-2-2　以二、三或四个边缘曲线创建曲面

3. 以平面曲线创建曲面

“以平面曲线创建曲面”命令指的是通过在同一平面的封闭曲线创建曲面。

· 命令调用方式

①从菜单栏选择：点击“曲面”/“平面曲线”命令。

②使用图标选择：点击工具栏中“指定三或四个角建立曲面”(按钮)/“以平面曲线创建曲面”工具(按钮)。

③直接从命令栏输入指令“PlanarSrf”。

· 绘制步骤

①调用“以平面曲线创建曲面”命令。

②命令栏反复提示“选取要建立曲面的平面曲线：”，直接用鼠标选定已知封闭的平面曲线，回车。如图 2-2-3 所示，选择已知平面曲线创建曲面。

4. 以矩形平面创建曲面

“以矩形平面创建曲面”命令指的是通过在同一平面内绘制矩形的方式来创建曲面。我

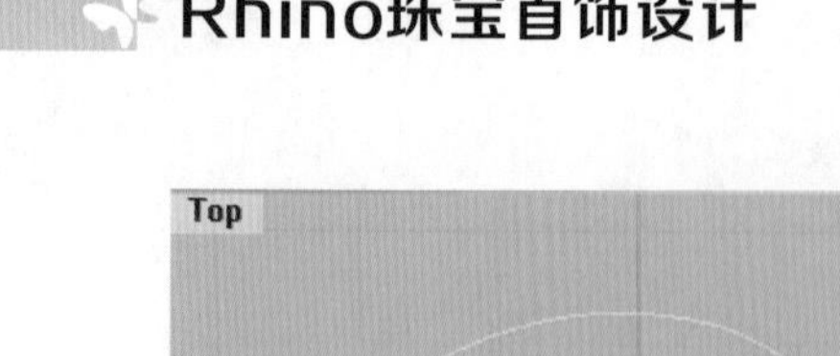

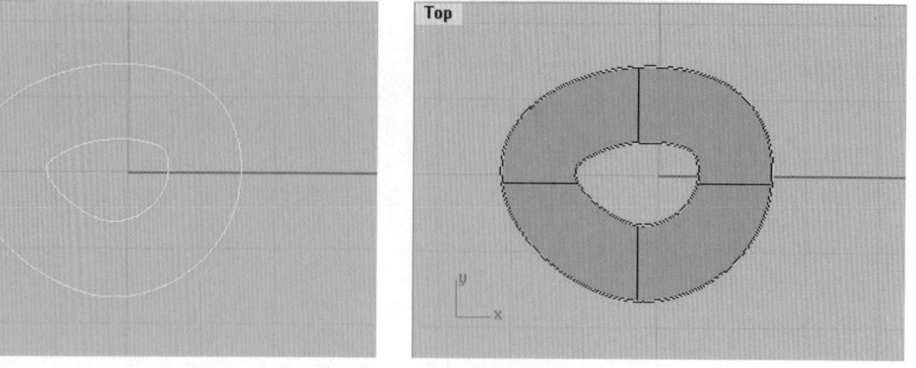

图 2-2-3　以平面曲线创建曲面

们在 2.1.2“曲线的绘制”中学习过矩形的绘制方法，这里矩形平面的绘制方式与之类似，现以“指定角对角创建矩形曲面”即“矩形平面：角对角”命令为例来学习。

“矩形平面：角对角”命令是指根据矩形的两个对角点绘制矩形曲面。

· 命令调用方式

①从菜单栏选择：点击“曲面”/“平面”/“角对角”命令。

②使用图标选择：点击工具栏中“指定三或四个角建立曲面”(按钮)/“矩形平面：角对角”工具(按钮)。

③直接从命令栏输入指令“Plane”。

· 绘制步骤

①调用“矩形平面：角对角”命令。

②命令栏提示“平面的第一角(三点(P)　垂直(V)　中心点(C)　可塑形的(D))：”，在命令栏输入第一角点坐标，回车，或者直接用鼠标指定矩形第一角点位置。

③命令栏提示“其他角或长度：”，输入第二角点坐标，回车，或者直接用鼠标点击指定位置。图 2-2-4 所示为通过第一角点(−2，−2)、第二角点(2，2)绘制矩形曲面。

在步骤②的命令选项中，点击括号内的“三点”和“垂直”，可以分别快捷地将命令转换为“矩形平面：三点”及“垂直平面”。

5. 放样曲面的创建

“放样”命令是通过选择同一路径上的断面曲线建立曲面。

· 命令调用方式

①从菜单栏选择：点击“曲面”/“放样”命令。

②使用图标选择：点击工具栏中“指定三或四个角建立曲面”(按钮)/“放样”工具(按钮)。

③直接从命令栏输入指令“Loft”。

· 绘制步骤

①调用“放样”命令。

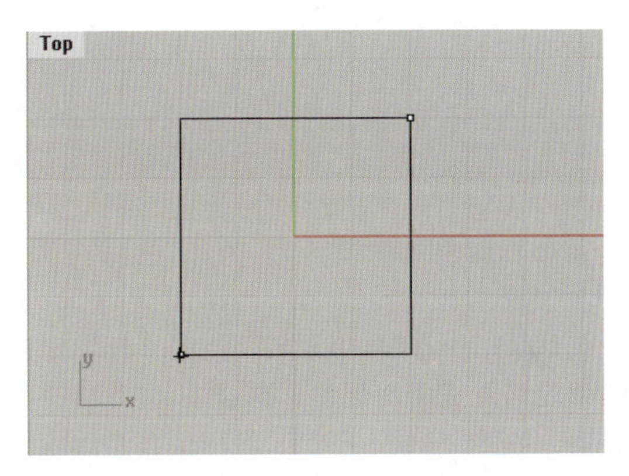

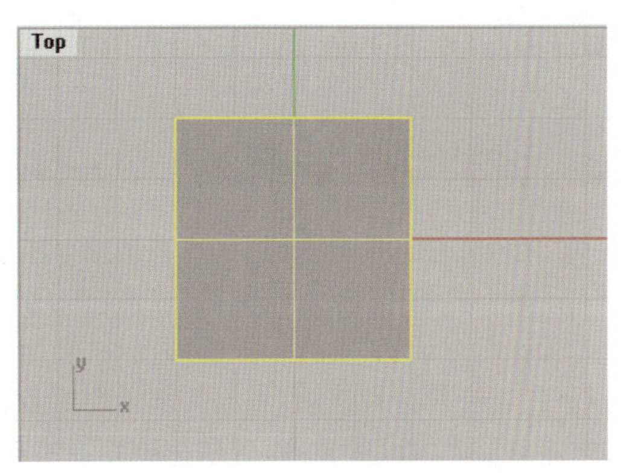

图 2-2-4　矩形平面:角对角

②命令栏提示"选择要放样的曲线(点(P)):",依次选择放样曲线。

③命令栏提示"选取要放样的曲线。按 Enter 完成:",回车完成。

④命令栏提示"调整曲线接缝(反转(F)　自动(A)　原本的(N)):",调整其位置,可以选择接缝点沿所有曲线拖动,回车完成。

⑤弹出对话框"放样选项",在"造型"下拉列表栏中有"标准""松弛""紧绷"等选项,根据需要选择后点击"确定",完成创建曲面。

在步骤④出现的选项中,"反转(F)"指可以反转接缝点方向;"自动(A)"指可自行对齐接缝点及曲线方向;"原本的(N)"指使用原本的曲线接缝位置及曲线方向。

如图 2-2-5 所示,左图为待放样的曲线,右图为放样完成的曲面。

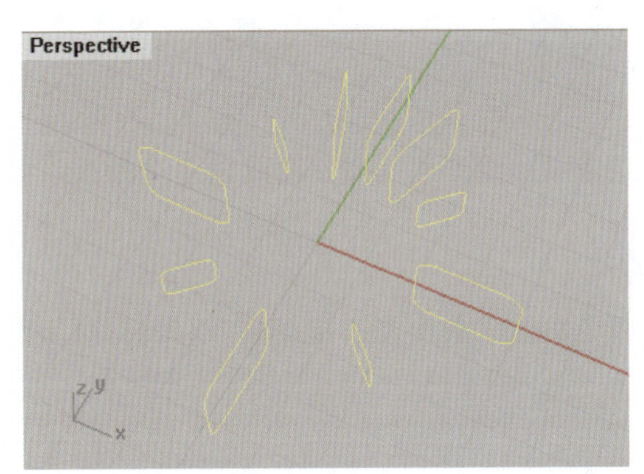

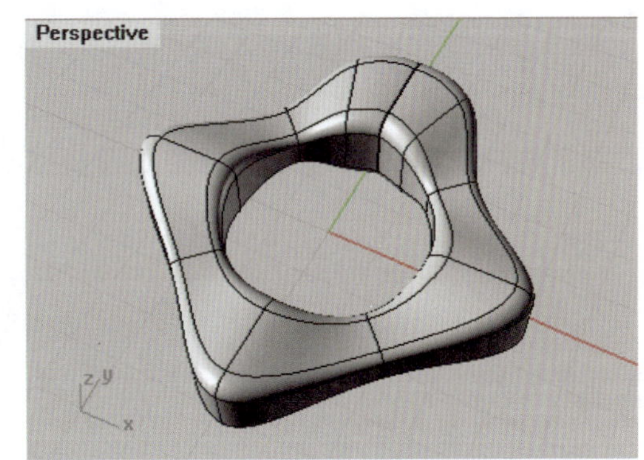

图 2-2-5　放样曲面

6. 单轨扫掠创建曲面

"单轨扫掠"命令是指一条或多条断面曲线沿同一条路径曲线建立曲面。

· 命令调用方式

①从菜单栏选择:点击"曲面"/"单轨扫掠"命令。

②使用图标选择：点击工具栏中“指定三或四个角建立曲面”(按钮)/“单轨扫掠”工具(按钮)。

③直接从命令栏输入指令“Sweep1”。

· 绘制步骤

①调用“单轨扫掠”命令。

②命令栏提示“选取路径(连锁边缘(C))：”，鼠标点击路径曲线。

③命令栏提示“选取断面曲线(点(P))：”，回车完成。

④弹出对话框“单轨扫掠选项”，在“造型”下拉列表栏中有“自由扭转”“走向 Top”“走向 Front”“走向 Right”选项，根据需要选择后点击“确定”，完成曲面创建。在这里，注意路径曲线应避免形成太大的角度，否则扫掠面会出现错误。如图 2-2-6 所示，左图为路径曲线和断面曲线，右图为单轨扫掠完成的曲面。

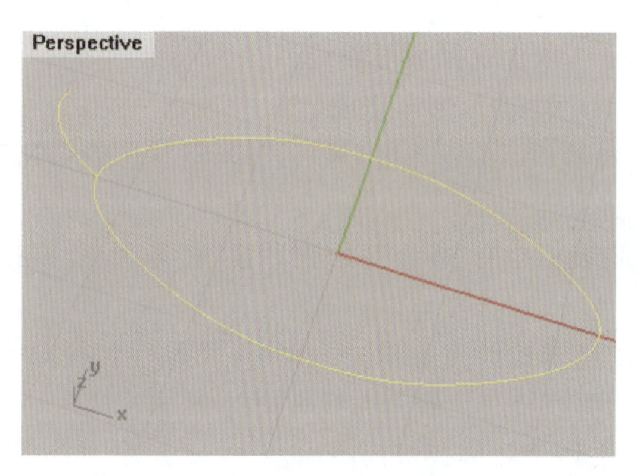

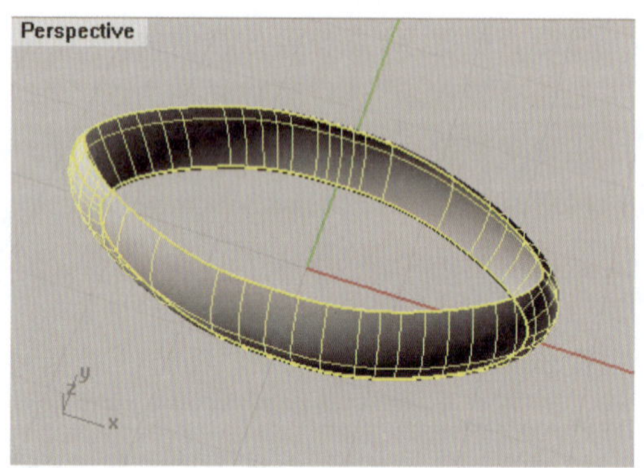

图 2-2-6　单轨扫掠创建曲面

7. 双轨扫掠创建曲面

“双轨扫掠”命令是指沿着两条路径扫掠数条定义曲线形状的断面曲线以建立曲面。

· 命令调用方式

①从菜单栏选择：点击“曲面”/“双轨扫掠”命令。

②使用图标选择：点击工具栏中“指定三或四个角建立曲面”(按钮)/“双轨扫掠”工具(按钮)。

③直接从命令栏输入指令“Sweep2”。

· 绘制步骤

①调用“双轨扫掠”命令。

②命令栏提示“选取第一条路径(连锁边缘(C))：”，点击选择第一条路径曲线。“连锁边缘(C)”指的是可以选取数条相接的曲线作为一条路径曲线。

③命令栏提示“选取路径：”，点击选择第二条路径曲线。

④命令栏提示“选取断面曲线(点(P))：”，选取断面曲线，回车完成。

⑤命令栏提示“选取断面曲线。按 Enter 完成(点(P))：”，继续选择断面曲线。

⑥弹出对话框“双轨扫掠选项”，根据需要选择后点击“确定”，完成曲面创建曲面。如图 2－2－7 所示，左图为 2 条路径曲线和 5 条断面曲线，右图为双轨扫掠完成的曲面。

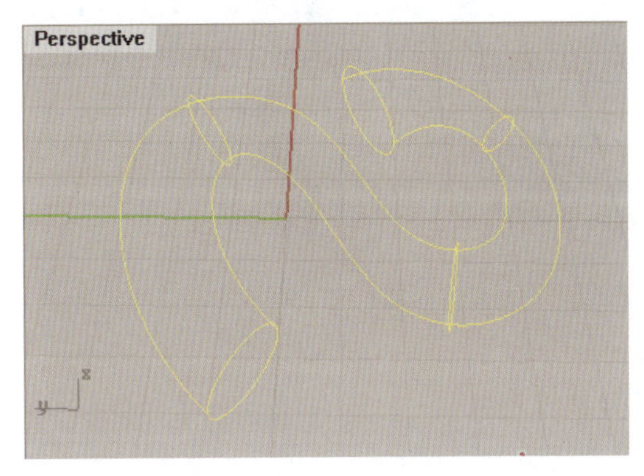

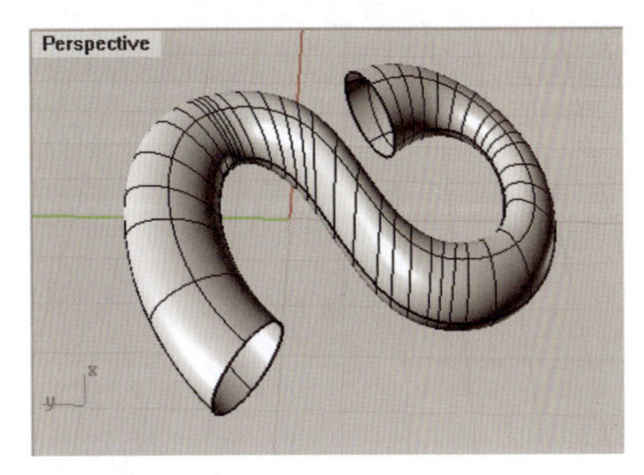

图 2－2－7 双轨扫掠创建曲面

8. 旋转曲面的创建

1)旋转创建曲面

利用“旋转”命令，可以使轮廓曲线围绕旋转轴旋转成曲面。

· 命令调用方式

①从菜单栏选择：点击“曲面”/“旋转”命令。

②使用图标选择：点击工具栏中“指定三或四个角建立曲面”(按钮)/“旋转成形”工具(按钮)。

③直接从命令栏输入指令“Revolve”。

· 绘制步骤

①调用“旋转”命令。

②命令栏提示“选取要旋转的曲线：”，选择要旋转的轮廓曲线。

③命令栏提示“选取要旋转的曲线。按 Enter 完成：”，回车完成。

④命令栏提示“旋转轴起点：”，指定旋转轴的起始点。

⑤命令栏提示“旋转轴终点：”，指定旋转轴的终止点，回车完成。

⑥命令栏提示“旋转角度〈0〉(删除输入物件(D)＝否 可塑形的(E)＝否 360 度(F))：”在命令栏输入选择需要旋转的角度，如果要旋转 360°可以直接选择“360 度”选项，旋转曲面创建完成。

如图 2－2－8 所示，左图为待旋转成面的轮廓曲线，右图为旋转后完成的曲面。

2)沿着路径旋转创建曲面

“沿着路径旋转”命令指的是让轮廓曲线按照指定的路径旋转成曲面，需要注意的是，在选择起点和终点的时候不要让路径曲线的控制点在旋转轴上。

· 命令调用方式

①从菜单栏选择：点击“曲面”/“沿着路径旋转”命令。

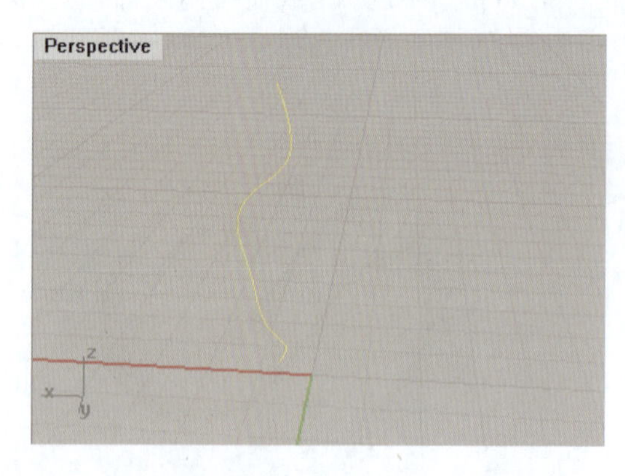

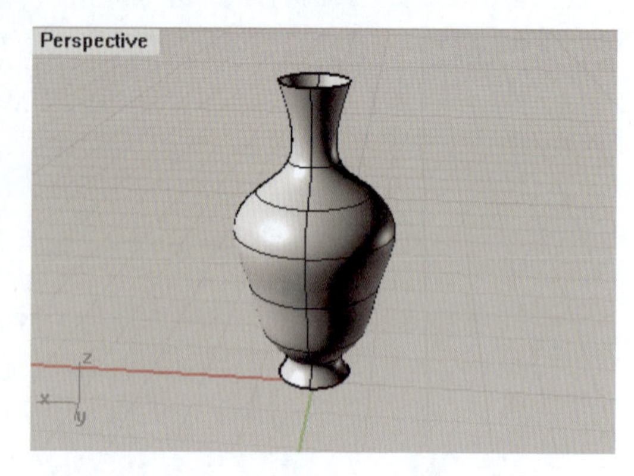

图 2-2-8 旋转创建曲面

②使用图标选择：点击工具栏中“指定三或四个角建立曲面”(按钮)，在曲面展开工具栏中用鼠标右键点击“沿着路径旋转”工具(按钮)。

③直接从命令栏输入指令“RailRevolve”。

· 绘制步骤

①调用“沿着路径旋转”命令。

②命令栏提示“选取轮廓曲线(缩放高度(S)=否)：”，选择已经准备好的轮廓曲线。

③命令栏提示“选取路径曲线(缩放高度(S)=否)：”，选择待旋转的路径曲线。

④命令栏提示“路径旋转轴起点：”，选择旋转轴的起始点。

⑤命令栏提示“路径旋转轴终点：”，选择旋转轴的终止点，旋转曲面创建完成。

如图 2-2-9 所示，左图为心形钥匙的两条轮廓曲线和两条路径曲线，右图为分别将两条轮廓线沿两条路径线执行“沿着路径旋转”命令完成的曲面。注意在练习“沿着路径旋转”命令的时候思考如何指定旋转轴。

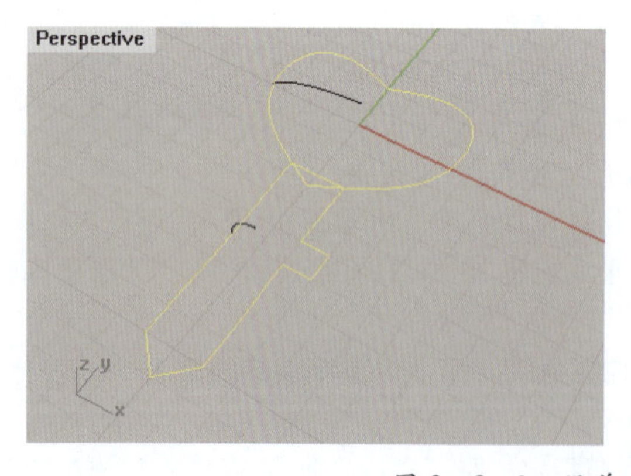

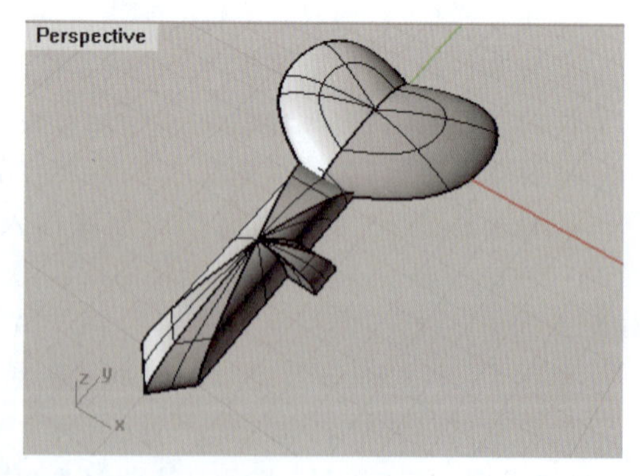

图 2-2-9 沿着路径旋转创建曲面

9. 从网线创建曲面

“从网线创建曲面”命令是通过相互交错的网格线创建曲线，要注意的是，所有同一方向的曲线必须与另一方向的曲线全部交错，而同一方向的曲线不能交叉。

· 命令调用方式

①从菜单栏选择：点击“曲面”/“网线”命令。

②使用图标选择：点击工具栏中“指定三或四个角建立曲面”（按钮）/“从网线创建曲面”工具（按钮）。

③直接从命令栏输入指令“NetworkSrf”。

· 绘制步骤

①调用“从网线创建曲面”命令。

②命令栏重复提示“选取网线中的曲线（不自动排序(N)）：”，依次选取待创建曲面的曲线。

③弹出“以网线建立曲面”对话框，其中“公差”选项内有“边缘曲线”和“内部曲线”文本框，可设置逼近边缘线和内部线的公差；“边缘设置”有关于各个方向上边缘曲线的“松弛”“位置”“相切”“曲率”4个选项，与曲线的连续性相对应。设置完成后回车确定，曲面创建完成。

如图2-2-10所示，左上图为曲线①～④，可依次选取，系统会自动完成排序；右上图

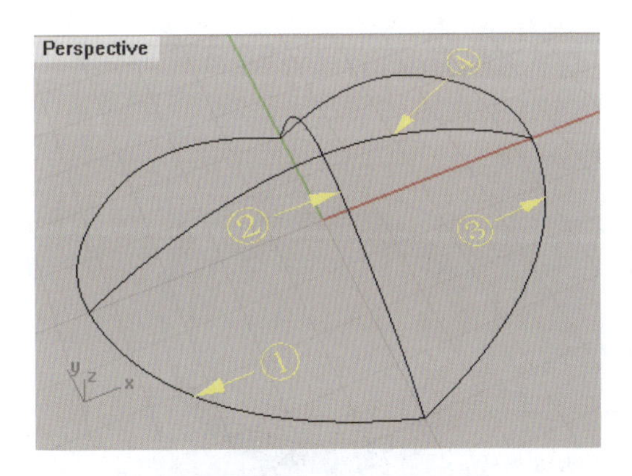

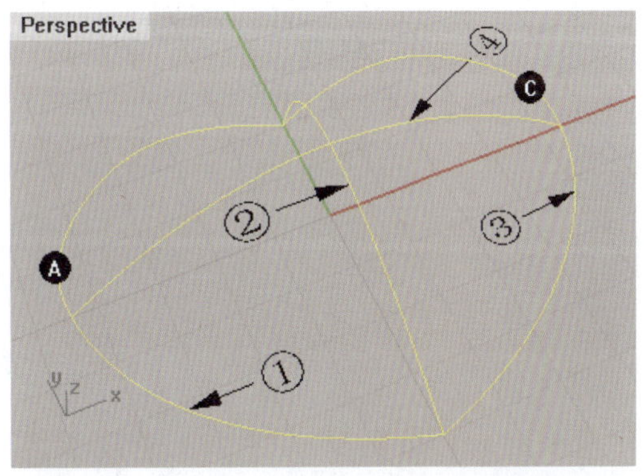

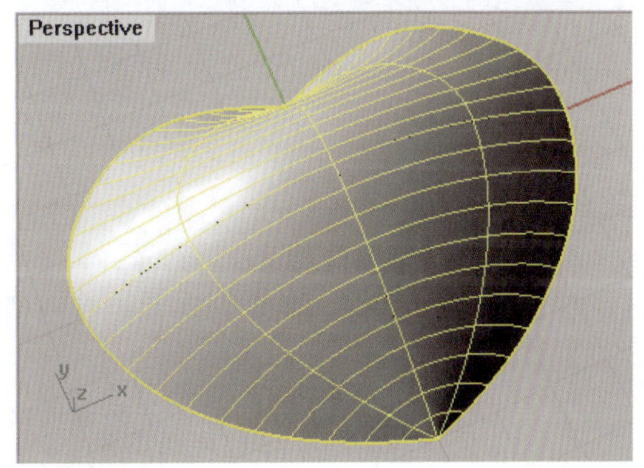

图2-2-10 从网线创建曲面

为自动排序完成的A、C方向上的边缘线；左下图则为A、C边缘线关于“松弛”“位置”的设置；点击“确定”即可创建右下图所示的曲面。

10. 挤出曲线创建曲面

利用“挤出曲线”命令，可以将选取的曲线沿着一定方向挤出一段距离形成曲面。

1)直线挤出曲面

· 命令调用方式

①从菜单栏选择：点击“曲面”/“挤出曲线”/“直线”命令。

②使用图标选择：点击工具栏中“指定三或四个角建立曲面”(按钮)/“直线挤出”工具(按钮)。

③直接从命令栏输入指令“ExtrudeCrv”。

· 绘制步骤

①调用“直线挤出”命令。

②命令栏提示“选择要挤出的曲线：”，选择待挤出曲线。

③命令栏提示“选择要挤出的曲线。按Enter完成：”，回车，完成曲线选定。

④命令栏提示“挤出距离〈1〉(方向(D)　两侧(B)＝否　加盖(C)＝否　删除输入物体(E)＝否)：”，在命令栏输入需要挤出的距离数值，以及选择是否两侧挤出和加盖等选项，回车或点击鼠标右键，完成挤出曲面的创建。

如图2-2-11所示，左图为选定的两个待挤出的圆形曲线，在步骤④中将挤出距离设置为1.5mm，点选“两侧(B)＝是”和“加盖(C)＝是”，右图为挤出厚度为3mm的曲面。

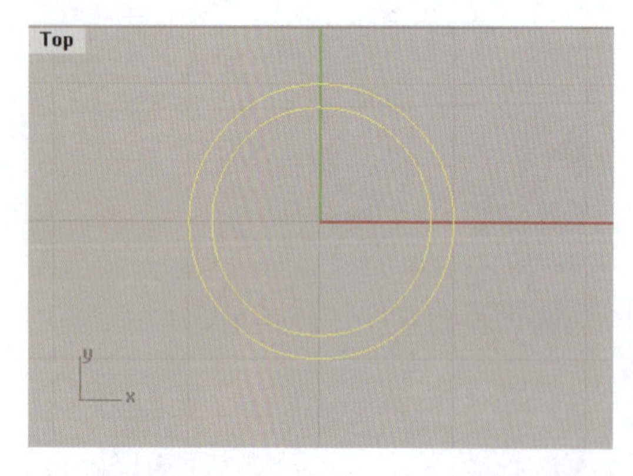

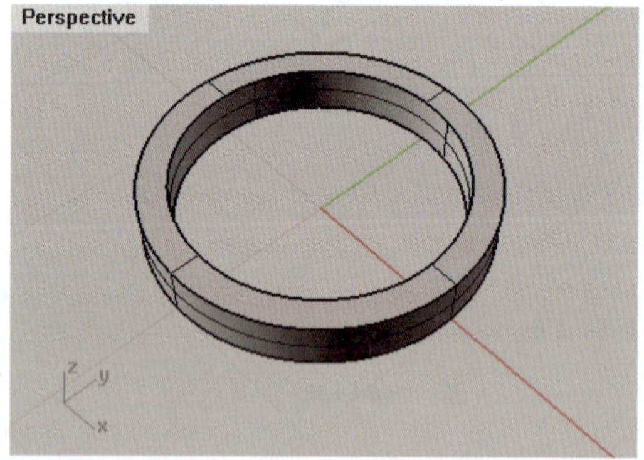

图2-2-11　直线挤出曲面

2)沿着曲线挤出曲面

利用“沿着曲线挤出”命令，可以沿着曲线的方向挤出成曲面。

· 命令调用方式

①从菜单栏选择：点击“曲面”/“挤出曲线”/“沿着曲线”命令。

②使用图标选择：点击工具栏中“指定三或四个角建立曲面”(按钮)/“直线挤出”(按钮)/“沿着曲线挤出”工具(按钮)。

③直接从命令栏输入指令“ExtrudeCrvAlongCrv”。

・绘制步骤

①调用“沿着曲线挤出”命令。

②命令栏提示“选取要挤出的曲线:”,直接用鼠标点击待挤出的曲线。

③命令栏提示“选取要挤出的曲线。按 Enter 完成:”,回车完成。

④命令栏提示“选取路径曲线在靠近起点处(加盖(C)=否　删除输入物体(D)=否　子曲线(S)=否):”,用鼠标点击指定曲线路径,自动生成曲面。

在步骤④的命令栏提示中,选项“加盖”“删除输入物体”与“挤出曲线”命令步骤中的一样;选项“子曲线”可用于在曲线路径上指定曲线挤出的距离。

如图 2-2-12 所示,左图为将圆形的曲线沿着折线路径挤出,注意区别待挤出曲线和轨迹线所在的工作平面;右图为执行“沿着曲线挤出”命令后的图示。

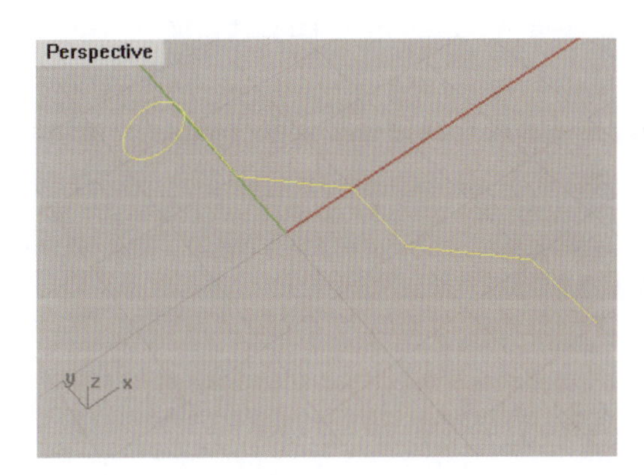

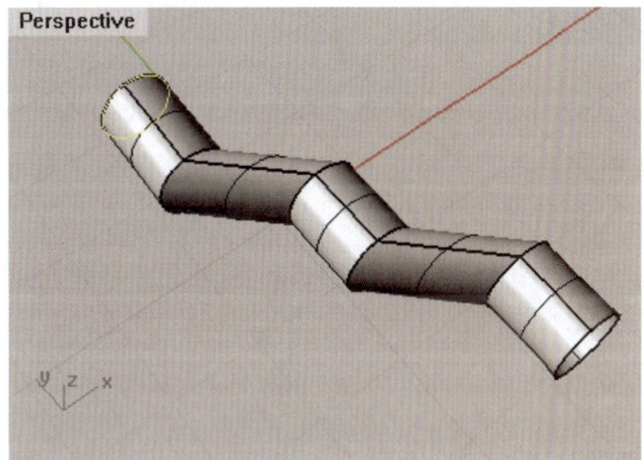

图 2-2-12　沿着曲线挤出曲面

3)挤出至点曲面

利用“挤出至点曲面”命令,可以创建将曲线拉伸至一点的曲面。

・命令调用方式

①从菜单栏选择:点击“曲面”/“挤出曲线”/“至点”命令。

②使用图标选择:点击工具栏中“指定三或四个角建立曲面”(按钮)/“直线挤出”(按钮)/“挤出至点”工具(按钮)。

③直接从命令栏输入指令“ExtrudeCrvToPoint”。

・绘制步骤

①调用“挤出至点曲面”命令。

②命令栏提示“选取要挤出的曲线:”,直接用鼠标点击待挤出的曲线。

③命令栏提示“选取要挤出的曲线。按 Enter 完成:”,回车完成。

④命令栏提示“挤出的目标点(加盖(C)=否　删除输入物体(D)=否):”,用鼠标选定目标点,自动生成曲面。在这里,要注意待挤出的曲线与目标点的视图选择。如图 2-2-13 所示,左图为 Top 视图中的待挤出曲线,右图为在 Front 视图中选定目标点后挤出的曲面。

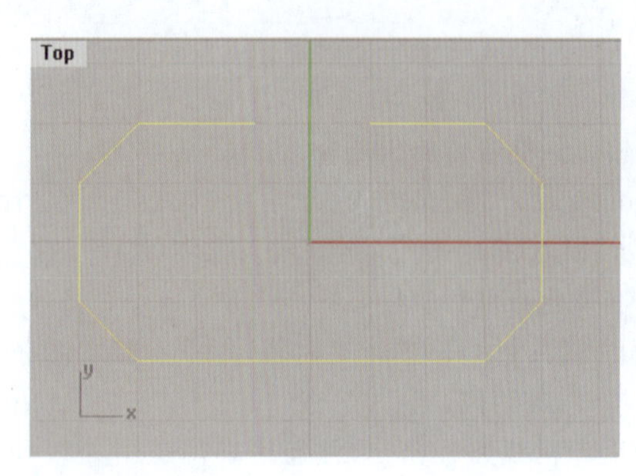

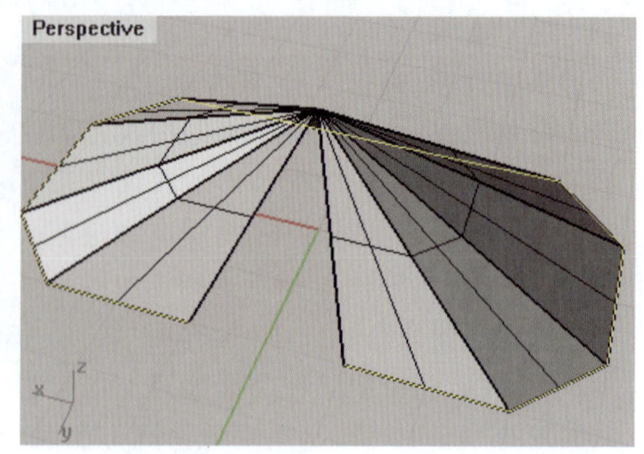

图 2-2-13 挤出至点曲面

11. 嵌面的创建

利用“嵌面”命令，可通过选择需要成面的边框线和结构线进行最大限度的拟合，自动形成曲面。

· 命令调用方式

①从菜单栏选择：点击“曲面”/“嵌面”命令。

②使用图标选择：点击工具栏中“指定三或四个角建立曲面”（按钮）/“嵌面”工具（按钮）。

③直接从命令栏输入指令“Patch”。

· 绘制步骤

①调用“嵌面”命令。

②命令栏提示“选取曲面要逼近的曲线或点：”，直接用鼠标点击需要补全的曲面边缘或者曲线和轮廓线。

③命令栏会重复提示“选取曲面要逼近的曲线或点。按 Enter 完成：”，直到完成曲线或点的选取，回车确定。

④弹出“嵌面曲面选项”对话框，在其“一般”选项里面有“取样点间距”“曲面的 U 方向跨距数”“曲面 V 方向的跨距数”“硬度”“调整切线”“自动剪切”这 6 项设置。其中，“取样点间距”的默认值为 1；“曲面的 U/V 方向跨距数”的默认值均为 10，设置的数字越大，则曲面的结构线越密；“硬度”指曲面的变形程度，设置的数值越大，曲面“越硬”，得到的曲面越接近平面，其默认值为 1；勾选“调整切线”，会使生成的曲面与周围的曲面相切；勾选“自动剪切”，会使生成的曲面自动修剪去掉嵌面边界外延的部分。在设置过程中，点击“预览”按钮可随时观察嵌面效果，完成前述设置后，点击“确定”按钮，即完成嵌面的创建。

如图 2-2-14 所示，左图为选取要嵌面的边缘曲线和轮廓线，右图为确定选项设置后完成创建的嵌面。

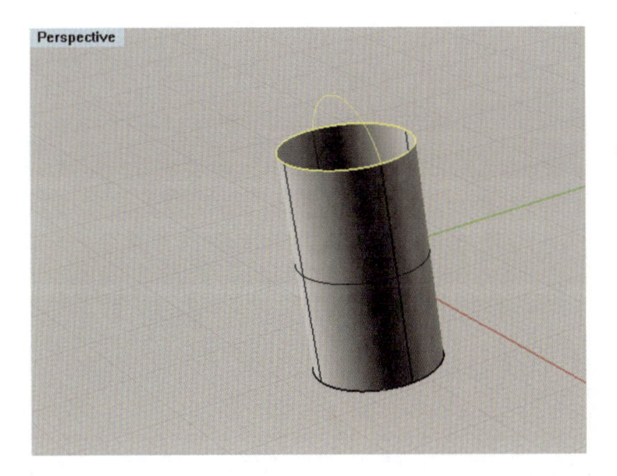

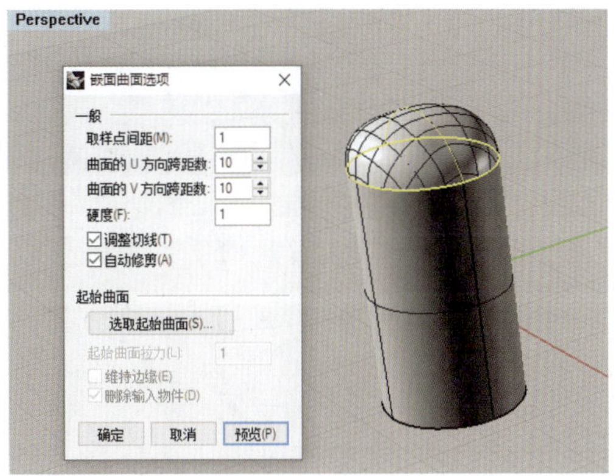

图 2-2-14　嵌面的创建

2.2.2　曲面的编辑

1. 曲面的延伸

“延伸曲面”命令的作用是将曲面的边缘延伸到指定的位置，这点与“延伸曲线”比较类似，也可以通过输入数值的方式来指定延伸的长度。

· 命令调用方式

①从菜单栏选择：点击“曲面”/“延伸曲面”命令。

②使用图标选择：点击工具栏中“曲面圆角”(按钮)/“延伸曲面”工具(按钮)。

③直接从命令栏输入指令“ExtendSrf”。

· 编辑步骤

①调用“延伸曲面”命令。

②命令栏提示“选取要延伸的曲面边缘(类型(T)=*平滑*)：”，被选取的边缘线呈高亮度显示，如图 2-2-15 左上图所示。

③命令栏提示“延伸系数〈1.00〉：”，也就是指曲面要延伸的距离，可以在命令栏输入指定数值，回车或点击鼠标右键，即可生成延伸曲面，如图 2-2-15 右上图所示。

在 Rhino 中，延伸曲面可分为延伸未修剪曲面和延伸已修剪曲面两种情况，如图 2-2-15 所示，左上、右上两图显示的是延伸未修剪的曲面；左下、右下两图显示的是延伸已修剪的曲面。其中，左下图的曲面原本是一个正方形曲面，其右下角被修剪成了凹弧形，右下图是执行“延伸曲面”命令后，曲面按照选取的凹弧形边缘线轮廓向外延伸出曲面。

需要说明的是，不论是延伸未修剪曲面，还是延伸已修剪曲面，在 Rhino5.0 及以上版本中都只需使用同一个“延伸曲面”命令或工具就可以完成，而在 Rhino4.0 及以下版本中则需要分别使用“延伸未修剪曲面”和“延伸已修剪曲面”两种工具来完成，但操作方法都相同。

2. 曲面圆角

在 Rhino 的曲面编辑里，圆角有“等距圆角”和“不等距圆角”两种。

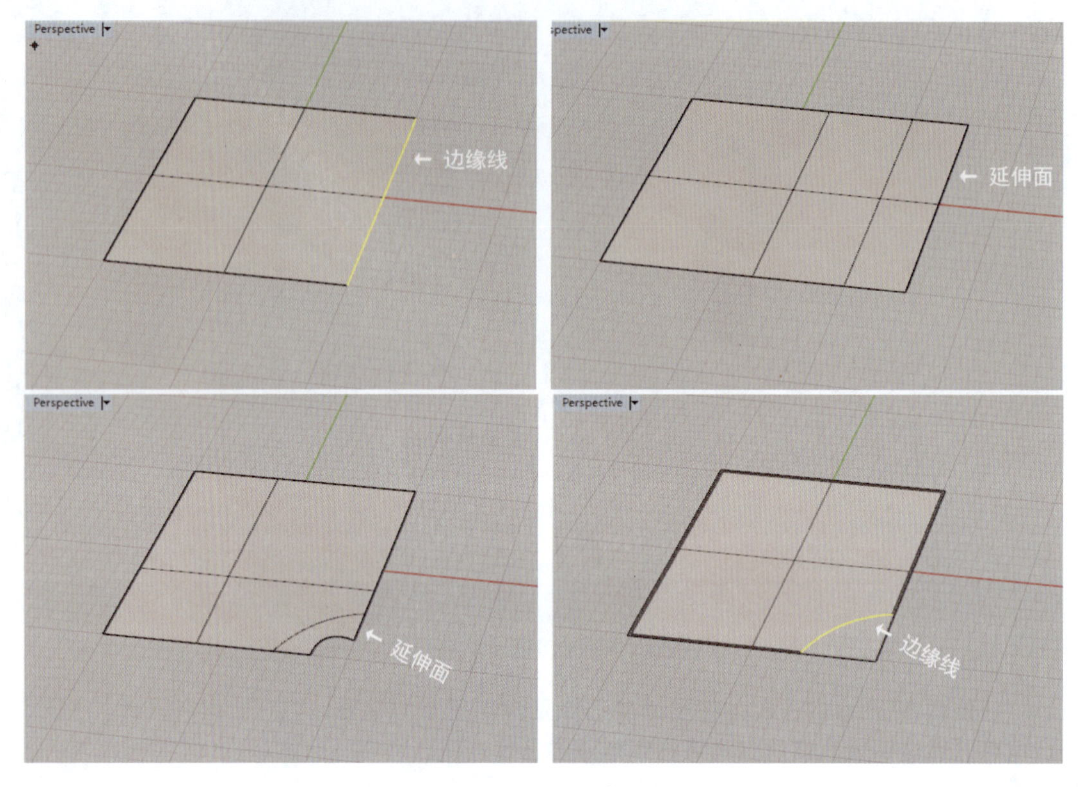

图 2-2-15　延伸曲面

1)曲面圆角(等距圆角)

利用“曲面圆角”命令，可将两个曲面的相交部位或同一个曲面的拐角部位，编辑建立成单一半径的相切圆角曲面，但建立的圆角曲面与两侧原有曲面只是相互连接而未组合在一起。

・命令调用方式

①从菜单栏选择：点击“曲面”/“曲面圆角”命令。

②使用图标选择：点击工具栏中“曲面圆角”工具(按钮)。

③直接从命令栏输入指令“FilletSrf”。

・编辑步骤

①调用“曲面圆角”命令。

②命令栏提示“选取要建立圆角的第一个曲面(半径(R)=1　延伸(E)=是　修剪(T)=是)：”，选择第一个曲面。

③命令栏提示“选取要建立圆角的第二个曲面(半径(R)=1　延伸(E)=是　修剪(T)=是)：”，选择第二个曲面，倒圆角完成。

在步骤②命令栏的编辑选项中，“半径(R)”指设置圆角半径的大小，通过输入数值修改；“延伸(E)”是指如果两个需要建立相切圆角曲面的面部相交，那么圆角曲面建立时会延伸到两不相交曲面；“修剪(T)＝*是*”表示倒圆角完成后自动删去原两曲面的相交部分，““修剪(T)＝*否*”则表示保留相交部分。如图2－2－16所示，左图为两相交曲面，右图为完成等距圆角命令后所生成的圆角曲面与两侧相邻的原有曲面，它们之间的关系是相互连接而未组合。

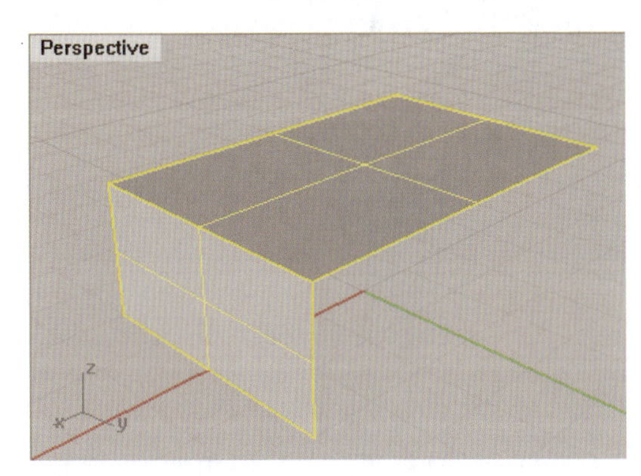

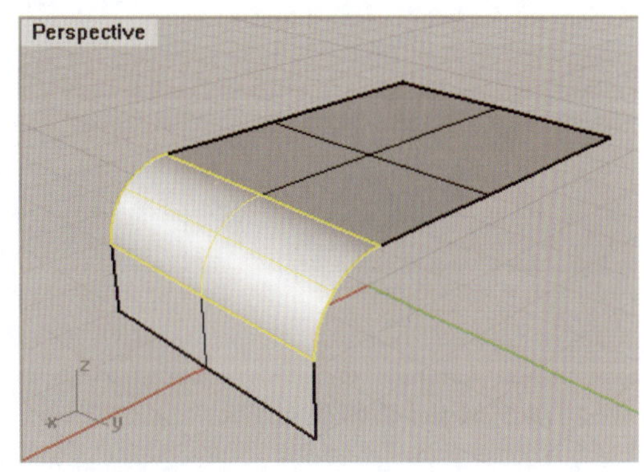

图2－2－16　曲面圆角(等距圆角)

2)不等距曲面圆角

利用“不等距圆角”命令，可对两个曲面的相交部位进行编辑，建立不等半径的相切圆角曲面。与“等距圆角”不同的是，两个曲面必须有交集才可创建不等距的圆角曲面。

· 命令调用方式

①从菜单栏选择：点击“曲面”/“不等距圆角、混接、斜角”/“不等距曲面圆角”命令。

②使用图标选择：点击工具栏中“曲面圆角”(按钮)/“不等距曲面圆角”工具(按钮)。

③直接从命令栏输入指令“VariableFilletSrf”。

· 编辑步骤

①调用“不等距曲面圆角”命令。

②命令栏提示“选取要作不等距圆角的第一个曲面(半径(R)＝1)：”，选择第一个曲面。

③命令栏提示“选取要作不等距圆角的第二个曲面(半径(R)＝1)：”，选择第二个曲面。

④命令栏提示“选取要编辑的圆角控制杆(新增控制杆(A)　复制控制杆(C)　设置全部(S)　连结控制杆(L)＝*否*　路径造型(R)＝*滚球*　修剪并组合(T)＝*否*　预览(P))：”，“修剪并组合(T)”选择为“是”，回车，倒圆角完成。

在步骤④命令栏的编辑选项中，“新增控制杆”可以用来沿曲面相交边缘新增控制杆；“复制控制杆”是以之前选择的控制杆的半径建立新的控制杆；“设置全部”可以用来设置全部控制杆的半径大小；“连结控制杆”选择为“是”，则调整控制杆时，其他的控制杆都会以相同的比例一起调整。在步骤④命令栏中分别指定边缘线两端的控制杆半径为0和1mm，回车确定后完成的不等距圆角曲面如图2－2－17所示。需要注意的是，在边缘线段上可以新增、移动或删除控制杆，而两端的控制杆是无法移动或删除的。

3. 曲面斜角

“曲面斜角”与“曲面圆角”十分类似，也分为“等距斜角”和“不等距斜角”两种斜角。

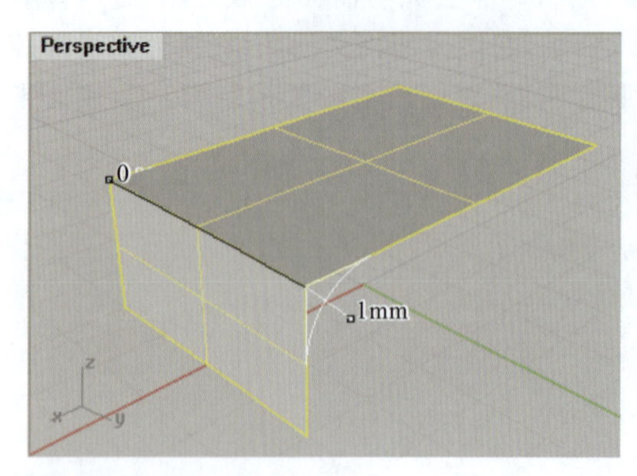

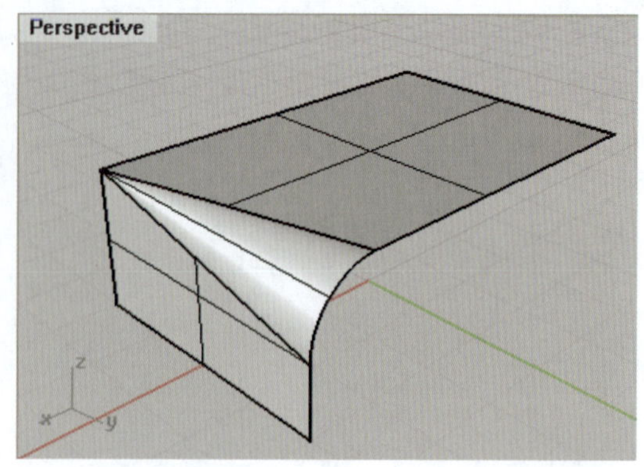

图 2-2-17　不等距圆角

1)曲面斜角(等距斜角)

利用"曲面斜角"命令,可对两个曲面的相交部位进行编辑,建立单一斜角曲面,但新建的斜角曲面与两侧原有的曲面只是相接而未组合在一起。

・命令调用方式

①从菜单栏选择:点击"曲面"/"曲面斜角"命令。

②使用图标选择:点击工具栏中"曲面圆角"(按钮)/"曲面斜角"工具(按钮)。

③直接从命令栏输入指令"ChamferSrf"。

・编辑步骤

①调用"曲面斜角"命令。

②命令栏提示"选取要建立斜角的第一个曲面(距离(D)=1,1　延伸(E)=是　修剪(T)=是):",选择第一个曲面。

③命令栏提示"选取要建立圆角的第二个曲面(半径(R)=1,1　延伸(E)=是　修剪(T)=是):",选择第二个曲面,倒斜角完成。

在步骤②命令栏的编辑选项中,"距离"与"曲面圆角"中的"半径"类似,指两曲线的交线到斜角曲面剪切边缘的距离,距离越大,斜角曲面越大;"修剪(T)=是"以斜角曲面修剪原来的两个曲面。如图 2-2-18 所示,左图为两相交曲面;右图为等距倒斜角命令完成后所生成的斜角面与两侧原有曲面,它们相互连接但并未组合。

2)不等距斜角

利用"不等距斜角"命令,可对两个曲面的相交部位进行编辑,建立不等距离的斜角曲面。

・命令调用方式

①从菜单栏选择:点击"曲面"/"不等距圆角/混接/斜角"/"不等距曲面斜角"命令。

②使用图标选择:点击工具栏中"曲面圆角"(按钮)/"不等距曲面斜角"工具(按钮)。

③直接从命令栏输入指令"VariableChamferSrf"。

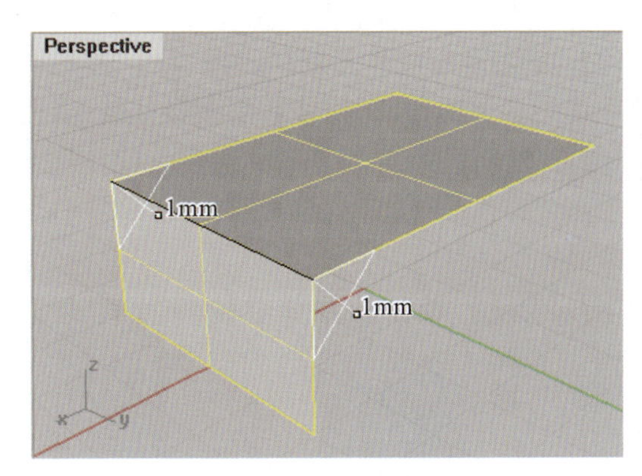

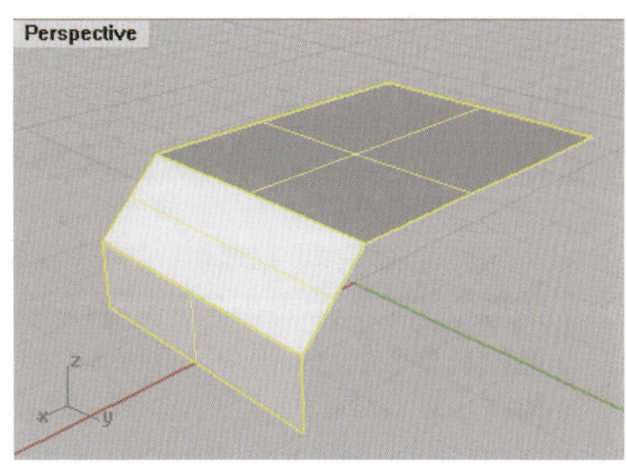

图 2-2-18 曲面斜角(等距斜角)

· 编辑步骤

①调用“不等距曲面斜角”命令。

②命令栏提示“选取要作不等距斜角的第一个曲面(斜角距离(C)=1):”,选择第一个曲面。

③命令栏提示“选取要作不等距斜角的第二个曲面(斜角距离(C)=1):”,选择第二个曲面。

④命令栏提示“选取要编辑的斜角控制杆(新增控制杆(A) 复制控制杆(C) 设置全部(S) 连结控制杆(L)=*否* 路径造型(R)=*滚球* 修剪并组合(T)=*否* 预览(P)):”,“修剪并组合(T)”选择为“是”,回车,倒斜角完成。

在这里,步骤④命令栏中的编辑选项都与“不等距圆角”的设置一样。如图 2-2-19 所示,左图为在步骤④命令栏中指定边缘线上两端的控制杆斜角距离分别为 0.5mm 和 1mm,右图为回车确定后完成曲面斜角的创建。注意,在边缘线段上可以新增、移动或删除控制杆,但两端的控制杆是无法移动或删除的。

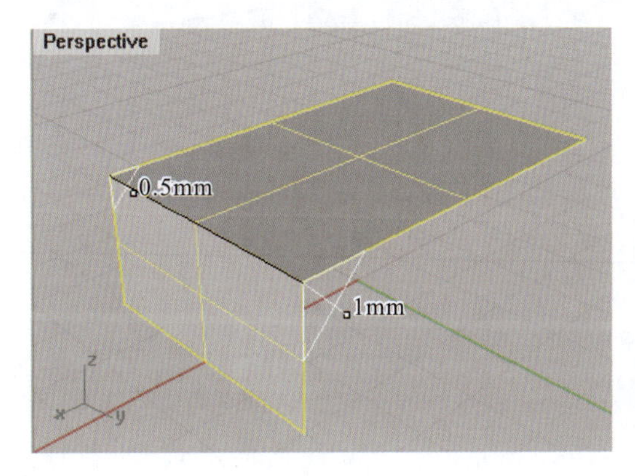

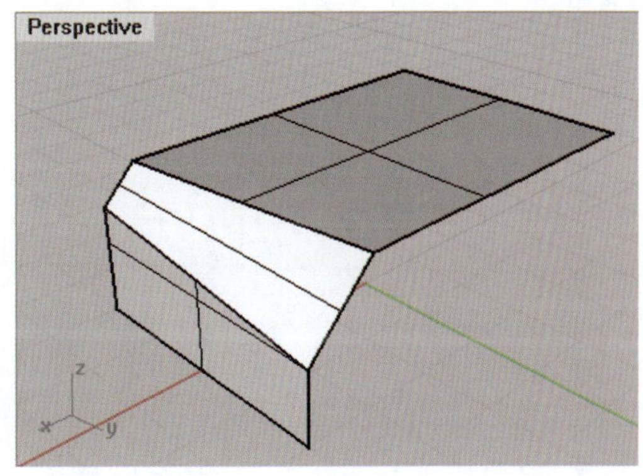

图 2-2-19 不等距斜角

4. 曲面的偏移

利用“偏移曲面”命令，可将曲面按照指定的长度等距离偏移复制。跟曲面的“等距圆角”“等距斜角”很类似。值得注意的是，当偏移曲面为多重曲面时，偏移后曲面会分散开，比如对六面体执行“偏移曲面”命令后，会生成6个独立的平面。

· 命令调用方式

①从菜单栏选择：点击“曲面”/“偏移曲面”命令。

②使用图标选择：点击工具栏中“曲面圆角”（按钮）/“偏移曲面”工具（按钮）。

③直接从命令栏输入指令“OffsetSrf”。

· 编辑步骤

①调用“偏移曲面”命令。

②命令栏提示“选取要偏移的曲面或多重曲面：”时，选择需要偏移复制的曲面。

③命令栏提示“选取要偏移的曲面或多重曲面。按Enter完成：”时，回车确定。

④命令栏提示“偏移距离〈1.000〉（全部反转（F） 实体（S） 松弛（T） 公差（T）＝0.001 两侧（B））：”时，输入偏移距离值，并确定待偏移曲面的法线偏移方向，回车或点击鼠标右键，即可创建出偏移的曲面。

在步骤④命令栏的编辑选项中，“全部反转”是指反转所有选取曲面的偏移方向，箭头方向为偏移方向。如图2-2-20所示，左图为待偏移曲面，且法线偏移方向为曲面上侧；右图为等距离创建的偏移曲面。注意，输入偏移距离数值时，正数表示向箭头方向偏移，负数则相反；对于自由造型的曲面，在偏移之后误差会小于公差值。此外，如果点击“实体”选项，则偏移后的物体为曲面实体；如果点击“两侧”选项，则会在待偏移曲面的两侧方向同时偏移复制出上、下两个曲面；如果同时选择“实体”和“两侧”选项，则偏移后的曲面实体的厚度是单侧偏移曲面实体的2倍。

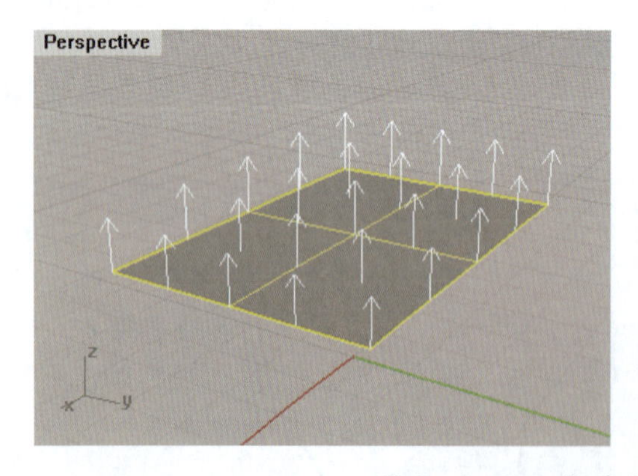

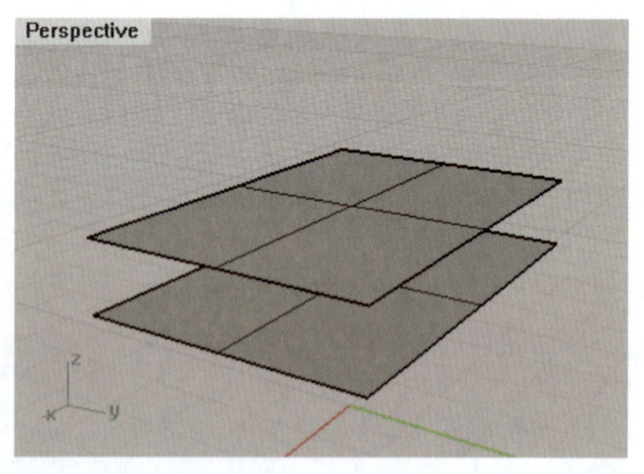

图2-2-20 偏移曲面（等距偏移曲面）

5. 曲面的混接

利用“混接曲面”命令，可将两个曲面的边缘通过平滑的混接曲面连接起来。

· 命令调用方式

①从菜单栏选择:点击“曲面”/“混接曲面”命令。

②使用图标选择:点击工具栏中“曲面圆角”(按钮)/“混接曲面”工具(按钮)。

③直接从命令栏输入指令“BlendSrf”。

· 编辑步骤

①调用“混接曲面”命令。

②命令栏提示“选取第一个边缘的第一段(自动连锁(A)=*否*　连锁连续性(C)=*相切*):”,选择第一个曲面的混接边缘。当有多段曲面组成曲面边缘时,需要选择“自动连接”选项。

③命令栏提示“选取第一个边缘的下一段。按 Enter 完成(复制(U)　下一个(N)　全部(A)　自动连锁(A)=*否*　连锁连续性(C)=*相切*):”,回车,完成第一条边缘线的选取。

④命令栏提示“选取第二个边缘的第一段(自动连锁(A)=*否*　连锁连续性(C)=*相切*):”,选取第二个曲面的混接边缘线。

⑤命令栏提示“调整曲线接缝(反转(F)　自动(A)　原本的(N)):”,这里可以手动调节曲线接缝,使各个曲线接缝点的位置相互对应且方向相同,完成后回车或点击鼠标右键。

⑥命令栏提示“选取要调整的控制点。按住 Alt 键并移动控制杆调整边缘处的角度。按住 Shift 作对称调整。(平面断面(P)=*否*　加入断面(A)　连续性1(C)=G2　连续性2(O)=G2):”,此时可以通过鼠标直接调整控制杆,完成曲面的造型调整,也可以通过弹出的“调整混接转折”对话框,拖动滑块调整混接曲面形状,点击“确定”完成曲面的混接。

在步骤⑥的选项中,“平面断面(P)=*是*”表示让混接曲面的所有断面为平面,并且与指定的方向平行,通过直接在任意视图中选择起始点和终止点来确定方向;“加入断面”是指当混接曲面过于扭曲时,可以通过加入断面来控制混接曲面的形态。

如图 2-2-21 所示,左上图为步骤⑤中两个同方向的待混接曲面,右上图为步骤⑥中需要调整的控制点,左下图为“调整混接转折”对话框,编辑过控制点后,回车确定,绘制出右下图所示的平滑混接曲面。

6. 曲面的拼接

在 Rhino 的曲面编辑里,“衔接曲面”和“合并曲面”两种命令都可以将曲面拼接到一起。

1)衔接曲面

利用“衔接曲面”命令,可对两个曲面的边缘进行调整,使其连接在一起,形成连续的曲面。它适用于非常接近的曲面边缘,只需要微小调整便可以完成曲面的精确衔接。值得注意的是,使用此命令时,待衔接的两个曲面边缘应至少有一个未被修剪。未修剪曲面边缘可以衔接到已修剪曲面边缘,反之,则不行。如果两个都是被修剪过的曲面边缘,则不能相互衔接。

· 命令调用方式

①从菜单栏选择:点击“曲面”/“曲面编辑工具”/“衔接”命令。

②使用图标选择:点击工具栏中“曲面圆角”(按钮)/“衔接”工具(按钮)。

③直接从命令栏输入指令“MatchSrf”。

· 编辑步骤

①调用曲面“衔接”命令。

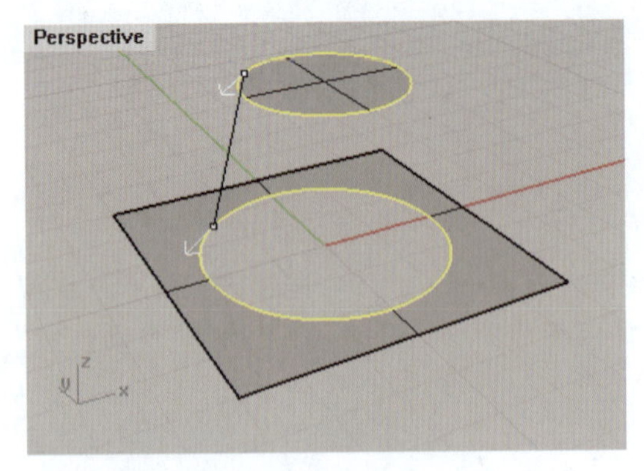

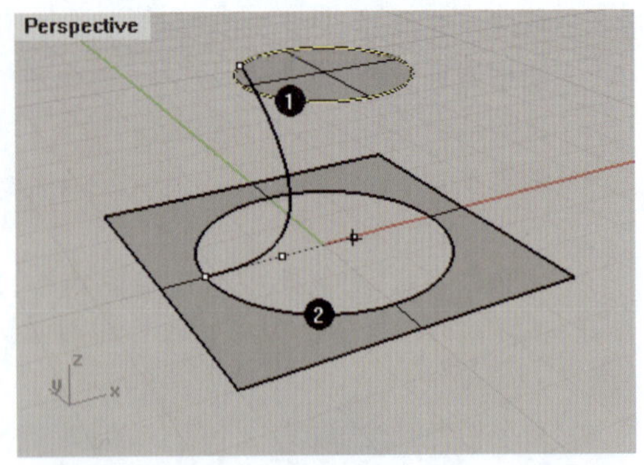

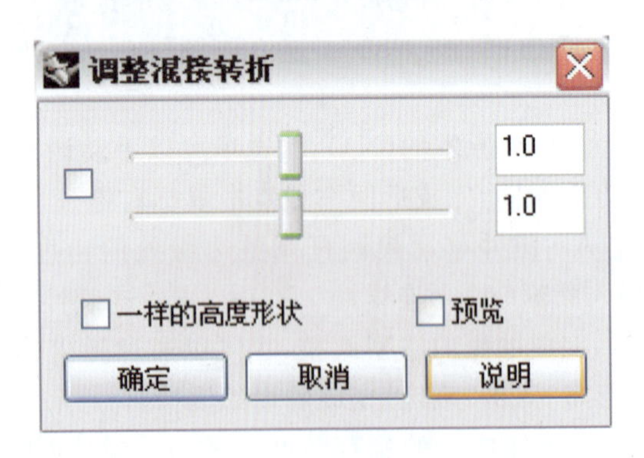

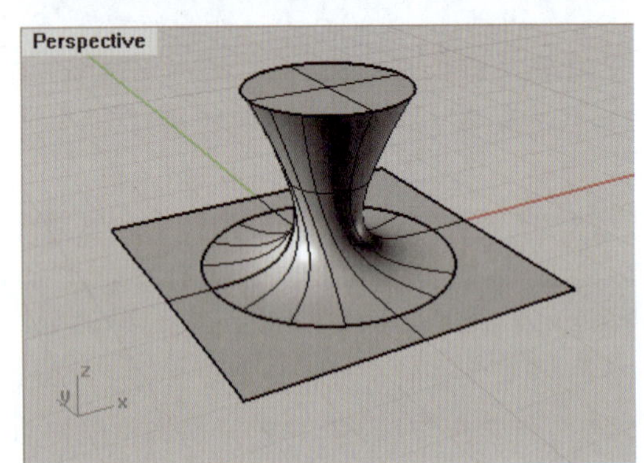

图 2-2-21　混接曲面

②命令栏提示“选取要改变的未修剪曲面边缘(多重衔接(M)):”,选择第一个曲面的混接边缘,其中的“多重衔接”可用于同时衔接两个以上边缘。

③命令栏提示“选取要衔接至的边缘(连锁边缘(C)):”,选取将要衔接的曲面边缘。

④弹出“衔接曲面”对话框,设置衔接曲面的连续性和形态,点击“确定”完成曲面的衔接。

在步骤④的对话框中,“连续性”选项组可以用来指定两曲面间的连续类型,比如勾选“互相衔接”复选框,可以让两个边缘未修剪的曲面互相衔接调整;勾选“精确衔接”复选框,可以使两个曲面边缘的衔接误差小于绝对公差;勾选“以最接近点衔接边缘”复选框,可以使待衔接的一个曲面边缘的每个控制点与另一个曲面边缘相应的最近点进行衔接,否则两个曲面边缘会对齐;勾选“维持另一端”复选框后,两个待衔接曲面会加入边缘控制点,保持另一端不被改变。在“结构线方向调整”选项组中可以指定结构线方向,以保证衔接曲面的形状。

如图 2-2-22 所示,左上图为两个不同方向的待衔接曲面;右上图为选择的第一个曲面衔接边缘;左下图为“衔接曲面”对话框,勾选选项后,回车确定,绘制出右下图所示的平滑衔接曲面。

2)合并曲面

利用“合并曲面”命令,可将两个未修剪且边缘重合的曲面合并为单一曲面。

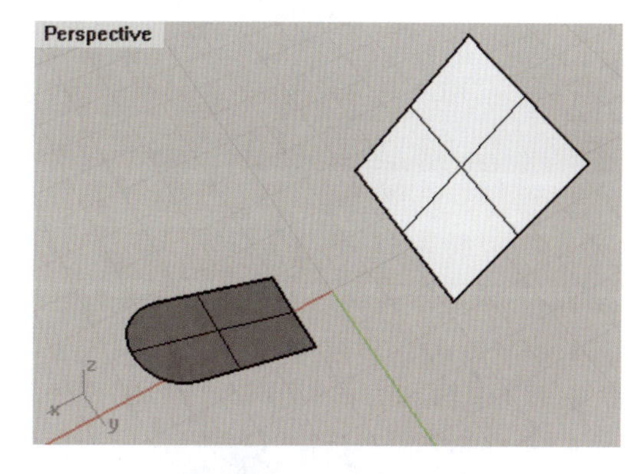

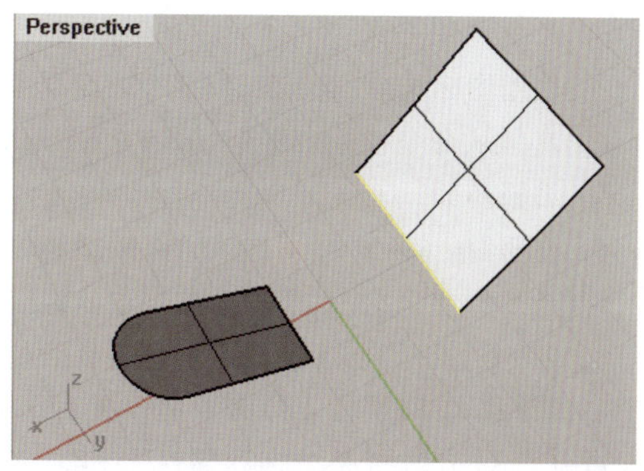

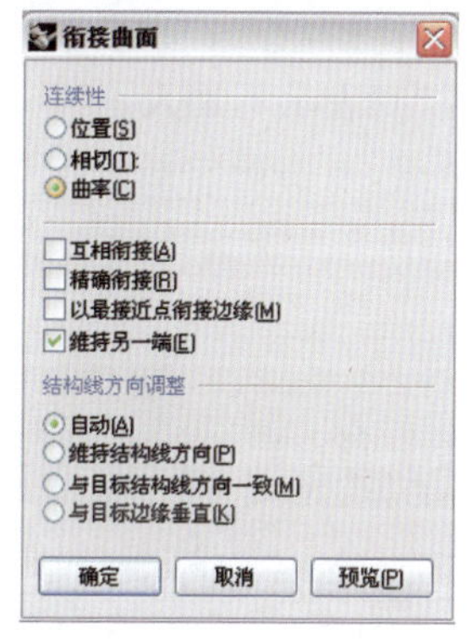

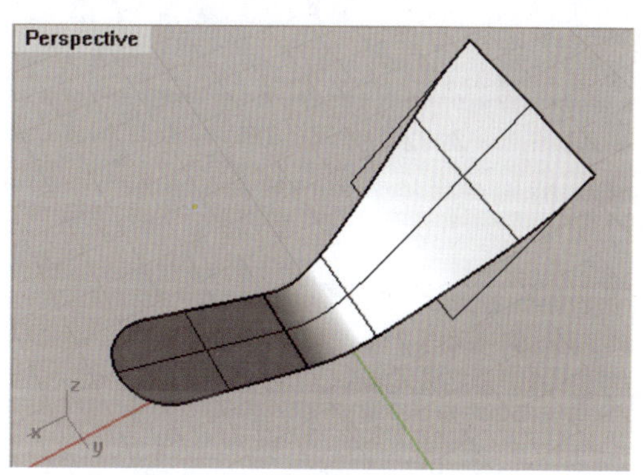

图 2-2-22 衔接曲面

· 命令调用方式

①从菜单栏选择:点击“曲面”/“曲面编辑工具”/“合并”命令。

②使用图标选择:点击工具栏中“曲面圆角”(按钮)/“合并”工具(按钮)。

③直接从命令栏输入指令“MergeSrf”。

· 编辑步骤

①调用“合并曲面”命令。

②命令栏重复提示“选取一对要合并的曲面(平滑(S)=是 公差(T)=0.001 圆度(R)=1):”,选取两个待合并曲面,回车或点击鼠标右键,完成曲面合并。

在步骤②的命令栏选项中,“平滑(S)=是”指平滑地合并两个曲面,合并后的曲面比较适合以控制点调整,但曲面会有较大变形,否则曲面合并的边缘会比较尖锐;“公差”指两个要合并的曲面边缘距离必须小于公差值;“圆度”可用来合并曲面的圆度,设置的数值必须是0(尖锐)至1(平滑)之间的数。

7. 通过控制点编辑曲面

在实际的建模过程中,很多细节的部分是无法通过创建曲面完成的,只能通过对曲面进行编辑才能完成,而最常用的编辑方法就是使用“通过控制点编辑曲面”命令。利用该命令,可在创建完曲面的结构线和控制点后,通过调整曲面的控制点来改变曲面形状。

1)插入一排控制点

· 命令调用方式

①使用图标选择:点击工具栏中“曲面圆角”(按钮)/“插入一排控制点”工具(按钮)。

②直接从命令栏输入指令“InsertControlPoint”。

· 编辑步骤

①使用“插入一排控制点”工具(按钮)。

②命令栏提示“选取要插入控制点的曲线或曲面:”,选取需要插入控制点的曲面。

③命令栏提示“曲面上要插入控制点的位置(方向(D)=U 切换(T) 延伸(E) 中点(M)=否):”,在需要加入控制点的位置点击确认完成。其中,“方向”是指改变控制点的方向,可分为U方向和V方向;“切换”是指切换插入控制点的方向;“延伸”是指以曲面两排控制点一半的距离延伸曲面的边缘,并按照控制点方向加入一排控制点;“中心(M)=是”是指在两排控制点的中间位置加入一排控制点,“中心(M)=否”则表示不加入。

如图2-2-23所示,左图为选择心形中间的一排控制点,点击确定插入控制点的位置;右图为插入一排控制点后变形的心形。

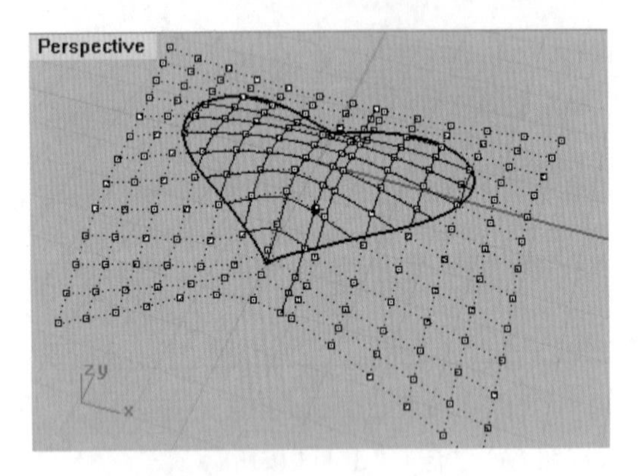

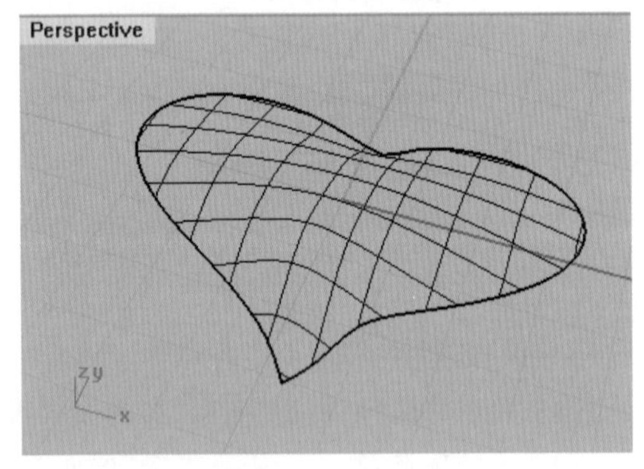

图2-2-23 插入一排控制点

2)移除一排控制点

· 命令调用方式

①调用图标选择:点击工具栏中“曲面圆角”(按钮)/“移除一排控制点”工具(按钮)。

②直接从命令栏输入指令“RemoveControlPoint”。

· 编辑步骤

①调用“移除一排控制点”命令。

②命令栏提示“选取要移除控制点的曲线或曲面:”,选取需要移除控制点的曲面。

③命令栏提示“曲面上要移除控制点(方向(D)=U 切换(T)):”,在需要移除的控制点位置点击确认完成。

如图2-2-24所示,左图为选择心形中间的一排控制点,点击“确定”移除;右图为移除一排控制点后变形的心形。

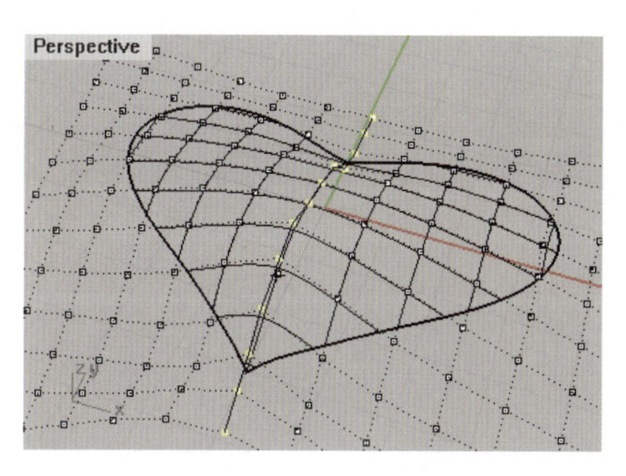

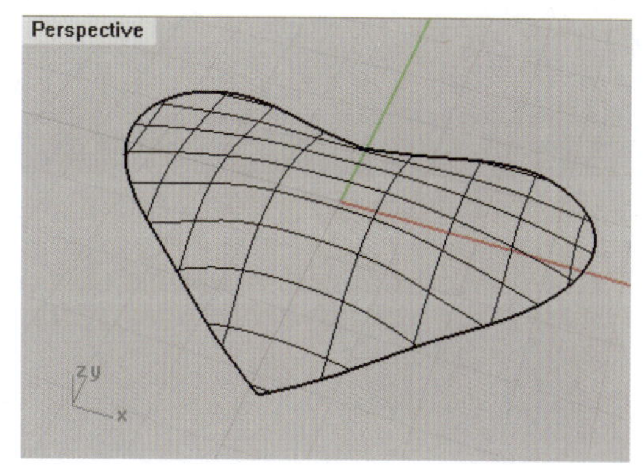

图 2-2-24 移除一排控制点

2.2.3 实体的创建

2.2.3.1 标准实体的创建

Rhino 提供了多种标准实体模型，包括立方体、球体、椭圆体、圆锥体、棱锥体、平顶锥体、圆柱体等，并且每种标准模型都有多种创建方式，下面我们来具体说明。

1. 立方体的创建

· 命令调用方式

①从菜单栏选择：点击“实体”/“立方体”/“角对角、高度”命令。

②使用图标选择：点击工具栏中的“立方体：角对角、高度”工具（按钮）。

③直接从命令栏输入指令“Box”。

· 编辑步骤

①调用“立方体：角对角、高度”命令。

②命令栏提示“底面的第一角（对角线(D)　三点(P)　垂直(V)　中心点(C)）：”，在视图中指定立方体的第一个角点，或者直接输入第一个角点的坐标。

③命令栏提示“底面的其他角或长度：”，在视图中指定立方体的第二个角点，或者直接输入第二个角点的坐标；

④命令栏提示“高度。按 Enter 套用宽度：”，在另一个视图中确定立方体的高度，或者直接输入高度数值，回车确认完成立方体的创建。

在步骤②的命令栏提示中，“对角线”是指通过指定底面对角线和高度创建立方体；“三点”是指通过三点和高度创建立方体；“垂直”是指创建与工作平面相垂直的立方体；“中心点”是指通过指定底面的中心点和高度创建立方体。

如图 2-2-25 所示，左图为通过底面对角线和高度创建的立方体，右图为通过三点和高度创建的立方体。

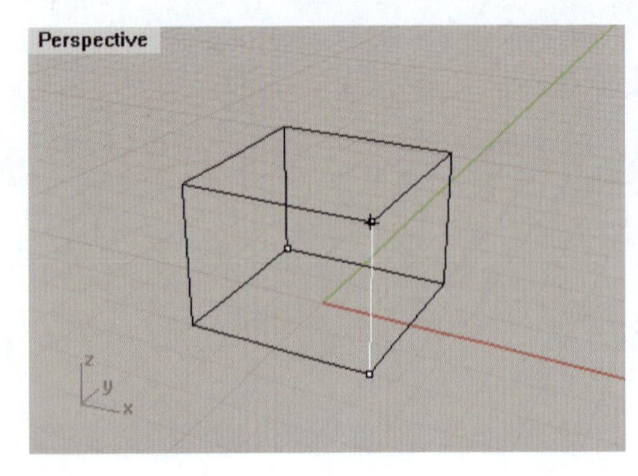

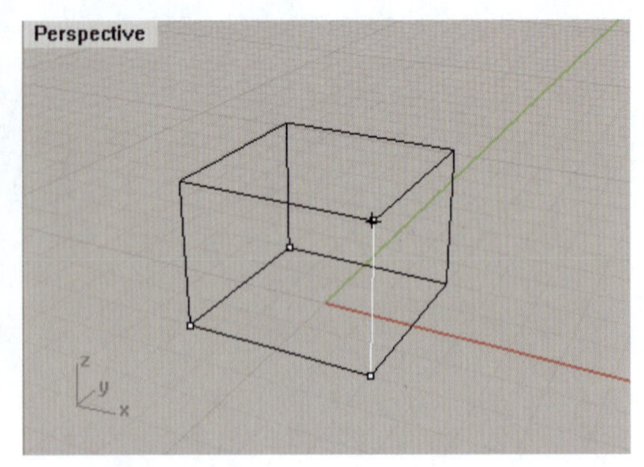

图 2-2-25　创建立方体

2. 球体的创建

· 命令调用方式

①从菜单栏选择：点击“实体”/“球体”/“中心点、半径”命令。

②使用图标选择：点击工具栏中“立方体：角对角、高度”（按钮）/“球体：中心点、半径”工具（按钮）。

③直接从命令栏输入指令“Sphere”。

· 编辑步骤

①调用“球体：中心点、半径”命令。

②命令栏提示“球体中心点（两点(P)　三点(O)　相切(T)　环绕曲线(A)　四点(I)　配合点(F))：”，在视图中指定球体的中心点，或者直接输入中心点的坐标。

③命令栏提示“半径〈3.00〉（直径(D))：”，将球体半径设置为 3mm，回车，完成球体的创建。

步骤①的命令栏提示中，“两点”是指通过指定球体的直径创建球体；“三点”是指通过三点构成球体的最大截面，创建球体；“相切”是指创建与已知曲面相切的球体；“环绕曲线”是指在已知曲线上指定一点，作为球体的中心点，创建在该点与曲线垂直的球体；“四点”是指通过 4 个点创建球体，前 3 个点确定圆形，第 4 个点决定球体的大小；“配合点”是指配合多个点创建球体。

如图 2-2-26 所示，左图为通过两点创建球体，右图为通过环绕曲线的方式创建球体。

3. 椭圆体的创建

· 命令调用方式

①从菜单栏选择：点击“实体”/“椭圆体”/“从中心点”命令。

②使用图标选择：点击工具栏中“立方体：角对角、高度”（按钮）/“椭圆体：从中心点”工具（按钮）。

③直接从命令栏输入指令“Ellipsoid”。

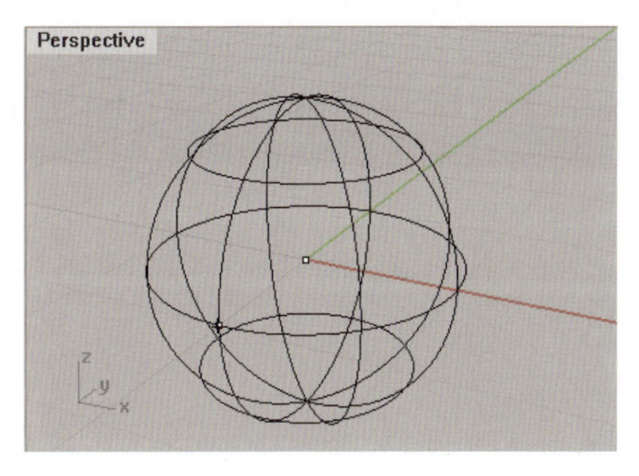

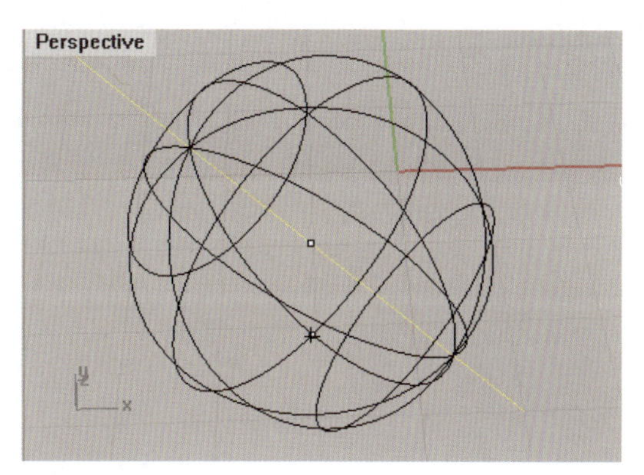

图 2-2-26 创建球体

· 编辑步骤

①调用“椭圆体:从中心点”命令。

②命令栏提示“椭圆体中心点(角(C) 直径(D) 从焦点(F) 环绕曲线(A)):”,在视图中指定椭圆体的中心点,或者直接输入中心点的坐标。

③命令栏提示“第一轴终点(角(C)):”,在同一视图中指定第一轴终点,或直接输入终点坐标。

④命令栏提示“第二轴终点:”,在同一视图中指定第二轴终点,或直接输入终点坐标。

⑤命令栏提示“第三轴终点:”,在另一视图指定第三轴终点,或直接输入终点坐标,回车,完成椭圆体的创建。

在步骤②的命令栏提示中,“角”是指通过指定椭圆体的两角点和第三轴终点创建椭圆体;“直径”是指通过直径两端点和第三轴终点创建椭圆体;“从焦点”是指通过指定两焦点和椭圆上的点创建椭圆体;“环绕曲线”是指在已知曲线上指定一点作为椭圆体的中心点,创建在该点与曲线垂直的椭圆体。

如图 2-2-27 所示,左图为通过椭圆体的两角点和第三轴终点创建的椭圆体,右图为通过两个焦点和椭圆上的点创建的椭圆体。

4. 圆锥体的创建

· 命令调用方式

①从菜单栏选择:点击“实体”/“圆锥体”命令。

②使用图标选择:点击工具栏中“立方体:角对角、高度”(按钮)/“圆锥体”工具(按钮)。

③直接从命令栏输入指令“Cone”。

· 编辑步骤

①调用“圆锥体”命令。

②命令栏提示“圆锥体底面(方向限制(D)=*垂直* 两点(P) 三点(O) 相切(T) 配合点(F)):”,在视图中指定圆锥体的中心点,或者直接输入中心点的坐标。

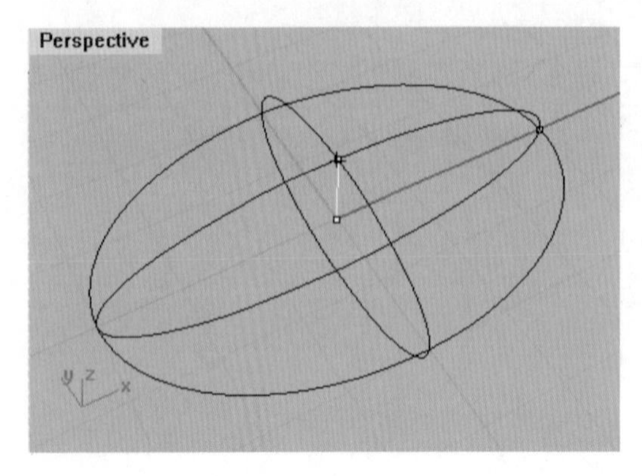

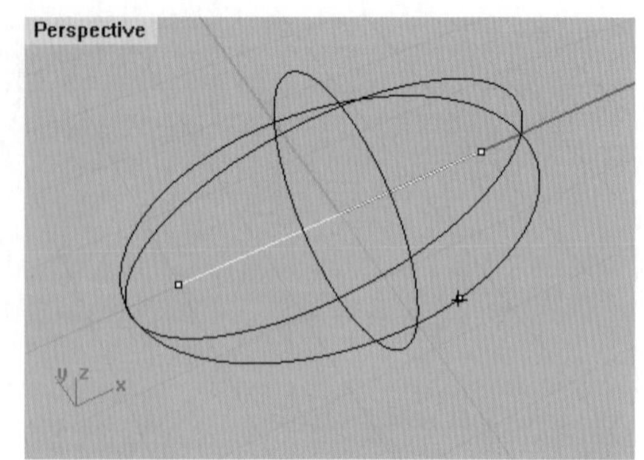

图 2-2-27　创建椭圆体

③命令栏提示“半径〈1.00〉(直径(D))：”，在同一视图中指定半径或直径，或直接输入数值。

④命令栏提示“圆锥体顶点：”，在另一视图中指定圆锥体的顶点，回车，完成圆锥体的创建。

在步骤②的命令栏提示中，“方向限制(D)＝*垂直*”是指通过一个与工作平面相垂直的圆和圆锥体的顶点创建圆锥体；“两点”是指通过两点确定底面圆和圆锥顶点，创建圆锥体；“三点”是指通过三点确定底面圆和圆锥顶点，创建圆锥体；“相切”是指创建一个底面圆与数条曲线相切的圆锥体；“配合点”是指创建一个底面圆配合多个点的圆锥体。

如图 2-2-28 所示，左图为通过两点确定底面圆和圆锥顶点，创建圆锥体；右图为通过配合多个点绘制底面圆和圆锥顶点，创建圆锥体。

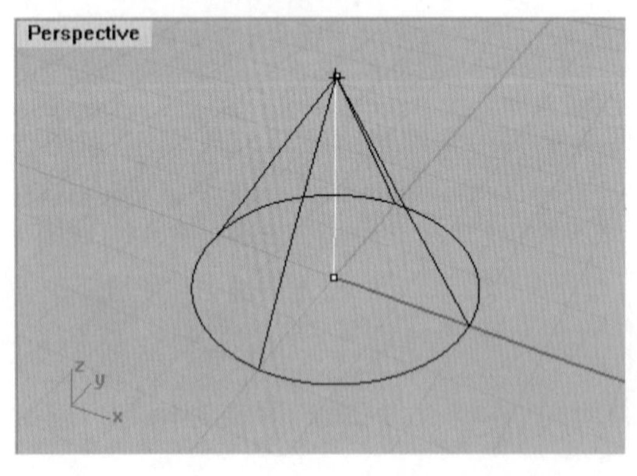

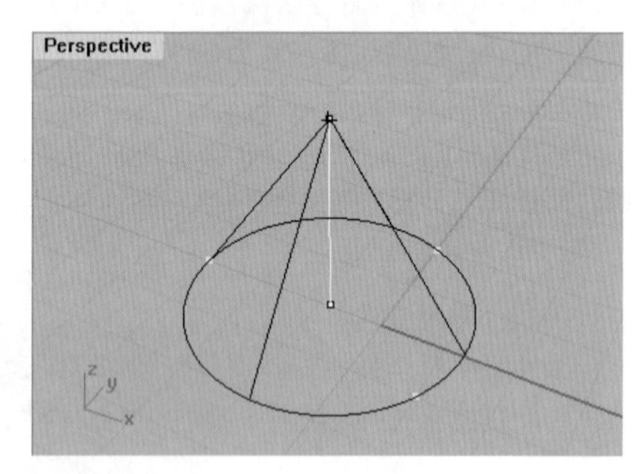

图 2-2-28　创建圆锥体

5. 棱锥体的创建

· 命令调用方式

①从菜单栏选择：点击“实体”/“棱锥”命令。

②使用图标选择：点击工具栏中“立方体：角对角、高度”（按钮）/“棱锥体”工具（按钮）。

③直接从命令栏输入指令“Pyramind”。

· 编辑步骤

①调用“棱锥体”命令。

②命令栏提示“内接棱锥中心点（边数（N）＝5　外切（C）　边（E）　星形（S）　方向限制（D）＝*垂直*）：”，在视图中指定棱锥体的中心点，或者直接输入中心点的坐标。

③命令栏提示“棱锥的角（边数（N）＝5）：”，在同一视图中指定棱锥体底面的角点，或直接输入角点坐标。

④命令栏提示“指定点：”，在另一视图指定棱锥体顶点，回车，完成棱锥体的创建。

在步骤②的命令栏提示中，“边数”是指通过设置棱锥体底面正多边形的边数和高来创建棱锥体；“外切”是指通过指定棱锥体底面正多边形内切圆和高来创建棱锥体；“边”是指通过指定棱锥体底面正多边形的边长和高来创建棱锥体；“星形”是指通过指定星形的底面和高来创建棱锥体。

如图 2-2-29 所示，左图为通过棱锥体底面正多边形的边数和高创建的棱锥体；右图为通过星形底面和高创建的棱锥体。

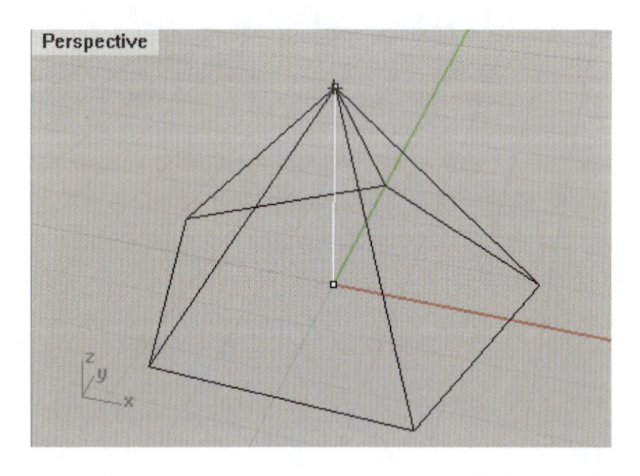

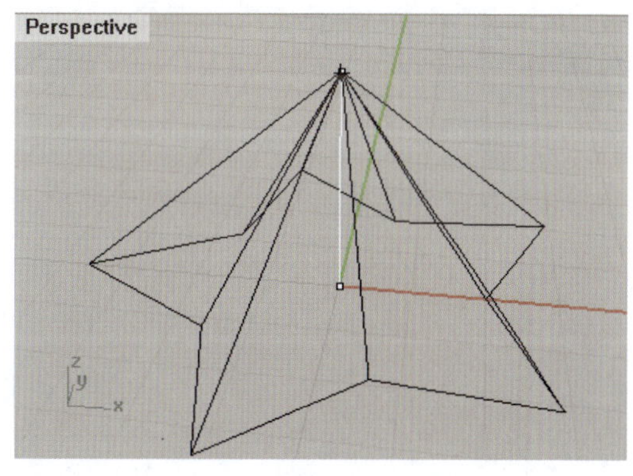

图 2-2-29　创建棱锥体

6. 平顶锥体的创建

· 命令调用方式

①从菜单栏选择：点击“实体”/“平顶锥体”命令。

②使用图标选择：点击工具栏中“立方体：角对角、高度”（按钮）/“平顶锥体”工具（按钮）。

③直接从命令栏输入指令“TCone”。

· 编辑步骤

①调用“平顶锥体”命令。

②命令栏提示“平顶锥体底面中心（方向限制（D）＝*垂直*　两点（P）　三点（O）　相切（T）　配合点（F））：”，在视图中指定平顶锥体的中心点，或者直接输入中心点的坐标。

③命令栏提示“底面半径〈1.00〉(直径(D))：”，在同一视图中指定平顶锥体底面的半径，或选择输入直径。

④命令栏提示“平顶锥体顶面中心点〈0.00〉：”，在另一视图指定平顶锥体顶面中心点。

⑤命令栏提示“顶面半径〈0.00〉(直径(D))：”，可以在任意一视图中设定顶面的半径，或者选择输入直径，回车，完成平顶锥体的创建。

在步骤②的命令栏提示中，“方向限制(D)＝*垂直*”是指绘制一个与工作平面相垂直的底面，创建平顶锥体；“两点”是指通过两点确定底面圆，创建平顶锥体；“三点”是指通过三点确定底面圆，创建平顶锥体；“相切”是指创建一个底面圆与数条曲线相切的平顶锥体；“配合点”是指创建一个底面圆配合多个点的平顶锥体。

如图2－2－30所示，左图为通过平顶锥体的两点确定底面圆，创建平顶锥体；右图为通过配合多个点绘制底面圆，创建平顶锥体。

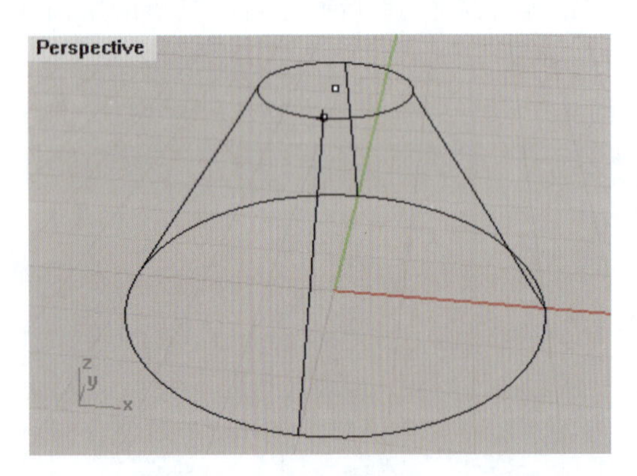

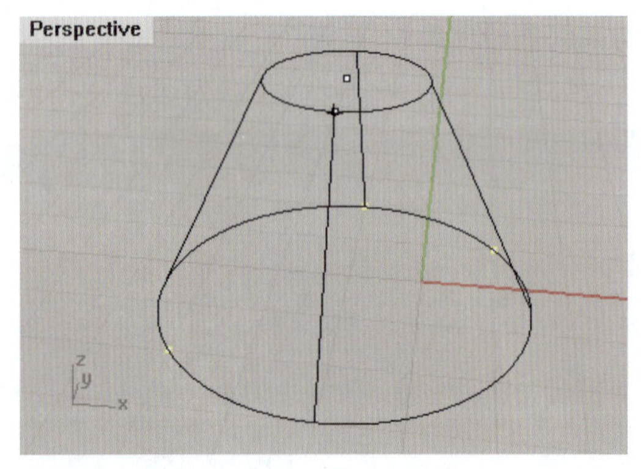

图2－2－30　创建平顶锥体

7. 圆柱体的创建

· 命令调用方式

①从菜单栏选择：点击“实体”/“圆柱体”命令。

②使用图标选择：点击工具栏中“立方体：角对角、高度”(按钮)/“圆柱体”工具(按钮)。

③直接从命令栏输入指令“Cylinder”。

· 编辑步骤

①调用“圆柱体”命令。

②命令栏提示“圆柱体底面(方向限制(D)＝*垂直*　两点(P)　三点(O)　相切(T)　配合点(F))：”，在视图中指定圆柱体的底面中心点，或者直接输入底面中心点的坐标。

③命令栏提示“半径〈1.00〉(直径(D))：”，在同一视图中指定圆柱体底面的半径，或选择输入直径。

④命令栏提示“圆柱体的端点：”，在另一视图中指定圆柱体顶面中心点，回车完成圆柱体的创建。

在步骤②的命令栏提示中，“方向限制(D)=*垂直*”是指绘制一个与工作平面相垂直的底面，创建圆柱体；“两点”是指通过两点确定底面圆，创建圆柱体；“三点”是指通过三点确定底面圆，创建圆柱体；“相切”是指创建一个底面圆与数条曲线相切的圆柱体；“配合点”是指创建一个底面圆配合多个点的圆柱体。

如图2-2-31所示，左图为通过圆柱体的两点确定底面圆，创建圆柱体；右图为通过一个底面圆与数条曲线相切，创建圆柱体。

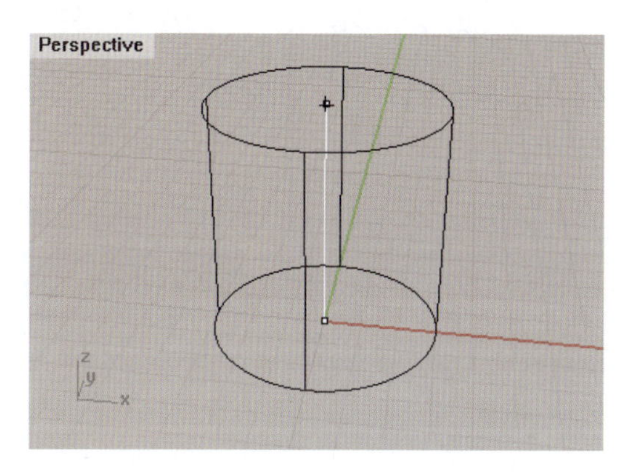

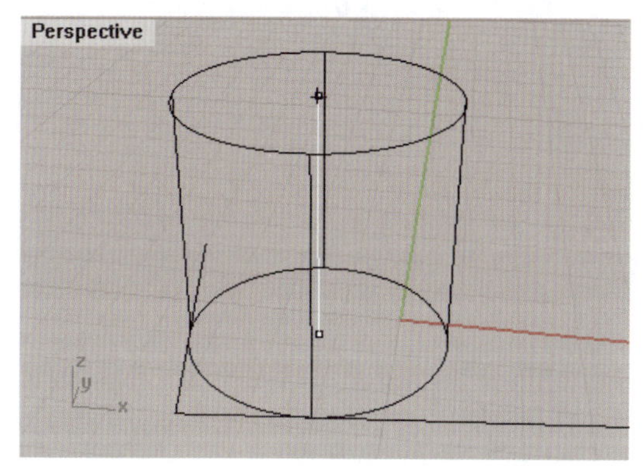

图2-2-31 创建圆柱体

8. 圆柱管的创建

· 命令调用方式

①从菜单栏选择：点击“实体”/“圆柱管”命令。

②使用图标选择：点击工具栏中“立方体：角对角、高度”(按钮)/“圆柱管”工具(按钮)。

③直接从命令栏输入指令“Tube”。

· 编辑步骤

①调用“圆柱管”命令。

②命令栏提示“圆柱管底面(方向限制(D)=*垂直* 两点(P) 三点(O) 相切(T) 配合点(F))：”，在视图中指定圆柱管的底部中心点，或者直接输入中心点的坐标。

③命令栏提示“半径〈1.00〉(直径(D))：”，在同一视图中指定圆柱管底面的外半径，或选择输入直径。

④命令栏提示“半径〈1.00〉(直径(D))：”，在同一视图中指定圆柱管底面的内半径，或选择输入直径。

⑤命令栏提示“圆柱管的端点：”，在另一视图指定圆柱管顶面中心点，回车，完成圆柱管的创建。

在步骤②的命令栏提示中，“方向限制(D)=*垂直*”是指绘制一个与工作平面相垂直的底面，创建圆柱管；“两点”是指通过两点确定底面，创建圆柱管；“三点”是指通过三点确定底面圆，创建圆柱管；“相切”是指创建一个底面圆与数条曲线相切的圆柱管；“配合点”是指创建一个底面圆配合多个点的圆柱管。

如图 2-2-32 所示，左图为通过圆柱管的两点确定底部圆环面，创建圆柱管；右图为通过一个底面圆与数条曲线相切，创建圆柱管。

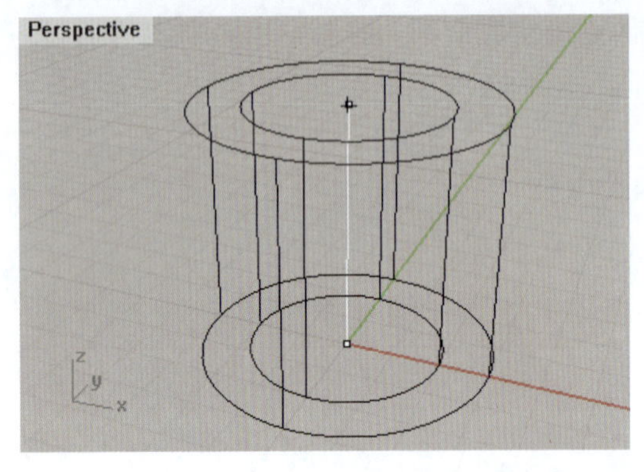

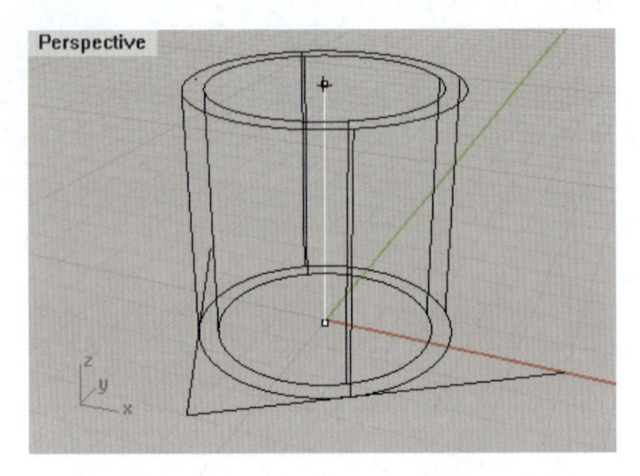

图 2-2-32　创建圆柱管

9. 环状体的创建

· 命令调用方式

①从菜单栏选择：点击“实体”/“环状体”命令。

②使用图标选择：点击工具栏中“立方体：角对角、高度”(按钮)/“环状体”工具(按钮)。

③直接从命令栏输入指令“Torus”。

· 编辑步骤

①调用“环状体”命令。

②命令栏提示“环状体中心点(垂直(V)　两点(P)　三点(O)　相切(T)　环绕曲线(A)　配合点(F))：”，在视图中指定环状体的中心点，或者直接输入中心点的坐标。

③命令栏提示“半径〈1.00〉(直径(D))：”，在同一视图中指定环状体的半径，或选择输入直径。

④命令栏提示“第二半径〈1.00〉(直径(D)　固定内侧半径(F)＝否)：”，在同一视图中指定环状体截面的半径，或选择输入直径，回车，完成环状体的创建。

在步骤②的命令栏提示中，“垂直”是指垂直于视图平面创建环状体；“两点”是指通过两端点确定圆，创建环状体；“三点”是指通过三点确定圆，创建环状体；“相切(T)”是指创建一个圆与数条曲线相切的环状体；“环绕曲线(A)”是指在已知曲线上指定圆环的中心点，创建在该点与曲线垂直的环状体；“配合点”是指创建一个圆配合多个点的环状体。

如图 2-2-33 所示，左图为通过环状体的两点确定圆，创建环状体；右图为创建一个圆与数条曲线相切的环状体。

10. 圆管的创建

· 命令调用方式

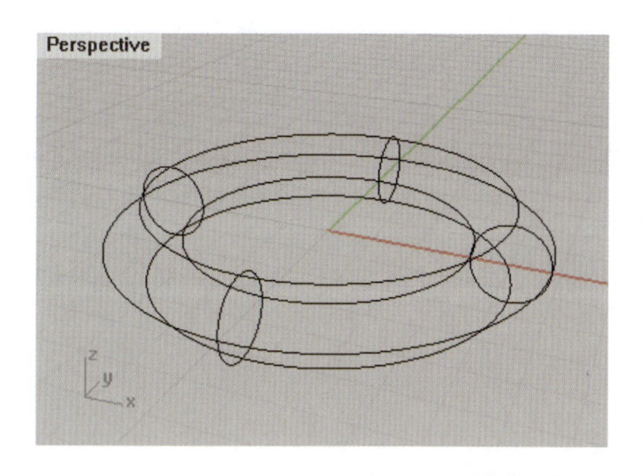

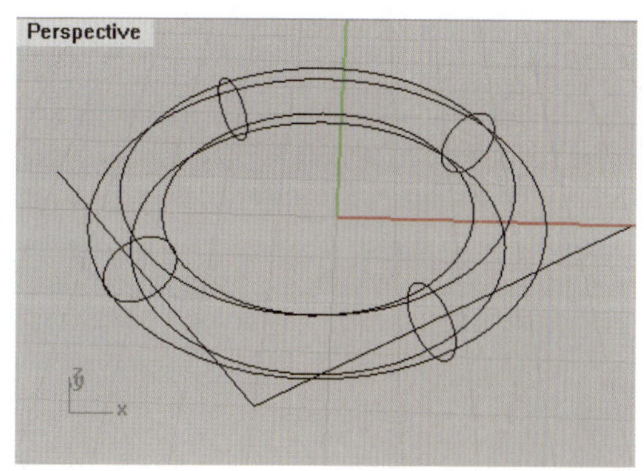

图 2-2-33 创建环状体

①从菜单栏选择：点击“实体”/“圆管”命令。

②使用图标选择：点击工具栏中“立方体：角对角、高度”（按钮 ）/“圆管”工具（按钮 ）。

③直接从命令栏输入指令“Pipe”。

· 编辑步骤

①调用“圆管”命令。

②命令栏提示“选取要建立圆管的曲线（连锁边缘(C)）：”，选取需要建立圆管的曲线。

③命令栏提示“起点半径〈1.00〉（直径(D)　有厚度(T)＝*否*　加盖(C)＝*平头*　渐变形式(S)＝*局部*）：”，指定起点的第一半径数值，或选择输入直径。

④命令栏提示“第二半径〈1.00〉（直径(D)　固定内侧半径(F)＝*否*）：”，指定终点半径数值，或选择输入直径。

⑤命令栏反复提示“下一个端点。按 Enter 完成：”，在线段上指定部位或终点端位置输入半径数值，或选择输入直径，回车，完成圆管的创建。

在步骤③的命令栏提示中，“直径”是指可以选择以直径绘制圆；“有厚度”选择“是”指建立空心的圆管，选择“否”指建立实心的圆管；“加盖”可用来设置圆管两端的加盖形式，“平头”是指以平面加盖，“圆头”是指以半球曲面加盖。

如图 2-2-34 所示，左图为使用“圆管”命令在选取的圆弧形线段两端建立圆管断面曲线，分别设置起点和终点处内圆曲线半径为 3mm，外圆曲线半径（第二半径）为 4mm，选择“有厚度(T)＝*是*”和“加盖(C)＝*平头*”选项；右图为创建完成的圆管曲面实体，管壁厚度为 1mm。

2.2.3.2 挤出实体的创建

“挤出实体”是一种常用的实体建模方式，它分为“挤出曲面创建实体”和“挤出封闭曲线创建实体”，这两种命令都分别包括了“挤出曲面”“挤出曲面至点”“挤出曲面成锥状”“沿着曲线挤出曲面”4 个子命令，操作步骤也基本相同，我们就以“挤出曲面创建实体”为例进行具体讲解。

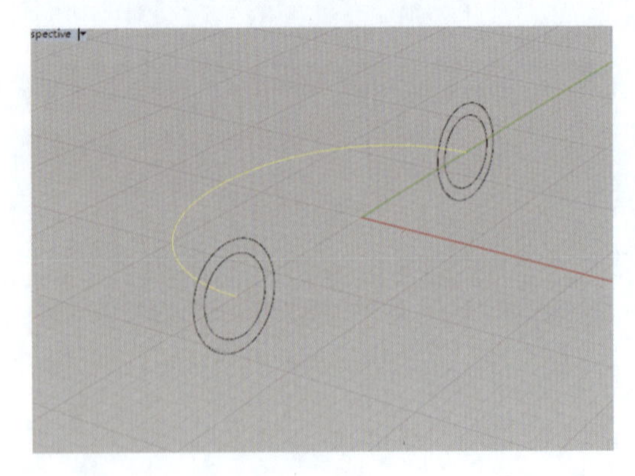
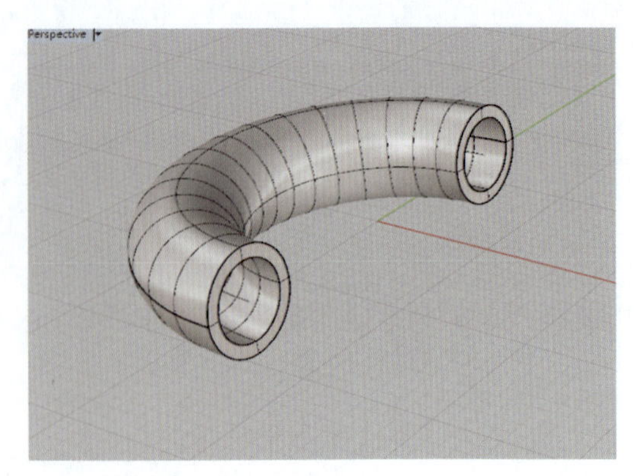

图 2-2-34 创建圆管

1. 挤出曲面

· 命令调用方式

①从菜单栏选择：点击“实体”/“挤出曲面”/“直线”命令。

②使用图标选择：点击工具栏中“立方体：角对角、高度”（按钮）/“挤出曲面”工具（按钮）。

③直接从命令栏输入指令“ExtrudeSrf”。

· 编辑步骤

①调用“挤出曲面”命令。

②命令栏提示“选取要挤出的曲面：”，点击待挤出实体的曲面。

③命令栏提示“选取要挤出的曲面。按 Enter 完成：”，选择挤出曲面后，按 Enter 键确认完成。

④命令栏提示“挤出距离〈1〉（方向（D） 两侧（B）＝否 加盖（C）＝是 删除输入物件（E）＝否 至边界（T））：”，直接输入挤出距离，回车，完成挤出曲面的创建。

在步骤④的命令栏提示中，“方向（D）”是指可以选择确定拉伸方向；“两侧（B）”选择“是”会双向拉伸，选择“否”会单向拉伸；“加盖（C）”选择“是”则挤出后的曲面两端会各建立一个平面。

如图 2-2-35 所示，左图为待挤出的笑脸，右图为挤出后的形状。

2. 挤出曲面至点

· 命令调用方式

①从菜单栏选择：点击“实体”/“挤出曲面”/“至点”命令。

②使用图标选择：点击工具栏中“立方体：角对角、高度”（按钮）/“挤出曲面”（按钮）/“挤出曲面至点”工具（按钮）。

③直接从命令栏输入指令“ExtrudeSrfToPoint”。

· 编辑步骤

①调用“挤出曲面至点”命令。

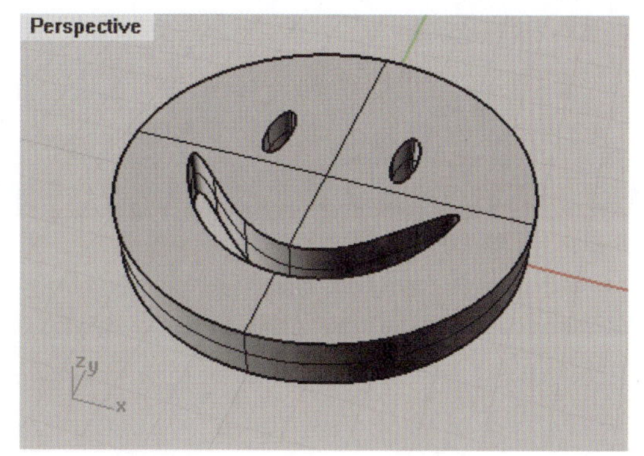

图 2－2－35　挤出曲面

②命令栏提示“选取要挤出的曲面:”,点击待挤出实体的曲面。

③命令栏提示“选取要挤出的曲面。按 Enter 完成:”,选择挤出曲面后,按 Enter 键确认完成。

④命令栏提示“挤出的目标点(加盖(C)＝*是*　删除输入物体(D)＝*否*　至边界(T)):”,直接输入挤出距离,或者在另一个视图中点击目标点,回车,完成挤出曲面至点的创建。

在步骤④的命令栏提示中,“加盖”选择“是”则挤出后的曲面两端会各建立一个平面;“删除输入物体”指的是删除原始的挤出曲面;“至边界”是指可以将曲面挤出到边界曲面。

如图 2－2－36 所示,左图为钉子的上半部分,右图为挤出钉子尖端后的形状。

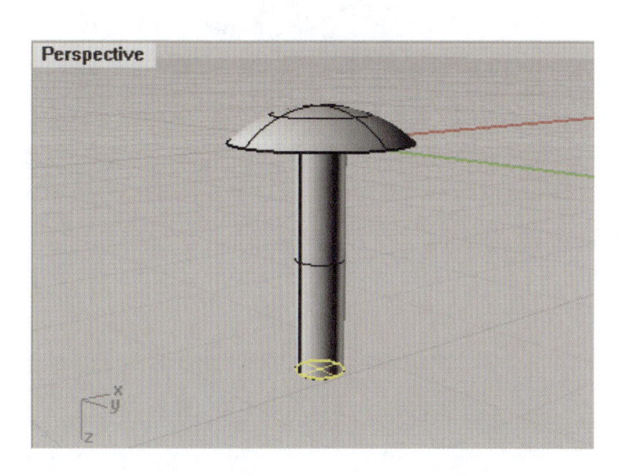

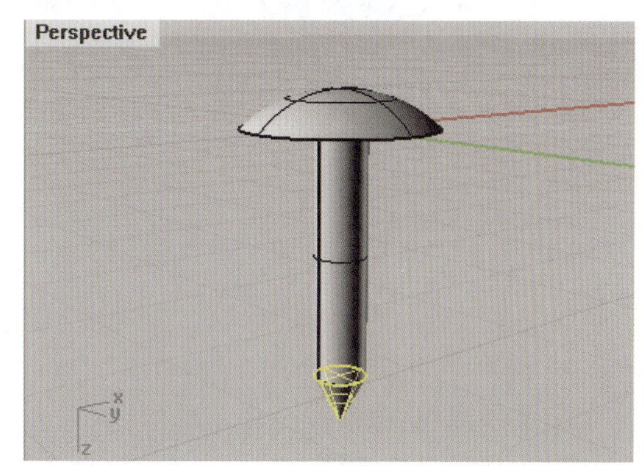

图 2－2－36　挤出曲面至点

3. 挤出曲面成锥状

· 命令调用方式

①从菜单栏选择:点击“实体”/“挤出曲面”/“锥状”命令。

②使用图标选择:点击工具栏中“立方体:角对角、高度”(按钮)/“挤出曲面”(按钮)/“挤出曲面成锥状”工具(按钮)。

③直接从命令栏输入指令“ExtrudeSrfTapered”。

· 编辑步骤

①调用“挤出曲面成锥状”命令。

②命令栏提示“选取要挤出的曲面:”,点击待挤出实体的曲面。

③命令栏提示“选取要挤出的曲面。按 Enter 完成:”,选择挤出曲面后,按 Enter 键确认完成。

④命令栏提示“挤出距离〈2〉(方向(D)　拔模角度(R)=8　加盖(C)=*是*　角(O)=*锐角*　删除输入物体(D)=*否*　反转角度(F)　至边界(T)):”,直接输入挤出距离,或者在另一个视图中点击目标点,回车完成挤出曲面成锥状的创建。

在步骤④的命令栏提示中,“方向”是指可以选择确定拉伸方向;“拔模角度”可以用来设置拔模角度;“加盖”选择“是”则挤出后的曲面两端会各建立一个平面;“删除输入物体”指的是删除原始的挤出曲面;“反转角度”是指可以将拔模角度数值切换为正或为负;“至边界”是指可以将曲面挤出到边界曲面。

图 2-2-37 为将星形曲面挤出成锥状后两个视图的比较,左图为 Top 视图,右图为 Perspective 视图。

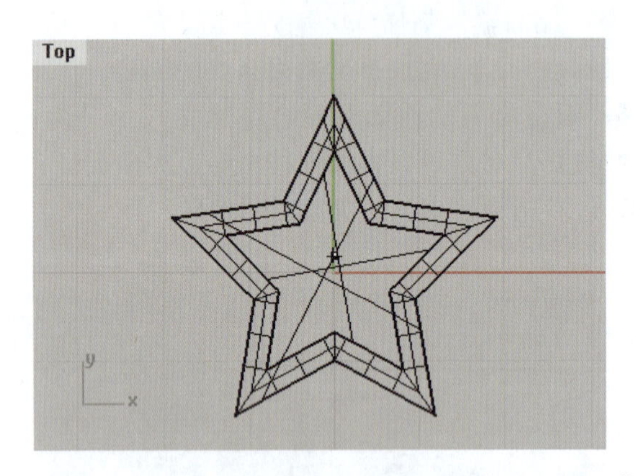

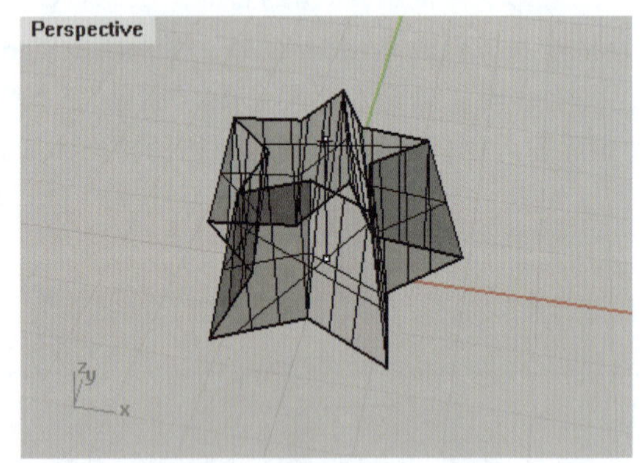

图 2-2-37　挤出曲面成锥状

4. 沿着曲线挤出曲面

· 命令调用方式

①从菜单栏选择:点击“实体”/“挤出曲面”/“沿着曲线”命令。

②使用图标选择:点击工具栏中“立方体:角对角、高度”(按钮)/“挤出曲面”(按钮)/“沿着曲线挤出曲面”工具(按钮)。

③直接从命令栏输入指令“ExtrudeSrfAlongCrv”。

· 编辑步骤

①调用“沿着曲线挤出曲面”命令。

②命令栏提示“选取要挤出的曲面:”,点击待挤出实体的曲面。

③命令栏提示“选取要挤出的曲面。按 Enter 完成:”,选择挤出曲面后,按 Enter 键确认完成。

④命令栏提示“选取路径曲线在靠近起点处(加盖(C)＝*是*　删除输入物体(D)＝*否*　子曲线(S)＝*否*　至边界(T))：”，在视图中点击路径曲线，回车，完成沿着曲线挤出曲面的创建。

在步骤④的命令栏提示中，“加盖”选择“是”则挤出后的曲面两端会各建立一个平面；“删除输入物体”指的是删除原始的挤出曲面；“子曲线”是指在路径曲线上指定两个点为曲线挤出的距离；“至边界”是指可以将曲面挤出到边界曲面。

图 2-2-38 为通过“沿着曲线挤出曲面”命令创建心形桌腿的例子，左图为桌腿的心形曲面和路径曲线，右图为挤出后心形桌腿的形状，桌面经过了曲面倒圆角操作，大家可以尝试练习下。

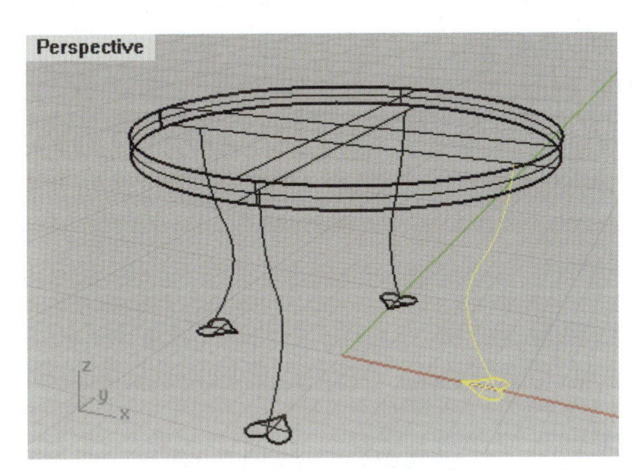

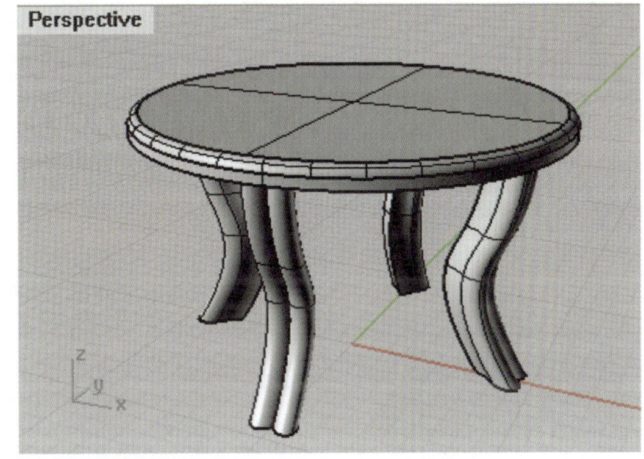

图 2-2-38　沿着曲线挤出曲面

2.3　其他常用功能

2.3.1　移动对象

利用“移动”命令，可以调整编辑对象的位置。一般情况下会选择对象的端点或者中心点，也可以结合 Rhino“物件锁点”功能精确地将编辑对象移动到另一个位置。在执行“移动”命令的过程中，如果同时按住 Shift 键，移动方向将被限制为水平与垂直；同时按住 Ctrl 键，移动方向也会被限制。比如在 Top 视图中，移动对象的同时按住 Shift 键，则对象会沿 x/y 轴方向移动；同时按住 Ctrl 键时，则会沿 z 轴方向移动。

· 命令调用方式

①从菜单栏选择：点击“变动”/“移动”命令。

②使用图标选择：点击工具栏中“移动”工具(按钮)。

③直接从命令栏输入指令“Move”。

· 编辑步骤

①调用“移动”命令。

②命令栏提示“选取要移动的物件:”,选取待移动的物件。

③命令栏提示“选取要移动的物件。按 Enter 完成:”,确定选取的移动物件,回车完成。

④命令栏提示“移动的起点(垂直(V)=否)”,在起点位置点击。“垂直(V)=否”是指可以往任意方向移动对象,选择“是”则是指沿各视图垂直方向移动对象,比如在 Top 视图在操作,就会沿着 z 轴方向垂直移动;在 Front 视图中操作,就会沿着 y 轴方向垂直移动;在 Right 视图中操作,就会沿 x 轴方向垂直移动。在使用“移动”命令时可以配合开启“物件锁点”命令,使对象的移动更精确。

⑤命令栏提示“移动的终点〈1.00〉:”,点击选择移动终点,开启“物件锁点”后,移动鼠标时会出现白色辅助线,通过移动鼠标位置确定移动方向。

如图 2-3-1 所示,左图为沿任意方向移动对象,右图为按住 Shift 键后沿 x 轴移动。

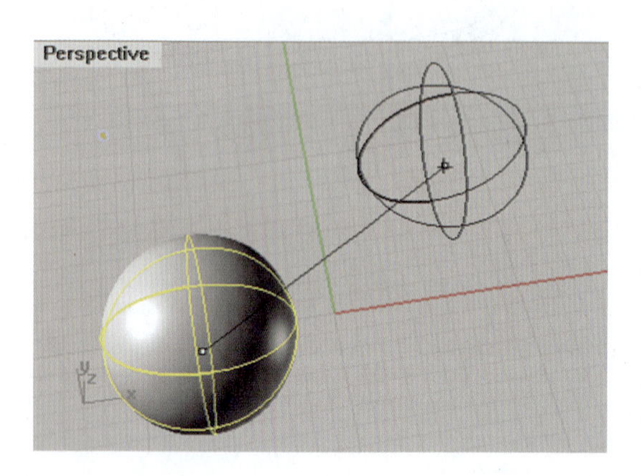

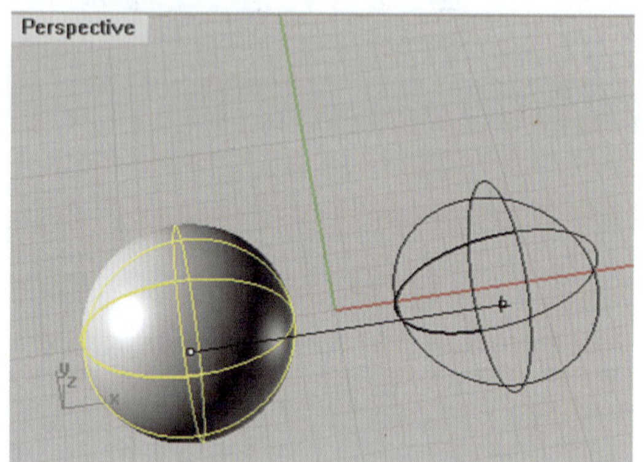

图 2-3-1　移动

2.3.2　复制对象

利用“复制”命令,能实现复制选取的物件。“复制”命令与“移动”命令的操作步骤大致相同。

· 命令调用方式

①从菜单栏选择:点击“变动”/“复制”命令。

②使用图标选择:点击工具栏中的“复制”(按钮)。

③直接从命令栏输入指令“Copy”。

· 编辑步骤

①调用“复制”命令。

②命令栏提示“选取要复制的物件:”,选取待复制的物件。

③命令栏提示“选取要复制的物件。按 Enter 完成:”,确定选取的复制物件,回车完成。

④命令栏提示"复制的起点(垂直(V)＝否　原地复制(I))"，在起点位置点击。"垂直(V)＝否"是指可以往任意方向复制对象，选择"是"则是指沿各视图垂直方向复制对象；"原地复制(I)"则指不改变复制对象的位置，在原对象位置上完成复制。

⑤命令栏反复提示"复制的终点(从上一个点(F)＝否　使用上一个距离(U)＝否　使用上一个方向(S)＝否)："，再次指定要复制的位置点，复制出下一个对象，完成后回车。

在步骤⑤的命令栏提示中，"从上一个点(F)＝否"指以第一次复制对象基准点为起点，选择"是"则是以上一个复制对象的位置点为基准点；"使用上一个距离(U)＝否"是指以不同的距离复制下一个对象，选择"是"则是以上一次复制对象和基准点间的距离复制下一个对象；"使用上一个方向(S)＝否"是指以不同的方向复制下一个对象，选择"是"时，是以上一次复制对象和基准点的方向复制下一个对象。

如图 2-3-2 所示，左图为沿任意方向复制对象，右图为选择"垂直(V)＝是"时，沿垂直方向复制对象。

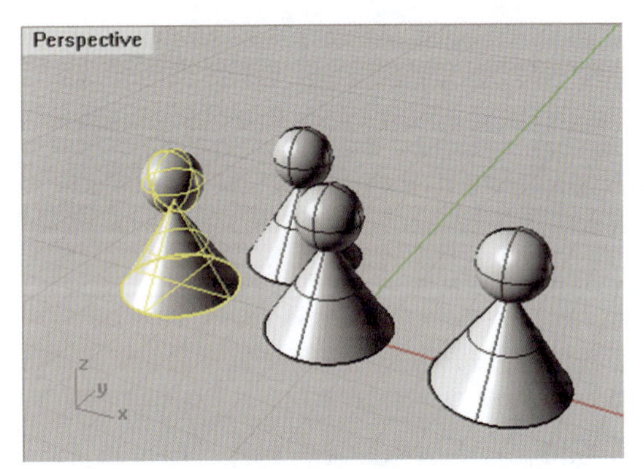

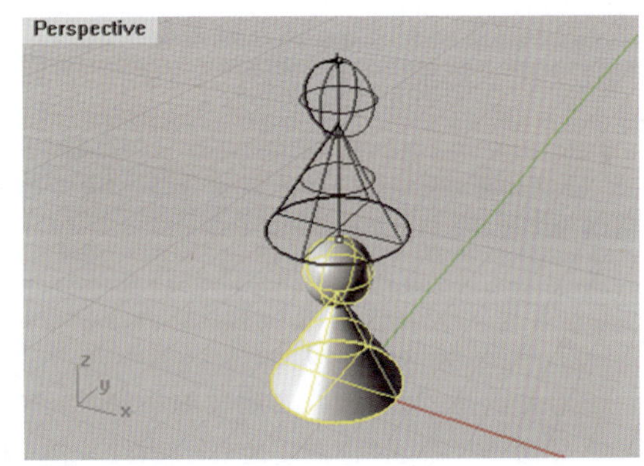

图 2-3-2　复制

2.3.3　旋转对象

利用"2D 旋转"和"3D 旋转"命令，可以在不同的视图中进行旋转操作，调整对象的角度，变换对象之间的位置关系。"2D 旋转"是将物件绕着垂直于工作平面的轴旋转，而"3D 旋转"是将物件绕着三维空间的中心轴旋转，中心轴通过指定旋转轴的起点和终点确定。

1. 2D 旋转对象

· 命令调用方式

①从菜单栏选择：点击"变动"/"旋转"命令。

②使用图标选择：点击工具栏中"旋转"工具(按钮)。

③直接从命令栏输入指令"Rotate"。

· 编辑步骤

①调用"旋转"命令。

②命令栏提示“选取要旋转的物件:”,选择要旋转的物件。

③命令栏提示“选取要旋转的物件。按 Enter 完成:”,待选择好旋转物件后回车确认。

④命令栏提示“旋转中心点(复制(C)):”,选择要旋转物件的中心点。

⑤命令栏提示“角度或第一参考点(复制(C)):”,选择一点作为参考点,也可以开启“物件锁点”,选择“端点”或者“中心点”。

⑥命令栏提示“第二参考点(复制(C))”,指定一点作为第二参考点,完成旋转。

在步骤④～⑥中,命令栏提示的“复制(C)”是指将选定的对象先复制再旋转,原对象仍保留在原位置。图 2-3-3 中为 2D 旋转对象。

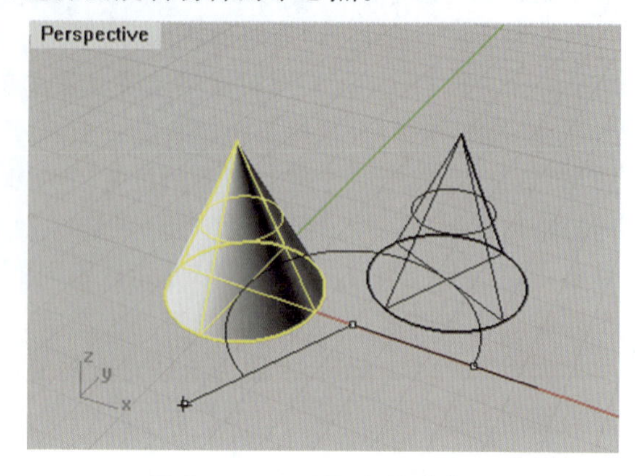

图 2-3-3　2D 旋转对象

2. 3D 旋转对象

· 命令调用方式

①从菜单栏选择:点击“变动”/“3D 旋转”命令。

②使用图标选择:在工具栏中用鼠标右键点击“旋转”工具(按钮)。

③直接从命令栏输入指令“Rotate3D”。

· 编辑步骤

①调用“3D 旋转”命令。

②命令栏提示“选取要旋转的物件:”,选择要旋转的物件。

③命令栏提示“选取要旋转的物件。按 Enter 完成:”,待选择好旋转物件后回车确认。

④命令栏提示“旋转中心点:”,选择要旋转物件的中心点。

⑤命令栏会提示“角度或第一参考点(复制(C)):”,选择一点作为参考点,也可以开启“物件锁点”,选择“端点”或者“中心点”。

⑥命令栏提示“第二参考点(复制(C))”,指定一点作为第二参考点,完成旋转。

在步骤⑤～⑥中,命令栏提示的“复制(C)”是指将选定对象旋转后,保留原对象。图 2-3-4 为 3D 旋转对象。

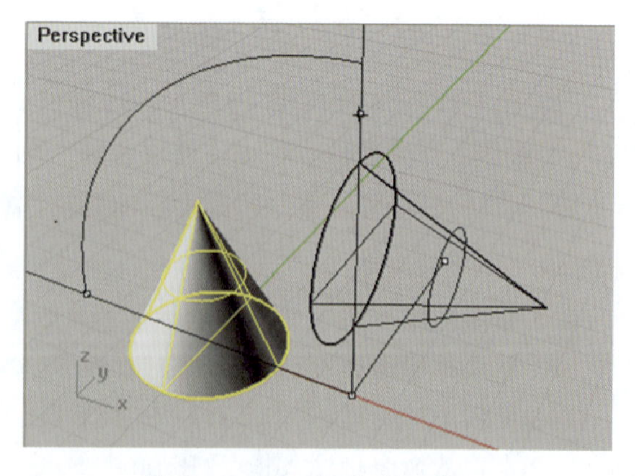

图 2-3-4　3D 旋转对象

2.3.4 缩放对象

利用“缩放”命令，可以按照一定比例在一定方向上对物体进行放大或缩小，包括“三轴缩放”“二轴缩放”“单轴缩放”等，接下来我们具体介绍一下。

1. 三轴缩放

“三轴缩放”指的是在 x、y、z 三个轴上以同比例缩放选取的物件。

· 命令调用方式

①从菜单栏选择：点击“变动”/“缩放”/“三轴缩放”命令。

②使用图标选择：点击工具栏中的“三轴缩放”工具(按钮)。

③直接从命令栏输入指令“Scale3D”。

· 编辑步骤

①调用“三轴缩放”命令。

②命令栏提示“选取要缩放的物件：”，选择要缩放的对象。

③命令栏提示“选取要旋转的物件。按 Enter 完成：”，待选择好缩放对象后回车确认。

④命令栏提示“基点(复制(C))：”，选择要旋转物件的中心点。

⑤命令栏提示“缩放比或第一参考点〈1.00〉(复制(C))：”，选择一点作为参考点，也可以开启“物件锁点”，选择“端点”或者“中心点”。

⑥命令栏提示“第二参考点(复制(C))”，指定一点作为第二参考点，完成三轴缩放。

上述步骤中提示的“复制”是指将选定对象缩放后保留原对象。

如图 2-3-5 所示，左图为放大之前圆与环分离的形态，右图为完成三轴放大之后圆与环配对卡位的状态。

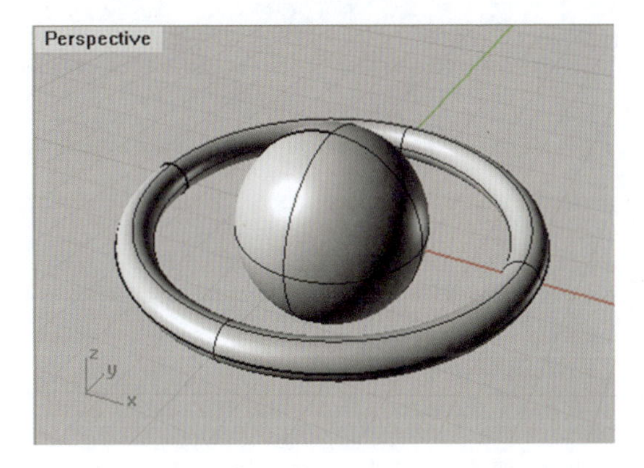

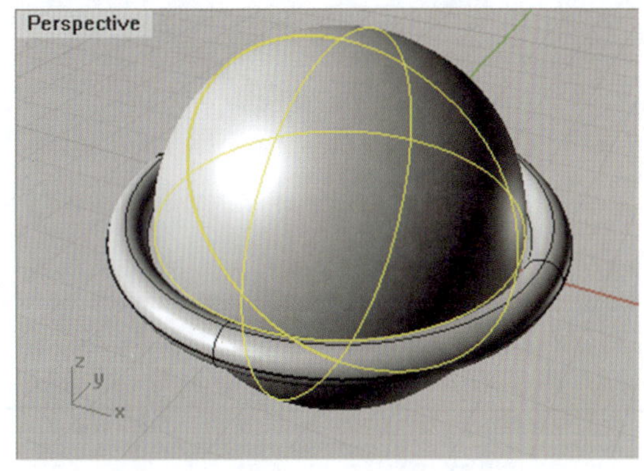

图 2-3-5 三轴缩放

2. 二轴缩放

“二轴缩放”是指在工作平面的两个轴方向上缩放选取的物件。

· 命令调用方式

①从菜单栏选择：点击“变动”/“缩放”/“二轴缩放”命令。

②使用图标选择：点击工具栏中“三轴缩放”（按钮）/“二轴缩放”工具（按钮）；或者直接用鼠标右键点击工具栏中的“二轴缩放”工具（按钮）。

③直接从命令栏输入指令“Scale2D”。

· 编辑步骤

①调用“二轴缩放”命令。

②命令栏提示“选取要缩放的物件：”，选择要缩放的对象。

③命令栏提示“选取要旋转的物件。按 Enter 完成：”，待选择好缩放对象后回车确认。

④命令栏提示“基点（复制（C））：”，选择要旋转物件的中心点。

⑤命令栏提示“缩放比或第一参考点〈1.00〉（复制（C））：”，选择一点作为参考点，也可以开启“物件锁点”，选择“端点”或者“中心点”。

⑥命令栏提示“第二参考点（复制（C））”，指定一点作为第二参考点，完成二轴缩放。

如图 2-3-6 所示，对中间的正方体进行二轴缩放后，原来的圆柱体分离为两个部分。

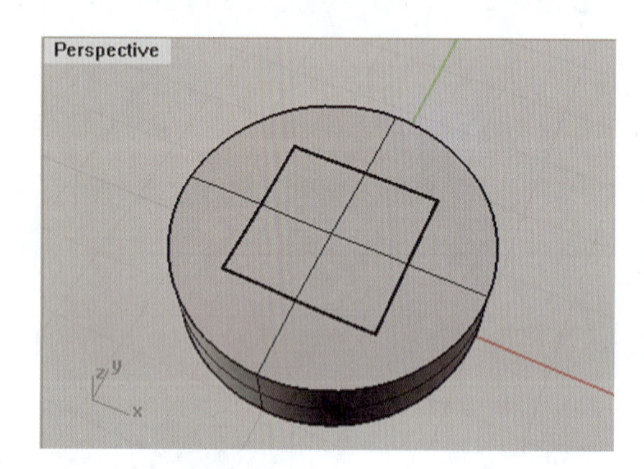

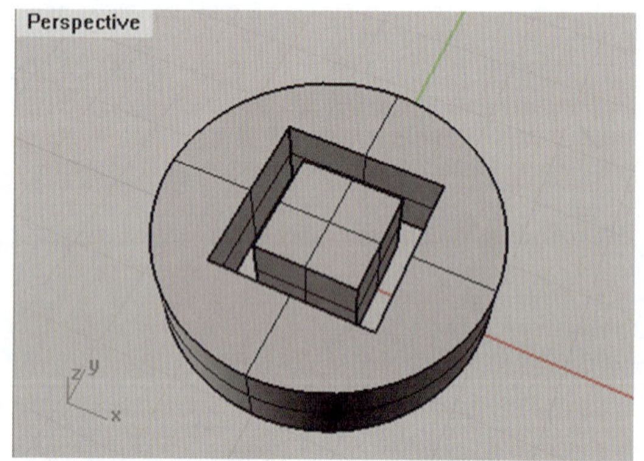

图 2-3-6　二轴缩放

3. 单轴缩放

“单轴缩放”是指在工作平面的一个轴方向上缩放选取的物件。

· 命令调用方式

①从菜单栏选择：点击“变动”/“缩放”/“单轴缩放”命令。

②使用图标选择：点击工具栏中“三轴缩放”（按钮）/“单轴缩放”工具（按钮）。

③直接从命令栏输入指令“Scale1D”。

· 编辑步骤

①调用“单轴缩放”命令。

②命令栏提示“选取要缩放的物件：”，选择要缩放的对象。

③命令栏提示“选取要旋转的物件。按 Enter 完成:”,待选择好缩放对象后回车确认。

④命令栏提示“基点(复制(C)):”,选择要旋转物件的中心点。

⑤命令栏提示“缩放比或第一参考点〈1.00〉(复制(C)):”,选择一点作为参考点,也可以开启“物件锁点”,选择“端点”或者“中心点”。

⑥命令栏提示“第二参考点(复制(C))”,指定一点作为第二参考点,完成单轴缩放。

如图 2-3-7 所示,左图为单轴缩放之前,黄色部分为需要缩放延伸的部分;右图为完成单轴缩放之后的完整形状。

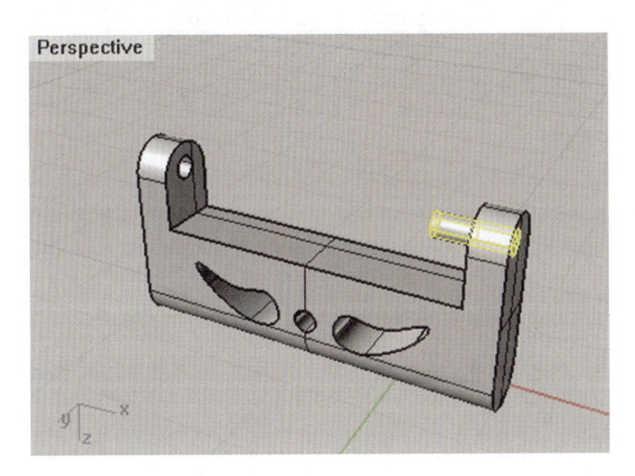

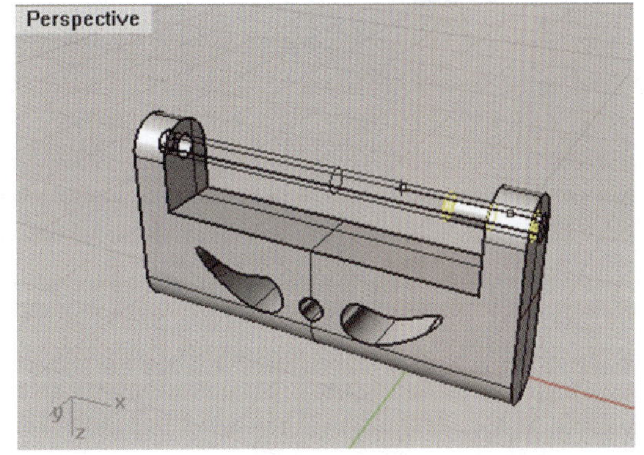

图 2-3-7 单轴缩放

2.3.5 镜像对象

通过“镜像”命令可以快捷精准地实现对象的对称复制。

· 命令调用方式

①从菜单栏选择:点击“变动”/“镜像”命令。

②使用图标选择:点击工具栏中“移动”(按钮)/“镜像”工具(按钮)。

③直接从命令栏输入指令“Mirror”。

· 编辑步骤

①调用“镜像”命令。

②命令栏提示“选取要镜像的物件:”,选择要镜像复制的对象。

③命令栏提示“选取要镜像的物件。按 Enter 完成:”,待选择好镜像对象后回车确认。

④命令栏提示“镜像平面起点(三点(P) 复制(C)=是):”,一般是指镜像对称轴的起点,点击可指定点位。

⑤命令栏提示“镜像平面终点(复制(C)):”,一般指镜像对称轴的终点,点击可指定点位,完成镜像。

在步骤④命令栏的选项中,“三点”是指通过指定 3 个点确定镜像平面;“复制”选择“是”指让原对象镜像后被保留,选择“否”则原对象镜像后被删除。

如图 2-3-8 所示，左图为需要镜像的高脚杯，在镜像对象时，黄色部分为需要镜像的部分，黑色网格线为将镜像出现的对象，中间的中心点为起点，“+”处为镜像终点；右图为完成镜像复制的效果。

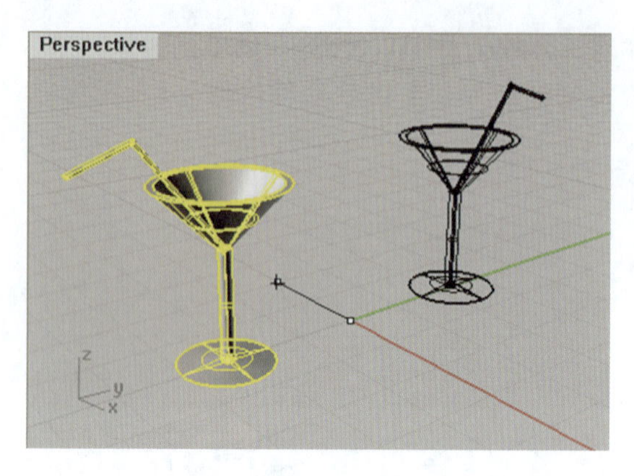

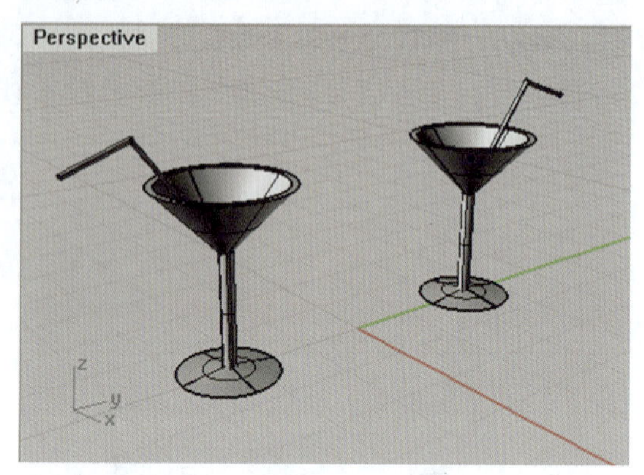

图 2-3-8　镜像对象

2.3.6　阵列对象

通过“阵列”命令，可以按照一定的规律或次序重复排列对象。阵列方式包括“矩形阵列”“环形阵列”“沿着曲线阵列”等。

1. 矩形阵列

· 命令调用方式

①从菜单栏选择：点击“变动”/“阵列”/“矩形”命令。

②使用图标选择：点击工具栏中“移动”(按钮)/“矩形阵列”工具(按钮)；或者直接点击工具栏中的“矩形阵列”工具(按钮)。

③直接从命令栏输入指令“Array”。

· 编辑步骤

①调用“矩形阵列”命令。

②命令栏提示“选取要阵列的物件：”，选择要矩形阵列的对象。

③命令栏提示“选取要阵列的物件。按 Enter 完成：”，待选择好矩形阵列对象后回车确认。

④命令栏提示“x 方向的数目〈1〉：”，输入横轴 x 方向需要阵列的数目，回车确认。

⑤命令栏提示“y 方向的数目〈1〉：”，输入横轴 y 方向需要阵列的数目，回车确认。

⑥命令栏提示“z 方向的数目〈1〉：”，输入横轴 z 方向需要阵列的数目，回车确认。

⑦命令栏提示“单位方块或 x 方向的间距：”，输入 x 方向上每个阵列对象间需要的距离数值，回车确认。

⑧命令栏提示“y 方向的间距或第一个参考点：”，输入 y 方向上每个阵列对象间需要的

距离数值，或直接点击选取参考点，回车确认。

⑨命令栏提示“第二个参考点：”，直接点击选取第二参考点，回车确认。

⑩命令栏提示“z 方向的间距或第一个参考点：”，输入 z 方向上每个阵列对象间需要的距离数值，或直接点击选取参考点，回车确认。

⑪命令栏提示“第二个参考点：”，直接点击选取第二参考点，回车确认；最后“按 Enter 接受（x 数目(X)＝1　x 间距(S)　y 数目(Y)＝1　y 间距(P)　z 数目(Z)＝1　z 间距(A)）”，也就是确认之前在命令栏设置的所有数值，回车确定，完成矩形阵列。

步骤⑦中提示的“单位方块或 x 方向的间距：”除了直接输入数值之外，也可以直接拖动编辑对象，拖动的长、宽、高也就是 x、y、z 方向上的间距。

如图 2－3－9 所示，左图为需要矩形阵列的正方体，设置 x 轴数目为 3，x 轴间距为 1.5mm，y 轴数目为 3，y 轴间距为 1.5mm，z 轴数目为 3，z 轴间距为 1.5mm，右图为完成的矩形阵列。

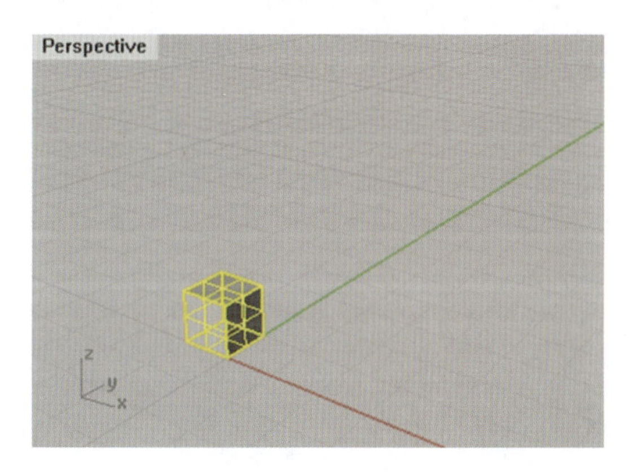

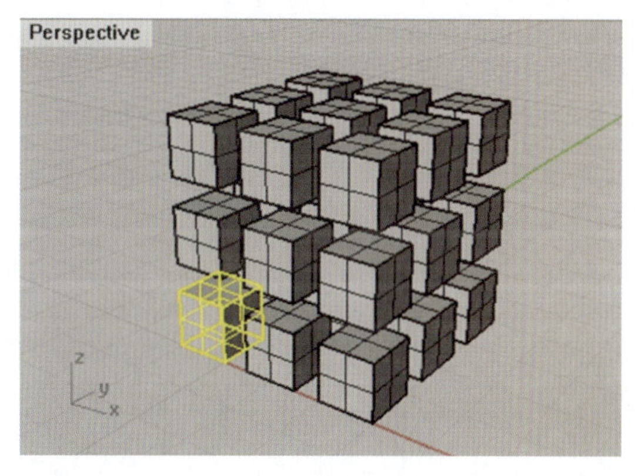

图 2－3－9　矩形阵列

2. 环形阵列

· 命令调用方式

①从菜单栏选择：点击“变动”/“阵列”/“环形”命令。

②使用图标选择：点击工具栏中“移动”（按钮）/“环形阵列”工具（按钮）；或者点击工具栏中“矩形阵列”（按钮）/“环形阵列”工具（按钮）。

③直接从命令栏输入指令“ArrayPolar”。

· 编辑步骤

①调用“环形”命令。

②命令栏提示“选取要阵列的物件：”，选择要环形阵列的对象。

③命令栏提示“选取要阵列的物件。按 Enter 完成：”，待选择好阵列对象后回车确认。

④命令栏提示“环形阵列中心点：”，点击选取需要环形阵列的中心点。

⑤命令栏提示“项目数〈2〉：”，输入需要环形阵列的数目，回车确认。

⑥命令栏提示“旋转角度总合或第一参考点〈360〉（步进角(S)）：”，输入旋转的总角度或

步进角(指单个对象之间的角度),确定后回车,完成环形阵列。

如图 2-3-10 所示,左图为需要环形阵列的标准圆钻,环形复制数目设置为 6;右图为完成的环形阵列。

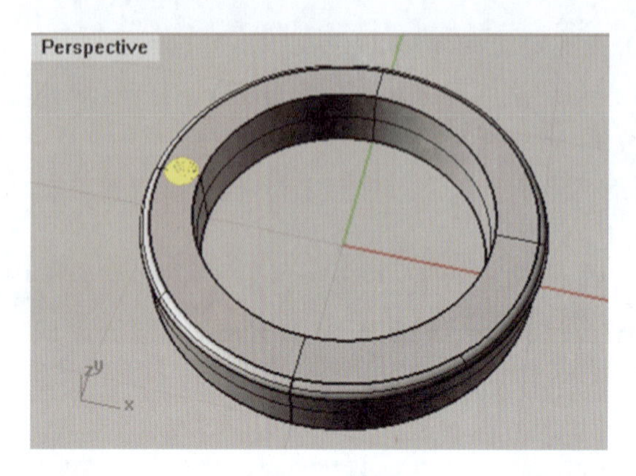

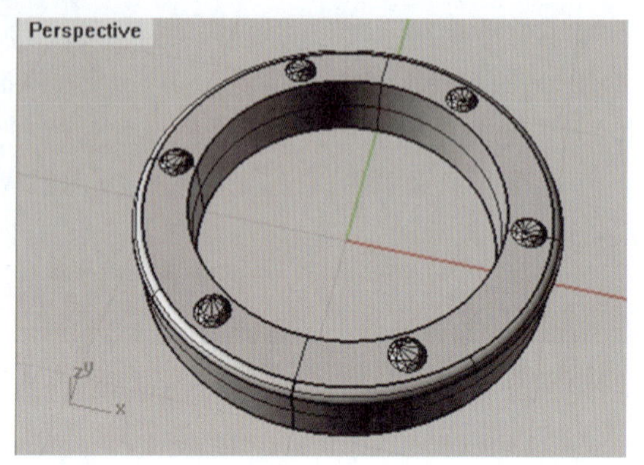

图 2-3-10 环形阵列

3. 沿着曲线阵列

· 命令调用方式

①从菜单栏选择:点击"变动"/"阵列"/"曲线"命令。

②使用图标选择:点击工具栏中"移动"(按钮)/"矩形阵列"(按钮)/"沿着曲线阵列"工具(按钮);或者点击工具栏中"矩形阵列"(按钮)/"沿着曲线阵列"工具(按钮)。

③直接从命令栏输入指令"ArrayCrv"。

· 编辑步骤

①调用"沿着曲线阵列"命令。

②命令栏提示"选取要阵列的物件:",选择要沿着曲线阵列的对象。

③命令栏会提示"选取要阵列的物件。按 Enter 完成:",待选择好阵列对象后回车确认。

④命令栏提示"选取路径曲线(基准点(B)):",点击选取待阵列的曲线,如果阵列对象不在曲线上,可以确定阵列对象的基准点。

⑤弹出"沿着曲线阵列选项"对话框,设置需要阵列的数目等参数,回车确认,完成阵列。

"沿着曲线阵列选项"对话框中有"方式"组和"定位"组。在"方式"组中,需要设置的是"项目数",可以直接输入需要阵列的数目,系统会计算阵列对象间的距离;或者设置"项目间的距离",可以直接输入距离数值,系统也会相应按照曲线的起点开始阵列对象。"定位"组中需要选择的有"不选择""自由扭转""走向",就是设置阵列对象需不需要按照曲线的扭转方向进行相应变换。

如图 2-3-11 所示,左图为需要沿着心形曲线阵列的标准圆钻,阵列数目设置为 11;右图为阵列后的效果。

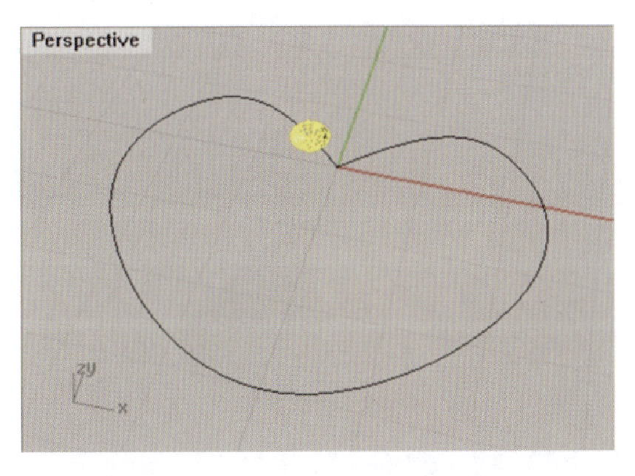

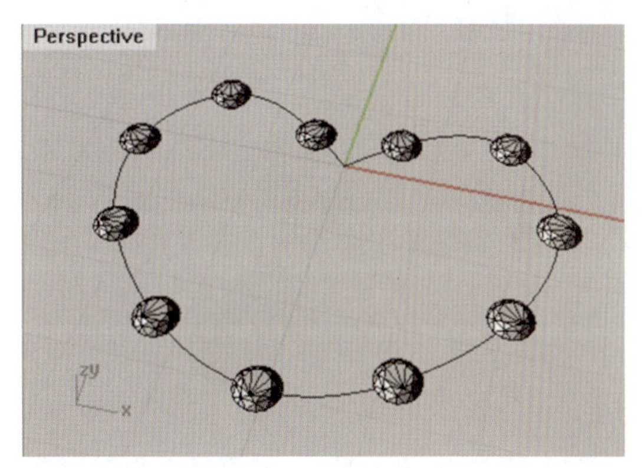

图 2-3-11 沿着曲线阵列

2.3.7 对象的布尔运算

通过布尔运算命令可以对实体或曲面进行数学运算。布尔运算是三维软件最基本的功能，包括并集、差集和交集 3 种运算方式。值得注意的是，布尔运算不仅可以应用于实体与实体之间，还可以应用于实体与曲面、曲面与曲面之间，所以说运用非常广泛，实用性也很强。下面我们分别介绍一下。

1. 布尔运算并集

利用“布尔运算并集”命令，可以将多个实体对象合并成一个实体，但是在进行曲面与实体、曲面与曲面的合并运算时，由于其法线方向不同，会出现多种结果。

· 命令调用方式

①从菜单栏选择：点击“实体”/“并集”命令。

②使用图标选择：点击工具栏中“布尔运算并集”工具(按钮)。

③直接从命令栏输入指令“BooleanUnion”。

· 编辑步骤

①调用“布尔运算并集”命令。

②命令栏提示“选取要并集的曲面或多重曲面：”，选择要做布尔运算并集的对象。

③命令栏提示“选取要并集的曲面或多重曲面。按 Enter 完成：”，待选择好对象后回车确认，完成实体的并集。

在做布尔运算并集时，实体与实体之间必须有公共相交的部分才能进行运算；在完成布尔运算并集后，相交的部分会生成一条封闭的曲线，可以对交线进行圆角处理使其平滑地过渡。

如图 2-3-12 所示，左图为需要做布尔运算并集的棋子，右图为完成后的形状。

2. 布尔运算差集

利用“布尔运算差集”命令，可以在一个物体中减去与另一个物体重合的部分。

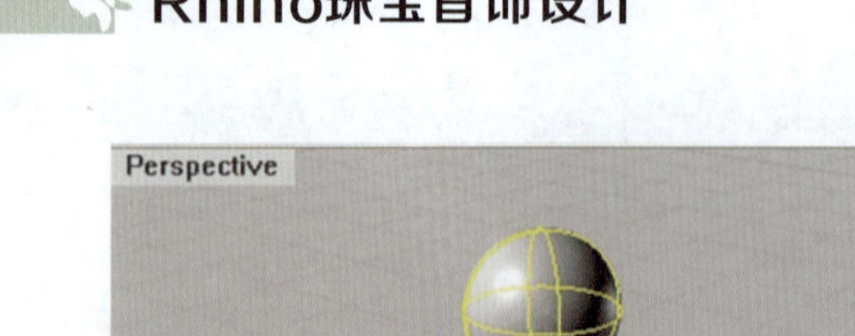

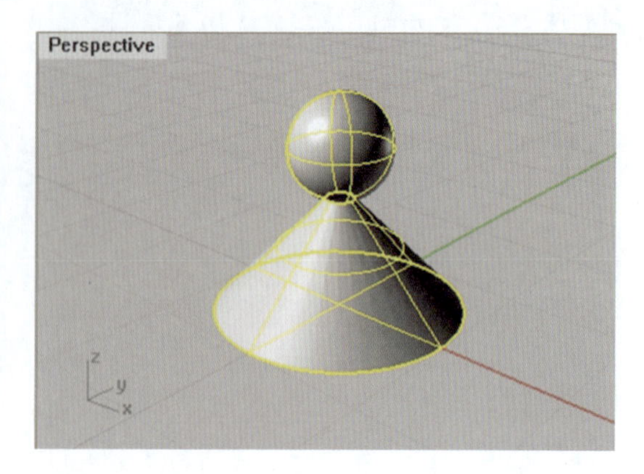

图 2-3-12　布尔运算并集

· 命令调用方式

①从菜单栏选择：点击“实体”/“差集”命令。

②使用图标选择：点击工具栏中“布尔运算并集”（按钮 ）/“布尔运算差集”工具（按钮 ）。

③直接从命令栏输入指令“BooleanDifference”。

· 编辑步骤

①调用“布尔运算差集”命令。

②命令栏提示“选取第一组曲面或多重曲面：”，选择做布尔运算差集的第一组对象，也就是需要被减的对象。

③命令栏提示“选取第一组曲面或多重曲面。按 Enter 后选取第二组：”，待选择好对象后回车确认，选取第二组对象。

④命令栏提示“选取第二组曲面或多重曲面（删除输入物体（D）＝是）：”，回车完成实体的差集。

在做布尔运算差集时，选择实体的顺序会影响相减的结果，在命令中选取的第一组曲面或实体，是“布尔运算差集”命令的主体，也就是将被减的对象，第二组曲面或实体也就是用来修剪的对象。

如图 2-3-13 所示，左图为需要完成差集的扣子，右图为差集后的形状。

3. 布尔运算交集

利用“布尔运算交集”命令，可以在建模的过程中，使多个对象相交，并保留相交部分，去除未相交的部分。

· 命令调用方式

①从菜单栏选择：点击“实体”/“交集”命令。

②使用图标选择：点击工具栏中“布尔运算并集”（按钮 ）/“布尔运算交集”工具（按钮 ）。

③直接从命令栏输入指令“BooleanIntersection”。

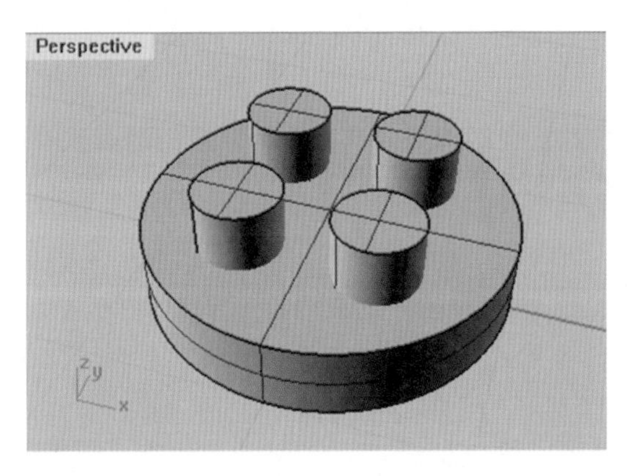

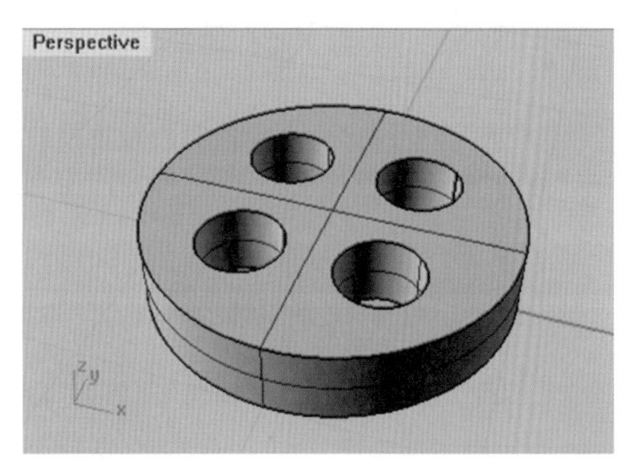

图 2-3-13 布尔运算差集

· 编辑步骤

①调用“布尔运算交集”命令。

②命令栏提示“选取第一组曲面或多重曲面:”,选择布尔运算交集运算的第一组对象。

③命令栏提示“选取第一组曲面或多重曲面。按 Enter 后选取第二组:”,待选择好对象后回车确认,选取第二组对象。

④命令栏提示“选取第二组曲面或多重曲面:”,选择布尔运算交集运算的第二组对象。

⑤命令栏提示“选取第二组曲面或多重曲面。按 Enter 完成:”,待选择好对象后回车确认,完成实体的交集。

如图 2-3-14 所示,左图为需要做布尔运算交集的正方体和球体,右图为完成后的形状。

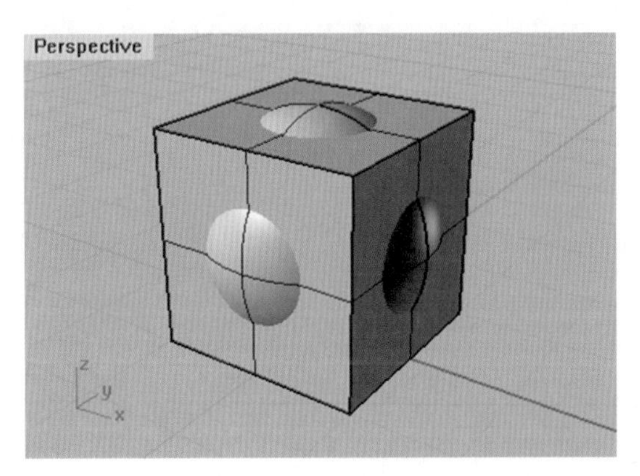

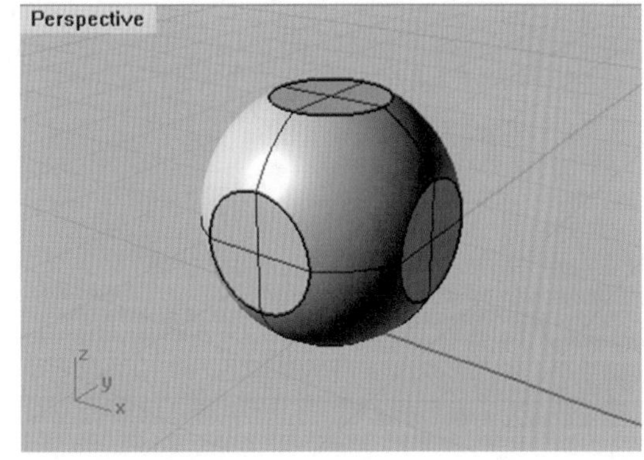

图 2-3-14 布尔运算交集

2.3.8 修剪和分割对象

“修剪”和“分割”命令也是我们在建模的时候经常会运用到的基础命令。它们的区别在于,“修剪”命令会直接去掉多余的部分,而“分割”命令只是会将其分开。

1. 修剪对象

利用“修剪”命令,可以修剪掉一个对象与另一个对象相交处内侧或者外侧的部分。

· 命令调用方式

①从菜单栏选择:点击“编辑”/“修剪”命令。

②使用图标选择:点击工具栏中“修剪”工具(按钮)。

③直接从命令栏输入指令“Trim”。

· 编辑步骤

①调用“修剪”命令。

②命令栏提示“选取切割用物件(延伸直线(E)=否　视角交点(A)=否):”,选取用于切割的曲线。

③命令栏提示“选取切割用物件。按 Enter 完成(延伸直线(E)=否　视角交点(A)=否):”,待选择好对象后回车确认。

④命令栏提示“选取要修剪的物件(延伸直线(E)=否　视角交点(A)=否):”,选择需要修剪掉的部分。

⑤命令栏提示“选取要修剪的物件。按 Enter 完成(延伸直线(E)=否　视角交点(A)=否):”回车确认,完成修剪。

如图 2-3-15 所示,左图为需要修剪的五边形曲面和修剪曲线,右图为修剪后的形状。

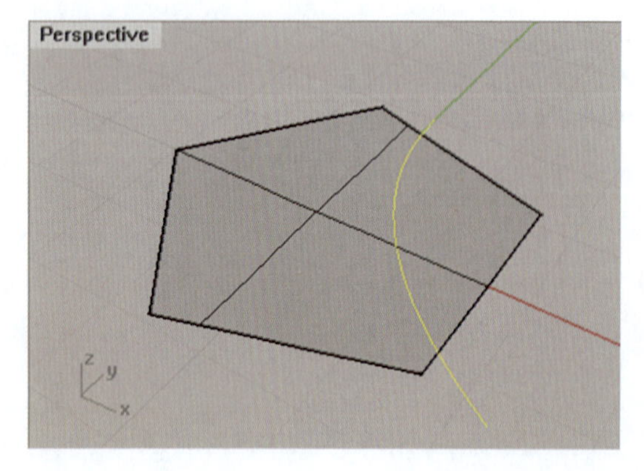

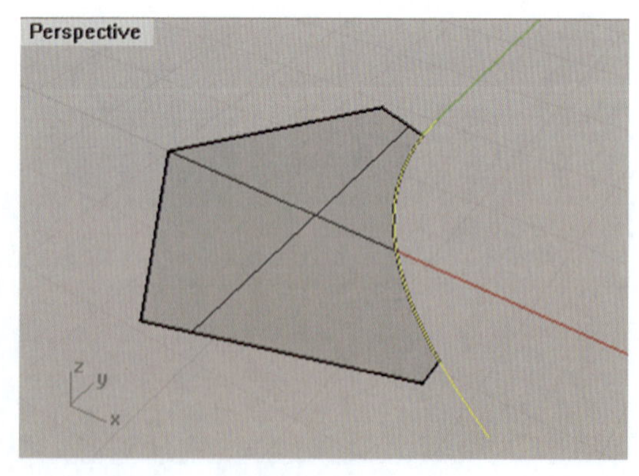

图 2-3-15　修剪对象

2. 分割对象

利用“分割”命令,可以将一个编辑对象作为切割物将另一对象分割开来。

· 命令调用方式

①从菜单栏选择:点击“编辑”/“分割”命令。

②使用图标选择：点击工具栏中“分割”工具(按钮)。

③直接从命令栏输入指令“Split”。

·编辑步骤

①调用“分割”命令。

②命令栏提示“选取要分割的物件(点(P) 结构线(I))：”，选取要被分割的编辑对象。

③命令栏提示“选取要分割的物件。按 Enter 完成(结构线(I))：”，待选择好对象后回车确认。

④命令栏提示“选取切割用物件(结构线(I))：”，选择用于切割的物件。

⑤命令栏提示“选取切割用物件。按 Enter 完成(结构线(I))：”回车确认，完成分割。

如图 2-3-16 所示，左图为需要分割的五边形曲面和分割曲线，右图为分割后的形状。

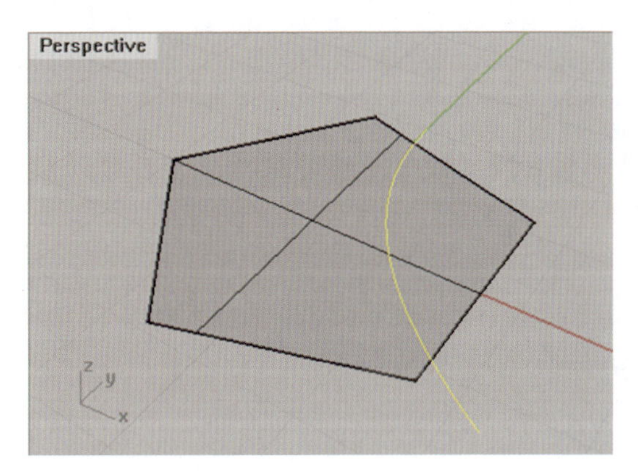

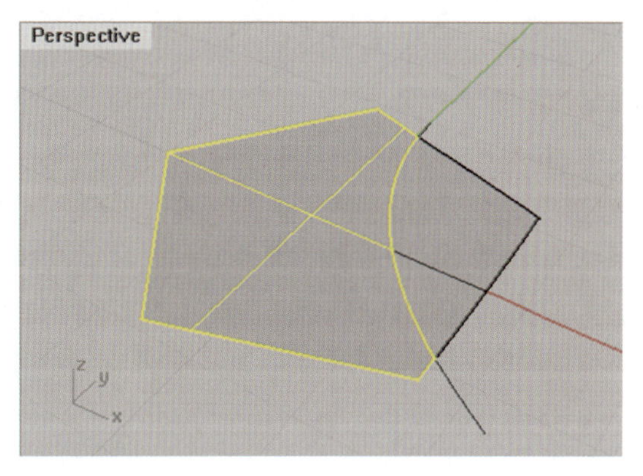

图 2-3-16 分割对象

2.3.9 炸开和组合对象

1. 炸开对象

利用“炸开”命令，可以把实体炸开成单一的曲面，将网格炸开成网格片段和网格面，将复合曲线炸开成单一的分割曲线等。

·命令调用方式

①从菜单栏选择：点击“编辑”/“炸开”命令。

②使用图标选择：点击工具栏中“炸开”工具(按钮)。

③直接从命令栏输入指令“Explode”。

·编辑步骤

①调用“炸开”命令。

②命令栏提示“选取要炸开的物体：”，选取要被炸开的实体。

③命令栏提示“选取要炸开的物件。按 Enter 完成：”，待选择好对象后回车确认，完成炸开。

如图 2-3-17 所示，左图为需要炸开的形状，运用“炸开”命令移开各个面后，其效果如右图所示。

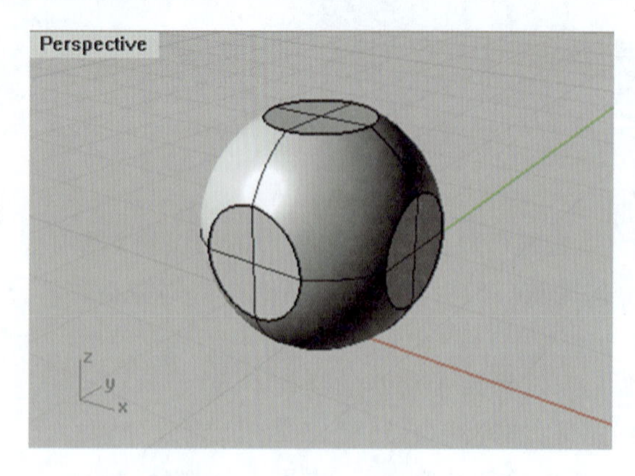

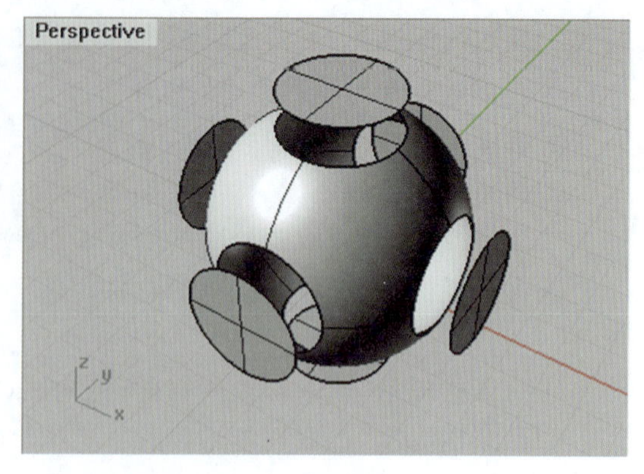

图 2-3-17　炸开对象

2. 组合对象

利用“组合”命令，可以将边缘相接的单一曲面组合成复合曲面或实体，将端点相接的曲线组合成复合曲线等。

· 命令调用方式

①从菜单栏选择：点击“编辑”/“组合”命令。

②使用图标选择：点击工具栏中“组合”工具（按钮）。

③直接从命令栏输入指令“Join”。

· 编辑步骤

①调用“组合”命令。

②命令栏提示“选取要组合的物体：”，选取要组合在一起的曲线或者曲面。

③命令栏提示“选取要组合的物体。按 Enter 完成：”，待选择好对象后回车确认，完成组合。

如图 2-3-18 所示，左图为常见的心形曲线，一般的命令调用方式是先完成一半的心形，然后运用“镜像”命令复制出另一半曲线，最后运用“组合”命令，将其组合成一条复合曲线，如右图所示。

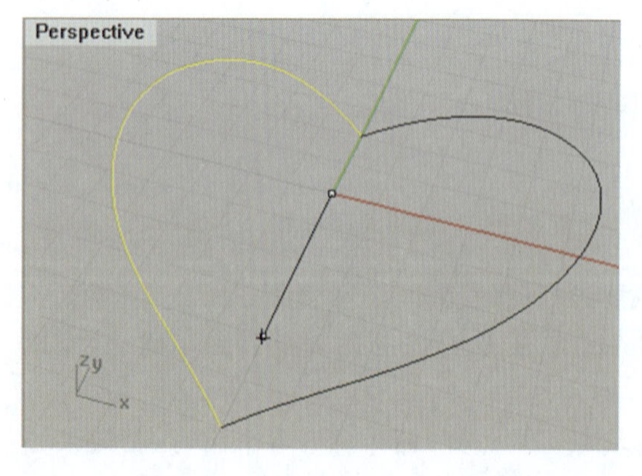

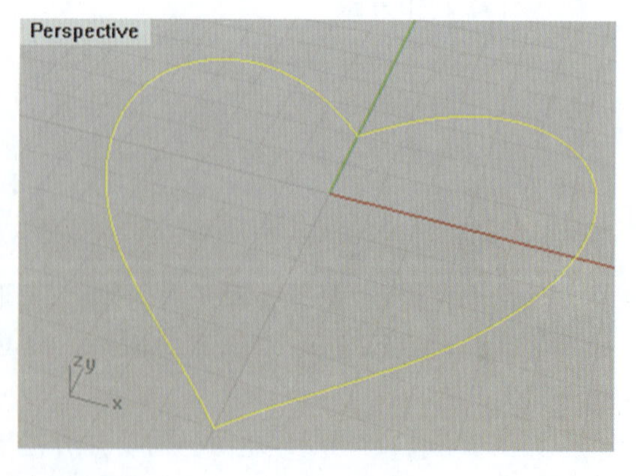

图 2-3-18　组合对象

KeyShot 渲染技术

3.1 认识 KeyShot 渲染器

3.1.1 应用概述

KeyShot 意为“The Key to Amazing Shots”，它是一个互动性的光线追踪与全域光渲染程序，无须复杂的设定即可快速轻松地创建神奇的 3D 渲染影像和动画效果。该软件由 Luxion 公司开发，2010 年首次推出，此后历经多次更新升级，功能强大多样，被广泛应用于珠宝设计及其他多种工业产品设计领域。KeyShot 渲染器具有以下几大优势。

1. 简单快速

KeyShot 常被称为极速渲染器，其最大的优势是简单、快速。即使是渲染的初学者，也只需要学习几分钟时间，就可以为自己创建的三维模型渲染出逼真的效果图。一般只需经过导入模型数据到 KeyShot 中、选择材质拖放到模型上、调整灯光和移动摄像机等步骤，就会瞬间看到发生在眼前的效果变化。KeyShot 渲染器的这种独特渲染技术、实时变化效果是其他软件一般不能实现的。

2. 实时动画

KeyShot 渲染器不仅可以快速渲染出逼真的产品效果图，还具有快速、简单地创建动画的功能。其优势在于不依赖插入和管理关键帧实现动画，而是通过动画向导、个人选择旋转或平移等变换方式建立实时动画，并可即时播放或输出不同格式。

3. 无缝链接

通过 KeyShot for Rhino 接口程序，可实现 KeyShot 渲染器和 Rhino 建模软件之间的无缝链接，用于模型的导入和更新。不仅可以直接将 Rhino 中建好的模型导入到 KeyShot 中，而且已导入的模型在渲染前，即使指定了材质和动画，也可以在 Rhino 中继续修改，只需点击“更新(Update)”即可激活 KeyShot，所有修改的部分将被替换和更新，同时保持已指定的

材质和动画。

4. 强大构架

KeyShot 渲染器不需要任何特殊的硬件(包括显卡),充分利用计算机所有的内核和线程。KeyShot 的性能与电脑系统的内核和线程的数量呈线性关系,用户的电脑性能越强大,KeyShot 运算越快。如果用户的电脑拥有双芯 CPU,那么渲染时间可以缩短一半。

5. 大型数据集

由于 KeyShot 渲染器是基于 CPU 的,计算数据存储在 RAM 中而不是显卡中,因而 KeyShot 可以处理非常大的数据集。KeyShot 渲染器的高度优化,使得它能够处理数以百万计的多边形模型。

3.1.2 工作界面

KeyShot 渲染器的工作界面自上而下主要由标题栏、菜单栏、功能区、工作区、工具栏 5 个部分组成,如图 3-1-1 所示。KeyShot 虽然经历了多次版本升级,但工作界面大同小异。

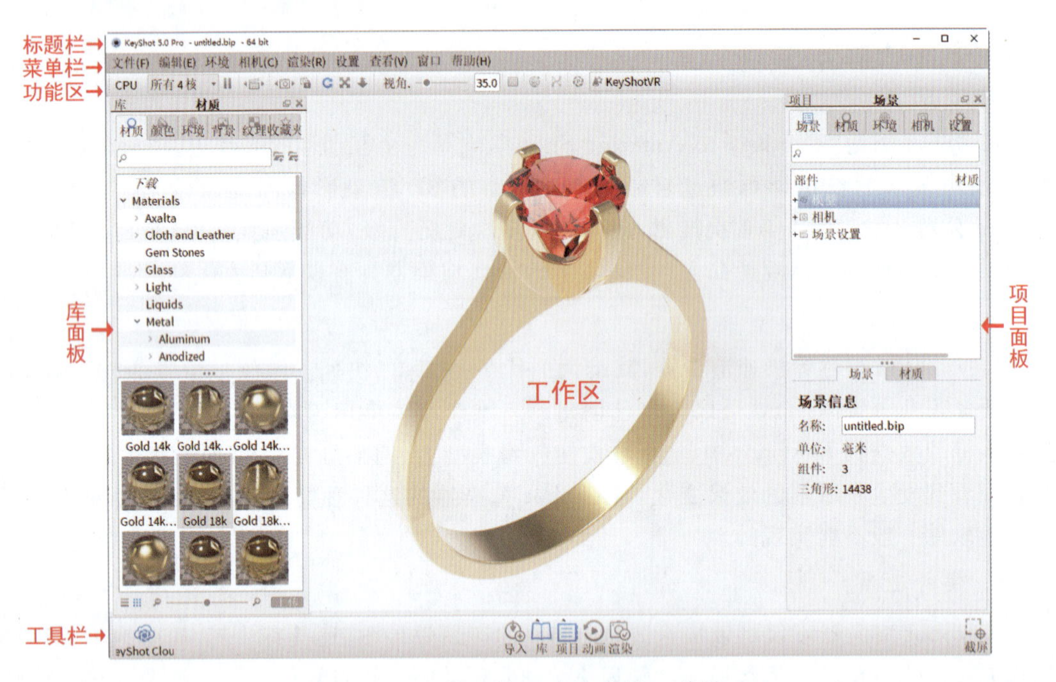

图 3-1-1 KeyShot 渲染器的工作界面

1. 标题栏

标题栏用于显示 KeyShot 系统的版本信息以及当前所运行文件的名称和类型(.bip 格式)。

2. 菜单栏

菜单栏包含“文件”“编辑”“环境”“相机”“渲染”“设置”“查看”“窗口”“帮助”菜单项，这里几乎包含了 KeyShot 的所有基本操作。

3. 功能区

功能区主要包含 CPU 核数、暂停渲染、场景切换、相机切换和锁定、摄像机旋转和移动、材质模板、HDRI 编辑器、NURBS 模式、性能模式、KeyShotVR 等功能选项，不过在实际操作中有些功能并不常用。可以通过点击“窗口”菜单下的“显示功能区”命令勾选或去勾，将功能区开启或关闭。

4. 工作区

工作区用于显示模型的大小、位置、材质、灯光和即时渲染的效果。在工作区内，可以通过按住鼠标左键任意拖动 KeyShot 自带的默认相机，从不同视角查看模型；通过按住鼠标中键，可拖动模型位置；通过转动鼠标滚轮，可调节模型大小。

5. 工具栏

工具栏主要包含“导入”“库”“项目”“动画”“渲染”及右端的“截屏”等工具。“导入”命令可以将模型导入工作区内。“库”命令和“项目”命令分别用于打开（或关闭）库面板和项目面板，打开后的库面板和项目面板会分别显示在工作区左右两侧，也可以拖动它们，使之成为浮动面板。“动画”命令可用于查看和修改文件中包含的动画设置。“渲染”命令用于设定渲染图像或动画的格式、分辨率、尺寸等参数。利用“截图”命令，可以快速为客户提供产品效果图的雏形。

3.1.3 功能及参数设置

单击工具栏中的命令按钮，均会弹出一个对话框或控制面板，用于设置相应功能的参数。下面介绍几个主要的控制面板。

1. 库

单击工具栏中的“库”命令，可以打开库面板，其内分有材质、颜色、环境、背景、纹理及收藏夹 6 个选项卡，包含了 KeyShot 自带的各种素材信息。用户也可以将自备的材质、颜色、背景、纹理等图片素材添加到库中。在进行渲染操作时，只需选择合适的材质、颜色或纹理拖入到模型的指定部件上即可。如果想更换灯光环境或背景，则只需选择合适的环境、背景拖入工作区中即可。图 3-1-2 中分别为材质选项卡、环境选项卡和背景选项卡。

2. 项目

单击工具栏中的“项目”命令，可以打开项目面板，其内包含场景、材质、环境、相机、设置 5 个选项卡，如图 3-1-3 所示。用户可以在这些选项卡中查看模型的部件和场景，对材质、环境、相机、设置等信息进行编辑修改。

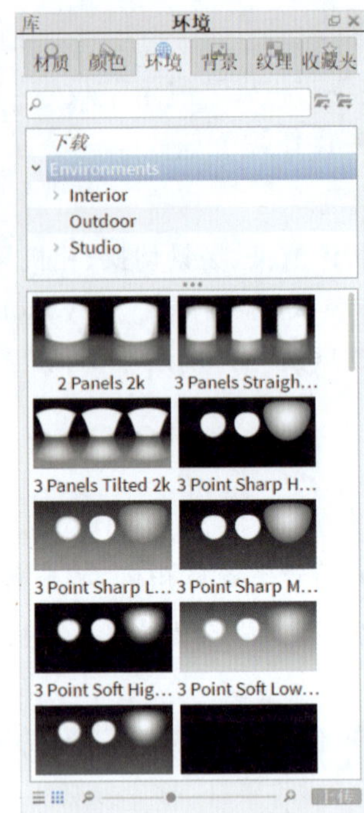

图 3-1-2　库面板中的材质、环境、背景选项卡

图 3-1-3　项目面板中的材质、环境、相机选项卡

3. 动画

单击工具栏中的“动画”命令，可以打开动画栏（位于工作区下部）。单击“动画向导”按

钮,可以为模型创建一段动画,点击播放按钮可预览动画,点击时间轴设置按钮可修改帧率等,如图 3-1-4 所示。

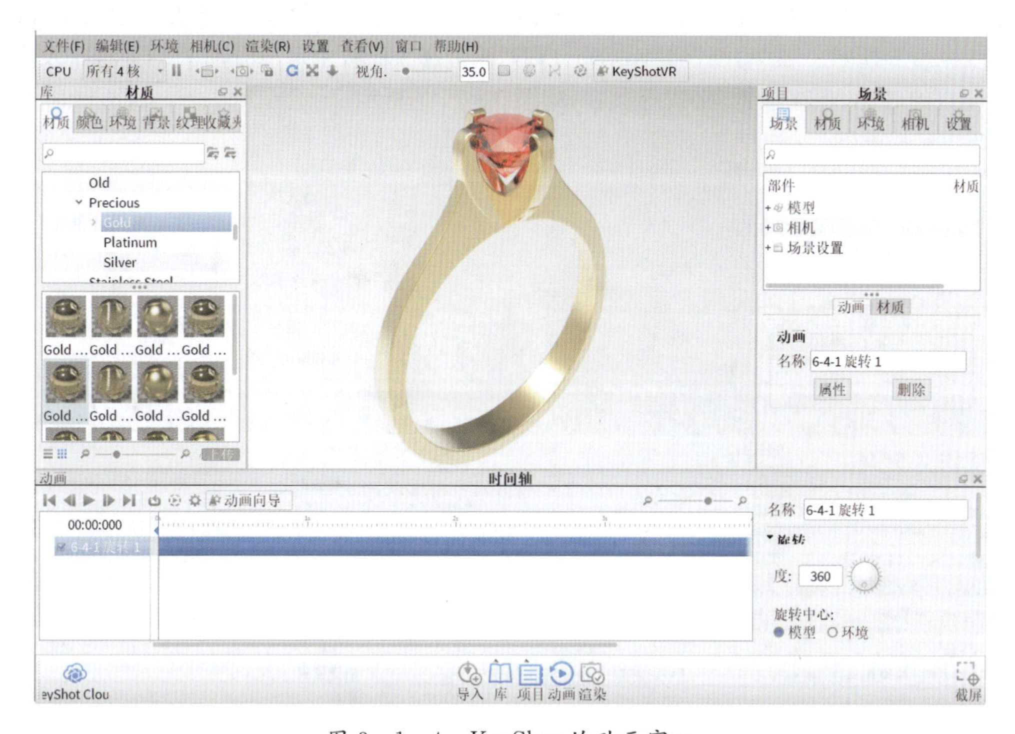

图 3-1-4 KeyShot 的动画窗口

此外,单击 KeyShot 主界面功能区中的"KeyShotVR"命令按钮,通过弹出的"KeyShotVR 向导"面板,也可以快速制作出一段产品展示动画,可直接渲染输出成视频文件,用于从不同角度动态展示产品的细节,如图 3-1-5 所示。

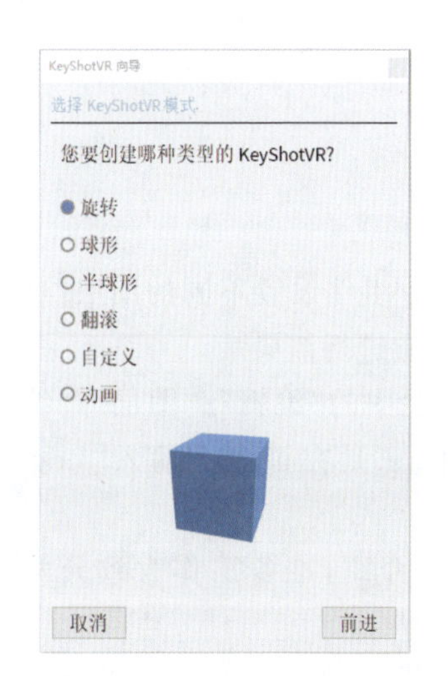

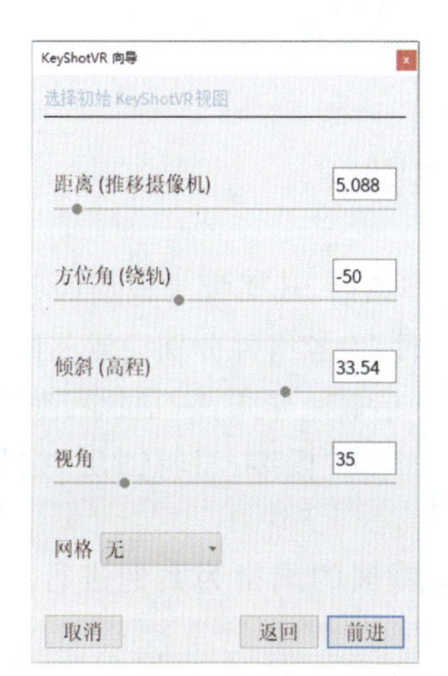

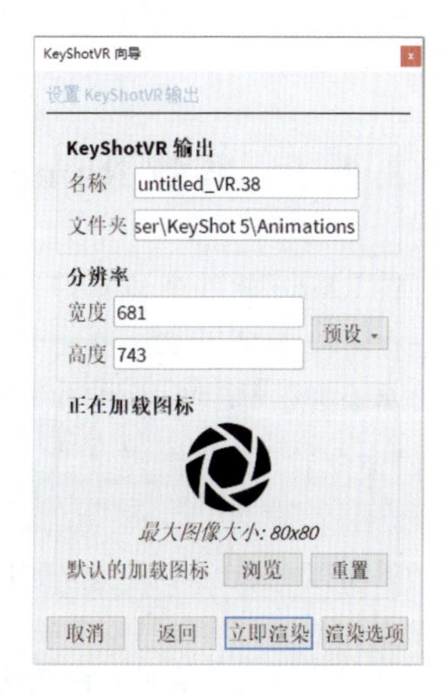

图 3-1-5 "KeyShotVR 向导"面板

4. 渲染

单击工具栏中的“渲染”命令，会弹出“渲染选项”对话框，在“静态图像”选项面板中可设置渲染图像的输出名称、保存位置、格式和分辨率，以及调节采样值和阴影品质等质量参数，如图 3－1－6 所示。在“动画”和“KeyShotVR”两个选项面板中可设置动画的分辨率及视频或帧输出的名称、保存位置、格式等参数，如图 3－1－7 所示。

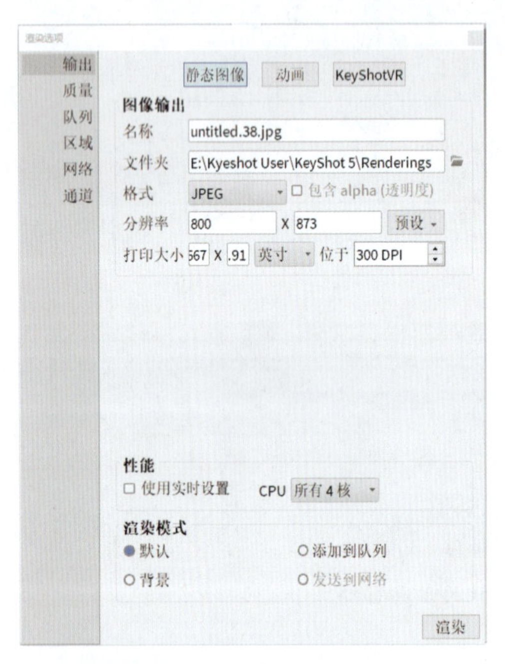

图 3－1－6　静态图像渲染设置面板

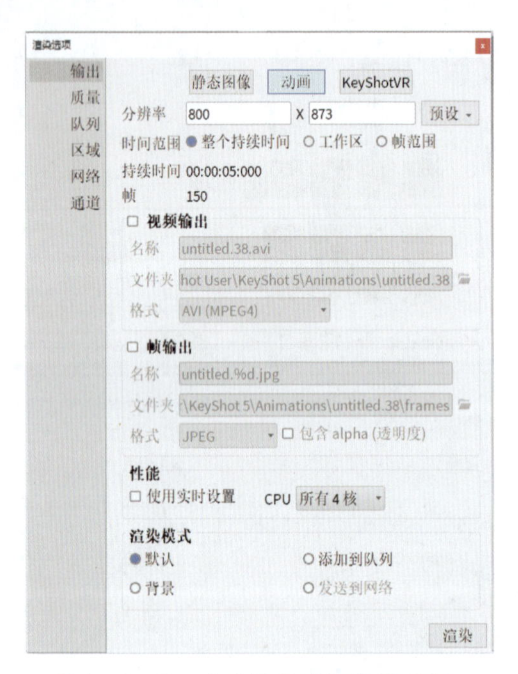

图 3－1－7　动画视频渲染设置面板

3.2　KeyShot 首饰渲染流程

3.2.1　准备 Rhino 模型

在 Rhino 软件中建立好首饰模型后，还需要为模型的各部分组件设置不同的图层，这样便于在将模型导入 KeyShot 软件后，为各组件分别设置不同材质进行渲染。

在 Rhino 中，调用“图层”命令有 3 种方式：一是执行菜单栏中的“编辑”/“图层”/“编辑图层”命令；二是单击基本工具栏中的“标准/编辑图层”按钮；三是在键盘上输入“Layer”命令。

下面以一款由多种宝石组合镶嵌的戒指为案例进行具体介绍，准备工作大致分两步进行。

(1)在 Rhino 软件中打开首饰模型，切换到 Perspective 视图，对预设材质相同的首饰部件进行群组，以便于在 KeyShot 中整体设置材质。具体操作方法：按住 Shift 键，选择戒指模型中的一组群镶石，执行菜单“编辑”/“群组”/“群组”命令，将它们群组在一起，如图 3－2－1 所示，用此方法将其他的群镶石也分别进行群组。

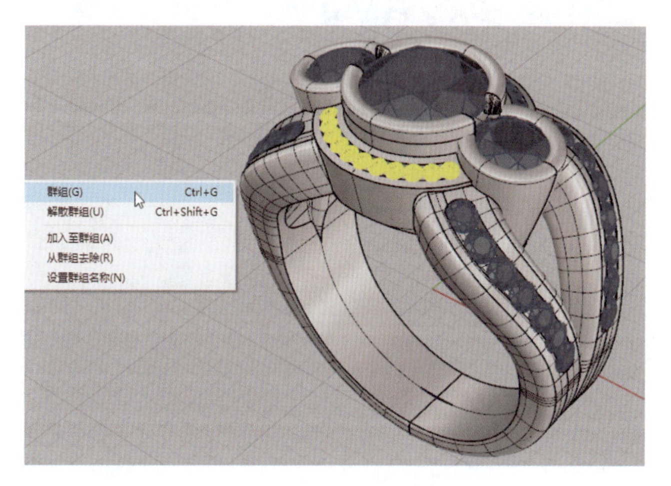

图 3－2－1 群组相同材质的宝石

（2）调用“图层”命令打开图层面板，选取不同首饰部件，按材质需要分别将其调整改变到不同图层。在本例中，选取戒指上中间主石，然后在图层面板内“Layer 01”图层上单击右键，在下拉菜单中执行“改变物件图层”命令，于是主石就被调整到该图层（图 3－2－2），再用同样的方法将两侧副石调整到“Layer 02”图层，周边的群镶石都调整到“Layer 03”图层，戒托和镶口因为是同一种材质可仍然保留在“Default”默认图层中。为了便于区分，可以将各图层重命名和改变颜色，如图 3－2－3 所示。

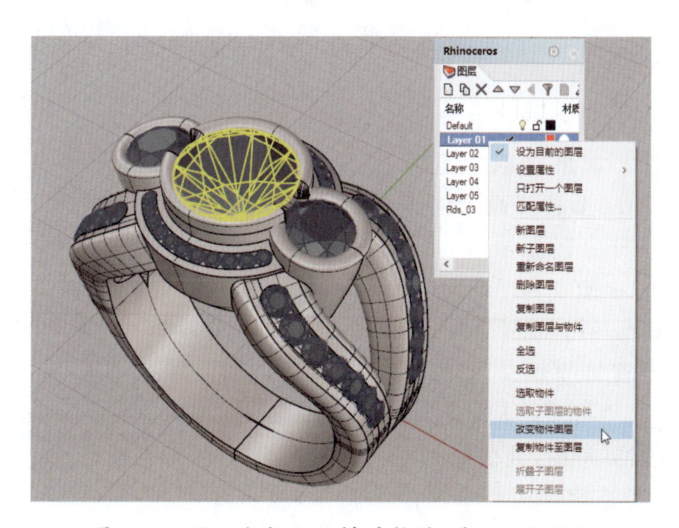

图 3－2－2 改变不同材质物件（宝石）的图层

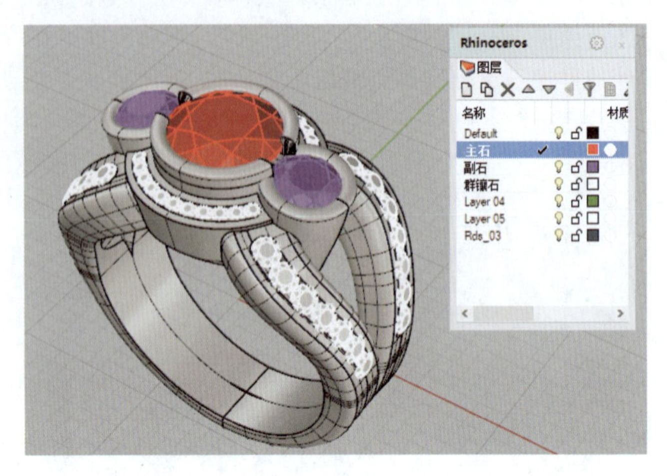

图 3-2-3 图层重命名和改变颜色

3.2.2 将模型导入 KeyShot

将 Rhino 首饰模型文件导入到 KeyShot 软件中，有下述两种方式。

第一种方式是直接在 KeyShot 软件中导入或打开 Rhino 模型文件。在 KeyShot 中，单击工具栏的“导入”命令，在相应的存放目录中找到要渲染的首饰模型文件(.3dm)后，单击“打开”按钮，弹出“KeyShot 导入”对话框，如图 3-2-4 所示。对话框中包含位置、大小、轴向、环境和相机、几何图形等选项，一般情况下不必修改默认选项，直接点击“导入”按钮，模型对象就导入到了工作区中。

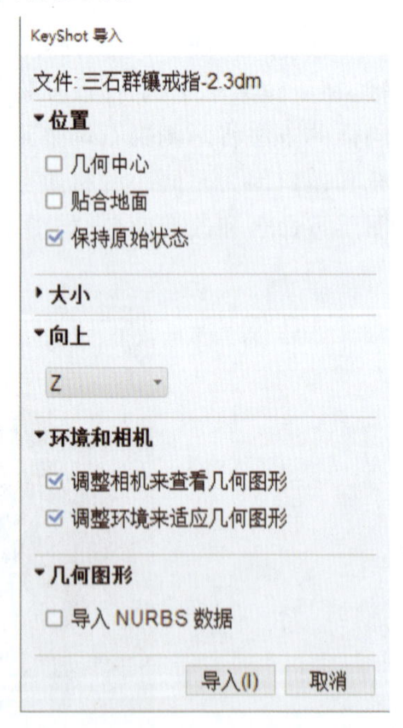

图 3-2-4 “KeyShot 导入”对话框

第二种方式是通过接口插件把模型文件从 Rhino 导入到 KeyShot 软件。如果电脑中安装有 KeyShot for Rhino 插件，会在 Rhino 软件界面中生成一个 KeyShot X 菜单链接(X 为 KeyShot 的版本号，本例使用的是 KeyShot 5，KeyShot 6 以上版本为浮动的链接按钮)。点击菜单栏中的“KeyShot 5/ Render”命令，系统会立即开启 KeyShot 软件，并把首饰模型从 Rhino 导入到 KeyShot 界面中，如图 3-2-5 所示。

上述第二种方式更常用，其优点是不仅简便快捷，而且即使在 KeyShot 中指定了模型的材质和动画，也可以在 Rhino 中对模型进行编辑修改，再执行“KeyShot 5/ Update”菜单命令，KeyShot 中的模型也随之更新。

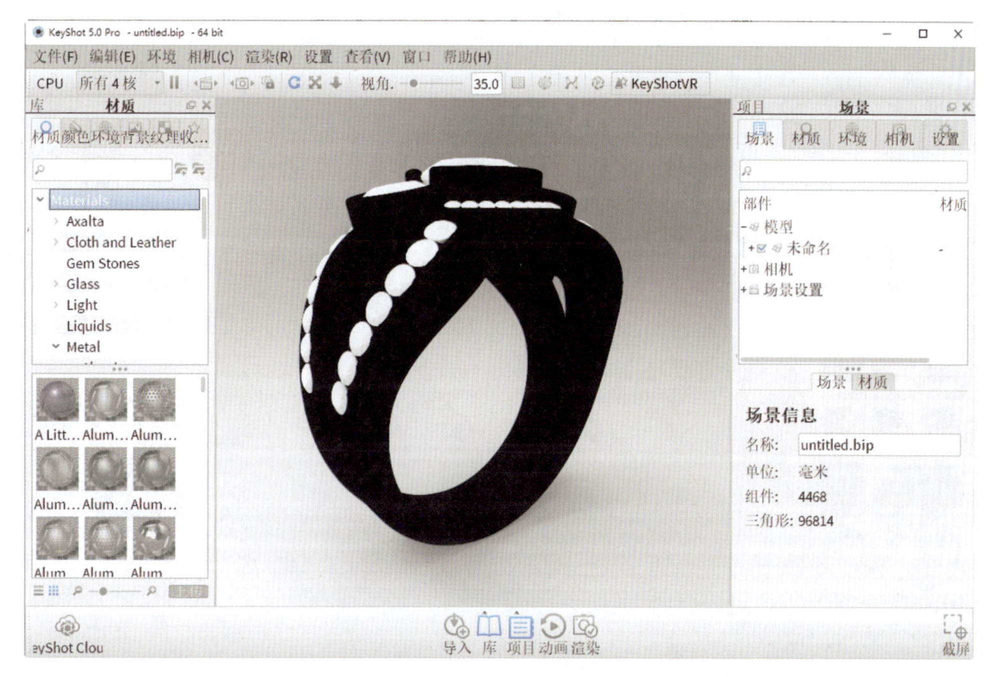

图 3-2-5 导入工作区内的首饰模型

3.2.3 为模型赋予首饰材质

将首饰模型导入 KeyShot 的工作区后，可以用鼠标调整好模型的大小和视角，开始为模型赋予材质。

KeyShot 的材质库中有 700 多种材质，其中包含钻石、红宝石、蓝宝石、祖母绿、火欧泊、电气石、黄玉、各色水晶等 12 种常见宝石和多种黄金、铂金、银等贵金属材质，通过简单地复制、粘贴或者拖动，便可以从材质库调用任意材质渲染模型。

如图 3-2-6 左侧所示，在本例这款组合镶戒指模型中，调用 18K 黄金哑光(Gold 18k matte)材质指定给戒托及镶口，调用红宝石(Ruby)材质指定给中间的主石，调用蓝宝石(Sapphire)材质指定给两侧的副石，调用钻石(Diamond)材质指定给周围的群镶石。

如果认为某些部件指定的材质不够理想，还可以在该部件上单击右键，执行弹出菜单中的“编辑材质”命令，右侧项目面板中就会出现该材质的选项卡，可以修改其相关参数。如本例中，可在红宝石主石上单击右键并执行“编辑材质”命令，然后在项目面板材质选项卡中修改宝石的色彩、折射指数、透明度等参数，使其看起来更加鲜艳明亮，如图 3-2-6 右侧所示。

图 3-2-6　为戒指模型赋予材质

3.2.4　选择渲染环境和背景

在对设计模型进行渲染时，照明环境和背景的选择无疑非常重要，同样材质设置的模型在不同的灯光照明和背景烘托下会表现出不同的渲染效果。不过，在实际操作中一般都使用 KeyShot 系统默认的照明环境和背景，因皆能较好地表现模型的细节和质感，故这一步骤可以省去。如果有特别需要，用户可以自己选择照明环境和背景。

在 KeyShot 库面板的环境选项卡中有数十种自带的环境图像(HDRI)，只需选择一种环境图像拖入工作区内就可以改变照明环境。一旦改变照明环境，就会看到渲染对象在模拟该照明环境下的材质、颜色、光泽感等效果。KeyShot 默认使用的照明环境是环境选项卡中名为“Startup. hdr”的环境图像，如果对默认或选定的环境图像不满意，还可以在右侧项目面板的环境选项卡中修改 HDRI 设置，如对比度、亮度、大小、高度、旋转等参数，如图 3-2-7 所示。

KeyShot 库面板的背景选项卡内只有为数不多的自带背景素材，默认使用的背景图像是其 Studio 目录下的“White Solid Vignette. jpg”，分辨率为 1920×1080。用户可以将自备的背景图片(jpg 格式)拷贝到 KeyShot Resources 安装目录的 Backplates 文件夹下，然后点击背景选项卡右上角的“刷新”按钮，在选项卡内就会看到所添加的背景素材。使用时，只需从左侧库面板的背景选项卡中选择一个合适的背景素材拖入工作区内即可。此外，还可以在右侧的项目设置选项卡中修改背景设置，如分辨率、亮度、阴影质量等，如图 3-2-8 所示。

图 3-2-7　为戒指模型设置照明环境

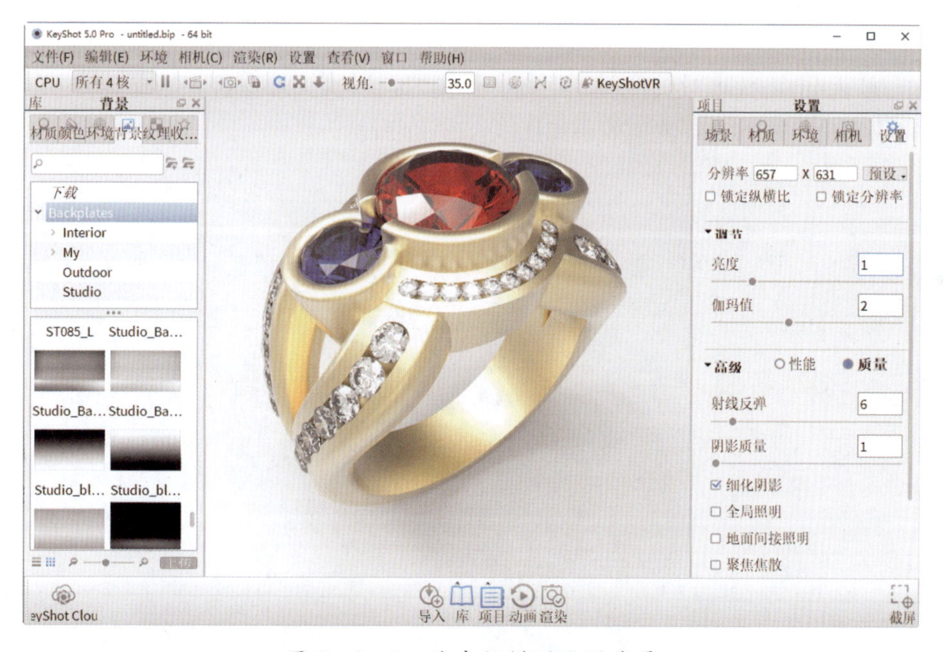

图 3-2-8　为戒指模型设置背景

3.2.5　设置渲染参数及出图

单击工具栏中的“渲染”按钮，就会弹出“渲染选项”对话框，可以根据需要设置各个渲染参数。通过对话框左侧的选项卡进行切换，在右侧框中设置输出图像的名称、保存位置、格式、分辨率、打印大小以及质量控制的相关参数，如图 3-2-9 和图 3-2-10 所示。

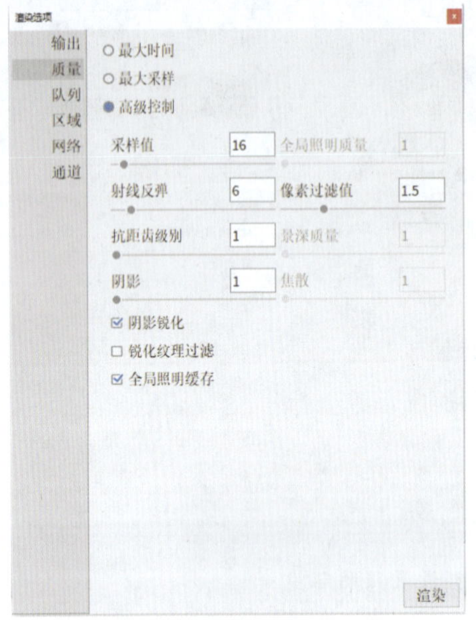

图 3-2-9　设置图像输出参数

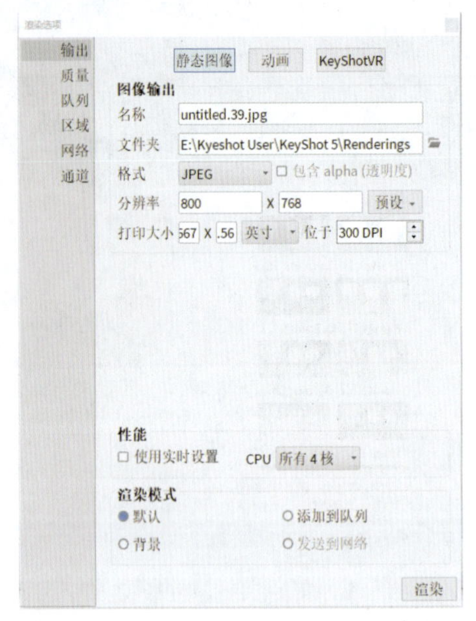

图 3-2-10　设置图像质量控制参数

最后，单击“渲染选项”对话框右下方的“渲染”按钮，进入渲染进程画面，一般只需数分钟即可完成渲染。戒指最终渲染效果如图 3-2-11 所示。

图 3-2-11　戒指最终渲染效果图

常用宝石琢型的制作

宝石琢型指宝石的造型，即宝石琢磨加工后的式样，也称宝石款式。宝石琢型的种类繁多，可分为弧面型、刻面型、珠型和异型四大类型，但用于首饰镶嵌的宝石琢型主要是弧面型和刻面型。

对于镶嵌宝石的首饰，通常需要根据宝石琢型的具体形态和规格尺寸来设计镶口乃至首饰的整体造型。应用 Rhino 设计镶宝首饰时，如果安装了其他珠宝插件(如 Techgems)，可以从插件的库中导入宝石琢型；如果没有这类插件，也可以利用 Rhino 自身的功能制作宝石琢型。本章将介绍一些首饰设计中常用宝石琢型的制作方法。

4.1 弧面琢型

弧面琢型是指表面呈凸起圆弧面体的琢型，又称为凸面型或素面型。其特点是上部呈突起的弧顶面，底部为平面或弧面。根据其腰围形状可分为圆形、椭圆形、橄榄形、梨形、心形等；根据其截面形状可分为单凸型、双凸型、凹凸型等；根据其弧面高度与底部直径的比例又可分为高凸弧面型(≥1∶1)、中凸弧面琢型(1∶2)、低凸弧面琢型(1∶3～1∶5)。弧面琢型是不透明宝石的常用加工琢型。图 4-1-1 所示为应用 Rhino 建模并经 KeyShot 渲染的弧面琢型效果图。

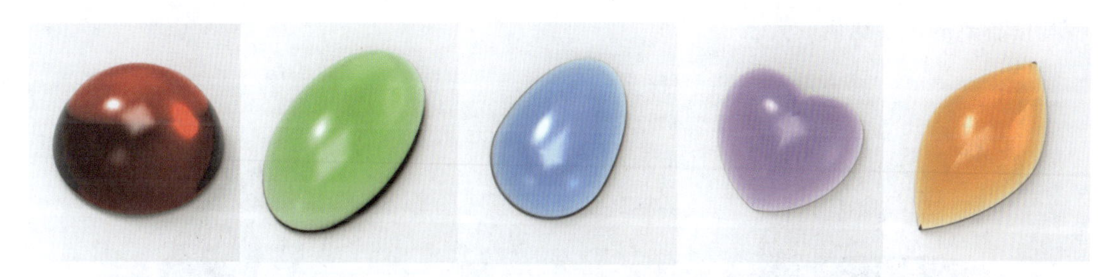

图 4-1-1 弧面琢型实例效果图(Rhino 建模，KeyShot 渲染)

应用 Rhino 制作弧面琢型有多种方法，如球体改造法、导轨扫掠法、旋转成形法等。其中球体改造法比较简单，就是先创建一个球体曲面，然后在其基础上改造成弧面琢型，本章主要介绍这种方法。其他方法将在以后的相关章节中介绍。

4.1.1 圆形弧面琢型

由于圆形弧面琢型近似半圆球体，因而可以利用圆球体曲面制作而成，制作步骤如下。

(1)创建圆球体。调用“球体：中心、半径”命令(按钮)，在Top视图的中心创建一个直径长10mm的圆球体，如图4-1-2所示。

(2)制作琢型弧顶面。执行“以结构线分割”命令(按钮)，在Front视图中点击球体，拖动水平方向的结构线至球体中心上方约0.5mm处，将球体上下分割开来，删除球体的下半部分，仅保留上半部分作为琢型的弧顶面，如图4-1-3所示。

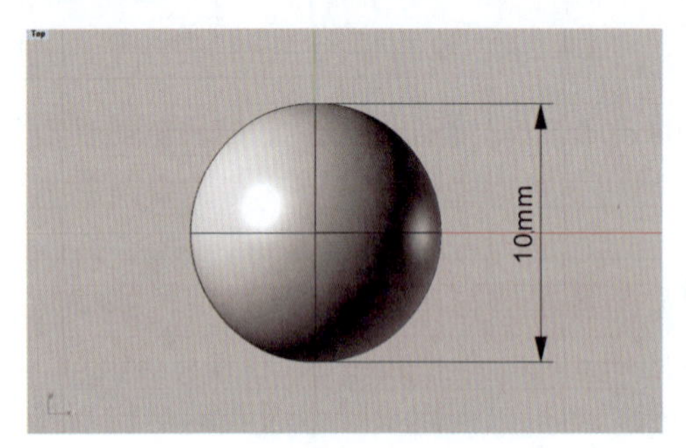

图4-1-2 创建球体

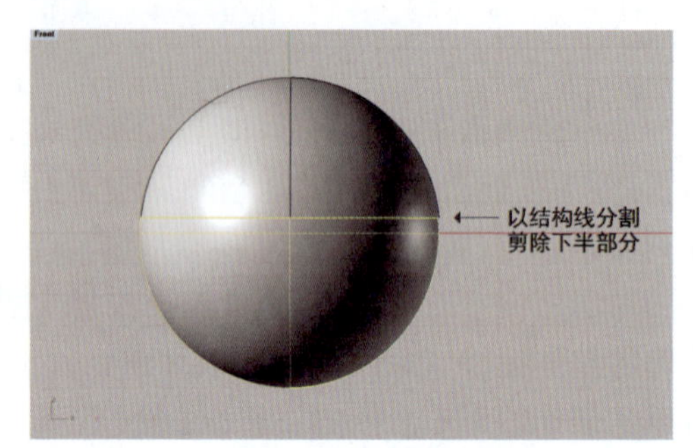

图4-1-3 利用结构线分割剪除下半球

(3)制作琢型底平面。执行“将平面洞加盖”命令(按钮)，点击上半球对象，使其生成底部的封口平面，如图4-1-4所示。

(4)制作琢型边缘圆角。调用“不等距边缘圆角”命令(按钮)，点击底部边缘的棱角线，将圆角半径设置为0.3mm，右击鼠标后底部边缘即被倒成圆角状，完成圆形弧面琢型的建模，如图4-1-4所示。

(5)缩小琢型后保存。先在Front视图中将琢型适当向下移动(图4-1-5)，使其腰棱平面中心点位于视图坐标的原点位置，并执行“三轴缩放”命令(按钮)，将宝石琢型模型缩小为直径1mm，然后再进行保存。这样做是便于以后插入宝石琢型时，对琢型进行定位并将其按需要的尺寸比例放大。

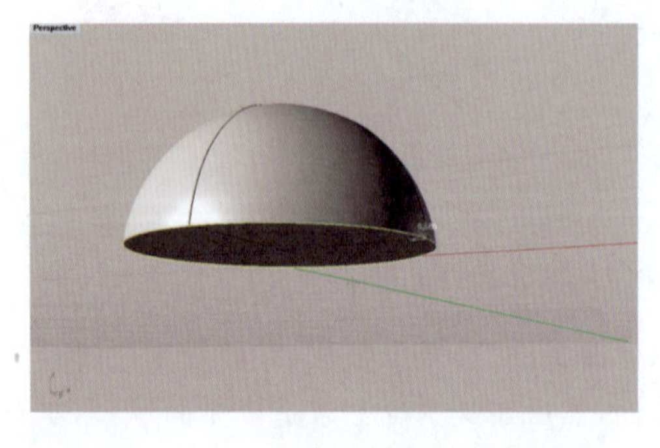
图4-1-4 底部加盖和边缘倒圆角

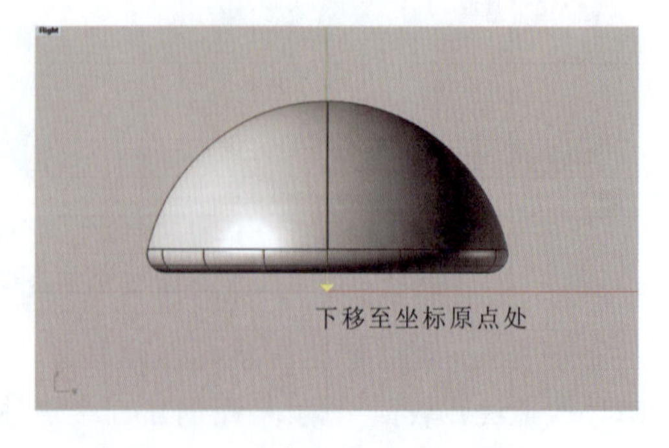

图4-1-5 将琢型下移至坐标原点

4.1.2 椭圆形弧面琢型

椭圆形弧面琢型的制作有以下两种方法。

(1)修改法。即直接利用上述已做好的圆形弧面琢型，在 Front 视图中执行“二轴缩放”命令(按钮)，以琢型的腰棱中心为起点，同时将琢型沿纵轴和横轴两个方向向内挤压，长轴保持不变，圆形弧面琢型便压缩变形为椭圆形弧面琢型，如图 4-1-6 和图 4-1-7 所示。

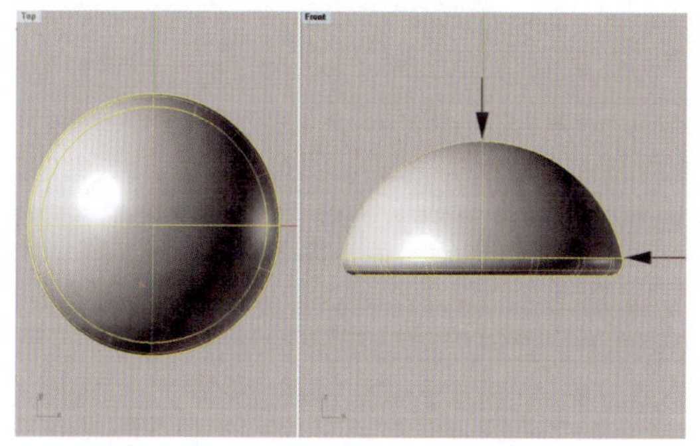

图 4-1-6 二轴压缩圆形弧面琢型

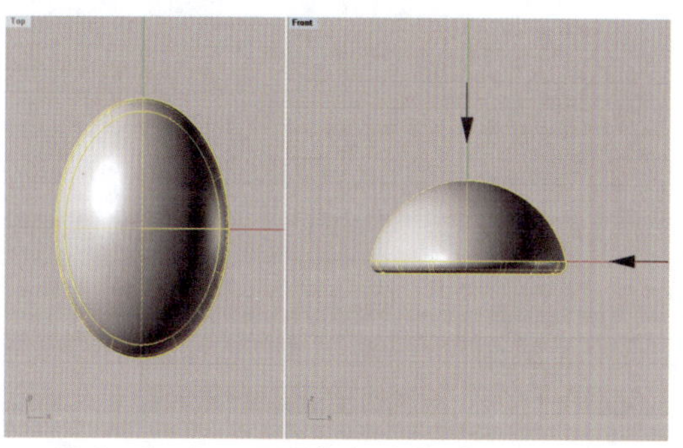

图 4-1-7 压缩完成的椭圆形弧面琢型

(2)创建法。首先，调用“椭圆体：从中心点”命令(按钮)，创建一个长 16mm、宽 10mm、高 8mm 的椭圆形球体曲面(为了便于获取 U 方向水平结构线，要注意椭圆球体画法：先在 Front 视图中取中心点和画高径，后在 Top 视图画长径和宽径)，如图 4-1-8 所示。然后，在 Right 视图中，执行“以结构线分割”命令(按钮)，拖动椭圆形球体曲面的水平方向结构线至球体中心上方约 0.5mm 处，分割剪除下半球(图 4-1-9a)，再按与上述制作圆形弧面琢型同样的步骤，执行“将平面洞加盖”命令(按钮)和“不等距边缘圆角”命令(按钮)，分别将曲面的底部加盖，边缘倒圆角(图 4-1-9b)，制作成椭圆形弧面琢型。

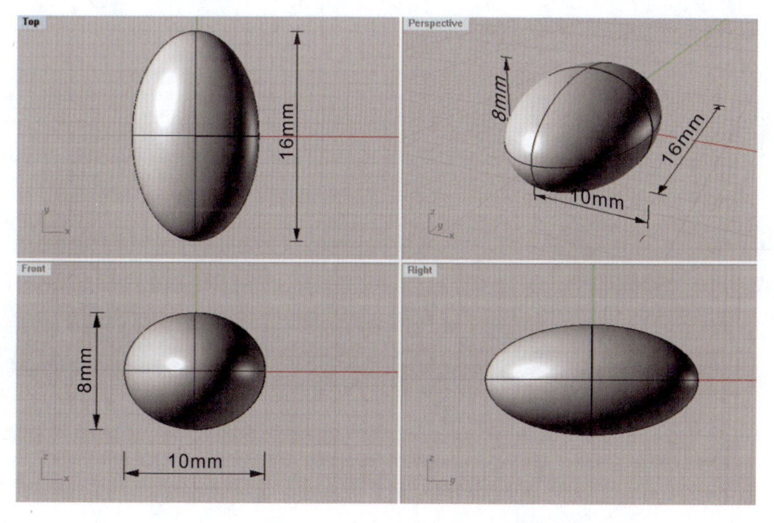

图 4-1-8 创建椭圆形球体

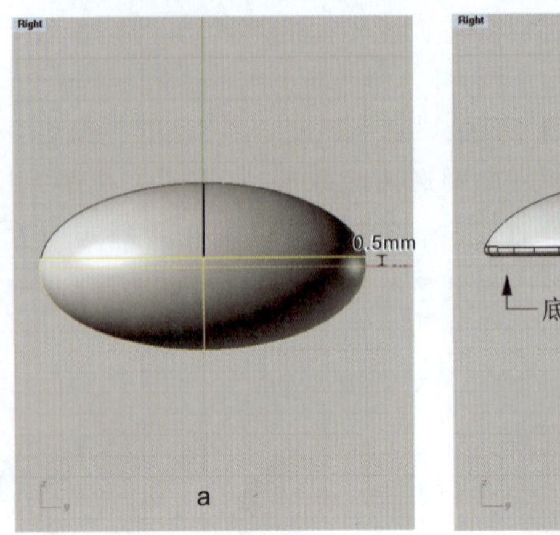

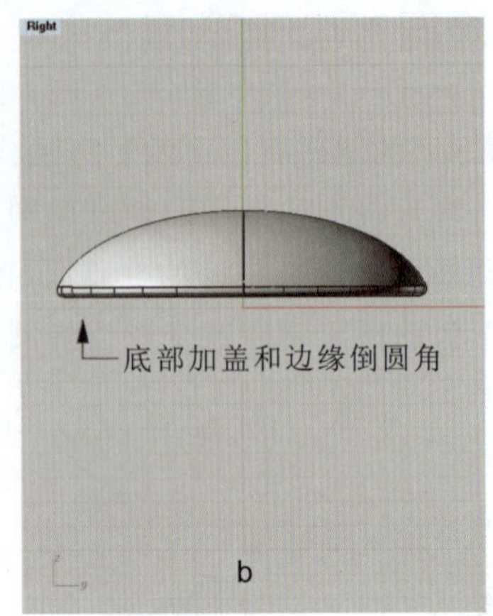

图 4-1-9　将椭圆形球体制作成椭圆形弧面琢型

4.1.3　其他弧面琢型

梨形、心形、榄尖形等弧面琢型的制作方法与前面大体相似，下面介绍制作这些弧面琢型的一般步骤。

(1)创建基础球体曲面。首先，调用“椭圆体：从中心点”命令（按钮 ），创建一个高8mm，长和宽均为10mm的球体曲面，如图4-1-10所示。

(2)将球体修改为其他弧面琢型。在Top视图中，执行“开启控制点”命令（按钮 ），显示出曲面控制点，可以通过调整其不同控制点的位置，使球体曲面变形为与琢型相近的形状。

①框选上方的一排控制点，按如图4-1-11所示的箭头方向向外拉动，可使曲面随之变成梨形。

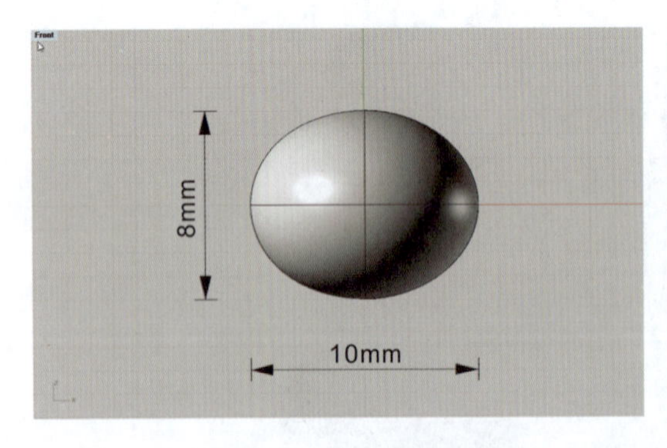

图 4-1-10　创建球体曲面

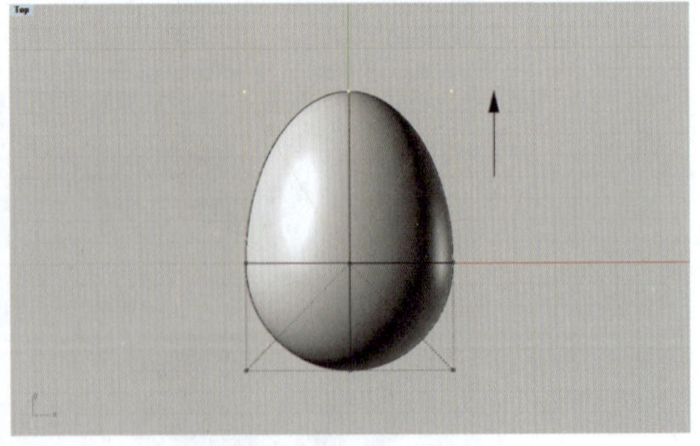

图 4-1-11　拖动控制点使曲面呈梨形

②框选上方中间的控制点，按如图 4－1－12 所示的箭头方向向内挤压，再框选下方中间的控制点并向外拉伸，可使曲面变成心形。

③框选中间的一列控制点，使用“单轴缩放”命令（按钮），按如图 4－1－13 所示上、下箭头方向同时往外拉伸，可使曲面变成榄尖形。

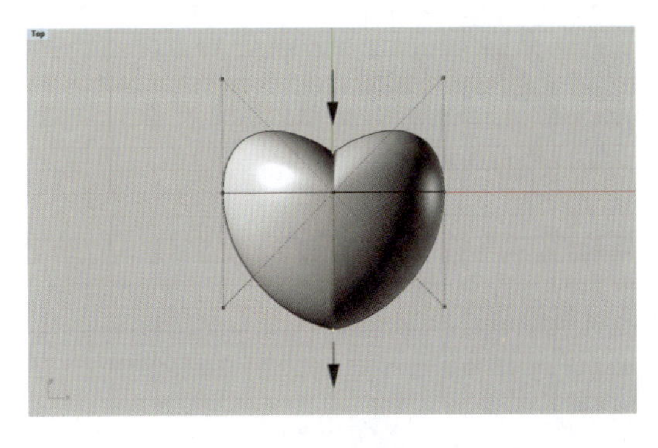

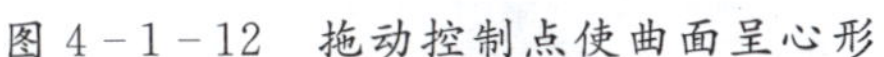

图 4－1－12　拖动控制点使曲面呈心形

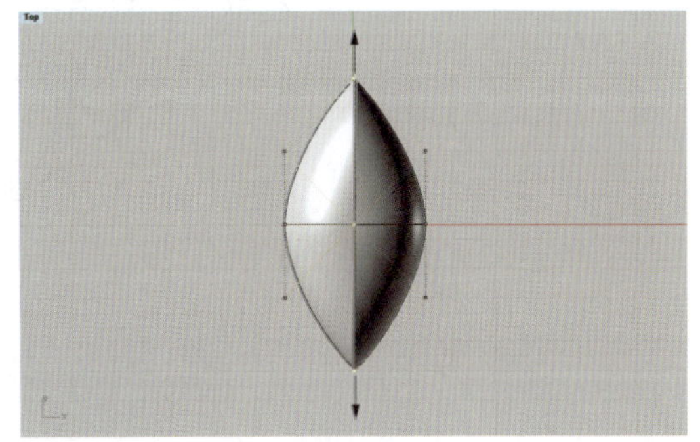

图 4－1－13　拖动控制点使曲面呈榄尖形

（3）制作琢形弧顶面。在 Right 视图中，执行“以结构线分割”命令（按钮），拖动上述各个变形后曲面的水平方向结构线至其球体中心上方约 0.5mm 处，分割及剪除下半部分，仅保留上半部分作为各个弧面琢型的弧顶面。

（4）参照前述制作圆形弧面琢型的方法，执行“将平面洞加盖”命令（按钮）和“不等距边缘圆角”命令（按钮），分别将各个曲面的底部加盖封口和边缘倒圆角，完成各种弧面琢型的制作。

4.2　刻面琢型

刻面琢型指由若干个小平面按一定的规则排列、组合成具有一定几何形态的多面体琢型。其基本结构如图 4－2－1 所示，一般可分为冠部、腰棱、亭部 3 个部分。冠部指腰棱以上的部分，由台面、冠主面、星面和上腰面构成。亭部指腰棱以下的部分，由亭主面、下腰面和底尖构成。

根据琢型的腰棱形状，刻面琢型可分为圆形、椭圆形、梨形、榄尖形、心形、方形、长方形、三角形、五角形、六角形、八角形等。但由于刻面琢型的形状与图案千变万化，复杂多样，因而琢型种类很多，据统计多达数千种。

刻面琢型是透明宝石的常用加工琢型。图 4－2－2 所示是应用 Rhino 建模并经 KeyShot 渲染的几款刻面琢型效果图。

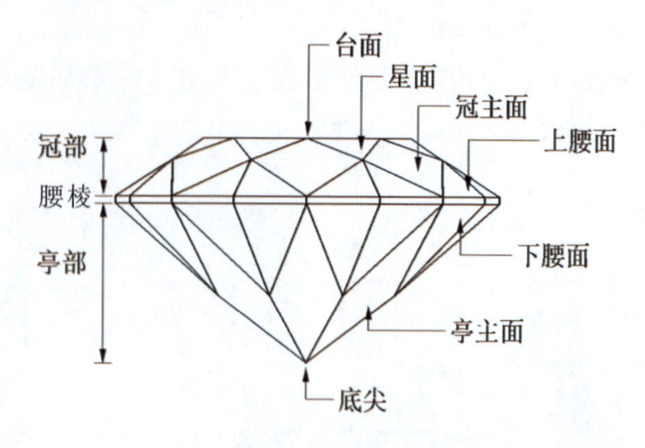

图 4-2-1 圆刻面琢型的结构图

图 4-2-2 刻面琢型效果图(Rhino 建模,KeyShot 渲染)

4.2.1 标准圆钻型

标准圆钻型是一种最常用的圆形明亮琢型,主要用于钻石等透明宝石首饰的镶嵌设计。该琢型的特点是冠部有 1 个台面、8 个冠主面、8 个星面和 16 个上腰面,亭部有 8 个亭主面、16 个下腰面;台宽比约为 53%～60%,冠高比约为 14%～16%,亭深比约为 43%,腰厚比约为 2%。下面介绍应用 Rhino 制作标准圆钻型的方法。

1. 制作琢型冠部

1)绘制平面草图

①执行"圆:中心点、半径"命令(按钮),在 Top 视图中画一条直径为 20mm 的圆形曲线,然后执行"重建"命令(按钮),选取该圆形曲线,右击鼠标,弹出"重建曲线"对话框,在对话框里输入点数 16、阶数 1,单击"确定"按钮,使之形成由 16 条边围成的近似圆形曲线,此线为琢型的腰棱线,如图 4-2-3 所示。

②执行“矩形:中心点、角”命令(按钮),在圆形曲线内画一条边长为11mm的正方形曲线,然后选取该曲线,执行“2D旋转”命令(按钮),在命令栏中点选“复制”,设置旋转角度为45°,以原点为中心旋转再复制出一条正方形曲线,两曲线相交45°,构成琢型的台面线和星面线,如图4-2-4所示。

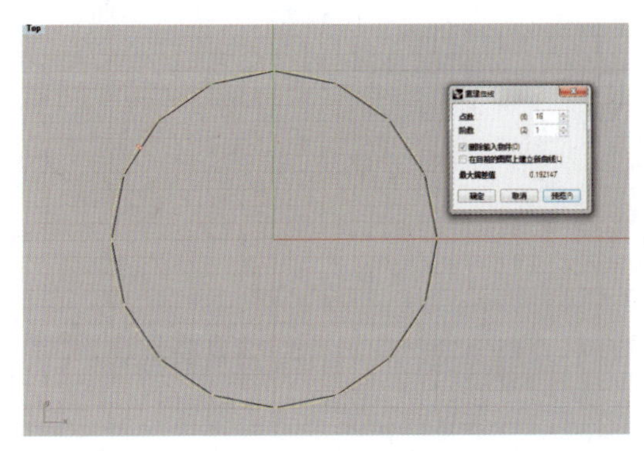

图4-2-3　绘制腰棱线

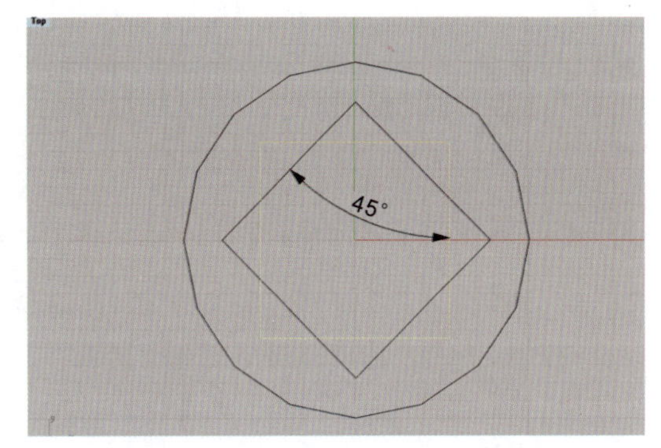

图4-2-4 绘制台面线和星面线

③执行“多重直线”命令(按钮),在“物件锁点”栏中点选“交点”,通过捕捉星面线和腰棱线的交点在其之间画出冠主面线,如图4-2-5所示。

④执行“直线”命令(按钮),通过捕捉星面线和腰棱线的交点画出呈放射状分布的8条上腰面线(也可以先画一条线,再执行“环形阵列”命令生成8条线),如图4-2-6所示。

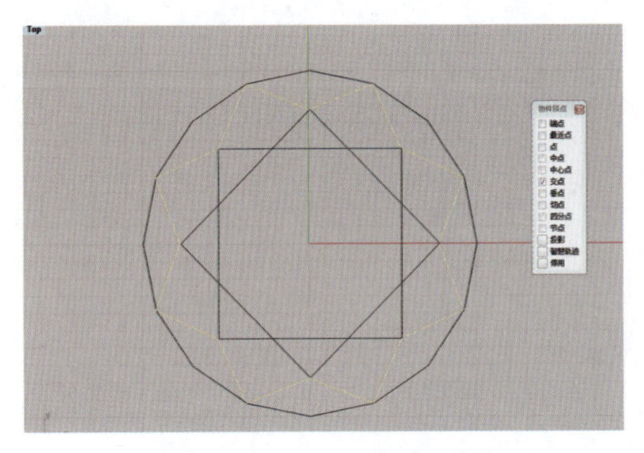

图4-2-5　绘制冠主面线

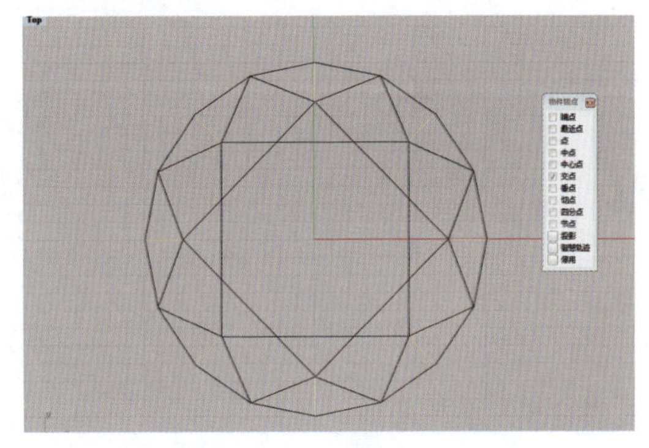

图4-2-6　绘制上腰面线

2)绘制立体草图

①由于图4-2-6中曲线大都是连续的曲线,必须要将它们在相交处断开才能使用。方法是:对于台面线,因它由两个正方形曲线相交而成,故可以通过重复执行“分割”命令(按钮),让二者相互分割断开;对于星面线、冠主面线和腰棱线,可以通过执行“炸开”命令(按钮),使它们各自在交点处断开。

②框选所有刻面的线段,执行“开启编辑点”命令(按钮),显示出所有线段的控制点。

③在 Top 视图中，按 Shift 键框选台面的 8 个边角控制点（图 4－2－7），然后切换到 Front 视图，将控制点向上移动约 3mm，如图 4－2－8 所示。

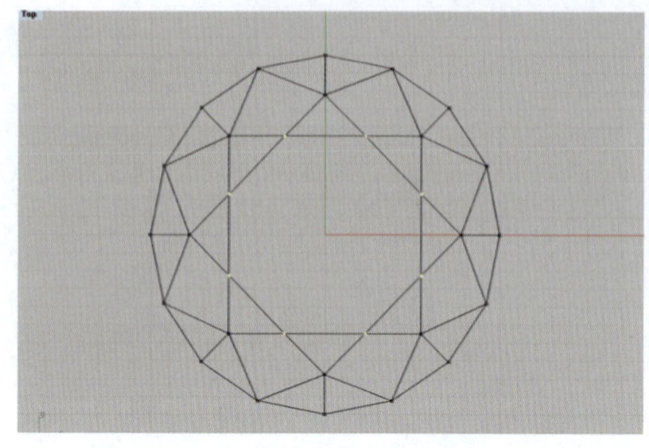
图 4－2－7　选取台面的边角控制点

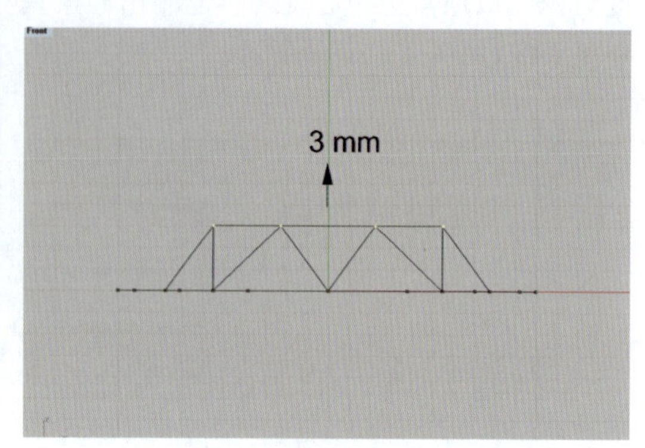

图 4－2－8　上移台面的控制点

④在 Top 视图中，按 Shift 键框选星面的 8 个外角控制点（图 4－2－9），然后切换到 Front 视图，将控制点向上移动约 2mm，如图 4－2－10 所示。至此呈现出标准圆钻型冠部的立体轮廓线图形，然后用鼠标右键单击按钮关闭控制点。

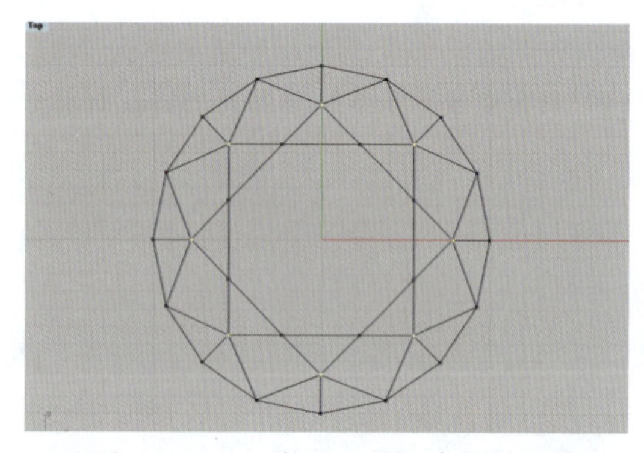
图 4－2－9　选取的星面外角控制点

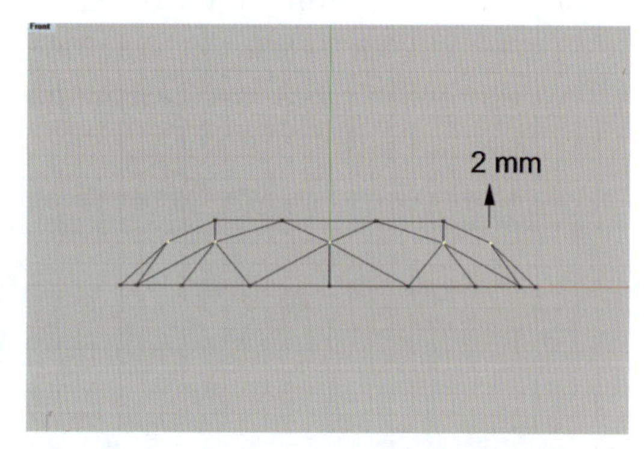

图 4－2－10　上移星面的控制点

3）制作琢型刻面

①在 Perspective 视图中，执行“以平面曲线建立曲面”命令（按钮），选取台面的 8 条边线，生成台面平面，如图 4－2－11 所示。

②分别选取星面、冠主面、上腰面的各条边线，重复执行“以二、三或四个边缘曲线建立曲面”命令（按钮），生成各个刻面，如图 4－2－12 所示。至此呈现出标准圆钻型冠部的立体刻面图形，然后执行“组合”命令（按钮），将所有的冠部刻面组合成一个整体多重曲面。

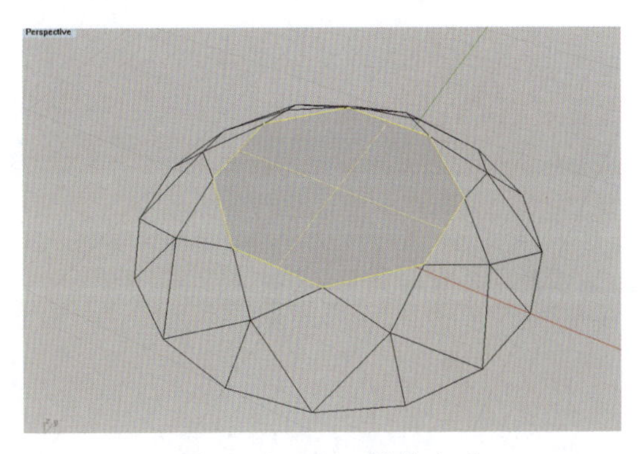

图 4-2-11　制作台面

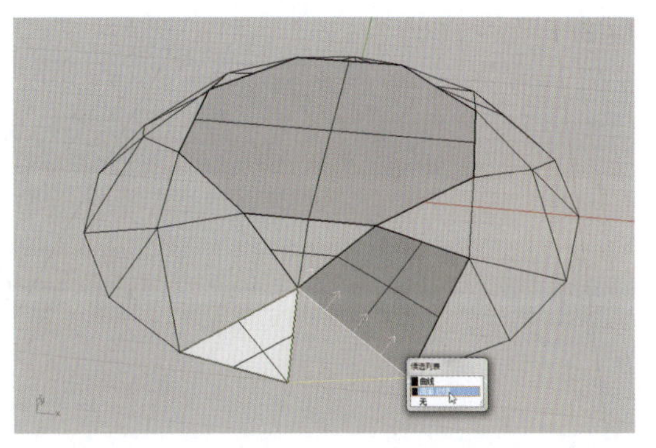

图 4-2-12　制作冠主面、星面和上腰面

2. 制作琢型亭部

1)绘制平面草图

①首先执行“选取曲线”命令(按钮),选取视图中的所有曲线,将其隐藏或删除。然后选取之前已做好的冠部曲面,执行“复制边框”命令(按钮),单击右键复制出其曲面边框,随后执行“隐藏物件”命令(按钮),将冠部曲面隐藏,仅保留复制出来的边框曲线,即琢型的腰棱线,如图 4-2-13 所示。

②在 Top 视图中执行“多重直线”命令(按钮)或“直线”命令(按钮),在“物件锁点”栏中勾选“交点”,从腰棱线的一个边角点至琢型的主心点画出一条亭主面棱线,如图 4-2-14 所示。

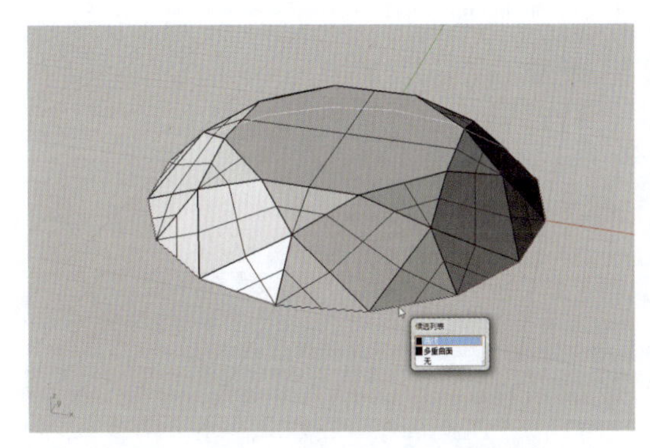

图 4-2-13　提取琢型腰棱线

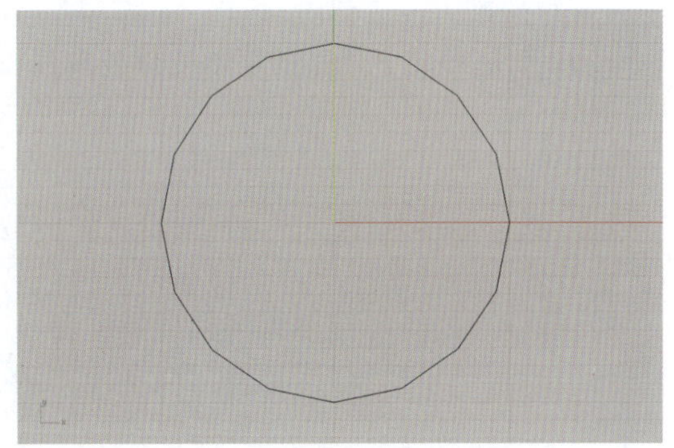

图 4-2-14　绘制亭主面棱线

③再次执行“多重直线”命令(按钮)或“直线”命令(按钮),勾选“物件锁点”栏中的“交点”和“最近点”,在亭主面棱线右侧画出一条下腰面棱线,并执行“镜像”命令(按钮),将其再向左侧对称复制出一条,然后执行“分割”命令(按钮),利用下腰面棱线将亭主面棱线在相交处分割断开,如图 4-2-15 所示。

④选取已绘制的亭主面棱线和下腰面棱线,执行“环形阵列”命令(按钮),以琢型的中

心点为环形阵列中心点，在命令栏中设置阵列项目数为8，回车，完成亭部平面草图的绘制，如图4-2-16所示。

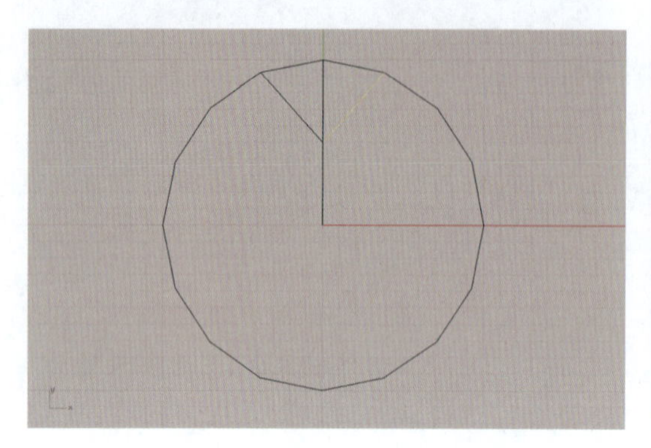

图4-2-15 绘制下腰面棱线并镜像

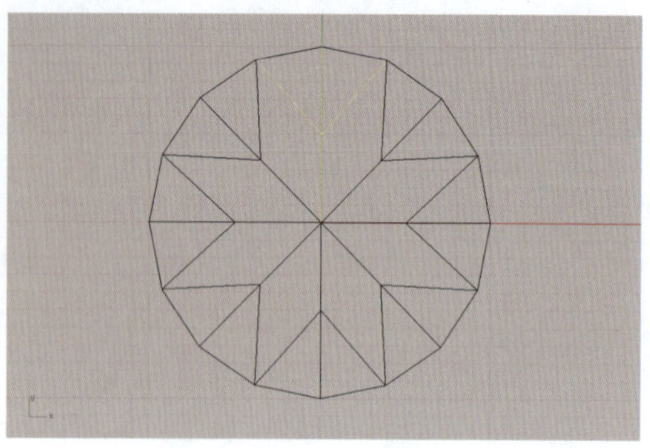

图4-2-16 环形阵列亭部刻面棱线

2)绘制立体草图

①在Top视图中，先选取封闭的多边形腰棱线，执行“炸开”命令(按钮)将其炸开成线段，再选取所有的刻面棱线，执行“开启编辑点”命令(按钮)，显示出各线段的控制点。然后，框选图形的中心控制点，如图4-2-17所示。

②转换到Front视图，执行“移动”命令(按钮)，将控制点向下拖移约8.5mm，此处即琢型底尖位置，如图4-2-18所示。

③在Top视图中，框选图形的各个下腰面棱线与亭主面棱线的相交控制点，如图4-2-19所示。

④转换到Front视图，执行“移动”命令(按钮)，将选取的所有相交控制点向下移动5～5.5mm，于是形成了琢型的亭部立体轮廓线图形，如图4-2-20所示。

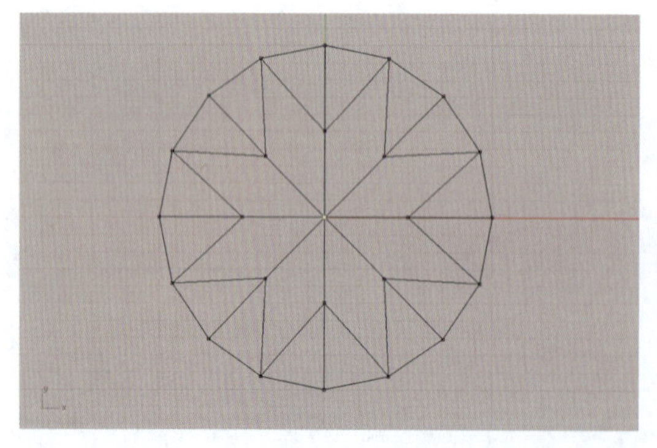

图4-2-17 框选图形的中心控制点

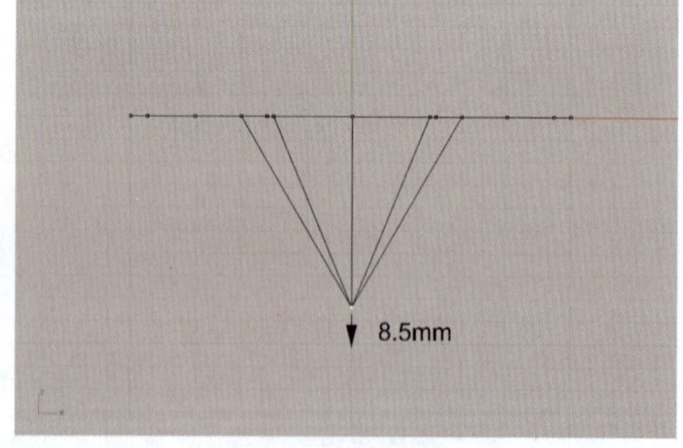

图4-2-18 向下移动控制点至合适的琢型底尖位置

3)制作琢型刻面

①在Top视图中，执行“以二、三或四个边缘曲线建立曲面”命令(按钮)，依次选取下

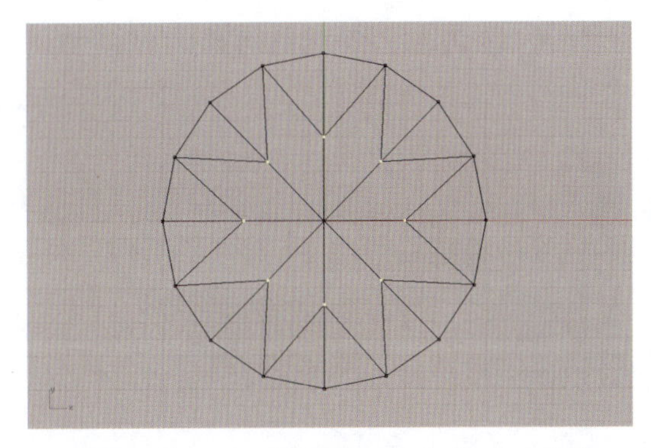

图 4-2-19　框选下腰面与亭主面棱线的交点

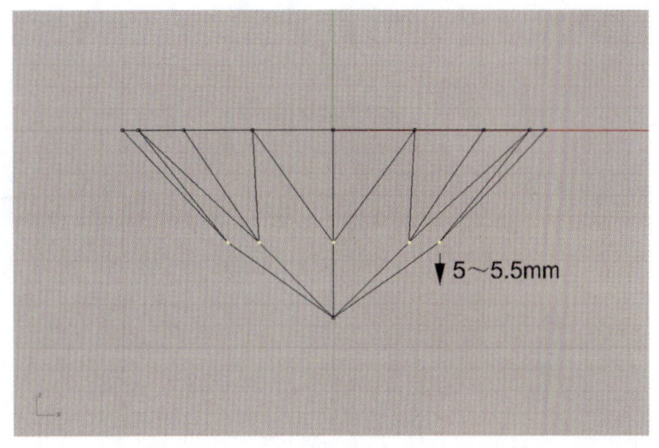

图 4-2-20　向下移动控制点至琢型的合适位置

腰面的 3 条边棱曲线，生成亭部的下腰刻面，如图 4-2-21 所示。

②重复执行“以二、三或四个边缘曲线建立曲面”命令(按钮)，依次选取图 4-2-22 所示(黄色)的 4 条边棱曲线，生成亭主面，如图 4-2-22 所示。

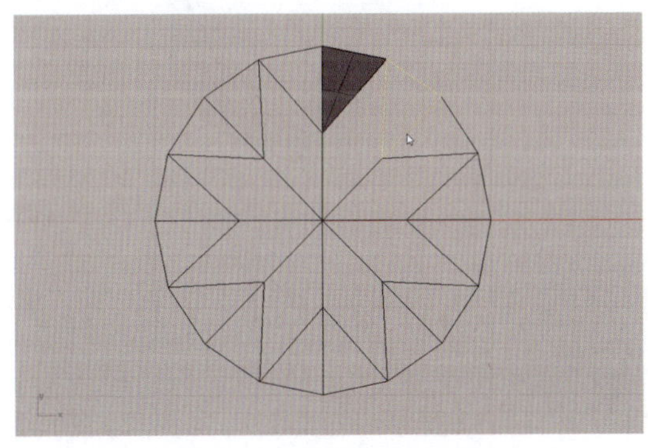

图 4-2-21　制作下腰面

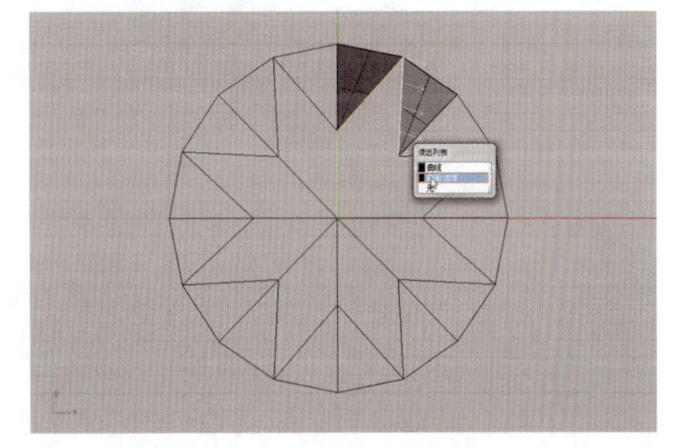

图 4-2-22　制作亭主面

③选取在前两步中制作好的两个对称下腰面和一个亭主面，执行“环形阵列”命令(按钮)，以琢型的中心点为环形阵列中心点，在命令栏中将阵列项目数设置为 8，回车，形成亭部的所有刻面，如图 4-2-23 所示。

④执行“组合”命令(按钮)，将所有的亭部刻面组合成一个整体多重曲面，至此完成标准圆钻型亭部的制作，如图 4-2-24 所示。

3. 修饰琢型腰部

①执行“显示选取物件”命令(按钮)，使前述已做好的冠部曲面显示出来，并使用“组合”命令(按钮)，将冠部和亭部的曲面组合成一个整体，如图 4-2-25 所示。

②执行“圆:中心点、半径”命令(按钮)，绘制如图 4-2-26 所示的内、外两个圆，其中内圆的半径要略小于琢型腰棱半径。

③选取内、外两个圆，执行“挤出封闭的平面曲线”命令(按钮)，在命令栏中点选“两侧

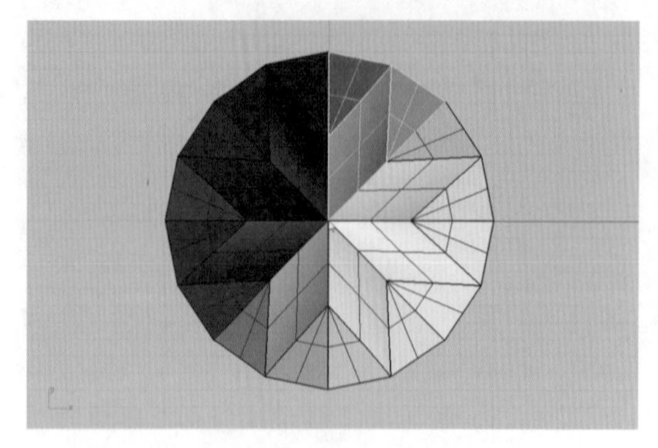

图 4-2-23　环形阵列亭部刻面

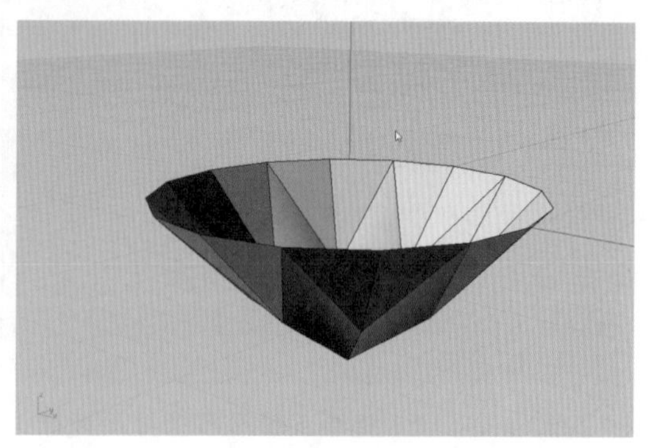

图 4-2-24　组合刻面后的亭部形状

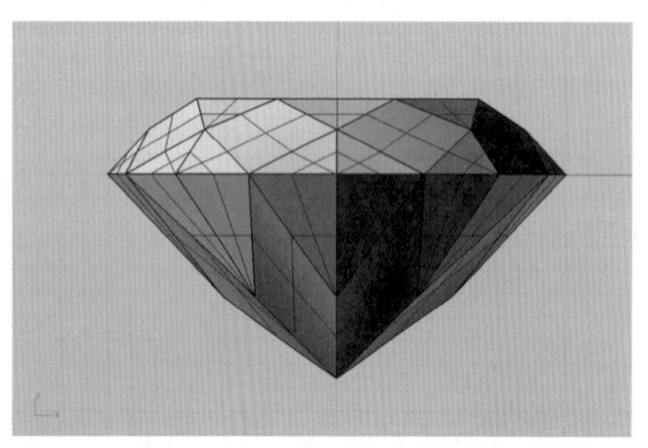

图 4-2-25　将冠部、亭部曲面组合为一整体

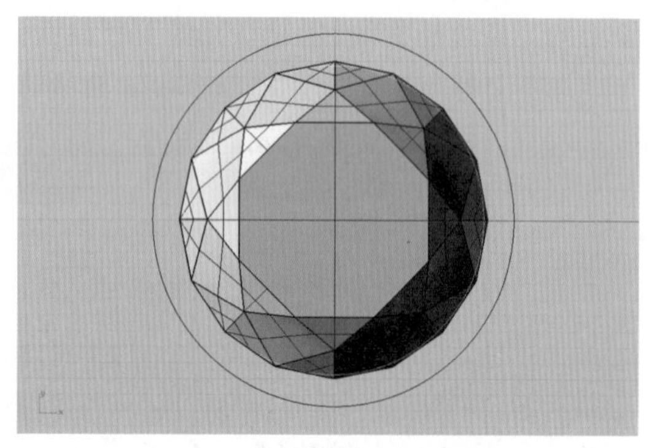

图 4-2-26　绘制两个圆

(B)＝是”“加盖(C)＝是”，将曲线挤出成具有一定厚度的圆环实体，如图 4-2-27 所示。

④执行“布尔运算差集”命令(按钮)，利用圆环实体减去琢型腰部的尖突腰棱，将其修饰成圆滑的波浪形腰围面，至此完成标准圆钻型的建模，如图 4-2-28 所示。

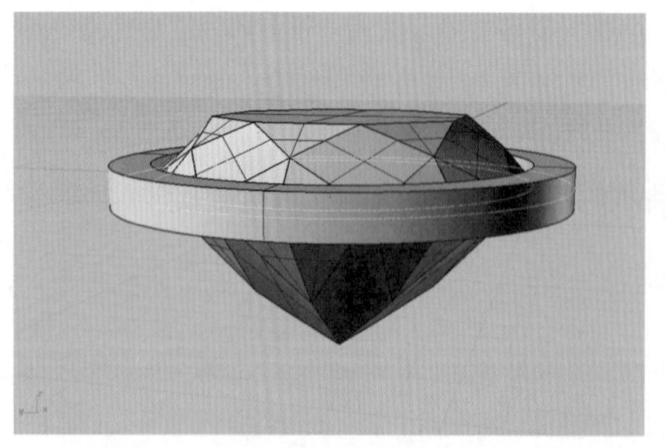

图 4-2-27　将曲线挤出成圆环实体

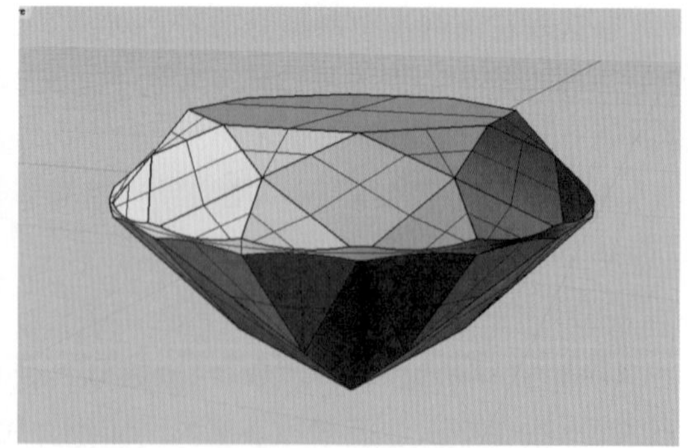

图 4-2-28　利用圆环实体修饰琢型腰棱

4. 隐藏结构线及缩小琢型保存

①为了使琢型的外观简洁明快，可以执行“物件属性”命令（按钮），打开其物件属性面板，把“显示曲面结构线”与“显示”之间的方框内的勾号取消，从而呈现出简洁的棱面效果。

②在 Top 视图中，执行“三轴缩放”命令（按钮），将宝石琢型模型缩小为直径 1mm 后保存，便于以后在插入使用的过程中，可按需要的尺寸比例缩放。

4.2.2 标准圆钻型变形琢型

将上述标准圆钻型的腰部形态改变为椭圆形、梨形、榄尖形、心形等，可得到其他变形琢型，但要注意采用建立曲面法制作腰部，以保持多边形的腰棱形态。

1. 创建标准圆钻型

①首先按照 4.2.1 标准圆钻型的制作方法，制作好琢型的冠部和亭部，然后用“移动”工具（按钮），在 Front 视图中将冠部和亭部分别向上和向下各移动 0.2mm，二者间距即为腰棱厚度，相当于腰棱直径的 2%，如图 4-2-29 所示。

②执行“复制边缘”命令（按钮），框选冠部和亭部的腰棱边缘部分，回车后即复制出它们的边缘棱线，然后再执行“组合”命令（按钮），将它们分别组合成多边形的腰棱曲线。

③选取刚复制出的两条冠亭部腰棱曲线，执行“放样”命令（按钮），回车后弹出“放样选项”对话框，点击“确定”，即形成琢型腰棱面，如图 4-2-30 所示。

④执行“组合”命令（按钮），将冠部、腰部、亭部组合成一个整体。

图 4-2-29 移动冠部和亭部

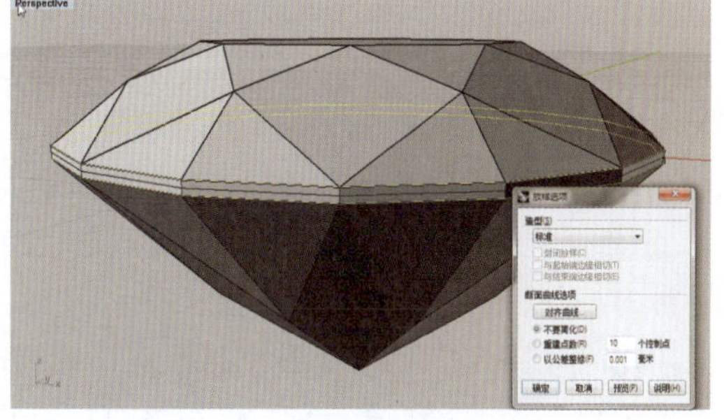

图 4-2-30 用放样法制作琢型腰部

2. 修改琢型为椭圆形刻面型

将标准圆钻型变为椭圆形刻面型的方法非常简单，只需使用“单轴缩放”命令（按钮），开启正交模式，在 Top 视图中将琢型沿纵向（或横向）对称轴挤压（或拉伸），即可形成椭圆形的变形，如图 4-2-31 所示。

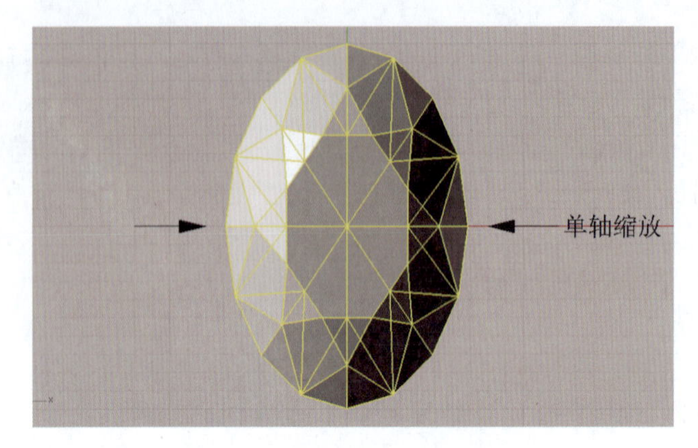

图 4-2-31　标准圆钻型变椭圆形刻面型

3. 其他变形琢型的制作

1)建立和编辑 3D 变形控制器

3D 变形控制器是 Rhino 中一项非常实用的功能。其原理是针对编辑物件建立一个像立方体形状的变形控制器，并且有 3 个方向的控制点，用来控制物件对象，通过调整变形控制器的控制点，改变受控制物件的形态。这个功能可用于调整宝石琢型，将标准圆钻型改变为其他相对复杂的变形琢型。

· 操作步骤：建立 3D 变形控制器

①打开之前建立的标准圆钻型文件，如图 4-2-32 所示。

②选取圆钻型对象，执行"建立变形控制器"命令(右击按钮)。

③命令栏提示"选取控制物件(边框方块(B)　直线(L)　矩形(R)　立方体(O)　变形(D)=*精确*)"时，选择"边框方块"选项，回车。

④命令栏提示"坐标系统〈世界〉(工作平面(C)　世界(W))"时，回车。

⑤命令栏提示"变形控制器点(x 点数(X)=4　y 点数(Y)=4　z 点数(Z)=4　x 阶数(D)=3　y 阶数(E)=3　z 阶数(G)=3)"时，输入 x 点数 5，y 点数 5，回车。

⑥命令栏再次提示"变形控制器点(x 点数(X)=5　y 点数(Y)=5　z 点数(Z)=4　x 阶数(D)=3　y 阶数(E)=3　z 阶数(G)=3)"时，回车，随即在琢型外围出现变形控制器的边框方块，如图 4-2-33 所示。

· 操作步骤：编辑 3D 变形控制器

①选取边框方块中的圆钻型，执行"变形控制器编辑"命令(左击按钮)。

②命令栏提示"选取控制物件(边框方块(B)　直线(L)　矩形(R)　立方体(O)　变形(D)=精确)："时，选择"边框方块"选项，回车。

③命令栏提示"坐标系统〈世界〉(工作平面(C)　世界(W))"时，回车。

④命令栏提示"变形控制器点(x 点数(X)=5　y 点数(Y)=5　z 点数(Z)=4　x 阶数(D)=3　y 阶数(E)=3　z 阶数(G)=3)"时，回车。

⑤命令栏提示"要编辑的范围〈整体〉　(整体(G)　局部(L)　其他(O))"时，回车，随即

显示出变形控制器 3 个方向的控制点,如图 4-2-34 所示。

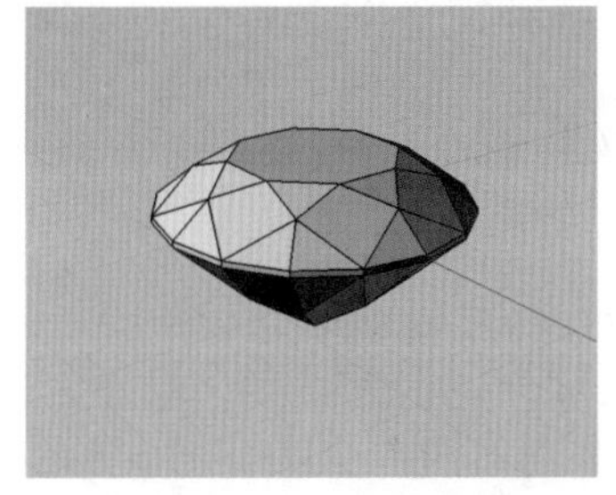

图 4-2-32 打开琢型文件

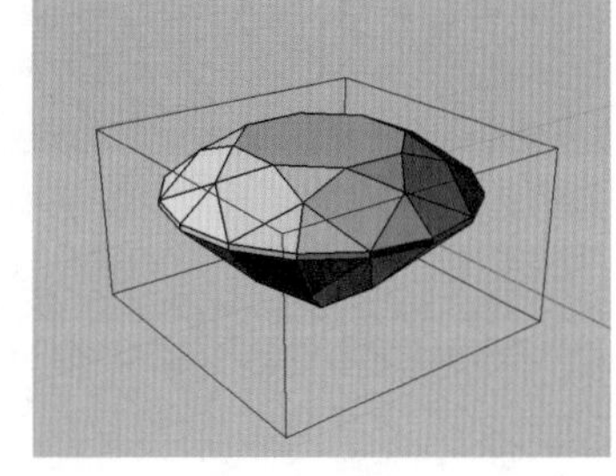

图 4-2-33 出现变形控制器的外框

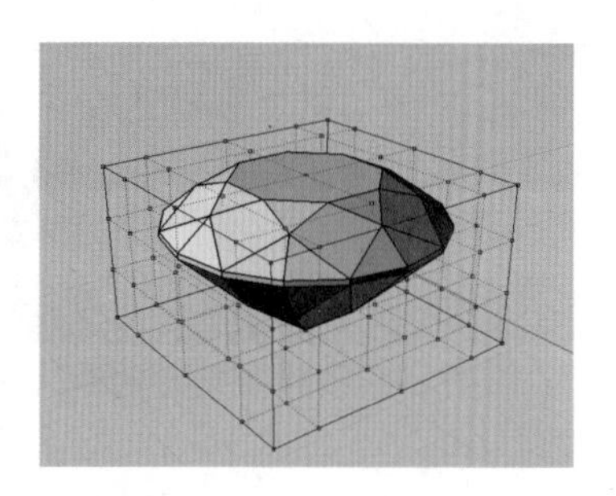

图 4-2-34 显示控制点

接下来,通过调整变形控制器的控制点,就可以将标准圆钻型改变为腰部呈梨形、榄尖形、心形等的变形琢型。

2)将标准圆钻型调整为梨形刻面型

在 Top 视图中,开启正交模式,首先框选变形控制器上部两行内侧的控制点并适当向上移动(图 4-2-35),然后框选顶行中间的控制点并适当向上移动(图 4-2-36),最后再框选其他控制点进一步调整,直至形成平顺的梨形。

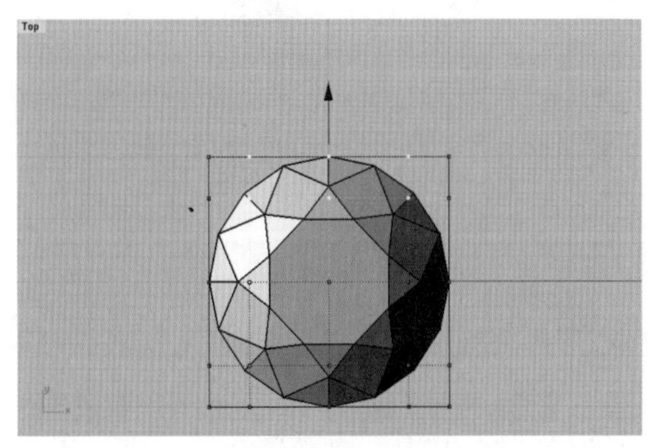

图 4-2-35 框选上部两行内侧控制点并上移

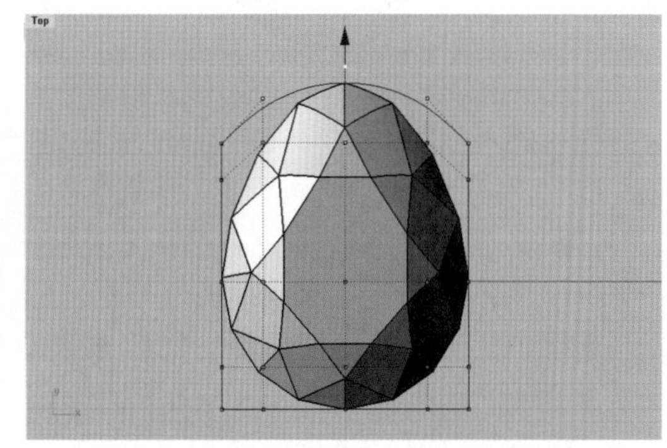

图 4-2-36 框选顶行中间控制点并上移

3)将标准圆钻型调整为榄尖形刻面型

在 Top 视图中,开启正交模式,按 Shift 键,框选变形控制器上部两行和下部两行的内侧控制点,调用“单轴缩放”命令(按钮),沿纵轴适当对称拉伸(图 4-2-37),然后框选顶行和底行中间的控制点并适当对称拉伸,可以再框选其他控制点进一步调整,直至形成平顺的榄尖形(图 4-2-38)。

4)将标准圆钻型调整为心形刻面型

在 Top 视图中,开启正交模式,按 Shift 键,框选变形控制器顶行和底行的中间控制点(图 4-2-39),然后向下适当移动,还可以框选其他控制点进一步调整,直至形成平顺的心形,如图 4-2-40 所示。

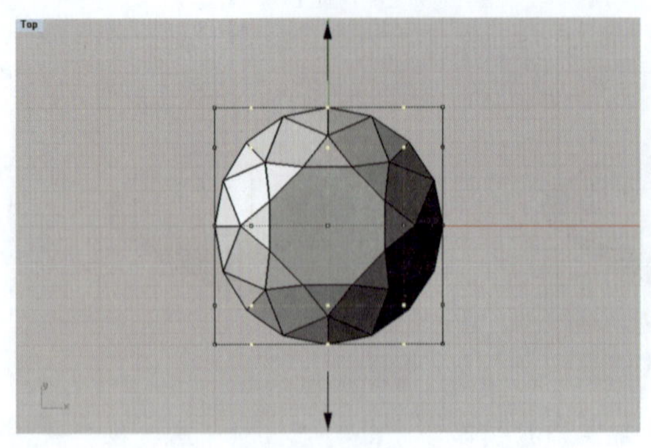

图 4-2-37　框选上、下两行内侧控制点并单轴拉伸

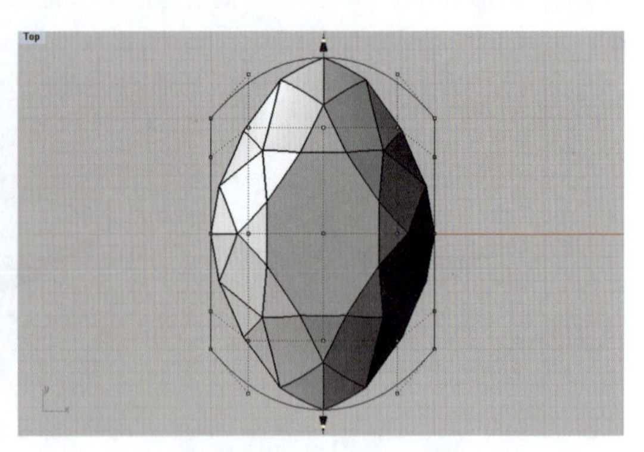

图 4-2-38　框选顶、底行中间控制点并拉伸形成榄尖形

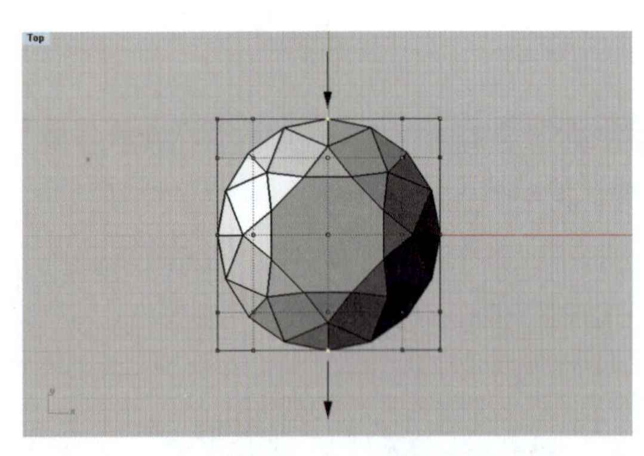

图 4-2-39　框选顶、底行中间控制点

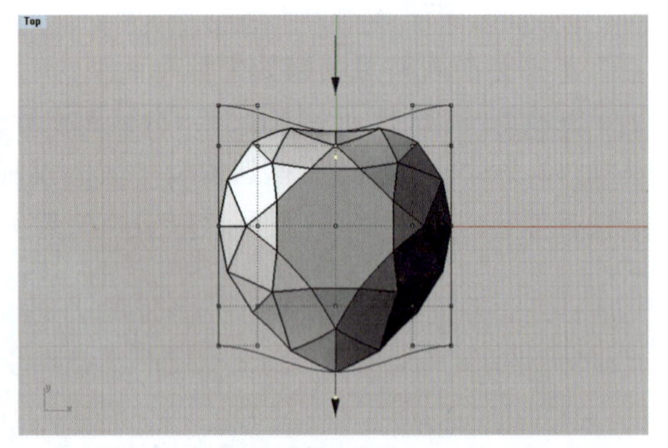

图 4-2-40　向下移动控制点形成心形

5)从变形控制器中释放琢型

上述使用变形控制器制作的梨形、榄尖形和心形等刻面琢型完成后，还需从变形控制器中分离出来。方法：首先执行“从变形控制器中释放物件”命令(按钮)，单击受控的琢型物件，回车；然后执行“关闭点”命令(右击按钮)，此时控制点消失；最后选取控制器的外框，删除即可。

4.2.3　阶梯方型

阶梯方型也称为祖母绿型，其结构如图 4-2-41 所示，台面、侧刻面和腰形均呈截角矩形状，冠部和亭部的侧刻面一般各为 2～3 层，呈平行阶梯状排列，底部终止于一个斧状的底尖棱。该琢型主要用于祖母绿、红宝石、蓝宝石等彩色宝石首饰的镶嵌设计。

阶梯方型的建模方法与标准圆钻型大体相同，但在制作琢型刻面时，除了可以使用“以二、三或四个曲线边缘建立曲面”即边缘曲线建面法外，还可以采用更简便的放样建面法制作，下面主要介绍后面一种方法。

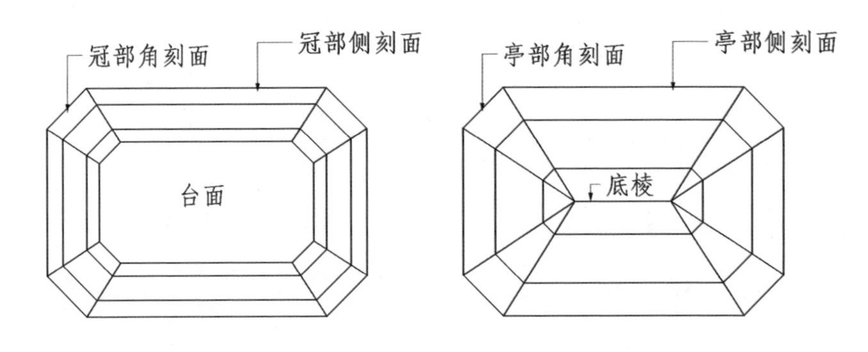

图 4-2-41 阶梯方型结构图

1. 制作琢型亭部

1)绘制平面草图

①使用"矩形:中心点、角"工具(按钮),在 Top 视图中绘制一条长 20mm、宽 14mm 的矩形曲线 P1,然后用"曲线斜角"工具(按钮),在命令栏中设置斜角距离为 2.5mm,将曲线 P1 的 4 个直角修剪成斜角,再执行"组合"命令(按钮),将其重新连接成封闭曲线,此为琢型的下腰棱线。

②使用"直线:起点与曲线垂直"工具(按钮),在物件锁定栏中勾选"中点"和"交点"捕捉选项,在曲线 P1 的左斜角处,垂直于斜角线的中点向内侧画一条辅助线(图 4-2-42),并执行"镜像"命令(按钮),向下和向右复制成 4 条辅助线。然后使用"直线"工具(按钮),在辅助线的两个相交点之间画一条直线 P4,此为琢型的底棱线,如图 4-2-43 所示。

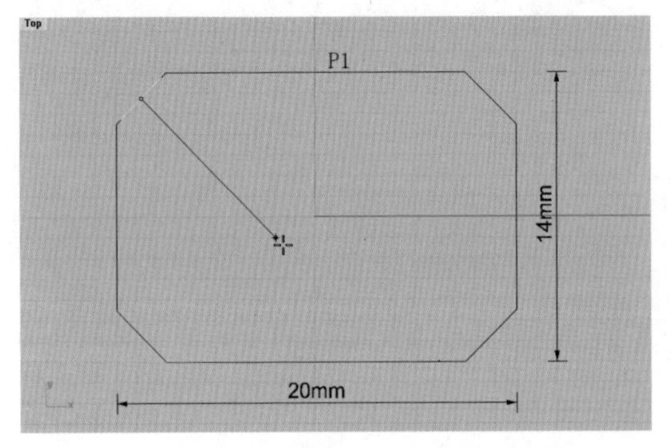

图 4-2-42 绘制下腰棱线及斜角辅助线

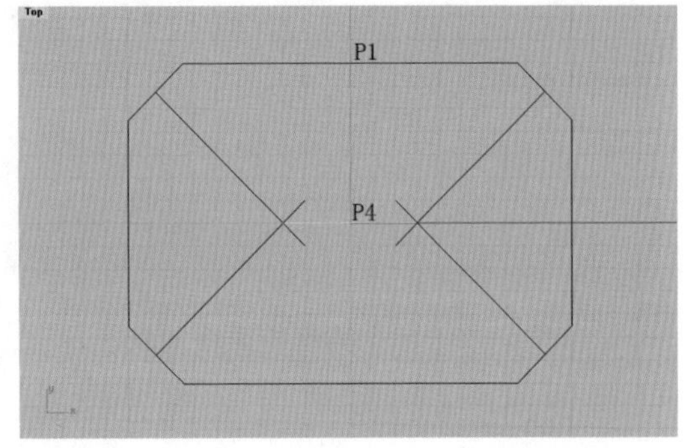

图 4-2-43 取辅助线交点绘制底棱线

③删除辅助线,使用"直线"(按钮)或"多重直线"(按钮)工具,勾选物件锁定栏中的"端点"捕捉选项,从曲线 P4 左斜角端点画两条相交于 P4 端点的线段,再执行"镜像"命令(按钮),向下和向右对称复制,形成角刻面分割线,如图 4-2-44 所示。注意将此图复制

成两份，一份隐藏备用。

④执行“偏移曲线”命令（按钮），将曲线 P1 向内侧依次偏移 2mm 和 5mm，得到 P2、P3 两条曲线，它们分别为琢型亭部的第二、第三层刻面线，如图 4-2-45 所示。

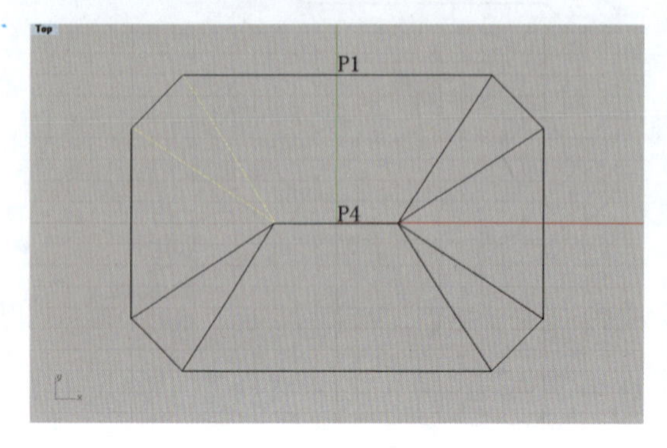

图 4-2-44　绘制角刻面分割线

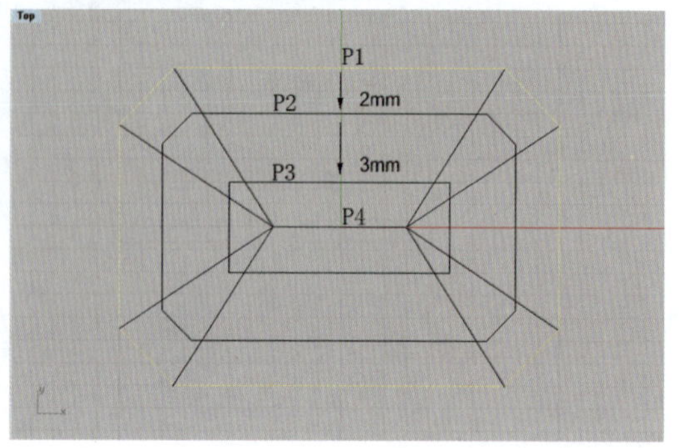

图 4-2-45　偏移 P1 得 P2、P3 刻面线

⑤执行“修剪”命令（按钮），框选所有曲线，利用角刻面分割线对 P2、P3 曲线进行修剪，其结果如图 4-2-46 所示。

⑥使用“直线”（按钮）或“多重直线”（按钮）工具，勾选物件锁定栏中的“端点”捕捉选项，画线连接 P2、P3 曲线的各个斜角，再框选所有线段，执行“组合”命令（按钮），将它们各自重新连接成封闭曲线，如图 4-2-47 所示。

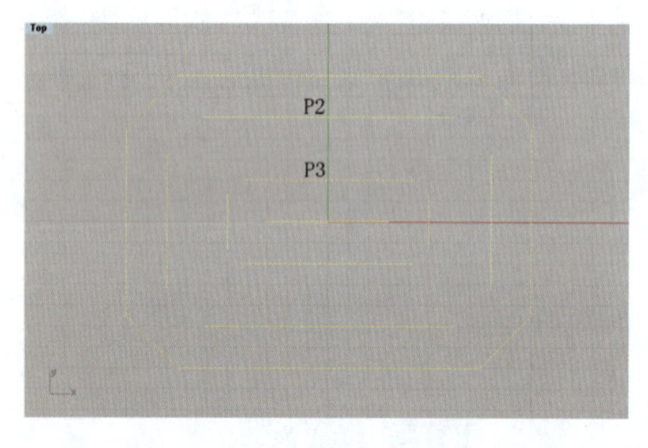

图 4-2-46　剪除不需要的线段

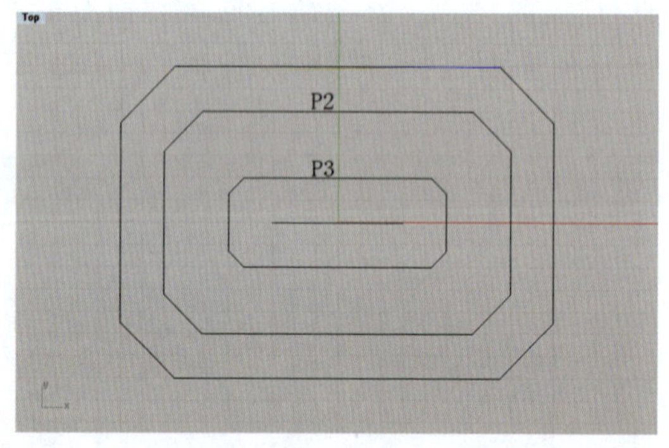

图 4-2-47　绘制 P2、P3 的角刻面线及组合曲线

2）绘制立体草图

在 Front 视图中，开启正交模式，执行“移动”命令（按钮），分别将曲线 P2、P3、P4 下移到适当位置，它们之间的距离如图 4-2-48 所示，立体草图效果如图 4-2-49 所示。

3）制作亭部刻面

①对于曲线 P1、P2、P3 之间的梯形刻面，可以全部用放样曲面法一次制作完成。在 Perspective 视图中，执行“放样”命令（按钮），选取 P1、P2、P3 曲线，回车，显示出曲线的接

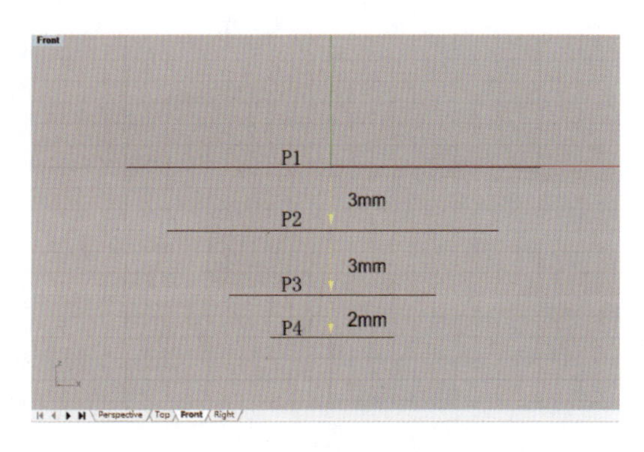

图 4-2-48 下移 P2、P3、P4 曲线

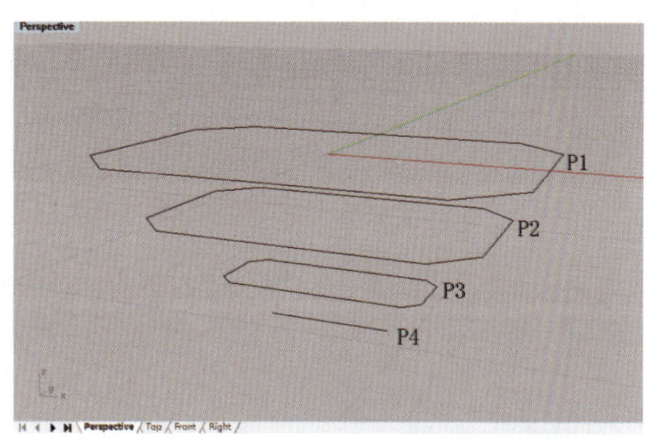

图 4-2-49 琢型亭部立体草图

缝点，注意选择各曲线接缝点并调整其位置，使之都处在相对应的斜角位置并且方向相同，如图 4-2-50 所示；再次回车，弹出“放样选项”对话框，选择“造型”下拉列表框中的“平直区段”选项，单击“确定”按钮，完成亭部第一、第二层梯形刻面的创建，如图 4-2-51 所示。

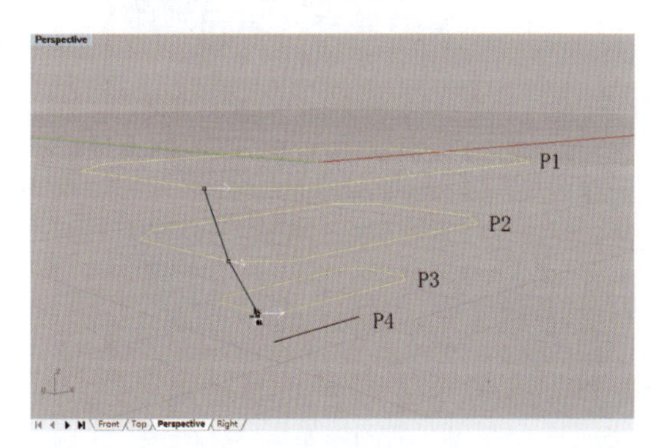

图 4-2-50 选择放样曲线并调整接缝点

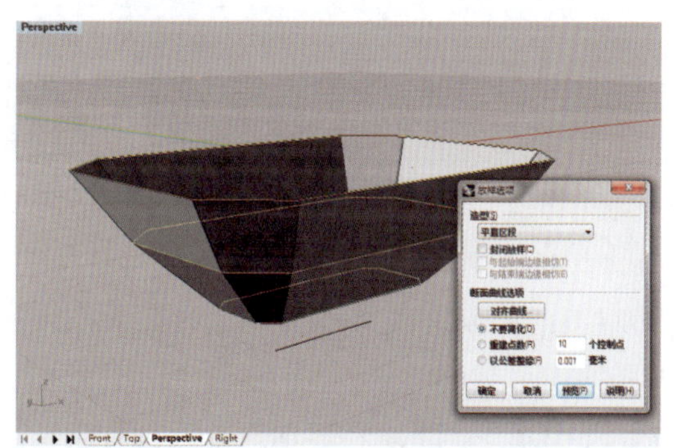

图 4-2-51 放样选项及曲面预览

②琢型底部第三层的两侧长边梯形刻面，也可以使用放样曲面法制作。执行“放样”命令(按钮)，单击直线 P4 和对应位置曲线 P3 上的多重曲面边缘，回车，弹出“放样选项”对话框，在“造型”下拉列表框中选择“平直区段”选项，单击“确定”按钮，完成一侧梯形刻面，如图 4-2-52 和图 4-2-53 所示，再用同样的方法完成另一侧的梯形刻面。

③琢型底部第三层的两端短边刻面及角刻面，因都是三角形面，故只能用边缘曲线建面法制作。首先，使用“直线”(按钮)或“多重直线”(按钮)工具，勾选物件锁定栏中的“端点”捕捉选项，自 P3 曲线短边的左、右角点向下画两条相交于 P4 直线端点的角刻面线，如图 4-2-54 所示。然后，执行“以二、三或四个曲线边缘建立曲面”命令(按钮)，选取左、右线段和上方的多重曲面边缘，回车，即形成三角形刻面，如图 4-2-55 所示。重复使用这一方法，制作角刻面以及琢型另一端的各个对应刻面，如图 4-2-56 所示。

④在 Perspective 视图中，旋转视图查看刻面制作有无遗漏。然后，框选所有曲面，执行

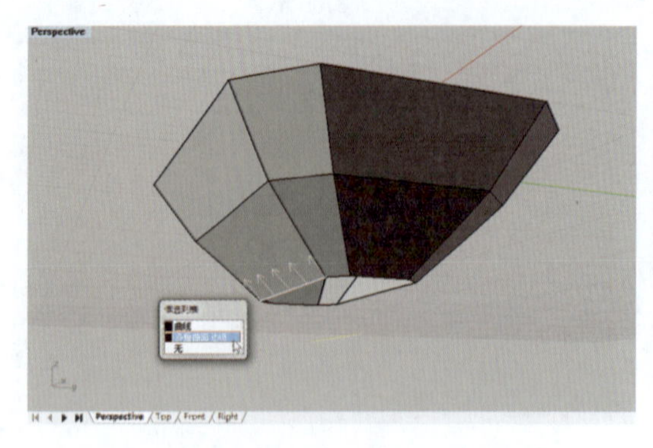

图 4-2-52　放样制作 P3 与 P4 间的梯形刻面

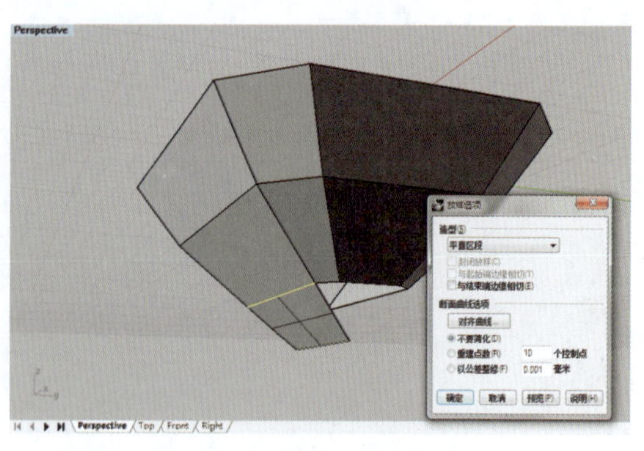

图 4-2-53　放样时选择 P3 处的多边形曲面边缘

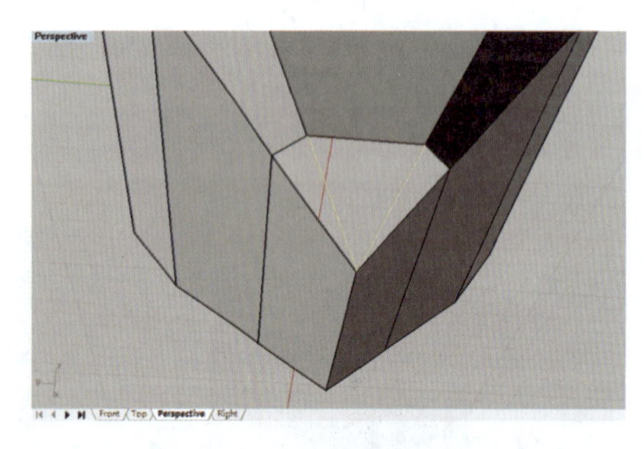

图 4-2-54　绘制底部的角刻面线

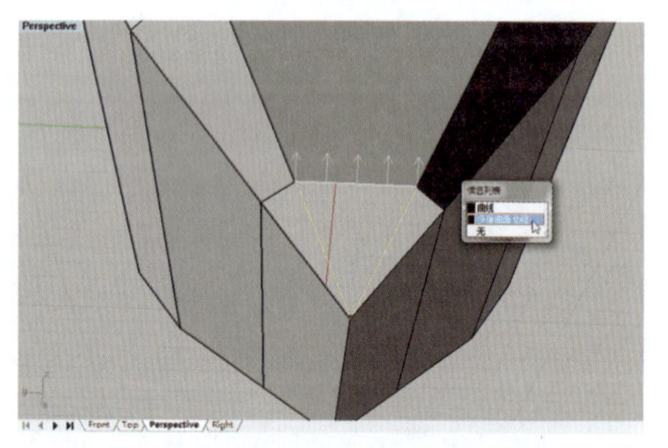

图 4-2-55　用边缘曲线法创建刻面

“组合”命令(按钮)，将它们组合成复合曲面，完成琢型亭部的制作，如图 4-2-57 所示。

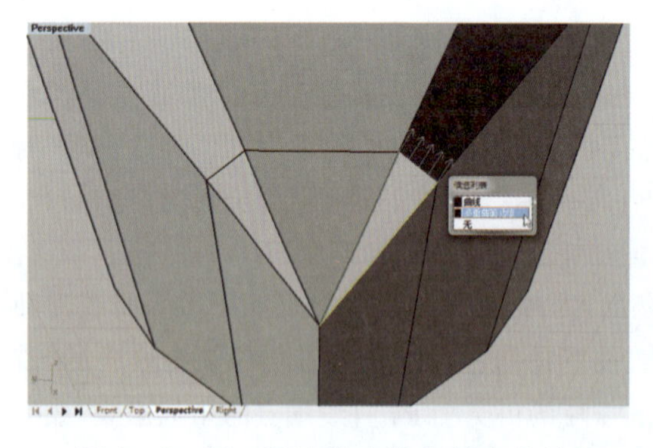

图 4-2-56　用边缘曲线法创建角刻面

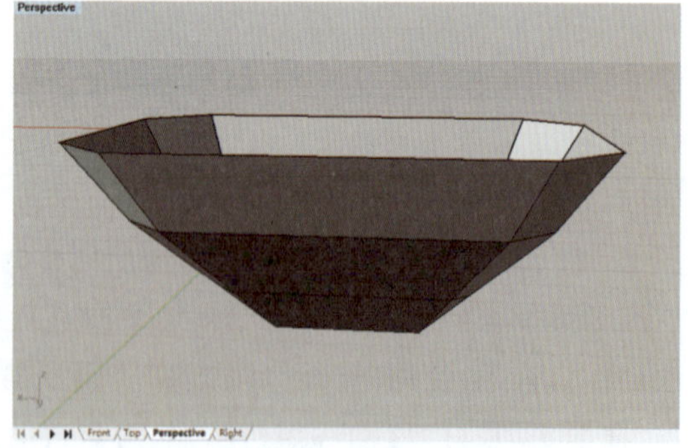

图 4-2-57　组合成琢型亭部复合曲面

2. 制作琢型冠部

1)绘制平面草图

①执行“对调隐藏与显示的物件”命令(按钮),将制作好的琢型亭部隐藏,而显示出前述绘制的平面草图(图4-2-44),并将曲线P1改名为C1,作为琢型的上腰棱线,如图4-2-58所示。

②执行“偏移曲线”命令(按钮),将曲线C1向内侧依次偏移1mm、2.5mm和3.5mm,得到C2、C3和C4这3条曲线,分别为琢型冠部的第二、第三层及台面的刻面线,如图4-2-59所示。

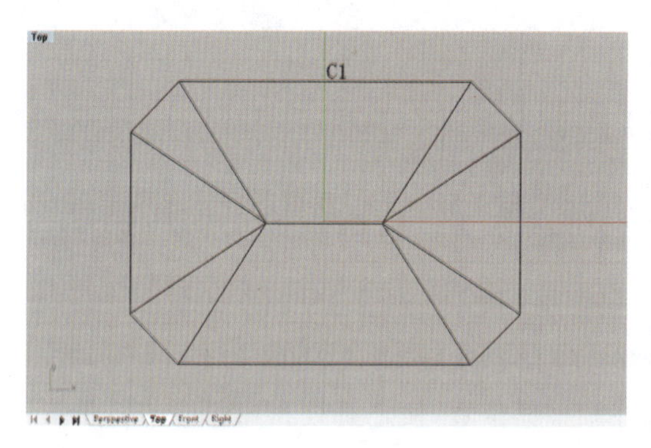

图4-2-58 琢型的上腰棱线及角面分割线

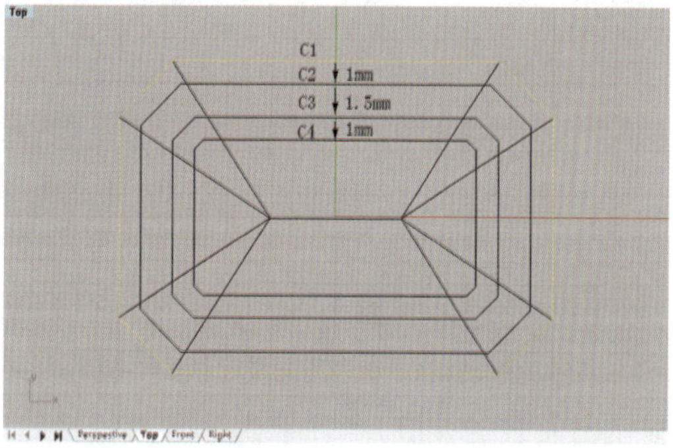

图4-2-59 偏移C1得C2、C3、C4刻面线

③执行“修剪”命令(按钮),框选所有曲线,利用角刻面分割线对C2、C3、C4曲线进行修剪,其结果如图4-2-60所示。

④使用“直线”(按钮)或“多重直线”(按钮)工具,勾选物件锁定栏中“端点”捕捉选项,画线连接C2、C3、C4曲线的各个斜角,再框选所有线段,执行“组合”命令(按钮),将它们各自重新连接成封闭曲线,如图4-2-61所示。

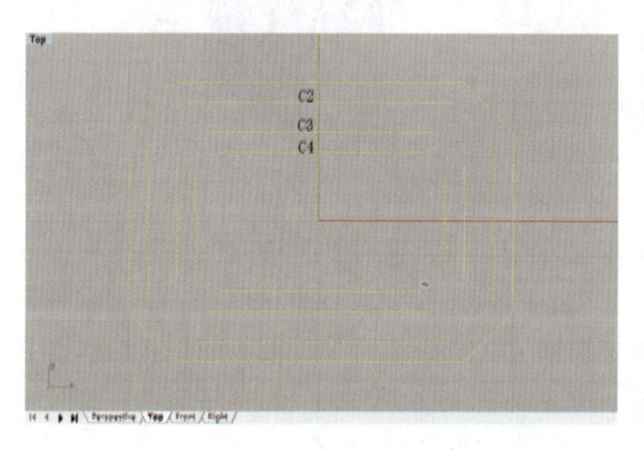

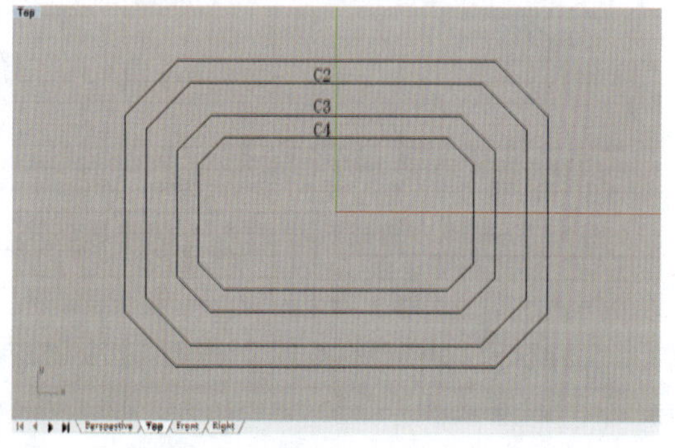

图4-2-60 剪除不需要的线段

图4-2-61 绘制C2、C3、C4的角刻面线并组合曲线

2)绘制立体草图

在 Front 视图中,开启正交模式,执行“移动”命令(按钮),分别将曲线 C2、C3、C4 依次上移到适当位置,它们之间的距离如图 4-2-62 所示,立体草图效果如图 4-2-63 所示。

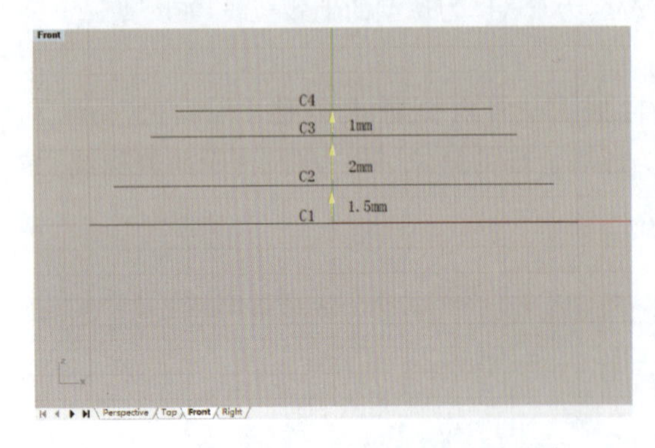

图 4-2-62 上移 C2、C3、C4 曲线

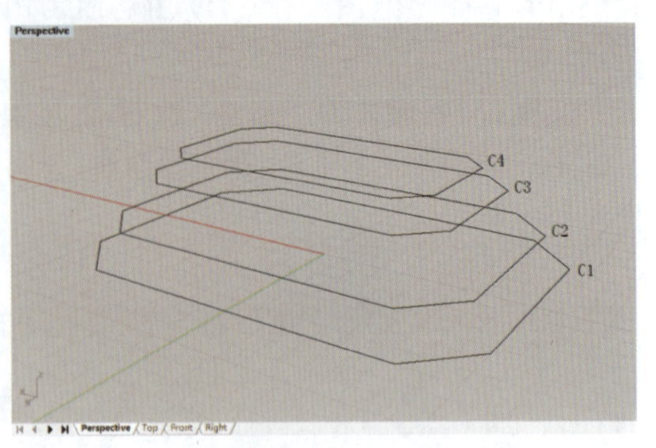

图 4-2-63 琢型冠部立体草图

3)制作冠部刻面

①在 Perspective 视图中,执行“放样”命令(按钮),选取 C1、C2、C3 和 C4 曲线,回车,显示出曲线的接缝点,注意选择各曲线接缝点并调整其位置,使之都处在相对应的斜角位置并且方向相同,如图 4-2-64 所示;再次回车,弹出“放样选项”对话框,选择“造型”下拉列表框中的“平直区段”选项,单击“确定”按钮,完成冠部梯形刻面的制作,如图 4-2-65 所示。

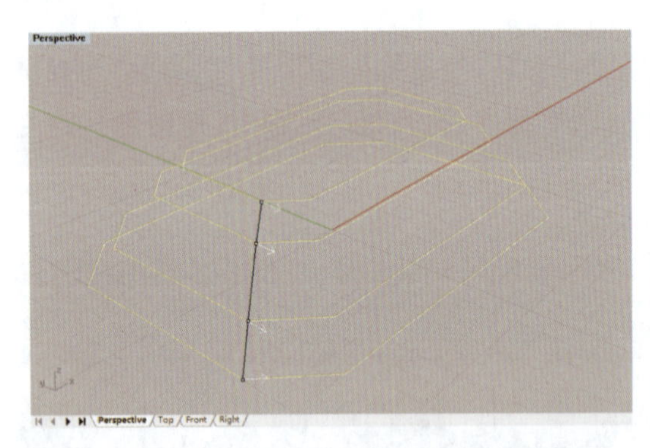

图 4-2-64 选择放样曲线并调整接缝点

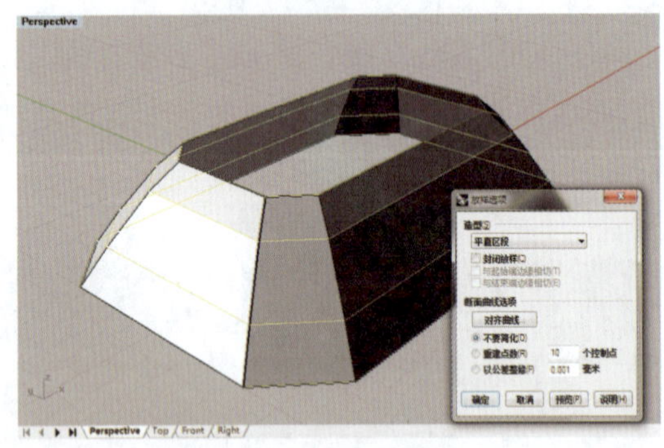

图 4-2-65 放样选项及曲面预览

②执行“以平面曲线建立曲面”命令(按钮),单击 C4 曲线,回车,即创建出台面,如图 4-2-66 所示。

③框选所有曲面,执行“组合”命令(按钮),将台面和阶梯形刻面组合成复合曲面,完成琢型冠部的制作,如图 4-2-67 所示。

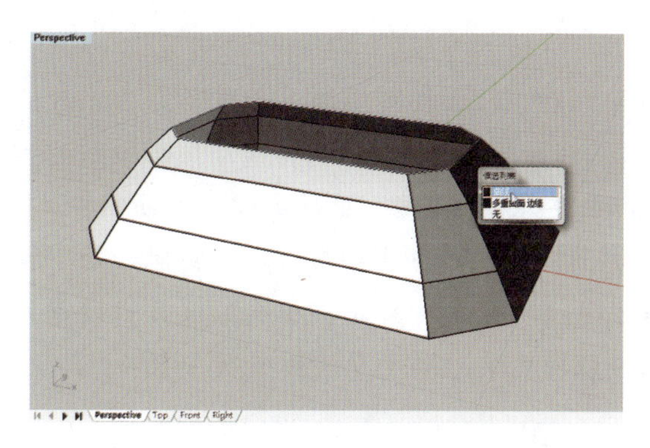

图 4-2-66 用平行曲线法创建台面

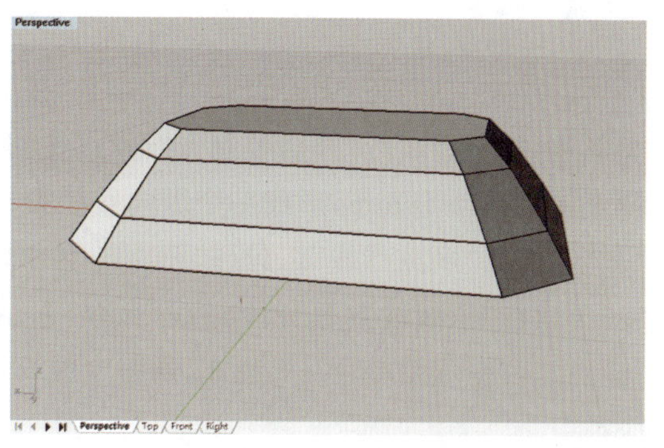

图 4-2-67 组合成琢型冠部复合曲面

3. 制作琢型腰部

①执行“显示物件”命令(按钮),让前述制作的琢型亭部显示出来。然后在 Front 视图中,开启正交模式,使用“移动”工具(按钮),将琢型的冠部和亭部分别向上和向下各移动 0.25mm,即腰棱厚度为 0.5mm,相当于腰棱短径的 2%~4%,如图 4-2-68 所示。

②执行“放样”命令(按钮),单击或框选上腰棱线和下腰棱线,回车,在弹出的“放样选项”对话框中,选择“造型”下拉列表框中的“平直区段”选项,单击“确定”按钮,完成腰部刻面的制作,如图 4-2-69 所示。

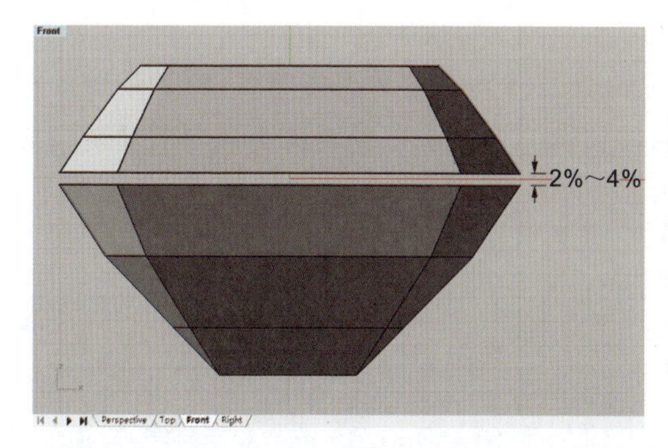

图 4-2-68 移动冠部和亭部

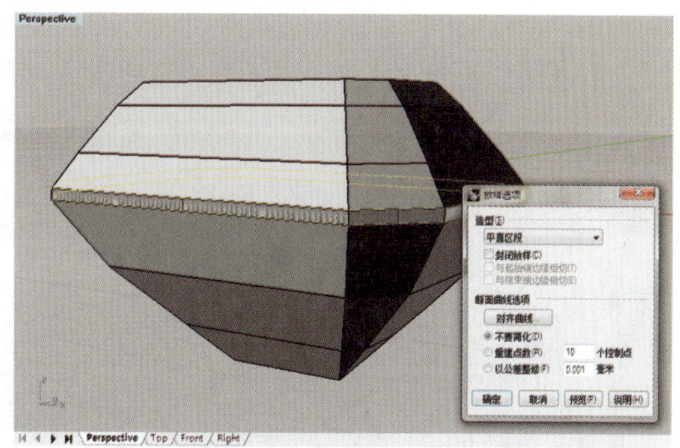

图 4-2-69 用放样法制作琢型腰部

③最后,执行“组合”命令,将前述制作好的冠部、腰部和亭部全部选取,组合成复合曲面,完成阶梯方型的建模。

4.2.4 水滴形珠型

常见的水滴形珠型按构成刻面特点可分为阶梯面形和三角面形两种,制作方法大体相同,但前者的刻面可以采用放样法或边缘曲线法制作,而后者的刻面则需要使用角点法制作，下面介绍后者。

1）绘制草图

①首先使用“圆：中心点、半径”工具（按钮），在 Front 视图中画一个直径为 20mm 的圆形曲线，然后执行“开启控制点”命令（按钮），显示出曲线控制点，再拖动顶部中间的控制点向上移动 10mm，形成一个纵向直径为 30mm 的水滴形曲线，如图 4－2－70 所示。

②使用“多重直线”工具（按钮），自水滴形曲线的顶部端点至底部四分点画一条中轴线，再执行“依线段数目分段曲线”命令（右键按钮），在命令提示栏中将分段数目设置为“6”点选，“标示端点＝是”，回车，即将中轴线分割成为 6 段，上面有 7 个标示点，如图 4－2－71 所示。

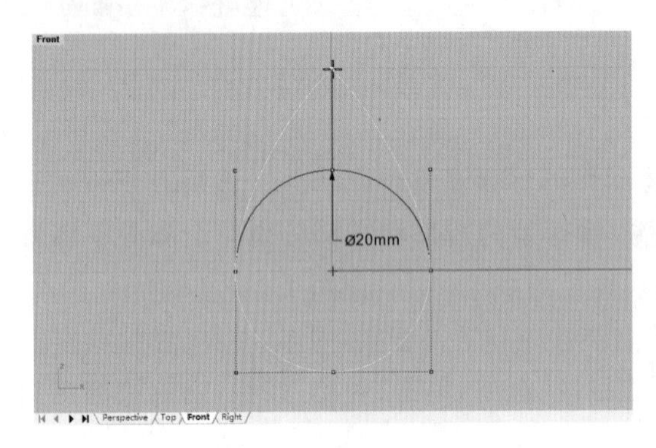

图 4－2－70　先画圆再将其变形为水滴形曲线

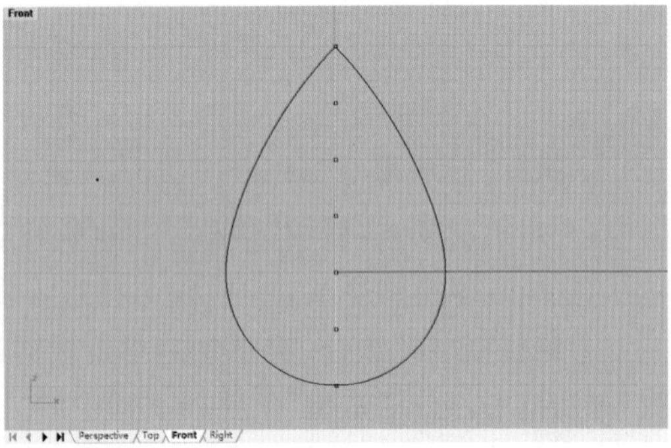

图 4－2－71　画中轴线并分段

③使用“直线：从中点”工具（按钮），以中轴线上的分段标示点为中点，画 5 条平行辅助线，如图 4－2－72 所示，再调用“复制”命令（按钮），利用底部的辅助线再向下复制添加一条辅助线，如图 4－2－73 所示。

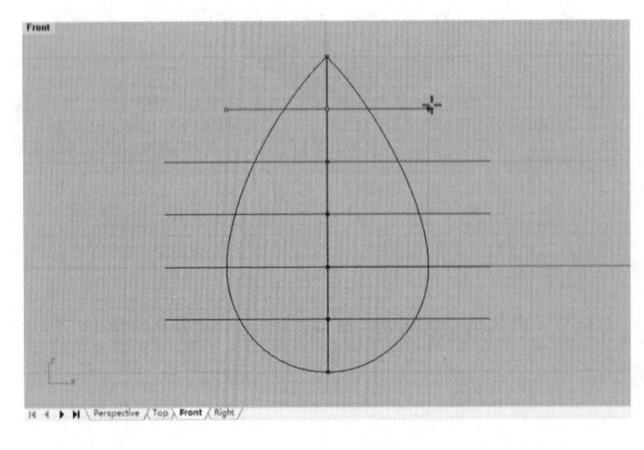

图 4－2－72　依分段标示点画平行辅助线

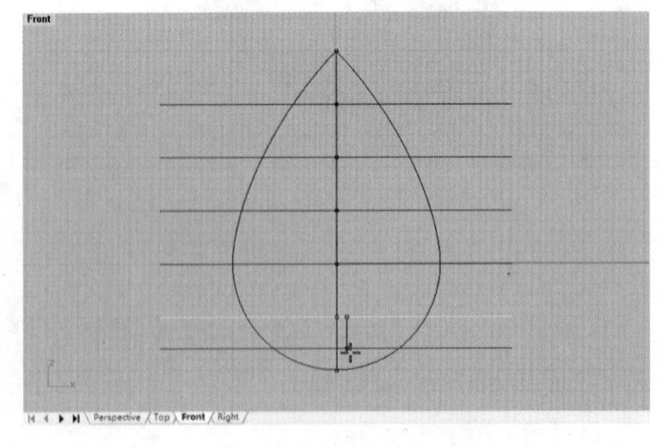

图 4－2－73　复制添加底部辅助线

④在 Perspective 视图中，勾选物件锁定栏中的“点”和“交点”捕捉选项，执行“多边形：中心点、半径”命令（按钮），在命令栏中将边数设置为“12”，以中轴线上的分段标示点或交

点为内接多边形中心点，以中心点至辅助线与水滴形曲线交点的距离为半径，画出各层的多边形曲线，如图 4-2-74 所示。

⑤删除所有的平行辅助线、水滴形曲线、中轴线及分段标示点，仅保留上下标示端点和各层多边形曲线，其结果如图 4-2-75 所示。

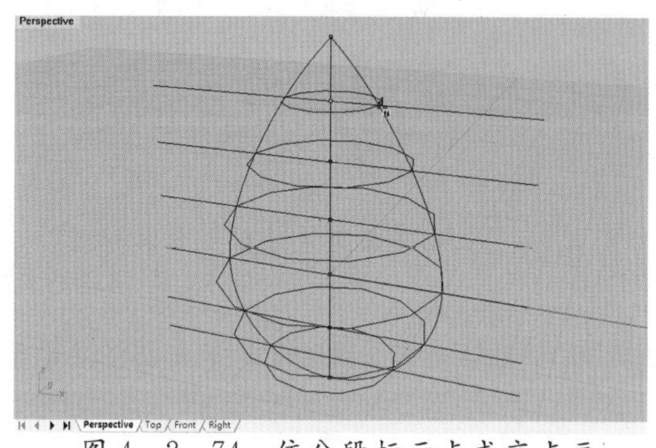

图 4-2-74　依分段标示点或交点画多边形曲线

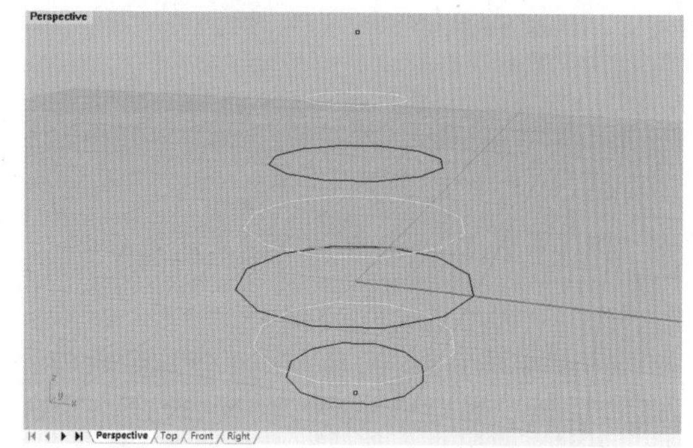

图 4-2-75　保留的端点和曲线

⑥间隔选取图 4-2-75 中的多边形曲线，然后切换到 Top 视图中，执行“2D 旋转”命令（按钮），将选取的多边形曲线旋转 15°(图 4-2-76)，操作时可以通过捕捉多边形的一个边角为旋转的第一点，捕捉相邻边线的中点为旋转的第二点，或者直接在命令栏中输入角度值“15”，如图 4-2-77 所示，使各层多边形曲线的对应角交错。

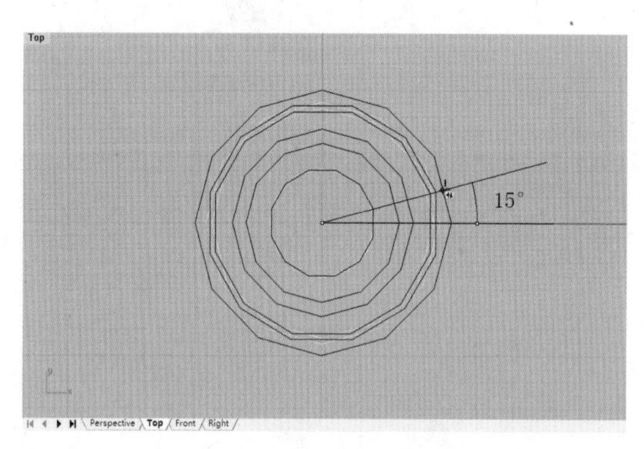

图 4-2-76　将选取的多边形曲线旋转 15°

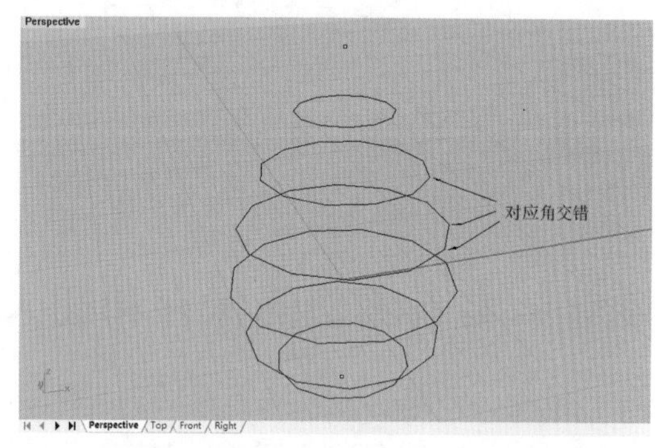

图 4-2-77　各层曲线的对应角交错

2)创建刻面琢型

①在 Perspective 视图中，勾选物件锁定栏中的“端点”捕捉选项，执行“指定三或四个角建立曲面”命令（按钮），点击相邻多边形曲线对应的 3 个角点，回车，形成三角刻面，如图 4-2-78 所示；重复执行该命令，在各层之间建立两个对置的三角刻面以及顶部和底部的三角刻面，如图 4-2-79 所示。

②框选已经建立的各层刻面，在 Top 视图中执行“环形阵列”命令（按钮），在命令栏中将项目数设置为“12”，回车，即生成构成琢型的所有刻面，如图 4-2-80 所示。

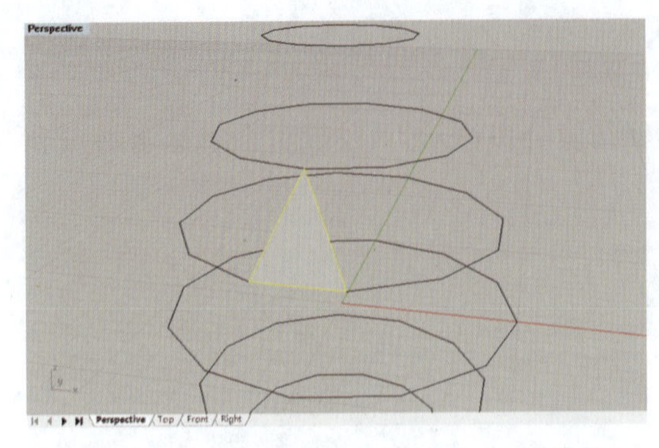

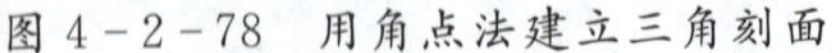

图 4-2-78　用角点法建立三角刻面

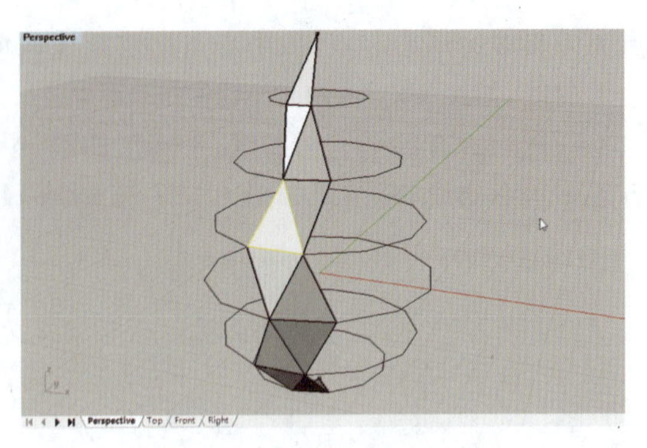

图 4-2-79　用角点法建立各层刻面

③框选所有刻面，执行“组合”命令（按钮），将其组合成复合曲面，完成水滴形珠型的建模，如图 4-2-81 所示。

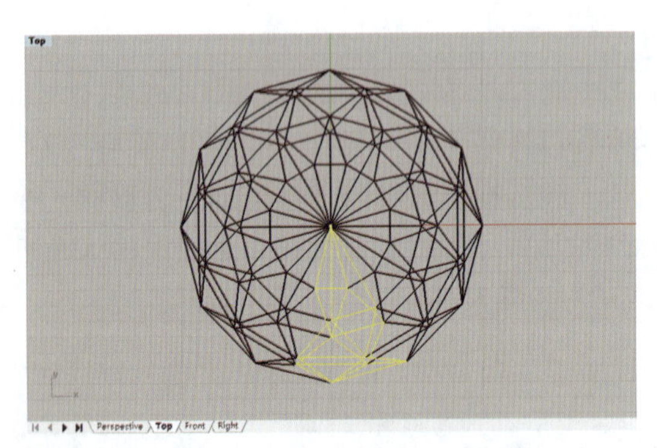

图 4-2-80　环形阵列刻面

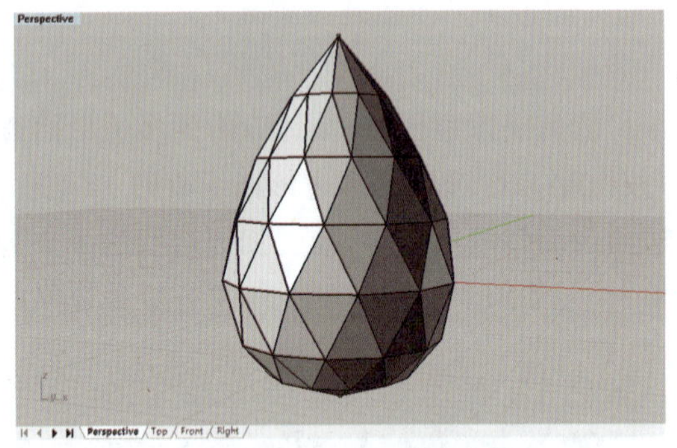

图 4-2-81　将刻面组合成琢型

4.3　宝石琢型的保存和插入

4.3.1　宝石琢型的保存

对于前述创建的各种宝石琢型，制作完成后，需要进行一些必要的设置，如定位、尺寸等设置，然后再保存模型，以利于在首饰设计过程中方便地插入调用宝石琢型。以标准圆钻型为例，设置步骤如下。

（1）选取琢型对象，使用“移动”工具（按钮），单击琢型腰棱平面的中心部位，以此作为移动的起点，以世界坐标的原点为终点，在命令栏中输入坐标值（0，0，0），即将其精确定位到视图坐标的原点位置；或者开启锁点格点模式，直接拖移琢型腰棱的中心部位到视图坐标的原点位置，操作时要注意在多个视图（Top 和 Front）中检查定位是否正确，如图 4-3-1 所示。

(2)在 Top 视图中,选取琢型对象,执行"三轴缩放"命令(按钮),依次按命令栏中的提示,选取琢型的中心点(或视图坐标原点)为"基点",选取琢型腰棱边缘为"缩放比或第一参考点",然后在命令栏提示"第二参考点"后输入 1,回车,即把宝石琢型直径缩小为 1mm,如图 4-3-2 所示。

(3)执行"保存"命令(按钮),在保存对话框中设定宝石琢型的保存目录和文件名,保存类型为"＊・3dm"格式即可。

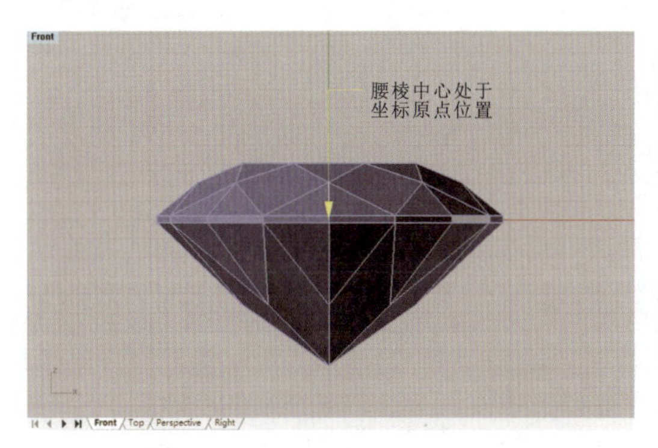

图 4-3-1　将宝石琢型定位于坐标原点位置

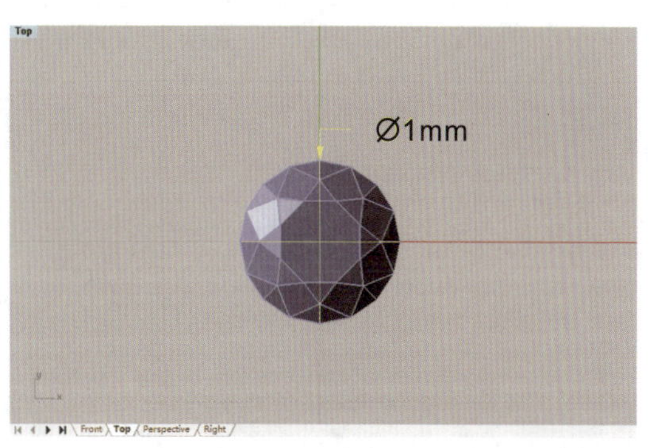

图 4-3-2　将宝石琢型直径缩小为 1mm

4.3.2　宝石琢型的插入

在镶嵌首饰的设计中,当需要某个宝石琢型时,可以从已创建好的琢型模型中选择和插入调用,设置步骤如下。

(1)执行文件菜单下的"插入"命令,在"插入"对话框中,单击"文件"按钮链接到所要插入的琢型,勾选"插入点□提示""缩放比□提示""旋转□提示"3 个提示项,然后单击"确定"按钮退出对话框,如图 4-3-3 所示。

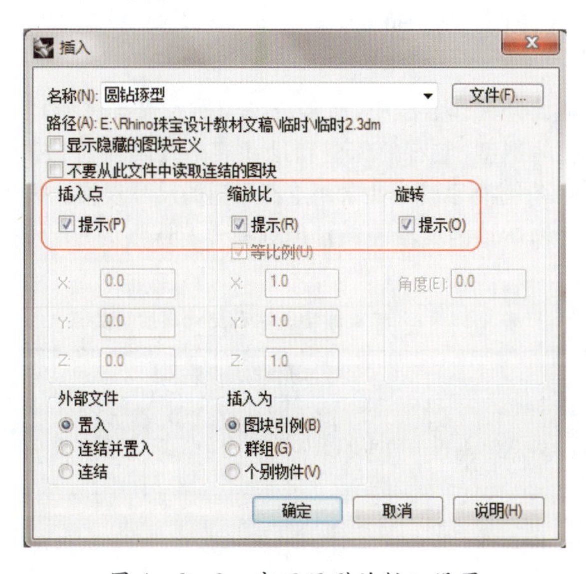

图 4-3-3　宝石琢型的插入设置

(2)返回 Top 视图,可见所插入的宝石琢型跟随鼠标移动。可以直接用鼠标点击插入点位置,然后拖动放大或旋转琢型;也可以在命令栏中按提示依次输入插入点的坐标值、缩放比、旋转角度,精确设置琢型的插入位置、大小尺寸和方位角度,如图 4-3-4 所示。

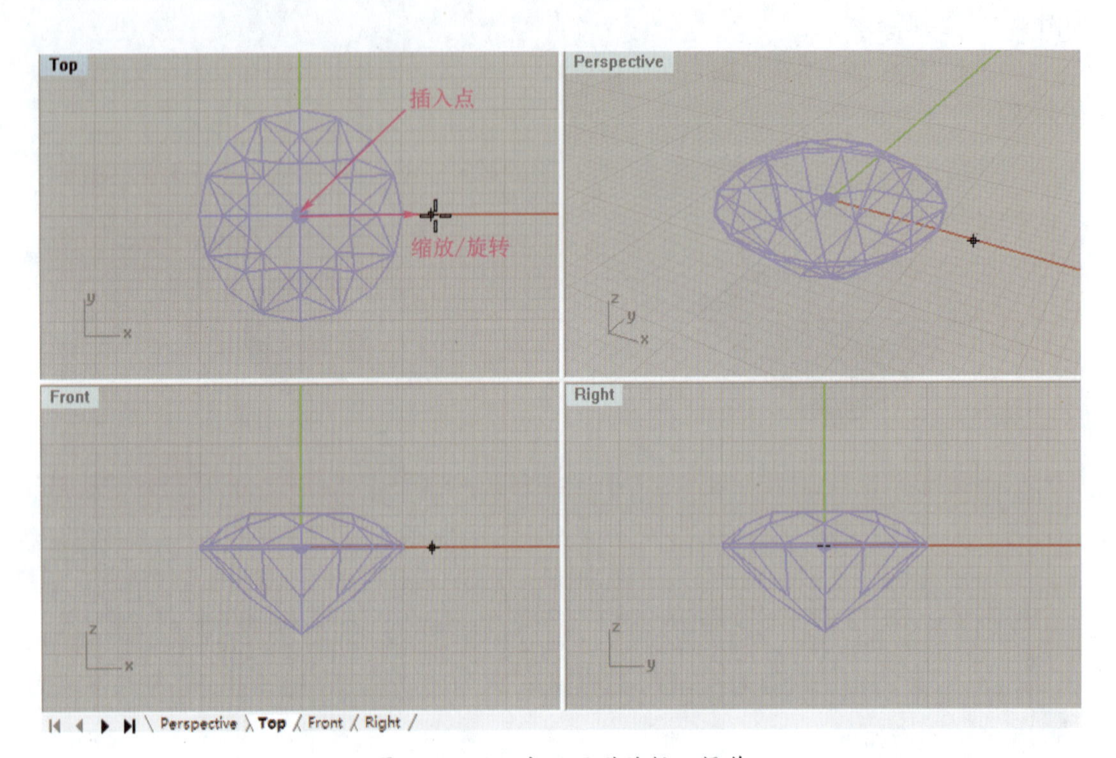

图 4-3-4 宝石琢型的插入操作

4.4 宝石琢型的基本规格

在珠宝首饰的电脑设计制作过程中,通常需要先插入宝石琢型,然后根据所插入的琢型来绘制首饰的镶口及整体造型,宝石的琢型和尺寸规格有时对首饰的造型和规格有直接影响。因此在绘制设计时,有必要了解一些常用宝石琢型的尺寸规格。表 4-4-1 和表 4-4-2 是标准圆钻型钻石尺寸与质量的关系表和常用刻面宝石琢型的尺寸规格表。

表 4-4-1 标准圆钻型钻石尺寸与质量关系

项目	直径与质量的对应数据																				
直径 (mm)	1.30	1.70	2.40	3.00	3.40	3.80	4.10	4.50	4.90	5.00	5.20	5.50	5.80	6.00	6.30	6.50	7.00	7.40	8.00	8.20	9.20
质量 (ct)	0.01	0.02	0.05	0.10	0.15	0.20	0.25	0.30	0.40	0.45	0.50	0.60	0.70	0.80	0.90	1.00	1.25	1.50	1.80	2.00	3.00

表 4-4-2 常用刻面宝石琢型尺寸规格

宝石琢型腰部形态	圆形	椭圆形	榄尖形	梨形	心形	正方形	长方形	三角形
规格	直径(mm)	宽×长(mm×mm)	宽×长(mm×mm)	宽×长(mm×mm)	直径(mm)	边长(mm)	宽×长(mm×mm)	高(mm)
数值	1.00	2.0×4.0	2.0×4.0	2.0×4.0	3.00	3.0	1.5×2.5	3.00
	1.25	2.5×4.5	2.5×5.0	2.5×5.0	3.50	3.5	1.5×3.0	3.50
	1.50	3.0×5.0	3.0×5.0	3.0×5.0	4.00	4.0	2.0×3.0	4.00
	1.75	3.5×5.5	3.0×6.0	3.0×6.0	4.50	4.5	1.5×3.5	4.50
	2.00	4.0×6.0	3.5×6.5	3.5×6.5	5.00	5.0	2.0×3.5	5.00
	2.50	4.5×6.5	3.5×7.0	3.5×7.0	5.50	5.5	2.0×4.0	5.50
	3.00	5.0×7.0	4.0×8.0	4.0×8.0	6.00	6.0	2.5×4.0	6.00
	3.50	6.0×8.0	4.5×9.0	4.5×9.0	7.00	6.5	3.0×4.0	6.50
	4.00	7.0×9.0	5.0×10.0	5.0×7.0	8.00	7.0	2.0×4.5	7.00
	4.50	8.0×10.0	6.0×12.0	6.0×8.0	9.00	7.5	2.0×5.0	7.50
	5.00	9.0×11.0	7.0×14.0	7.0×9.0	10.00	8.0	2.5×5.0	8.00
	5.50	10.0×12.0			11.00	8.5	3.0×5.0	9.00
	6.00				12.00	9.0	3.0×6.0	10.00
	6.50				13.00	9.5	4.0×6.0	11.00
	7.00				14.00	10.0	5.0×7.0	12.00
	7.50				15.00	11.0	4.0×8.0	13.00
	8.00				18.00	12.0	5.0×8.0	14.00
	8.50					13.0	6.0×8.0	

第5章 首饰镶口的设计与制作

首饰镶口是指首饰上用于镶嵌宝石的结构部位。根据镶嵌方法的工艺特点，可分为包镶、爪镶、钉镶、槽镶、闷镶、底镶、虎爪镶等多种工艺类型。本章将系统介绍部分常见镶法的镶口基本结构、设计工艺要求和 Rhino 建模技法。

5.1 包 镶

5.1.1 包镶的设计

包镶是指用金属边将宝石周围包裹嵌紧的镶嵌方式，其优点是镶嵌牢固，不易脱落，一般大颗的刻面型宝石、弧面型宝石都常采用这种方式镶嵌。根据金属边包裹宝石的范围大小，又分为全包镶、半包镶和齿包镶，其中齿包镶为梨形、马眼形、心形、方形等宝石的镶嵌方法，只包裹住宝石的顶角，又称“包角镶”，如图 5－1－1 所示。

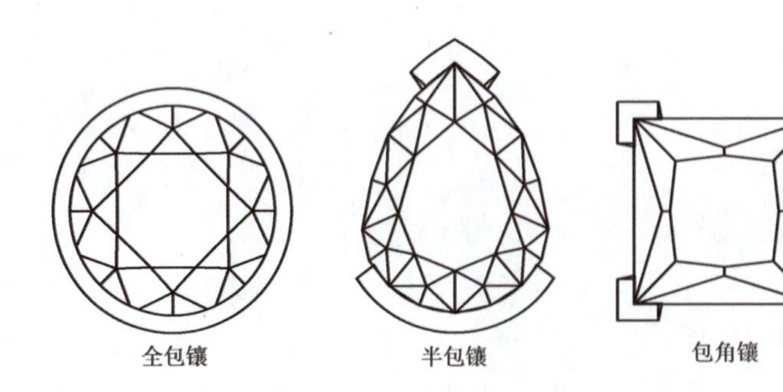

图 5－1－1　包镶的种类

包镶的结构如图 5－1－2 所示。包边内侧要稍向内倾斜，以便能更好地顶住宝石。包边厚度因宝石大小而定，但要大于 0.5mm，具体取值范围参考表 5－1－1。包边吃石位深

0.15～0.2mm。包边高度略低于宝石台面，但要高出宝石腰棱至少0.4mm，下部不能露出宝石底，与宝石底尖的距离至少为0.8mm。

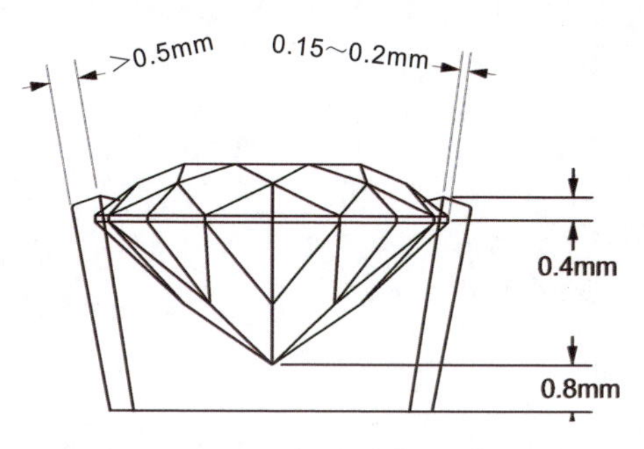

图5-1-2 包镶结构示意图

表5-1-1 包镶的包边厚度参考数据

宝石直径(mm)	1.3～2.0	2.0～3.0	3.0～5.0	5.0～8.0	8.0～10.0
包边厚度(mm)	0.6～0.7	0.7	0.7～0.8	0.8～1.0	1.0～1.2

5.1.2 包镶镶口的制作

1. 全包镶镶口的制作

全包镶的镶口被称为“石碗”，其制作方法比较简单，以圆钻型宝石的镶口为例，制作步骤如下。

(1)在Top视图中，首先插入一个直径为6mm的圆钻琢型，然后使用“圆:中心点、半径”工具(按钮)，绘制一个直径为6.2mm的圆，接着执行“偏移曲线”命令(按钮)，在命令栏中将偏移距离设置为0.8mm，得到一个直径为7.8mm的外圆，如图5-1-3所示。

(2)选取内圆曲线，在Front视图中开启正交模式，执行“移动”命令(按钮)，将其向上移动0.4mm，如图5-1-4所示。

(3)勾选“物件锁定”栏中的“交点”选项，使用“直线:从中点”工具(按钮)，捕捉琢型底尖交点，绘制一条水平辅助线，继而执行“移动”命令(按钮)，将其向下移动0.8mm，如图5-1-5所示。

(4)使用“多重直线”工具(按钮)，勾选“物件锁定”栏中的“四分点”和“最近点”选项，通过捕捉内、外两个圆形曲线的四分点，向下至辅助线，绘制出镶口包边的断面曲线，注意断面曲线要略向内侧倾斜且为封闭曲线，如图5-1-6所示。

(5)在Perspective视图中，执行“双轨扫掠”命令(按钮)，先点击作为路径的内、外两条圆形曲线，再点击断面曲线，回车，弹出“双轨扫掠选项”对话框，单击“确定”按钮，即可建

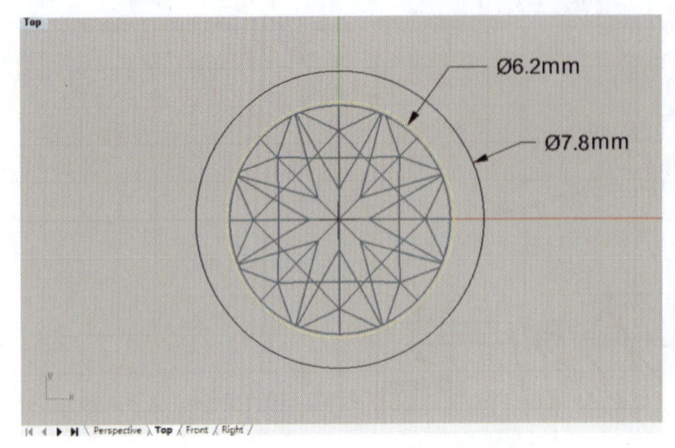

图 5-1-3　绘制包边内、外圆形曲线

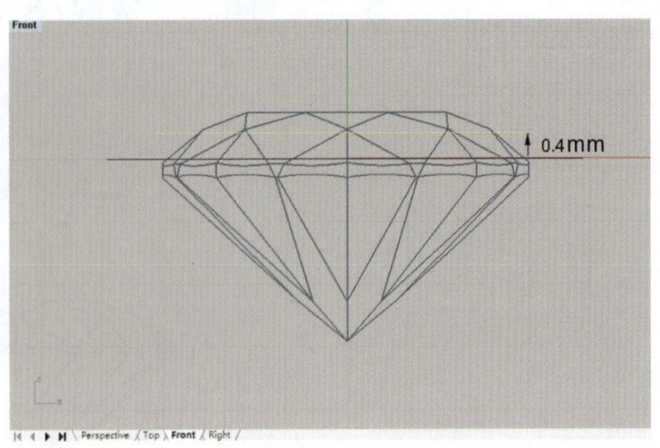

图 5-1-4　上移内圆曲线

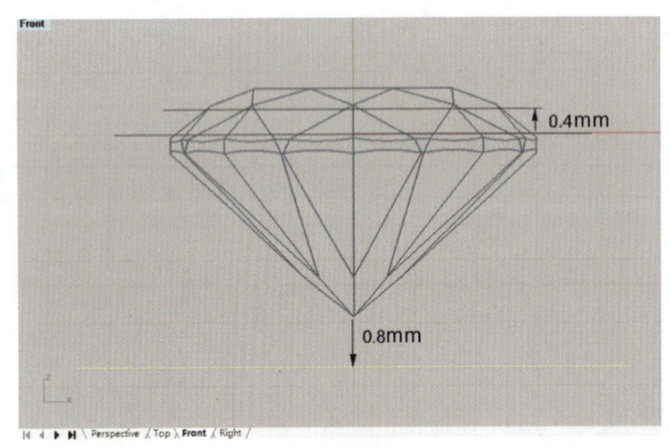

图 5-1-5　绘制底部辅助线并下移

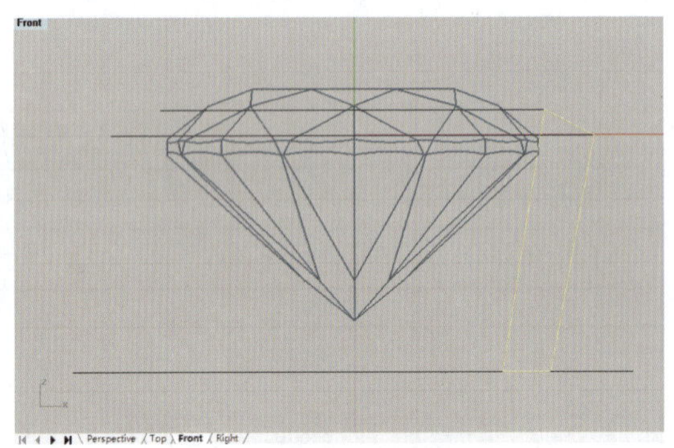

图 5-1-6　绘制包边断面曲线

立全包边的镶口曲面，如图 5-1-7 所示。

(6)执行“边缘圆角”命令(按钮)，点击镶口顶端的曲面边缘，在命令栏中将圆角半径设置为 0.2mm，回车，即可将镶口边棱修饰圆滑。最后将镶口设置为黄金材质(颜色为 Gold，光泽度为 15)，在渲染模式下观察其制作效果，如图 5-1-8 所示。

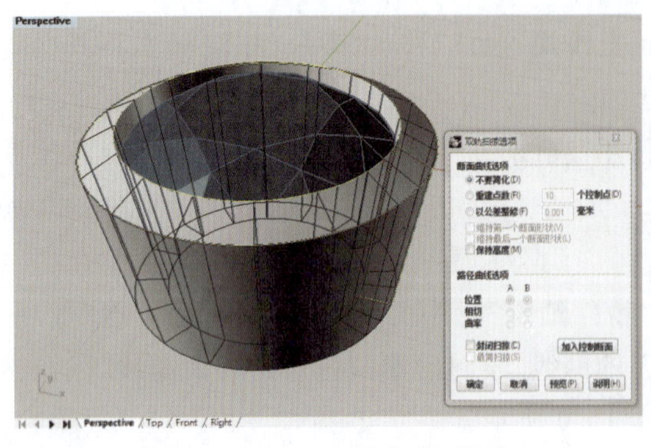

图 5-1-7　双轨扫掠成形

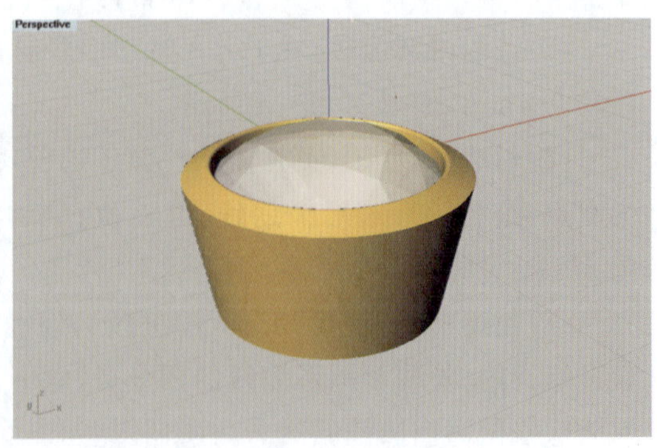

图 5-1-8　全包镶镶口效果图

2. 半包镶镶口的制作

以梨形宝石的半包镶为例，其圆形端为半包边，顶角端为包角边，镶口与包边需分开制作，步骤如下。

(1)在 Top 视图中，插入一个直径 7mm×10mm 的梨形刻面型，如图 5-1-9 所示。

(2)勾选“物件锁定”栏中的“交点”选项，使用“圆弧：起点、中点、通过点”工具(按钮)，从琢型短径的最宽处向下至边缘画一圆弧曲线，然后使用“直线”工具(按钮)画两条纵向和横向辅助线，二者在琢型顶角处相交，如图 5-1-10 所示。

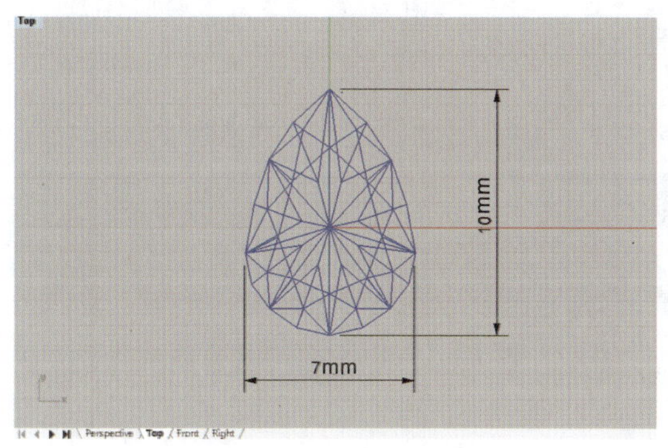

图 5-1-9 插入宝石琢型

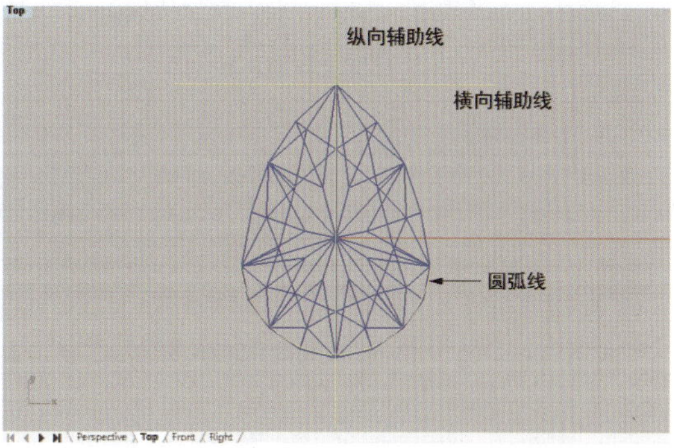

图 5-1-10 画圆弧及辅助线

(3)执行“隐藏物件”命令(按钮)将琢型隐藏，使用“以圆弧延伸至指定点”工具(按钮)，单击圆弧线的左端，将其延伸至辅助线交点，如图 5-1-11 所示。

(4)执行“修剪”命令(按钮)，利用纵向辅助线剪除圆弧线的右半部分，再删除辅助线，然后执行“镜像”命令(按钮)，将左侧曲线向右镜像复制，接着执行“组合”命令(按钮)，将二者组合成一条封闭的梨形曲线，如图 5-1-12 所示。

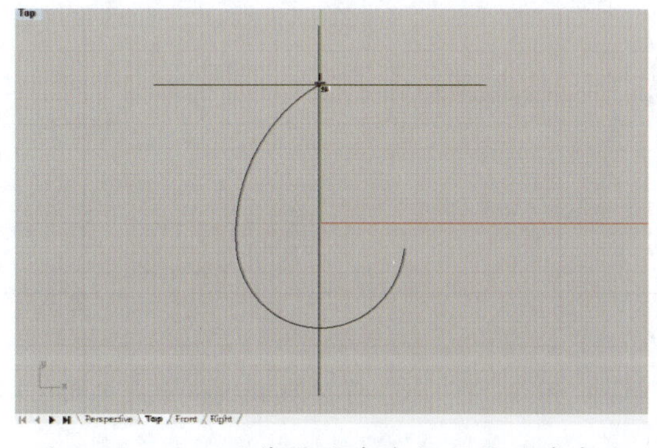

图 5-1-11 延伸圆弧线左侧至辅助线交点

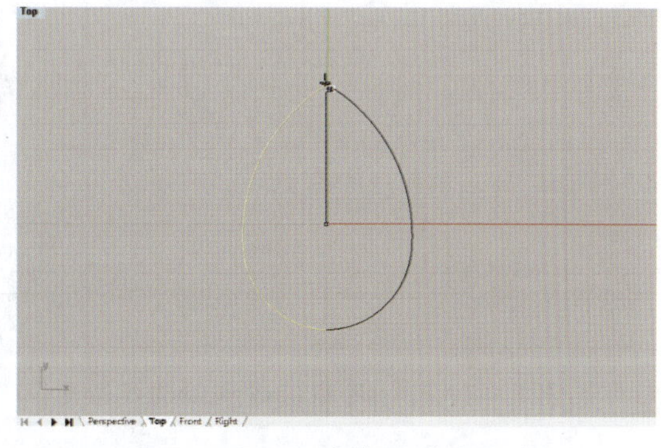

图 5-1-12 修剪和镜像曲线

(5)执行“显示物件”命令(右击按钮)让琢型显示，开启曲线控制点(按钮)，框选左右的对应控制点，执行“单轴缩放”命令（ ），调整控制点使曲线形状与琢型一致，如图 5－1－13 所示。

(6)执行“隐藏物件”命令(按钮)隐藏琢型，然后选取梨形曲线①，执行“偏移曲线”命令(按钮)，在命令栏中将偏移距离设置为 0.8mm，点选“两侧”，回车，生成内、外两条梨形曲线②和③，如图 5－1－14 所示。

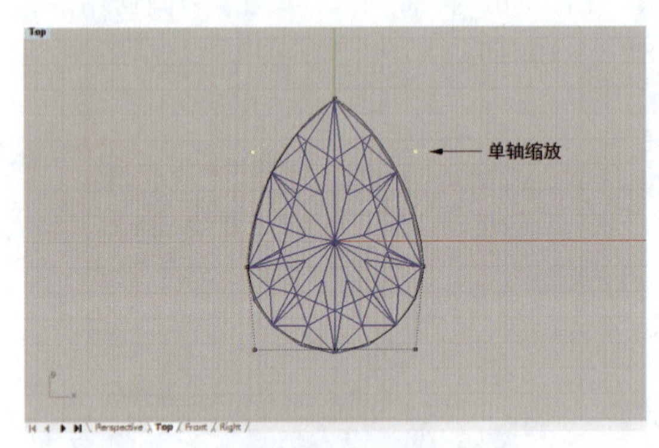

图 5－1－13 调整曲线形状使之与琢型一致

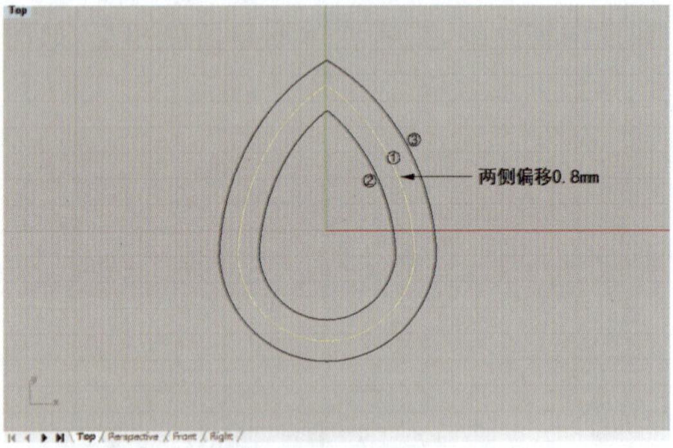

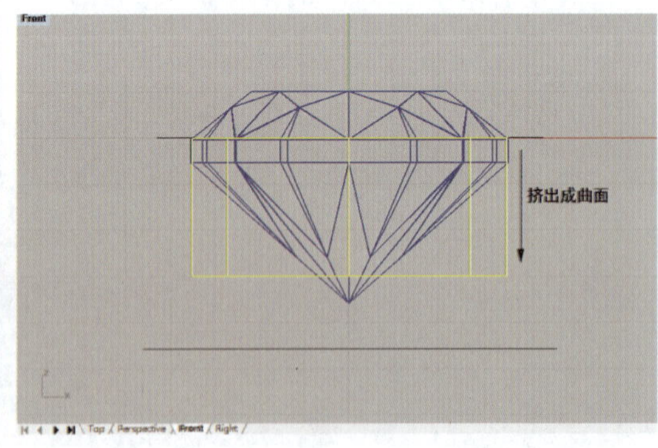

图 5－1－14 向两侧偏移曲线

(7)执行“显示物件”命令(右击按钮)让琢型显示，在 Front 视图中，使用“直线：从中点”工具(按钮)，以琢型的底尖为中点画一条水平辅助线，再使用“移动”工具(按钮)将该线精确向下移动 1mm，用以控制镶口的底深位置，如图 5－1－15 所示。

(8)在 Top 视图中选取梨形曲线①和②，然后在 Front 视图中执行“挤出封闭的平面曲线”命令(按钮)，在命令栏中点选“两侧(B)＝否”和“加盖(C)＝是”，向下挤出成适当高度的筒状体镶口(图 5－1－16)。

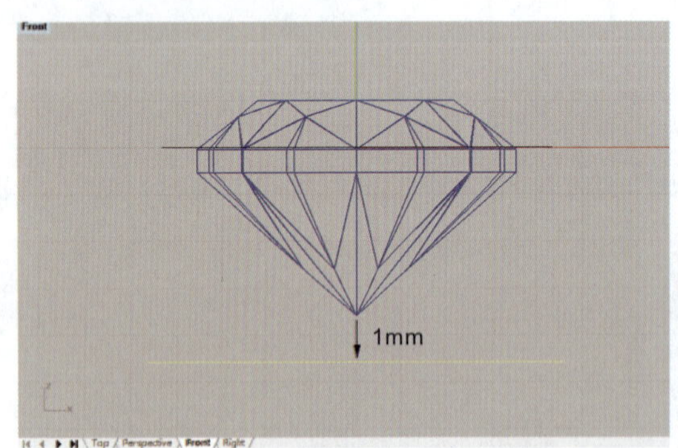

图 5－1－15 用辅助线控制镶口深度

图 5－1－16 将梨形曲线挤出成曲面

(9)接着将筒状体镶口下移到辅助线之上，并使用“单轴缩放”工具(按钮)纵向调整镶口高度，使镶口位于宝石以下，口位贴近宝石(图 5－1－17)。选取镶口，执行“锥状化”命令(按钮)，在命令栏中设置“无限延伸(I)＝是”，其他默认设置不变，操作时以镶口的中轴顶底边界两端点为锥状轴的起点和终点，自外而内横向拖动鼠标，使镶口的底部稍向内收敛。如图 5-1-18 所示。

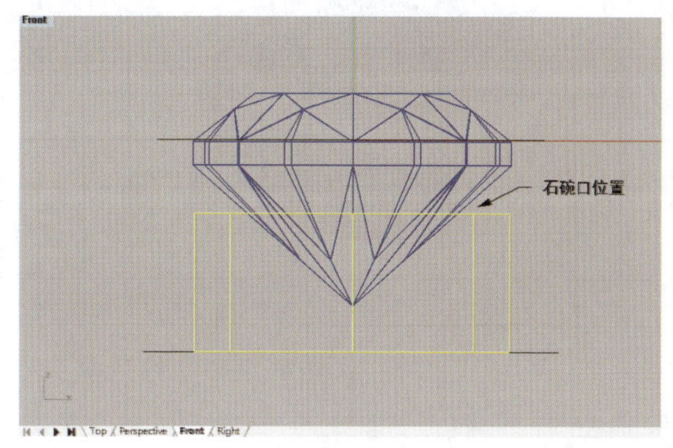

图 5-1-17 调整镶口位置与高度

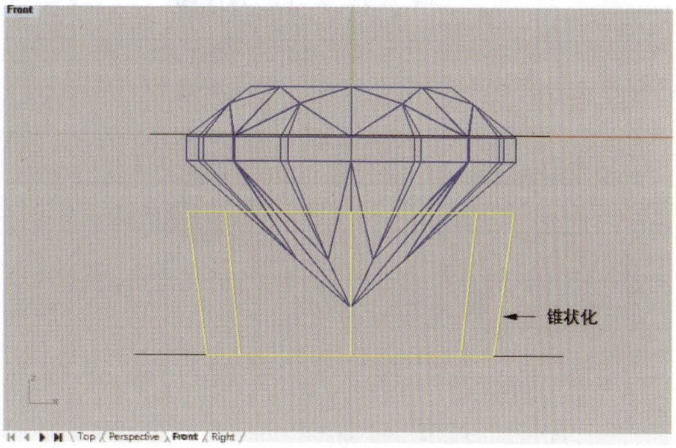

图 5-1-18 锥状化镶口曲面

(10)在 Top 视图中选取梨形曲线①，在 Front 视图中使用“移动”工具(按钮)将其上移 0.4mm(图 5-1-19)。然后，执行“直线挤出”命令(按钮)，在命令栏中点选“两侧(B)=否”和“加盖(C)=否”，向下挤出曲面至辅助线位置(图 5-1-20)，再重复执行该命令，将外侧梨形曲线③也挤出曲面至辅助线位置(图 5-1-21)，形成内、外两个柱状曲面。

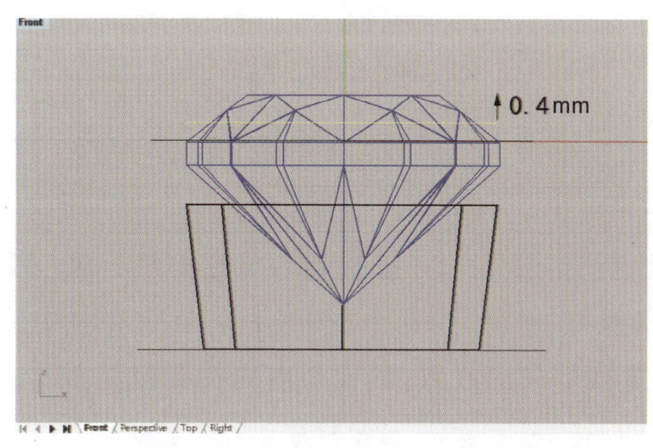

图 5-1-19 将内侧曲线①上移 0.4mm

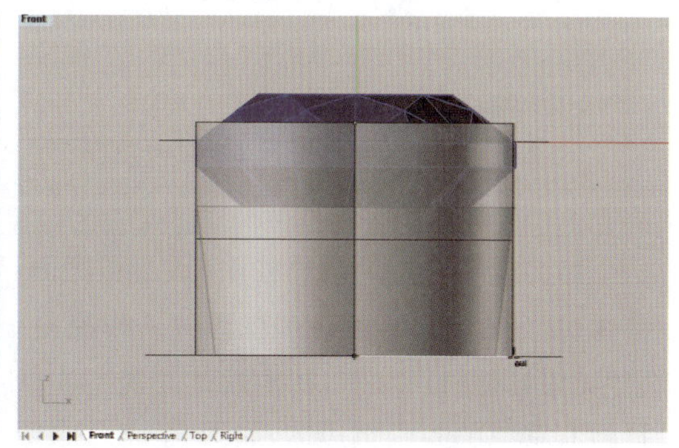

图 5-1-20 向下挤出内侧曲线①成柱面

(11)在 Perspective 视图中执行“放样”命令(按钮)，单击包边内、外曲面的两个顶边曲线，弹出“放样选项”对话框，在造型选项下拉框中选择“平直区段”，单击“确定”，形成包边的顶面，如图 5-1-22 所示。

(12)在 Perspective 视图中，选取包边内、外曲面，执行“复制边框”命令(按钮)，使二者的下边框部位也出现独立曲线(图 5-1-23)，然后执行“放样”命令(按钮)，单击内外曲面的两个下边框曲线，弹出“放样选项”对话框，单击“确定”，形成包边的底面，如图 5-1-24 所示。

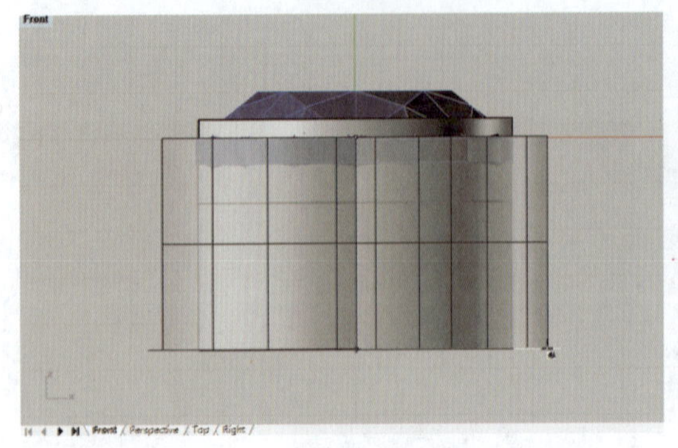

图 5-1-21　向下挤出外侧曲线③成柱面

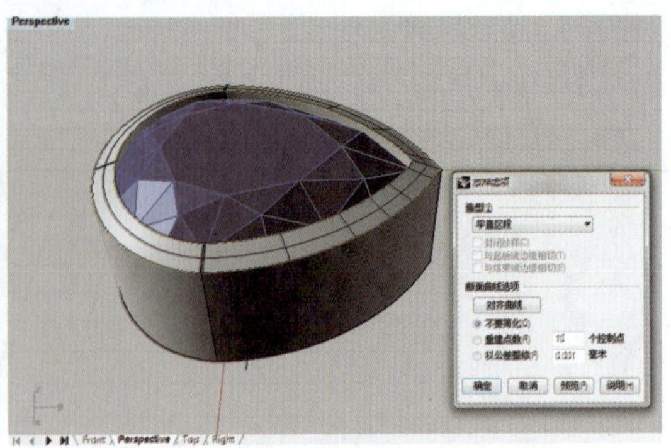

图 5-1-22　放样制作包边的顶面

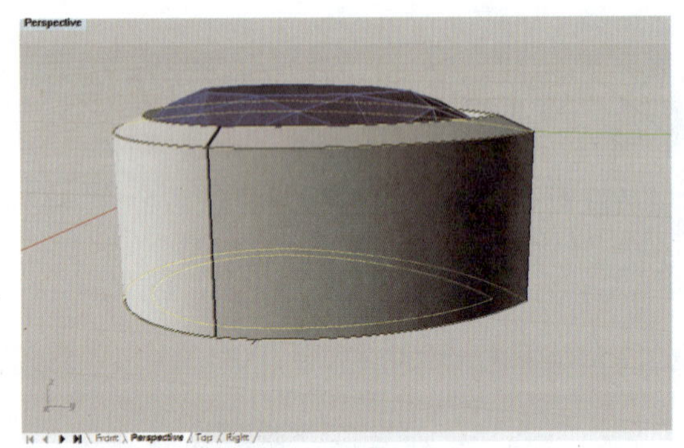

图 5-1-23　复制内、外曲面边框

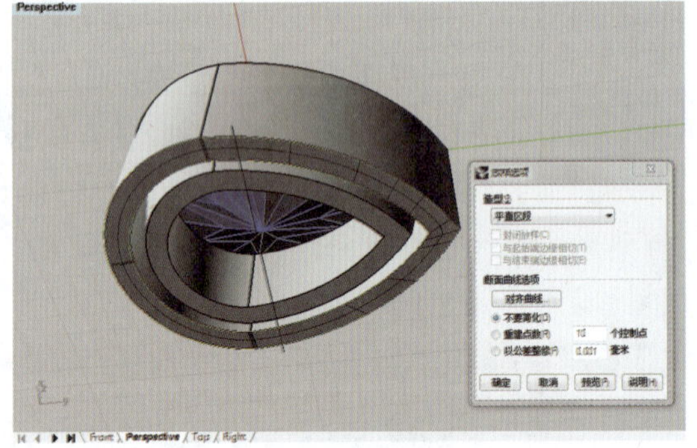

图 5-1-24　放样制作包边的底面

(13)选取包边的内外柱面、顶面和底面,执行“组合”命令(按钮),将它们组合成一个整体,然后在 Front 视图线框模式工作视窗下,执行“锥状化”命令(按钮),在命令栏中设置“无限延伸(I)=是”,其他默认设置不变,使其底部向内收敛,形成与内侧的石碗斜面一致且略有重叠的外围包边体,如图 5-1-25 所示。

(14)在 Top 视图中,使用“直线”工具(按钮)及“镜像”命令(按钮),绘制如图 5-1-26 所示的 4 条对称线段,然后执行“修剪”命令(按钮),利用线段剪切除去包边的中段部分(图 5-1-27),使全包边分割为半包边及包角,接着执行“将平面洞加盖”命令(按钮),将包边的切口封闭,如图 5-1-28 所示。

(15)在 Front 视图中,用“矩形:中心点、角”工具(按钮)在镶口中部绘制一个高约 1.2mm 的矩形曲线(图 5-1-29),再在 Perspective 视图中执行“挤出封闭的平面曲线”命令(按钮),在命令栏中点选“两侧(B)=是”和“加盖(C)=是”,将矩形曲线挤出成长方体,作为开夹层用的物件,如图 5-1-30 所示。

(16)执行“布尔运算差集”命令,先单击镶口曲面,再单击开夹层物体,回车,将镶口开出夹层,如图 5-1-31 所示。然后,框选镶口、包边及包角各部分曲面,执行“布尔运算并集”

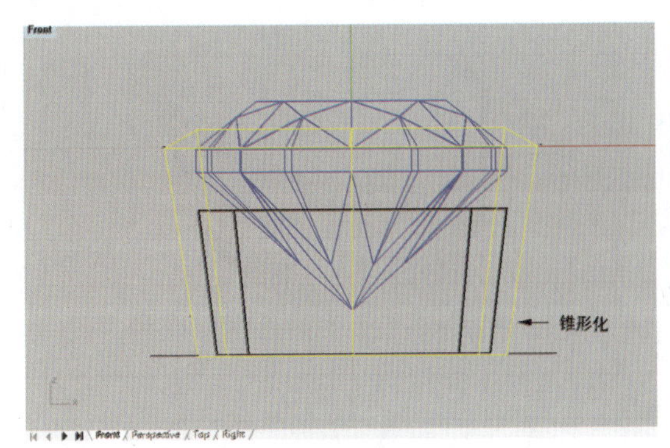

图 5-1-25 锥状化包边

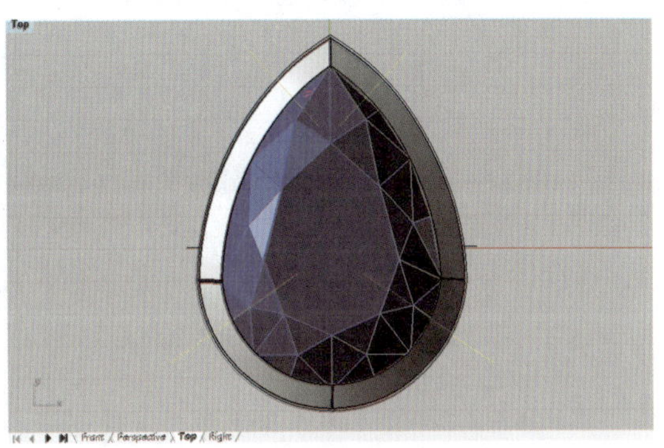

图 5-1-26 绘制切割用线段

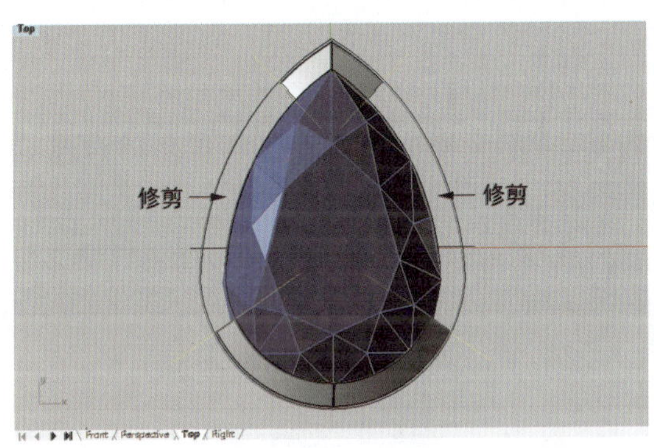

图 5-1-27 修剪包边

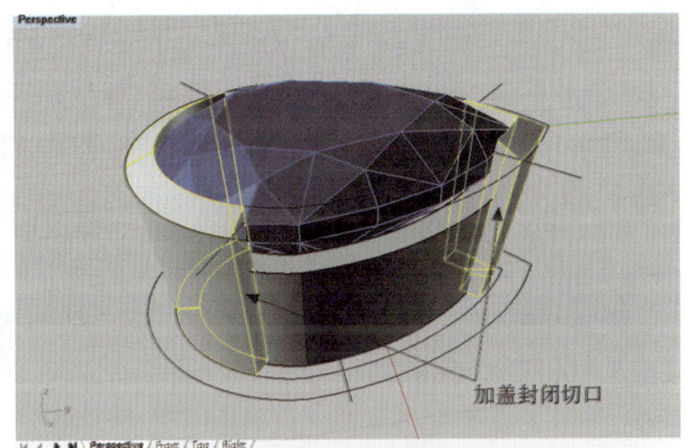

图 5-1-28 加盖封闭切口

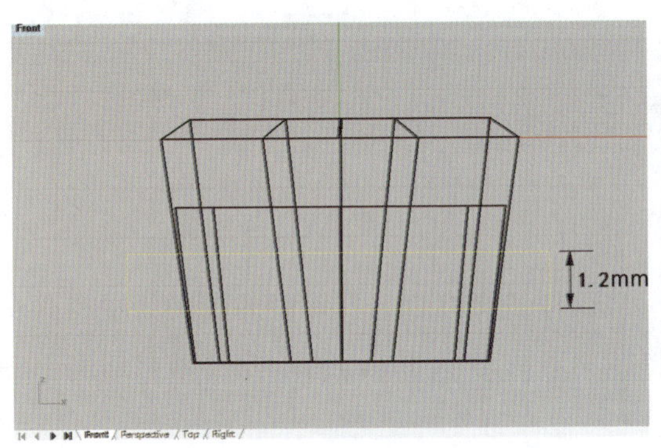

图 5-1-29 绘制矩形曲线

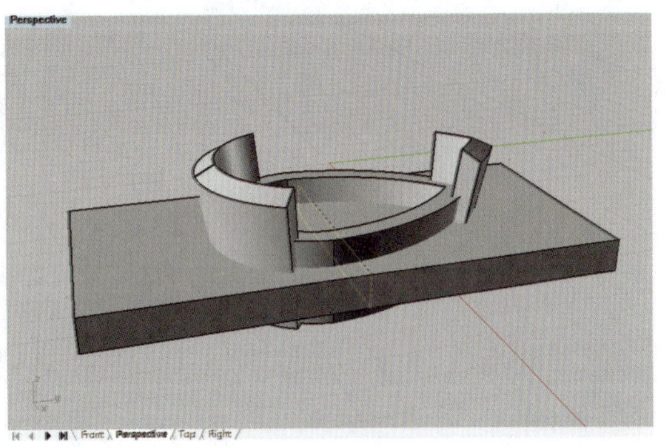

图 5-1-30 将矩形曲线挤出成开夹层物体

命令(按钮),将它们合并成为整体。最后,显示宝石琢型,将镶口设置为黄金材质(颜色为Gold,光泽度为15),开启渲染模式,观察制作效果,如图5-1-32所示。

3. 包角镶镶口的制作

包角镶有二角镶、三角镶、四角镶等,分别用于榄尖形、三角形、正方形或长方形等宝石的镶嵌。以正方形宝石的包角镶为例,镶口的制作步骤如下。

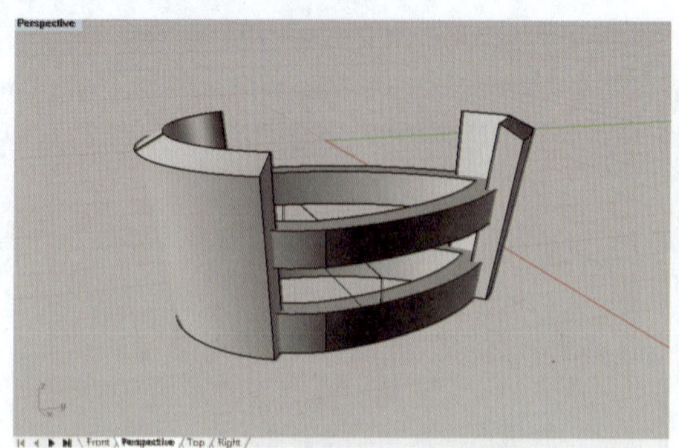

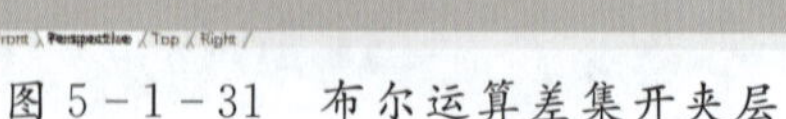

图 5－1－31　布尔运算差集开夹层

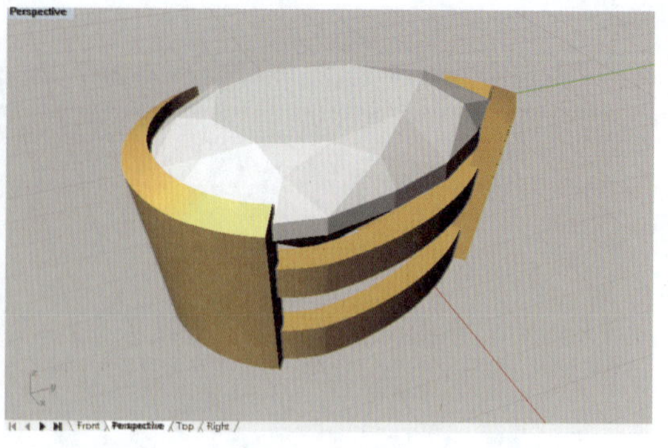

图 5－1－32　半包镶镶口效果图

（1）在 Top 视图中，插入一个边长为 5mm 的正方形宝石，如图 5－1－33 所示。

（2）使用“矩形：中心点、角”工具（按钮），绘制一条与宝石琢型边长一致的正方形曲线①，然后执行“偏移曲线”命令（按钮），在命令栏中将偏移距离设置为 0.8mm 并点选“两侧”，即向内和向外偏移复制得到曲线②和曲线③，它们分别为制作镶口和包角的曲线，如图 5－1－34 所示。

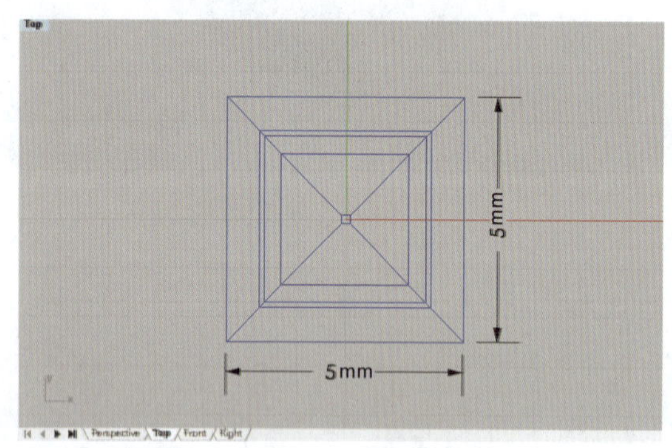

图 5－1－33　插入宝石

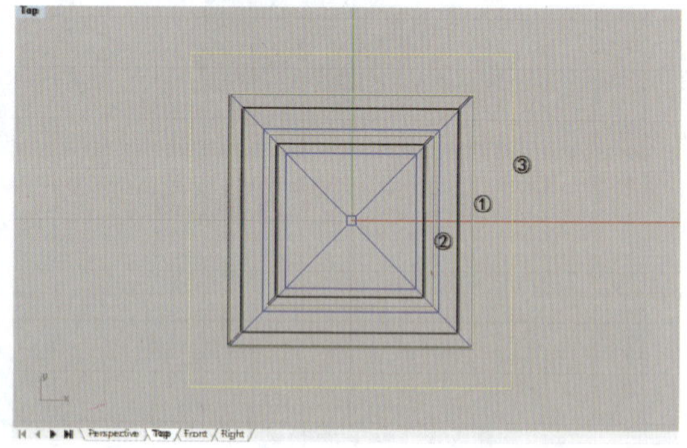

图 5－1－34　绘制镶口曲线

（3）在 Front 视图中，使用“直线：从中点”工具（按钮），以宝石琢型的底尖为中点画一条水平辅助线，再使用“移动”工具（按钮）将其向下移动 0.8mm，用于控制镶口的底部深度，如图 5－1－35 所示。

（4）在 Top 视图中选取曲线①和曲线②，然后在 Front 视图中执行“挤出封闭的平面曲线”命令（按钮），在命令栏中点选“两侧(B)＝否”和“加盖(C)＝是”，向下挤出曲面至辅助线位置，形成一个方柱筒状体，如图 5－1－36 所示。

（5）执行“单轴缩放”命令（按钮），自上而下调整筒状体的高度，使其开口位处在宝石琢型背面以下，如图 5－1－37 所示。

（6）执行“锥状化”命令（按钮），在命令栏中设置“无限延伸(I)＝是”，其他默认设置不变，将筒状体下部向内收敛，使之变形为稍向内倾斜的方锥形石碗，如图 5－1－38 所示。

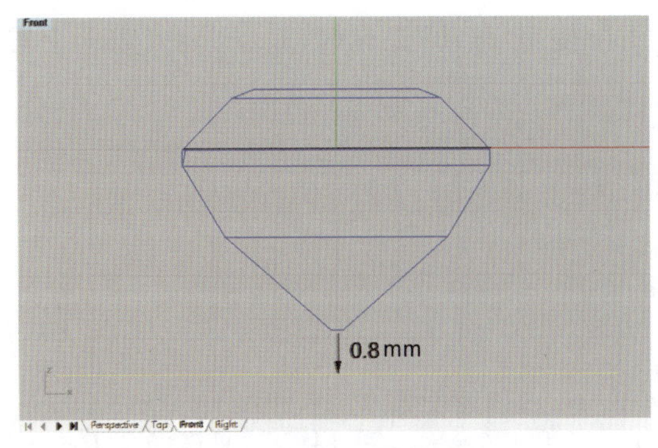

图 5-1-35 绘制辅助线

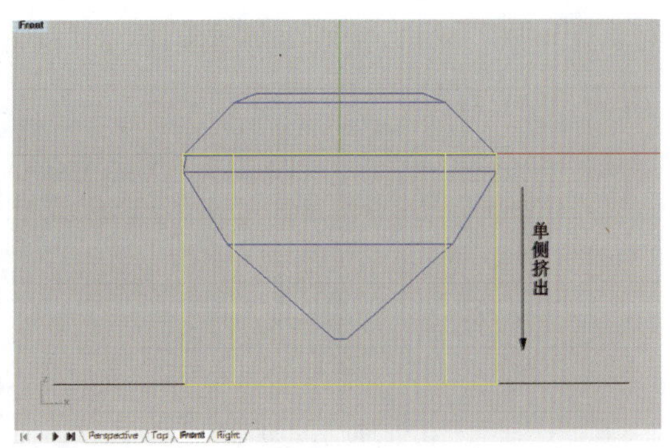

图 5-1-36 将曲线挤出成筒状体

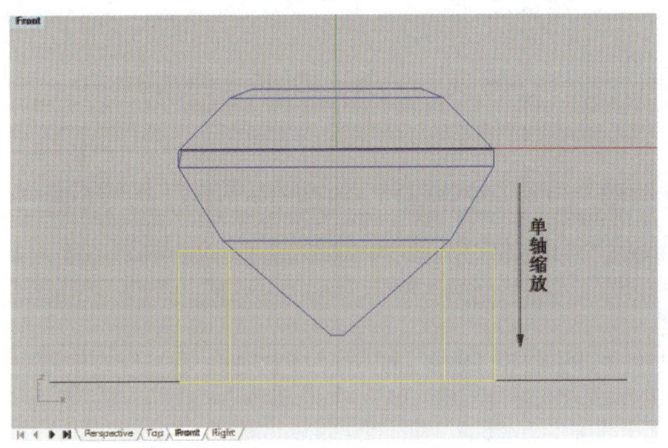

图 5-1-37 调整筒状体高度

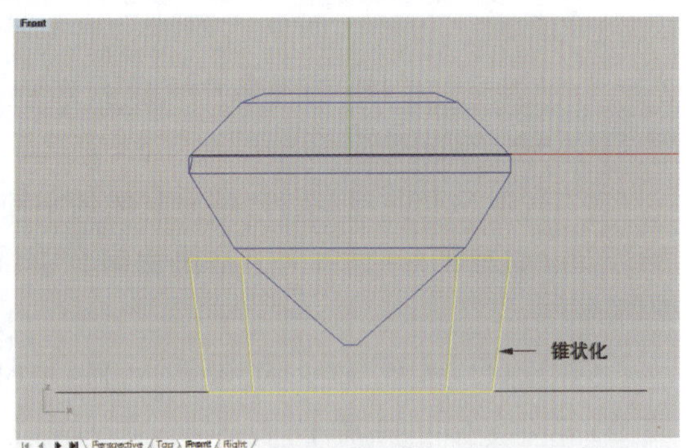

图 5-1-38 锥状化石碗

(7)在 Top 视图中,使用“直线:从中点”工具(按钮),以正方形曲线②的边线中点为基准,绘制两条在镶口右上角部位纵横相交的直线(图 5-1-39),然后,执行“修剪”命令(按钮),利用其修剪正方形曲线①和曲线③,得到如图 5-1-40 所示剩余的线段,再执行“组合”命令(按钮)将之组合在一起,得到包角曲线。

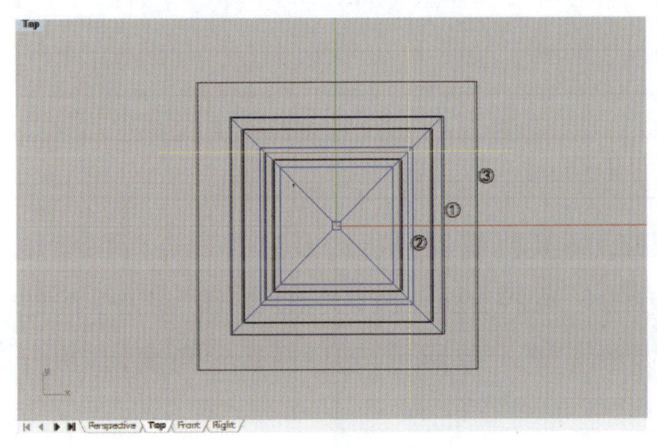

图 5-1-39 绘制包角切割线

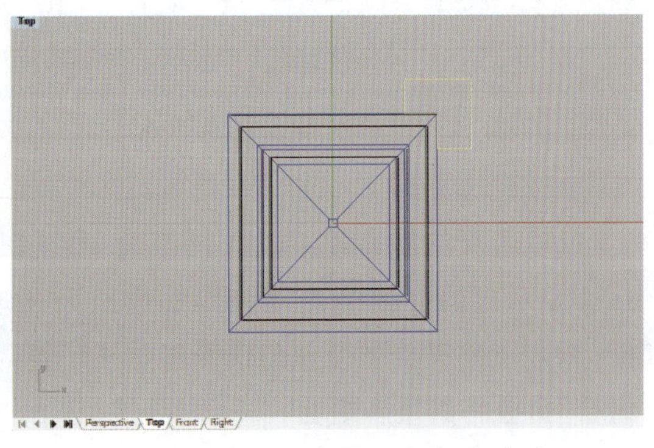

图 5-1-40 修剪形成包角曲线

(8)在 Top 视图中,框选所有对象,执行“2D 旋转”命令(按钮),向左旋转 45°,如图 5-1-41 所示。然后,选取包角曲线,在 Right 视图中使用“移动”工具(按钮)将对象向上移动 0.4mm,如图 5-1-42 所示。

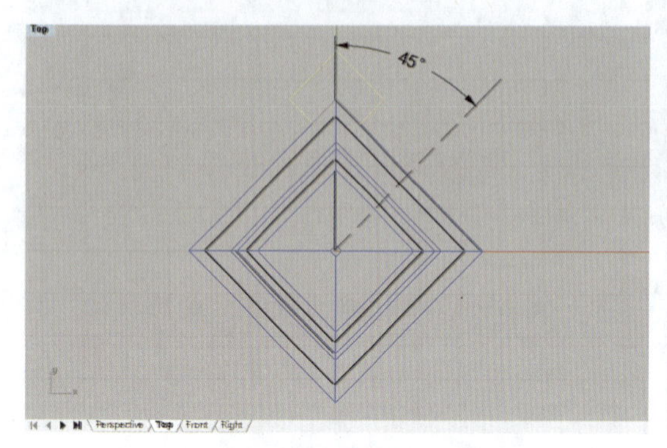

图 5-1-41　将对象旋转 45°

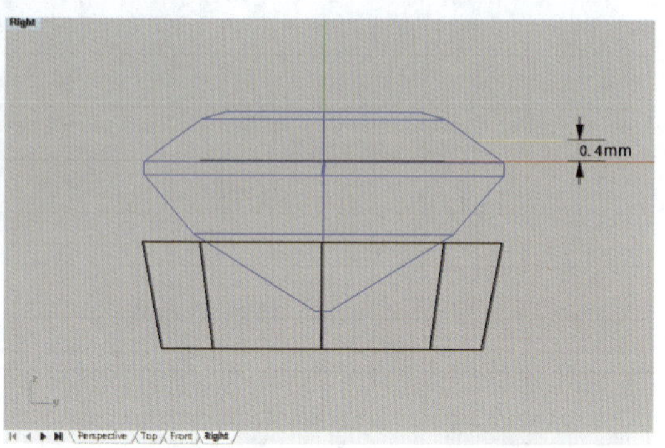

图 5-1-42　上移包角曲线

(9)选取包角曲线,执行“挤出封闭的平面曲线”命令(按钮),在命令栏中点选“两侧(B)=否”和“加盖(C)=是”,向下挤出曲面至镶口底边一致位置,即为包角曲面,如图 5-1-43 所示。

(10)执行“倾斜”命令(按钮),将包角曲面向内倾斜变形,使其与内侧石碗一致并略有重叠,如图 5-1-44 所示。

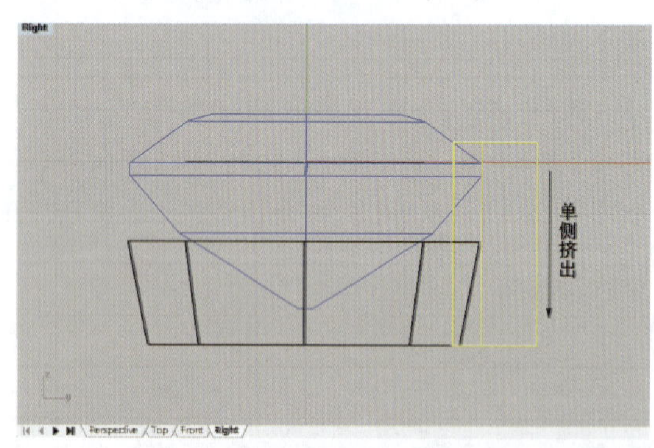

图 5-1-43　挤出包角曲面

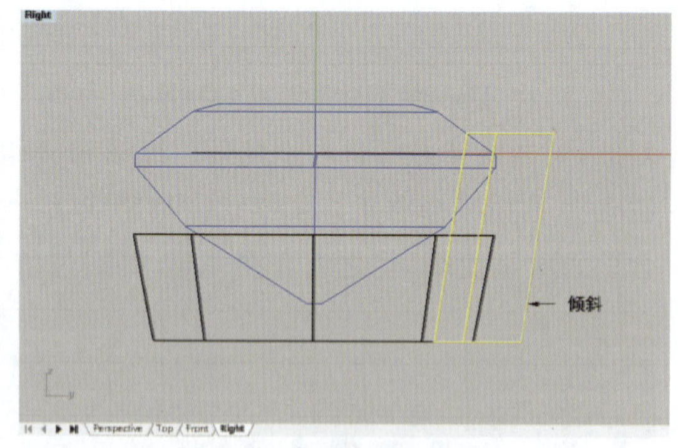

图 5-1-44　倾斜包角曲面

(11)选取包角曲面,执行“炸开”命令(按钮)将其打散,再执行“开启控制点”命令(按钮)显示出曲面控制点,然后,框选曲面顶端的一行控制点,执行“2D 旋转”命令(按钮),向右下略微旋转使包角顶面稍向外倾斜,如图 5-1-45 所示,随后框选包角曲面,执行“组合”命令将其重新组合。

(12)在 Top 视图中,框选所有对象,执行“2D 旋转”命令(按钮),向右旋转 45°,使各个对象回复原位,如图 5-1-46 所示。

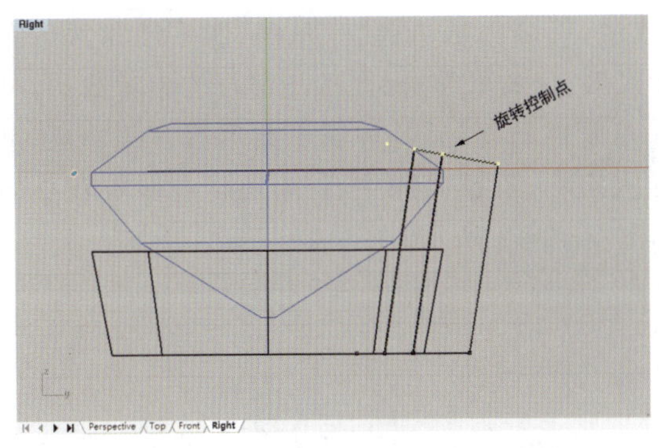

图 5-1-45　旋转包角顶端控制点

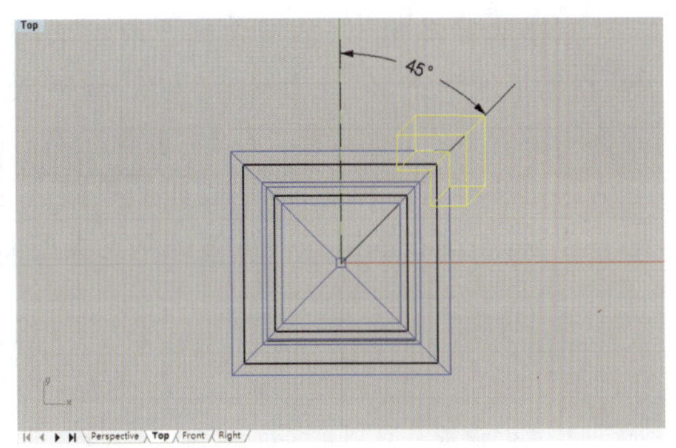

图 5-1-46　旋转对象复位

(13)在 Top 视图中,选取镶口右上部的包角曲面,执行“镜像”命令(按钮),先向左再向下镜向复制,形成对应的 3 个包角,如图 5-1-47 所示。随后,执行“布尔运算并集”命令(按钮),将镶口和 4 个包角合并为一个整体。

(14)在 Perspective 视图中,将镶口设置为黄金材质(颜色为 Gold,光泽度为 15),开启渲染模式,观察制作效果,如图 5-1-48 所示。

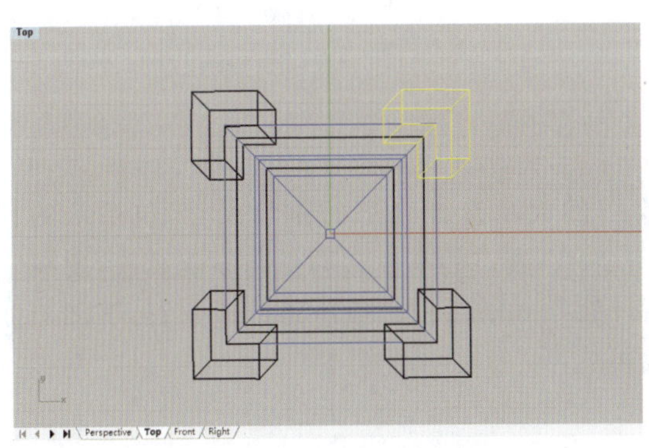

图 5-1-47　镜像复制包角

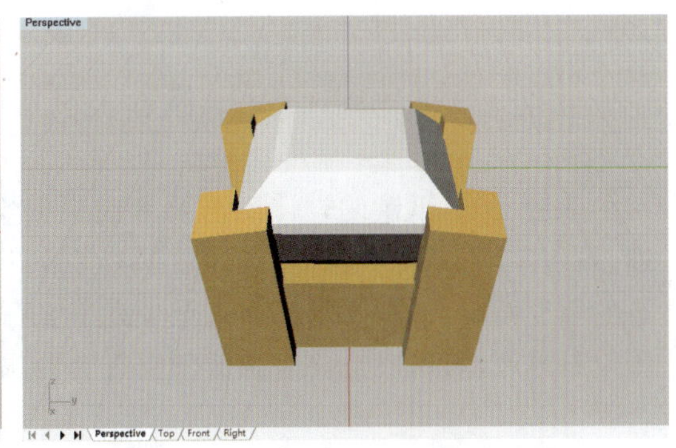

图 5-1-48　包角镶镶口效果图

5.2　爪　镶

5.2.1　爪镶的设计

爪镶是用较长的金属爪(柱)紧紧扣住宝石的镶嵌方式,其优点是金属爪对宝石的遮挡很少,能清晰展现宝石的琢型美态,并有利于光线从不同角度入射和反射,可最大限度地突出宝石的光学效果。

爪镶的种类很多，造型多样。根据爪的数量，可分为二爪镶、三爪镶、四爪镶和六爪镶等；根据爪的形态，可分为圆爪、尖爪、扁平爪、双爪、花式爪等；根据爪与宝石的相对数量，可分为一爪管一石、一爪管二石、一爪管三石、一爪管四石等，后几种属于共爪镶。此外，还可分为独镶和群镶两种，独镶是戒托上只镶一粒大宝石；群镶是除主石外，还伴有多粒较小的副石包围，如围石爪镶等。爪镶的常见类型如图5-2-1所示。

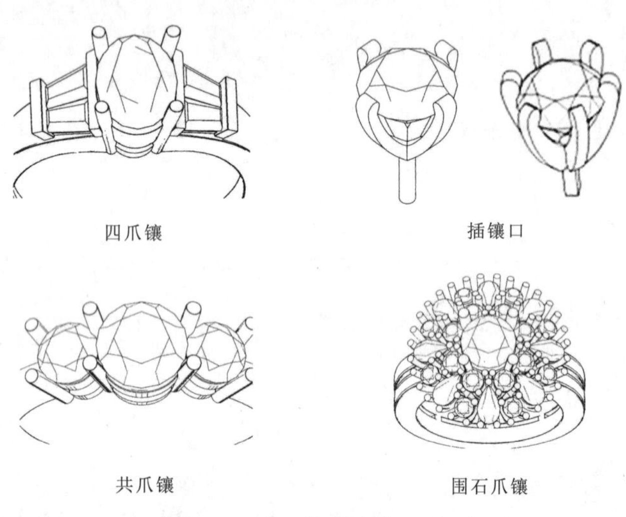

图5-2-1　爪镶的常见类型

除造型外，爪镶的设计还需要考虑根据宝石的大小选择合适的镶口尺寸，包括爪的粗细、石碗厚度、爪吃石位等，具体数据参考表5-2-1，镶口的高度包含爪与石碗高度，要视宝石的厚度而定，一般要求爪顶端至少高于宝石台面0.6mm，石碗顶边要贴近宝石，下部不能使宝石露底，石碗底边要至少低于宝石底尖0.8mm。

表5-2-1　爪镶尺寸参考数据

宝石直径(mm)	爪的直径(mm)	石碗厚度(mm)	爪吃石位(mm)
1.3～2.0	0.6～0.8	0.4～0.5	0.1
2.0～3.0	0.8～0.9	0.5～0.6	0.1
3.0～5.0	0.9～1.1	0.6～0.7	0.15
5.0～8.0	1.1～1.2	0.7～0.9	0.15～0.2
8.0～10	1.2～1.4	0.9～1.0	0.2

5.2.2 爪镶镶口的制作

1. 四爪镶镶口的制作

以椭圆刻面型宝石四爪镶为例，镶口的制作步骤如下。

(1)在 Top 视图中，使用“椭圆：从中心点”工具(按钮)绘制一个直径为 6mm×8mm 的椭圆形曲线①，然后执行“偏移曲线”命令(按钮)，分别向内偏移 0.8mm 和 0.2mm，得到椭圆线②和③，其中①和②为石碗的内、外边线，③为爪吃石位的控制线，如图 5-2-2 所示。

(2)执行“隐藏物件”命令(按钮)让椭圆线②和③隐藏，在椭圆线①内，插入直径为 6mm×8mm 的椭圆刻面型宝石，如果宝石尺寸与椭圆线不一致，可以使用“单轴缩放”命令(按钮)调整其长、短轴直径，使其与椭圆线吻合，如图 5-2-3 所示。

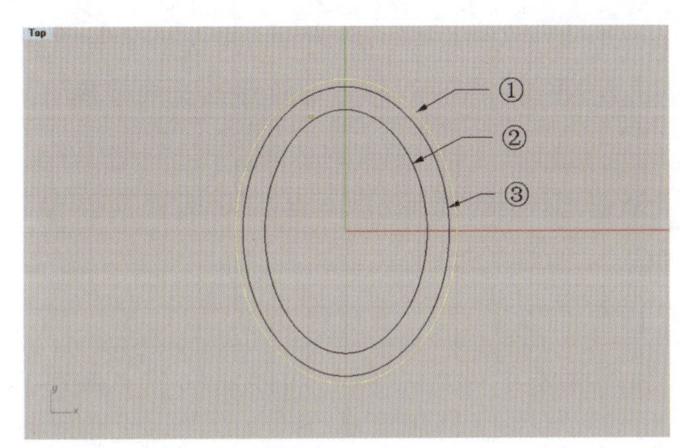

图 5-2-2 绘制镶口曲线

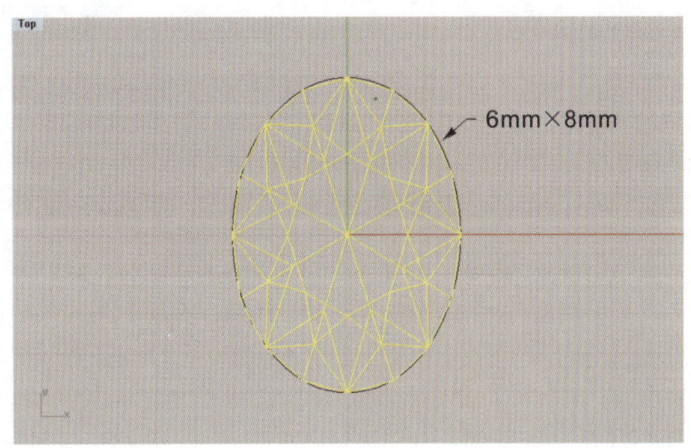

图 5-2-3 插入宝石

(3)执行“显示可选取的物件”命令(按钮)让椭圆线②显示，然后选取椭圆线①和②(图 5-2-4)，在 Front 视图中执行“挤出封闭的平面曲线”命令(按钮)，在命令栏中点选“两侧(B)=否”和“加盖(C)=是”，将曲线挤出成具有一定高度的石碗曲面，如图 5-2-5 所示。

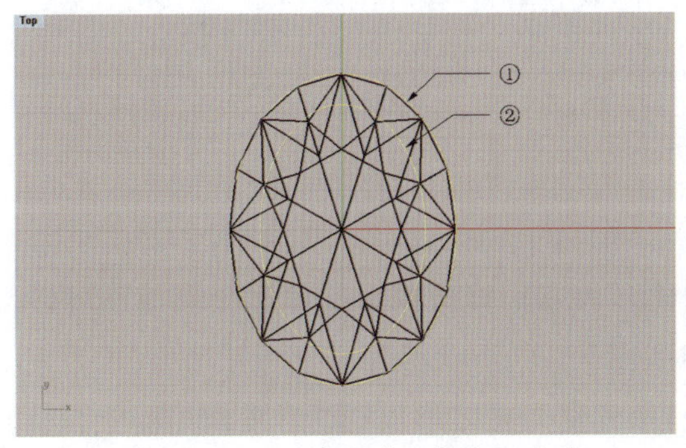

图 5-2-4 选取内、外镶口曲线

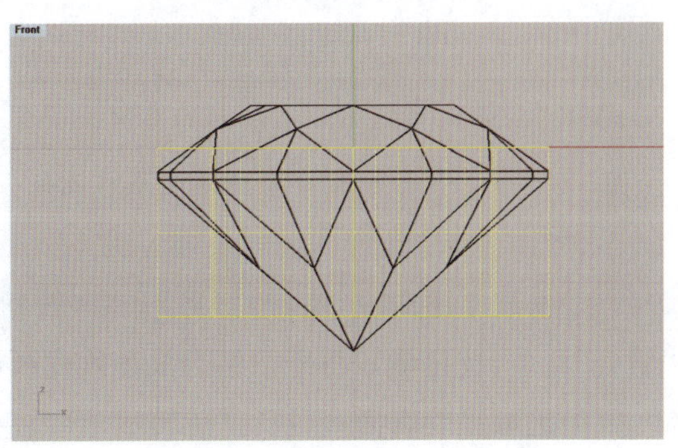

图 5-2-5 挤出成石碗曲面

(4)开启正交模式，将宝石向上移动到石碗之上并让碗口内侧贴近宝石，然后使用“直线：从中点”工具（按钮）在宝石底尖处画一条水平直线，继而向下移动到距离宝石底尖1mm位置，用作控制石碗的底位线，如图5-2-6所示。

(5)调用“单轴缩放”命令（按钮），调整石碗高度，将其向下延伸到底位线位置，如图5-2-7所示。

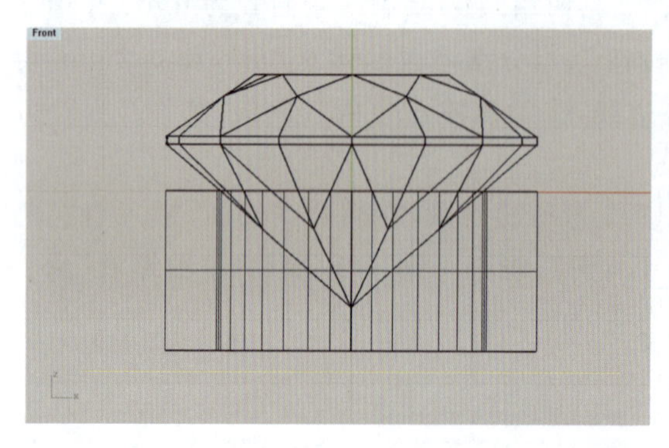

图5-2-6　将宝石上移到碗口并画底位线

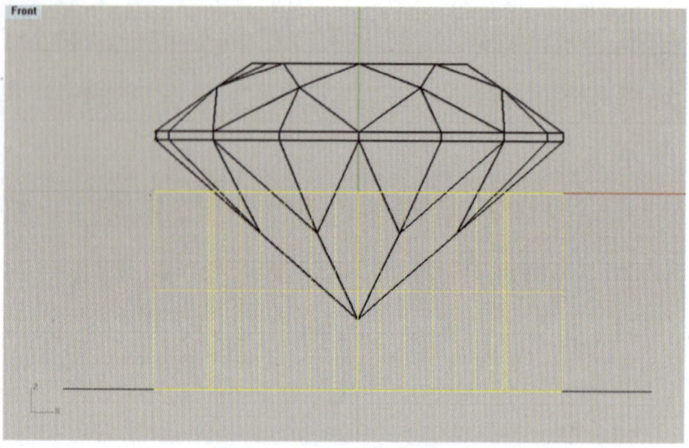

图5-2-7　将石碗延伸至至底位线

(6)执行“锥状化”命令（按钮），在命令栏中设置“无限延伸(I)=是”，其他默认设置不变，将石碗底部向内适当收敛，如图5-2-8所示。

(7)使用“椭圆：直径”工具（按钮），在宝石台面以上画一条直径为0.6mm×1.1mm的椭圆线，再使用“直线”工具（按钮或）在椭圆线的上四分点和右四分点处往下画两条纵向直线，如图5-2-9所示。

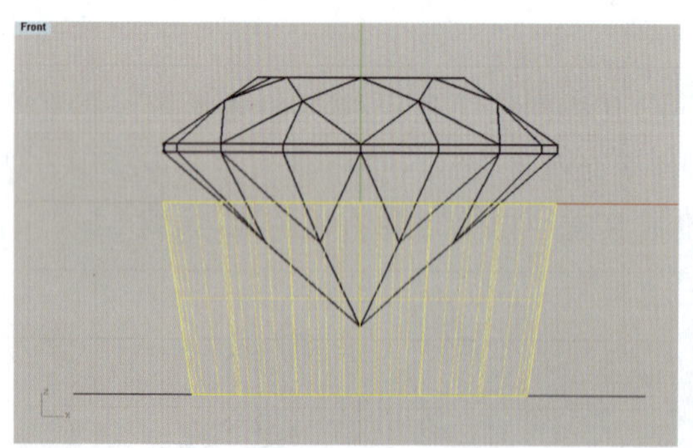

图5-2-8　用锥状化命令使石碗底部收敛

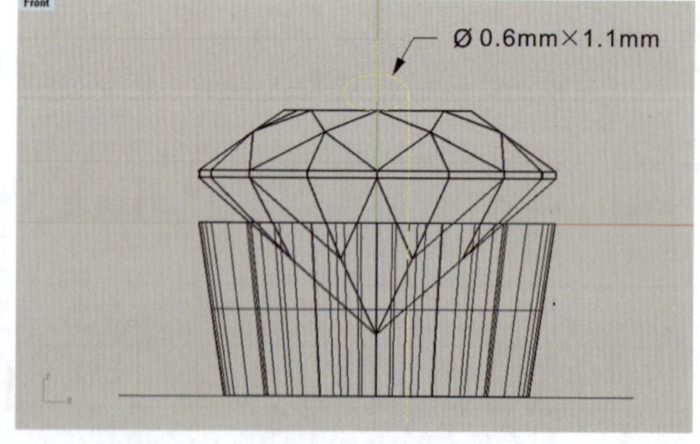

图5-2-9　绘制爪曲线

(8)框选上述曲线，执行“修剪”命令（按钮），将它们修剪成爪的轮廓曲线，随后执行“组合”命令（按钮），将上下组合成连续曲线，如图5-2-10所示。

(9)选取爪轮廓曲线，执行“旋转成形”命令（按钮），使之形成圆柱形爪，如图5-2-11所示。

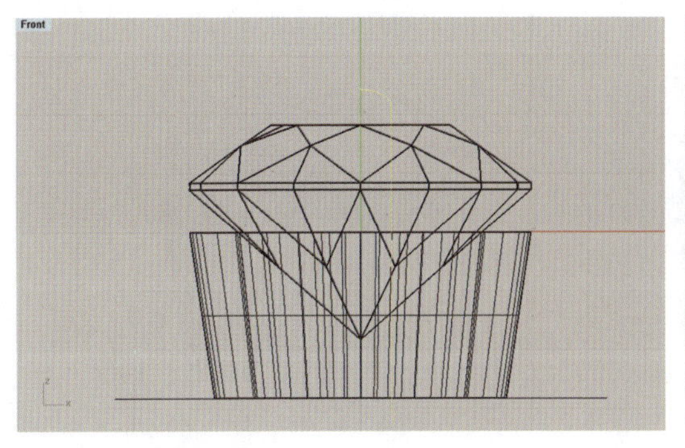

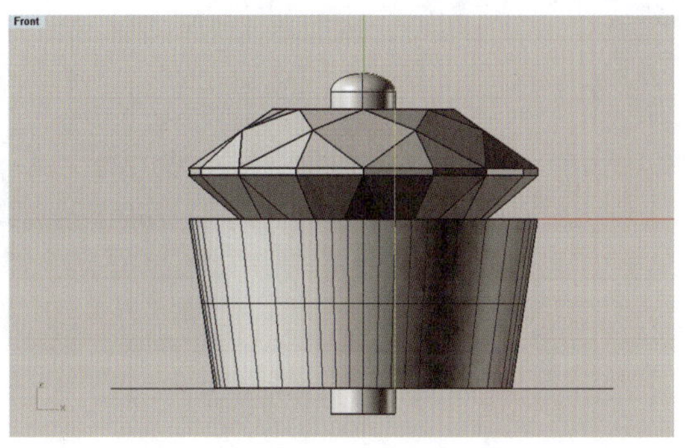

图 5-2-10 修剪爪曲线

图 5-2-11 旋转形成爪曲面

(10)在 Top 视图中,执行“显示选取的物件”命令(按钮)让椭圆线③显示,然后将用鼠标将爪从中心移动到宝石右上方贴近椭圆线③的位置,即爪吃石位深 0.2mm,如图 5-2-12 所示。

(11)在 Front 视图中,执行“2D 旋转”命令(按钮),将爪位适当右旋使其向内倾斜,如图 5-2-13 所示,然后切换到 Right 视图重复执行该命令,也适当右旋爪位使之向内倾斜,如图 5-2-14 所示。

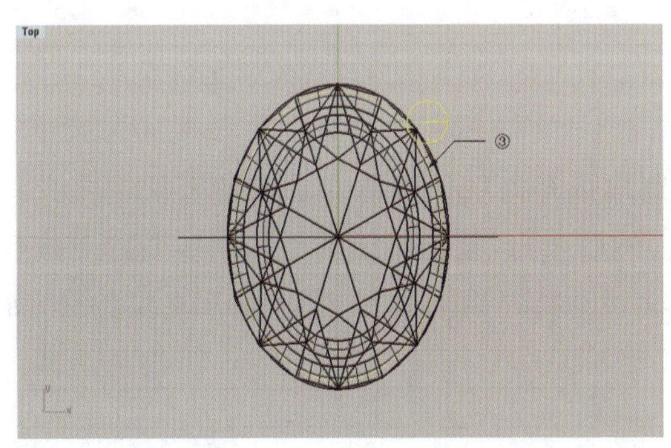

图 5-2-12 移动爪到镶口边缘

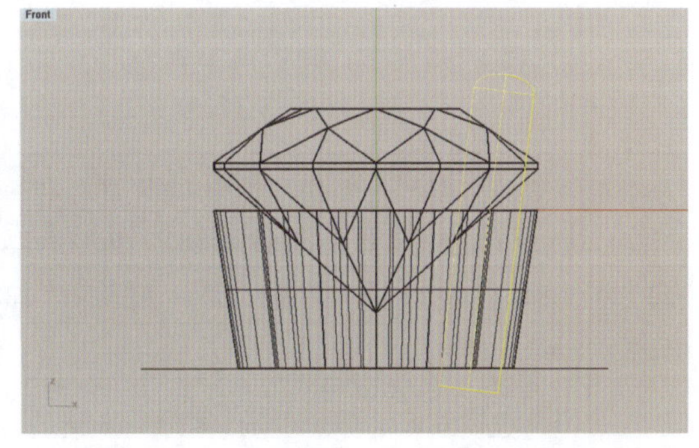

图 5-2-13 在 Front 视图中旋转爪位

(12)在 Front 视图中,执行“修剪”命令(按钮),利用镶口底边的底位线剪除爪的下部突出部分,如图 5-2-15 所示。

(13)选取修剪后的爪曲面,执行“将平面洞加盖”命令(按钮),将爪的底端封盖封闭,如图 5-2-16 所示。

(14)在 Top 视图中,选取右上方的爪,执行“镜像”命令(按钮),将其向左复制,再重复执行命令将二者向下复制,形成另外的 3 个爪,如图 5-2-17 所示。

(15)在 Front 视图中,开启正交模式,使用“复制”工具(按钮)将石碗底边的底位线复制一条到石碗顶边,然后再使用“复制”或“移动”工具(按钮),将上、下辅助线向中间各复制或移动 0.9mm 和 0.8mm,作为开夹层的位线,如图 5-2-18 所示。

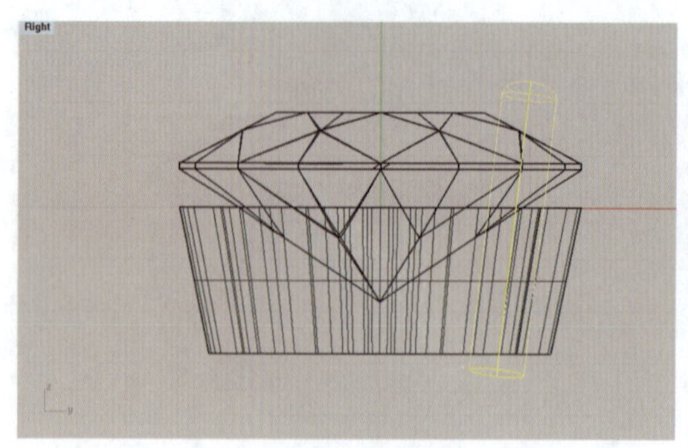

图 5-2-14　在 Right 视图中旋转爪位

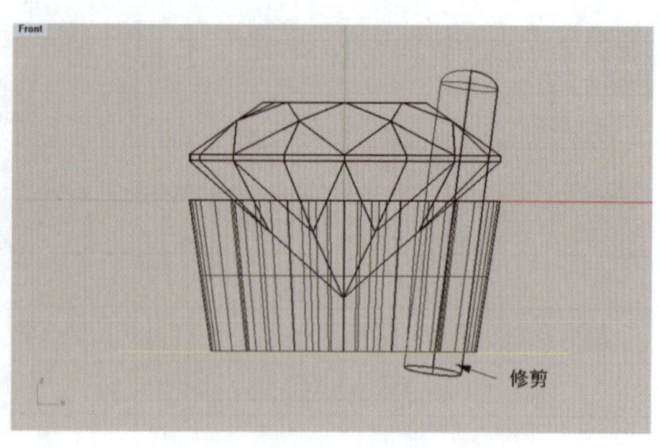

图 5-2-15　修剪爪底端

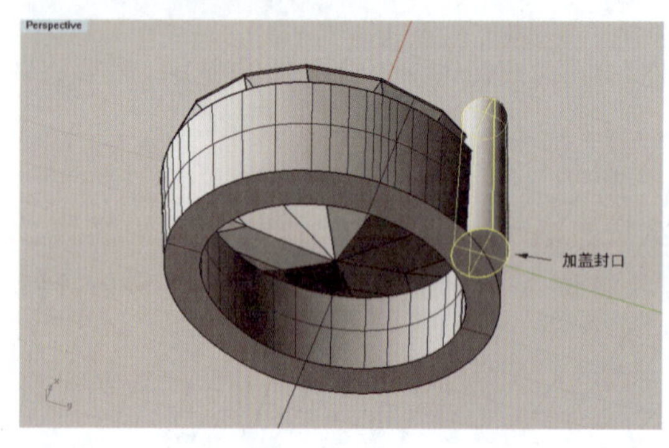

图 5-2-16　将爪底面封口

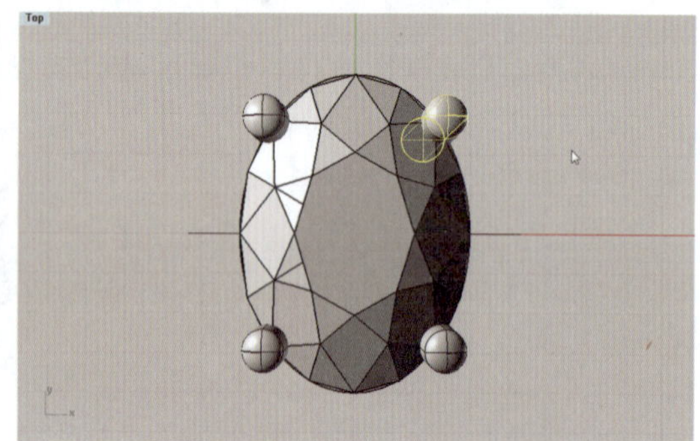

图 5-2-17　镜像复制爪

(16)使用“直线”工具(按钮 或)，绘制连接开夹层位线的左右两端竖线，并用“组合”工具(按钮)将它们组合成封闭矩形曲线，然后执行“挤出封闭的平面曲线”命令(按钮)，在命令栏中点选“两侧(B)=是”和“加盖(C)=是”，将曲线挤出成开夹层物体，如图 5-2-19 所示。

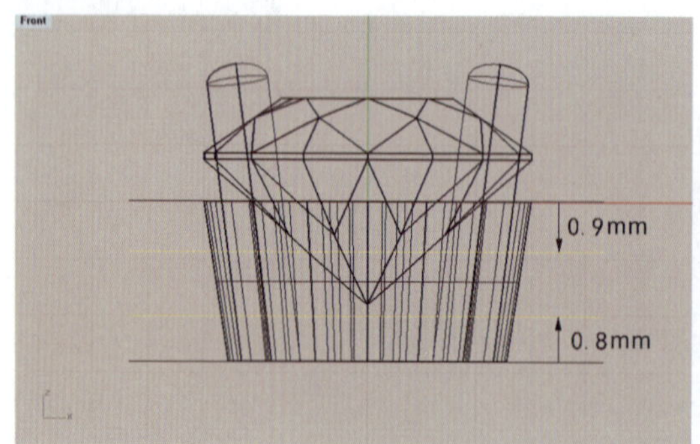

图 5-2-18　绘制开夹层位线

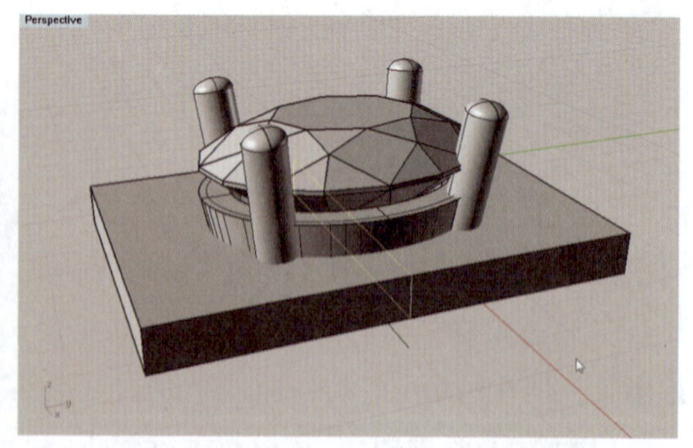

图 5-2-19　挤出开夹层物体

(17)执行“布尔运算差集”命令(按钮)，先单击石碗，再单击开夹层物体，即在石碗中开出镂空夹层，如图 5-2-20 所示。

(18)选取石碗夹层和4个镶爪,执行“布尔运算并集”命令(按钮),将它们合并为一个整体,然后将镶口设置为黄金材质(颜色为Gold,光泽度为15),开启渲染模式,观察镶口制作效果,如图5-2-21所示。

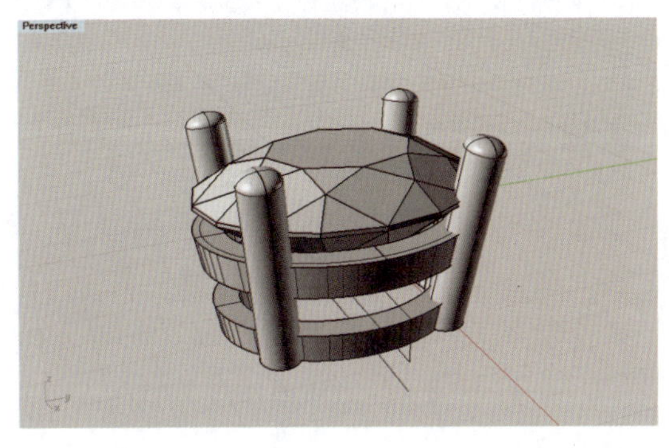

图5-2-20 布尔运算差集开夹层

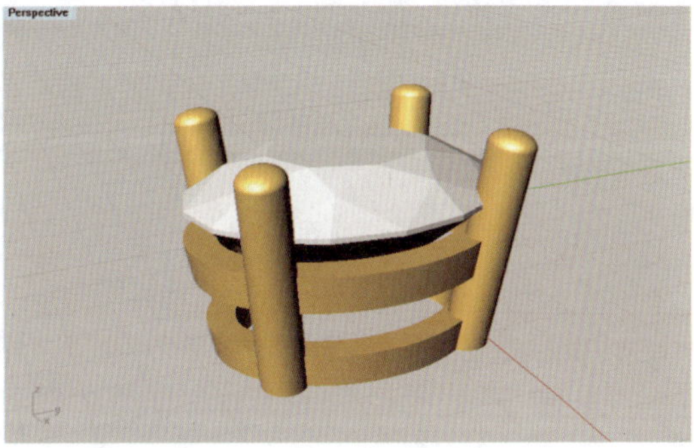

图5-2-21 四爪镶镶口效果图

2. 插镶口的制作

插镶口是爪镶镶口的一种类型,其特点是镶口的爪呈向上张开,向下收拢排列,在基部焊接一根金属桩,用于支撑镶爪和连接首饰,可分为四爪插镶口和六爪插镶口。以六爪插镶口为例,制作步骤如下。

(1)在Top视图中,插入一个直径为6.5mm的圆钻型宝石,如图5-2-22所示。

(2)在Front视图中,使用“控制点曲线”(按钮)和“多重直线”(按钮)工具,绘制出如图5-2-23所示的爪的轮廓线,绘制时要注意仔细调整控制点,使曲线顺滑,形态自然,爪尖略向内弯曲,以能更好地扣紧宝石。绘制完后,关闭控制点(右击按钮),将控制点曲线和多重直线组合(按钮)。

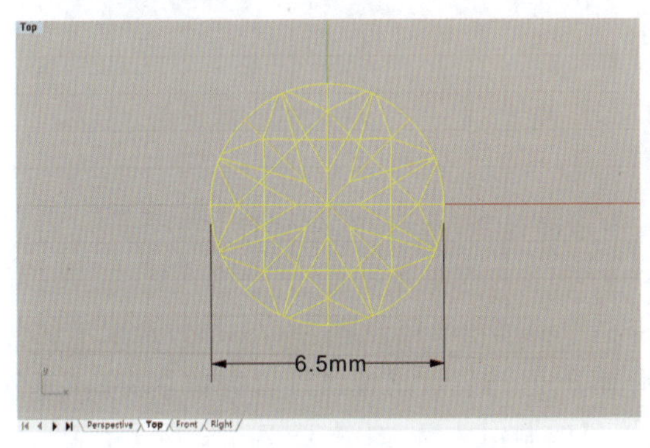

图5-2-22 插入宝石

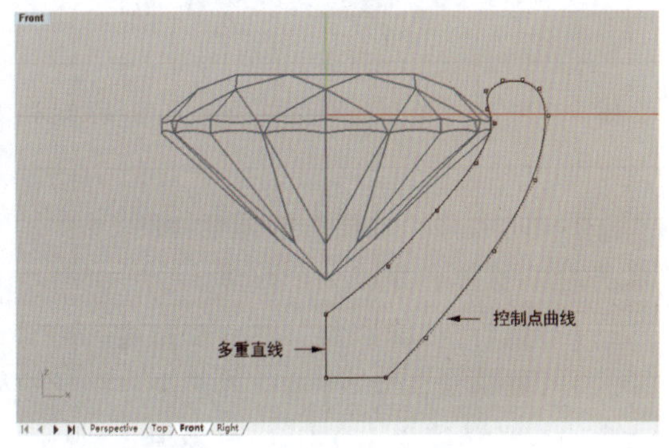

图5-2-23 绘制爪的轮廓线

(3)选取爪轮廓线,在Top视图中执行“挤出封闭的平面曲线”命令(按钮),在命令栏中点选“两侧(B)=是”和“加盖(C)=是”,设置挤出距离为0.5mm,回车,即创建出实体的爪,如图5-2-24所示。

(4)选取制作好的爪,执行"环形阵列"命令(按钮),在命令栏中将阵列项目数设置为6,回车,即复制出另外的5个爪,如图5-2-25所示。

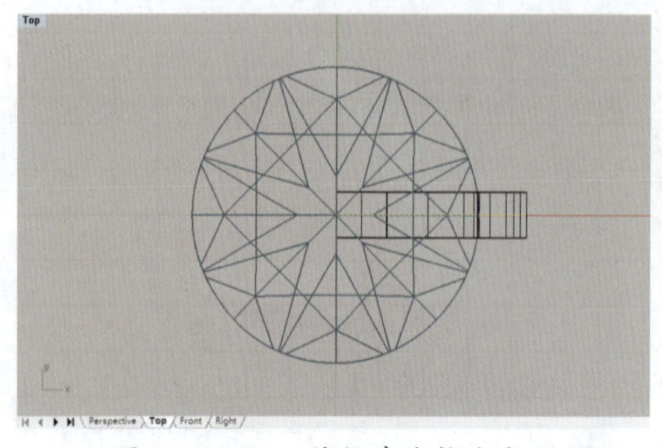

图5-2-24　将轮廓线挤出成爪

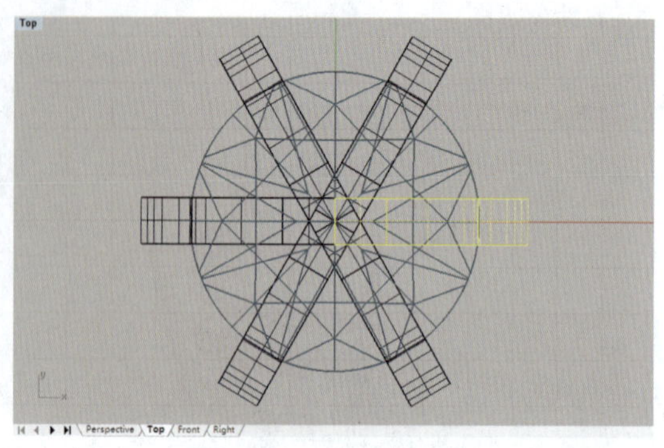

图5-2-25　环形阵列复制爪

(5)使用"矩形:中心点、角"工具(按钮),通过捕捉爪底部的中心交点,在Top视图中绘制一个边长为1.1mm的正方形,如图5-2-26所示,然后在Front视图中执行"挤出平面曲线"命令(按钮),在命令栏中点选"两侧(B)=否"和"加盖(C)=是",将正方形线向下挤出成适当高度的方柱形桩体,如图5-2-27所示。

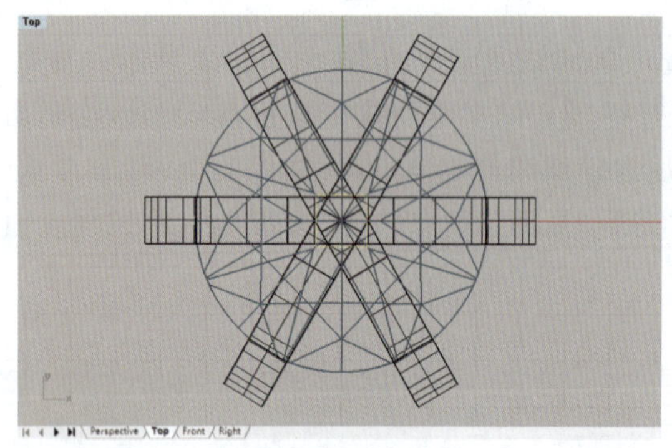

图5-2-26　绘制一个边长为1.1mm的正方形

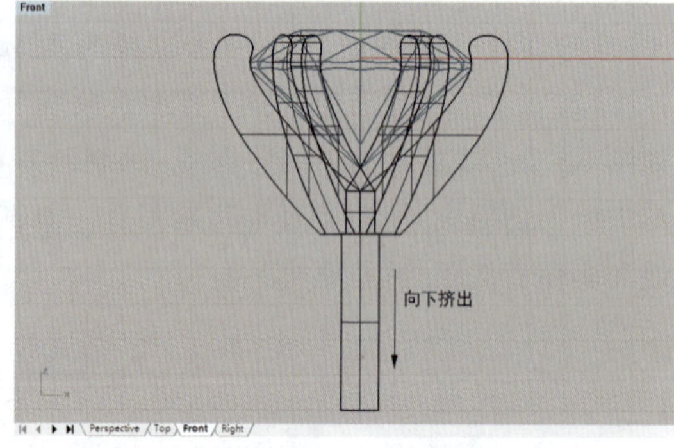

图5-2-27　将方形线挤出成方柱体

(6)向上移动方柱形桩体至如图5-2-28所示的位置,执行"布尔运算并集"命令,将爪和方柱形桩体合并成一个整体。

(7)执行"边缘圆角"命令(按钮),在命令栏中将圆角半径设置为0.1mm,选取爪的各个边棱,修饰成圆角,使镶口看起来显得比较圆滑美观。最后,将镶口设置为黄金材质(颜色为Gold,光泽度为15),开启渲染模式,观察插镶口的制作效果,如图5-2-29所示。

3. 围石花头爪镶的制作

所谓围石花头,是指由多个爪镶副石围绕着爪镶主石构成似花朵般造型的镶口组合,它们之间多以共爪相连。以较为简单的围石花头爪镶为例,制作步骤如下。

(1)在Top视图中,插入一个直径为2mm的圆钻型宝石,如图5-2-30所示。

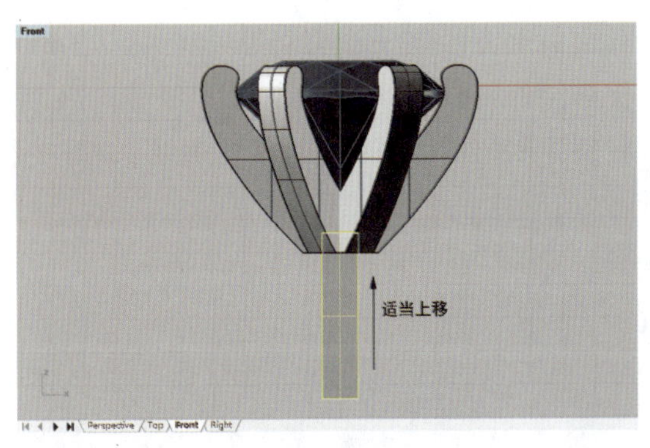

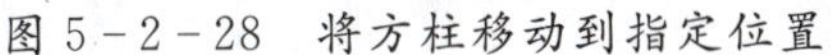
图5-2-28　将方柱移动到指定位置

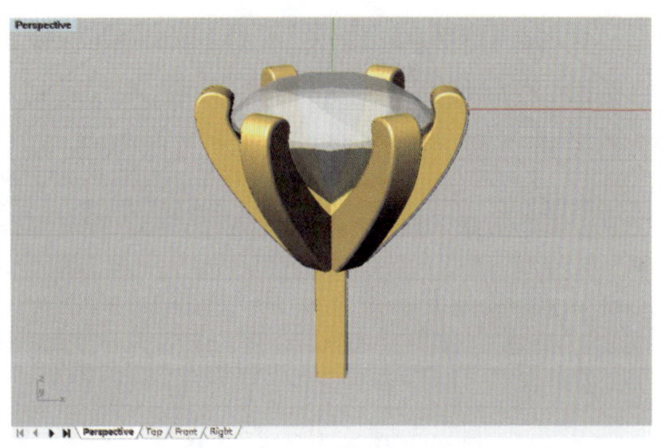

图5-2-29　插镶口效果图

(2)使用“圆:中心点、半径”工具(按钮),绘制半径为2mm的圆形曲线①,然后使用“偏移曲线”工具(按钮),在命令栏中将偏移距离设置为0.5mm,得到圆形曲线②,如图5-2-31所示。

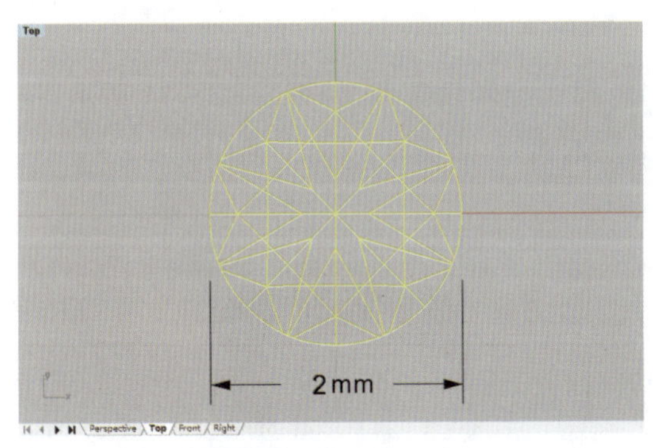

图5-2-30　插入宝石

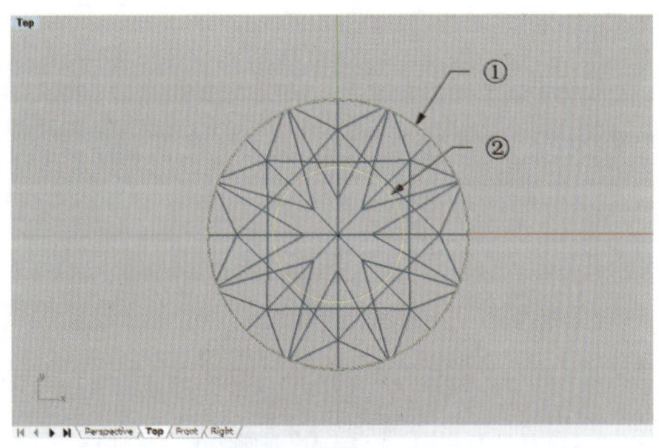

图5-2-31　绘制圆形曲线并偏移

(3)选取圆形曲线①和②,在Front视图中执行“挤出封闭的平面曲线”命令(按钮),向下挤出成圆筒状的镶口,如图5-2-32所示。

(4)在Front视图中,开启正交模式,将宝石移动到镶口之上,如图5-2-33所示。

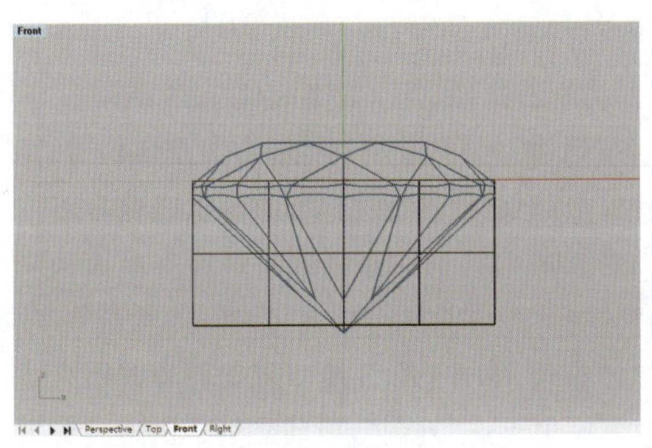

图5-2-32　将曲线挤出成圆筒状镶口

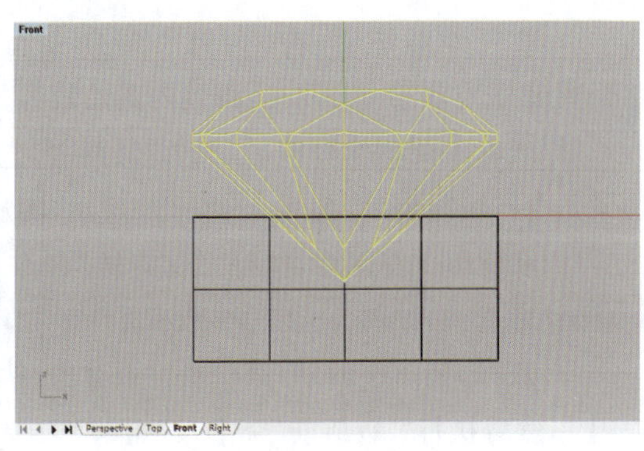

图5-2-33　将宝石移到镶口之上

(5)使用“椭圆:直径”工具(按钮),在宝石台面上方绘制一个直径0.4mm×0.8mm的椭圆,然后使用“直线”工具(按钮),通过捕捉椭圆的四分点,绘制两条如图5-2-34所示的长短直线,接着使用“修剪”工具(按钮),将所绘制的曲线修剪成爪的轮廓线,如图5-2-35所示。

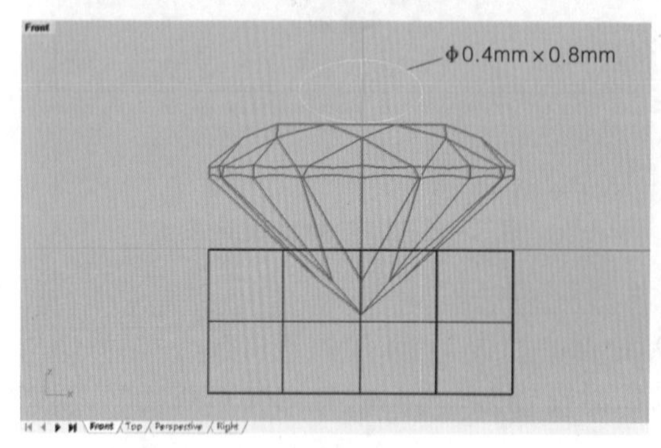

图5-2-34 绘制爪的轮廓线

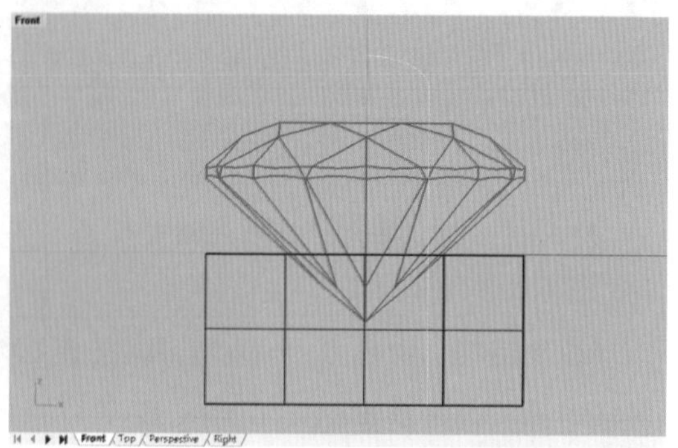

图5-2-35 修剪爪的轮廓线

(6)执行“旋转成形”命令(按钮),将爪的轮廓线旋转成曲面,如图5-2-36所示,接着再执行“将平面洞加盖”命令(按钮),将曲面底部封口,如图5-2-37所示。

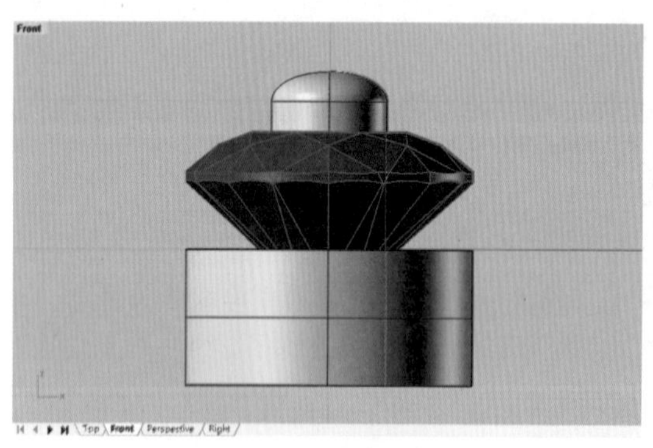

图5-2-36 将爪轮廓线旋转成曲面

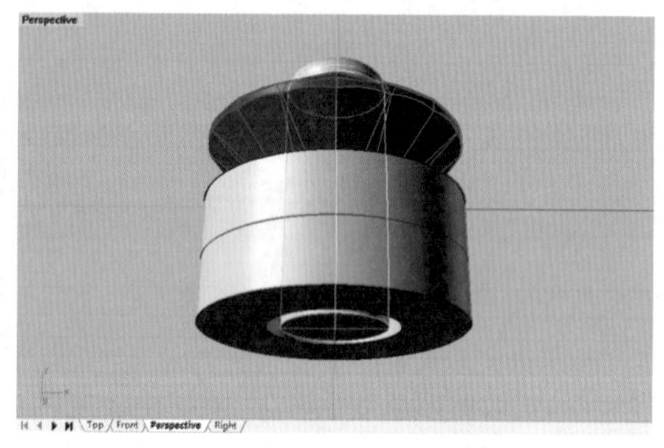

图5-2-37 将爪曲面底部加盖封口

(7)在Top视图中,选取外圆曲线①,执行“偏移曲线”命令(按钮),在命令栏中将偏移距离设置为0.1mm,回车,得到内圆曲线③,作为吃石位控制线,如图5-2-38所示。

(8)选取上述制作好的爪,执行“复制”命令(按钮),将其复制到镶口右边指定位置,爪边紧贴吃石位控制线,如图5-2-39所示,随后单击“隐藏物件”按钮 ,将原爪隐藏备用。

(9)在Front视图中,执行“2D旋转”命令(按钮),将上一步复制的爪底部稍向内倾斜,调整好爪位,如图5-2-40所示。

(10)框选视图中的爪、镶口及宝石对象,执行“群组”命令(按钮),将它们暂时组合成群组1,然后执行“2D旋转”命令(按钮),在命令栏中点选“复制”,拖动群组1沿逆时针方向旋转90°,得到群组2,如图5-2-41所示。

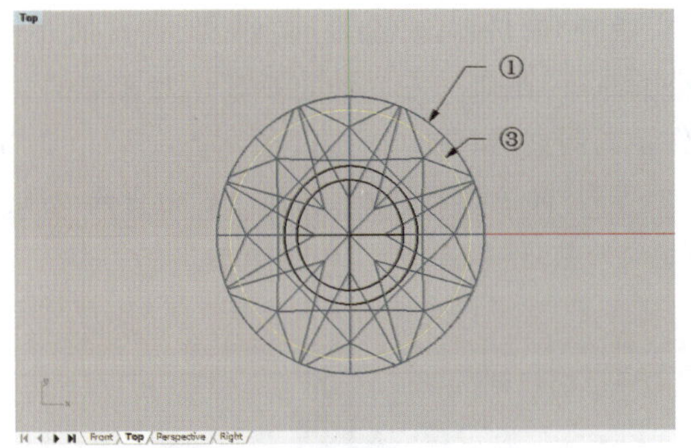

图 5-2-38 绘制吃石位控制线

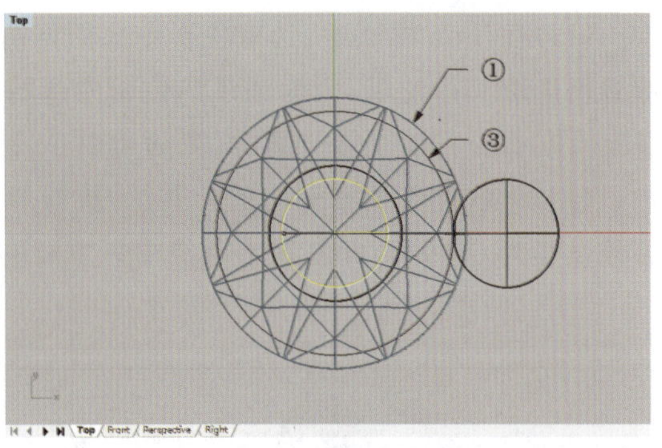

图 5-2-39 复制爪到指定位置

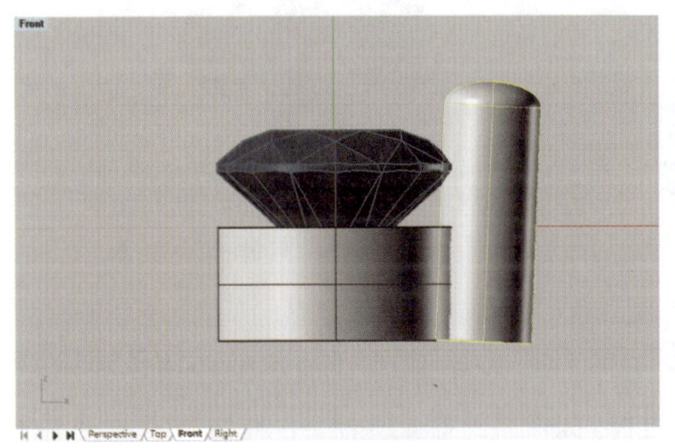

图 5-2-40 将爪位稍向内倾斜

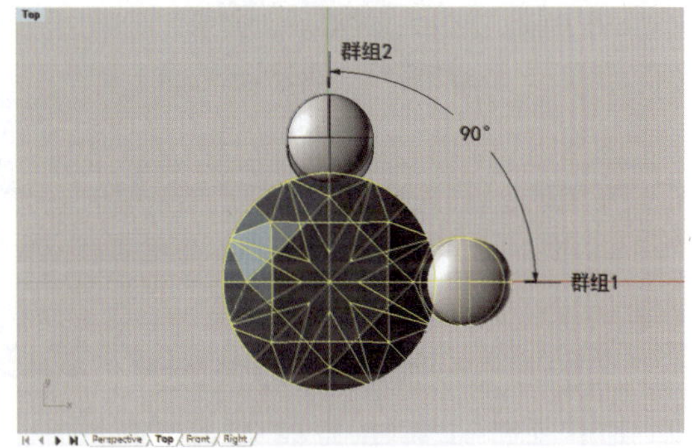

图 5-2-41 旋转复制镶口及宝石群组

(11)选取群组 2,在 Right 视图中将其移动到群组 1 的右下方位置,并使用"2D 旋转"工具(按钮)让其稍向内倾斜,使二者有上下层次,镶口相互靠紧,但宝石之间不能靠得太近,要留有一定间隙,如图 5-2-42 所示。

(12)执行"解散群组"命令(按钮)将群组 2 解散,接着在 Top 视图中执行"环形阵列"命令(按钮),在命令栏中将阵列项目数设置为 6,回车,即复制出环绕中央主石的 6 个宝石及镶口,如图 5-2-43 所示。

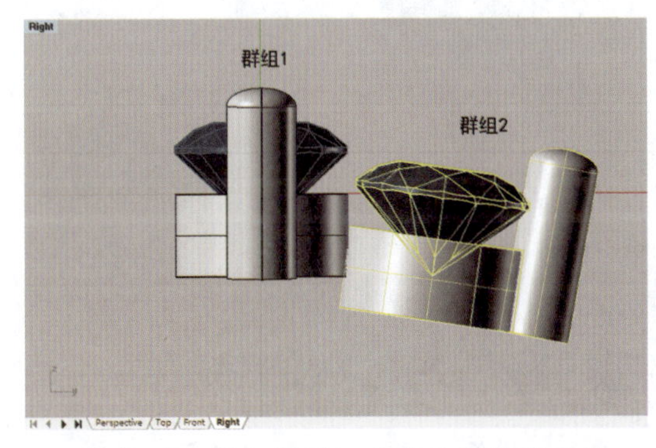

图 5-2-42 将群组 2 移动到指定位置

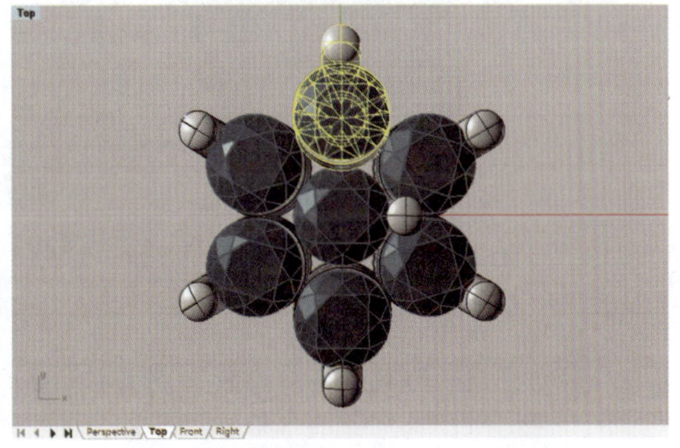

图 5-2-43 环形复制群组 2

(13)在 Top 视图中,选取位于中央的群组 1,执行“解散群组”命令(按钮)将其散开,然后仅选取其中的爪,因为该爪为位于内部的公共爪(一爪管三石),故要观察爪对相邻的 3 颗宝石吃石位程度是否一致,必要时可对爪位作轻微调整,如图 5-2-44 所示。

(14)选取位于主石旁边的公共爪,执行“环形阵列”命令(按钮),在命令栏中将阵列项目数设置为 6,回车,即复制出环绕中央主石的 6 个公共爪,如图 5-2-45 所示。

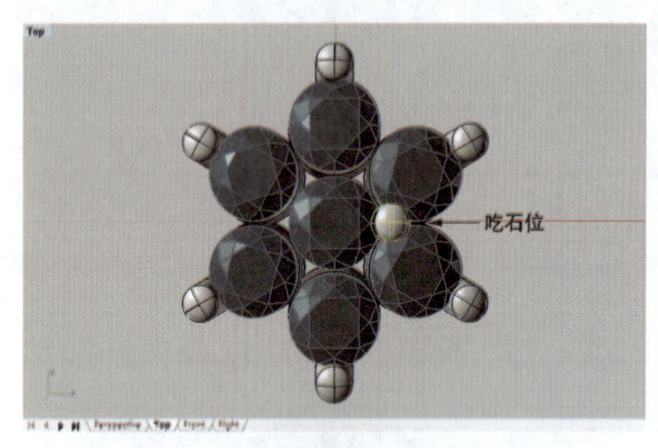

图 5-2-44 微调公共爪的吃石位

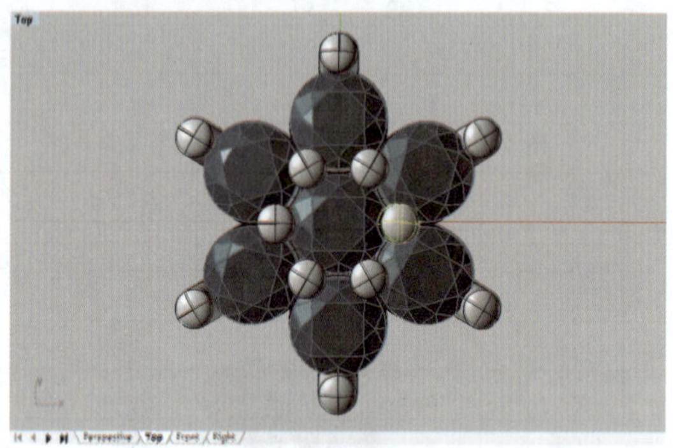

图 5-2-45 环形阵列公共爪

(15)在 Top 视图中执行“显示可选取的物件”命令(按钮),让前述的备用爪显示,然后使用“复制”工具(按钮)将其复制到围石边部,如图 5-2-46 所示,随后将备用爪隐藏或删除。

(16)上一步复制到围石边部的爪也是公共爪(一爪管二石),需要在不同视图中进一步调整其爪位,在 Top 视图中使其与相邻石之间吃石位程度一致,在 Left 视图调整其高度位置使之底边与所在镶口一致,在 Front 视图中调整其倾斜度与镶口一致,如图 5-2-47 所示。

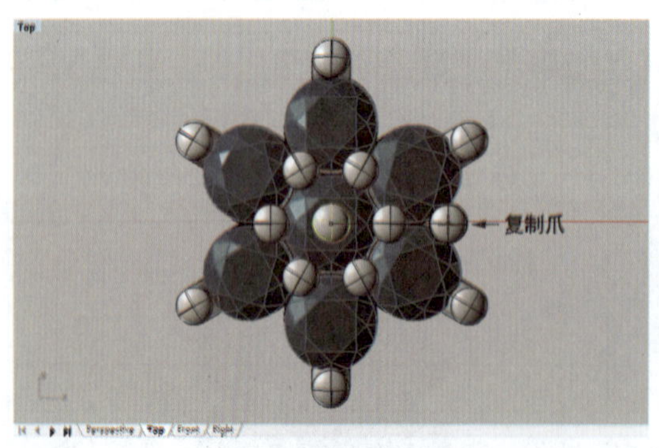

图 5-2-46 将备用爪复制到边部

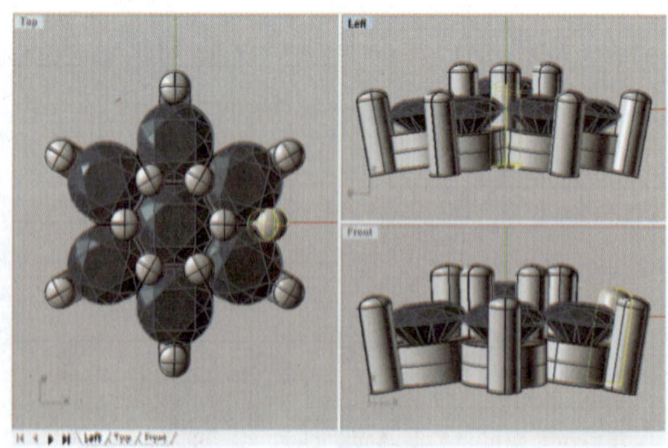

图 5-2-47 从不同视图调整爪到指定位置

(17)在 Top 视图中,选取边部的公共爪,执行“环形阵列”命令(按钮),在命令栏中将阵列项目数设置为 6,回车,即复制出环绕围石的 6 个公共爪,如图 5-2-48 所示。

(18)选取所有的爪和镶口,执行“布尔运算并集”命令(按钮),将它们合并为一个整体,然后将镶口设置为黄金材质(颜色为 Gold,光泽度为 15),开启渲染模式,观察围石花头爪镶的制作效果,如图 5-2-49 所示。

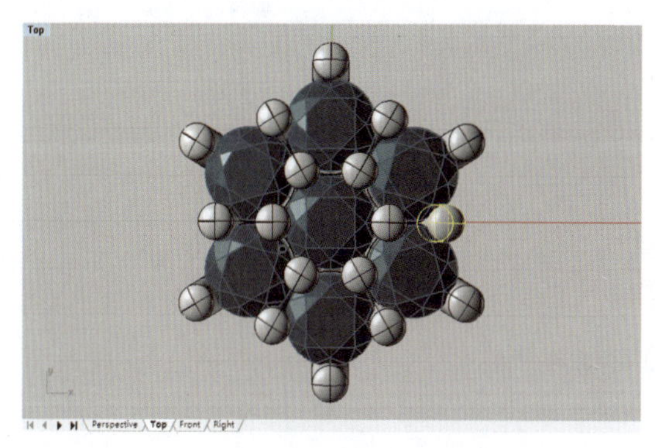

图 5-2-48 将边部公共爪环形阵列

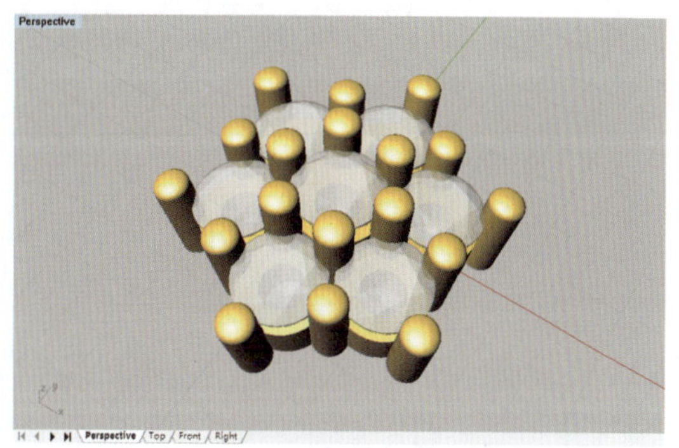

图 5-2-49 围石花头爪镶效果图

5.3 钉 镶

5.3.1 钉镶的设计

钉镶是利用宝石边上的小钉将宝石固定在首饰托架或底座上的镶嵌方式,多用于镶嵌小粒宝石或群镶宝石,其特点是结构复杂,但精细别致,钉与石的搭配装点,更能显示出首饰的华丽高贵。

传统的钉镶制作方法是手工起版,即利用金属的延展性,用工具在金属托架上铲起小钉来固定宝石,此方法称为起钉镶。由于电脑能够精确地控制钉的尺寸和对称性,故用电脑起版时可以预先将镶石位上的钉设计好,铸造成型后,只需把宝石压镶上去即可,这种方法则称为钉版镶。

钉镶可分为有边钉镶和无边镶,即前者有边框,而后者无边框。根据钉镶的排列方式,钉镶可分为线形排列、面形排列、不规则排列;根据钉的多少及与石的相互配合方式,又可分为二钉镶(日字钉)、三钉镶、四钉镶、五钉镶(梅花钉)等,见图 5-3-1。

不论是哪种类型的钉镶,其结构都基本相同,主要是设计的尺寸要求随宝石的大小而有所不同,图 5-3-2 和图 5-3-3 是线形排列钉镶的结构和尺寸示意图。一般,槽位深度为 0.5~0.7mm,边框宽度为 0.6mm(其中平位宽为 0.4mm、斜位宽为 0.2mm),槽底金厚为 0.5~0.8mm,钉要高出边框顶面 0.15~0.2mm,钉与边的距离为 0.15~0.2mm,宝石与宝石之间的距离为 0.1~0.2mm,钉的吃石深度为 0.05~0.1mm。如果是四钉镶或梅花钉镶,钉与钉之间的距离应有 0.15~0.2mm,以避免在后期生产过程中钉与钉之间发生粘连。

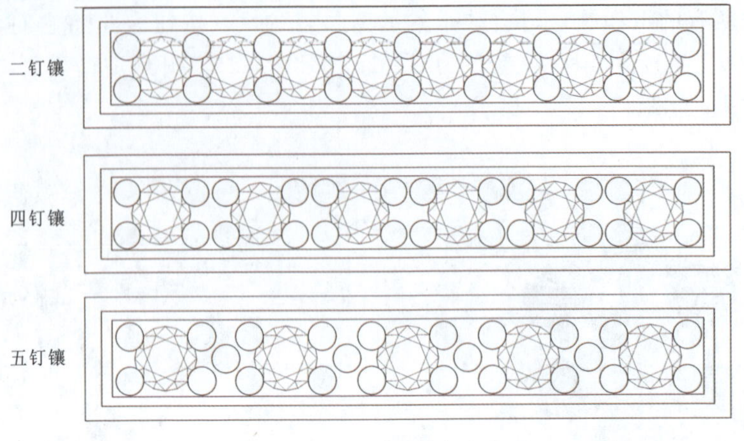

图 5－3－1　钉镶的种类

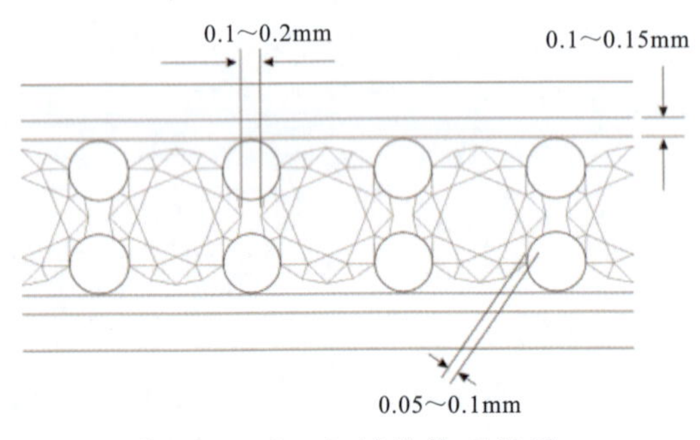

图 5－3－2　钉镶结构顶视图

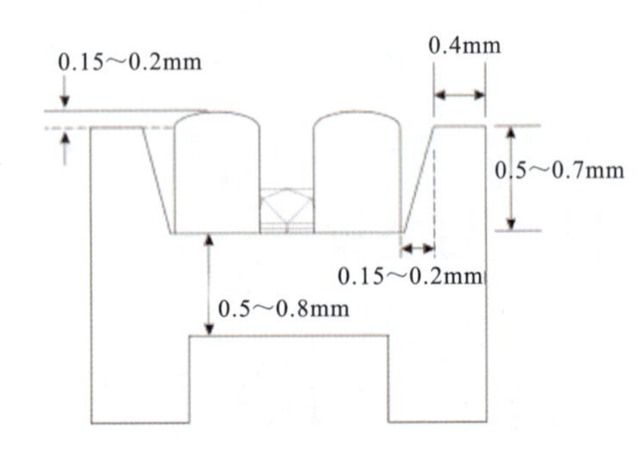

图 5－3－3　钉镶结构右视图

但是，在具体设计时，要根据宝石大小来确定钉镶结构的各项设计数据，不同大小圆钻型宝石的钉镶具体设计尺寸可参考表 5－3－1。

表 5－3－1　钉镶尺寸参考数据

宝石直径(mm)	钉的直径(mm)	槽位深度(mm)	槽底金厚(mm)	钉高出边框(mm)	钉/边距离(mm)
0.8～1.0	0.45～0.5	0.5～0.6	0.5～0.6	0.15	0.1
1.0～1.5	0.5～0.6	0.6～0.7	0.6～0.7	0.15～0.2	0.15～0.2
1.5～1.7	0.6～0.7	0.7	0.7～0.8	0.2～0.25	0.2～0.25

5.3.2　钉镶镶口的制作

本节以有边钉镶的线形二钉镶基本型为例，介绍钉镶镶口的制作方法。由于线形钉镶中的宝石和钉是按一定的线性方向规则排列，若镶石位槽底为水平的基面，用 Rhino 排石和排钉就比较容易，只需将制作好的石和钉移动到镶石位槽底面上，再调用变动工具中的“矩形排列”命令按照一定的方向和间距进行排列即可。具体制作步骤如下。

1. 制作镶石底座

有边框钉镶的镶石底座宽度为宝石尺寸加上两侧的边框宽度。边框宽度一般为0.6mm,其中含斜位宽0.2mm、平位宽0.4mm。本例设宝石直径为1.5mm,则镶石底座宽度应为2.7mm,长度拟设为13mm。

(1)在Top视图中插入一个直径为1.5mm的圆钻型宝石,如图5-3-4所示。

(2)使用"圆:中心点、半径"工具(按钮),绘制一个与宝石直径等大(1.5mm)的辅助圆①;然后调用"偏移曲线"命令(按钮),将该圆向内偏移0.1mm得到辅助圆②,用于控制钉的吃石位深度;再向外偏移0.2mm和0.6mm得到辅助圆③和④,前者用于控制边框斜位宽度和宝石间距,后者用于控制边框平位宽度,如图5-3-5所示。

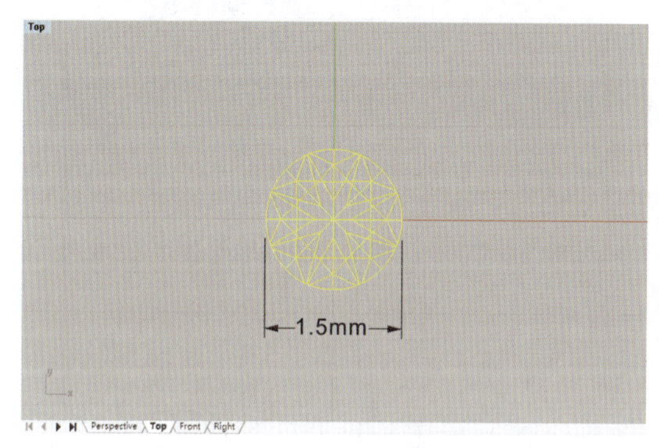

图5-3-4 插入宝石

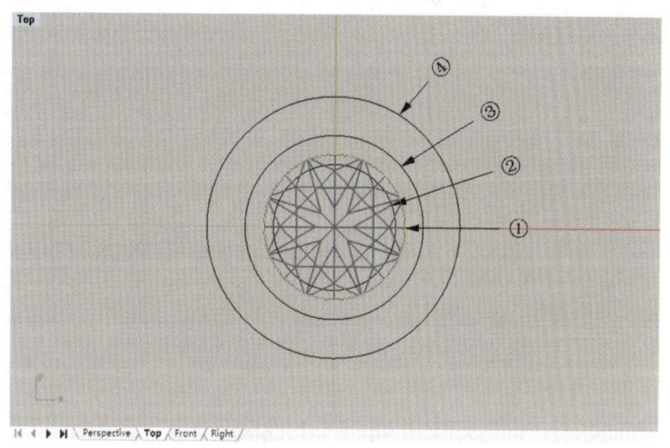

图5-3-5 绘制辅助线

(3)勾选物件锁定栏中的"端点""中点""交点"和"四分点"等项,使用"直线"(按钮)或"多重直线"(按钮)工具,首先在Top视图中通过捕捉辅助圆①、③、④的四分点来绘制6条长1.4mm的直线(图5-3-6),然后在Front视图中执行"2D旋转命令"(按钮)将这6条直线旋转向下,接着再切换到Right视图,通过捕捉前述线段的端点、中点和交点,绘制3条间距为0.7mm的水平线和左右两侧的斜位线,如图5-3-7所示。

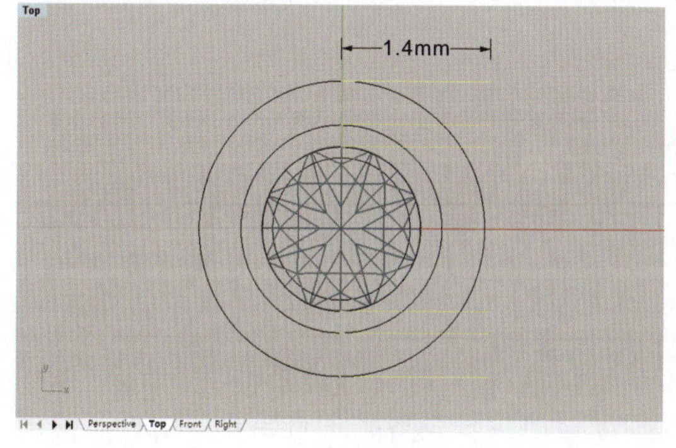

图5-3-6 在Top视图中绘制断面线

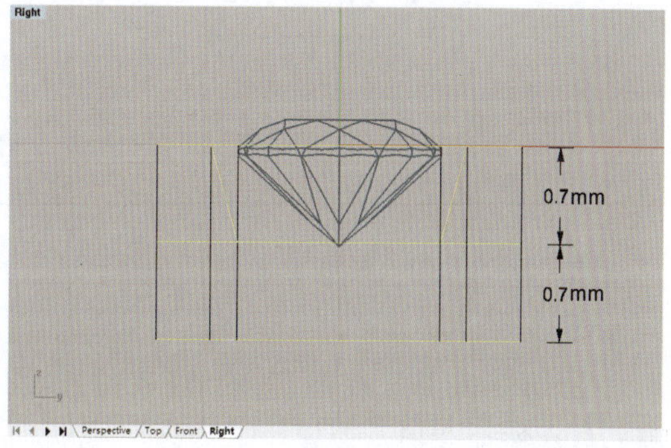

图5-3-7 在Right视图中绘制断面线

(4)选取前述绘制的所有线段,执行"修剪"命令(按钮),将部分交线剪除,再执行"组合"命令(按钮)将剩余线段组合,得到镶石底座的断面曲线,如图5-3-8所示。

(5)在Perspective视图中,选取断面曲线,执行"挤出封闭的平面曲线"命令(按钮),在命令栏中点选"两侧(B)=是"和"加盖(C)=是",将挤出距离设置为6.5mm,于是形成总长度为13mm的槽状镶石底座造型,如图5-3-9所示。

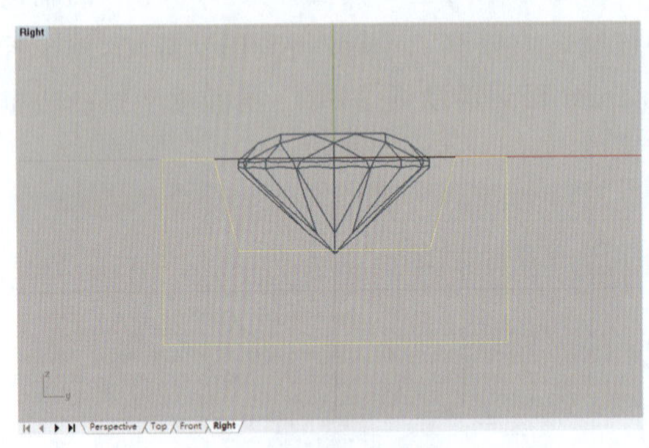

图5-3-8 修剪后的断面曲线

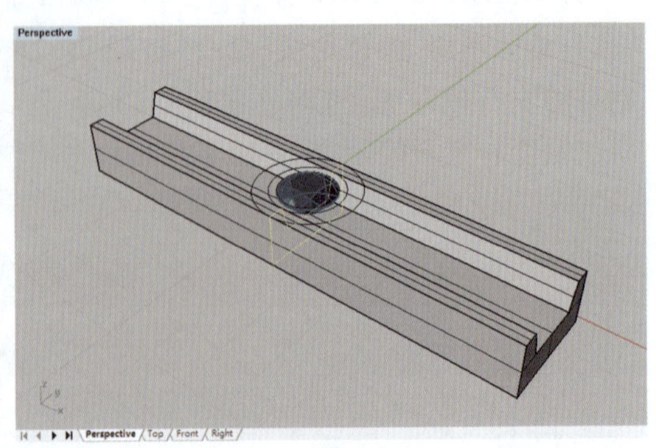

图5-3-9 将曲线挤出成镶石位底座

2. 排石和打孔

(1)在Right视图中,使用"多重直线"工具(按钮),沿着辅助圆②的四分点处向下绘制出如图5-3-10所示的打孔物体轮廓线,然后执行"旋转成形"命令(按钮),将轮廓线旋转成一个漏斗状曲面,并要注意结合调用"将平洞加盖"命令(按钮)将其上下封口,形成实体,最后再将宝石和打孔物体一起向下移动到如图5-3-11所示的位置。

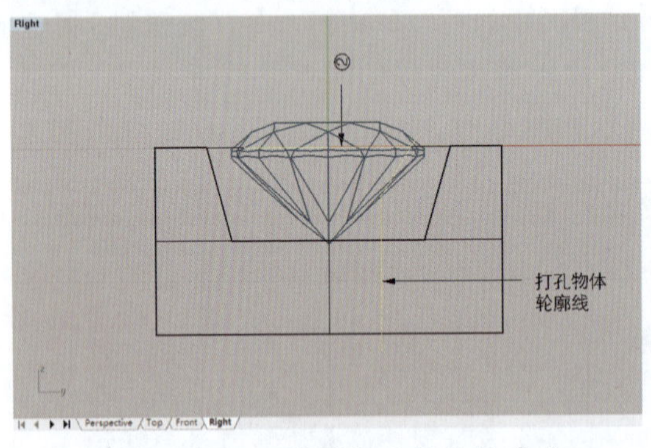

图5-3-10 绘制打孔物体轮廓线

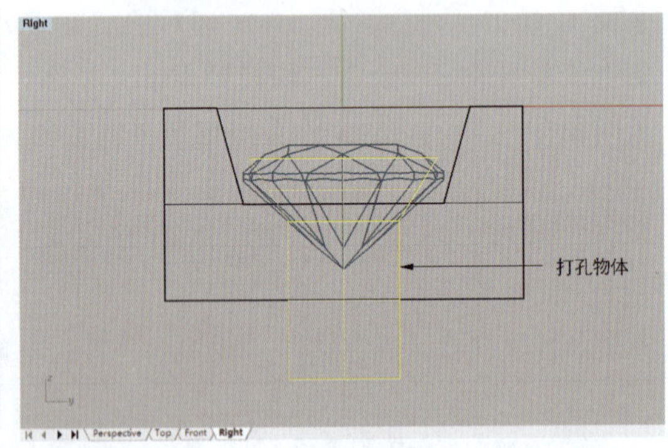

图5-3-11 制作打孔物体并将其下移

(2)切换到Top视图,选取宝石、打孔物体和辅助圆线③,执行"矩形阵列"命令(按钮),依次按命令提示设置如下参数:"x方向的数目=4","y方向的数目=1","z方向的数目=1","x方向的间距或第一个参考点=0,0,0"(或直接用鼠标点击宝石中心点位),"第二参考点=1.7"(含宝石直径1.5mm+宝石间距0.2mm),点击鼠标右键或回车后,宝石和打孔物体即向右阵列复制出3个(图5-3-12),然后再执行"镜像"命令(按钮),将它们向左镜像复制出3个,如图5-3-13所示。

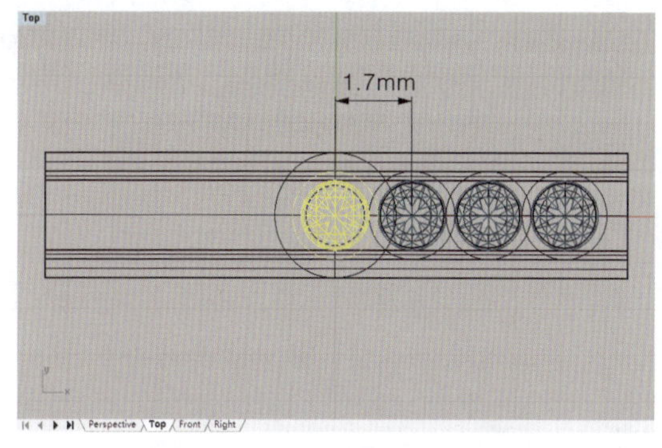

图5-3-12 向右阵列复制

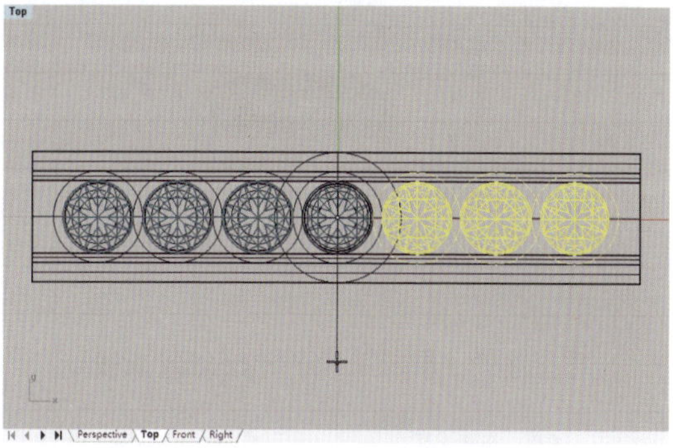

图5-3-13 向左镜像复制

(3)在Right视图中,执行"布尔运算差集"命令(按钮),如图5-3-14所示,首先选取镶石底座(第一组曲面),然后从右至左框选所有打孔物体(第二组曲面),回车,即打出所有宝石位下的孔洞,如图5-3-15所示。

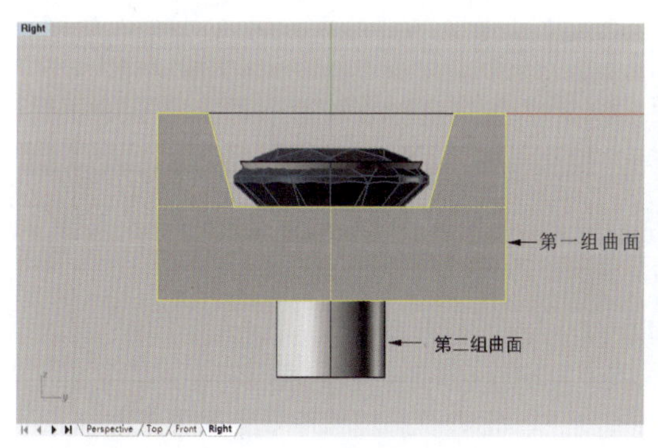

图5-3-14 布尔运算差集打孔

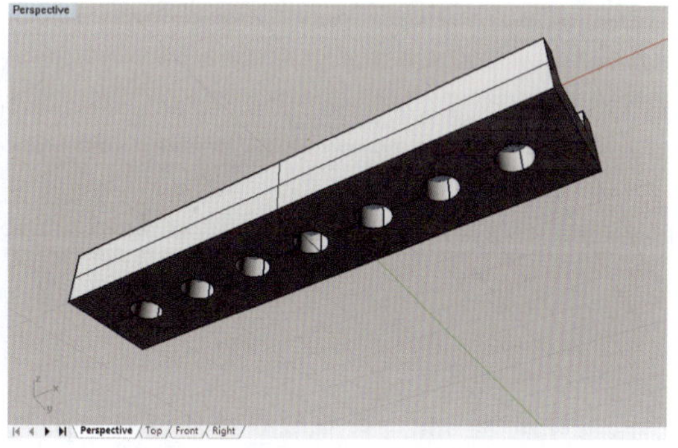

图5-3-15 打孔后的效果

3. 排列镶钉

(1)在Right视图中,先使用"椭圆:从中心点"工具(按钮)在顶部绘制一个横向半径为0.3mm、纵向半径为0.15mm的椭圆线,再用"直线"工具(按钮)捕捉椭圆线的四分点,绘出中间和下部的垂直线段,再执行"修剪"命令(按钮),将曲线修剪成钉的轮廓线,如图5-3-16所示。

(2)选取钉的轮廓线,执行"旋转成形"命令(按钮),将其旋转成钉状曲面,接着再调用"将平洞加盖"命令(按钮)将其底端封口,形成实体,如图5-3-17所示。

(3)在Top视图中,使用"移动"工具(按钮)将钉从中心移动到宝石右上方两个相邻辅助圆③的相交位置,再用"镜像"命令(按钮)向下复制,如图5-3-18所示。

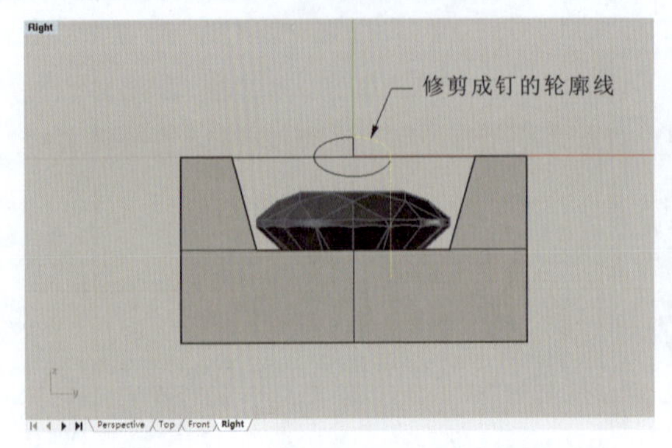

图 5-3-16 绘制钉的轮廓线

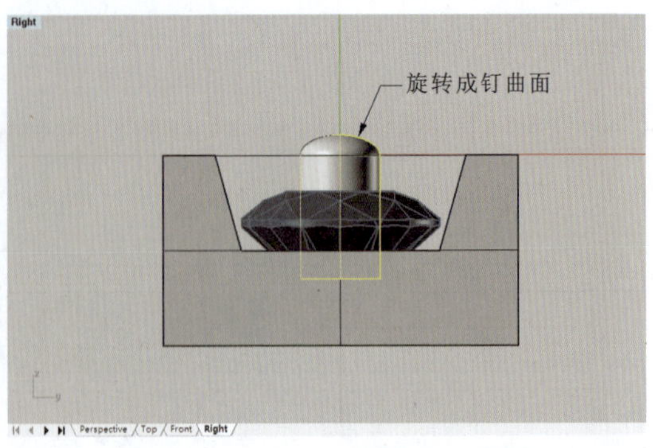

图 5-3-17 旋转成钉曲面

(4)同样采用前述的排石方法，先执行“矩形阵列”命令(按钮▦)，将镶钉沿 x 方向阵列，即向右复制到各个相应位置，钉的阵列参数与宝石阵列参数一样，x 方向数目为 4，其他方向为 1，间距为 1.7mm，然后再执行“镜像”命令(按钮)将它们向左复制到各个对应位置，如图 5-3-19 所示。

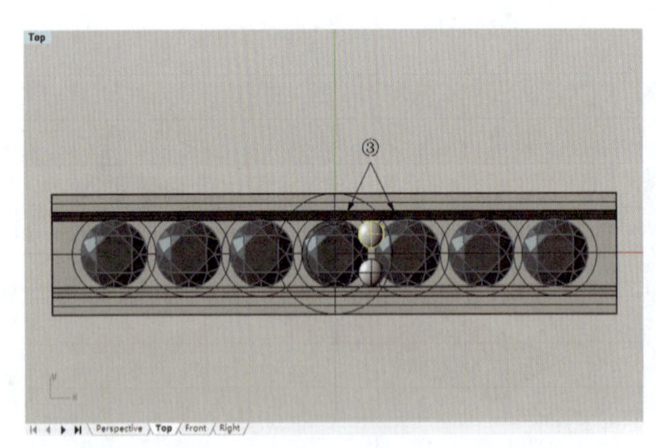

图 5-3-18 将镶钉移动到指定位置

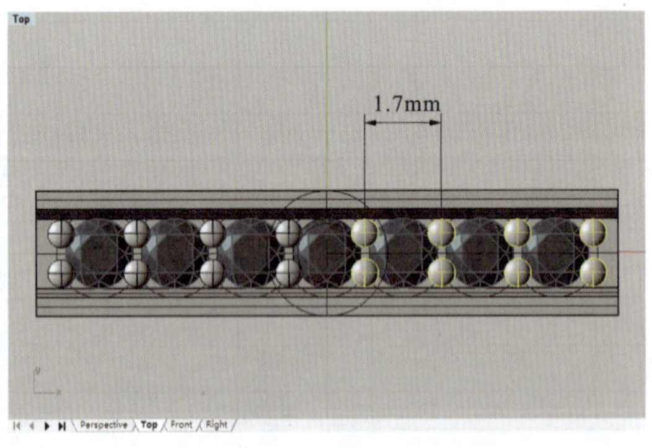

图 5-3-19 阵列和镜像镶钉

4. 修饰和渲染

(1)镶石底座制作完后，还需要对两端进行修饰，即制作两端的封口边框。如图 5-3-20 所示，先在 Front 视图中，使用曲线工具中的“矩形：角对角”(按钮)和“多重直线”(按钮)工具，在镶石底座的端头处紧挨镶钉的位置绘制、修剪及组合出一个平位宽 0.4mm、斜位宽 0.2mm 的边框断面曲线，然后切换到 Perspective 视图，选中该断面曲线，执行“挤出封闭的平面曲线”命令(按钮)，在命令栏中点选“两侧(B)=是”和“加盖(C)=是”，设置设置挤出距离为 1.35mm，于是生成总厚度为 2.7mm 的实体曲面(图 5-3-21)；再执行“镜像”命令(按钮)将该曲面向镶石位底座的另一端镜像复制。

(2)使用“选取曲线”工具(按钮)选取所有的曲线，隐藏或删除，然后单击“编辑图层”(按钮)，打开“图层”/“全部图层”面板，在面板中指定宝石图层并单击开启按钮使宝石隐

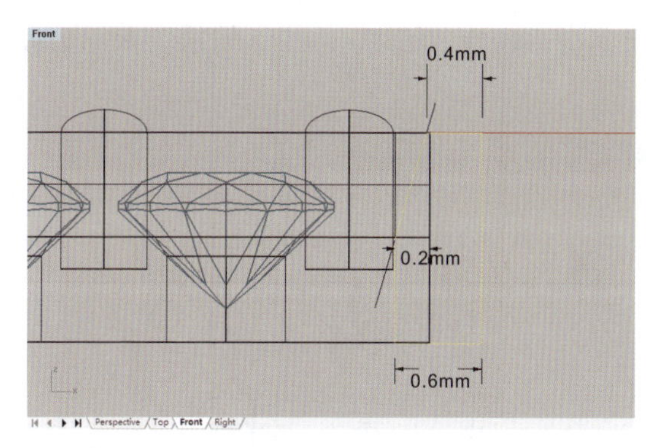

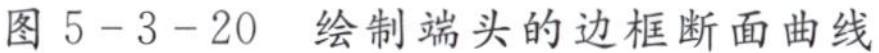
图 5-3-20 绘制端头的边框断面曲线

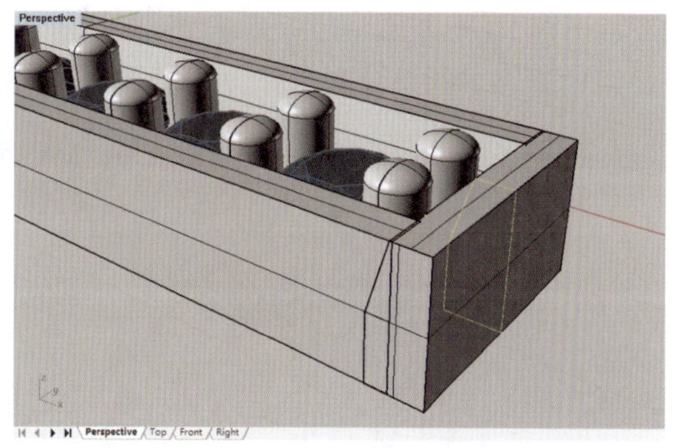

图 5-3-21 挤出端头的边框曲面

藏，然后框选钉、镶石底座及边框等所有曲面，执行“布尔运算并集”命令（按钮），形成一个整体钉镶版模型，如图 5-3-22 所示。

(3)在图层面板中单击宝石图层的关闭按钮使宝石显示，然后选取钉镶版模型，将镶口设置为黄金材质（颜色为 Gold，光泽度为 15），开启渲染模式，观察制作效果，如图 5-3-23 所示。

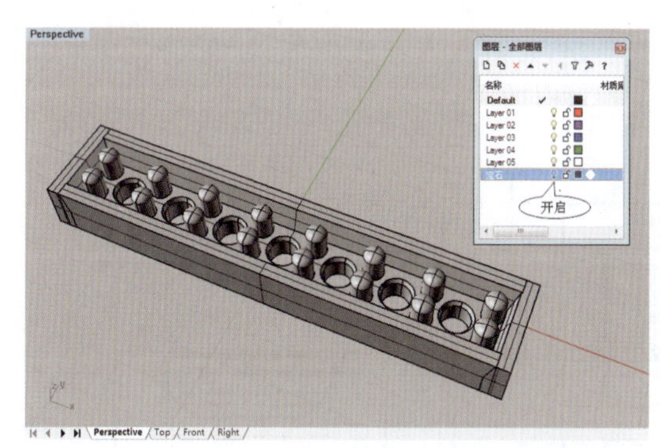

图 5-3-22 布尔运算并集钉镶版模型

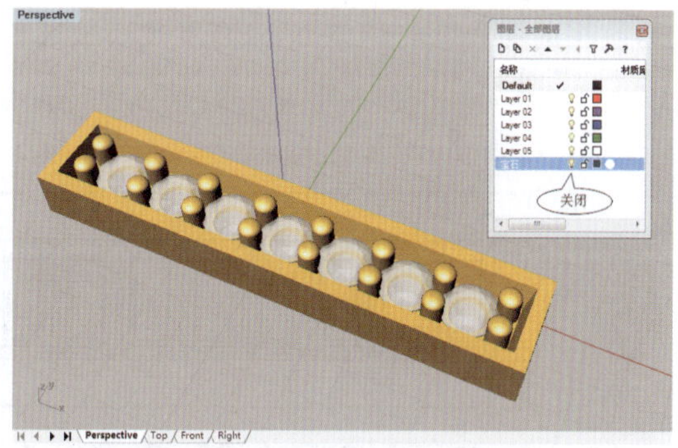

图 5-3-23 线形钉镶基本型效果图

5.4 槽 镶

5.4.1 槽镶的设计

槽镶属于逼镶的一种方式。所谓逼镶，是指利用金属镶口两侧的应力固定宝石腰部或腰部与底尖的镶嵌方法，可分为卡镶和槽镶两种。卡镶又称夹镶，是在镶口两边金属上各开一个浅槽，将宝石的腰部卡进去夹紧固定的镶嵌方式，可用于不同直径或较大粒宝石的镶嵌，如图 5-4-1 所示。槽镶又称为轨道镶，是在槽形的镶口两边内侧车出两条轨道，将多

个宝石的腰棱放入轨槽中规则有序地排列并夹紧固定的镶嵌方式，此法适用于相同规格尺寸的方形、梯形及圆形宝石的群镶，是一种常用的豪华镶法，如图 5-4-2 所示。本小节仅介绍槽镶镶口的设计和制作方法。

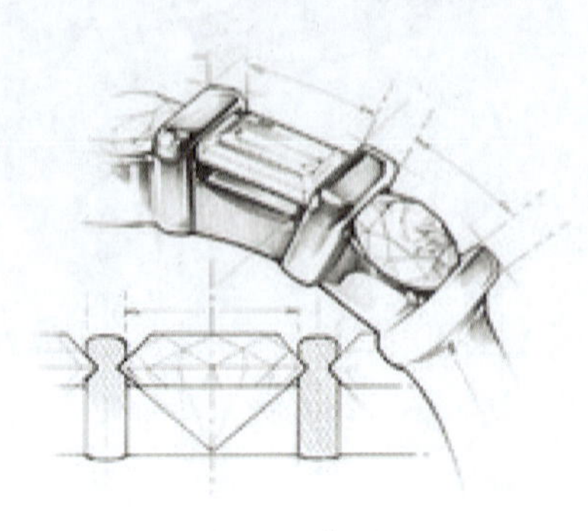

图 5-4-1　卡镶

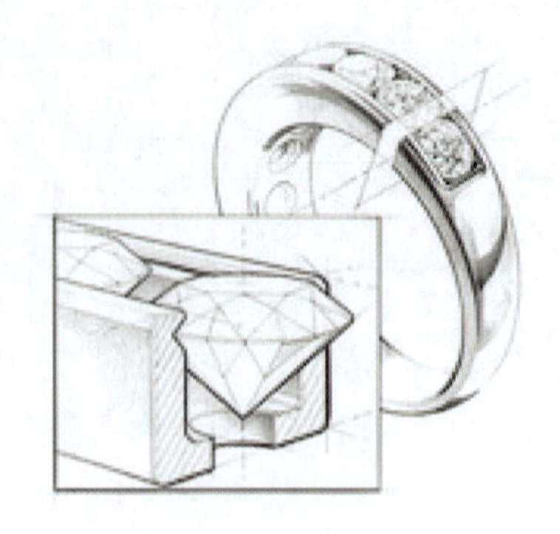

图 5-4-2　槽镶

槽镶的结构如图 5-4-3 所示。槽镶两侧的边宽通常为 0.8mm，最少为 0.7mm。槽宽要稍小于宝石，吃石位深 0.15～0.2mm，下部向内收敛。宝石之间的间距一般不超过 0.1mm，如果是圆形宝石，石间距可留 0.15mm。底档的作用是连接槽的两侧，使之有足够应力夹住宝石。底档位于宝石之间或宝石底尖之下，一般相隔两粒宝石放一个底档。底档的截面宽度为 0.6～0.8mm，高度视所放的位置而定，若放在宝石底尖下，其高度也为 0.6～0.8mm；若放在两石之间，则其高度可以适当更大一些。

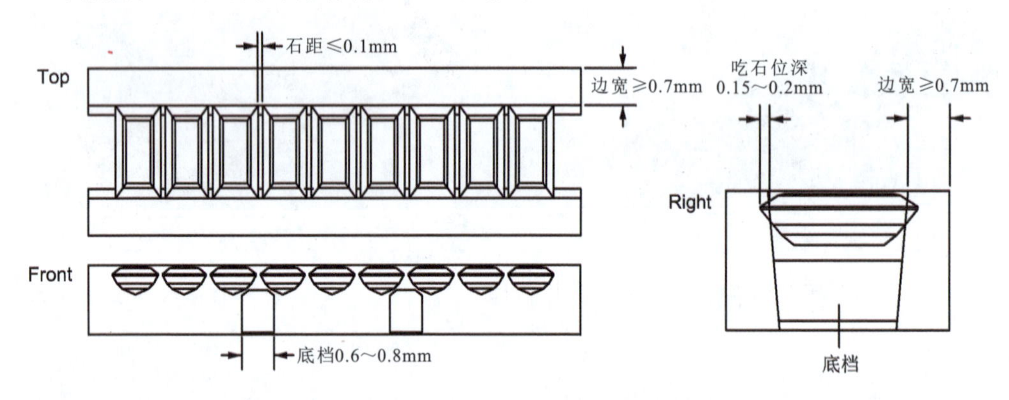

图 5-4-3　方形宝石槽镶结构示意图

5.4.2　槽镶镶口的制作

以镶嵌 9 粒长径为 2mm、短径为 1mm 的长方形阶梯型宝石的槽镶镶口基本型为例，制作步骤如下。

1. 制作边框

(1)如图 5-4-4 所示，首先，在 Top 视图中插入一个长径为 2mm 的长方形阶梯型宝石；然后，使用“圆：中心点、半径”工具（按钮），绘制一个直径为 2mm 的圆①，接着调用“偏移曲线”命令（按钮），将其依次偏移 0.1mm 和 0.5mm，分别得到圆②和圆③，其中圆②用于控制吃石位，圆③用于控制宝石短径尺寸；最后，执行“单轴缩放”命令（按钮），将宝石的短径调整到 1mm。

（2）制作镶口边框的长度需要考虑放缩水，即每粒宝石之间要留有一定间距，宝石的短径为 1mm，石距设定为 0.03mm，则镶嵌 9 粒宝石的镶口内边框长度＝9×（1＋0.03）＋0.03＝9.3mm。使用“直线：从中点”工具（按钮），结合“镜像”命令（按钮），通过捕捉圆②的四分点并以其为中点，绘制出长度为 9.3mm 的镶口内框矩形线，然后调用“偏移曲线”命令（按钮），将内框矩形线向外偏移 0.8mm，得到外框矩形线，如图 5－4－5 所示。

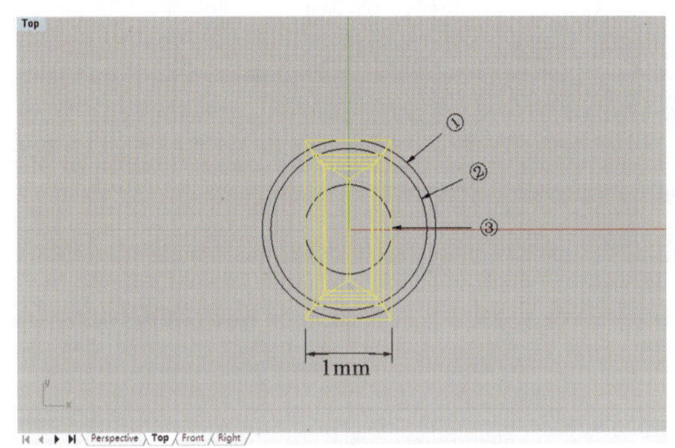

图 5－4－4　插入宝石并绘制辅助线

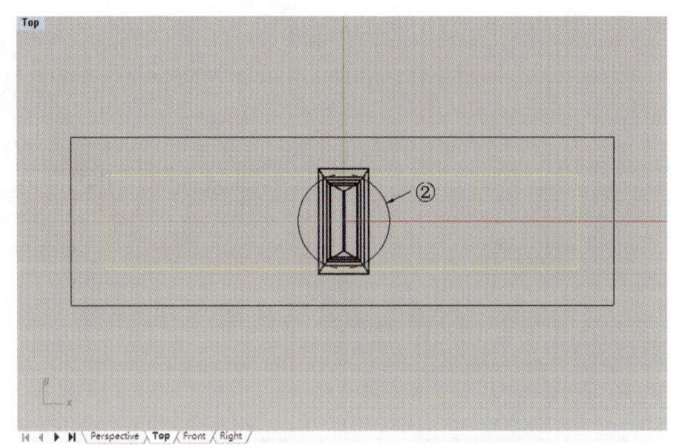

图 5－4－5　绘制边框曲线

（3）选取内外两个边框矩形线，在 Front 视图中执行“直线挤出”命令（按钮），在命令栏中点选“两侧（B）＝否”和“加盖（C）＝否”，将挤出距离设置为 1.5mm，向下挤出成内外两个矩形柱面，如图 5－4－6 所示。

（4）选取内框矩形柱面，在 Right 视图中执行“锥状化”命令（按钮），在命令栏中点选“平坦模式（F）＝是”和“无限延伸（I）＝是”，其他默认设置不变，将两侧的下部稍向内收敛，如图 5－4－7 所示。

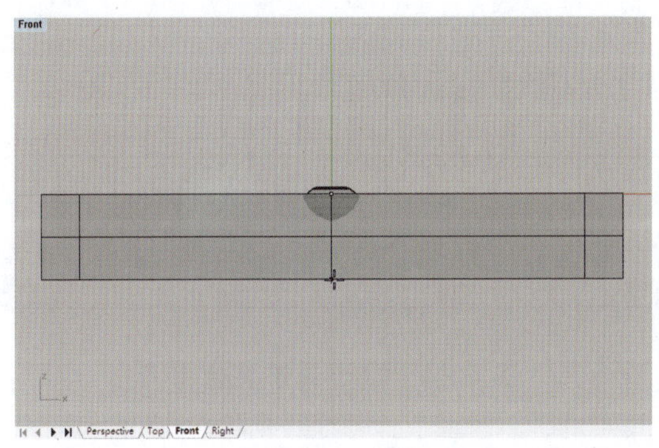

图 5－4－6　将内外边框曲线挤出成柱面

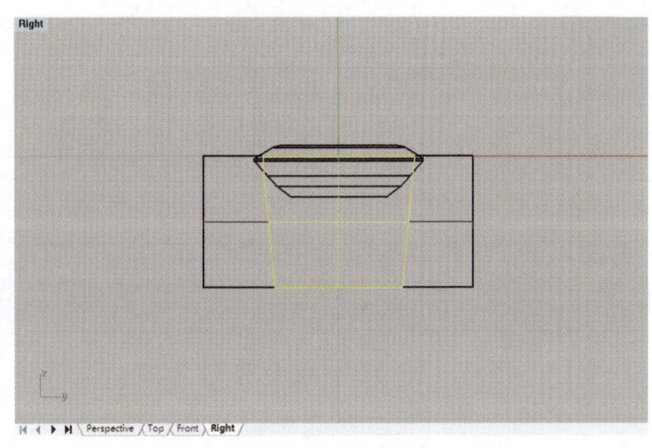

图 5－4－7　内框曲面下部向内收敛

(5)在 Perspective 视图中，执行“以平面曲线建立曲面”命令(按钮)，选取内外边框曲线，建立边框的顶面，再采用同样的方法，选取内外边框柱面的底部边缘线，建立边框的底面，随后执行“组合”命令()，将边框的内外柱面和顶底面组合成一个整体曲面，如图 5-4-8 所示。

(6)在 Right 视图中，使用“移动”工具(按钮)，将宝石移动到指定位置，宝石台面略低于边框顶面(<0.1mm)，如图 5-4-9 所示。

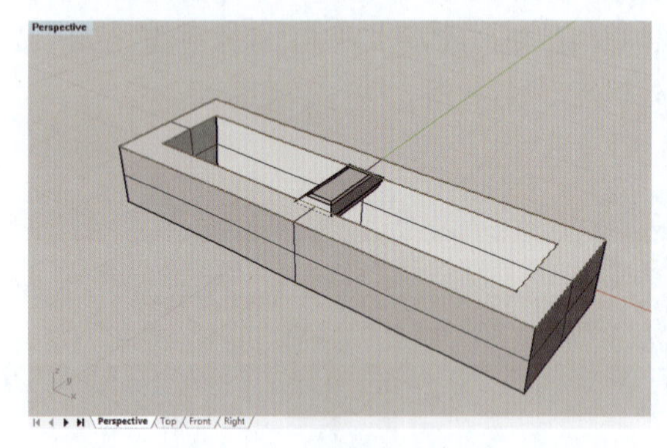

图 5-4-8　以边框线建立顶、底面

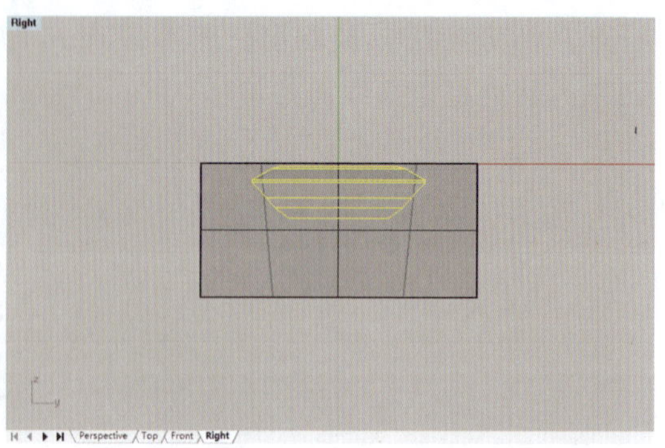

图 5-4-9　将宝石移动到指定位置

2. 排列宝石

(1)在 Top 视图中，选取宝石琢型，执行“矩形阵列”命令(按钮)，在执行命令过程中按命令栏提示依次设置：“x 方向项目数=5”“y 方向项目数=1”“z 方向项目数=1”“x 方向的间距或第一个参考点：0，0，0(或直接用鼠标点击琢型中心)”“第二个参考点：1.03，0，0”，回车后，即可向右阵列复制出 4 粒宝石，如图 5-4-10 所示。

(2)选取右边阵列复制出来的 4 粒宝石，执行“镜像”命令(按钮)，再向左镜像复制，完成宝石的排列，如图 5-4-11 所示。

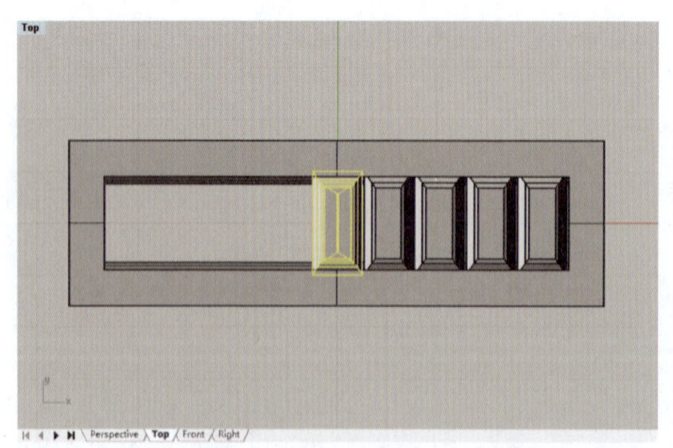

图 5-4-10　矩形阵列宝石

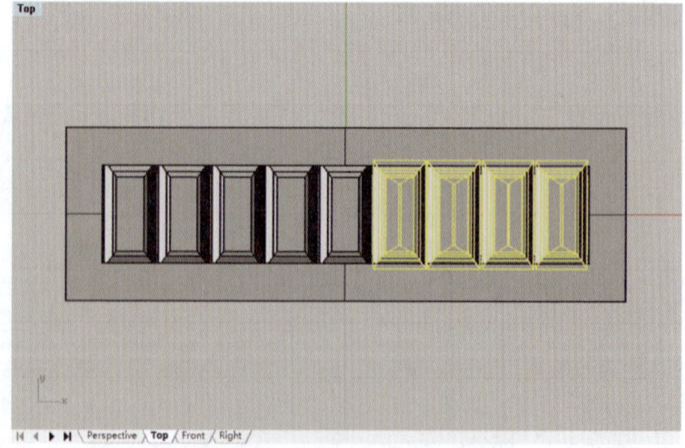

图 5-4-11　镜像复制宝石

3. 制作底档

(1)在 Front 视图中,使用"矩形:三点"工具(按钮),在镶口下部绘制一个宽度为 0.7mm、高度为 0.9mm 的矩形曲线,再执行"曲线斜角"命令(按钮),在命令栏中设置"距离(D)=0.13,0.18"(其中 0.13 是矩形长边斜角距离,0.18 是矩形短边斜角距离)、"组合(I)=是"修剪(T)=是",将矩形上部的两个直角分别修改为斜角,然后移动到两石之间,相隔两粒宝石放置一个,作为底档的断面曲线,如图 5-4-12 所示。

(2)选取两条断面曲线,在 Top 视图中执行"挤出封闭的平面曲线"命令(按钮),在命令栏中点选"两侧(B)=是"和"加盖(C)=是",将曲线挤出成底档曲面,如图 5-4-13 所示。

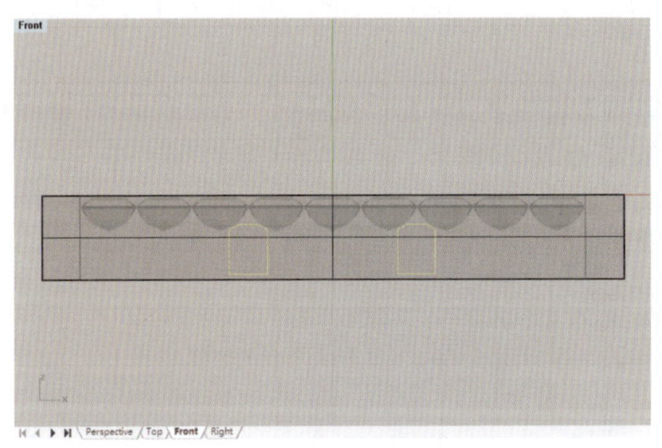

图 5-4-12　绘制底档轮廓线

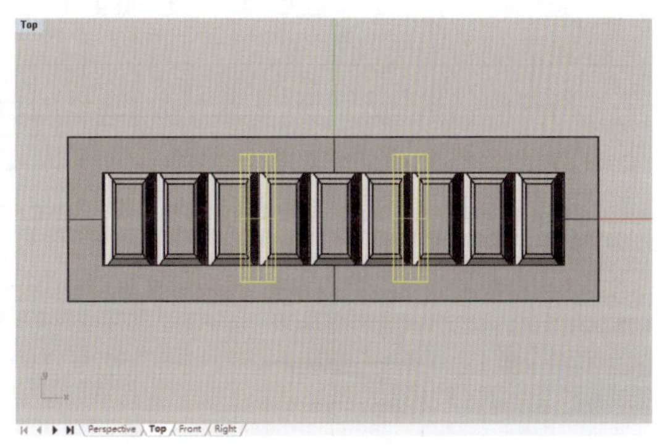

图 5-4-13　挤出底档曲面

4. 赋色渲染

(1)在 Perspective 视图中,隐藏宝石图层,框选镶口的边框和底档曲面,执行"布尔运算并集"命令(按钮),将它们合并为一个整体,如图 5-4-14 所示。

(2)显示宝石图层,分别设置宝石的材质和镶口的黄金材质(颜色为 Gold,光泽度为 15),开启渲染模式,观察制作效果,如图 5-4-15 所示。

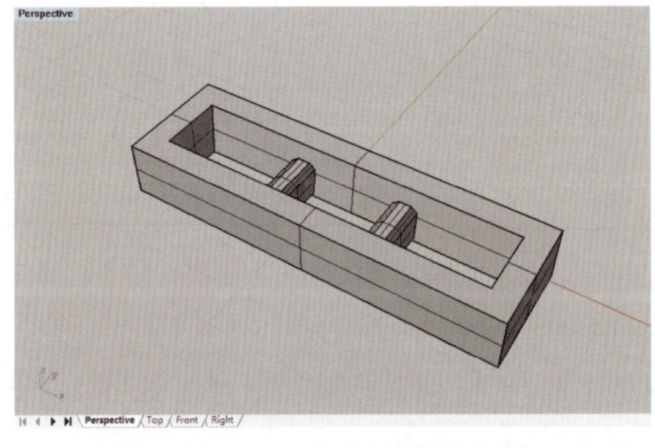

图 5-4-14　布尔运算并集镶口

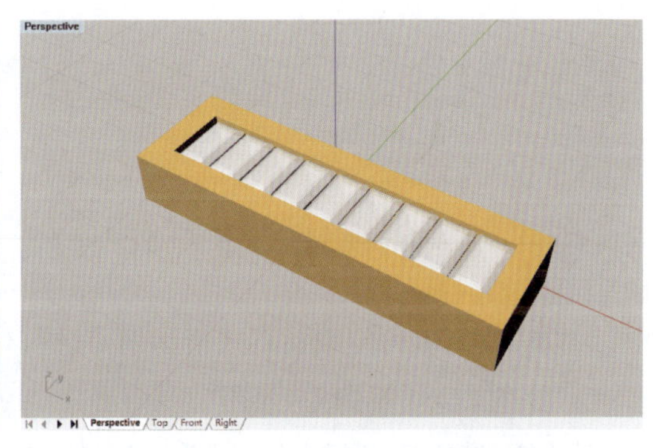

图 5-4-15　槽镶基本型效果图

5.5 闷 镶

5.5.1 闷镶的设计

闷镶又称抹镶、埋镶或光圈镶，它是指直接在金属上打孔，在孔口处车出细槽，把宝石嵌入，利用周围的金属环边包裹嵌紧宝石的一种镶嵌方法。这种镶法多用于 3mm 以下的小粒圆形宝石，其特点是镶嵌牢固，宝石完全嵌入金属面以内，周围出现的一圈金属环边，在视觉上呈现出宝石放大的效果。

闷镶的结构如图 5－5－1 所示，镶口的形状为上大下小，上面的口径与宝石直径相等，下面的口径稍小，吃石位深 0.1mm，为了保证宝石底尖不露底，金属的厚度必须大于宝石高度。此外，石与边的距离不得小于 0.6mm，如果镶嵌多粒宝石，石与石的距离也不得小于 0.6mm。

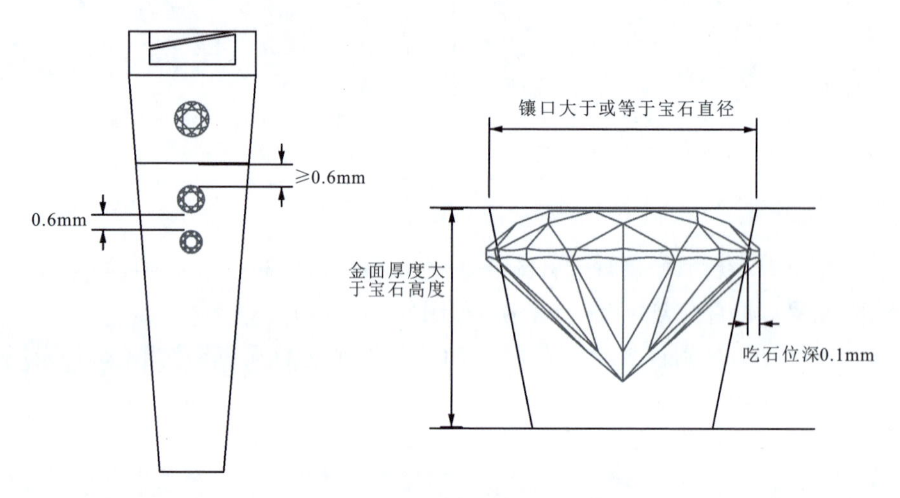

图 5－5－1 闷镶结构示意图

5.5.2 闷镶镶口的制作

以一枚简单的闷镶钻石戒指为例，其镶口制作步骤如下。

(1)在 Front 视图中，使用“圆：中心点、半径”工具(按钮)，绘制一个直径为 18mm 的内圆曲线，然后执行“偏移曲线”命令(按钮)，将内圆向外偏移 2mm，得到一个直径为 22mm 的外圆曲线，如图 5－5－2 所示。

(2)在 Perspective 视图中，选取内、外两个圆形曲线，执行“挤出封闭的平面曲线”命令

(按钮)，在命令栏中点选“两侧(B)＝是”和“加盖(C)＝是”，设置挤出距离为 2mm，将曲线挤出成戒圈曲面，如图 5-5-3 所示。

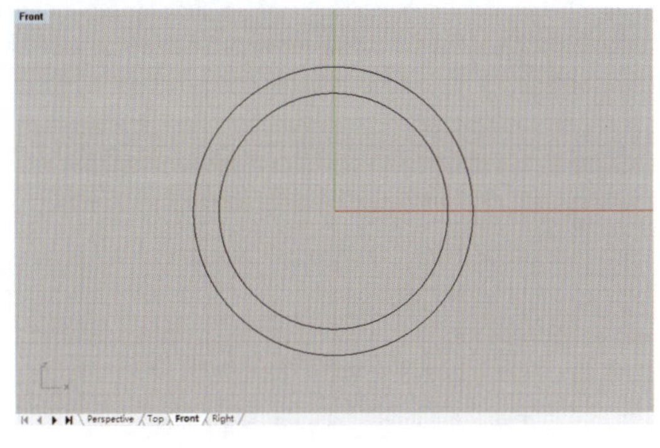

图 5-5-2 绘制戒圈曲线

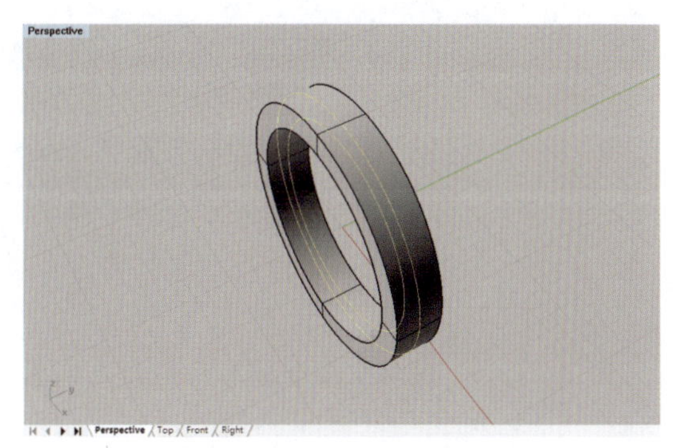

图 5-5-3 挤出戒圈曲面

(3)在 Top 视图中，插入一个直径为 2.5mm 的圆钻型宝石，如图 5-5-4 所示。

(4)使用“圆:中心点、半径”工具(按钮)，绘制一个与宝石直径等大(2.5mm)的圆形辅助线①，接着再执行“偏移曲线”命令(按钮)，将圆向内偏移 0.1mm，得到圆形辅助线②，分别用于开孔位和吃石位，如图 5-5-5 所示。

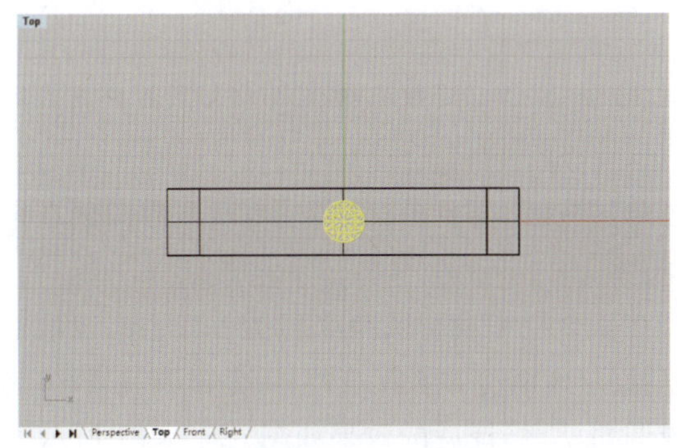

图 5-5-4 插入宝石

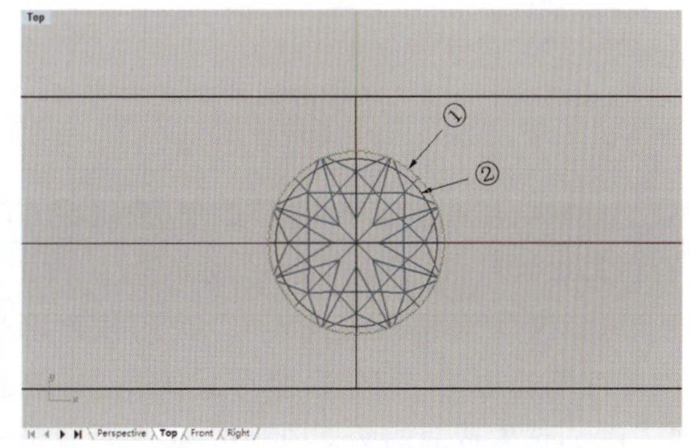

图 5-5-5 绘制辅助圆线

(5)在 Front 视图中，使用“移动”工具(按钮)，开启正交模式，将宝石及辅助圆线垂直向上移动到戒圈顶部，其中宝石台面与金面平行或略低，将辅助圆线①上移至金面，而辅助圆线②仍保留在宝石腰棱位置，如图 5-5-6 所示。

(6)使用“多重直线”工具(按钮)，通过捕捉辅助圆线①和②的四分点，沿宝石侧边绘出开孔轮廓线，如图 5-5-7 所示。

(7)选取开孔轮廓线，执行“旋转成形”命令(按钮)，将曲线旋转成打孔物体曲面，如图 5-5-8 所示，接着再执行“将平面洞加盖”命令(按钮)，将打孔物体的曲面上下封口，形成实体，如图 5-5-9 所示。

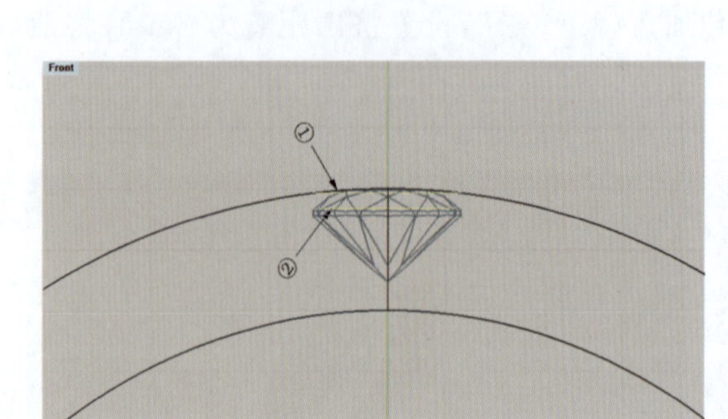

图 5-5-6 移动宝石和辅助线到指定位置

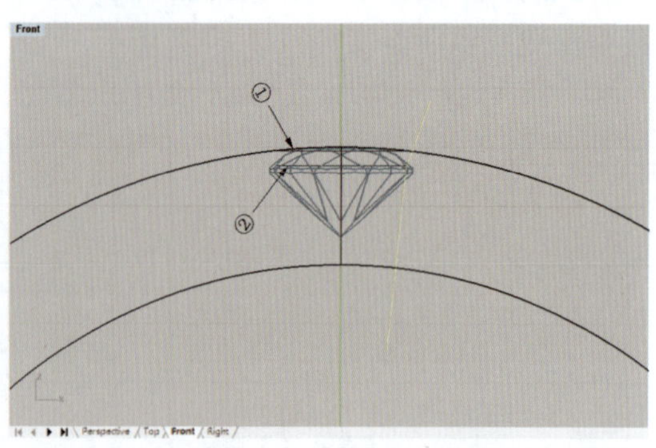

图 5-5-7 绘制开孔轮廓线

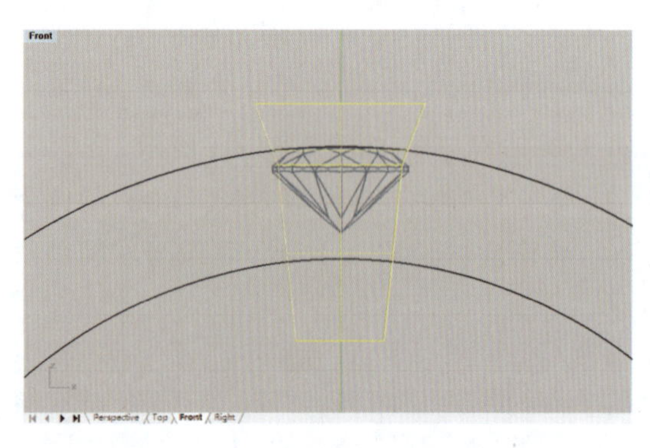

图 5-5-8 将轮廓线旋转成曲面

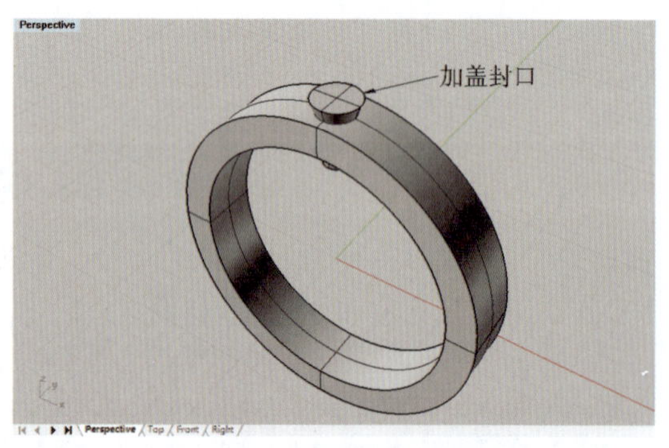

图 5-5-9 将打孔物体曲面上下封口成实体

(8)执行“布尔运算差集”命令(按钮)，先单击戒圈，再单击打孔物体，回车后即刻在宝石位打出镶口，如图 5-5-10 所示。

(9)执行“不等距边缘圆角”命令(按钮)，在命令栏中设置圆角半径为 0.5mm，选取戒圈的两侧外边缘，回车后即形成圆角状；重复执行该命令，在命令栏中设置圆角半径为 0.2mm，选取戒圈的两侧内边缘，回车后也形成圆角状，修饰后的效果如图 5-5-11 所示。

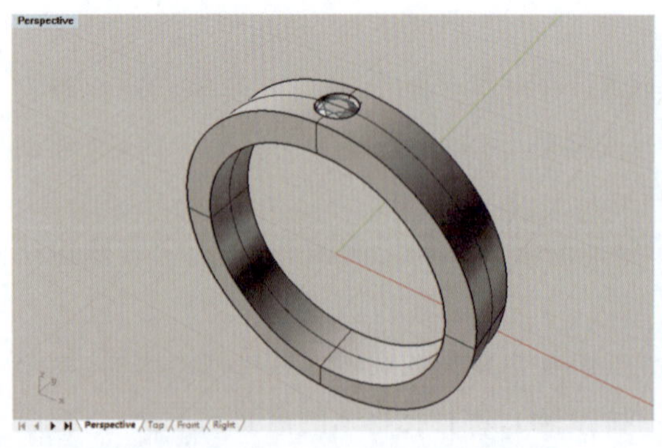

图 5-5-10 布尔运算差集打孔

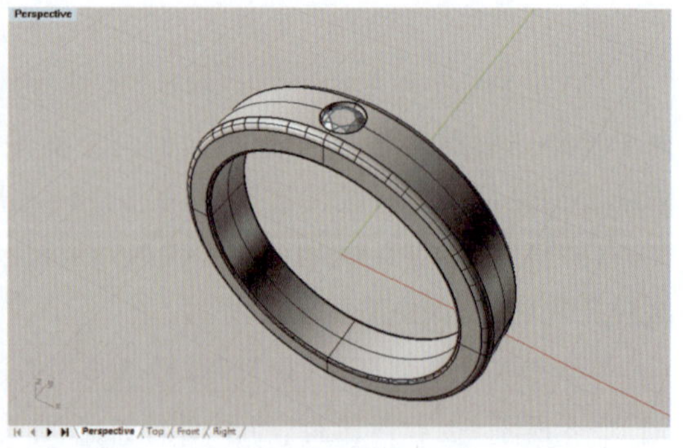

图 5-5-11 将戒圈边缘修饰为圆角

(10)最后，设置宝石和戒圈材质并进行渲染，观察制作效果。图5-5-12是直接在Rhino中赋色(颜色为Gold，光泽度为15)的渲染效果，图5-5-13是在KeyShot中将宝石设置为钻石材质，戒圈设置为18K黄金材质的渲染效果，后者在镶口处显示出明显的金属光环边。

图5-5-12 闷镶效果图(Rhino渲染)

图5-5-13 闷镶效果图(KeyShot渲染)

5.6 虎爪镶

5.6.1 虎爪镶的设计

虎爪镶也称浮爪镶，是指在起版时直接在金属上分出一些爪来，用于扣压固定宝石的一种镶嵌方法。此法一般用于小粒宝石的群镶，具有镶嵌牢固、更凸显宝石的优点。

图5-6-1是虎爪镶结构示意图，虎爪一般为U形，也有方形和心形等；宝石之间的距离为0.2mm，宝石位的底部要打孔，直径1.3mm以上的宝石要打通孔；宝石至金边的距离为0.2mm，若要实现“见石不见金”效果则可做到0.1mm，因而镶石位底座的总宽度应大于

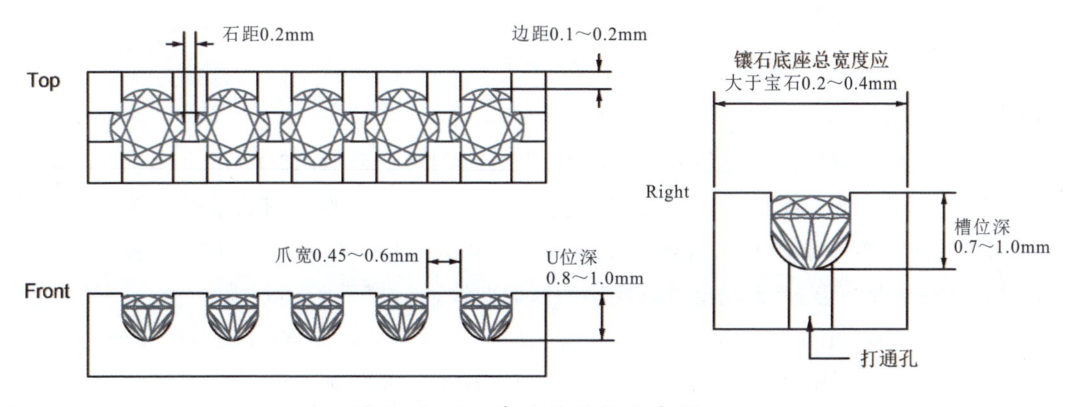

图5-6-1 虎爪镶结构示意图

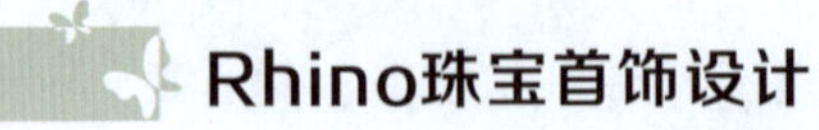

宝石 0.2～0.4mm；爪的宽度为 0.45～0.6mm，视宝石的大小而定，一般为 0.55mm 左右；正面的 U 位深度为 0.8～1.0mm，侧面的槽位深度为 0.7～1.0mm。

5.6.2 虎爪镶镶口的制作

以镶嵌直径为 1.3mm 宝石的虎爪镶镶口基本型为例，镶石底座的两侧边宽设置各大于宝石 0.2mm，因而镶石底座的总宽度应为 1.7mm，宝石间距为 0.2mm，总长度约为 14mm。制作步骤如下。

1. 制作镶石底座

(1)在 Top 视图中，使用“圆：中心点、半径”工具(按钮)绘制一个直径为 1.7mm 的圆线①，再使用“直线：从中点”工具(按钮)，在圆线两侧通过捕捉四分点各绘制一段直线，代表镶石底座的宽度，如图 5－6－2 所示。

(2)选取圆线①，在 Front 视图中执行“2D 旋转”命令(按钮)，并在命令栏中选择“复制”选项，拖动旋转 90°，得到圆线②，如图 5－6－3 所示。

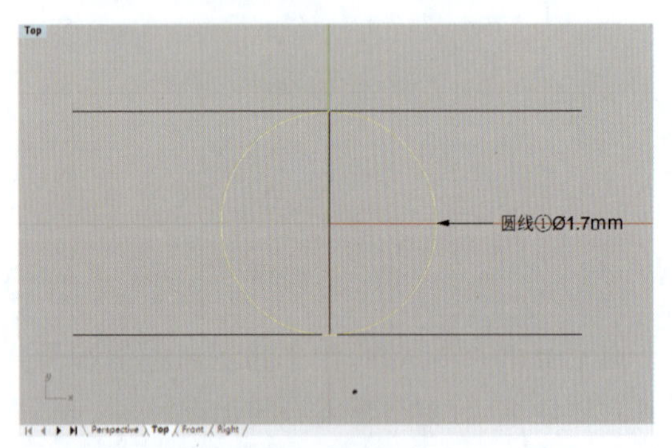

图 5－6－2 绘制圆线①及宽度辅助线

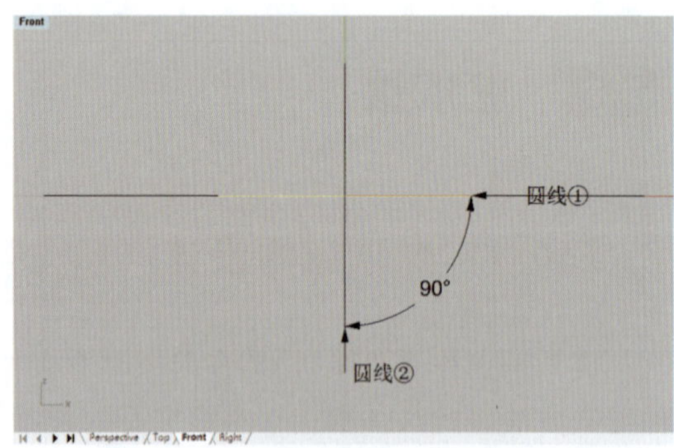

图 5－6－3 将圆线①旋转复制

(3)在 Right 视图中，使用“移动”工具(按钮)，将圆线②向下移动到 1.8mm 之上的位置，如图 5－6－4 所示。

(4)在 Perspective 视图中，使用“多重直线”工具(按钮)，通过捕捉四分点，绘制出连接圆线①与圆线②之间的多重直线，如图 5－6－5 所示。

(5)在 Right 视图中，选取多重直线和图线②，先执行“修剪”命令(按钮)剪除圆线②的上半部分，再执行“组合”命令(按钮)将二者组合在一起；然后，执行“开启控制点”命令(按钮)，使曲线控制点显示出来，框选中间一行的左右两个控制点，开启正交模式，向下移动控制点调整曲线形态，创建出镶石底座的断面曲线，如图 5－6－6 所示。

(6)在 Perspective 视图中，执行“挤出封闭的平面曲线”命令(按钮)，在命令栏中点选“两侧(B)＝是”和“加盖(C)＝是”，将镶石底座断面曲线挤出成具有一定长度的实体曲面，如图 5－6－7 所示。

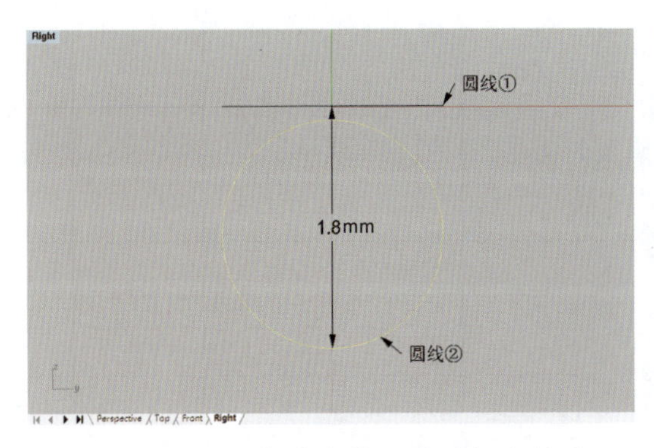

图 5-6-4 将圆线②下移到指定位置

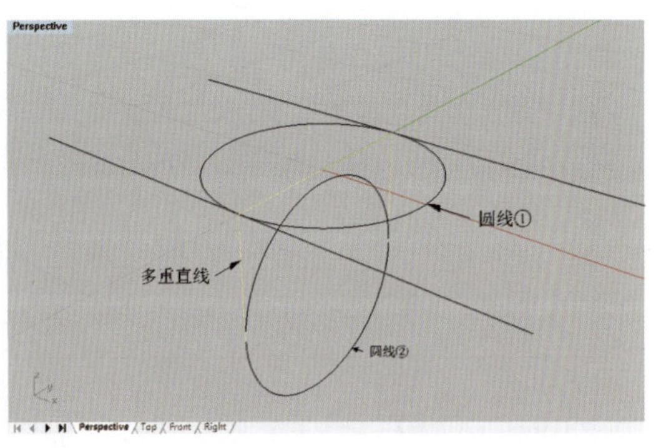

图 5-6-5 绘制连接两圆线四分点的曲线

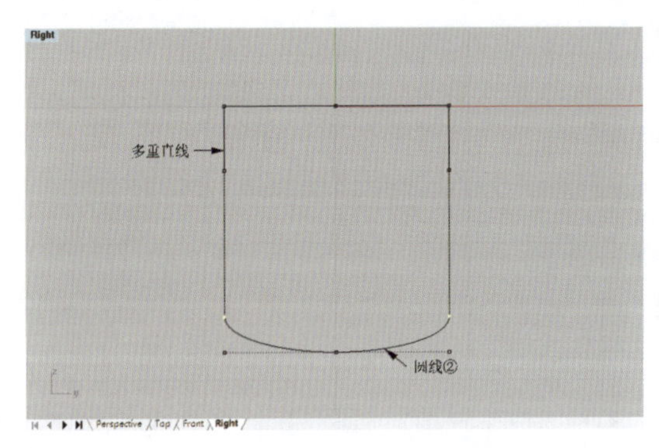

图 5-6-6 创建镶石底座断面曲线

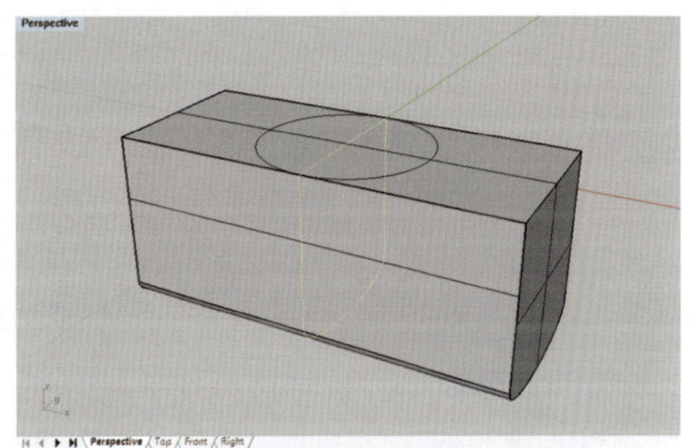

图 5-6-7 将镶石底座断面线挤出成曲面

2. 制作打孔物体

(1)在 Top 视图中,插入一个直径为 1.3mm 的圆钻型宝石,然后使用"圆:中心点、半径"工具(按钮),绘制一段直径为 0.65mm 的圆线②,作为打孔物体曲线,如图 5-6-8 所示。

(2)选取圆线②,在 Front 视图中执行"挤出封闭的平面曲线"命令(按钮),在命令栏中点选"两侧(B)=否"和"加盖(C)=是",将圆线向下挤出成适当长度的圆柱状打孔物体,然后上移打孔物体,使上端高于宝石台面,下端要穿过镶石底座,如图 5-6-9 所示。

3. 制作开爪物体

(1)在 Top 视图中,选取圆线①,执行"偏移曲线"命令(按钮),向内偏移 0.4mm,得到直径为 0.9mm 的圆线③,如图 5-6-10 所示。

(2)选取圆线③,首先在 Right 视图中执行"2D 旋转"命令(按钮),将其旋转 90°,然后在 Front 视图中将其下移 0.9mm,到如图 5-6-11 所示的位置。

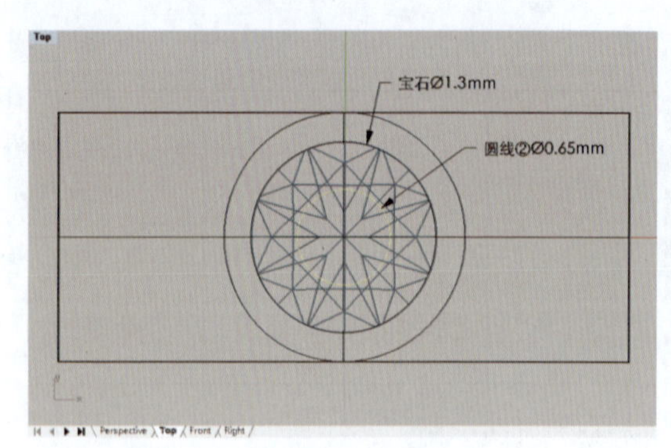

图 5-6-8 绘制打孔物体圆线

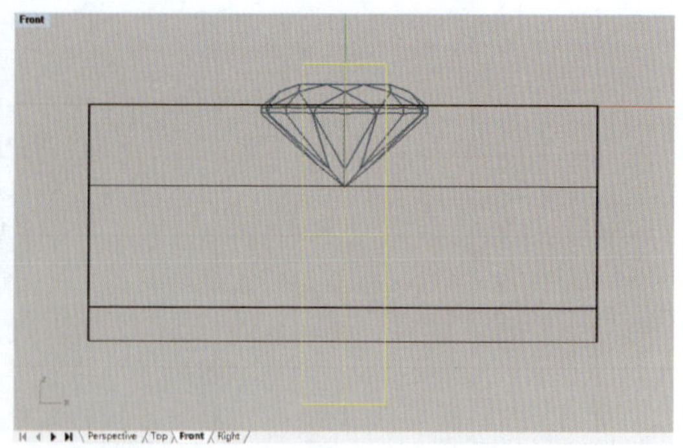

图 5-6-9 将圆线挤出打孔物体

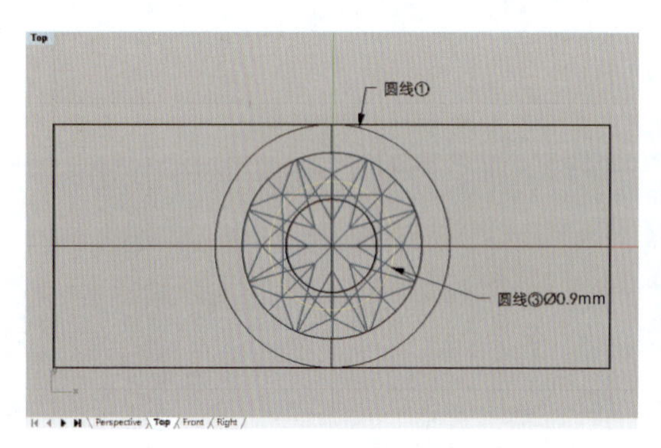

图 5-6-10 偏移得到圆线③

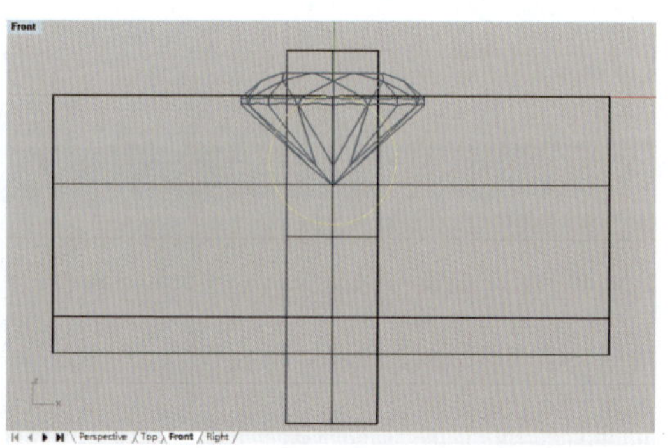

图 5-6-11 将圆线③旋转并移动到指定位置

(3)使用"多重直线"工具(按钮),通过捕捉圆线③两侧的四分点,向上绘制出开爪物体的轮廓线草图,如图 5-6-12 所示,然后执行"修剪"(按钮)和"组合"(按钮)命令,制作成"U"形的轮廓线,如图 5-6-13 所示。

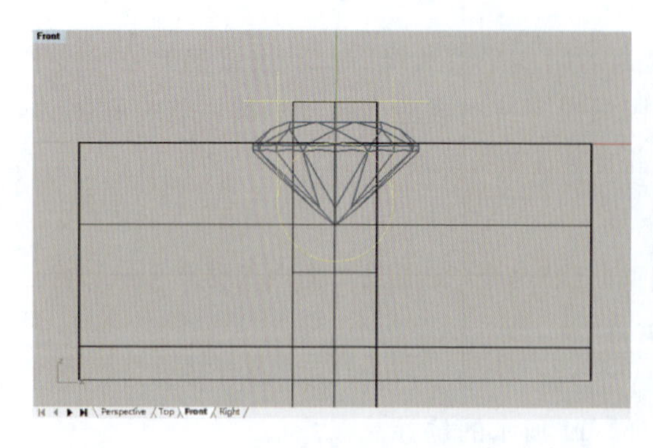

图 5-6-12 绘制开爪物体轮廓线草图

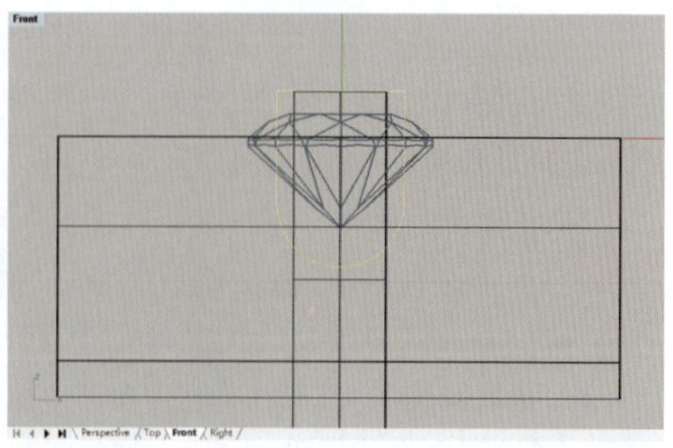

图 5-6-13 修剪开爪物体轮廓线

(4)在 Top 或 Perspective 视图中,选取开爪物体轮廓线,执行“挤出封闭的平面曲线”命令(按钮),在命令栏中点选“两侧(B)=是”和“加盖(C)=是”,将其挤出成适当长度的开爪物体,如图 5-6-14 所示。

4. 制作开槽物体

(1)在 Top 视图中,再次选取圆线①,执行“偏移曲线”命令(按钮),向内偏移 5mm,得到圆线④,如图 5-6-15 所示。

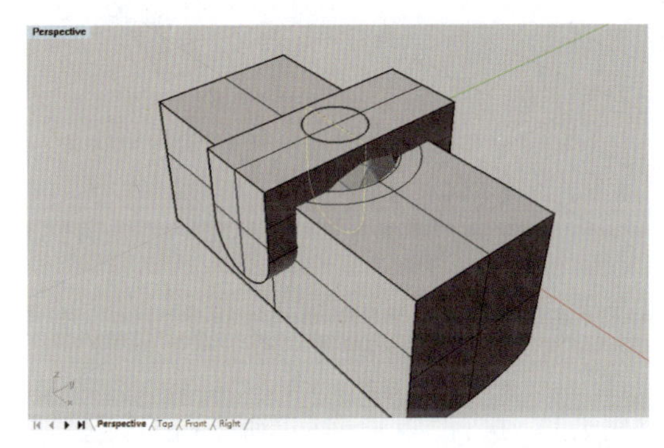

图 5-6-14　将轮廓线挤出成开爪物体

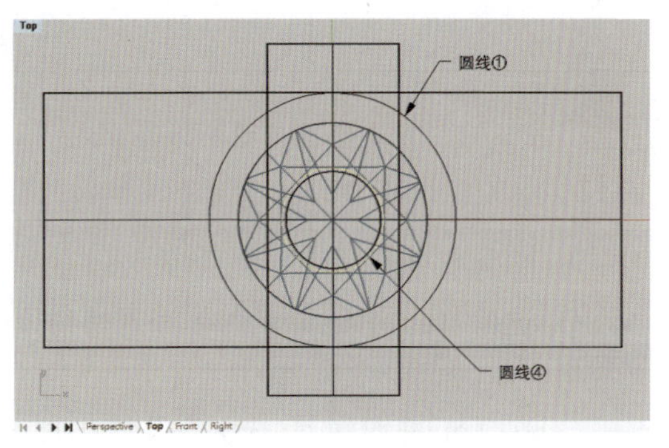

图 5-6-15　偏移得到圆线④

(2)选取圆线④,先在 Front 视图中执行“2D 旋转”命令(按钮),将其旋转 90°,然后在 Right 视图中将其下移 0.7mm 或 0.8mm,到如图 5-6-16 所示的位置。

(3)使用“多重直线”工具(按钮),通过捕捉圆线④两侧的四分点,向上绘制出如图 5-6-17 所示的线段,然后执行“修剪”(按钮)和“组合”(按钮)命令,制作成“U”形的开槽物体轮廓线,如图 5-6-18 所示。

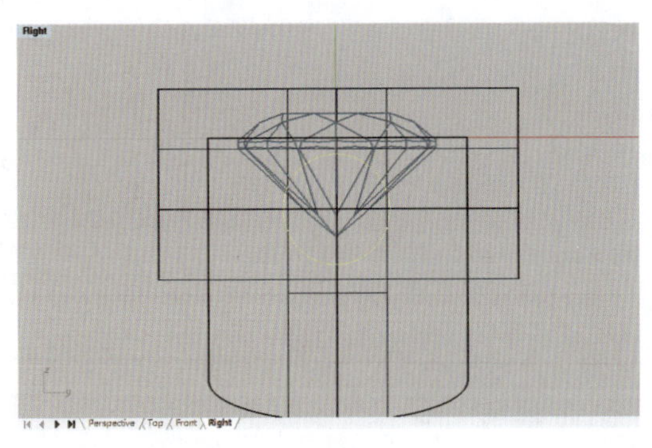

图 5-6-16　将圆线④旋转并移动到指定位置

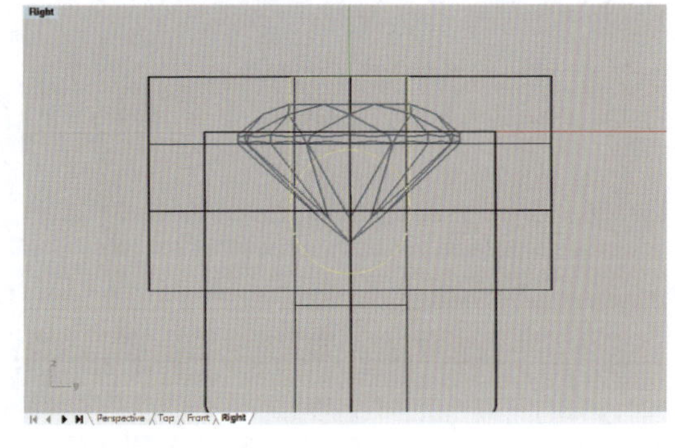

图 5-6-17　绘制开槽物体轮廓线

(4)在 Perspective 视图中,选取开槽物体轮廓线,执行“挤出封闭的平面曲线”命令(按钮),在命令栏中点选“两侧(B)=是”和“加盖(C)=是”,将其挤出成适当长度的开槽物体,如图 5-6-19 所示。

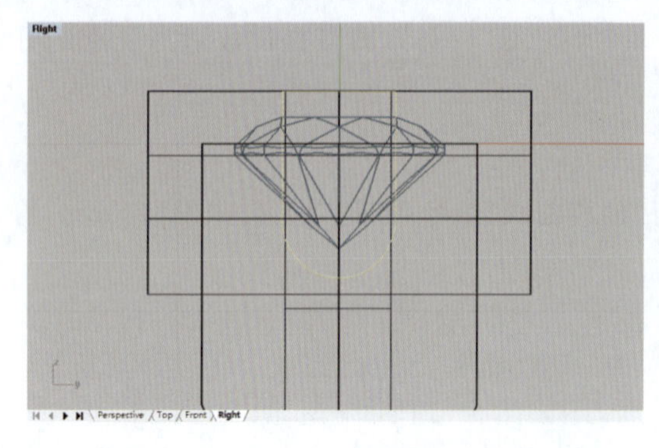
图 5-6-18　修剪开槽物体轮廓线

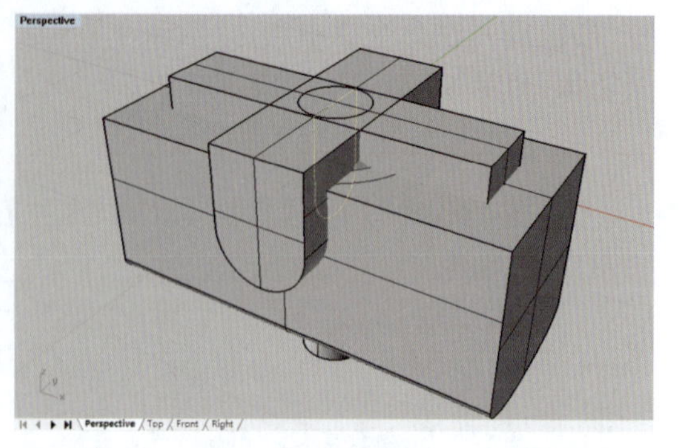
图 5-6-19　将轮廓线挤出成开槽物体

5. 排石和打孔

(1)选取打孔物体、开爪物体和开槽物体，执行“布尔运算并集”命令(按钮)，将三者合并成组合体，如图 5-6-20 所示。

(2)在 Top 视图中，框选宝石及打孔开爪槽组合体，执行“矩形阵列”命令(按钮)，在执行命令过程中按命令栏提示依次设置“x 方向项目数=5”“y 方向项目数=1”“z 方向项目数=1”“x 方向的间距或第一个参考点:0,0,0(或直接用鼠标点击琢型中心)”“第二个参考点:1.5,0,0”，回车后，即可向右阵列复制出 4 组，如图 5-6-21 所示。

(3)选取右边阵列复制出来的 4 组宝石及打孔开爪槽组合体，执行“镜像”命令(按钮)，再向左镜像复制，如图 5-6-22 所示。

(4)选取镶石底座，执行“单轴缩放”命令(按钮)，将其拉伸至合适长度，总长度大约 14mm，如图 5-6-23 所示。

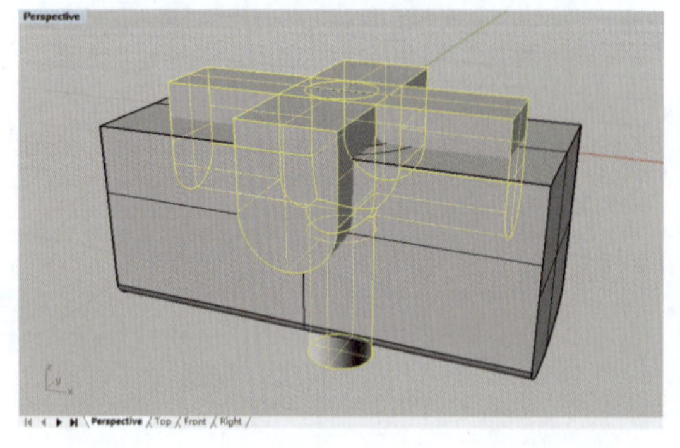
图 5-6-20　并集打孔、开爪和开槽物体

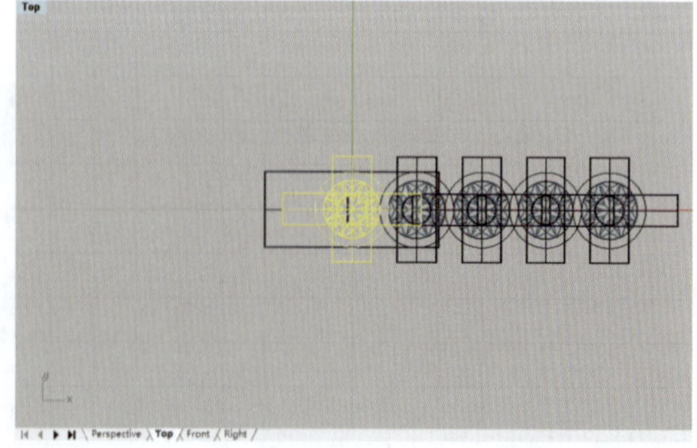
图 5-6-21　阵列宝石及打孔开爪槽组合体

(5)执行“布尔运算差集”命令(按钮)，先单击镶石底座曲面，回车，再框选所有打孔开爪槽组合体，回车，即在镶石底座上打出了各个孔位、爪位及槽位，如图 5-6-24 所示。

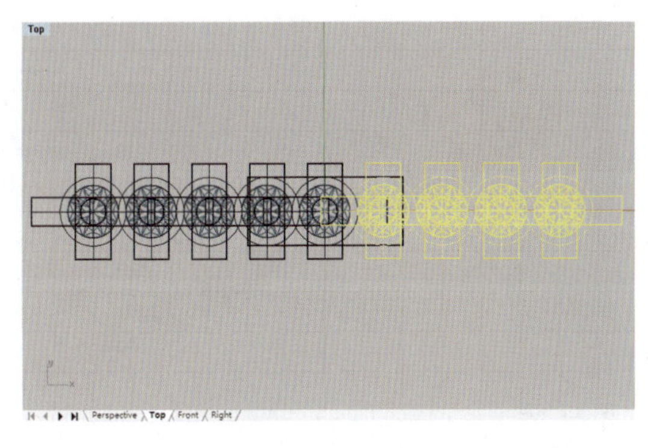

图 5－6－22　镜像复制宝石及打孔开爪槽组合体

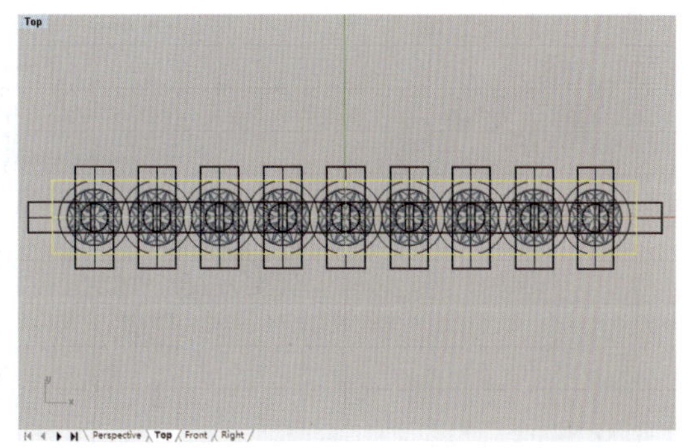

图 5－6－23　单轴拉伸镶石底座至合适长度

（6）框选全部宝石，开启正交模式，将宝石下移至台面与镶爪平行或略低，如图 5－6－25 所示。

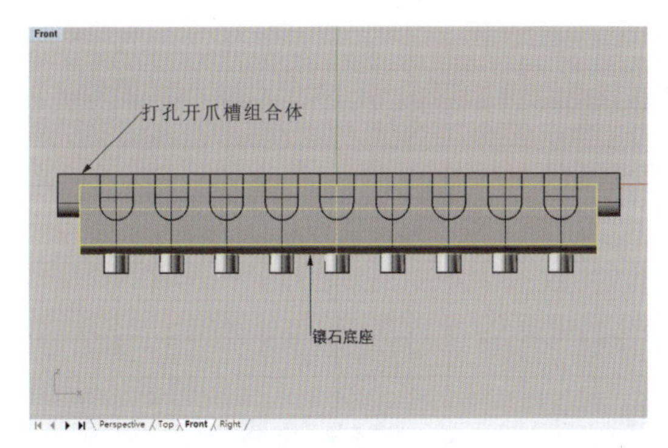

图 5－6－24　布尔运算差集打孔及开爪槽

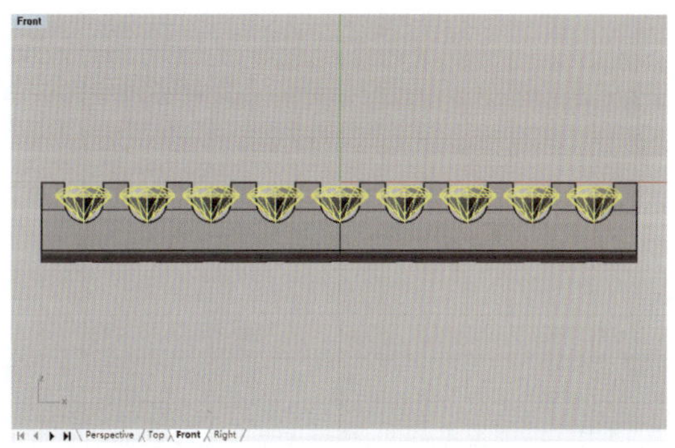

图 5－6－25　调整宝石的嵌入深度

6. 赋色和渲染

（1）使用“选取曲线”工具（按钮）选取所有的曲线，隐藏或删除，然后单击“编辑图层”（按钮），打开“图层”/“全部图层”面板，在面板中指定宝石图层并单击开启按钮使宝石隐藏，观察镶口制作情况，如图 5－6－26 所示。

（2）在图层面板中单击宝石图层的关闭按钮使宝石显示，分别设置宝石和镶石底座（颜色为 Gold，光泽度为 15）的材质，开启渲染模式，效果图如图 5－6－27 所示。

本章介绍了一些常见镶口的设计和制作方法，其中所述的制作实例有些只是镶口的基本型。而首饰的造型是复杂多样的，相同类型镶口的具体制作方法也必然会有所不同，甚至可以用多种不同的技法来实现。学习者在理解和掌握了这些镶口基本型的设计要求、建模思路和制作技法后，在实际首饰设计中可根据首饰的具体造型来灵活应用，选择合适的技法来制作镶口。

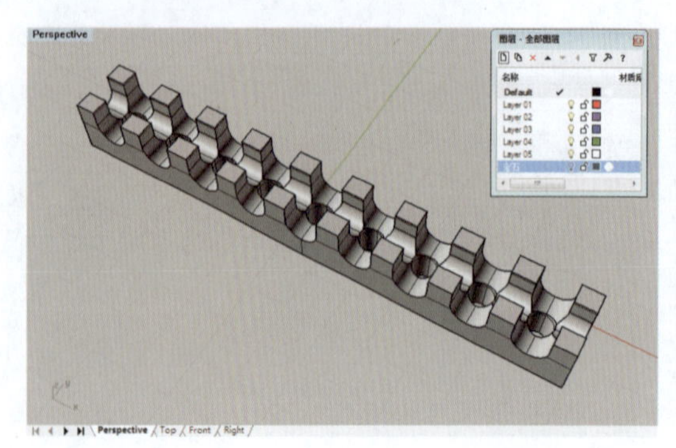

图 5-6-26　隐藏宝石图层

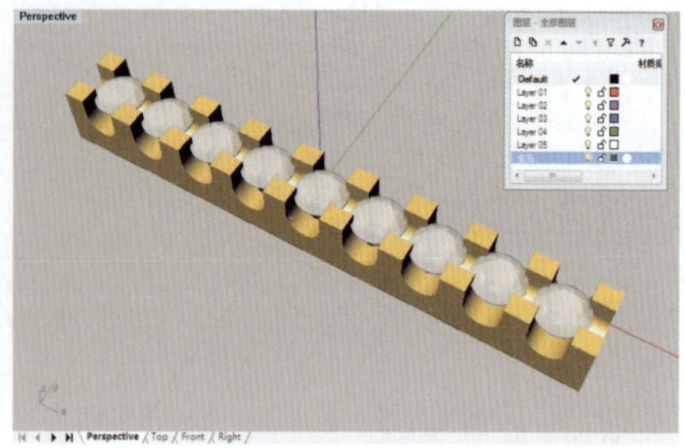

图 5-6-27　虎爪镶基本型效果图

戒指的设计与制作

6.1 戒指设计概述

6.1.1 戒指的形态

戒指是指戴在人的手指上的环状饰品。戒指通常由两部分组成:一是圆形环带,称为戒圈或戒环;二是戒圈上方凸起的部分,通常加宽以安放宝石座及镶嵌宝石,或者镌刻、冲压出一些图案。只由金属制成,没有镶嵌宝石的戒指,称为素戒。

戒指顶部的正面形态,一般呈嘴形,中间较宽,两端较窄,线条过渡要求顺滑流畅。

戒指的侧面形态,一般内圈为正圆形,外圈形态则变化多样,主要有圆顺形、猪嘴形和鹅蛋形,如图 6-1-1 所示。戒指的侧面要收底,厚薄适中。一般在底部最薄,顶部主体位置最高,半环位(即两边半环处)不能太厚,太厚会导致佩戴不舒适,戒指底部至顶部的线条也要求顺滑流畅。

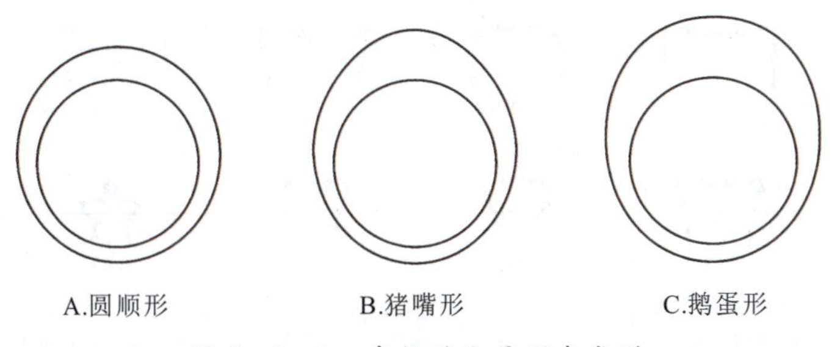

图 6-1-1 戒指的主要形态类型

戒指其他常见的侧面形态如图 6-1-2 所示。其中,D 的整体厚度一致,一般用于浑身戒指内部,其外表镶满宝石或布满装饰图案;E、I、J 是一般常用的戒指侧面形态,宝石大多镶嵌在戒指的上半部,I 通常为男戒形态;F 和 G 是一些做插头的戒指形态,中间的空位处用于外加插镶口;H 是顶部中间有花头的戒指形态,也可以镶宝石,一般宝石镶嵌在戒指的中上部;K 是 J 的一个变形,一般当顶面比较宽时可以选择将戒圈两边收腰,使其形态更加优美;L 和 M 的底部两边有角位,这主要取决于设计者的意图。

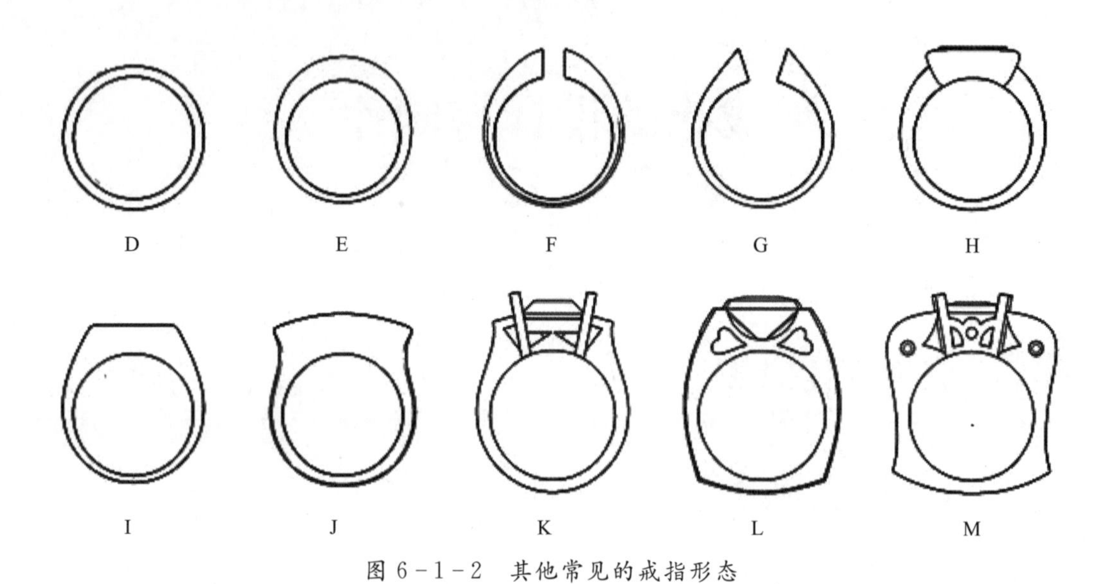

图 6-1-2　其他常见的戒指形态

戒指的截面形态也十分丰富,如图 6-1-3 所示的是选自 RhinoGold 3.0 的戒指截面管理库中的部分戒指截面形态,在将它们应用于 Rhino 建模戒指时,要注意在所选用的截面图形下方加画线条封口并组合成封闭的曲线图形。

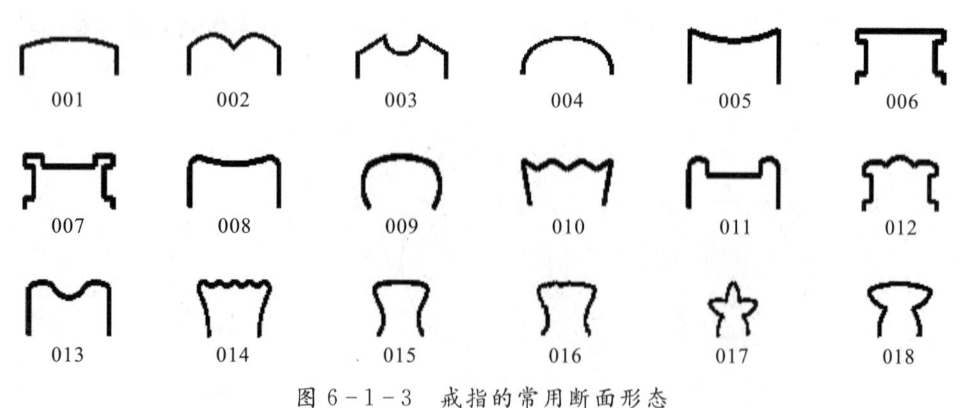

图 6-1-3　戒指的常用断面形态

6.1.2 戒指的尺寸

戒指指圈大小的标准，称为手寸，通常以“度”或“号”来表示。目前在中国市场上，戒指手寸一般采用香港的手寸标准(港度)，表 6-1-1 是港度手寸与直径的参考数据。

表 6-1-1 港度手寸转换毫米直径表

港度(号数)	直径(mm)	港度(号数)	直径(mm)	港度(号数)	直径(mm)
1	12.30	12	16.15	23	20.00
2	12.65	13	16.50	24	20.35
3	13.00	14	16.85	25	20.70
4	13.35	15	17.20	26	21.05
5	13.70	16	17.55	27	21.40
6	14.05	17	17.90	28	21.75
7	14.40	18	18.25	29	22.10
8	14.75	19	18.60	30	22.45
9	15.10	20	18.95	31	22.80
10	15.45	21	19.30	32	23.15
11	15.80	22	19.65	33	23.50

6.2 简单素戒

6.2.1 圆顺形素戒

圆顺形素戒一般顶部的厚度稍大于底部厚度，横侧面上部的宽度稍大于底部宽度或与之相同。其制作方法比较简单，具体步骤如下。

(1)在 Top 视图中，使用“圆：中心点、半径”工具(按钮)，绘制一个直径为 18mm 的圆，此为戒圈的内侧曲线，如图 6-2-1 所示。

(2)切换到 Right 视图，先使用“矩形：三点”工具(按钮)，在圆形线顶部紧靠四分点处绘制一个宽为 6mm、高为 2mm 的矩形，然后用“圆弧：起点、中心、通过点”工具(按钮)，通过捕捉矩形线的上部左右交点，绘制一段高约 1mm 的圆弧线。接着，执行“修剪”命令(按钮)，利用圆弧线剪除矩形线上边的线段，并调用“组合”命令(按钮)将二者组合成封闭曲线，形成如图 6-2-2 所示的戒指顶部截面形态。

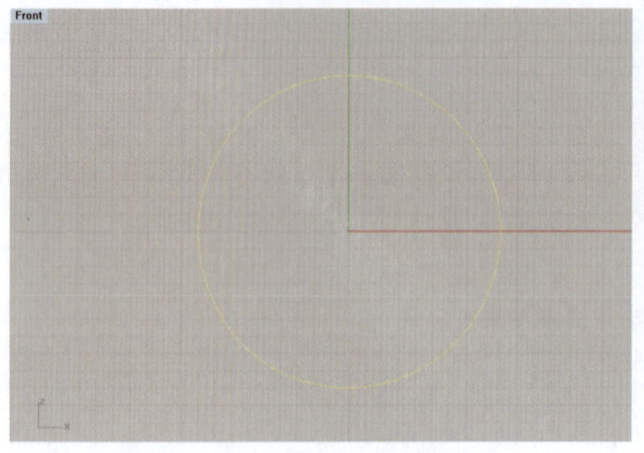

图 6-2-1 绘制戒圈内圆曲线

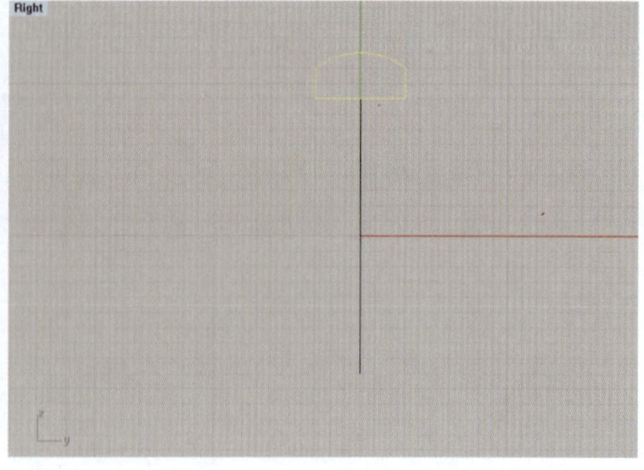

图 6-2-2 绘制戒圈顶部截面线

(3)在 Right 视图中，选取戒圈顶部的截面曲线，执行“镜像”命令(按钮)，向下复制到底部，然后执行“二轴缩放”命令(按钮)，将复制后的曲线缩小为宽 5mm、高 1.5mm 的戒圈底部截面线，如图 6-2-3 所示。

(4)在 Perspective 视图中，执行“单轨扫掠”命令(按钮)，先单击戒圈圆线作为路径，再单击上、下断面曲线，回车后出现调整曲线接缝的控制点及箭头，注意拖动控制点到断面曲线内侧线段的中点或圆线的四分点位置，并且箭头方向相同，如图 6-2-4 所示；然后回车，弹出“单轨扫掠选项”对话框，勾选“封闭扫掠”选项，单击确定按钮，即生成戒指曲面体造型，如图 6-2-5 所示。

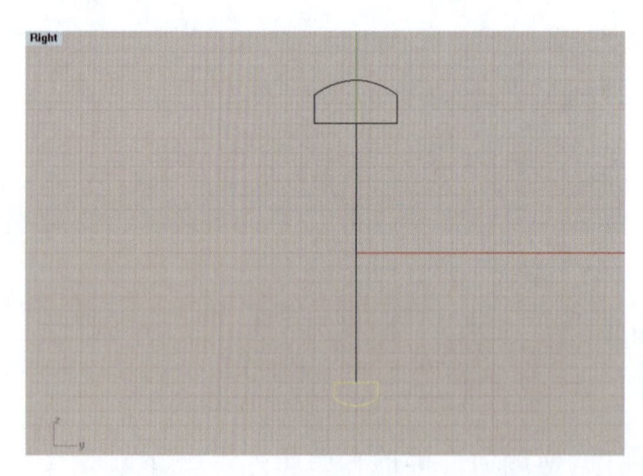

图 6-2-3 绘制戒圈底部截面线

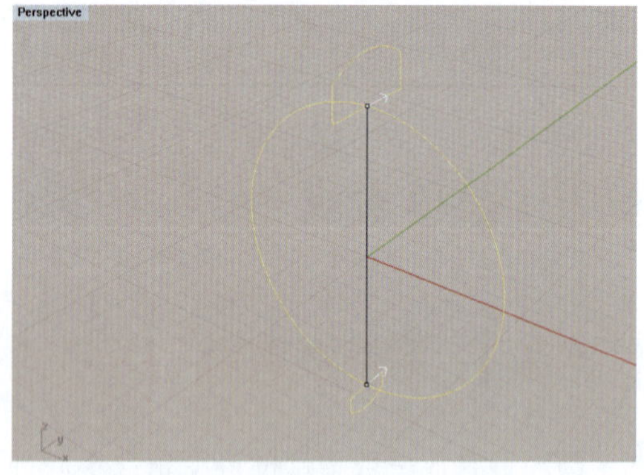

图 6-2-4 调整控制点位置及方向

(5)选取戒圈曲面，单击“物件属性”(按钮)，打开“属性”面板，在材质面板中设置基本色为黄金色(Gold)，光泽度为 15，开启渲染模式，效果如图 6-2-6 所示。

6.2.2 鹅蛋形素戒

鹅蛋形、猪嘴形戒指的顶部都呈高而宽厚的拱形凸面，背面通常作掏底减薄处理，以减

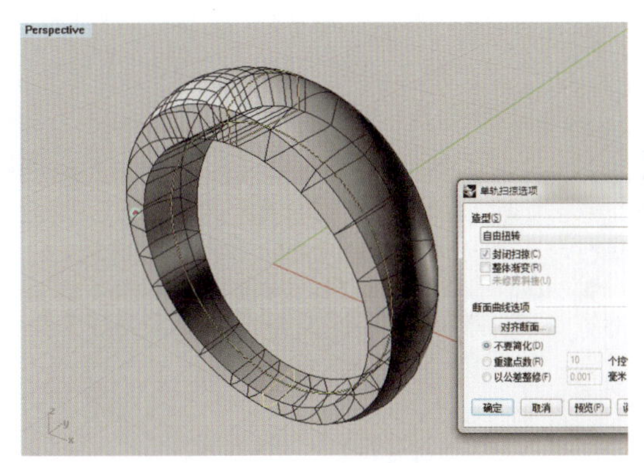

图 6-2-5 单轨扫掠成形

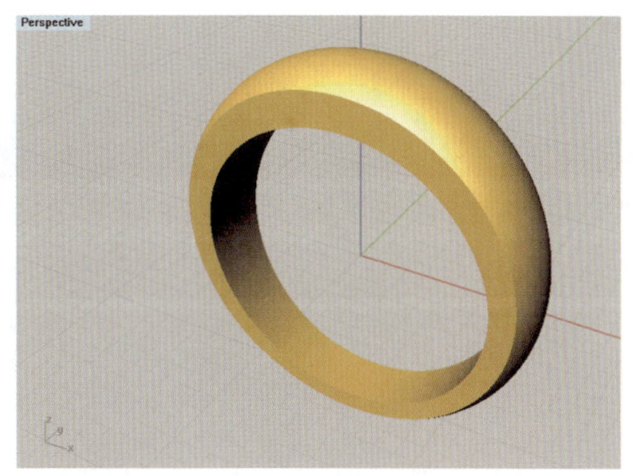

图 6-2-6 圆顺形素戒制作效果图

少金重。对于这类戒指，采用多断面的双轨扫掠法制作更易于把握其造型。

1. 绘制草图

(1)在 Front 视图中，使用“圆：中心点、半径”工具(按钮)，绘制一个直径为 18mm 的圆，此为戒圈的内圆线，如图 6-2-7 所示。

(2)在 Right 视图中，使用“直线”工具(按钮)，通过捕捉戒圈圆线的四分点，在顶、底部右侧各绘制一条长度为 8mm 和 3mm 的直线，用作戒指宽度辅助线，如图 6-2-8 所示。

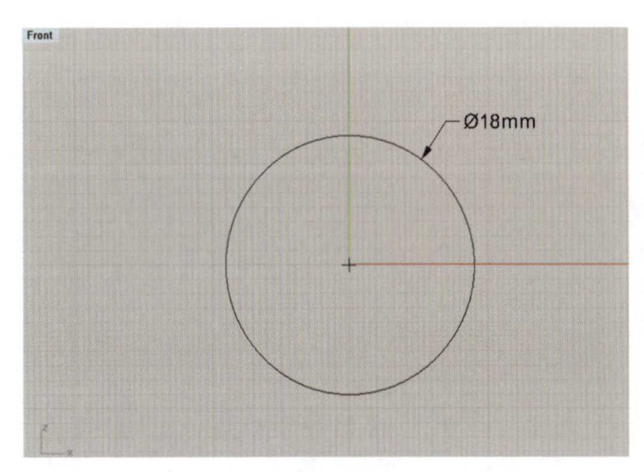

图 6-2-7 绘制戒圈内圆线

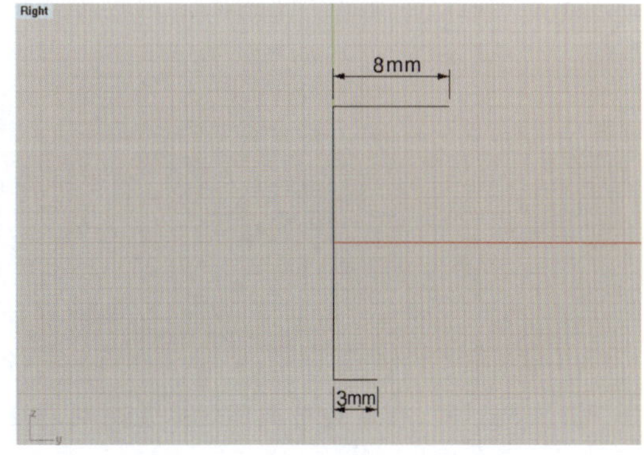

图 6-2-8 绘制戒指宽度辅助线

(3)使用“圆锥线”工具(按钮)，在戒圈圆线的右侧，通过宽度辅助线的右端点，自上而下绘制一条向内弯曲的弧线，用于制作戒指侧边轮廓的辅助线，为了便于区分以红色线表示，如图 6-2-9 所示。

(4)在 Perspective 视图中，执行“从两个视图的曲线”命令(按钮)，该命令的作用是从选取的两条平面曲线建立另外一条 3D 曲线(相当于一曲线往另一曲线方向的投影)，操作方法是，先单击右边的红色辅助线，再单击戒圈圆线，即可在红色辅助线位置产生戒指的右边框曲线，其侧向弯曲形态与红色辅助线一致，如图 6-2-10 所示。

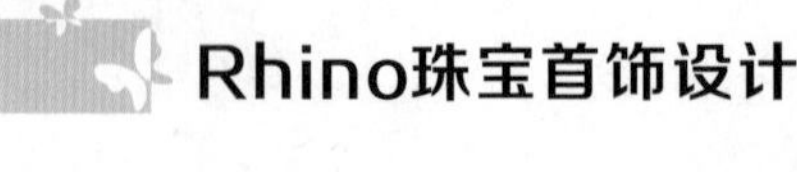

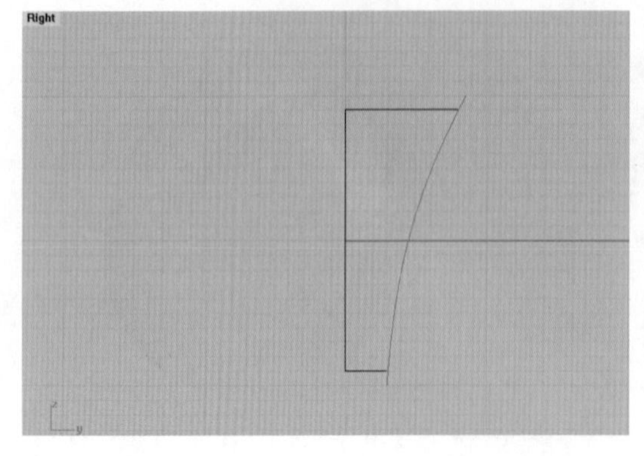

图 6-2-9　绘制侧边轮廓辅助线

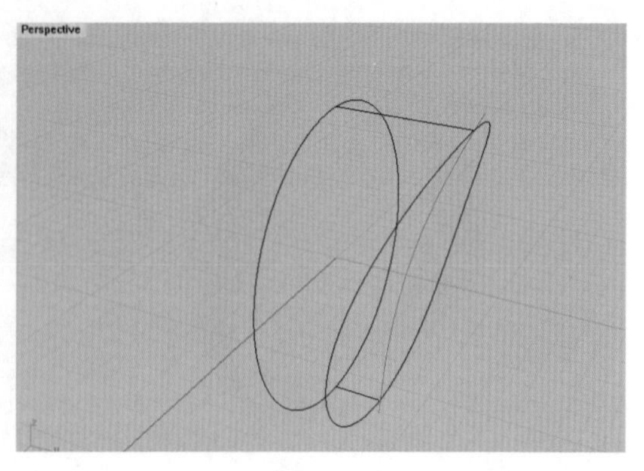

图 6-2-10　建立戒圈的右边框曲线

(5)选取刚绘制的戒指右边框曲线,执行"镜像"命令(按钮),向左边对称复制,产生戒指左边框曲线,如图 6-2-11 所示。

(6)在 Right 视图中,使用"圆弧:中心点、起点、角度"工具(按钮),在戒指的顶、底部,以中间戒圈圆线的四分点为中心点,左边框曲线的四分点为起点,右边框曲线的四分点为终点,各绘制一段圆弧线,如图 6-2-12 所示。

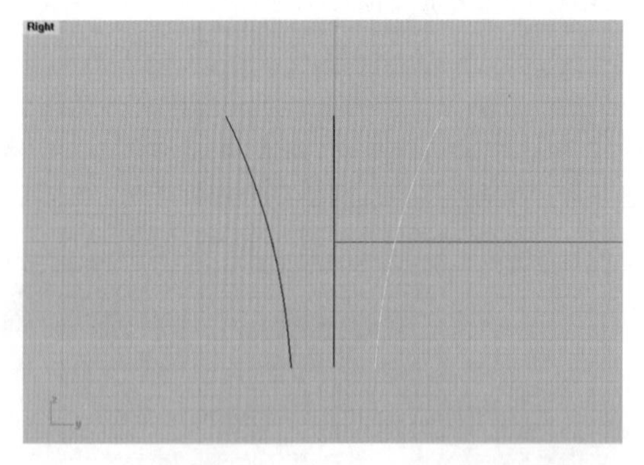

图 6-2-11　将右边框曲线镜像复制到左边

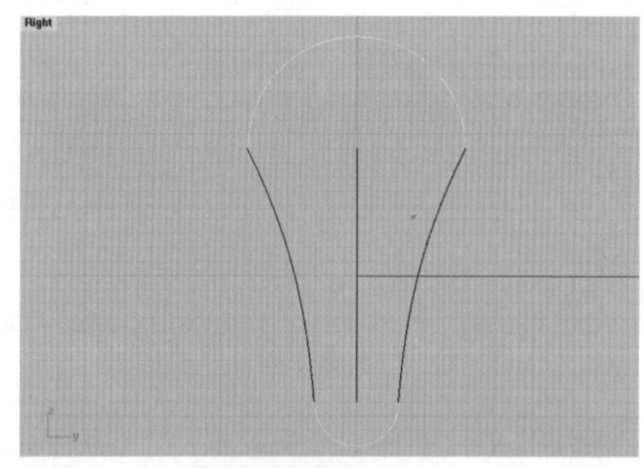

图 6-2-12　绘制戒指的顶、底部圆弧线

(7)在 Right 视图中,选取戒圈底部的圆弧线,执行"开启控制点"命令(按钮),显示出曲线控制点,框选下方的一行控制点,向上移动 1.5mm,如图 6-2-13 所示;然后,执行"关闭控制点"命令(右击按钮),关闭曲线控制点,在 Perspective 视图中观察戒指的立体草图形态,如图 6-2-14 所示。

2. 创建曲面

(1)在 Perspective 视图中,执行"双轨扫掠"命令(按钮),先单击戒指两侧的边框线作为路径,再单击顶、底部的圆弧作为断面曲线,弹出"双轨扫掠选项"对话框,勾选"封闭扫描"选项,单击"确定"按钮,即可形成戒指的外圈曲面,如图 6-2-15 所示。

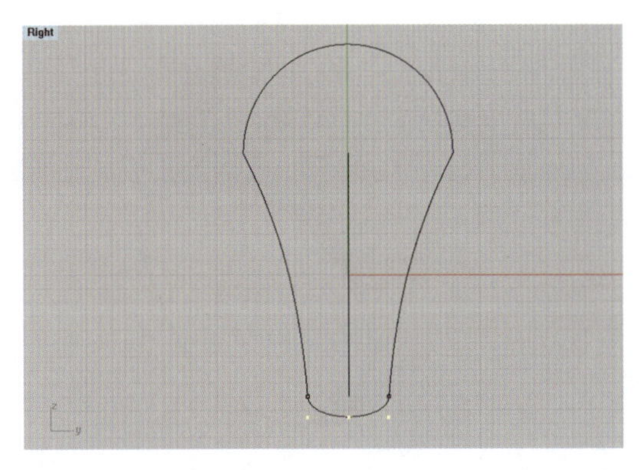

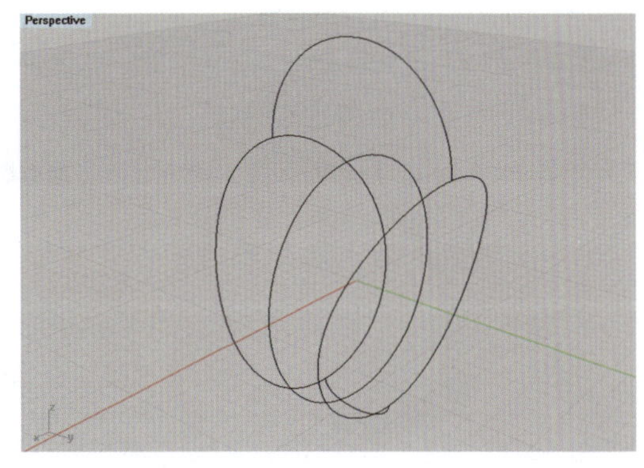

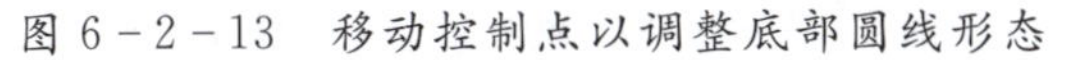
图 6-2-13 移动控制点以调整底部圆线形态　　　图 6-2-14 戒指的立体草图

(2)选取戒指外圈曲面,执行“偏移曲面”命令(按钮),在命令栏中设置偏移距离为1mm,向内偏移复制,所得到的曲面将在后续步骤中用于对戒指掏底,这里称之为掏底曲面,为了便于区分,把它改变到其他图层以红色显示,如图 6-2-16 所示。

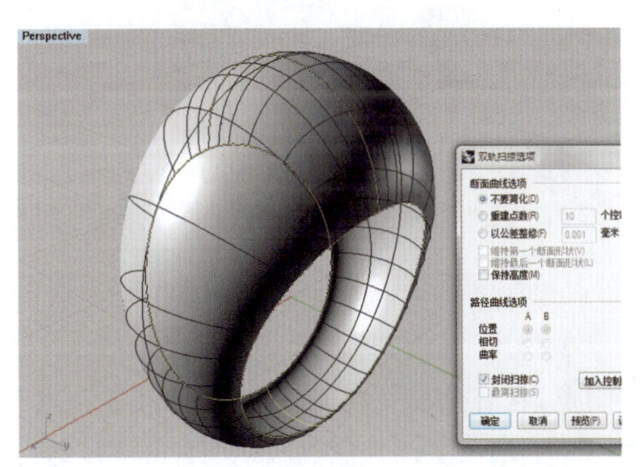

图 6-2-15 双轨扫掠形成戒圈曲面

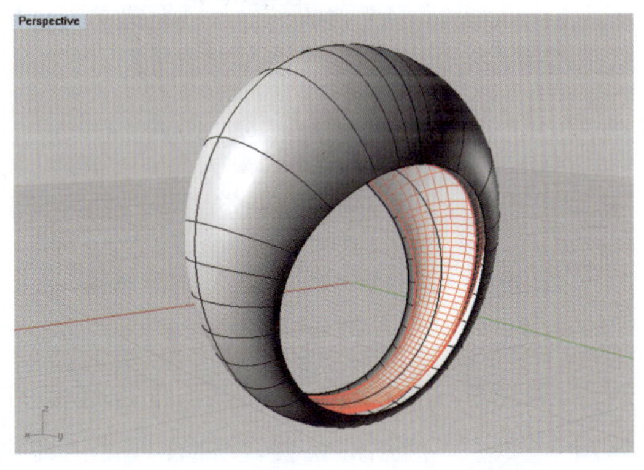

图 6-2-16 将戒圈曲面向内偏移复制

(3)执行“放样”命令(按钮),依次单击戒指的两侧边框圆线,弹出“放样选项”对话框,在“造型”下拉框中选择“平直区段”选项,单击“确定”按钮,于是产生戒指的内圈曲面,如图 6-2-17 所示。然后,执行“组合”命令(按钮),选取内、外圈曲面,将它们组合成一个整体,如图 6-2-18 所示。

3. 掏底处理

(1)执行“延伸曲面”命令(按钮),在命令栏中设置“延伸系数”为 1.5,分别单击掏底曲面的两侧边缘,回车,使它们完全突露出戒指的内表面,如图 6-2-19 所示。

(2)选取掏底曲面,执行“重建曲面”命令(按钮),弹出“重建曲面”对话框,在“阶数”中,将“U”和“V”都设置为 2,单击“确定”按钮,如图 6-2-20 所示。

(3)在线框模式视窗下,选取掏底曲面,执行“开启控制点”命令(按钮),显示出曲面控

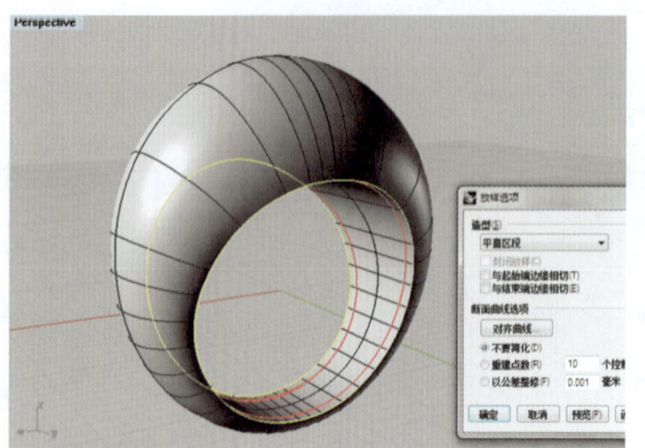

图 6-2-17　放样建立内圈曲面

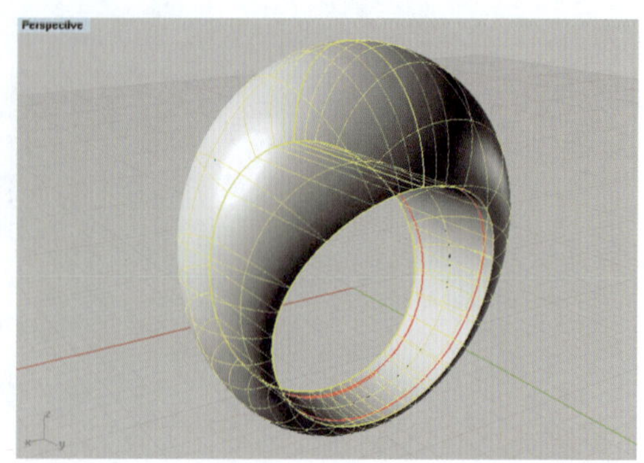

图 6-2-18　将戒指的内、外圈曲面组合

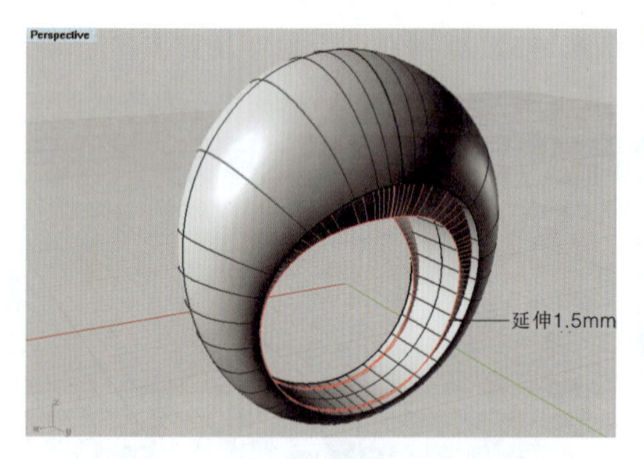

图 6-2-19　延伸掏底曲面边缘

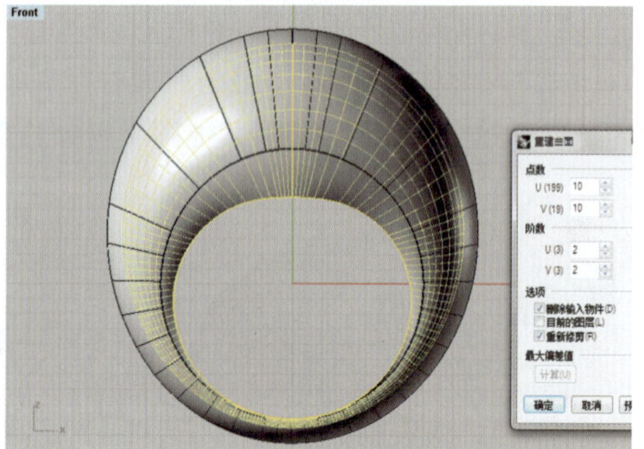

图 6-2-20　重建掏底曲面

制点，如图 6-2-21 所示；然后，框选底部的控制点，在着色模式视窗下，向上移动控制点到如图 6-2-22 所示的位置，使曲面底部上提收缩，随后执行“关闭控制点”命令（右击按钮）。

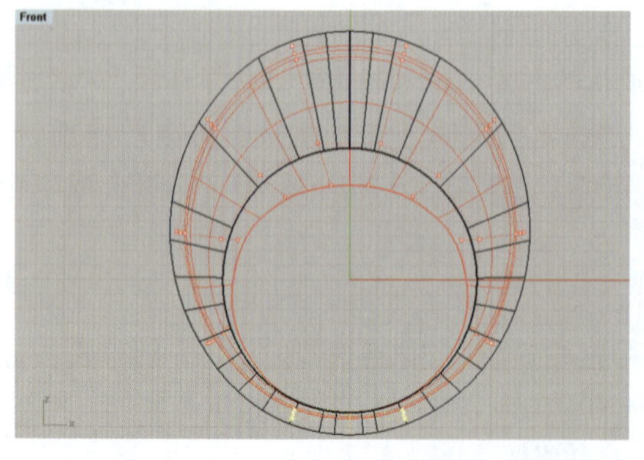

图 6-2-21　显示掏底曲面控制点

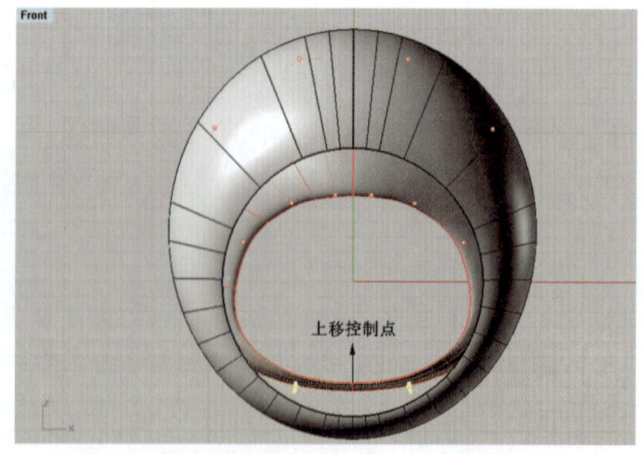

图 6-2-22　将掏底曲面底部控制点上移

(4)执行“布尔运算差集”命令(按钮),先单击戒指本体,回车,再单击掏底曲面,回车,完成掏底工作,如图6-2-23所示。

(5)打开“属性”面板,设置戒指的材质,在基本选项组中指定颜色为黄金色(Gold)、光泽度为15,然后开启渲染模式,效果如图6-2-24所示。

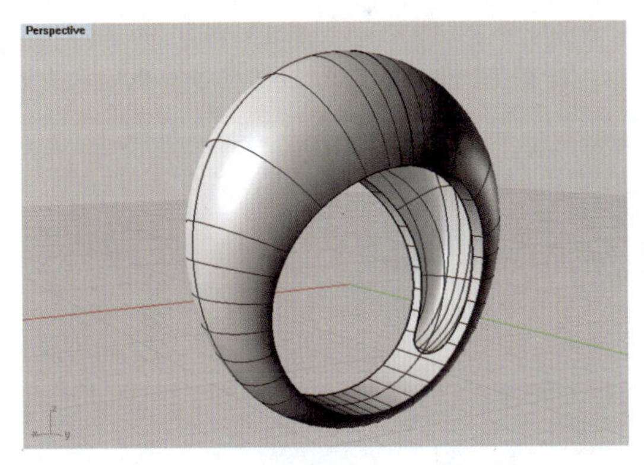

图6-2-23 利用偏移的曲面对戒指掏底

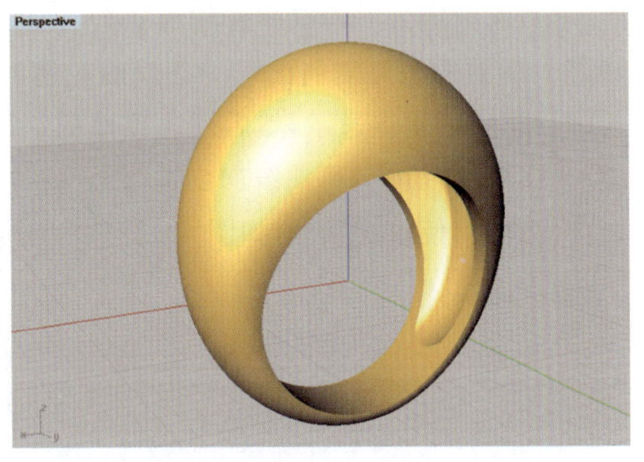

图6-2-24 鹅蛋形素戒制作效果图

6.2.3 方顶形素戒

这类戒指多为男性戒指,其顶部呈方形或矩形的平面,两侧或有坡面,背面也常作掏底处理以减少金重。这类戒指的模型可以采用放样建立曲面的方法来进行制作,具体步骤如下。

1. 绘制草图

(1)在Front视图中,使用“圆:中心点、半径”工具(按钮),绘制一个直径为18mm的圆,作为戒指的内圈曲线,如图6-2-25所示。

(2)使用“直线”工具(按钮),在戒圈圆线两侧四分点位置,各绘制一条长1.5mm的辅助线,然后使用“圆弧:起点、终点、通过点”工具(按钮),分别以左右两侧辅助线的外端点为圆弧的起点和终点,拖动通过点向下至圆线下方1mm处,绘制出戒指的下部轮廓线,如图6-2-26所示。

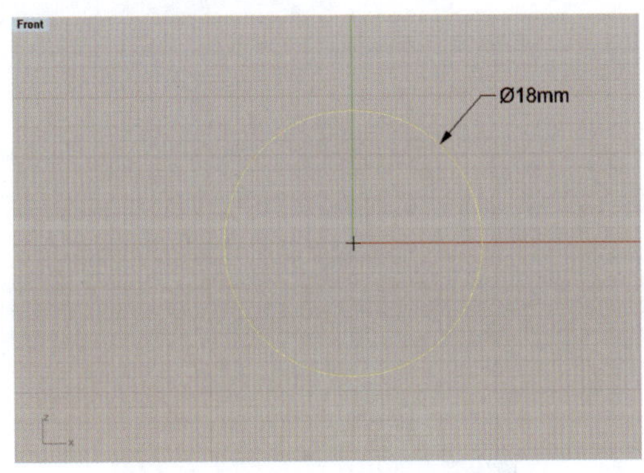

图6-2-25 绘制戒指内圈圆线

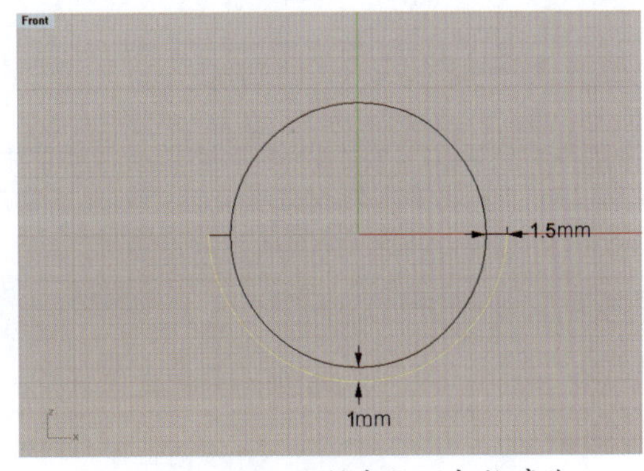

图6-2-26 绘制戒指下部轮廓线

(3)在戒圈圆线上方约4mm处,使用“直线:从中点”工具(按钮),绘制一条长12mm的直线,然后再使用“以圆弧延伸至指定点”工具(按钮),分别单击下半部圆弧线的左右两个端点,将圆弧线向上延伸至直线的左右端点,随后执行“组合”命令(按钮)将它们组合在一起,如图6-2-27所示。

(4)选取组合后的戒圈外轮廓线①,先执行“复制”命令(按钮),再执行“粘贴”命令(按钮),即在原地又复制出了一条戒圈轮廓线②。接着,单击“开启编辑点”按钮,使戒圈轮廓线②的编辑点显示,然后框选顶部的一行编辑点,将曲线向下移动1mm,再调用“单轴缩放”命令(按钮)将曲线向内适当缩窄。之后使用同样的方法,将下面的左右编辑点也适当向内调整,使曲线顺滑,如图6-2-28所示。

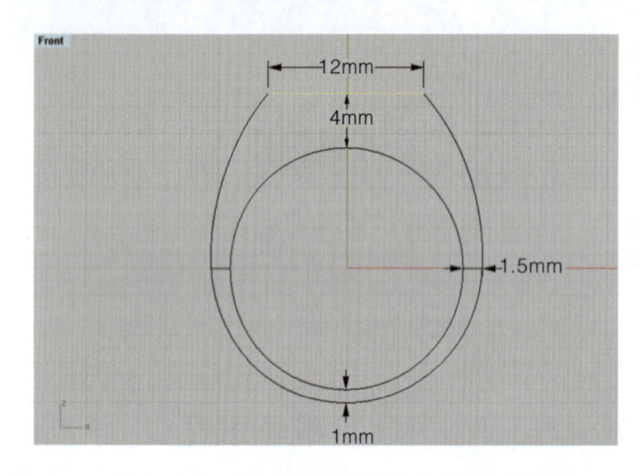

图6-2-27 绘制戒指上部轮廓线

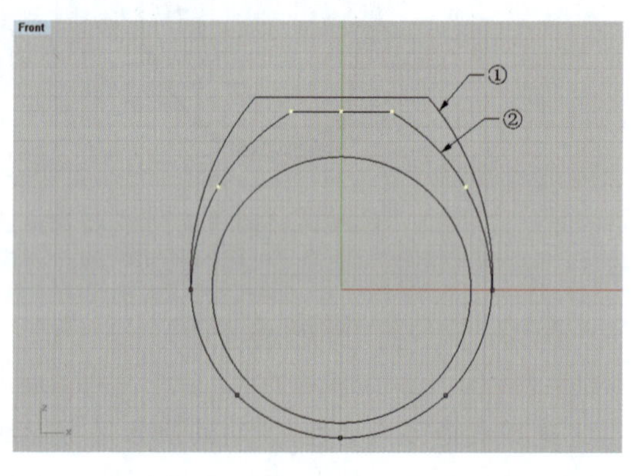

图6-2-28 复制外圈轮廓线并修改形态

(5)执行“曲线圆角”命令(按钮),在命令栏中将圆角半径设置为1.5mm,分别将戒圈轮廓线①和②的顶边拐角圆角化,然后再调用“组合”命令(按钮),将圆角后断开的曲线重新组合在一起,如图6-2-29所示。

(6)在Right视图中,使用“直线”工具(按钮),在戒圈曲线的右侧上约5mm和下约2mm处,画两条如图6-2-30所示的斜线,作为戒圈的投影辅助线。为了便于表述,两条线分别用红色和蓝色表示,两线的上端间距约2mm,下端间距为0.5mm。

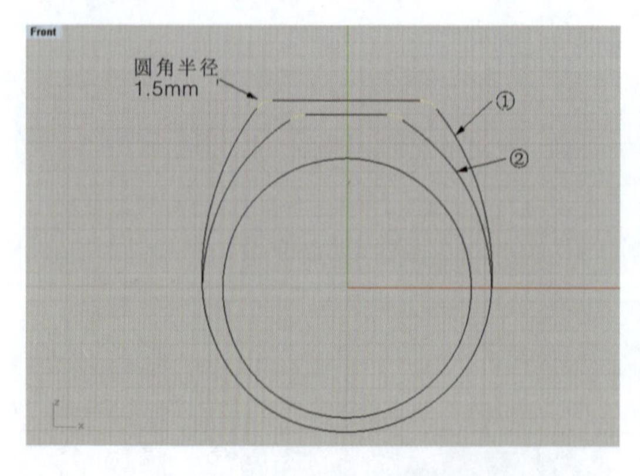

图6-2-29 将轮廓线圆角化

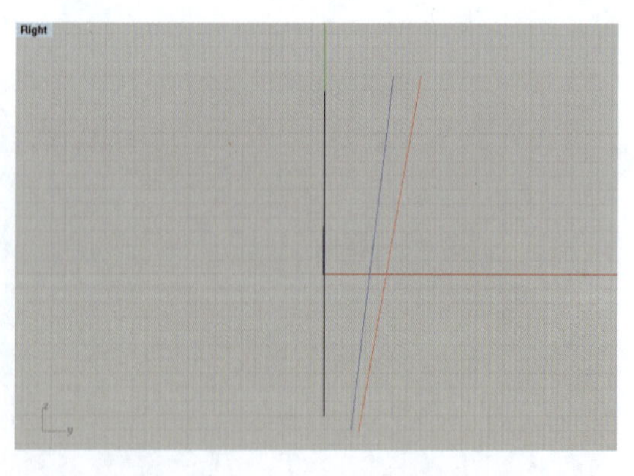

图6-2-30 绘制投影辅助线

(7)在 Perspective 视图中，执行“从两个视图的曲线”命令（按钮 ），先单击蓝色辅助线，再单击戒圈曲线①，即刻将戒圈曲线投影到蓝色辅助线上，然后使用同样的方式，将戒圈曲线②及内圆曲线分别投影到红色辅助线上，如图 6－2－31 所示。

(8)删除或隐藏中间的原始戒圈曲线及投影辅助线，选取右边 3 条新产生的戒指内外曲线，执行“镜像”命令（按钮 ），向左边对称复制，形成戒指的立体草图，如图 6－2－32 所示。

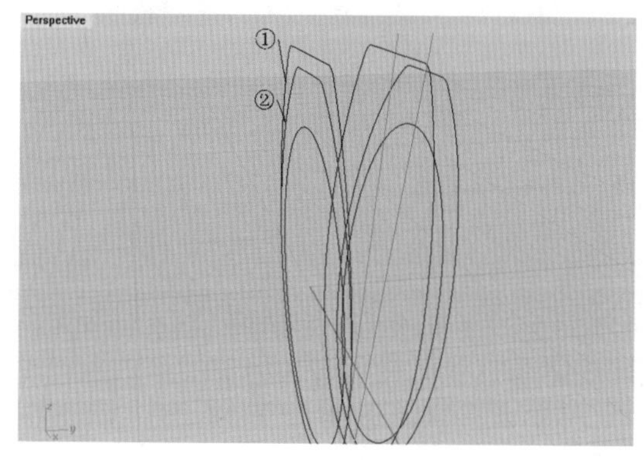

图 6－2－31 轮廓线投影

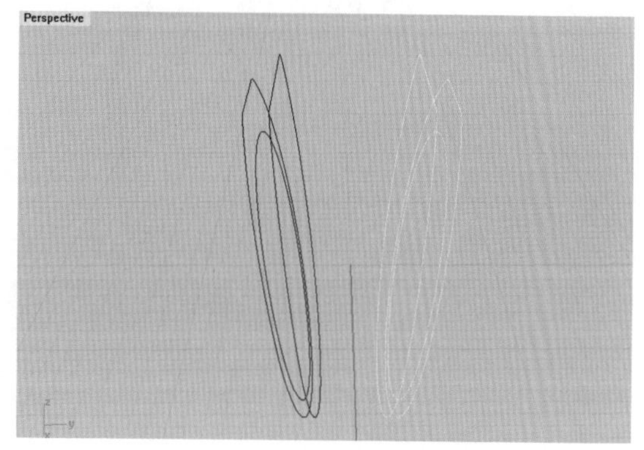

图 6－2－32 镜像复制轮廓线

2. 创建曲面

在 Perspective 视图中，执行“放样”命令（按钮 ），框选或按前后顺序单击戒指的各条曲线，回车后即出现曲线的接缝点和方向（图 6－2－33），若接缝点位置和方向无误，再回车后弹出“放样选项”对话框，在“造型”下拉框中选择“平直区段”，勾选“封闭放样”选项，单击“确定”按钮，即形成戒指的实体模型，如图 6－2－34 所示。

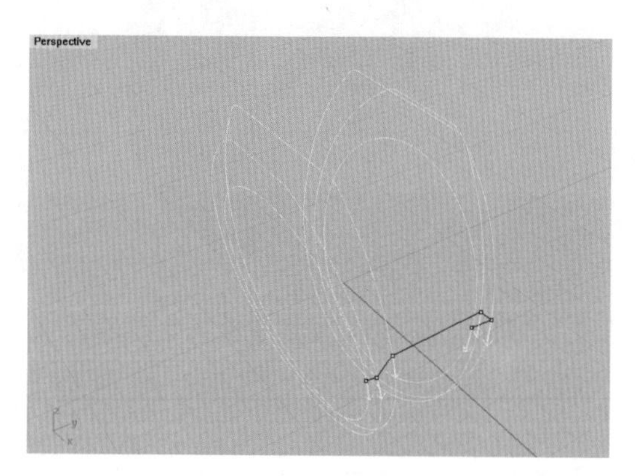

图 6－2－33 曲线的接缝点和方向

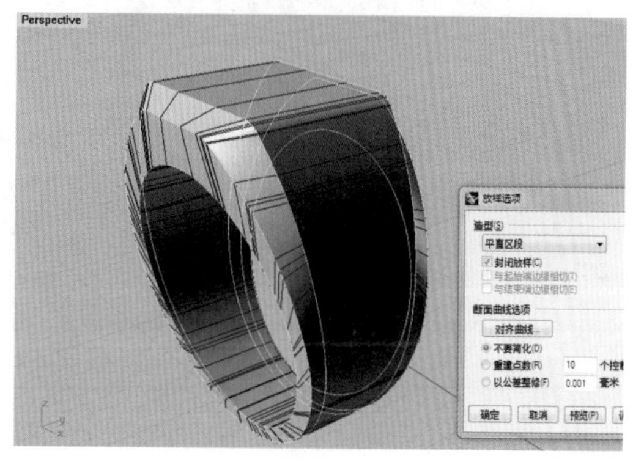

图 6－2－34 放样创建曲面

3. 掏底处理

(1)在 Front 视图中，选取戒指模型，先执行“复制”命令（按钮 ），再执行“粘贴”命令

(按钮)，即在原地生成了一个复制体，然后执行“单轴缩放”命令(按钮)，将复制体向内缩小 2mm，如图 6－2－35 所示，接着再将其位置适当向上移动(约 1mm)，如图 6－2－36 所示。

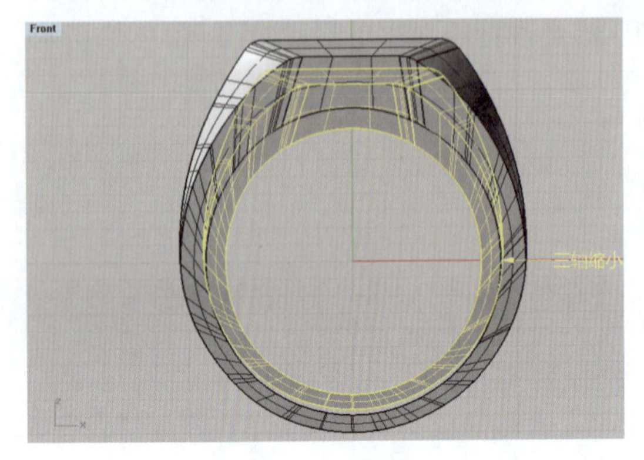

图 6－2－35　复制戒圈及向内缩小

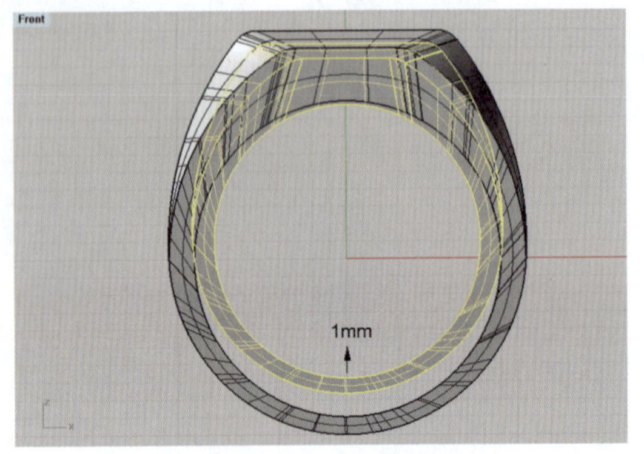

图 6－2－36　将内戒圈适当上移

(2)执行“布尔运算差集”命令(按钮)，先单击戒指本体后回车，再单击缩小的复制体后回车，即完成了利用戒指的复制体对戒指本体进行掏底的处理，如图 6－2－37 所示。

(3)打开“属性”面板，设置戒指材质的颜色为黄金色(Gold)、光泽度为 15，然后开启渲染模式，效果如图 6－2－38 所示。

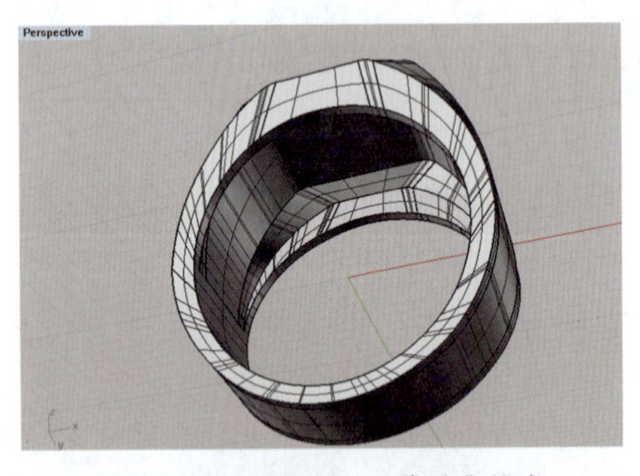

图 6－2－37　布尔运算差集掏底

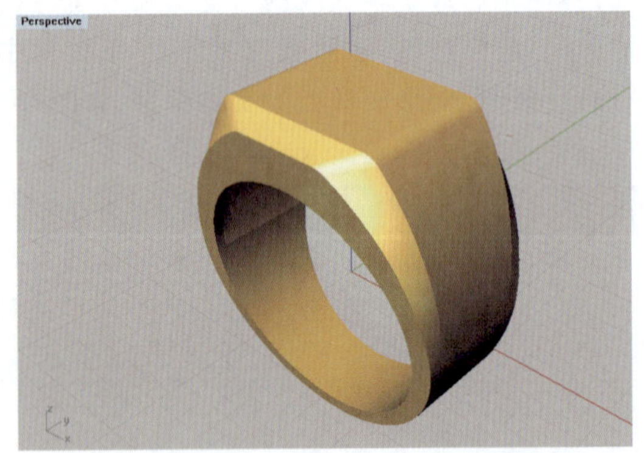

图 6－2－38　方顶形素戒效果图

6.3　包镶戒指

6.3.1　包镶戒指一

本范例是一款简单的单石包镶戒指，如图 6－3－1 所示。虽然其造型简单，但并非是像

制作一般戒指那样简单地对镶口和戒圈进行拼接，而是进行了不等距边缘圆角处理，使接合部位过渡自然、圆滑。镶口与戒圈的曲面圆角连接制作技法是本例的学习重点。

图 6-3-1 包镶铂金钻戒(KeyShot 渲染)

1. 制作戒圈

(1)在 Front 视图中，使用“圆：中心点、半径”工具(按钮)，绘制一个直径为 17mm 的内圆，然后调用“偏移曲线”命令(按钮)，在命令栏中将偏移距离设置为 1.5mm，向外偏移复制出一个直径为 20mm 的外圆，如图 6-3-2 所示。

(2)选取外圆曲线，先整体向上移动 0.5mm，然后执行“开启控制点”命令(按钮)使其曲线控制点显示，框选上部的一行控制点，向上移动 0.5mm，使内外曲线的上下间距(戒圈厚度)分别为 2.5mm 和 1mm，如图 6-3-3 所示。

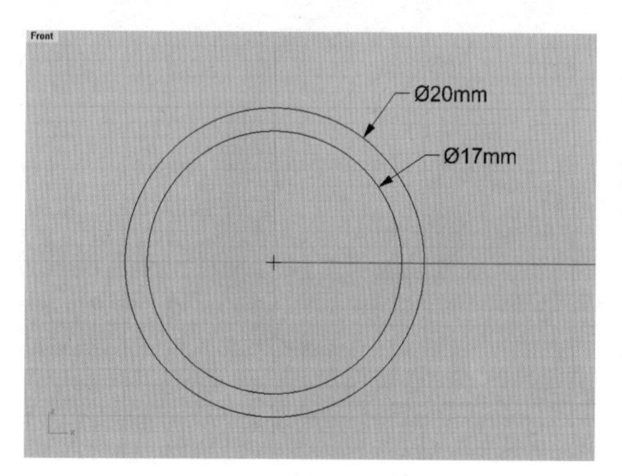

图 6-3-2 绘制戒圈内、外圆线

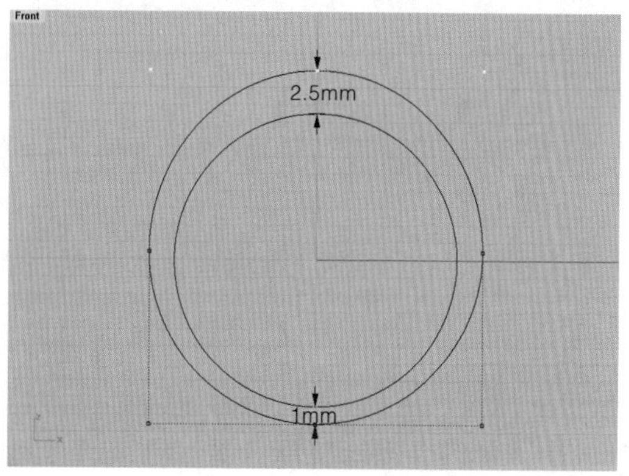

图 6-3-3 调整外圆线位置和形态

(3)在 Right 视图中，使用“直线：从中点”工具(按钮)，以内圆曲线顶部的四分点为中点，绘制一条长 6mm 的直线，然后再使用“圆弧：起点、终点、通过点”工具(按钮)，通过捕捉直线的左右端点和外圈曲线的四分点，绘制一段圆弧线，接着调用“曲线圆角”命令(按钮

），在命令栏中设置圆角半径为0.2mm，将直线和圆弧线以圆角相接，再框选各条线段，执行“组合”命令（按钮），形成戒圈顶部的截面曲线；然后，用同样的方法绘制出戒圈底部的截面曲线，长3mm，如图6-3-4所示。最后，在Perspective视图中查看戒圈的立体草图，如图6-3-5所示。

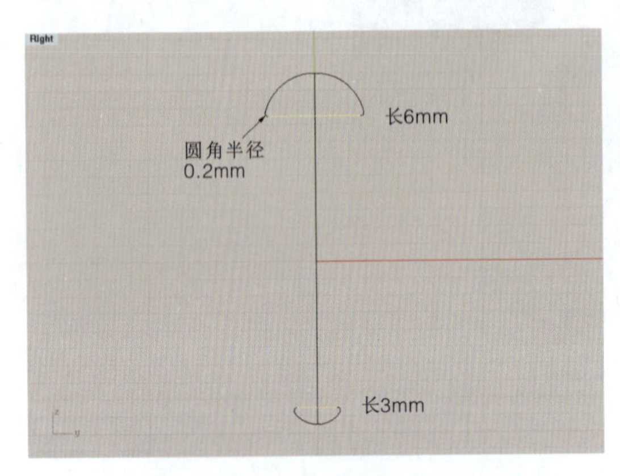

图6-3-4 绘制戒圈截面曲线

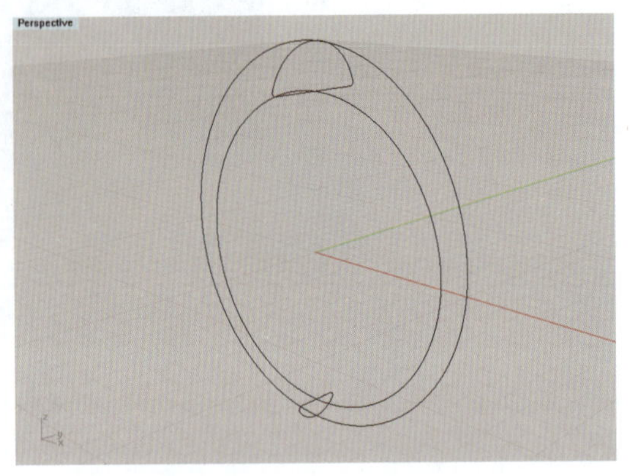

图6-3-5 戒圈立体草图

（4）执行“双轨扫掠”命令（按钮），先单击内外戒圈曲线作为路径，再单击上下断面曲线，回车后显示出接缝点及方向箭头，拖动接缝点到断面直边线的中点或戒圈内圆曲线四分点位置，使箭头方向一致，如图6-3-6所示，再回车弹出“双轨扫掠选项”对话框，勾选“封闭扫掠”选项，单击“确定”按钮，即创建出戒圈曲面，如图6-3-7所示。

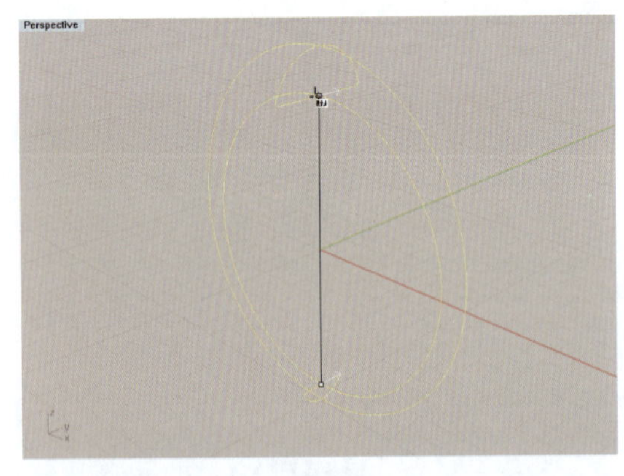

图6-3-6 调整接缝点位置及方向

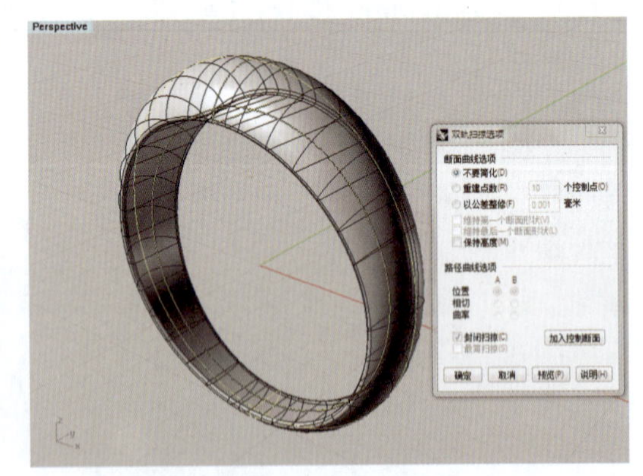

图6-3-7 放样创建戒圈曲面

2. 制作镶口

（1）在Top视图中，插入一个直径为4mm的圆钻型宝石，如图6-3-8所示，然后在Front视图中，将宝石向上移动到戒圈顶部位置，使其腰部高于戒圈，如图6-3-9所示。

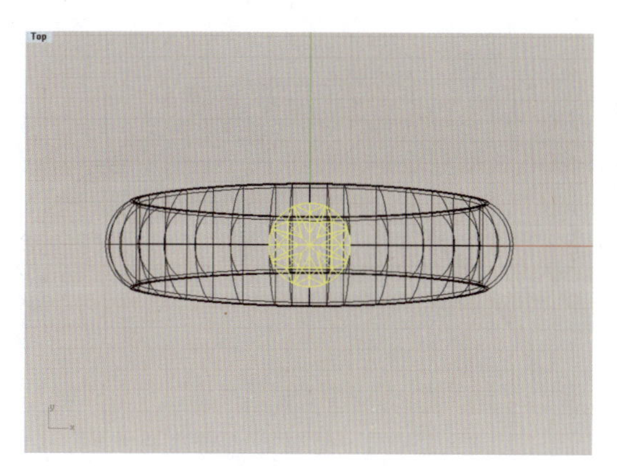

图 6-3-8 插入宝石

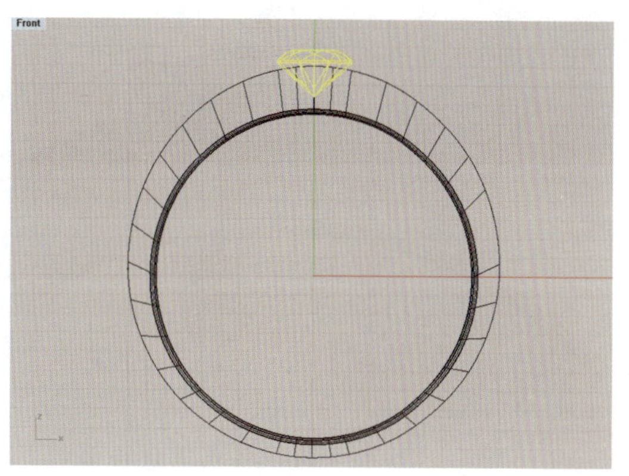

图 6-3-9 将宝石上移到戒圈顶部

(2)在 Front 视图中，使用“直线”工具(按钮)或“多重直线”工具(按钮)，从视图坐标原点处开始而上，在宝石左侧画出包镶的镶口包边线草图，如图 6-3-10 所示。要求内、外两条包边线的间距约为 0.8mm(包边厚度)，其中内侧线与宝石边棱相交约 0.2mm(吃石深度)，上方的横向线段要高于宝石腰棱 0.4mm 以上。

(3)选取包边线草图的各个线段，执行“修剪”命令(按钮)，剪除多余线段，并执行“曲线圆角”命令(按钮)，在命令栏中设置圆角半径为 0.1mm，将包边上部的两个交角圆角化，再框选各个线段，执行“组合”命令(按钮)，形成镶口的包边轮廓，如图 6-3-11 所示。

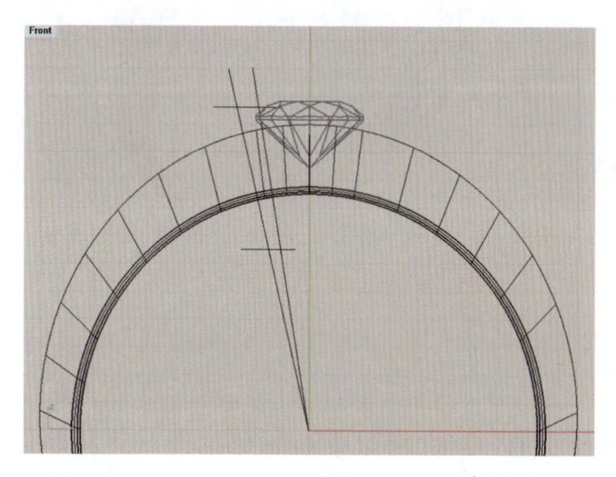

图 6-3-10 绘制镶口包边线草图

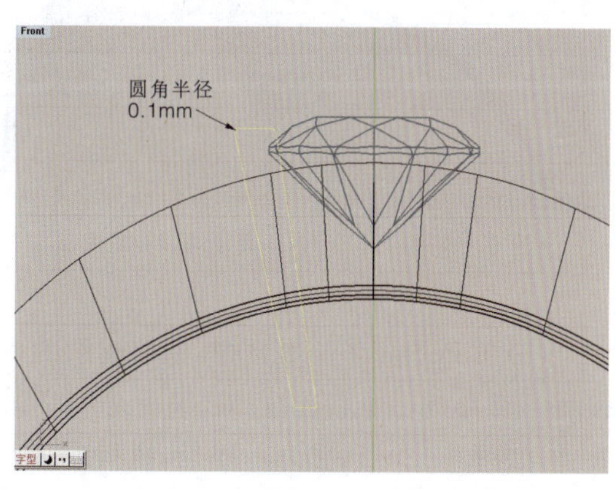

图 6-3-11 修剪后的镶口包边轮廓

(4)选取包边的断面轮廓线，执行“旋转成形”命令(按钮)，形成包镶的镶口曲面，如图 6-3-12 所示。

(5)在 Front 视图中，使用“多重直线”工具(按钮)，沿着镶口侧边绘制出打孔物体的轮廓线，如图 6-3-13 所示。

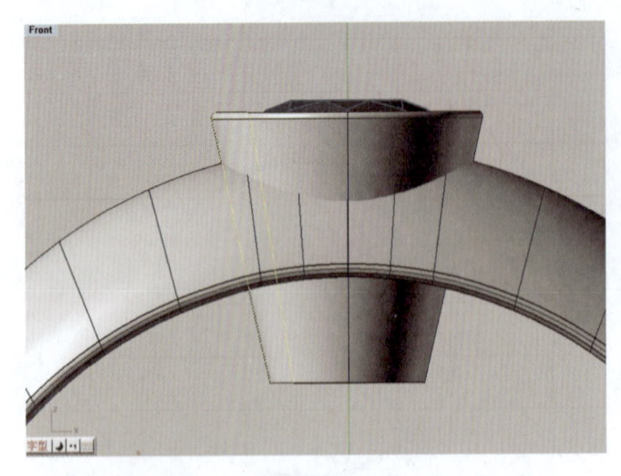

图 6-3-12　旋转形成镶口曲面

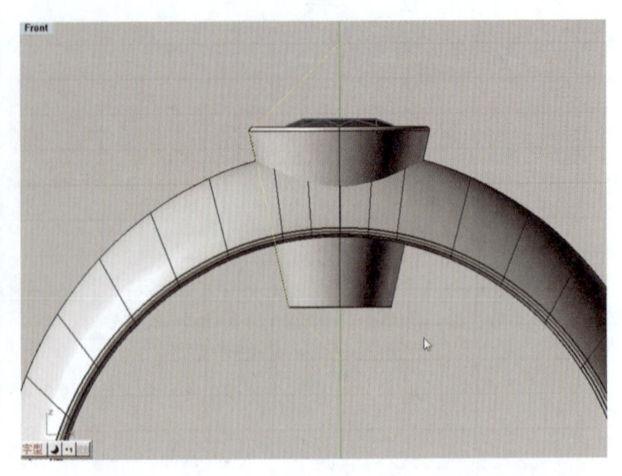

图 6-3-13　绘制打孔物体轮廓线

(6)执行“旋转成形”命令(按钮)，将轮廓线旋转成打孔物体曲面，如图 6-3-14 所示。

(7)执行“布尔运算差集”命令(按钮)，先单击戒圈本体，回车，再单击打孔物体，回车，即可将镶口所在的戒圈部位打通，如图 6-3-15 所示。

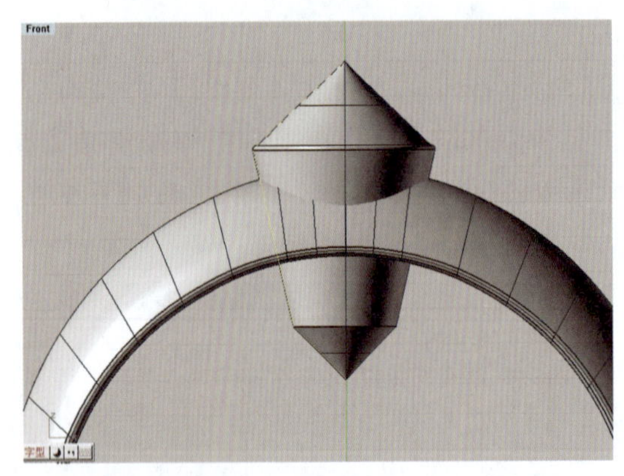

图 6-3-14　旋转形成打孔物体曲面

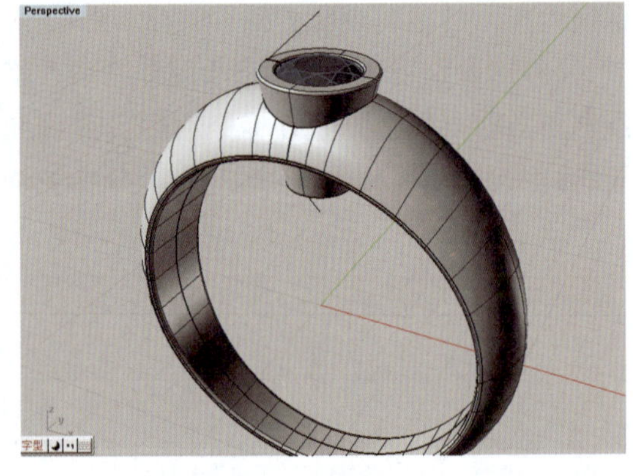

图 6-3-15　用打孔物体打通镶口位戒圈

(8)在 Perspective 视图中，选取戒圈的内圆曲线，执行“挤出封闭的平面曲线”命令(按钮)，在命令栏中点选“两侧(B)＝是”和“加盖(C)＝是”，将圆形曲线挤出成长度适当的圆柱体，如图 6-3-16 所示。然后，执行“布尔运算差集”命令(按钮)，利用此圆柱体将镶口下部突出于戒圈内壁的部分修平，如图 6-3-17 所示。

3. 镶口与戒圈的圆角连接

从上述创建的包镶戒指模型看，镶口与戒圈的连接部位显得比较生硬，需要作圆角处理，使二者的曲面连接过渡自然、圆滑。其制作方法如下。

(1)执行“隐藏”命令(按钮)，让镶口及宝石隐藏，然后执行“炸开”命令(按钮)将戒圈实体炸开成分离的曲面，删除其镶口部位的曲面碎片，如图 6-3-18、图 6-3-19 所示。

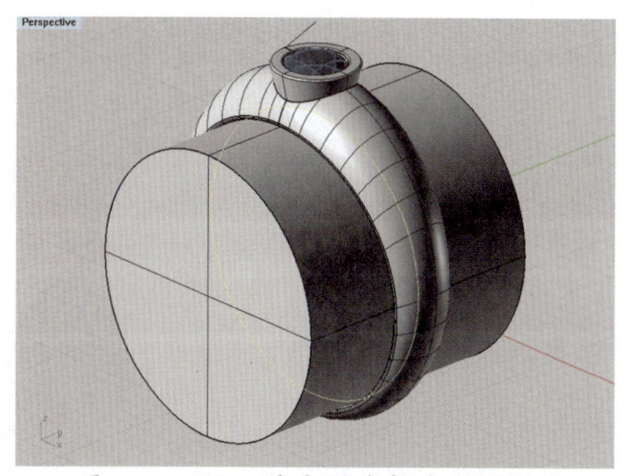

图 6-3-16 将内圆线挤出成圆柱体

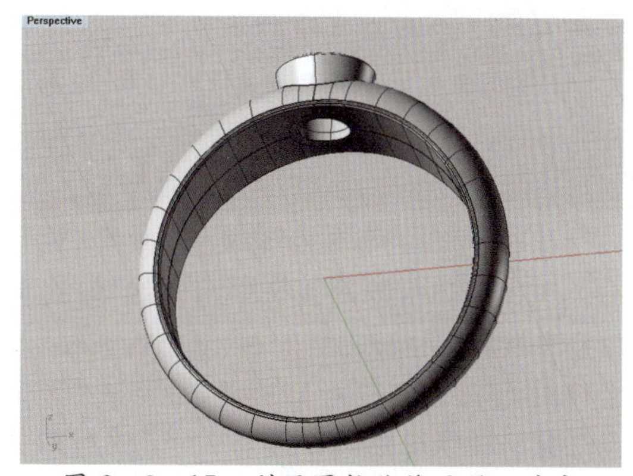

图 6-3-17 利用圆柱体修平镶口底部

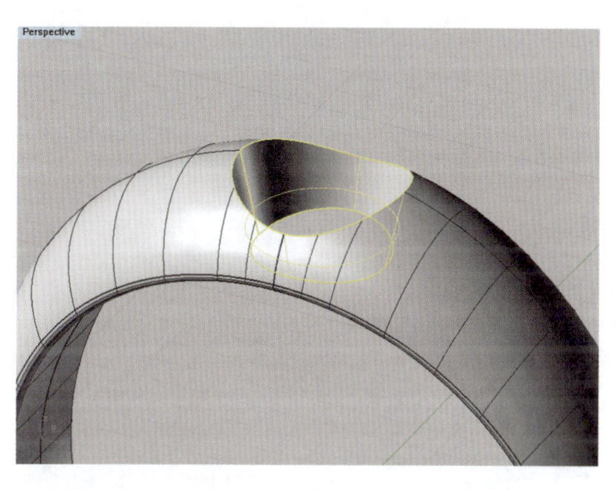

图 6-3-18 将戒圈曲面炸开

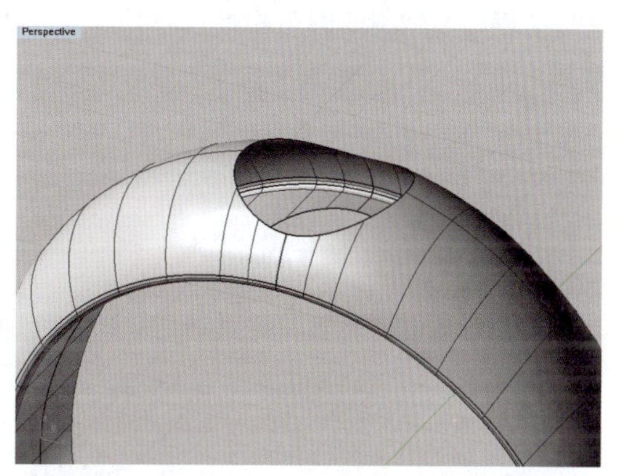

图 6-3-19 删除戒圈镶口部位曲面

(2)执行“选取显示的物件”命令(按钮)让镶口显示,并执行“炸开”命令(按钮)将其炸开,然后选取镶口和戒圈曲面,执行“物件交集”命令(按钮),建立出在二者相交处的曲线,如图 6-3-20 所示。

(3)执行“隐藏”命令(按钮)让戒圈曲面隐藏,然后执行“分割”命令(按钮),利用交集曲线分割镶口曲面,删除其下半部分,如图 6-3-21 所示。

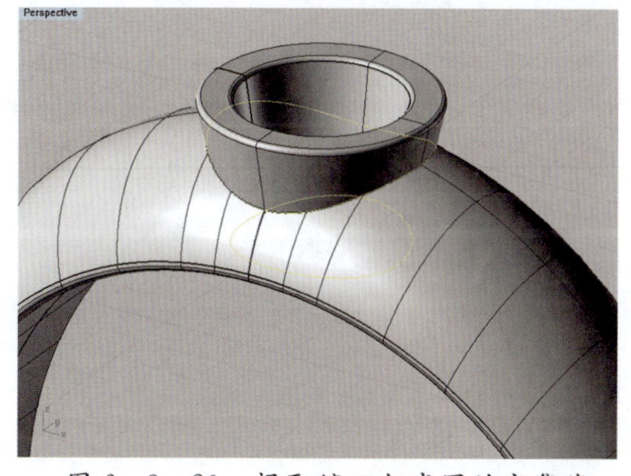

图 6-3-20 提取镶口与戒圈的交集线

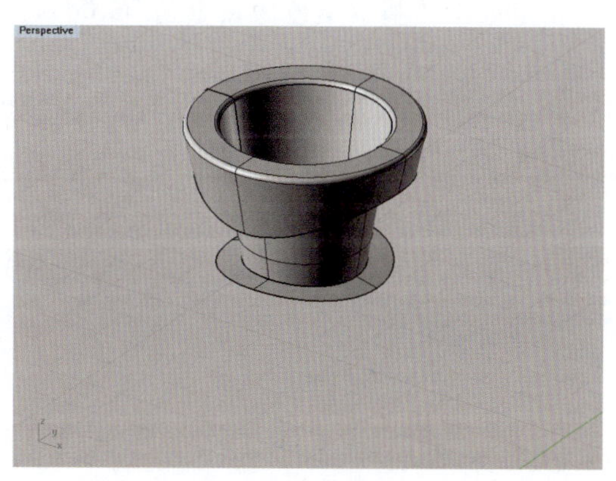

图 6-3-21 用交集线分割镶口曲面

(4)执行“选取显示的物件”命令(按钮)让戒圈曲面显示,选取镶口和戒圈的各部分曲面,执行“组合”命令(按钮),将它们重新组合成一个整体,如图6-3-22所示。

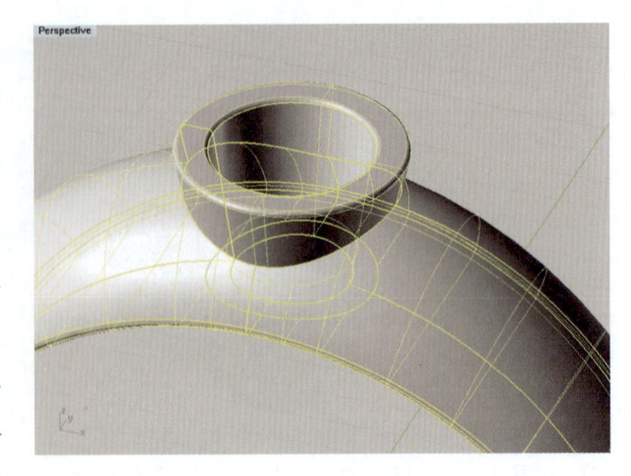

图6-3-22 将镶口和戒圈组合成一体

(5)执行“不等距边缘圆角”命令(按钮),单击镶口与戒圈接合部位的边缘,在命令栏中设置“新增控制杆”和“复制控制杆”的半径距离,如图6-3-23所示,指定左右四分点处控制杆半径距离各为0.4mm,前后四分点处的控制杆半径距离各为1mm。回车后,即完成了镶口与戒圈的圆角相接,如图6-3-24所示。

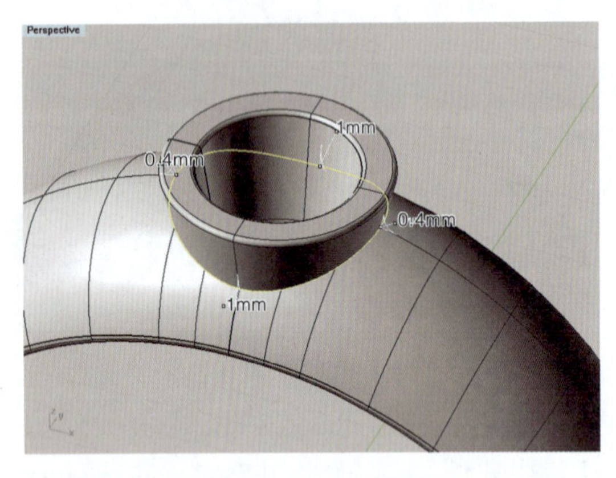

图6-3-23 设置不等距边缘圆角半径

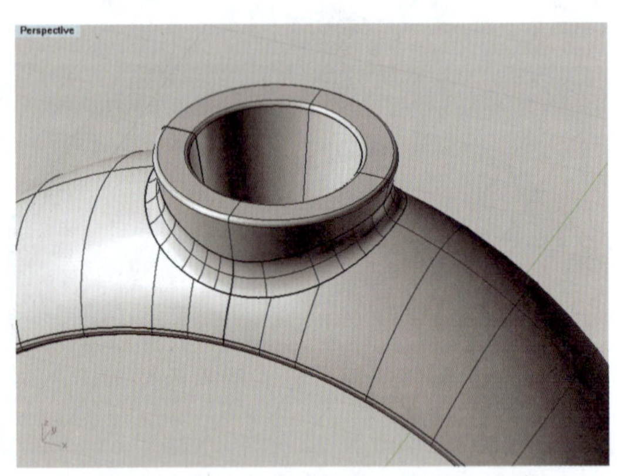

图6-3-24 将镶口和戒圈的圆角连接

4. 赋色和渲染戒指

(1)打开属性面板,在“材质设置”对话框下,指定戒指的基本颜色为黄金色(Gold),光泽度为15,勾选“纹理”选项,对圆钻琢型贴上钻石图片,开启渲染模式,查看制作效果,如图6-3-25所示。

(2)把包镶戒指模型导入KeyShot渲染器软件中,将戒指设置为铂金材质,宝石设置为钻石材质,渲染效果如图6-3-1所示。

图6-3-25 包镶戒指制作效果图

6.3.2 包镶戒指二

本范例也是一款造型看似简单的单石包镶戒指，如图 6－3－26 所示，但其制作技法比较特殊，是在圆形戒圈的顶部切割出一个平面开口，然后用曲面混接法创建出镶口的包边，镶口与戒圈呈自然圆滑的过渡形态。镶口与戒圈的曲面混接制作技法是本例的学习重点。

图 6－3－26 包镶祖母绿戒指（KeyShot 渲染）

1. 制作戒圈

圆形戒指的戒圈曲面一般运用单轨或双轨扫掠法创建，如前述 6.2.1 和 6.2.2 中介绍的圆顺形和鹅蛋形戒圈的创建，也可以运用从网线建立曲面的方法来创建，这里介绍后一种方法。

(1)在 Front 视图中，使用“圆：中心点、半径”工具（按钮），绘制两个直径分别为 18mm 和 23mm 的内圆和外圆，然后选取外圆曲线，向上垂直移动 1.5mm，使内外圆线的底部间距为 1mm，如图 6－3－27 所示。

(2)在 Right 视图中，使用“直线：从中点”工具（按钮），以内圆曲线的上、下四分点为中点，绘制两条长度分别为 10mm 和 4mm 的直线（红线），作为控制戒圈上部和下部宽度的辅助线。然后，使用“圆锥线”工具（按钮），通过捕捉上、下两条直线的左端点，绘制一条圆锥曲线（蓝线），如图 6－3－28 所示。

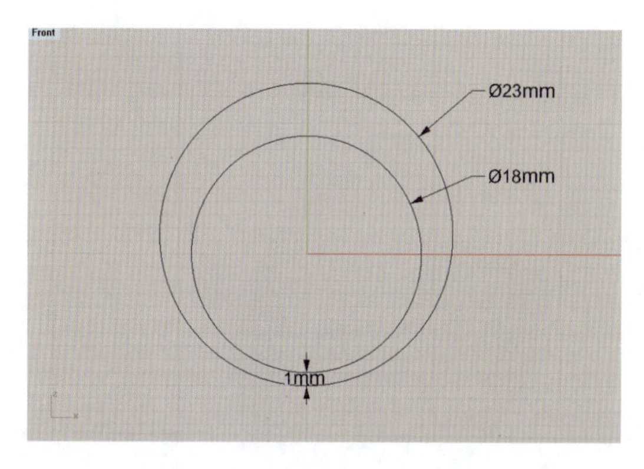

图 6－3－27 绘制戒圈内、外圆线

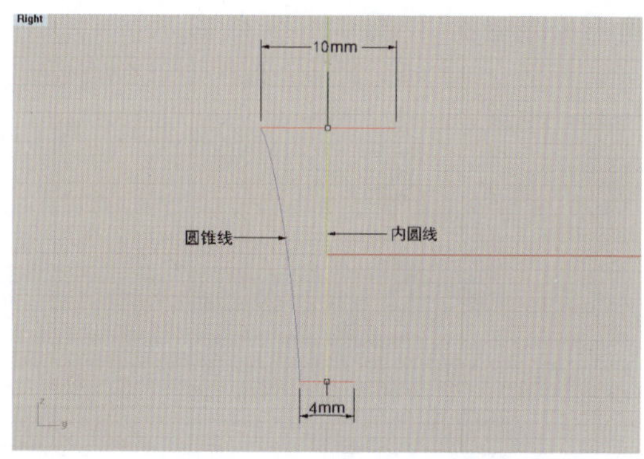

图 6－3－28 绘制戒圈辅助线

(3)在 Perspective 视图中，执行“从两个视图的曲线”命令（按钮），先单击戒圈内圆曲线，再单击圆锥曲线（蓝线），随即产生沿圆锥线弯曲的戒圈侧边轮廓曲线，然后选取该侧边轮廓曲线，执行“镜像”命令（按钮），复制出另一侧边的轮廓曲线，如图 6－3－29 所示。随后将原始的内圆线、圆锥线及直线等辅助线删除。

（4）由于在戒圈的左右半环位的各曲线四分点不在同一平面上，因而需要重新作点，以便绘制戒圈断面曲线。方法是，先执行“切割用平面”命令（按钮），在 Front 视图中沿戒圈的半环位制作一切割用平面，然后选取戒圈轮廓曲线和切割用平面，执行“物件交集”命令（按钮），获取戒圈曲线在半环位处的物件交集点，随后删除切割用平面，如图 6-3-30 所示。

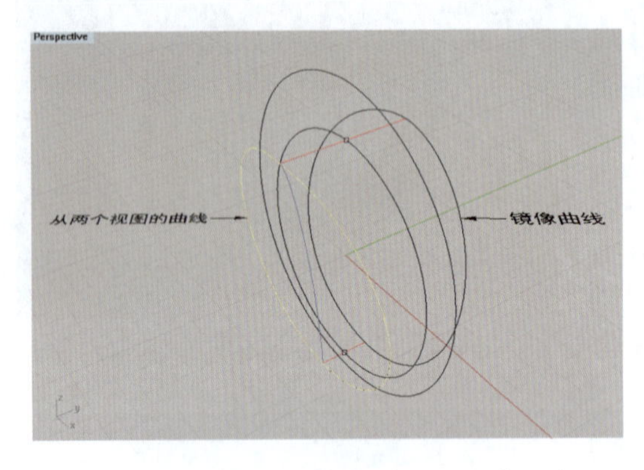

图 6-3-29　制作戒圈侧边轮廓曲线

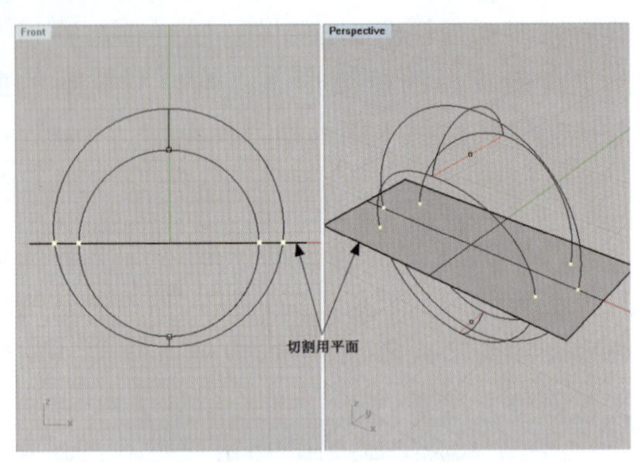

图 6-3-30　获取戒圈曲线半环位交集点

（5）使用“圆弧：起点、终点、通过点”工具（按钮），通过捕捉戒圈曲线的上、下四分点，绘制出戒圈上下部位的断面圆弧线，再通过捕捉戒圈左右半环位的交集点，绘制出戒圈左右部位的断面圆弧线，于是构建成了戒圈的网格线草图，如图 6-3-31 所示。

（6）框选戒圈的网格线，执行“从网线建立曲面”命令（按钮），弹出“从网线建立曲面”对话框，一般不需改变选项参数，仅勾选“预览”项，如果观察效果无误，单击“确定”按钮，创建出戒圈曲面，如图 6-3-32 所示。

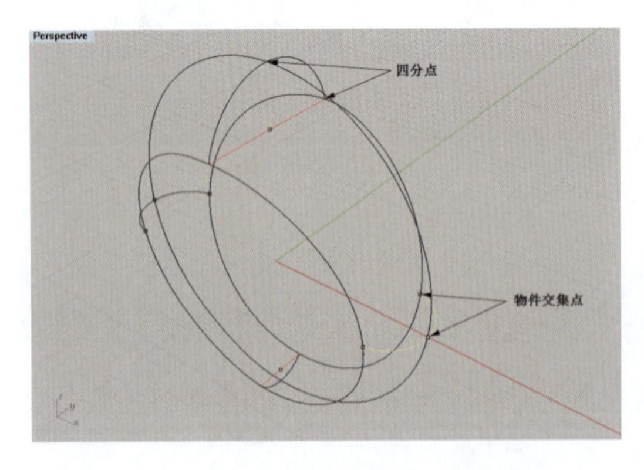

图 6-3-31　绘制戒圈断面曲线

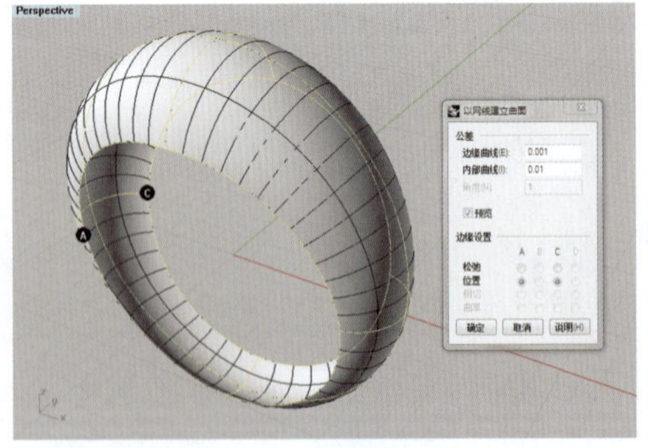

图 6-3-32　从网线建立戒圈曲面

（7）选取戒圈曲面，执行“偏移曲面”命令（），在命令栏中设置偏移距离为 1mm，点选“全部反向”，即向内偏移产生另一曲面，作为掏底曲面待用，如图 6-3-33 所示。

(8)执行“放样”命令(按钮)，单击戒圈外圈曲面的两边轮廓线，弹出“放样选项”对话框，选择“平直区段”选项，单击“确定”按钮，产生戒圈内圆曲面，随后执行“组合”命令(按钮)，戒圈和内圆曲面组合成实体，如图 6－3－34 所示。

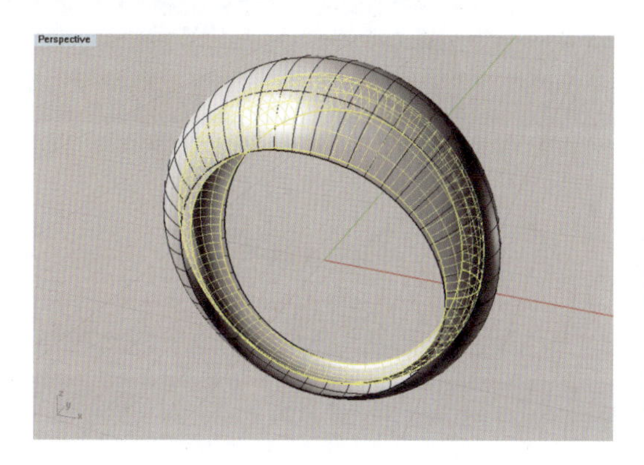

图 6－3－33 向内偏移得掏底曲面

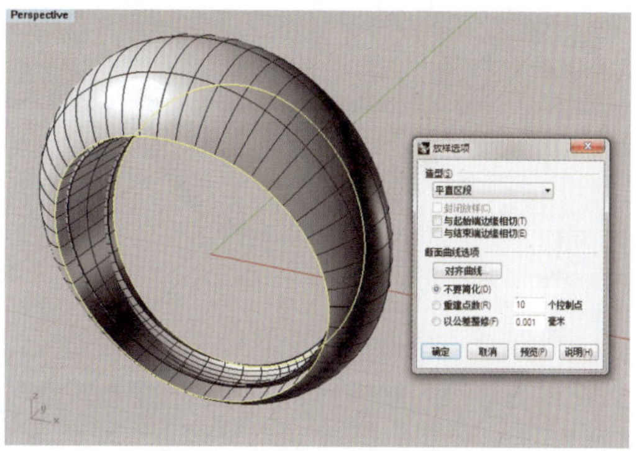

图 6－3－34 放样建立戒圈的内圆曲面

(9)执行“延伸曲面”命令(按钮)，将掏底曲面的两侧边缘向外延伸 1mm，如图 6－3－35 所示。然后，选取掏底曲面，执行“重建”命令(按钮)，弹出“重建曲面”对话框，设置相关参数，单击“确定”按钮，如图 6－3－36 所示。

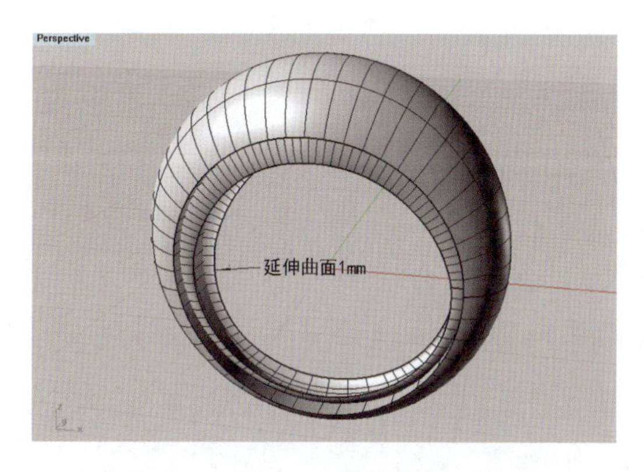

图 6－3－35 延伸掏底曲面边缘

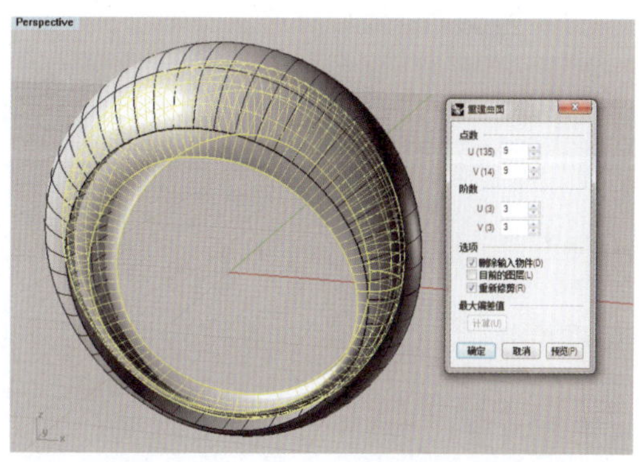

图 6－3－36 重建掏底曲面

(10)单击“开启控制点”按钮，显示出掏底曲面的控制点，框选曲面的下部控制点，在 Front 视图中开启正交模式，垂直向上移动控制点，调整掏底曲面下半部形态，如图 6－3－37 所示。

(11)执行“布尔运算差集”命令(按钮)，先单击戒圈本体，再单击掏底曲面，回车后即完成戒圈的掏底，其结果如图 6－3－38 所示，随后执行“隐藏”命令(按钮)将戒圈隐藏或改变到其他图层备用。

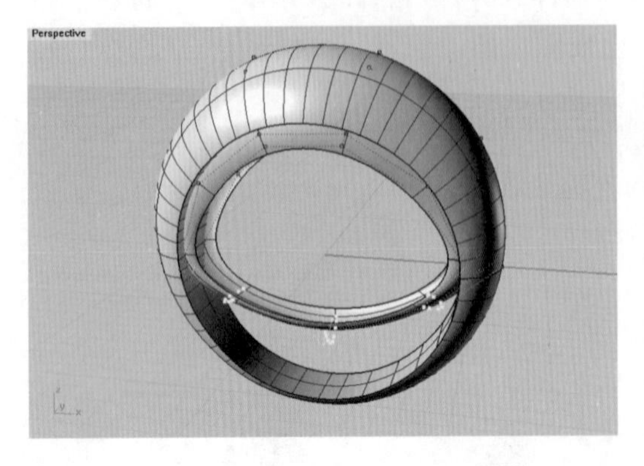

图 6-3-37 上移掏底曲面下部控制点

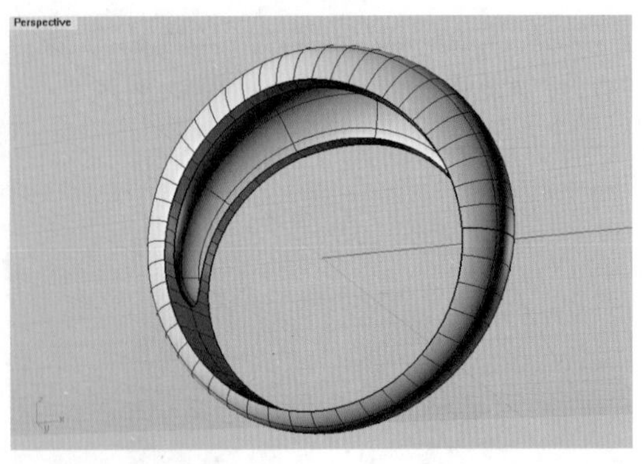

图 6-3-38 布尔运算差集完成戒圈掏底

2. 制作弧面琢型

(1)使用“椭圆:从中点”工具(按钮),在 Top 视图中绘制一个长、短轴直径分别为 8mm 和 6mm 的椭圆(琢型腰棱线),然后使用“直线”工具(按钮),在 Front 视图中由中心点向上画一条高度为 3mm 的竖线,再在 Perspective 视图中使用“圆弧:起点、终点、通过点”工具(按钮),通过连接椭圆长轴两端的四分点和中央竖线的端点,绘制出弧面轮廓线,构成弧面琢型草图,如图 6-3-39 所示。

(2)执行“修剪”命令(按钮),利用中央竖线修剪弧面轮廓线,如图 6-3-40 所示。

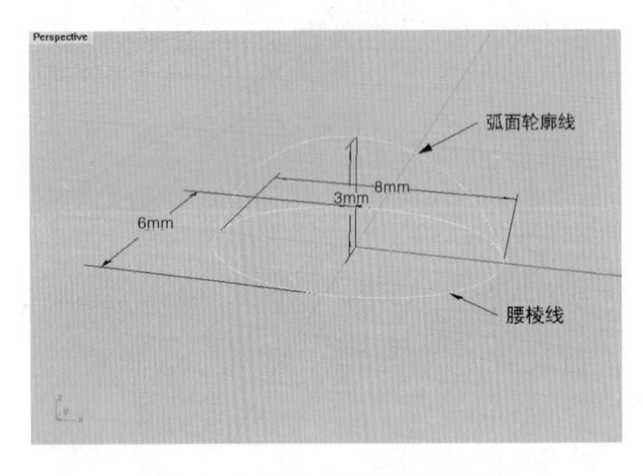

图 6-3-39 绘制琢型草图

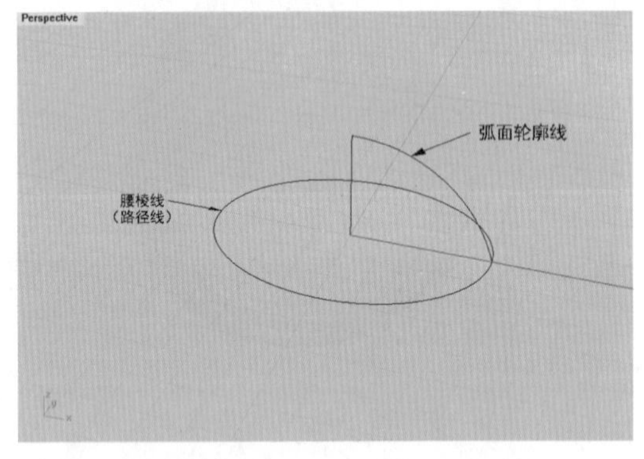

图 6-3-40 修剪弧面轮廓线

(3)执行“沿路径旋转成形”命令(右击按钮),先单击弧面轮廓线,再单击琢型腰棱线(路径线),然后单击中央竖线的上、下端点,形成琢型的弧面,如图 6-3-41 所示。

(4)选择琢型弧面,执行“将平面洞加盖”命令(按钮),将琢型底部加盖封闭,形成实体,如图 6-3-42 所示。

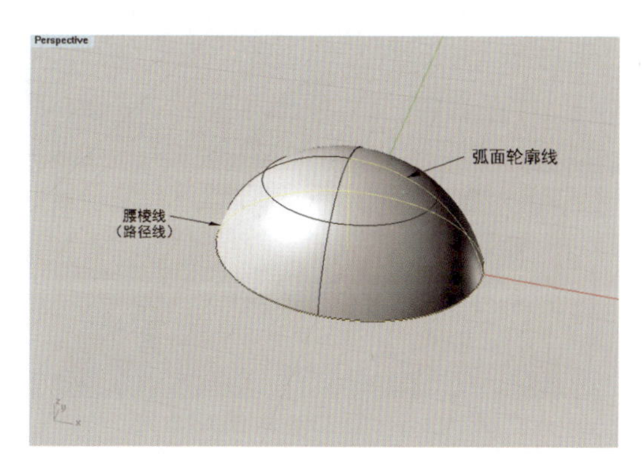

图 6-3-41　旋转成弧面琢型

图 6-3-42　将琢型底部加盖

3. 混接曲面制作镶口

(1)执行“显示选取的物件”命令(按钮)，让戒圈显示，然后将弧面琢型连同腰棱线一起移动到戒圈顶部之上位置，如图 6-3-43 所示。

(2)选取戒圈，在 Front 视图中执行“切割用平面”命令(按钮)，在戒圈上部适当部位绘制一个切割用平面，如图 6-3-44 所示。然后，执行“修剪”命令(按钮)，利用切割用平面修剪除去戒圈的顶端部分，再删除切割用平面，结果如图 6-3-45 所示。

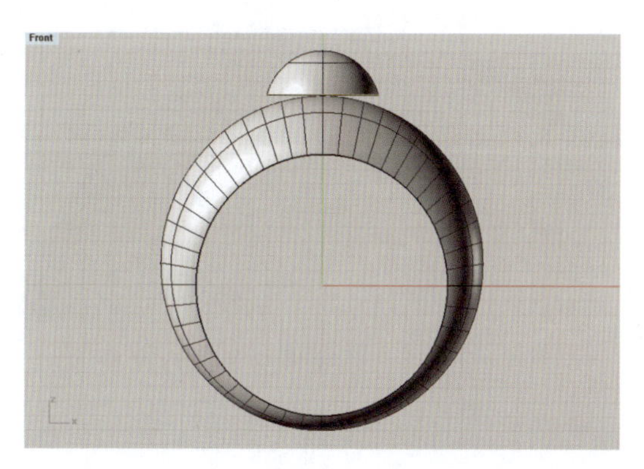

图 6-3-43　将琢型上移到戒圈顶面位置

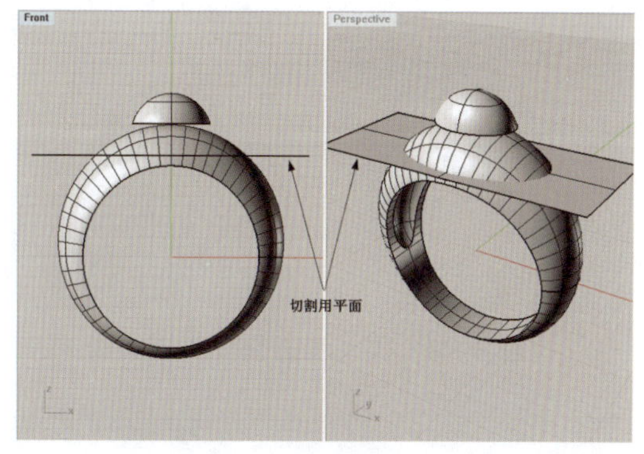

图 6-3-44　绘制切割用平面

(3)在 Perspective 视图中，选取弧面琢型的腰棱线①，执行“偏移曲线”命令(按钮)，先向内偏移 0.2mm 得曲线②，再将后者向外偏移 1mm 得曲线③，作为分别用于制作镶口内、外包边的曲线，如图 6-3-46 所示。

(4)选取曲线②和曲线③，执行“直线挤出”命令(按钮)，在命令栏中点选“两侧(B)＝否”和“加盖(C)＝否”设置挤出距离为 1mm，即向上挤出成为内、外两个高度为 1mm 的环状曲面，如图 6-3-47 所示。

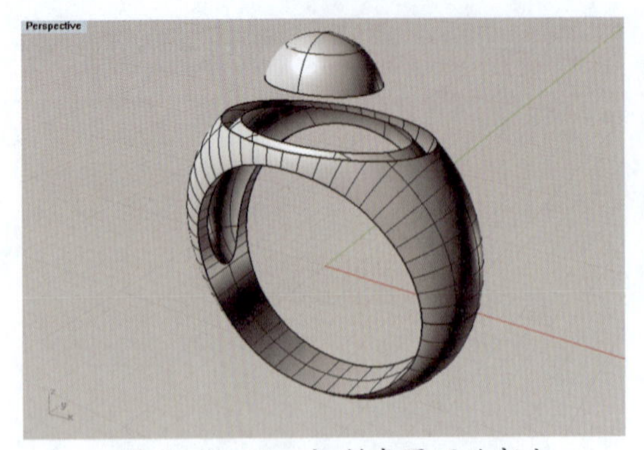

图 6-3-45　切割戒圈顶端部分

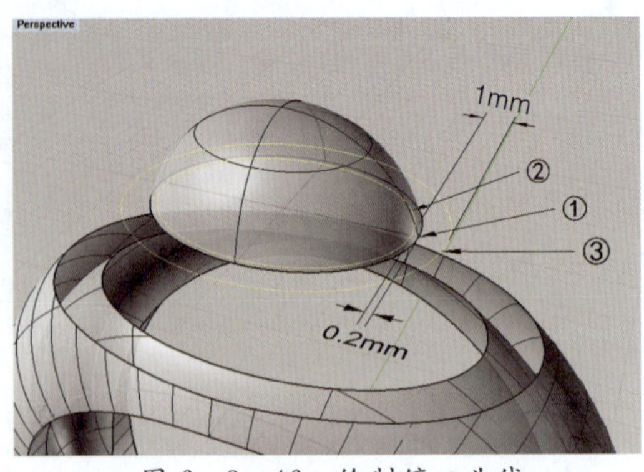

图 6-3-46　绘制镶口曲线

(5)执行“混接曲面”命令(按钮)，单击戒圈切口的内侧曲面边缘和上方镶口的内环曲面边缘，于是在两者之间形成混接曲面，即为镶口包边内壁曲面，如图 6-3-48 所示。重复执行“混接曲面”命令，制作镶口包边外壁曲面，如图 6-3-49 所示。镶口顶端的边沿曲面也可以用混接曲面的方法制作，在执行“混接曲面”命令的过程中，需要在“调整混接转折”对话框中，勾选“一样的高度形状”选项，使镶口边沿呈平滑形态，如图 6-3-50 所示。随后，框选戒圈和镶口所有曲面，执行“组合”命令(按钮)，将它们组合成一个整体戒托。

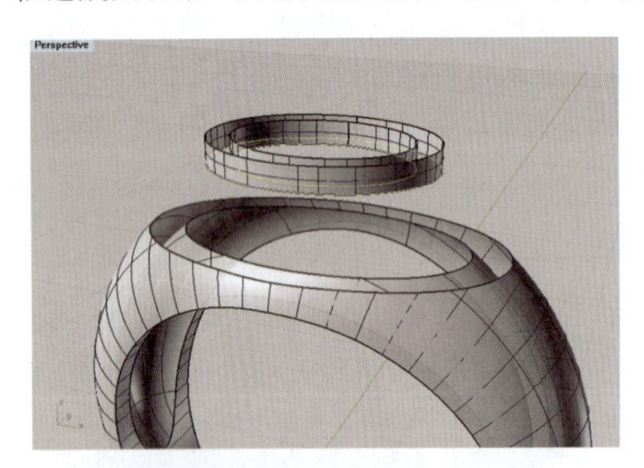

图 6-3-47　挤出镶口上方曲面

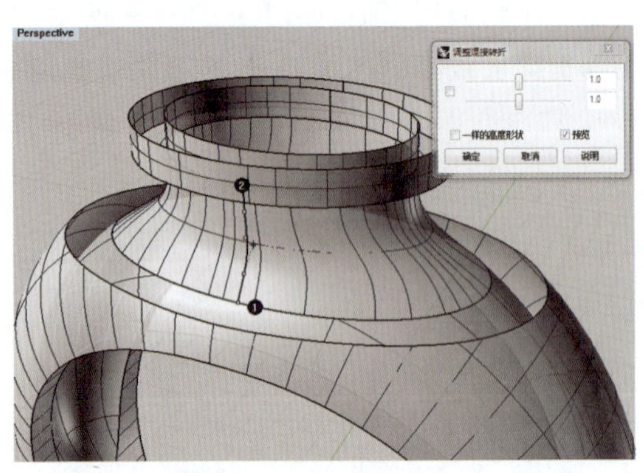

图 6-3-48　混接镶口包边内壁曲面

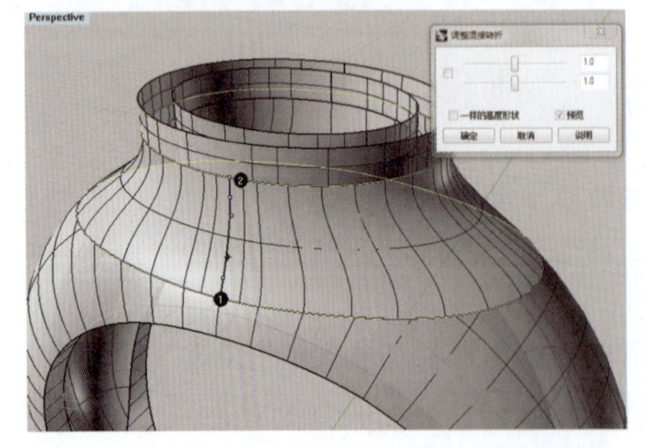

图 6-3-49　混接镶口包边外壁曲面

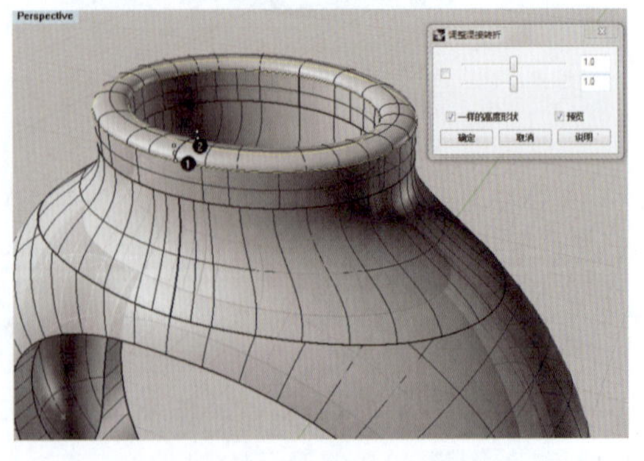

图 6-3-50　混接镶口边沿曲面

(6)执行“隐藏”命令(按钮)使戒托隐藏，再执行“显示选取的物件”命令(按钮)让弧面琢型显示，选取琢型的腰棱线，执行“圆管”命令(按钮)，在命令栏中设置圆管半径为0.5mm，制作一个圆环体，如图6-3-51所示。

(7)执行“隐藏”命令(按钮)使弧面琢型隐藏，再执行“显示选取的物件”命令(按钮)让戒托显示，选取圆环体和戒托，执行“布尔运算并集”命令(按钮)，将圆环体与镶口合并为一体，如图6-3-52所示。

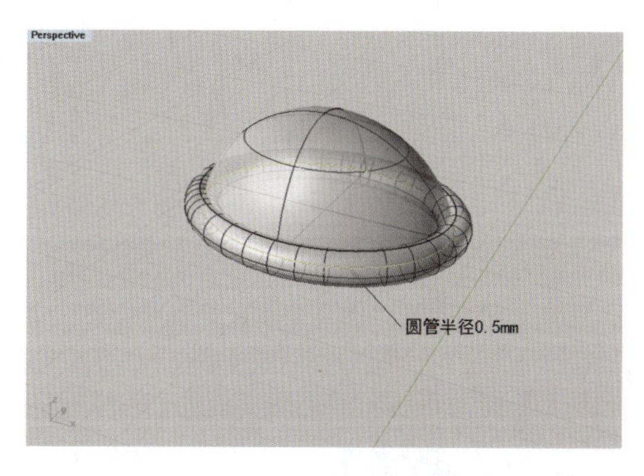

图6-3-51 以琢型腰棱线制作圆环体

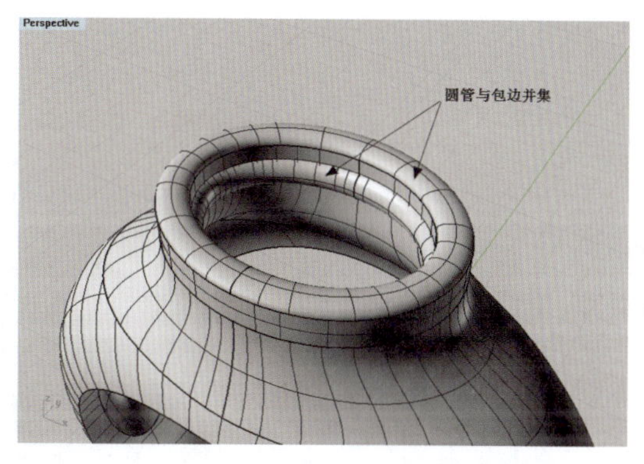

图6-3-52 将圆环与包边并集为一体

(8)执行“隐藏”命令(按钮)使戒托隐藏，再执行“显示选取的物件”命令(按钮)让弧面琢型显示，选取琢型的腰棱线，执行“挤出封闭的平面曲线”命令(按钮)，在命令栏中点选“两侧(B)=否”和“加盖(C)=是”，向上挤出成具有一定高度的圆柱体，如图6-3-53所示。

(9)执行“显示选取的物件”命令(按钮)让戒托显示，选取圆柱体和戒托，执行“布尔运算差集”命令(按钮)，用圆柱体减去镶口的部分内壁及圆环体，目的是在镶口内形成承托宝石底面的平行环边，如图6-3-54所示。

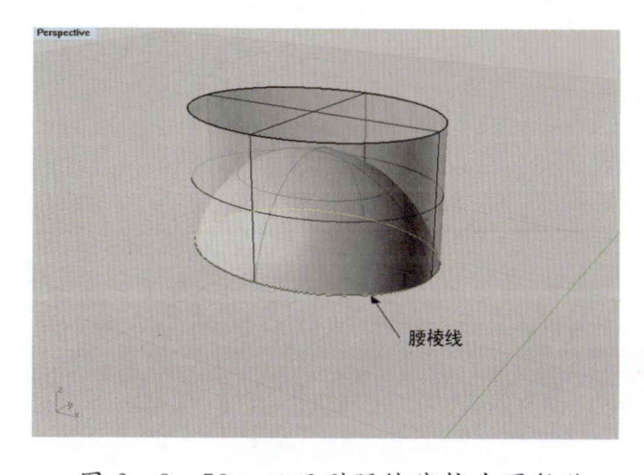

图6-3-53 以琢型腰棱线挤出圆柱体

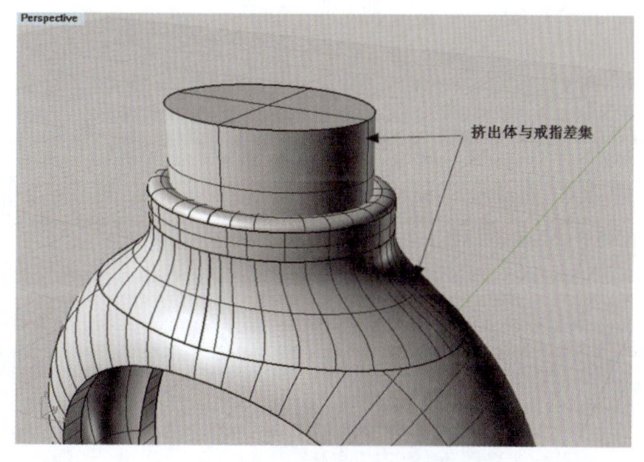

图6-3-54 将圆柱体与镶口差集

4. 赋色和渲染戒指

打开属性面板，在材质面板下，将戒托对象的基本颜色设置为黄金色(Gold)，光泽度为15，将宝石琢型设置为深绿色(Dark Green)或其他颜色。开启渲染模式，观察制作效果，效果如图 6-3-55 所示，其中左边是未赋色并隐藏了宝石的戒托，以显示出镶口的内部状态，右边是完整的包镶戒指。

单击菜单栏上的 Plugins/KeyShot/Render 命令，将制作好的模型导入 KeyShot 渲染器中，将戒指的材质设置为黄金，宝石材质设置为祖母绿，进行拟实渲染，效果如图 6-3-26 所示。

图 6-3-55　包镶戒指制作效果图

6.4　爪镶戒指

6.4.1　单石爪镶戒指

如图 6-4-1 所示，本例是一款单石四爪镶的铂金钻石戒指，镶爪呈扁平钩状，戒圈纤薄，适合女性配戴。其戒托的造型可以运用挤出平面曲线法来创建。

图 6-4-1　四爪镶铂金钻戒(KeyShot 渲染)

1. 插入宝石

在 Top 视图中，插入一个直径为 5mm 的圆钻型宝石，要注意宝石的中心点应置于视图中坐标原点位置，如图 6-4-2 所示。

2. 制作镶爪

(1)在 Front 视图中，使用“控制点曲线”工具（按钮），沿宝石左侧绘制一条镶爪轮廓曲线，曲线的起点在宝石底尖之下 0.9mm，终点在起点之下 2mm，爪吃石位深约 0.15mm，然后使用“直线”工具（按钮），通过捕捉端点绘制一条连接轮廓曲线起点和终点的直线，接着执行“组合”命令（按钮），将它们组合成一段封闭的轮廓曲线，如图 6-4-3 所示。

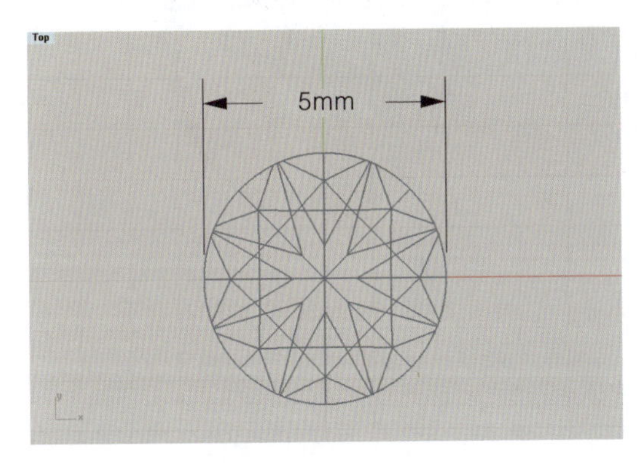

图 6-4-2 插入宝石

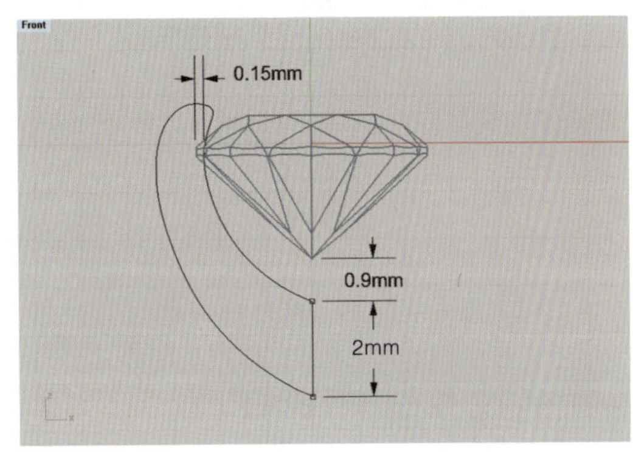

图 6-4-3 绘制镶爪轮廓线

(2)在 Top 视图中，选取镶爪轮廓曲线，执行“挤出封闭的平面曲线”命令（按钮），在命令栏中点选“两侧(B)＝是”和“加盖(C)＝是”设置挤出距离为 0.5mm，回车后即得到宽 1mm 的镶爪模型，如图 6-4-4 所示。

(3)在 Perspective 视图中，执行“边缘圆角”命令（按钮），在命令栏中设置圆角半径为 0.15mm，单击镶爪模型的两侧边缘，回车后形成圆角，如图 6-4-5 所示。

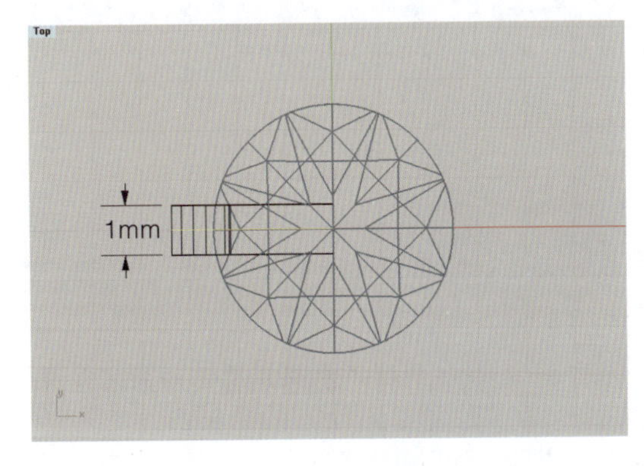

图 6-4-4 挤出镶爪模型

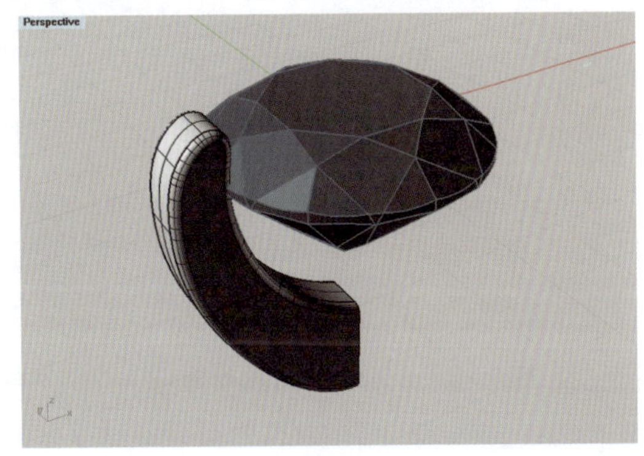

图 6-4-5 圆角化镶爪模型

(4)在 Top 视图中，选取镶爪模型，执行“环形阵列”命令（按钮），点击坐标原点，以其为阵列的中心，在命令栏中设置阵列项目数为 4，“旋转角度总合”为 360°，完成后共得到 4 个镶爪模型，如图 6-4-6 所示。

(5)在 Perspective 视图中,执行"布尔运算并集"命令(按钮),将 4 个镶爪合并为一个整体爪镶口模型,如图 6-4-7 所示。

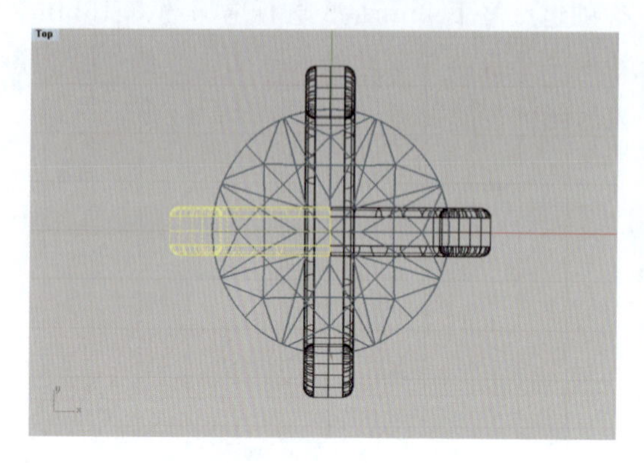

图 6-4-6 环形阵列镶爪

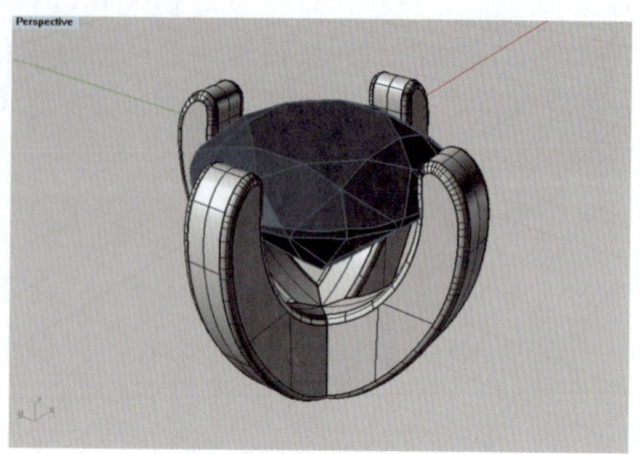

图 6-4-7 将镶爪并集成镶口

3. 制作戒圈

(1)在 Front 视图中,使用"圆弧:中心点、起点、角度"工具(按钮),分别绘制一段旋转半径为 8.5mm、角度为 180°的圆弧形曲线①,以及一段旋转半径为 9.7mm、角度为 90°的圆弧曲线②,如图 6-4-8 所示。

(2)框选宝石、镶爪及其轮廓曲线,执行"移动"命令(按钮),将它们垂直向上移动到圆弧曲线①的端点之上的位置,如图 6-4-9 所示。

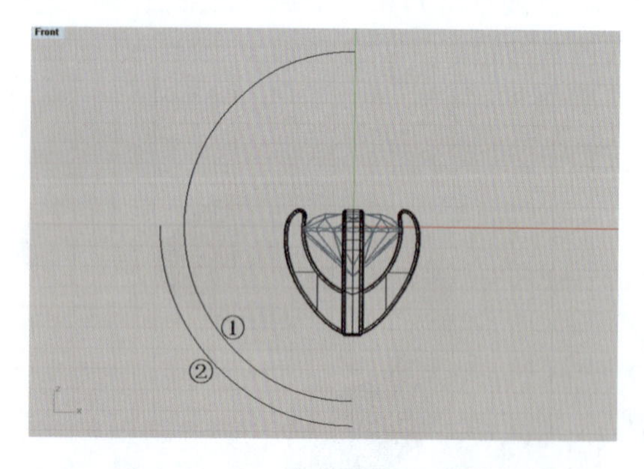

图 6-4-8 绘制圆弧曲线①和②

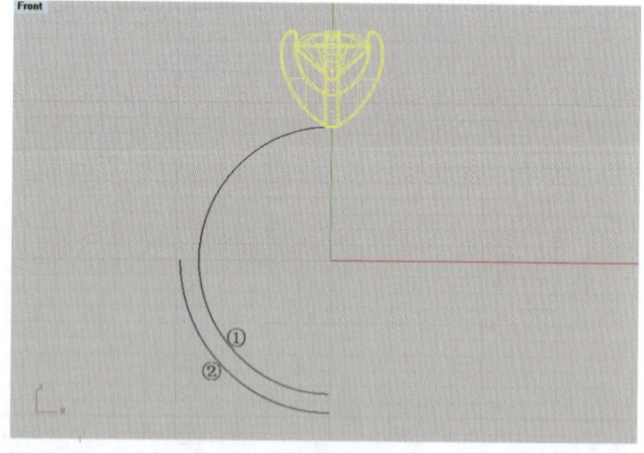

图 6-4-9 将宝石和镶爪上移到指定位置

(3)执行"隐藏"命令(按钮),将宝石和镶爪隐藏,仅保留镶爪的轮廓曲线,然后使用"控制点曲线"工具(按钮),沿镶爪轮廓线内侧绘制一条曲线③,绘制时要注意勾选"物件锁定栏"中的"端点"选项,使曲线连接到圆弧线①的上端点,如图 6-4-10 所示。

(4)执行"延伸曲线(平滑)"命令(按钮),单击圆弧曲线②上端,将其延伸到曲线③的上端点处,使之相交,如图 6-4-11 所示。

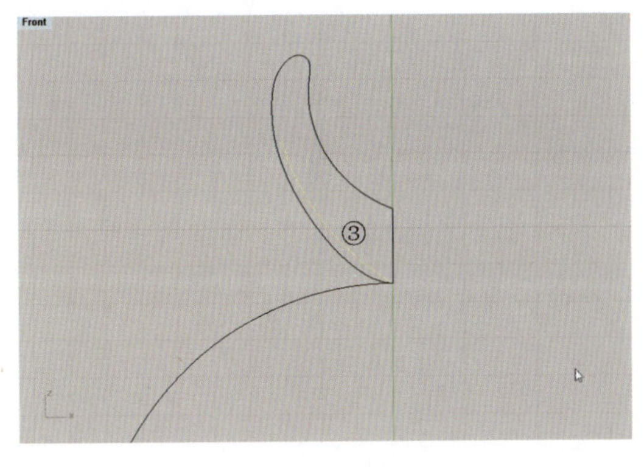

图 6-4-10 沿镶爪轮廓线内侧绘制曲线③

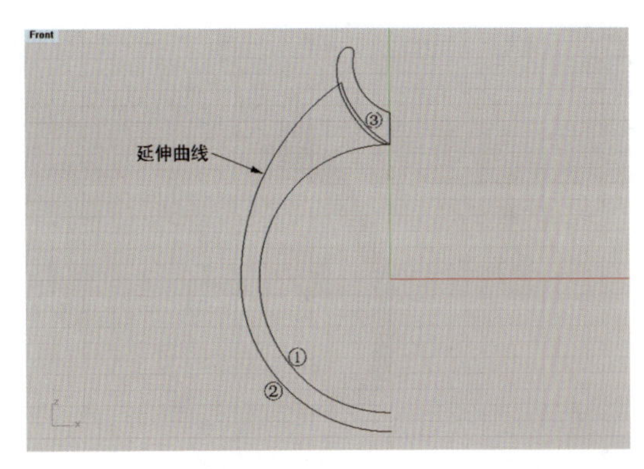

图 6-4-11 延伸圆弧线②到曲线③的端点处

(5)选取圆弧曲线②,执行“开启控制点”命令(按钮),显示出曲线控制点,然后执行“插入节点”命令(按钮),在其曲线延伸部分的上段部位插入两个节点,然后向右下方拖动节点,调整曲线形态,使曲线顺滑且稍向内弯曲,如图 6-4-12 所示。

(6)使用“直线”(按钮)或“多重直线”(按钮)命令,在圆弧曲线①和②的两个下端点之间绘制一条直线,然后框选镶爪轮廓线的各个线段,执行“组合”命令(按钮),制作成封闭曲线,如图 6-4-13 所示。

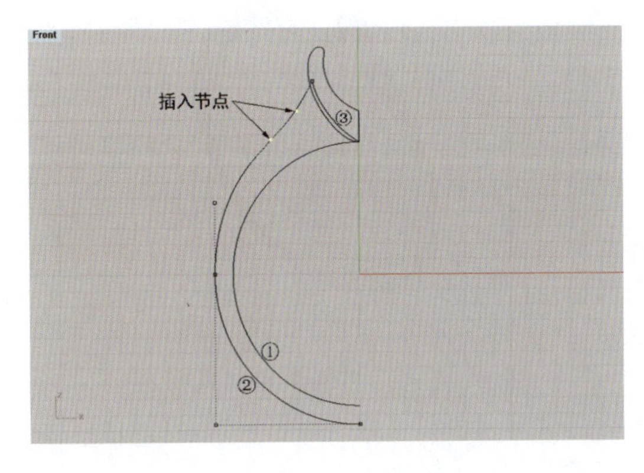

图 6-4-12 插入节点并调整曲线形态

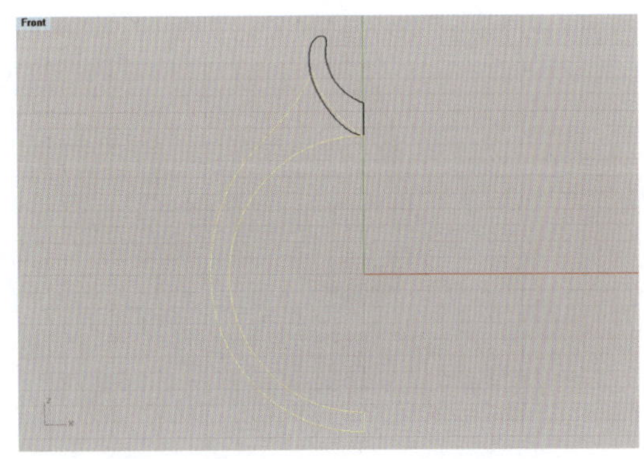

图 6-4-13 组合戒圈轮廓曲线

(7)在 Perspective 视图中,选取戒圈轮廓曲线,执行“挤出封闭的平面曲线”命令(按钮),在命令栏中点选“两侧(B)=是”和“加盖(C)=是”,设置挤出距离为 1.5mm,将轮廓线挤出成宽度为 3mm 的实体模型,如图 6-4-14 所示。

(8)在 Right 视图中,选取戒圈模型,执行“锥状化”命令(按钮),按命令栏中的提示,单击锥状轴的起点(模型底端),再单击锥状轴的终点(模型顶端),点选“平坦模式(F)=是”和“无限延伸(I)=是”,由外而内挤压模型上端,键入“终点距离:1mm”,完成后如图 6-4-15 所示。

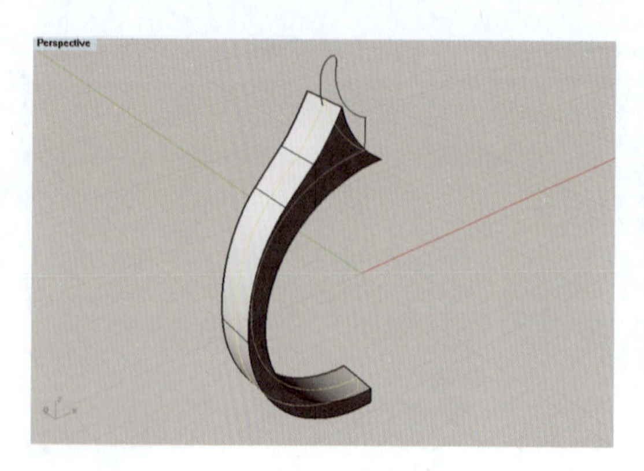

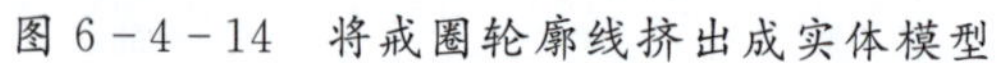
图 6-4-14　将戒圈轮廓线挤出成实体模型

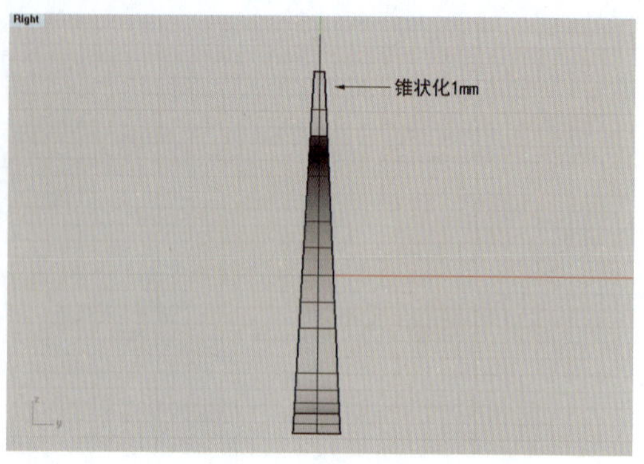

图 6-4-15　锥状化戒圈模型

(9)执行“边缘圆角”命令(按钮)，在命令栏中设置圆角半径为 0.15mm，单击戒圈模型的 4 个边缘棱线，回车后形成圆角状，如图 6-4-16 所示。

(10)执行“镜像”命令(按钮)，选取戒圈模型，向另一侧镜像复制，如图 6-4-17 所示。

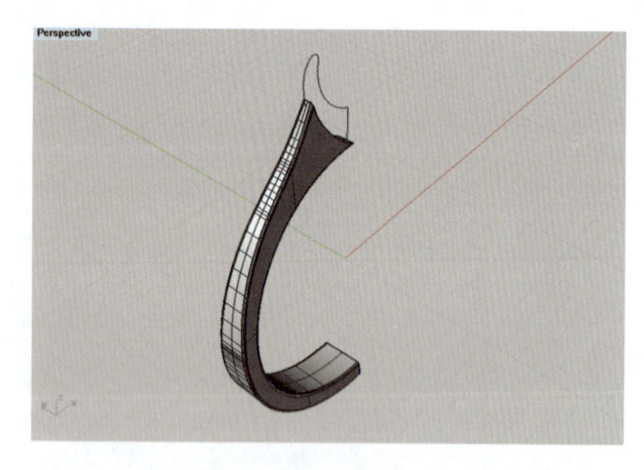

图 6-4-16　将戒圈模型边棱圆角化

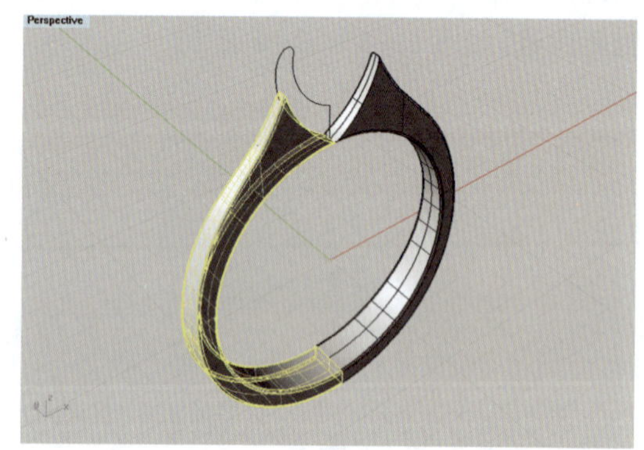

图 6-4-17　镜像复制戒圈模型

(11)执行“布尔运算并集”命令(按钮)，将左右两侧戒圈模型组合成一体，然后执行“显示选取的物件”命令(按钮)，让爪镶镶口模型显示出来，再次执行“布尔运算并集”命令(按钮)，将戒圈和爪镶镶口合并为一体，完成戒指模型的创建，如图 6-4-18 所示。

4. 赋色和渲染戒指

(1)打开属性面板，在“材质设置”对话框下，指定戒指的基本颜色为浅灰色(Light Gray)，光泽度为 15，勾选“纹理”选项，对圆钻琢型贴上钻石图片，开启渲染模式，查看制作效果，如图 6-4-19 所示。

(2)把包镶戒指模型导入 KeyShot 渲染器软件中，将戒指设置为铂金材质，宝石设置为钻石材质，渲染效果如图 6-4-1 所示。

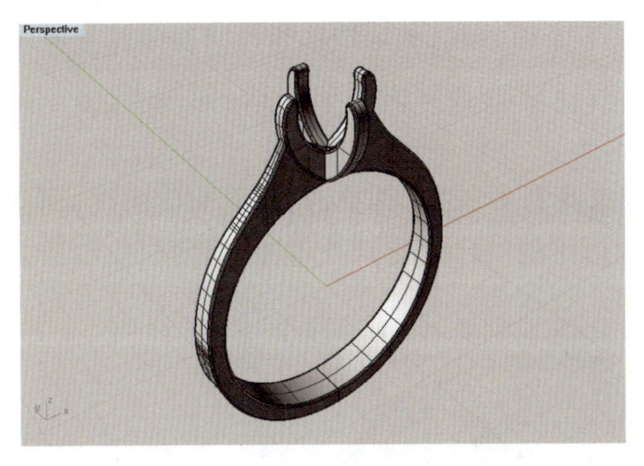

图 6-4-18 通过布尔运算并集得到戒指模型

图 6-4-19 赋色渲染戒指模型

6.4.2 三石爪镶戒指

本例为一款三石爪镶戒指，镶口由 4 个柱状爪和上下两层圆环组成，3 个镶口并列，构成三石爪镶戒指，如图 6-4-20 所示。

图 6-4-20 三石爪镶钻戒（KeyShot 渲染）

1. 制作戒圈

(1)在 Front 视图中，使用“圆：中心点、半径”工具（按钮），绘制一个直径为 17mm 的戒圈圆形曲线，如图 6-4-21 所示。

(2)在 Right 视图中，使用“矩形：三点”工具（按钮）和“圆弧：起点、终点、通过点”工具（按钮），在戒圈圆形曲线的上四分点位置绘制宽 2mm、高 1.5mm 的断面曲线，在下四分点位置绘制宽 3mm、高 1.2mm 的断面曲线，如图 6-4-22 所示。

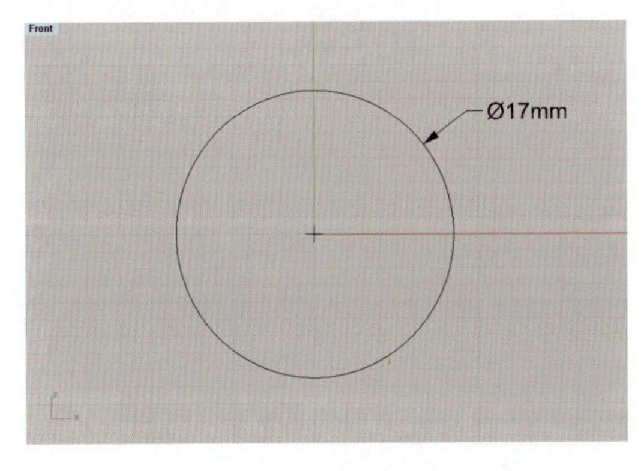

图 6-4-21 绘制戒圈内圆曲线

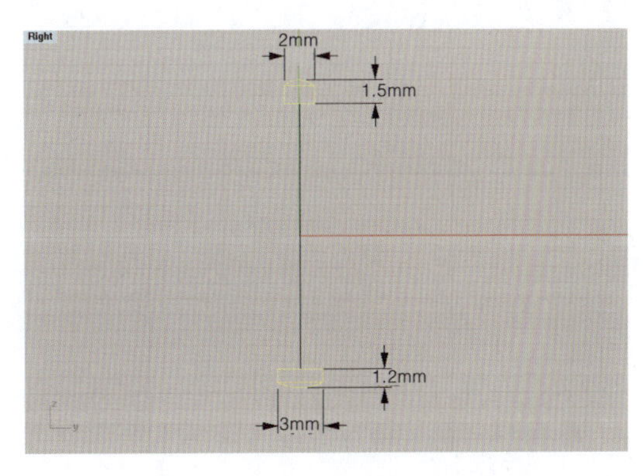

图 6-4-22 绘制戒圈断面曲线

(3)执行“修剪”命令(按钮),分别框选上、下断面曲线,剪除矩形线与圆弧线相接处的边线,接着再执行“组合”命令(按钮),将它们分别组合成封闭的曲线,如图 6-4-23 所示。

(4)执行“单轨扫掠”命令(按钮),先单击戒圈圆形曲线,再单击上、下断面曲线,回车后弹出“单轨扫掠选项”对话框,选择“造型”下拉框中的“自由扭转”并勾选“封闭扫掠”,单击“确定”按钮,形成戒圈模型,如图 6-4-24 所示。

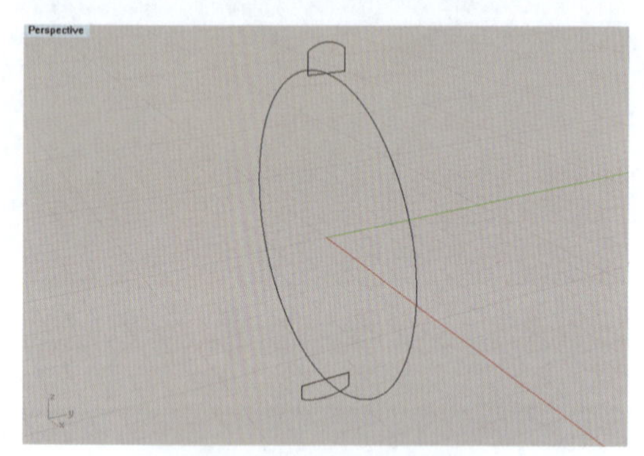

图 6-4-23　修剪后的断面曲线

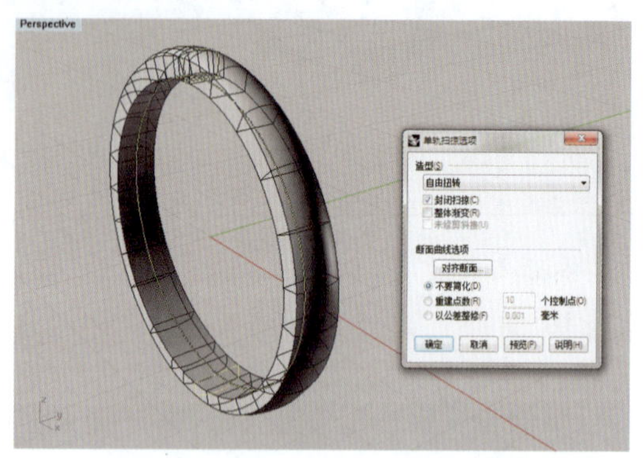

图 6-4-24　单轨扫掠形成戒圈

2. 插入宝石及绘制镶口线

(1)选取制作好的戒圈,执行“隐藏”命令(按钮)将其隐藏。然后,在 Top 视图中插入一个直径为 3mm 的圆钻型宝石,并使用“圆:中心点、半径”工具(按钮)绘制一个与宝石直径相同的圆形曲线①,再执行“偏移曲线”命令(按钮)将其向内分别偏移复制 0.15mm 和 0.4mm,得到曲线②和曲线③,后两者分别用于控制吃石位和制作石碗,如图 6-4-25 所示。

(2)执行“显示选取的物件”命令(按钮)让戒圈显示,开启正交模式,框选宝石和镶口曲线,将它们向上移动到戒圈顶部四分点位置,然后将曲线③适当下移到靠近戒圈内侧面的位置,如图 6-4-26 所示。

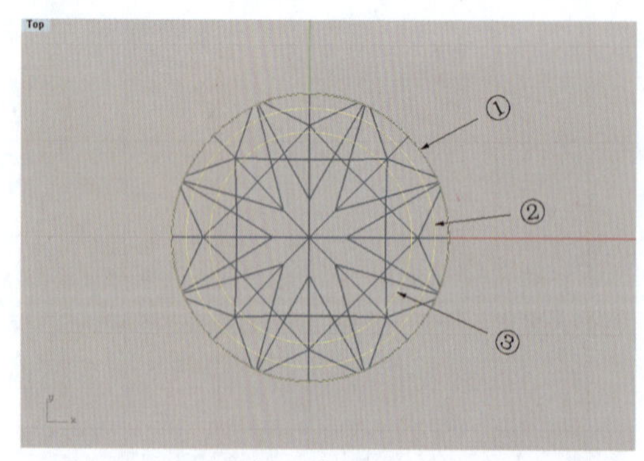

图 6-4-25　插入宝石及绘制镶口辅助线

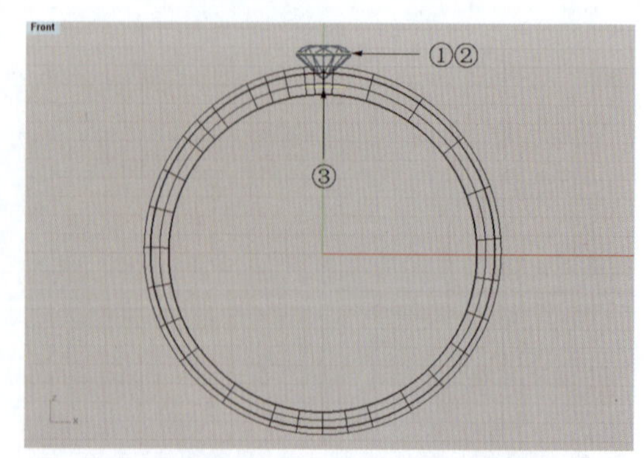

图 6-4-26　将宝石及辅助线移动到指定位置

3. 制作柱爪镶口

(1)在 Perspective 视图中,选取镶口曲线③,执行“圆管”命令(按钮),在命令栏中设置圆管半径为 0.3mm,使之形成圆环体曲面,如图 6-4-27 所示。

(2)在 Front 视图中,开启正交模式,选取圆环体曲面,执行“复制”命令(按钮),向上再复制出一个圆环体曲面,使其位置贴近宝石亭部刻面,如图 6-4-28 所示。

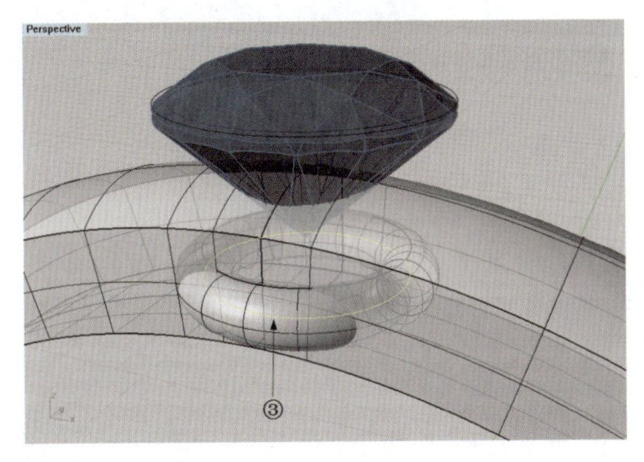

图 6-4-27 建立圆环体曲面

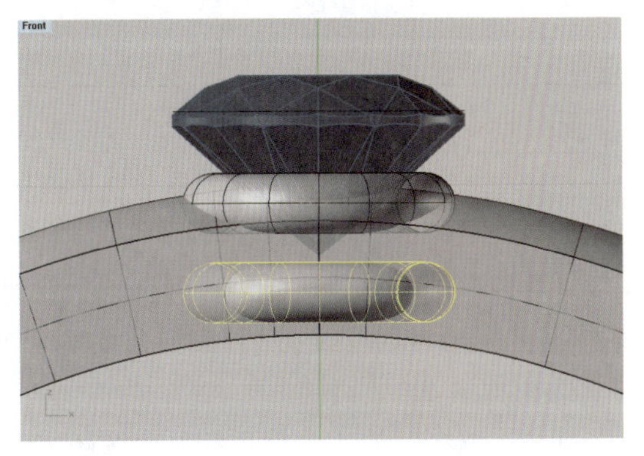

图 6-4-28 向上复制圆环体曲面

(3)在 Top 视图中,执行“球体:直径”命令(按钮),捕捉镶口曲线②的四分点并以其为起点,在命令栏中设置直径为 0.8mm,向右拉出一个圆球体曲面,如图 6-4-29 所示。

(4)选取圆球体曲面,执行“重建”命令(按钮),在弹出的“重建曲面”对话框中设置“点数”U 值和 V 值各为 12,“阶数”U 值和 V 值各为 3,单击“确定”按钮,如图 6-4-30 所示。

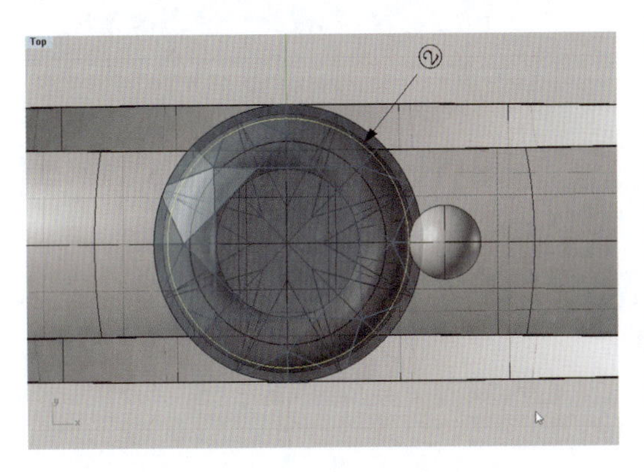

图 6-4-29 建立圆球体曲面

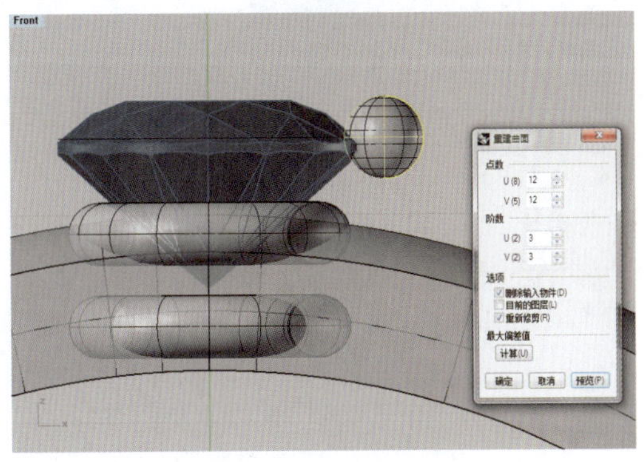

图 6-4-30 重建圆球体曲面

(5)在 Front 视图中,选取重建后的球体曲面,执行“开启控制点”命令(按钮),显示出曲面控制点,框选其下半部控制点,向下拖动控制点,使球体拉长变形为镶爪,如图 6-4-31 所示。

(6)在 Top 视图中,选取镶爪,执行“2D 旋转”命令(按钮),单击视图坐标原点,使之为旋转中心,在命令栏中将旋转角度设置为 45°,回车后如图 6-4-32 所示。

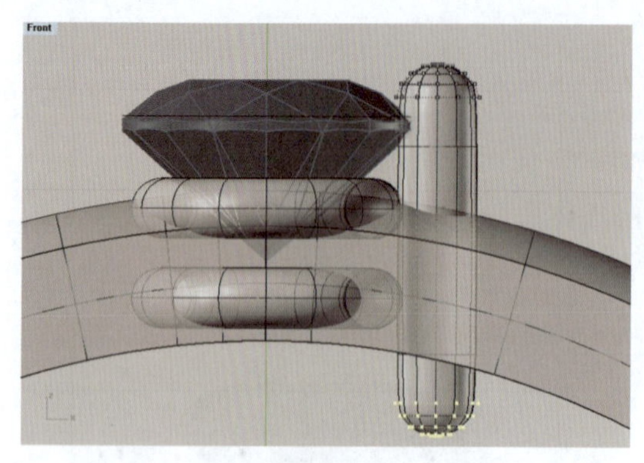

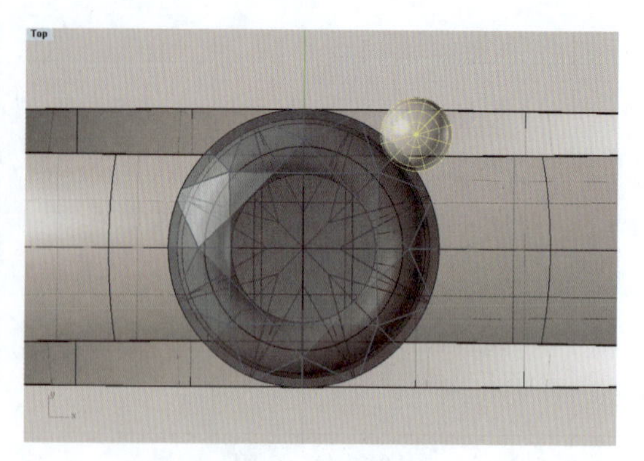

图 6-4-31　将圆球体拉长变形成镶爪

图 6-4-32　将镶爪旋转 45°

(7)选取镶爪,执行“环形阵列”命令(按钮),点击坐标原点,以它为阵列中心,在命令栏中将阵列项目数设置为 4,“旋转角度总合”设置为 360°,完成后共得到 4 个镶爪,如图 6-4-33 所示。

(8)选取镶口的 4 个镶爪和 2 个圆环体,执行“布尔运算并集”命令(按钮),将它们合并为一体。然后,选取并集后的镶口和宝石模型,在 Front 视图中执行“2D 旋转”命令(按钮),在命令栏中点选“复制”,单击视图坐标原点,使之为旋转中心,向右拖动对象旋转复制,注意复制出的镶口和宝石模型应与原模型的下半部分交接,如图 6-4-34 所示。

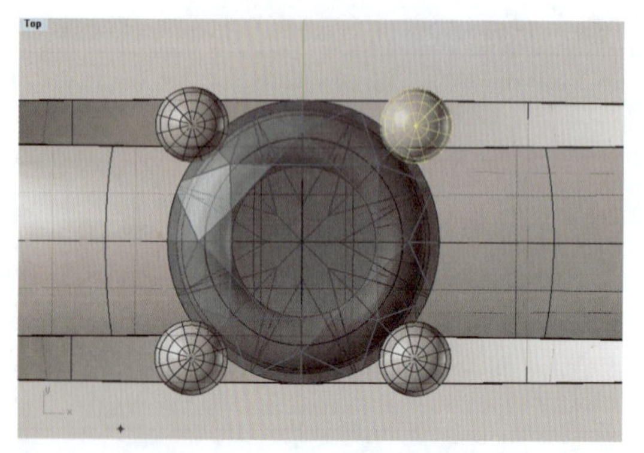

图 6-4-33　环形阵列镶爪

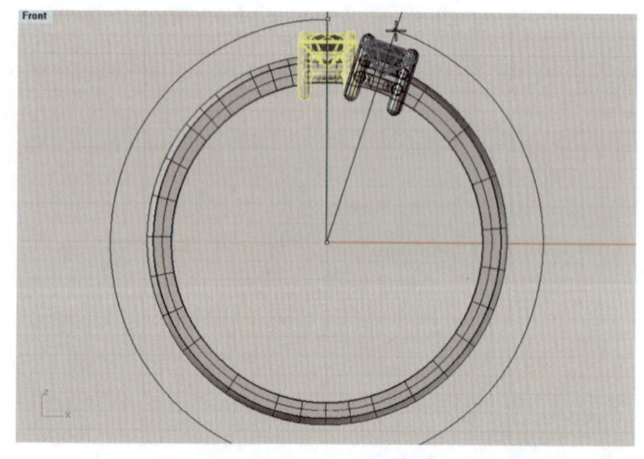

图 6-4-34　旋转复制镶口及宝石

(9)选取右边复制出的镶口及宝石模型,执行“镜像”命令(按钮),再向左边镜像复制,如图 6-4-35 所示。

(10)选取 3 个镶口的爪镶模型,执行“布尔运算并集”命令(按钮),将它们合并为一个整体,如图 6-4-36 所示。

(11)在 Front 视图中,使用“多重直线”工具(按钮)和“圆弧:起点、终点、通过点”工具(按钮),绘制如图 6-4-37 所示的扇形曲线,并执行“组合”命令(按钮)将曲线组合成封闭曲线。

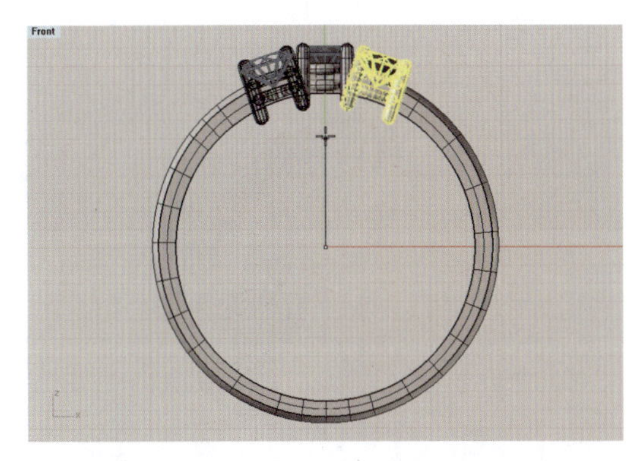

图 6-4-35 向左镜像复制镶口及宝石

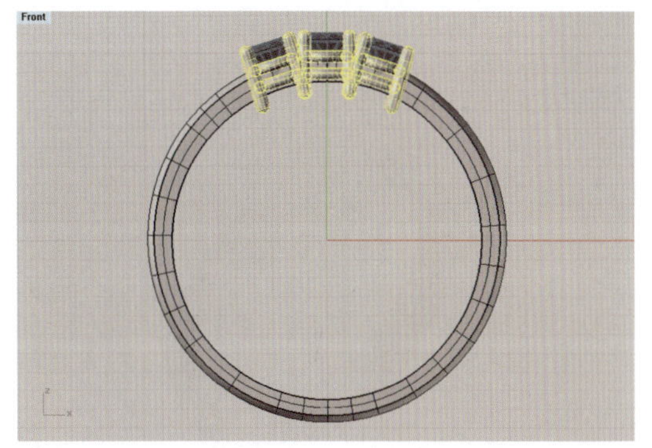

图 6-4-36 布尔运算并集 3 个镶口

(12)执行“隐藏”命令(按钮)让镶口及宝石模型隐藏,然后在 Perspective 视图中执行“挤出封闭的平面曲线”命令(按钮),点选命令栏中的“两侧(B)=*是*”和“加盖(C)=*是*”,将扇形曲线挤出成曲面,如图 6-4-38 所示。

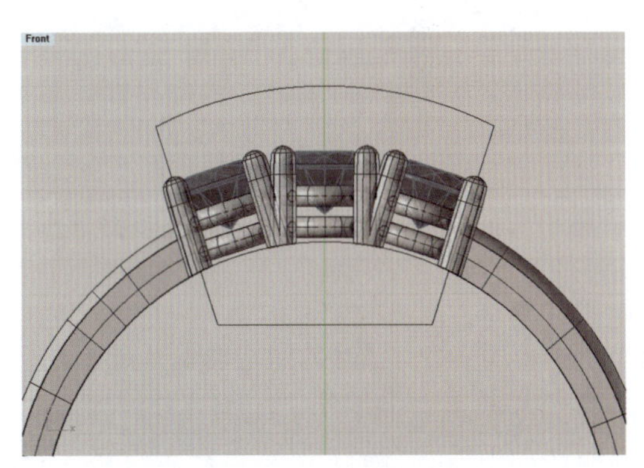

图 6-4-37 绘制扇形曲线

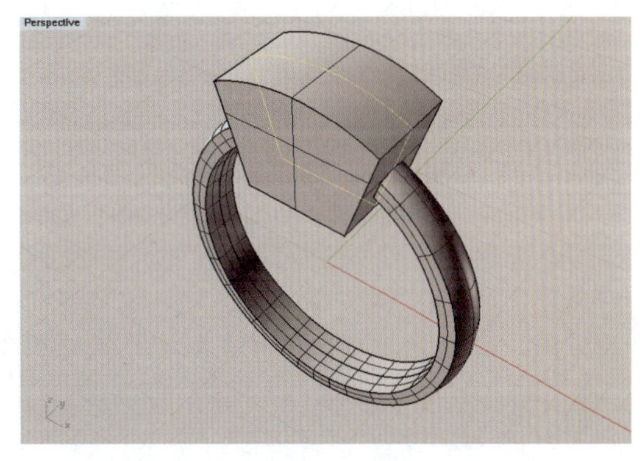

图 6-4-38 挤出扇形曲线成实体曲面

(13)执行“布尔运算差集”命令(按钮),先单击戒圈本体,后单击扇形体,回车后即在戒圈的镶口部位修剪出一个缺口,如图 6-4-39 所示。

(14)执行“显示选取的物件”命令(按钮),让镶口和宝石模型显示,然后选取戒圈内圆曲线,执行“挤出封闭的平面曲线”命令(按钮),点选命令栏中的“两侧(B)=*是*”和“加盖(C)=*是*”,将曲线挤出成圆柱体,如图 6-4-40 所示。

(15)执行“布尔运算差集”命令(按钮),先单击镶口或镶爪本体,后单击圆柱体,回车后即将镶爪底端多余部分剪除,如图 6-4-41 所示。

4. 赋色和渲染戒指

(1)打开属性面板,在“材质设置”对话框下,指定戒指的基本颜色为黄金色(Gold),光泽度为 15,勾选“纹理”选项,给圆钻琢型贴上钻石图片,开启渲染模式,查看制作效果,如图 6-4-42 所示。

图 6-4-39　布尔运算差集剪出戒圈缺口

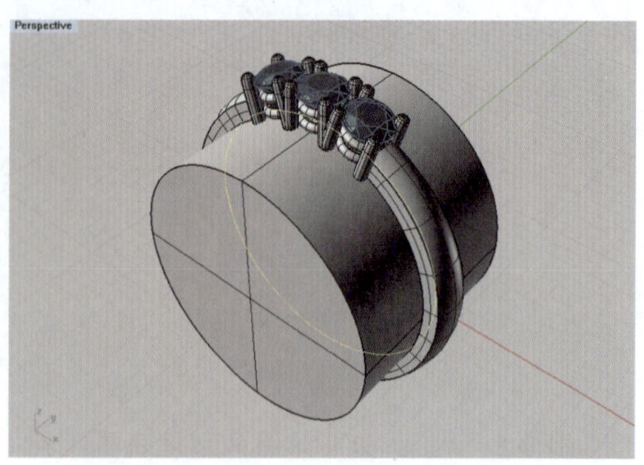

图 6-4-40　将戒圈内圆曲线挤出成圆柱体

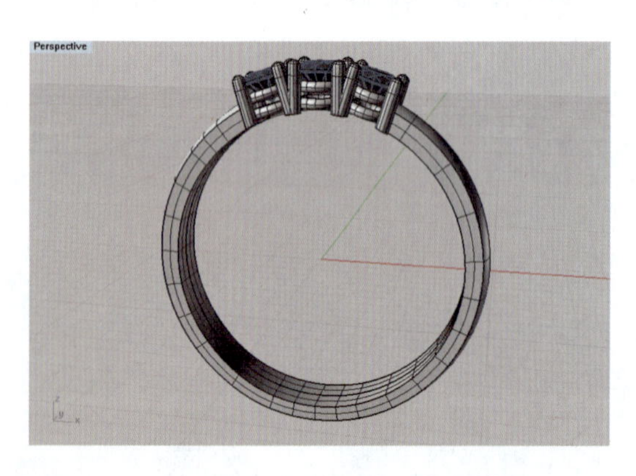

图 6-4-41　通过布尔运算差集修剪镶口底端

图 6-4-42　三石爪镶戒指制作效果图

(2)将三石爪镶戒指模型导入 KeyShot 渲染器软件中,将戒圈设置为 18K 金材质,宝石设置为钻石材质,渲染效果如图 6-4-20 所示。

6.5　闷镶戒指

6.5.1　闷镶封片女戒

本例为一款闷镶封片女戒,其造型如图 6-5-1 所示,戒圈为圆顺形,截面呈圆弧形,上部较为宽厚,背面掏底并装封片,主石位于中间,4 粒副石按大小分置两侧,均为闷镶结构,造型简洁流畅,适合职场女性佩戴。

制作尺寸:戒圈内径为 16mm,顶部高 3mm、宽 5mm,底部厚 1.5mm、宽 3mm,封片厚 0.8mm;主石 1 粒,直径为 3mm;副石 4 粒,其中 2 粒直径为 2mm,另 2 粒直径为 1.5mm;主石与副石间隔 30°,副石与副石间隔 27°。

图 6-5-1 闷镶封片女戒(KeyShot 渲染)

1. 制作戒圈

(1)在 Front 视图中,使用“圆:中心点、半径”工具(按钮),绘制一个直径为 16mm 的戒圈内圆曲线,如图 6-5-2 所示。

(2)在 Right 视图中,使用“直线:从中点”工具(按钮),以戒圈圆线的上四分点为中点绘一条长 5mm 的直线,以下四分点为中点绘一条长 3mm 的直线,然后再使用“圆弧:起点、终点、通过点”工具(按钮),通过捕捉直线的左、右端点,分别绘出戒圈上、下部断面的圆弧线,其中上部断面的圆弧高 3mm,下部断面的圆弧高 1.5mm。上部断面的圆弧线,其纵向半径大于横向半径,使圆弧线的两侧外凸,此时可以开启控制点(按钮),框选两侧凸出部位的控制点,执行“单轴缩放”命令(按钮),向内对向推移控制点使曲线顺滑,如图 6-5-3 所示。然后,执行“组合”命令(按钮),将戒圈的上、下部断面曲线分别组合成封闭曲线。

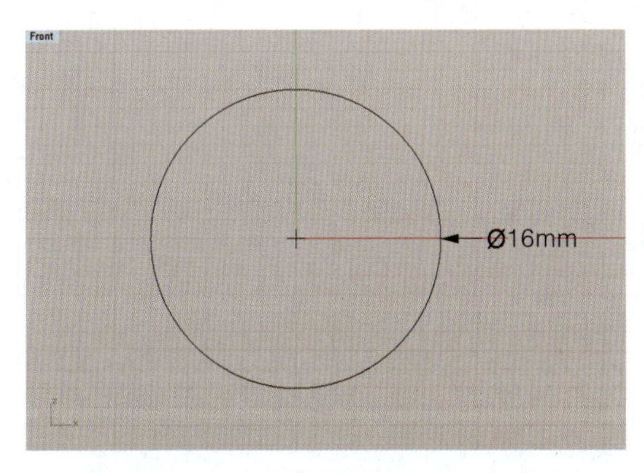

图 6-5-2 绘制戒圈内圆曲线

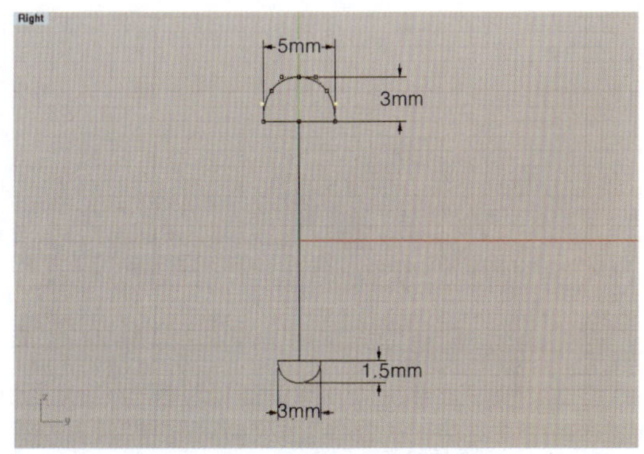

图 6-5-3 绘制戒圈断面曲线

(3)执行“单轨扫掠”命令(按钮),先单击戒圈内圆线,再单击上、下部断面曲线,出现曲线接缝点及箭头,注意调整曲线的上、下接缝点到四分点位置且箭头方向相同,如图 6-5-4 所示，然后回车，在弹出的“单轨扫掠选项”对话框中勾选“封闭扫掠”，单击“确定”按钮，形成戒圈模型，如图 6－5－5 所示。

（4）执行“编辑图层”命令（按钮），打开“图层”“全部图层”框，新建一个图层，命名为“戒圈”，将创建的戒圈模型改变到该图层中，然后关闭图层。

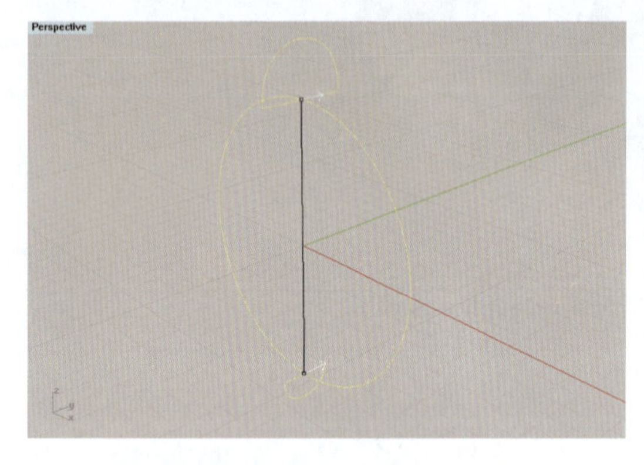

图 6－5－4　调整曲线接缝点

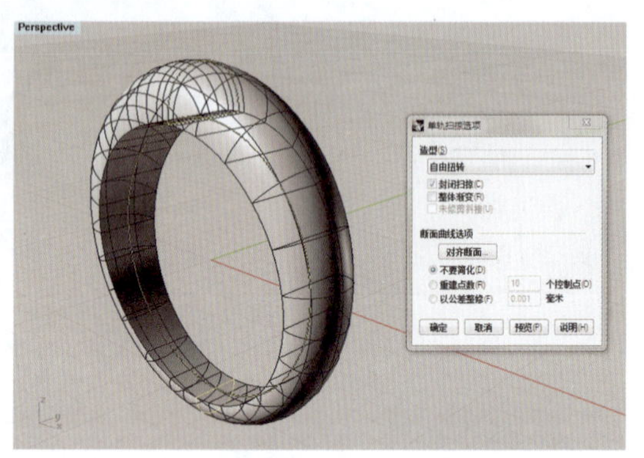

图 6－5－5　单轨扫掠形成戒圈

2. 制作掏底

（1）在 Front 视图中，隐藏或删除其他曲线，仅选取戒圈内圆线①，执行“偏移曲线”命令（按钮），在命令栏中将偏移距离设置为 1mm，向内复制出一个较小的圆形曲线②，如图 6－5－6 所示。

（2）按照上述绘制戒圈断面曲线的方法，使用“直线：从中点”工具（按钮）和“圆弧：起点、终点、通过点”工具（按钮），在圆形曲线②的上部绘制出宽 3.6mm、高 2.8mm 的断面曲线，在下部绘制出宽 1.6mm、高 1mm 的断面曲线，如图 6－5－7 所示。

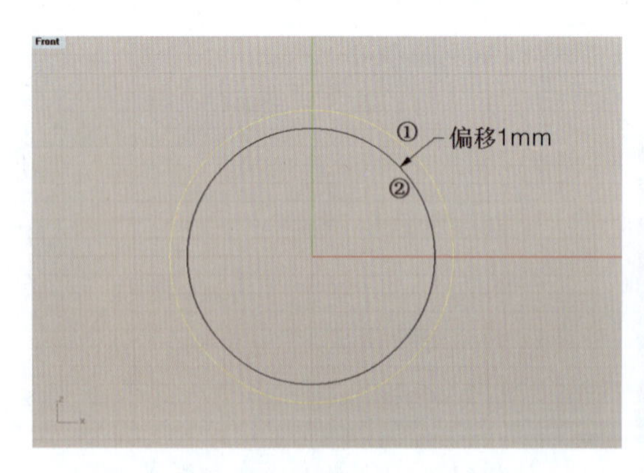

图 6－5－6　将戒圈曲线向内偏移复制

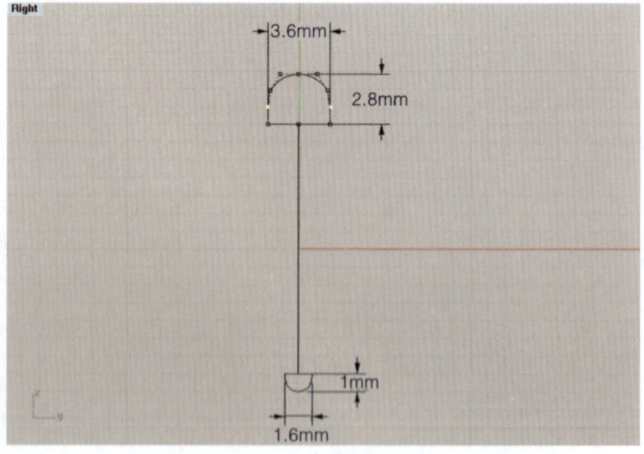

图 6－5－7　绘制断面曲线

（3）执行“单轨扫掠”命令（按钮），先单击圆形曲线②，再单击上、下断面曲线，调整曲线接缝点，使之位于圆形曲线②的上、下四分点处，扫掠形成圆圈体，如图 6－5－8 所示。

(4)在 Front 视图中,使用“多重直线”工具(按钮),从坐标原点向左上方向绘制一条切割用直线,再执行“镜像”命令(按钮)向右对称复制,两线夹角约为 140°,然后,执行“修剪”命令(按钮),剪除切割线之下的圈体部分,形成如图 6-5-9 所示的半环体。

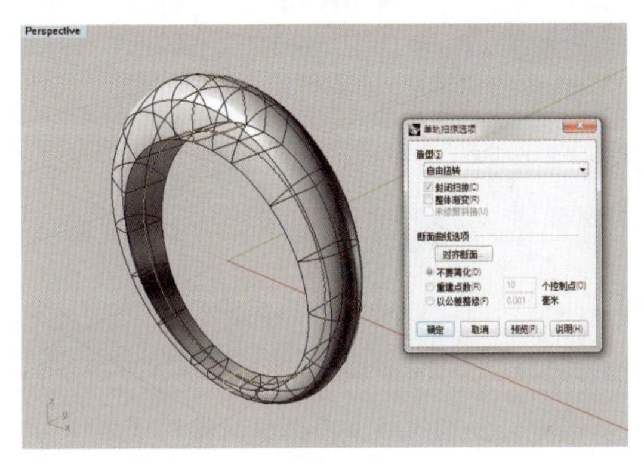

图 6-5-8 单轨扫掠形成圆圈体

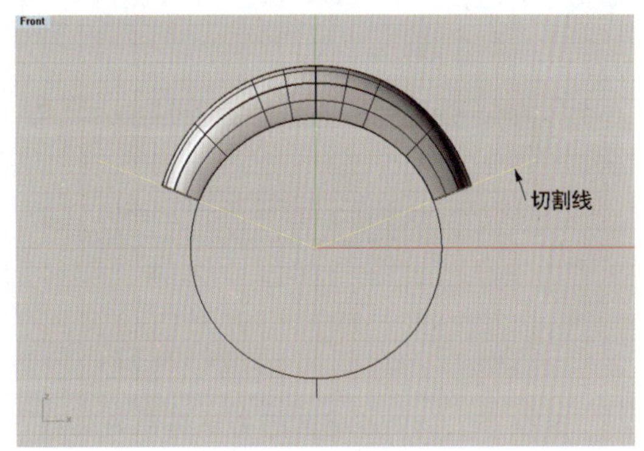

图 6-5-9 将圆圈体修剪成半环体

(5)选取修剪后的半环体,执行“将平面洞加盖”命令(按钮),将其两端加盖形成封闭曲面,如图 6-5-10 所示。

(6)单击视窗下方状态栏上的“Default”按钮,勾选其下拉栏中“戒圈”图层的显示按钮,使戒圈模型显示出来,然后执行“布尔运算差集”命令(按钮),先单击戒圈模型本体,后单击半环体模型,回车后即完成掏底的制作,如图 6-5-11 所示。

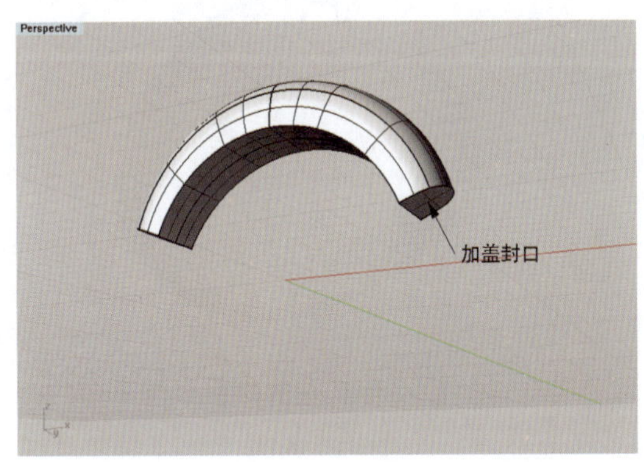

图 6-5-10 将半环体两端加盖封闭

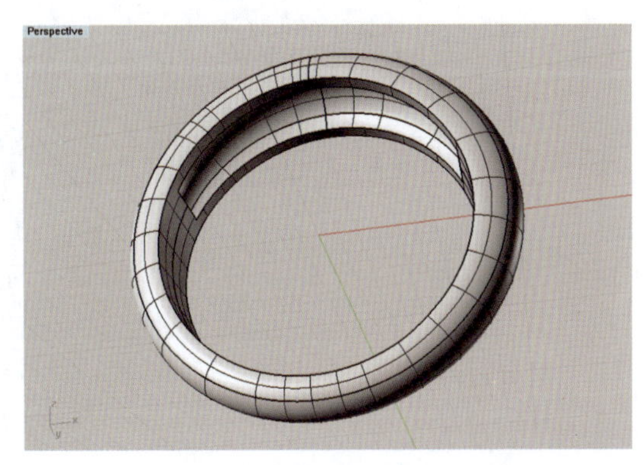

图 6-5-11 利用半环体对戒圈掏底

3. 排石打孔

(1)在 Top 视图中,插入一个直径为 3mm 的圆钻型宝石,并使用“圆:中心点、半径”工具(按钮),绘制一个与宝石等大的圆,然后执行“偏移曲线”命令(按钮),将圆形曲线向内偏移 0.1mm,作为吃石位控制线,如图 6-5-12 所示。

(2)在 Right 视图中，开启正交模式，框选宝石及吃石位控制线，向上移动到戒圈顶部，靠近戒圈弧形表面的位置，如图 6-5-13 所示。

图 6-5-12　绘制圆形曲线并向内偏移

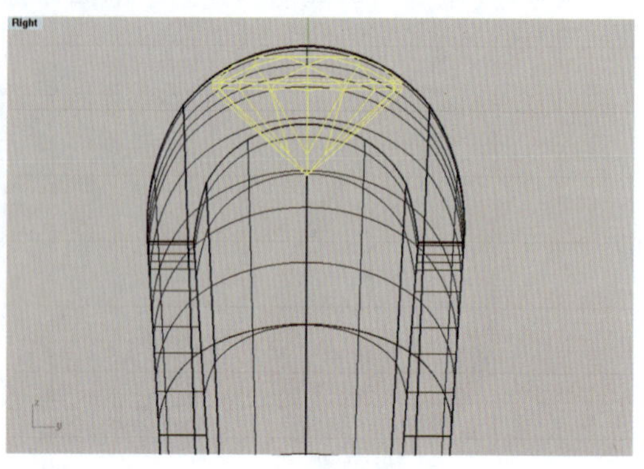

图 6-5-13　将宝石上移到戒圈顶部位置

(3)在 Front 视图中，使用“多重直线”工具（按钮），沿宝石右侧并通过捕捉吃石位控制线的四分点，绘制出打孔物体的轮廓线，然后执行“旋转成形”命令（按钮），将其旋转成圆柱状曲面，如图 6-5-14 所示，接着执行“将平面洞加盖”命令（按钮），将圆柱曲面加盖成封口曲面，如图 6-5-15 所示。

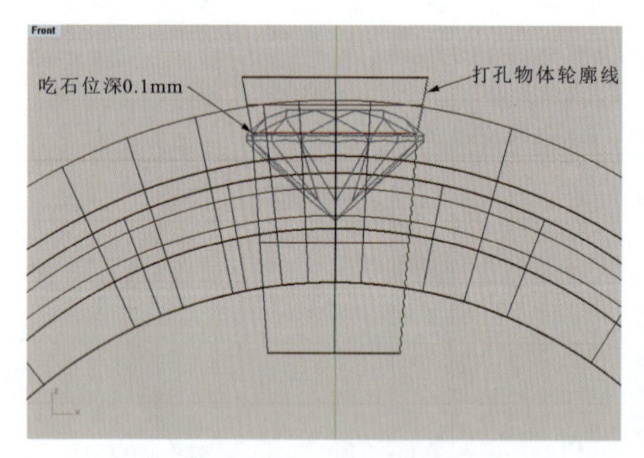

图 6-5-14　制作打孔物体曲面

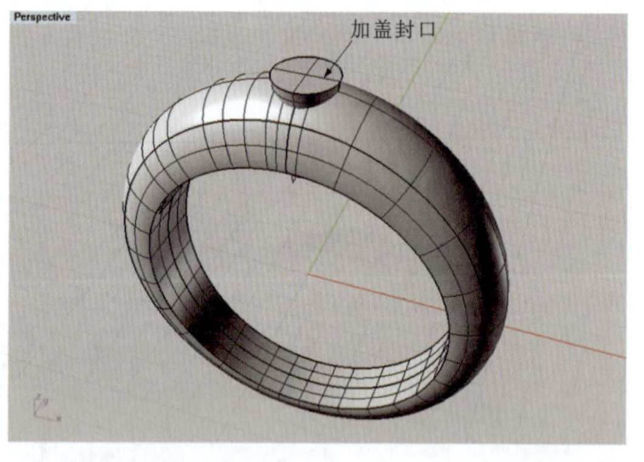

图 6-5-15　将打孔物体曲面加盖封闭

(4)按照上述的步骤(1)～(3)，插入直径为 2mm 的圆钻型宝石及相应打孔物体，上移到戒圈顶部后，执行“旋转”命令（按钮），在命令栏中将旋转角度设置为 30°，将其排列到主石左侧位置，如图 6-5-16 所示。

(5)再次重复使用上述步骤，插入直径为 1.5mm 的圆钻型宝石及相应打孔物体，上移到戒圈顶部后，执行“旋转”命令（按钮），在命令栏中将旋转角度设置为 27°，将打孔物体排列到主石左侧更外边的位置，如图 6-5-17 所示。

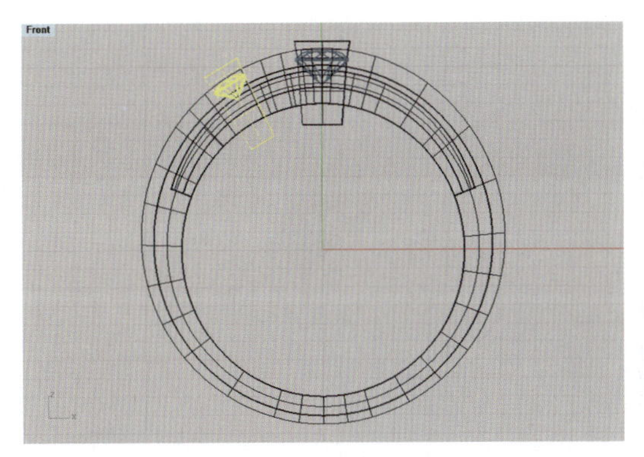

图 6-5-16 将直径为 2mm 的副石及打孔物体移到指定位置

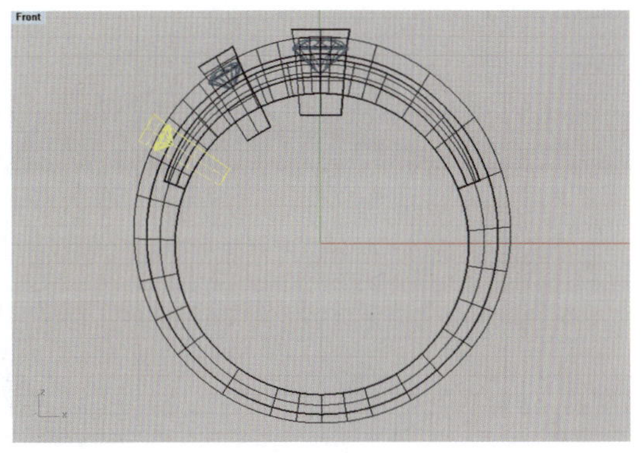

图 6-5-17 将直径为 1.5mm 的副石及打孔物体移到指定位置

(6)框选主石左侧的两个副石及打孔物体,执行"镜像"命令(按钮),向右对称复制,如图 6-5-18 所示。

(7)单击视窗下方状态栏上的"Default"按钮,关闭其下拉栏中"宝石"图层,使宝石隐藏,然后执行"布尔运算差集"命令(按钮),先单击戒圈模型本体,回车,再框选所有的打孔物体,回车后即完成镶石位的打孔,如图 6-5-19 所示。

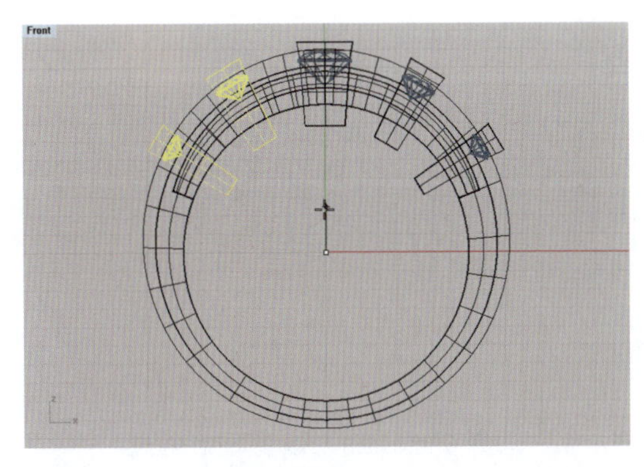

图 6-5-18 镜像复制副石及打孔物体

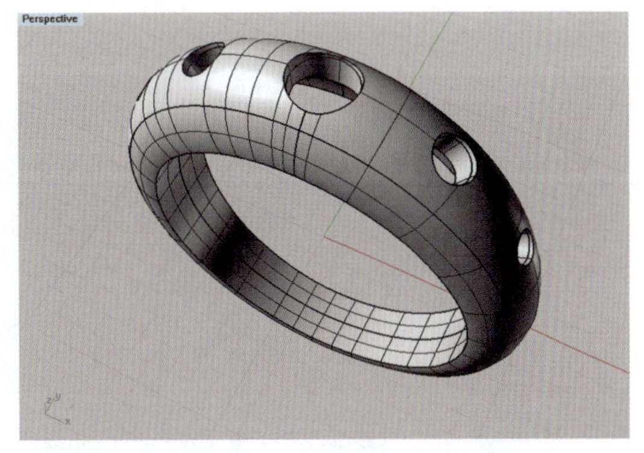

图 6-5-19 在戒圈上打出镶石孔

4. 制作封片

(1)在 Perspective 视图中,执行"复制边缘"命令(按钮),逐段选取戒圈内侧掏底部位的两侧边缘,回车后获取到其边缘线段,接着执行"组合"命令(),将两侧边缘线段分别组合成连续的曲线,如图 6-5-20 所示。

(2)单击视窗下方状态栏上的"Default"按钮,关闭其下拉栏中"戒圈"图层,使戒圈模型隐藏。然后,选取刚复制出来的两条掏底部位的边缘曲线,执行"放样"命令(按钮),建立封片曲面,如图 6-5-21 所示。

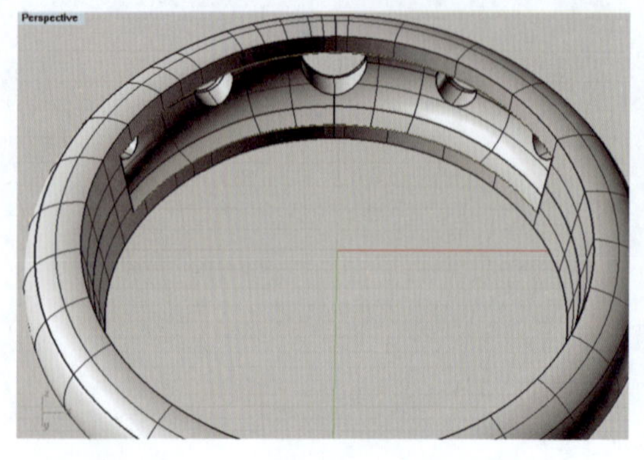

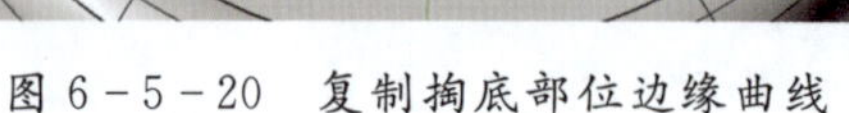

图 6-5-20　复制掏底部位边缘曲线

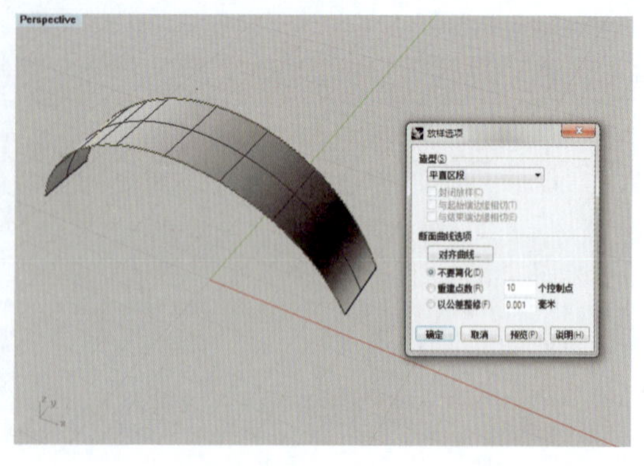

图 6-5-21　利用掏底边缘曲线建立封片曲面

(3)选取封片曲面，执行"建立 UV 曲线"命令(按钮)，回车后，随即在视窗中建立出一个相应的平面曲线(UV 曲线)框，如图 6-5-22 所示。

(4)在 Top 视图中，使用"控制曲线"工具(按钮)，在 UV 曲线框内先绘制一段半心形曲线，然后执行"镜像"命令(按钮)复制出另一半曲线，再执行"组合"命令(按钮)将两段曲线组合在一起，如图 6-5-23 所示。

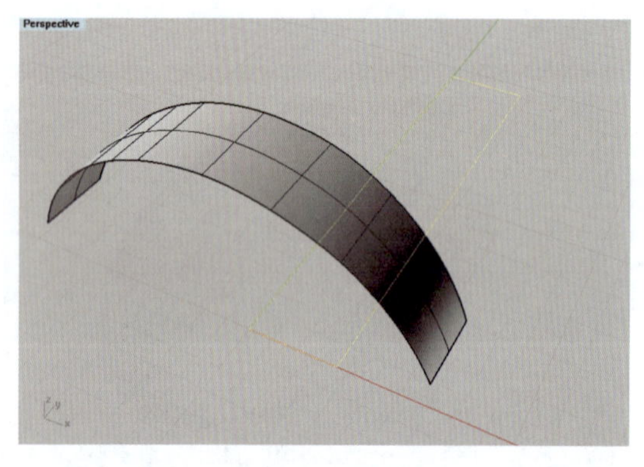

图 6-5-22　建立封片曲面的 UV 曲线

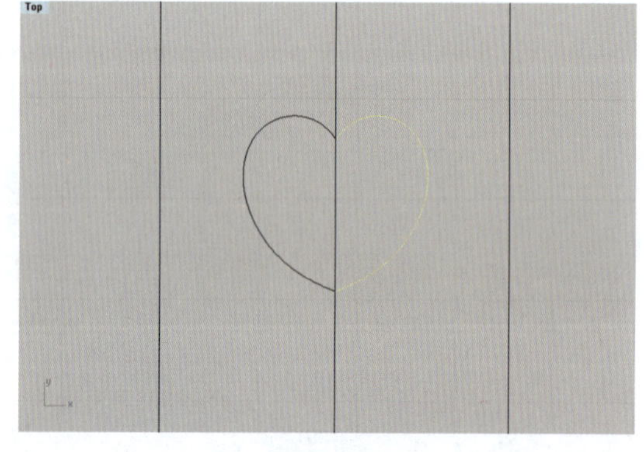

图 6-5-23　绘制心形曲线

(5)选取心形曲线，执行"环形阵列"命令(按钮)，将其环形阵列复制成 4 个，并全部框选，执行"二轴缩放"命令(按钮)，将其调整到适当大小，移动到 UV 曲线框的中心位置，再执行"复制"命令(按钮)，排列成如图 6-5-24 所示的图案。

(6)执行"套用 UV 曲线"命令(右击按钮)，先框选 UV 曲线与框内的心形曲线图案，回车，再单击封片曲面，心形曲线图案随即包裹到封片曲面之上，如图 6-5-25 所示。

(7)删除平面的 UV 曲线及框内图案，仅框选封片曲面与曲面上的心形曲线图案，执行"修剪"命令(按钮)，将各段心形曲线内的曲面剪空，如图 6-5-26 所示。

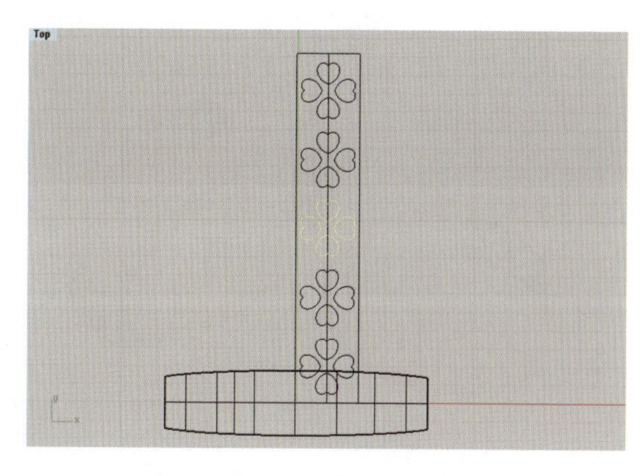

图 6-5-24 排列曲线图案

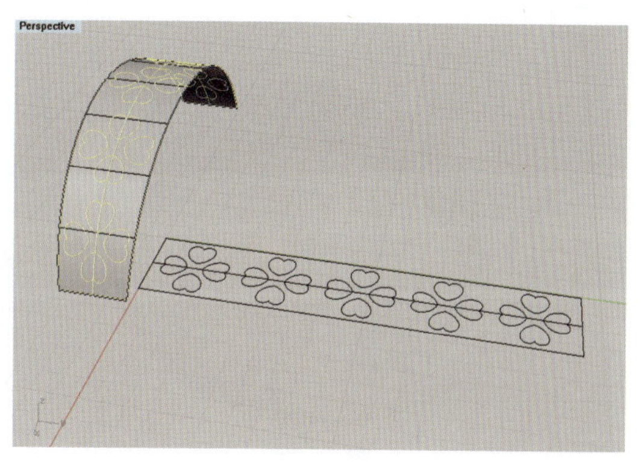

图 6-5-25 套用 UV 曲线图案

(8)选取剪空的封片曲面,执行"偏移曲面"命令(按钮),点选命令栏中的"全部反上"(使曲面上的箭头方向为正偏移方向)和"实体",将偏移距离设置为 0.8mm,回车后即将封片曲面偏移成 0.8mm 厚的实体,如图 6-5-27 所示。

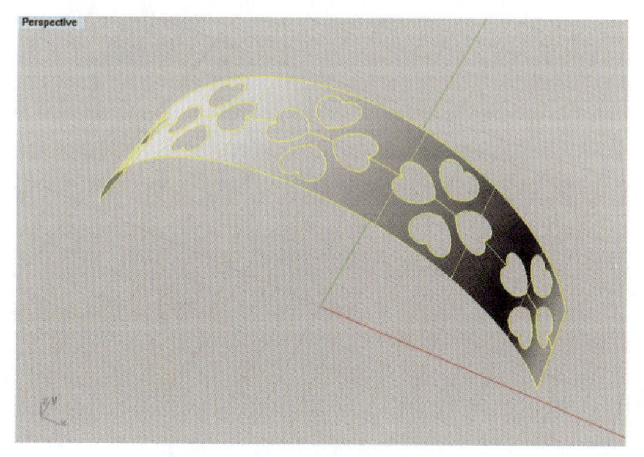

图 6-5-26 按曲线图案将封片曲面剪空

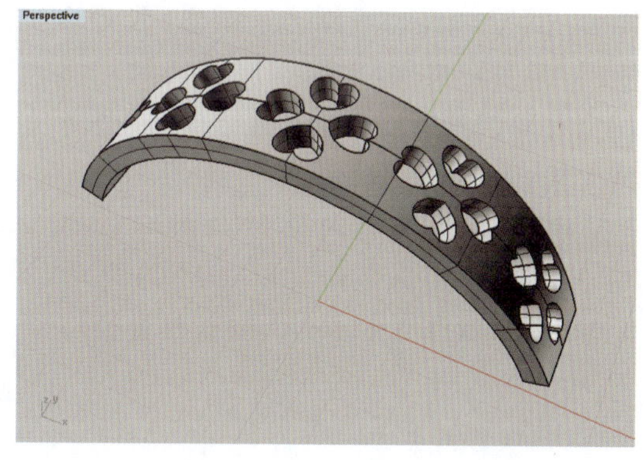

图 6-5-27 将封片曲面偏移成实体

(9)单击视窗下方状态栏上的"Default"按钮,打开其下拉栏中"戒圈"图层及"宝石"图层,使戒圈模型显示,可见封片模型与其掏底部位吻合,如图 6-5-28 所示。

5. 赋色渲染

(1)打开属性面板,在"材质设置"对话框中,指定戒圈的基本颜色为黄金色(Gold),光泽度为 15,为了以示区别,封片的颜色设为浅灰色(Light Gray),勾选"纹理"选项,对所有宝石琢型都贴上钻石材质图片,开启渲染模式,查看制作效果,如图 6-5-29 所示。

(2)把闷镶封片女戒模型导入 KeyShot 渲染器软件中,将戒圈材质设置为 18K 黄金,封片材质设置为白金,宝石琢型材质设置为钻石,渲染效果如图 6-5-1 所示。

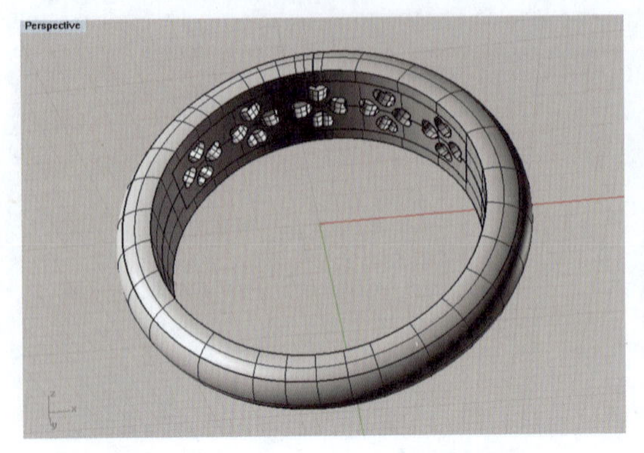

图 6-5-28 完成后封片的戒指模型

图 6-5-29 闷镶封片女戒制作效果

6.5.2 闷镶封片男戒

本例为一款闷镶封片男戒，其造型如图 6-5-30 所示，戒圈为正圆形，截面呈矩形，侧面开夹层，内面掏底并装封片，8粒宝石环绕戒圈分布，闷镶结构，造型简洁大气，适合男性佩戴。

图 6-5-30 闷镶封片男戒
（KeyShot 渲染）

制作尺寸：戒圈内径为 18mm，断面高 3.2mm、宽 3.6mm，开夹层间距为 0.8mm，封片厚 0.8mm，8 粒宝石直径均为 3mm。

1. 制作戒圈

（1）首先在 Front 视图中，使用“圆：中心点、半径”工具（按钮），绘制一段直径为 18mm 的戒圈内圆曲线，然后在 Right 视图中，使用“圆角矩形”工具（按钮），在圆形曲线的上方四分点处，绘制一段高 3.2mm、宽 5mm、圆角半径为 0.2mm 的圆角矩形断面曲线，构成戒圈的立体草图，如图 6-5-31 所示。

（2）执行“单轨扫掠”命令（按钮），以戒圈内圆曲线为路径，圆角矩形曲线为断面，扫掠创建成戒圈的基本模型，如图 6-5-32 所示。然后，打开“图层”/“全部图层”面板，新建一个图层，命名为“戒圈”，将戒圈模型改变到该图层。

2. 制作掏底

由于戒圈是一个正圆环状体，因而可以将戒圈按一定比例缩小复制出一个环状体，用作掏底物体，使用布尔运算差集命令对戒圈内侧进行整环同等深度掏底。

（1）在 Perspective 视图中，选取戒圈基本模型，执行“不等比缩放”命令（按钮），按命

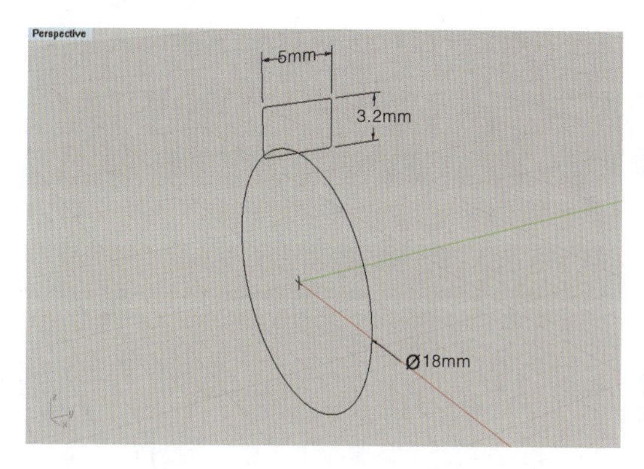

图 6-5-31　绘制戒圈草图

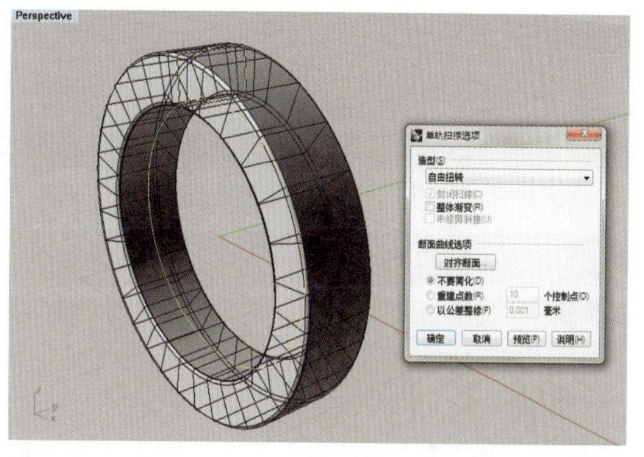

图 6-5-32　单轨扫掠成戒圈基本模型

令栏中的提示操作：在“基点”后点选“复制”，键入坐标值“0，0，0”（或用鼠标在视图坐标点处单击）并回车，在“x 轴的缩放比或第一参考点”后键入“0.9”并回车，在“y 轴的缩放比或第一参考点”后键入“0.72”并回车，在“z 轴的缩放比或第一参考点”后键入“0.9”并回车。完成后即产生一个掏底物体，与戒圈相比，它在 $x-z$ 轴方向缩小至 90%（直径从 24.4mm 缩小到 22mm），在 y 轴方向缩小至 72%（宽度从 5mm 缩小到 3.6mm），如图 6-5-33 所示。

（2）执行“布尔运算差集”命令（按钮），先单击戒圈本体并回车，再单击掏底物体并回车，完成掏底后的戒圈模型如图 6-5-34 所示。

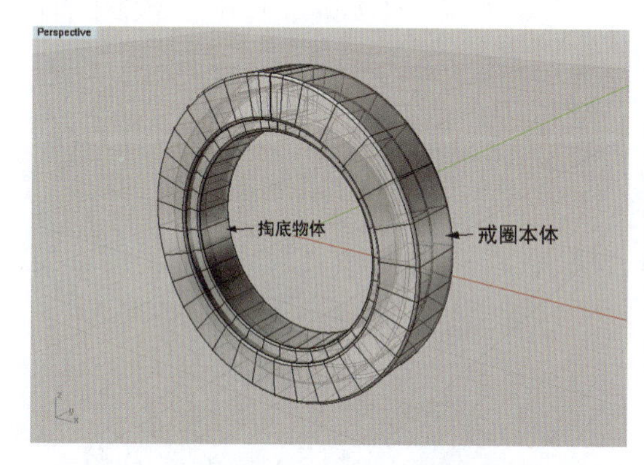

图 6-5-33　缩小复制戒圈为掏底物体

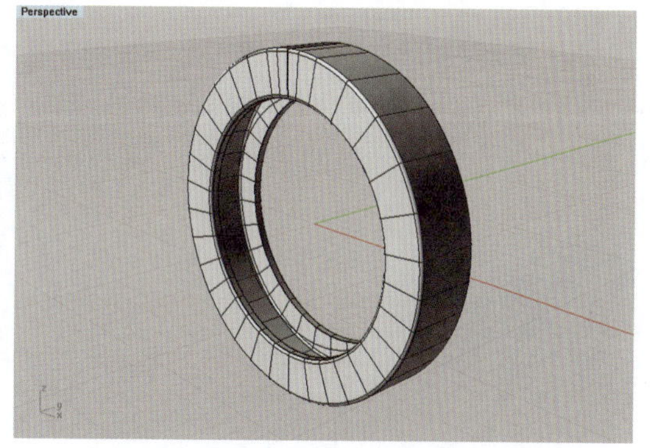

图 6-5-34　掏底后的戒圈模型

3. 开夹层

开夹层的位置应距离上面的金面至少 1.6mm，距离下方的金面 0.8mm，目前戒圈的厚度为 3.2mm，因此，可以用于开夹层的间距为 0.8mm（3.2－1.6－0.8）。

（1）在 Front 视图中，选取戒圈内圆曲线，执行“偏移曲线”命令（按钮），在命令栏中将偏移距离设置为 0.8mm，回车后得到圆形曲线①；再选取圆形曲线①，执行“偏移曲线”命令并设置偏移距离为 0.8mm，回车后得到圆形曲线②。然后，使用“多重直线”工具（按钮），从圆心向上偏左画出一条直线③，再执行“镜像”命令（按钮）向右对称复制一条直线④，两线之间夹角约为35°，如图6－5－35所示。

（2）选取圆形曲线①和②与直线③和④，执行“修剪”命令（按钮），将它们修剪成如图6－5－36所示的开夹层断面曲线形状，并执行“组合”命令（按钮）将其组合成封闭曲线。

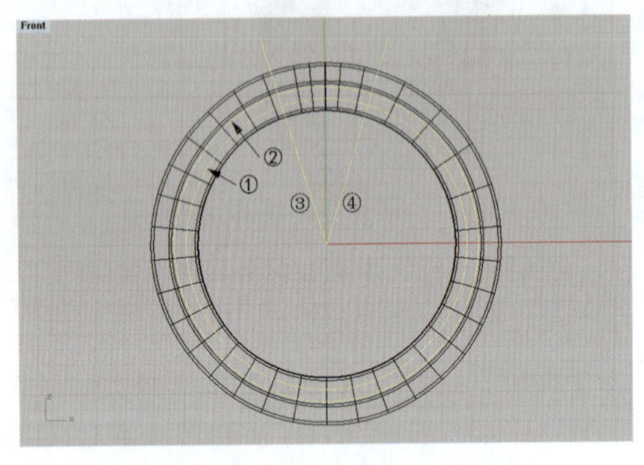

图6－5－35　绘制开夹层曲线

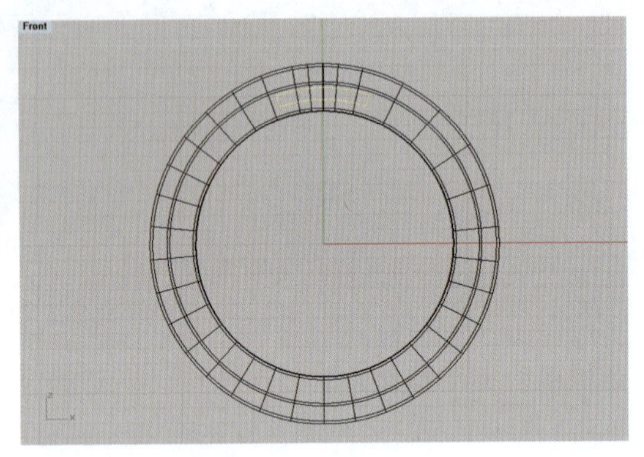

图6－5－36　修剪后的开夹层断面曲线

（3）选取开夹层断面曲线，在Right视图中执行“挤出封闭的平面曲线”命令（按钮），在命令栏中点选“两侧（B）＝是”和“加盖（C）＝是”，将曲线挤出成适当宽度的开夹层物体，如图6－5－37所示。

（4）选取开夹层物体，在Front视图中执行“环形阵列”命令（按钮），在命令栏中将阵列项目数设置为8，回车后如图6－5－38所示。

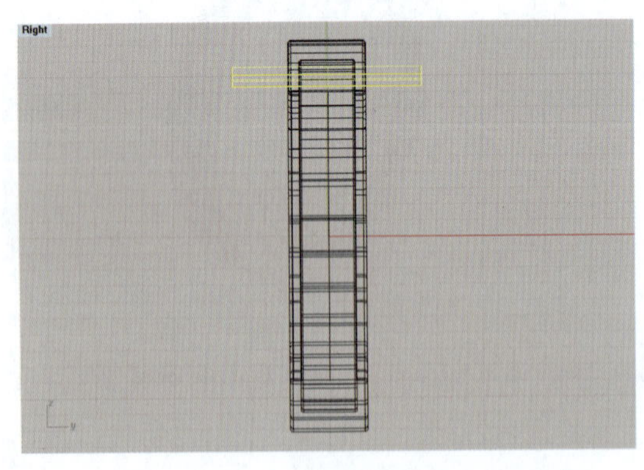

图6－5－37　将开夹层曲线挤出成实体

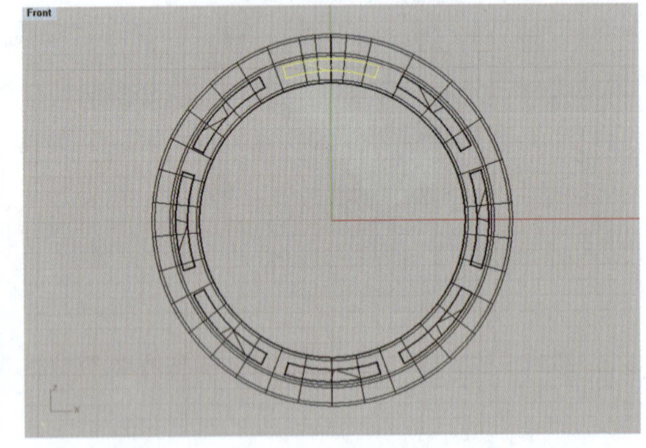

图6－5－38　环形阵列开夹层物体

（5）执行“布尔运算差集”命令（按钮），先单击戒圈本体并回车，再框选所有开夹层物体，回车后即完成开夹层操作，如图6－5－39所示。

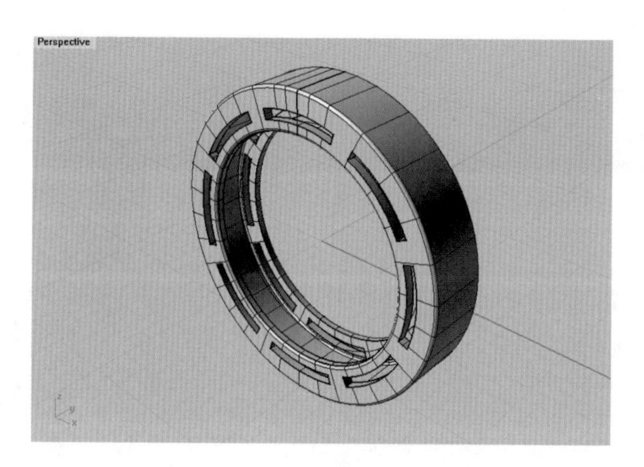

图 6-5-39 开夹层后的戒圈

4. 排石打孔

(1)在 Top 视图中,插入一个直径为 3mm 的圆钻型宝石,并使用"圆:中心点、半径"工具(按钮)绘制一段与宝石直径等大的圆形曲线,再执行"偏移曲线"命令(按钮)向内偏移 0.1mm,用作吃石位控制线,如图 6-5-40 所示。

(2)在 Front 视图中,将宝石及吃石位控制线向上移动到戒圈顶部靠近金面的位置,使用"多重直线"工具(按钮),通过捕捉吃石位控制线四分点,沿宝石右侧绘制打孔物体轮廓线,然后执行"旋转成形"命令(按钮),将轮廓线旋转成打孔物体曲面,接着执行"将平面洞加盖"命令(按钮)将曲面封闭成实体,如图 6-5-41 所示。

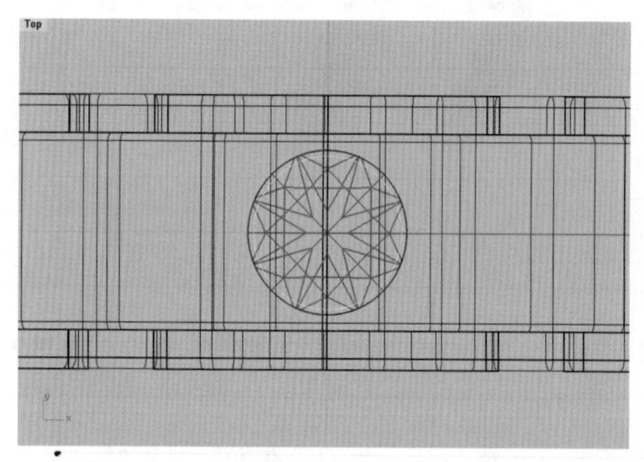

图 6-5-40 插入宝石并绘制吃石位控制线

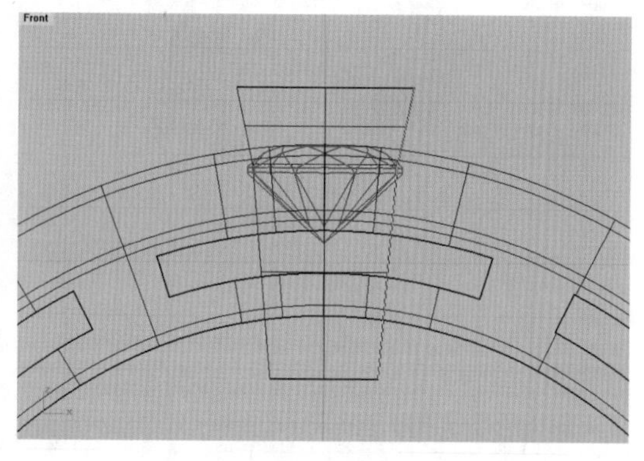

图 6-5-41 制作打孔物体

(3)选取宝石和打孔物体,在 Front 视图中执行"环形阵列"命令(按钮),在命令栏中将阵列项目数设置为 8,回车后如图 6-5-42 所示。

(4)单击视窗下方状态栏上的"Default"按钮,关闭其下拉栏中"宝石"图层,然后执行"布尔运算差集"命令(按钮),先单击戒圈本体并回车,再框选所有打孔物体,回车后即在戒圈

上打出相应的镶石孔，如图 6－5－43 所示。

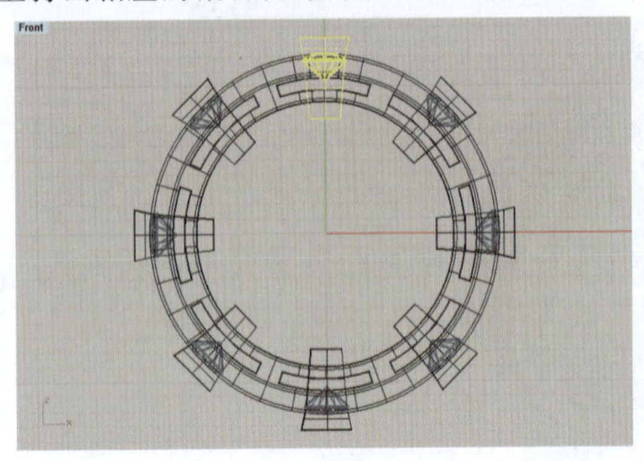

图 6－5－42　环形阵列宝石及打孔物体

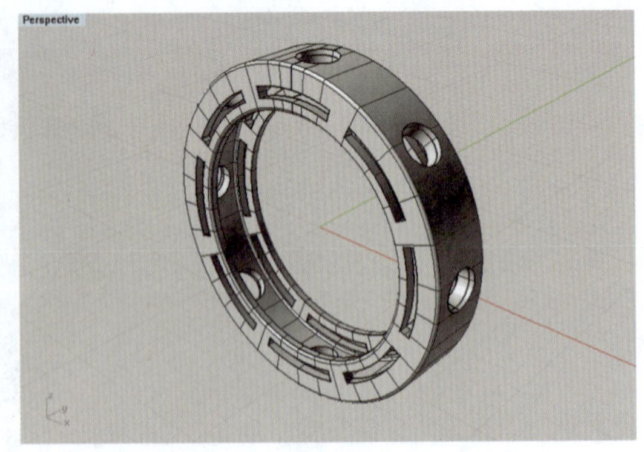

图 6－5－43　在戒圈上打出镶石孔

5. 制作封片

(1)在 Perspective 视图中，执行“复制边缘”命令（按钮），单击戒圈内面掏底部位的两侧边缘，回车后复制出边缘曲线，如图 6－5－44 所示。

(2)选取复制出来的边缘曲线，执行“放样”命令（按钮），弹出“放样选项”对话框，保持“造型”下拉栏中的“平直区段”默认选项不变，单击“确定”按钮，创建出封片曲面，如图 6－5－45 所示。

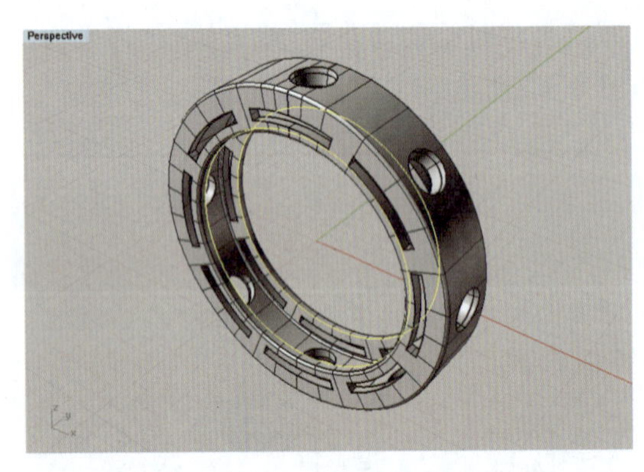

图 6－5－44　复制掏底部位边缘曲线

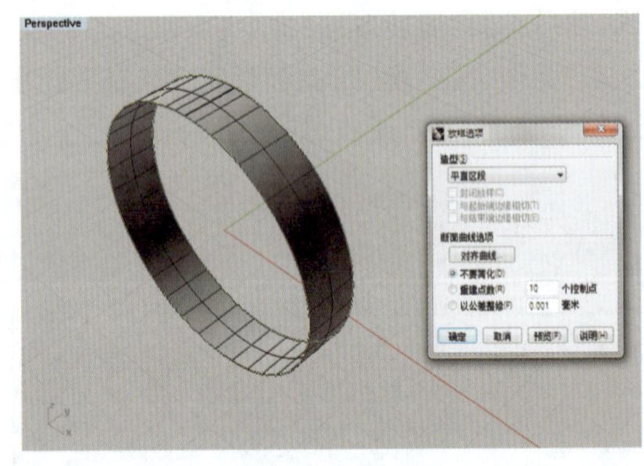

图 6－5－45　利用掏底边缘放样建立封片曲面

(3)选取封片曲面，执行“建立 UV 曲线”命令（按钮），回车后，随即在视窗中建立一个相应的平面曲线（UV 曲线）框，如图 6－5－46 所示。

(4)在 Top 视图中，使用“控制曲线”工具（按钮），先绘制一段半心形曲线，然后执行“镜像”命令（按钮）复制出另一半心形曲线，再执行“组合”命令（按钮）将两半曲线组合成一段封闭的心形曲线，如图 6－5－47 所示。

(5)执行“环形阵列”命令（按钮），将心形曲线环形复制成 4 个，使用“多重直线”工具（按钮）通过捕捉 UV 曲线上下边框的中点绘制一条中线作为阵列的路径，并将 4 个心形

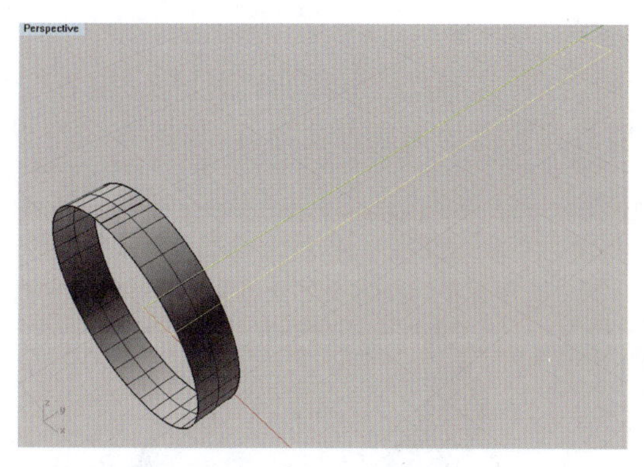

图 6-5-46 建立封片曲面的 UV 曲线

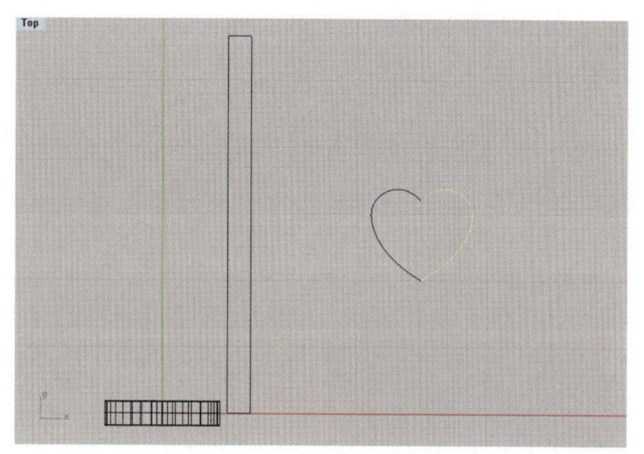

图 6-5-47 绘制心形曲线

曲线作为一组，移动到 UV 曲线框的上端位置，执行“二轴缩放”命令（按钮）调整到合适大小。然后，调用“分析”/“长度”命令（按钮）测量出路径线长度约 56.55mm，使用“直线尺寸标注”工具测得心形曲线组内距离为 2.7mm，设定组之间距离为 1mm，则阵列项目数理论上为：56.55÷(2.7+1)≈15.28，取整数值 16。接下来，执行“沿曲线阵列”命令（按钮），选取中线为路径曲线，在弹出的“沿着曲线阵列选项”对话框中键入项目数 16，单击“确定”按钮，完成阵列操作，如图 6-5-48 所示。随后删除末端的一组多余图案，结果如图 6-5-49 所示。

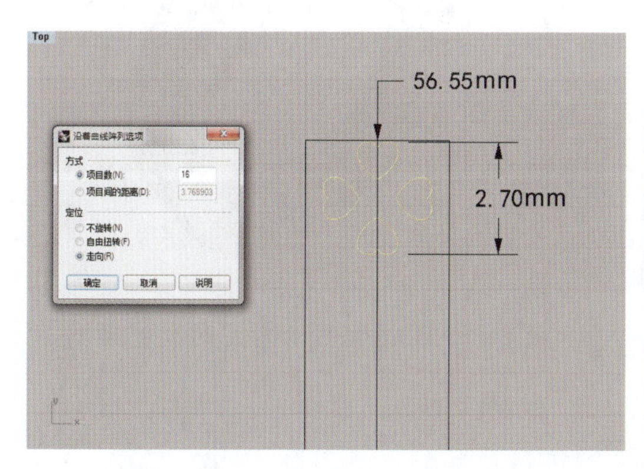

图 6-5-48 设置矩形阵列项目数

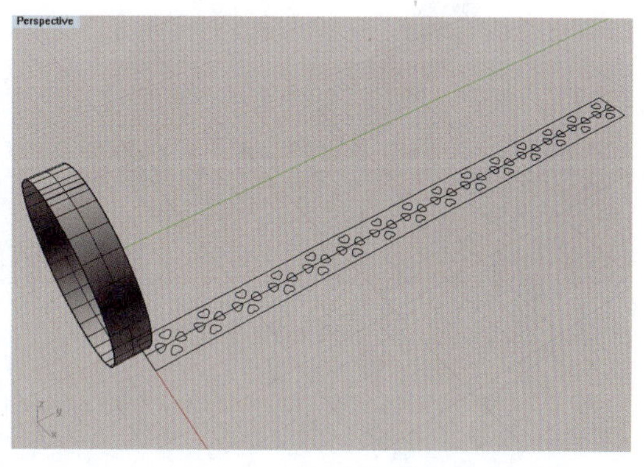

图 6-5-49 阵列后的曲线图案

(6)在 Perspective 视图中，框选 UV 曲线及框内的心形曲线图案，执行“套用 UV 曲线”命令（右击按钮），单击封片曲面，随即心形曲线阵列图案就包裹到封片曲面之上，如图 6-5-50 所示。

(7)框选封片曲面和曲面上的心形曲线图案，执行“修剪”命令（按钮），将各个心形曲线内的曲面剪空，如图 6-5-51 所示。

(8)选取剪空的封片曲面，执行“偏移曲面”命令（按钮），在命令提示栏中点选“全部反上”和“实体”，将偏移距离设置为 0.8mm，回车，将封片曲面偏移成 0.8mm 厚实体，如

图 6－5－52 所示。

(9)单击视窗下方状态栏上的“Default”按钮，打开其下拉栏中“戒圈”图层及“宝石”图层，使戒圈和宝石显示出来，此时可见封片模型与其戒圈的掏底部位吻合，如图 6－5－53 所示。

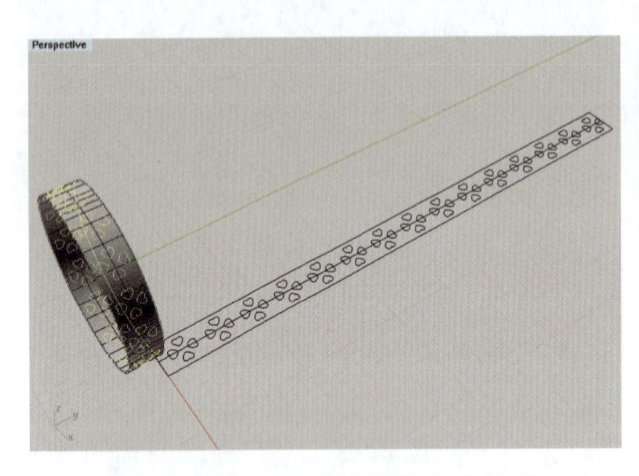

图 6－5－50　套用 UV 曲线图案

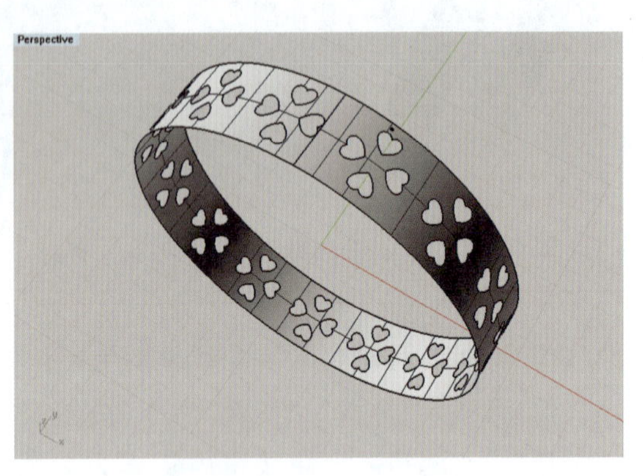

图 6－5－51　按曲线图案将封片曲面剪空

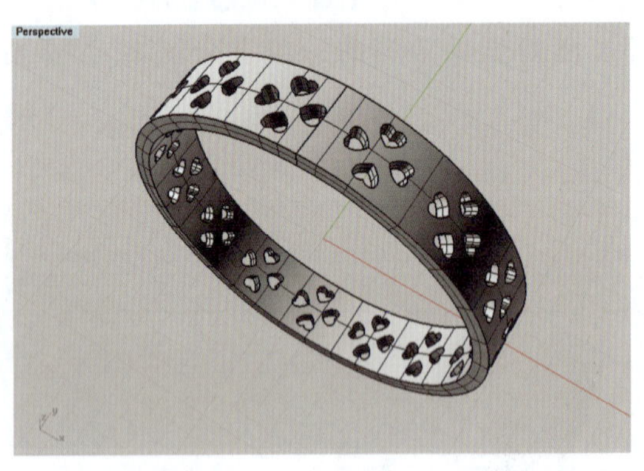

图 6－5－52　偏移封片曲面成实体

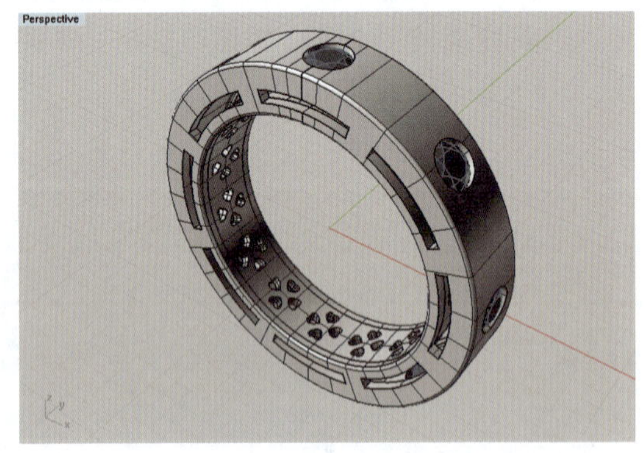

图 6－5－53　完成后封片的戒指模型

6. 赋色渲染

(1)打开属性面板，在“材质设置”对话框中，指定戒圈的基本颜色为黄金色(Gold)，光泽度为 15，指定封片的颜色为浅灰色(Light Gray)，以示区别，选取所有宝石琢型，勾选“纹理”选项，贴上钻石材质图片，开启渲染模式，查看制作效果，如图 6－5－54 所示。

(2)把闷镶封片男戒模型导入 KeyShot 渲染器软件中，将戒圈及封片材质设置为 18K 黄金，宝石琢型材质为钻石，渲染效果如图 6－5－30

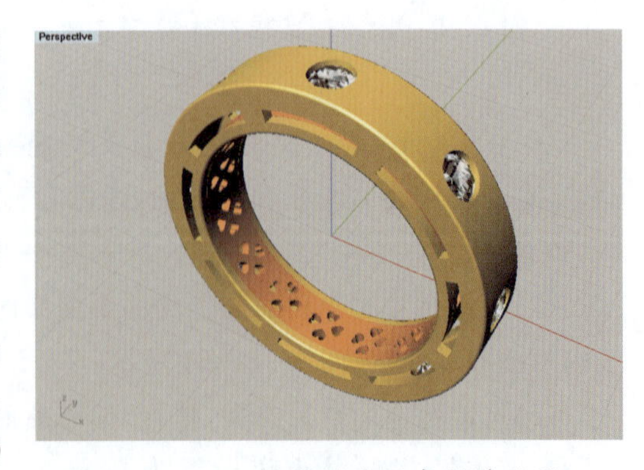

图 6－5－54　闷镶封片男戒制作效果

所示。

6.6 槽镶戒指

6.6.1 方形宝石槽镶戒指

本例是一款方形宝石槽镶戒指，如图 6－6－1 所示，戒圈为马鞍形，上宽下窄，顶面微凸，3 粒方形宝石并行排列，槽镶结构，戒圈内面掏底，造型简洁。

制作尺寸：戒圈内径 18mm；顶部高 4mm，宽 7.4mm；底部厚 1mm，宽 4mm；半环位厚 2mm；宝石为公主方型，边长为 5mm。

图 6－6－1 方形宝石槽镶戒指（KeyShot 渲染）

1. 绘制戒圈下部外轮廓线

（1）在 Top 视图中，使用“圆：中心点、半径”工具（按钮 ），绘制一个直径为 18mm 的圆，作为戒圈内圆曲线，如图 6－6－2 所示。

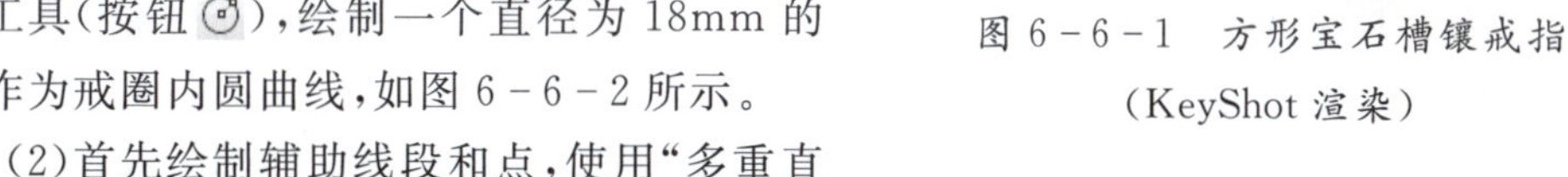

（2）首先绘制辅助线段和点，使用“多重直线”工具（按钮 ），在戒圈内圆曲线的两侧四分点处各向外绘制一段长 2.0mm 的直线，在底部四分点处向下绘制长 1mm 的直线，并使用“点”工具（按钮 ）在顶部四分点上方 4mm 处作一个插入宝石的标记点。然后，使用“圆弧：起点、终点、通过点”工具（按钮 ），通过捕捉两侧及底部线段的端点，向下绘制出戒圈的下部外轮廓曲线，如图 6－6－3 所示。

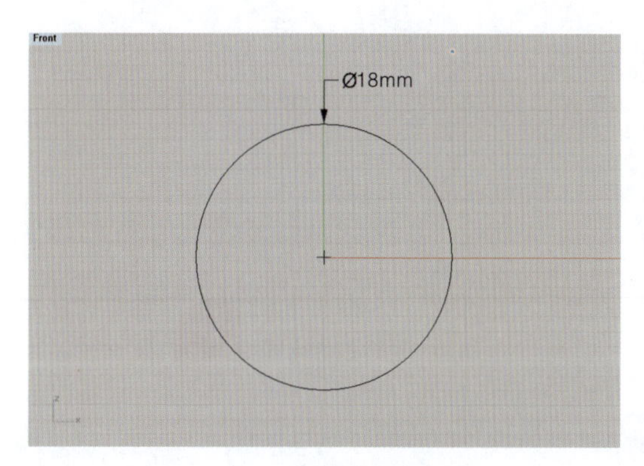

图 6－6－2 绘制戒圈内圆曲线

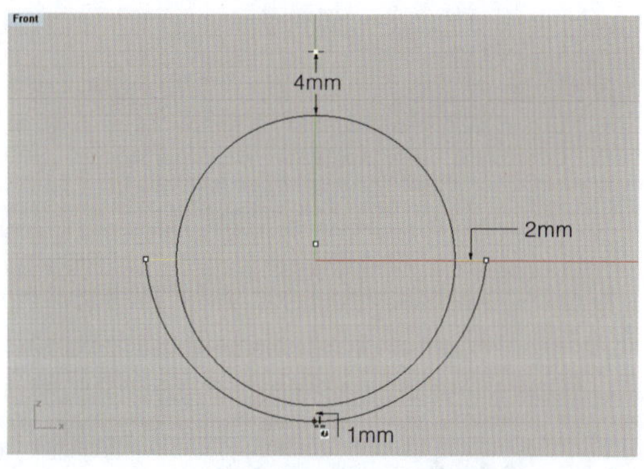

图 6－6－3 绘制戒圈下部外轮廓曲线

2. 插入及排列宝石

(1)在 Top 视图中,勾选“物件锁点”栏中的“点”选项,在标记点处插入一个边长为 5mm 的公主方型宝石,如图 6-6-4 所示。

(2)在 Perspective 视图中,选取宝石,执行“复制”命令(按钮),通过自左而右捕捉宝石腰棱线的直角交点①和②,向右复制出另一宝石,两石之间无距离,如图 6-6-5 所示。

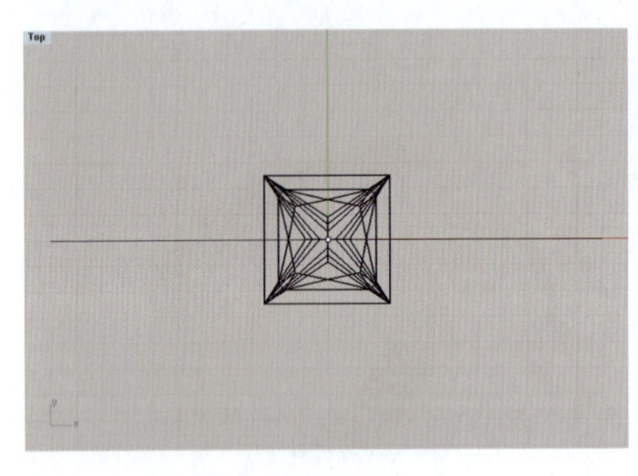

图 6-6-4 插入宝石

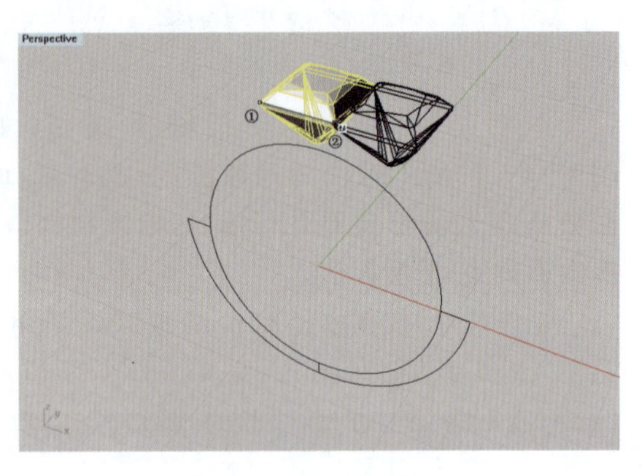

图 6-6-5 复制宝石

(3)在 Front 视图中,选取右边复制出来的宝石,执行“2D 旋转”命令(按钮),向右旋转少许(5°左右),使宝石右边略低,如图 6-6-6 所示。

(4)执行“镜像”命令(按钮),将右边的宝石向左边对应位置复制,使 3 颗宝石并行排列,如图 6-6-7 所示。

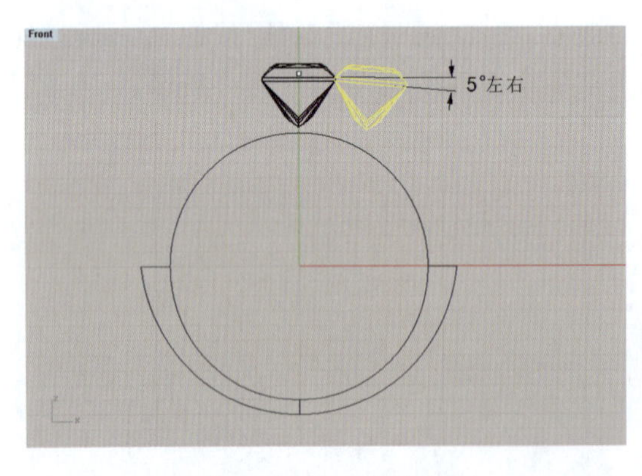

图 6-6-6 旋转宝石

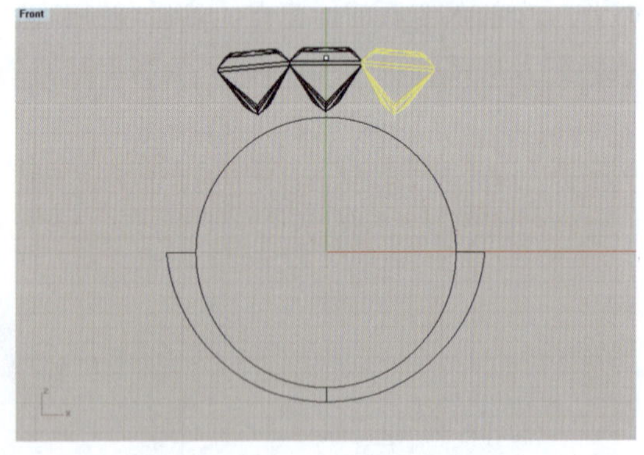

图 6-6-7 镜像复制宝石

3. 绘制戒圈上部外轮廓线

(1)在 Front 视图中,使用“多重直线”工具(按钮),通过捕捉右边宝石腰棱线中点,向外绘制一段长 1.4mm 的直线辅助线,同时执行“镜像”命令(按钮),将该线段向左对称复制。然后，执行“以圆弧延伸至指定点”命令（按钮），将戒圈下半部外轮廓曲线的两端延伸至直线左右辅助线的端点，如图 6-6-8 所示。

（2）使用“圆弧：起点、终点、起点方向”工具（按钮），通过捕捉宝石左右线段的外端点，并向上拖动控制杆，绘制一条与 3 颗宝石腰棱相连的形态近于一致的圆弧线，作为戒圈的顶面曲线，如图 6-6-9 所示。

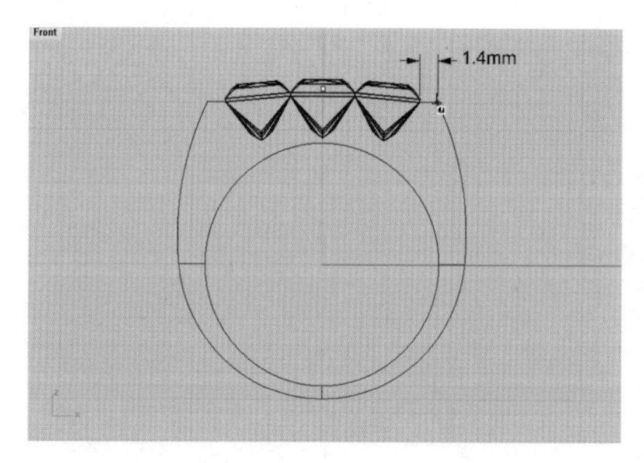

图 6-6-8　绘制戒圈上部外轮廓线

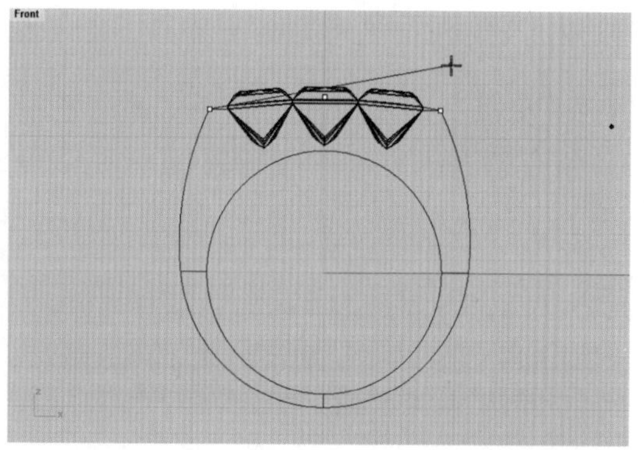

图 6-6-9　绘制戒圈顶面圆弧线

4. 建立戒圈曲面

（1）在 Front 视图中，使用“多重直线”工具（按钮），在戒圈曲线右侧绘制一条斜向辅助线（红色线），该辅助线距戒圈曲线的上端 3.7mm，距下端约 2mm，如图 6-6-10 所示。

（2）单击视窗下状态栏上的“Default”按钮，关闭其下拉栏中的“宝石”图层，仅保留显示戒圈的内圆曲线、外部轮廓曲线和斜向辅助线。然后，在 Perspective 视图中，执行“从两个视图的曲线”命令（按钮），分别将戒圈的内圆曲线和外部轮廓曲线制作成沿辅助线倾斜的 3D 曲线，接着再执行“镜像”命令（按钮）向左对称复制，形成戒圈的两段侧边轮廓曲线，如图 6-6-11 所示。

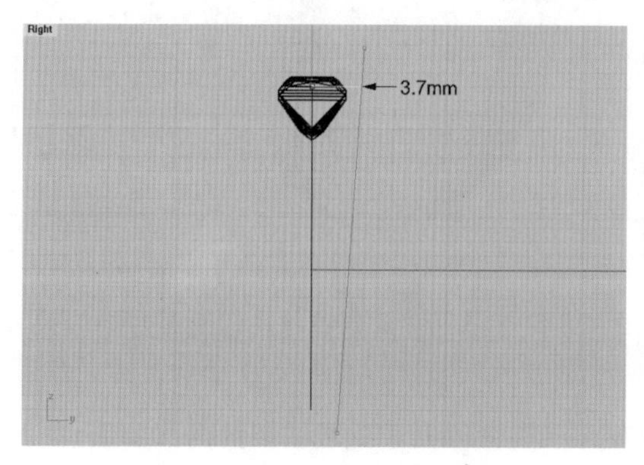

图 6-6-10　绘制侧边辅助线

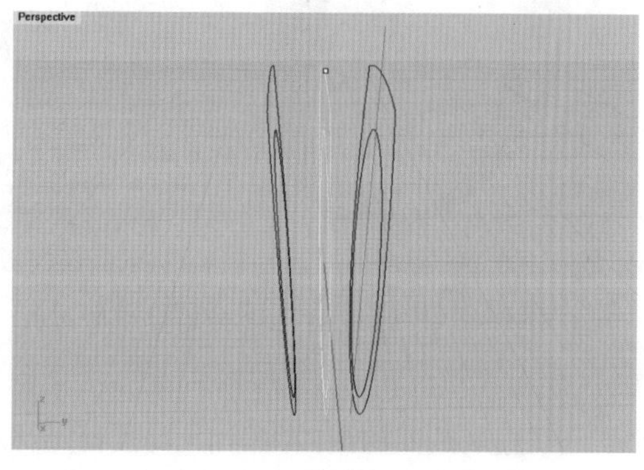

图 6-6-11　得到戒圈两侧边轮廓曲线

(3)执行“隐藏物件”命令(按钮),将中间的原始内圆曲线、外圈轮廓曲线及斜向辅助线隐藏,仅保留显示新制作的两侧边内圆曲线和外轮廓曲线。然后,在Top视图中,使用“圆弧:起点、终点、起点方向”工具(按钮),通过捕捉戒圈两侧边外轮廓曲线的右上交点,绘制一条圆弧线,作为戒圈顶部曲面的截面曲线,如图6-6-12所示。

(4)转换到Front视图,执行“2D旋转”命令,将戒圈顶面截面曲线向左上旋转约30°,然后执行“镜像”命令(按钮),向左对称复制,如图6-6-13所示。

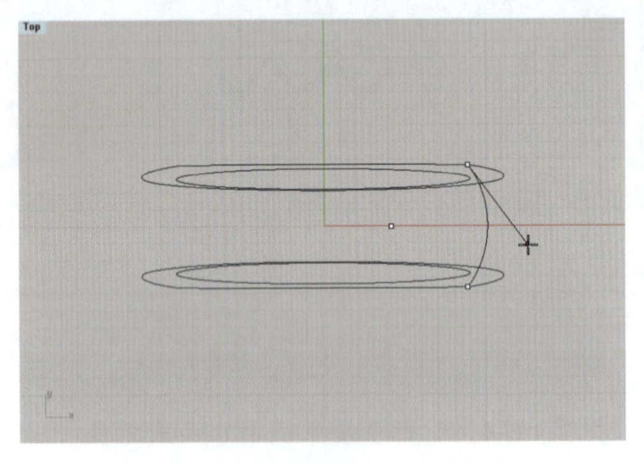

图6-6-12　绘制戒圈顶面截面曲线

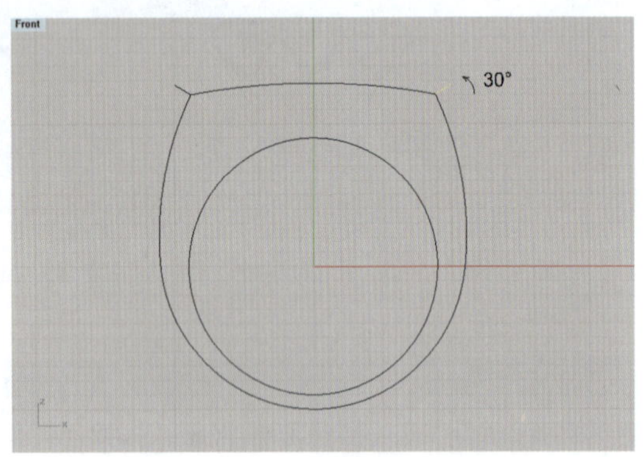

图6-6-13　旋转和镜像顶面截面曲线

(5)在Perspective视图中,执行“双轨扫掠”命令(按钮),先选取戒圈的两侧外轮廓曲线,再单击上部的两段断面曲线,建立戒圈的外部曲面,如图6-6-14所示。

(6)再次执行“双轨扫掠”命令(按钮),先选取戒圈上部的两边轮廓曲线,再单击左右的两段断面曲线或曲面边缘,建立出戒圈的顶部曲面,如图6-6-15所示。

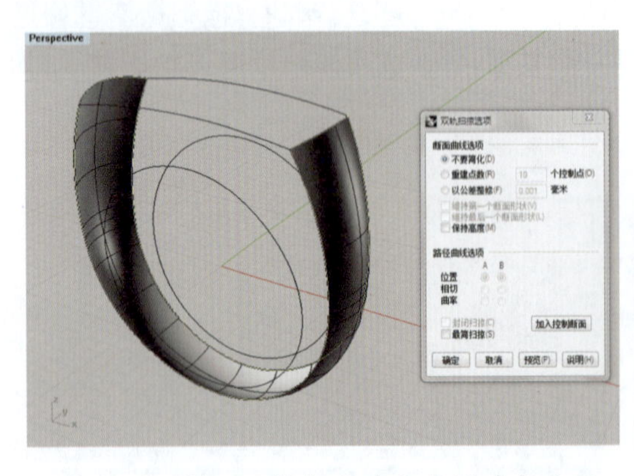

图6-6-14　双轨扫掠建立戒圈外部曲面

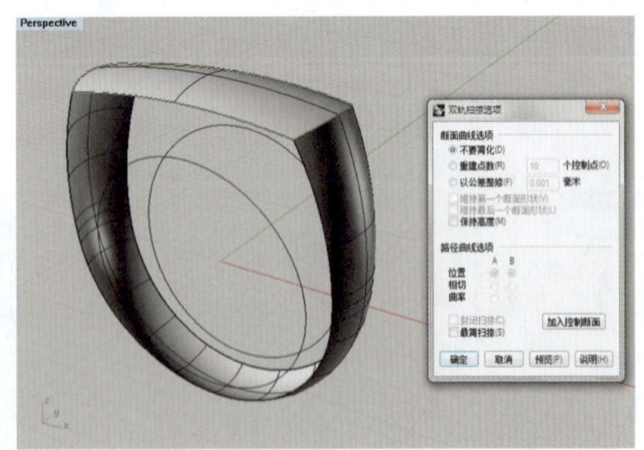

图6-6-15　双轨扫掠建立戒圈顶部曲面

(7)选取戒圈的两侧内圆曲线,执行“放样”命令(按钮),建立成戒圈的内部曲面,如图6-6-16所示。

(8)重复执行“以平面曲线建立曲面”命令(按钮),利用戒圈的内部和外部曲面边缘线，建立戒圈的前后曲面，如图 6-6-17 所示。

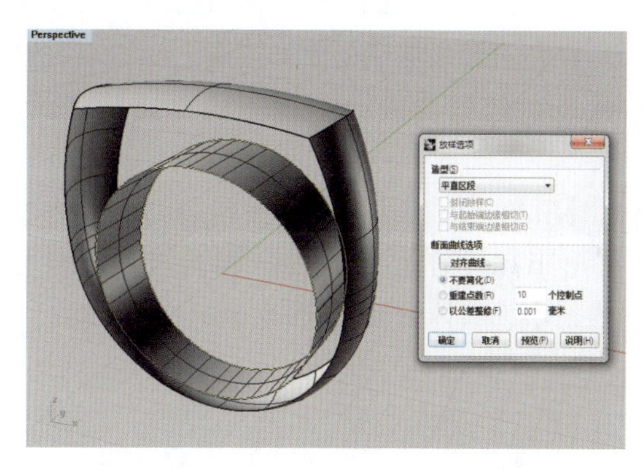

图 6-6-16 放样建立戒圈内圆曲面

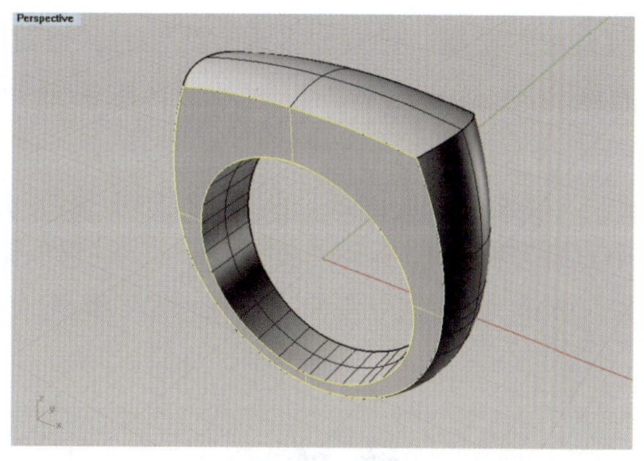

图 6-6-17 以戒圈边缘线建立前后曲面

最后，执行“组合”命令（按钮），将上述建立的戒圈内部曲面、外部曲面、上部曲面以及前后曲面组合为一体。

5. 镶口开槽和掏底

（1）在 Front 视图中，切换到线框模式工作视窗，并单击视窗下状态栏上的“Default”按钮，打开“宝石”图层让宝石显示，然后，执行“显示选取的物件”命令（按钮），让原始的戒圈外部轮廓曲线显示出来，接着执行“偏移曲线”命令（按钮），向内偏移 0.8mm，得到掏底曲线，如图 6-6-18 所示。

（2）选取掏底曲线，单击“开启控制点”按钮显示出其曲线控制点，然后通过对曲线的点进行编辑，修改曲线形态。如图 6-6-19 所示，先执行“插入节点”命令（按钮），在曲线的左段近末端处插入一个节点，并拖动节点向内移动使曲线靠近宝石，拖动端点向上移动使曲线延长，控制曲线吃石位，使之深约 0.15mm，而后再框选曲线底部的一排控制点，向上移动，如图中所示位置。

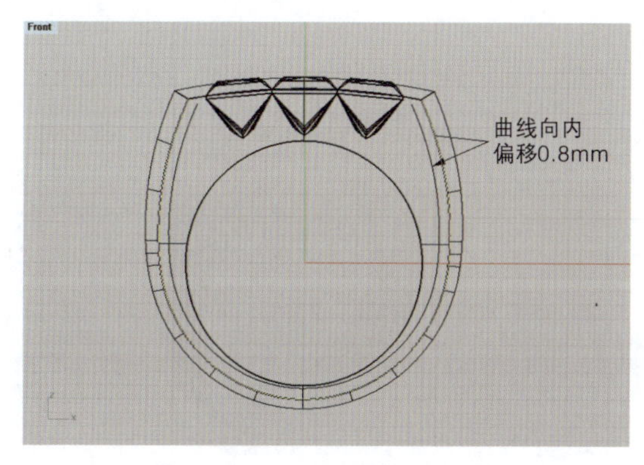

图 6-6-18 向内偏移外轮廓曲线得掏底曲线

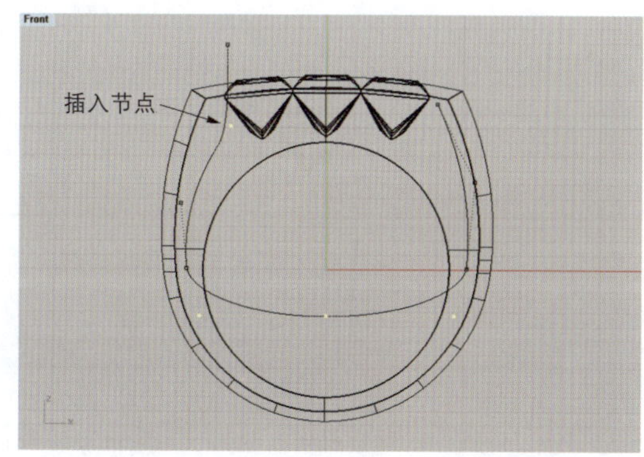

图 6-6-19 修改掏底曲线形态

(3)使用“多重直线”工具(按钮)，在掏底曲线的中间绘制一段竖线；执行“修剪”命令(按钮)，利用该线剪除掏底曲线的右段；再执行“镜像”命令(按钮)，将掏底曲线的左段向右对称复制；再使用“多重直线”工具(按钮)，在左右两段曲线的上部端点之间绘制一段直线相连；最后执行“组合”命令(按钮)将各段曲线组合成一个封闭的掏底曲线，如图 6-6-20 所示。

(4)选取掏底曲线，在 Top 视图中执行“挤出封闭的平面曲线”命令(按钮)，在命令栏中点选“两侧(B)＝是”和“加盖(C)＝是”，将挤出距离设置为 2.35mm(因为宝石半径为 2.50mm，吃石位应留 0.15mm)，结果将掏底曲线挤出为实体曲面，如图 6-6-21 所示。

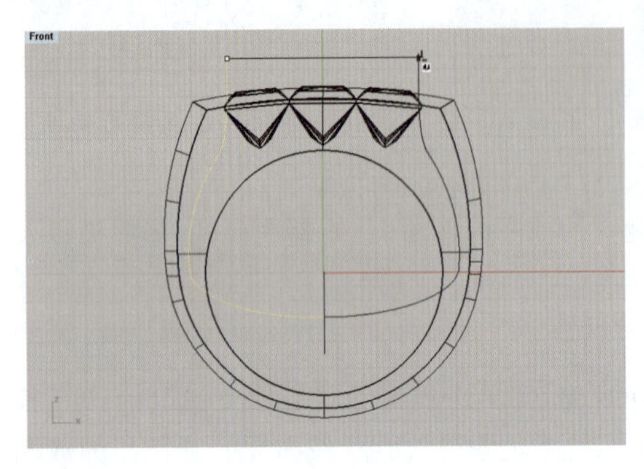

图 6-6-20　修剪、镜像、连接掏底曲线

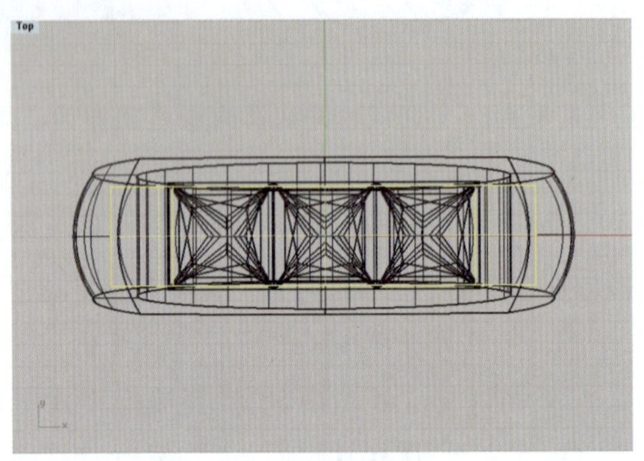

图 6-6-21　将掏底曲线挤出为实体物件

(5)切换到 Right 视图，选取掏底曲面物件模型，执行“锥状化”命令(按钮)，按命令栏中的提示，单击锥状轴的起点(模型上端)，再单击锥状轴的终点(模型下端)，点选“平坦模式(F)＝是”和“无限延伸(I)＝是”，由外而内适当挤压模型下端，使模型形成如图 6-6-22 所示的锥状体。

(6)在 Perspective 视图中，执行“布尔运算差集”命令(按钮)，先单击戒圈本体并回车，再单击掏底物体并回车，即完成了戒指的镶口开槽和掏底，如图 6-6-23 所示。

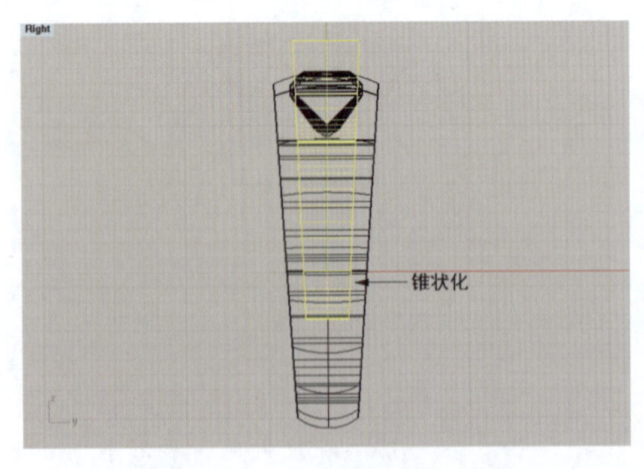

图 6-6-22　锥状化掏底物体

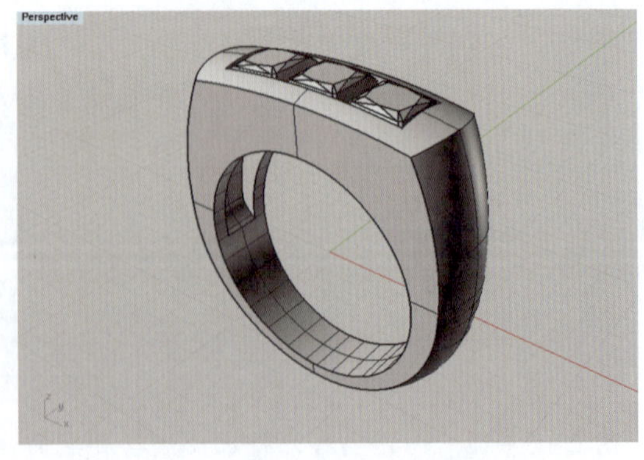

图 6-6-23　布尔运算差集完成开槽和掏底

6. 渲染戒指模型

(1)着色渲染:打开属性面板,在“材质设置”对话框中,指定戒圈的基本颜色为黄金色(Gold),光泽度为15,选取所有宝石琢型,勾选“纹理”选项,贴上红宝石材质图片,开启渲染模式,查看制作效果,如图6-6-24所示。

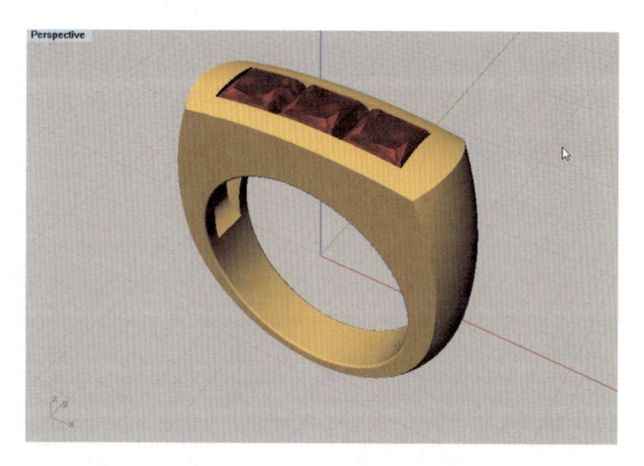

图6-6-24 方形宝石槽镶戒指着色效果图

(2)拟实渲染:把戒指模型导入KeyShot渲染器软件中,将戒圈材质设置为18K黄金,宝石琢型材质设置为红宝石,渲染效果如图6-6-1所示。

6.6.2 圆形宝石槽镶戒指

本例是一款圆形宝石槽镶的群镶戒指,如图6-6-25所示,戒圈为典型的马鞍形,上宽下窄,顶面为弧形,多粒圆形宝石分槽并行排列,槽镶结构,戒圈内部掏底,造型简约大气。

制作尺寸:戒圈内径为17mm;顶部高4.5mm,宽8mm;底部厚1.5mm,宽4mm;半环位厚2mm;宝石21粒,均为圆钻型,直径为2mm。

图6-6-25 圆形宝石槽镶马鞍戒指(KeyShot渲染)

1. 绘制戒圈平面曲线

(1)在 Front 视图中,使用"圆:中心点、半径"工具(按钮),绘制一个直径为 17mm 的圆,作为戒圈的内圆曲线,如图 6-6-26 所示。

(2)使用"多重直线"工具(按钮),在戒圈内圆曲线的底部四分点处绘制一段长 1.5mm 的直线,在两侧四分点处各绘制一段长 2mm 的直线(红色辅助线),用于控制戒圈底部及半环位处厚度,然后,使用"圆弧:起点、终点、通过点"工具(按钮),通过捕捉各线段的端点绘制出戒圈的下半部外轮廓线①,再在戒圈内圆曲线上方 4.5mm 处绘制一段长 20mm、高 1mm 的弧顶轮廓线②,如图 6-6-27 所示。

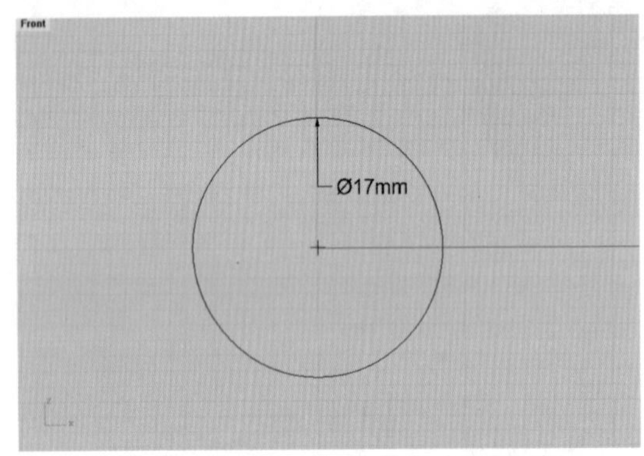

图 6-6-26 绘制戒圈内圆曲线

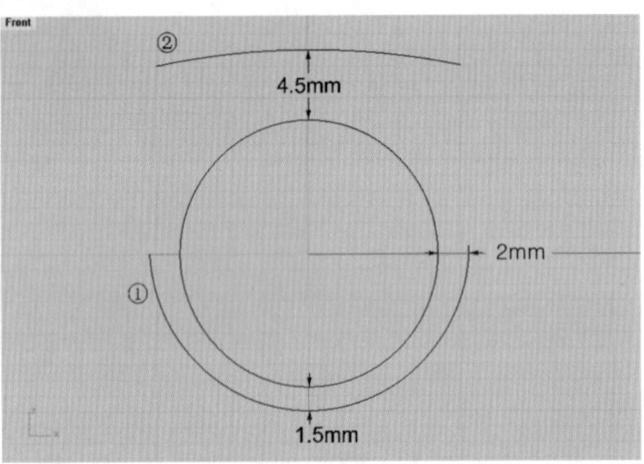

图 6-6-27 绘制戒圈上下外轮廓曲线

(3)使用"延伸曲线(平滑)"工具(按钮),点击戒圈下半部轮廓线①的左端点,将曲线向上延伸至弧顶轮廓线②的端点,操作时要注意分两段延伸,使延伸线呈"S"形弯曲。然后,执行"修剪"命令(按钮),利用底部四分点处的辅助线将戒圈轮廓线右段剪除,再执行"镜像"命令(按钮),将左边的延伸后的轮廓线向右边对称复制,如图 6-6-28 所示。

(4)执行"曲线圆角"命令(按钮),在命令栏中点选"组合(J)=是"和"修剪(T)=是",键入圆角半径"0.5",将戒圈的左右轮廓线与弧顶轮廓线以圆角相连接成封闭曲线,如图 6-6-29 所示。

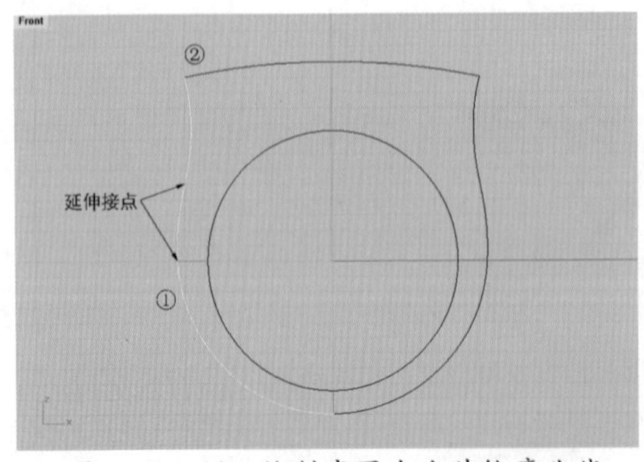

图 6-6-28 绘制戒圈左右外轮廓曲线

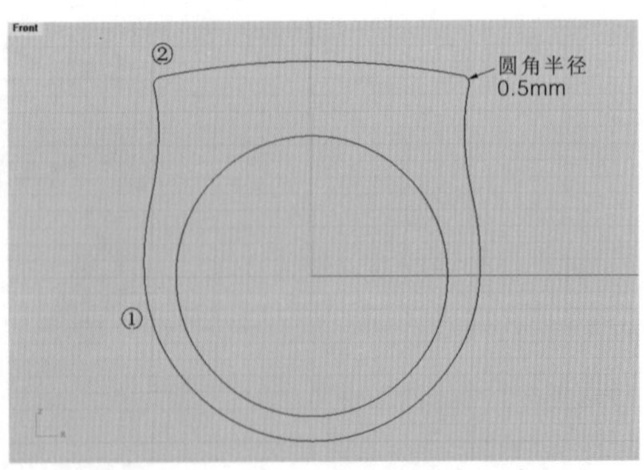

图 6-6-29 圆角组合戒圈外轮廓曲线

2. 插入及排列宝石

(1)在 Top 视图中,插入一个直径为 2mm 的圆钻型宝石,然后切换到 Front 视图,使用“圆:中心点、半径”工具(按钮),绘制直径分别为 0.8mm 和 1.0mm 的内外两个圆形辅助线,再将两个圆形辅助线移动到宝石右侧位置,并使其中内圆辅助线的四分点紧挨着宝石腰棱,用于控制排石间距和吃石位深度,如图 6-6-30 所示。

(2)框选宝石及其右侧间距辅助线,执行“矩形阵列”命令(按钮),按命令栏中提示依次设置“x 方向项目数=4”“y 方向项目数=1”“z 方向项目数=1”,点击宝石左边腰棱处,将其作为 x 方向第一个参考点,再点击右侧的内圆辅助四分点处,将其作为第二个参考点,或者在命令栏中直接输入间距值 2.8,回车后即向右阵列复制出 3 颗宝石,如图 6-6-31 所示。

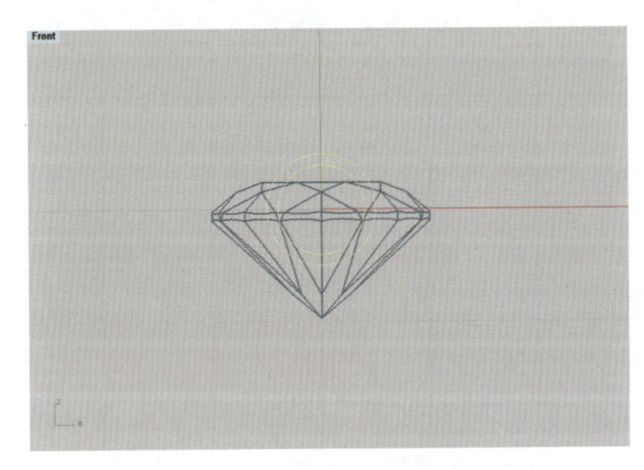

图 6-6-30 插入宝石并画间距辅助线

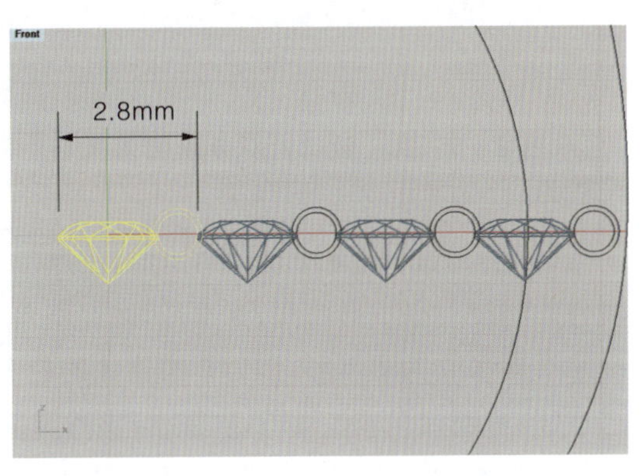

图 6-6-31 单向矩形阵列宝石

(3)框选右侧阵列复制出 3 颗宝石及其间的辅助线,执行“镜像”命令(按钮),向左对称复制,如图 6-6-32 所示。

(4)切换到 Right 视图,框选中间的宝石队列,执行“复制”命令(按钮),以鼠标点击宝石左边腰棱处,将其作为复制的起点,而后在命令栏中输入复制的终点距离 2.15mm(宝石直径 2mm+宝石间距 0.15mm),即向右边复制出一个宝石队列,如图 6-6-33 所示。

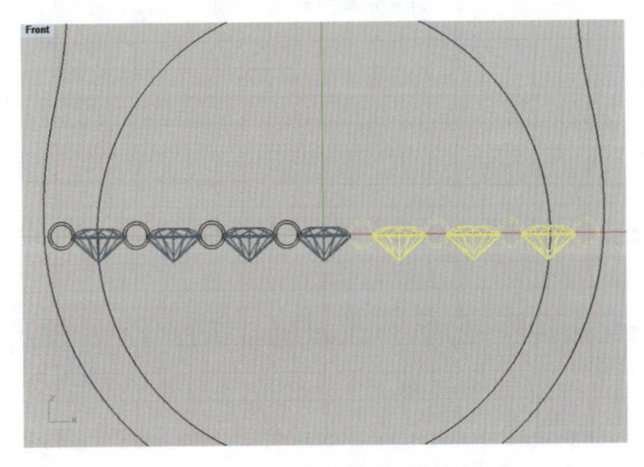

图 6-6-32 镜像对称复制宝石

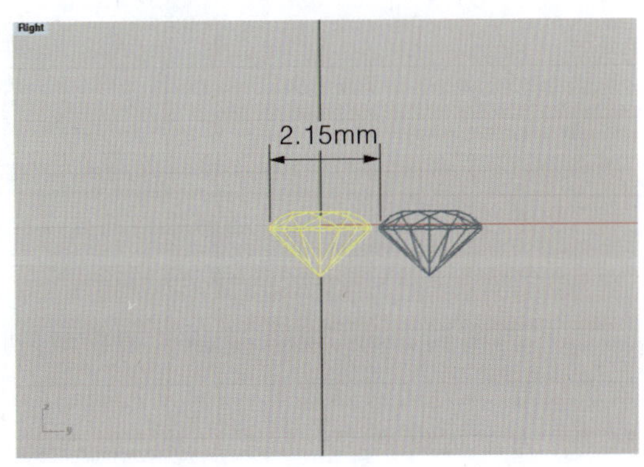

图 6-6-33 向右复制宝石队列

(5)框选右边复制出来的宝石队列,执行“镜像”命令(按钮),再向左边对称复制出一个队列,如图 6-6-34 所示。

然后,切换到 Perspective 视图,观察宝石排列后的三维情况,如图 6-6-35 所示。

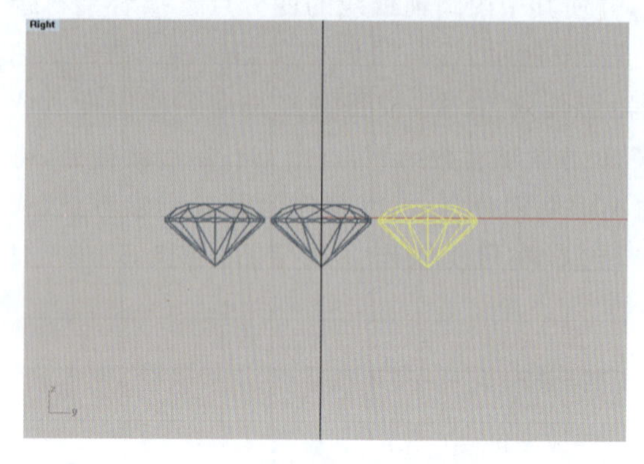

图 6-6-34 镜像对称复制宝石队列

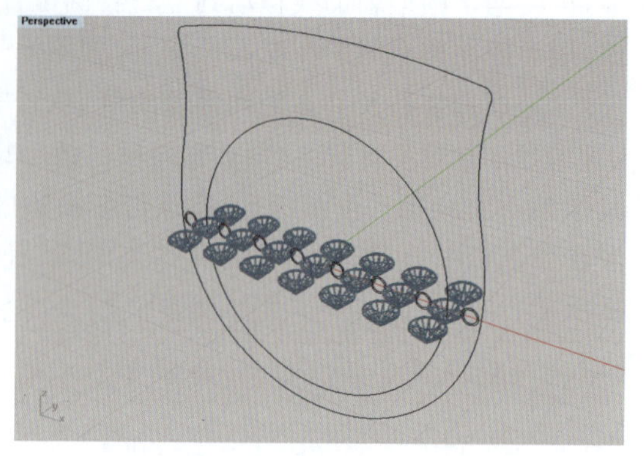

图 6-6-35 宝石排列的三维效果

(6)在 Front 视图中,使用“矩形:三点”工具(按钮),沿着中间宝石两侧的圆形辅助线四分点绘制一个矩形曲线,并执行“曲线圆角”命令(按钮),键入圆角半径“0.8”,将矩形曲线的下部修改为圆弧形,作为开槽物体的轮廓曲线,如图 6-6-36 所示。

(7)切换到 Right 视图,执行“挤出封闭平面曲线”命令(按钮),在命令栏中点选“两侧(B)=是”和“加盖(C)=是”,将挤出距离设置为 3.2mm(约至宝石边界),将开槽物体轮廓线挤出成实体,如图 6-6-37 所示。

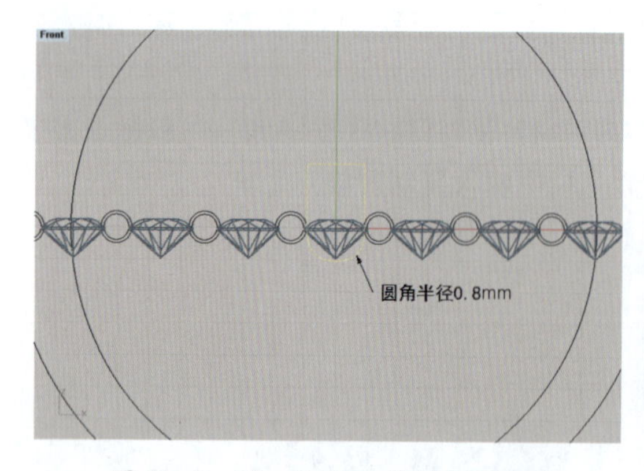

图 6-6-36 绘制开槽物体轮廓线

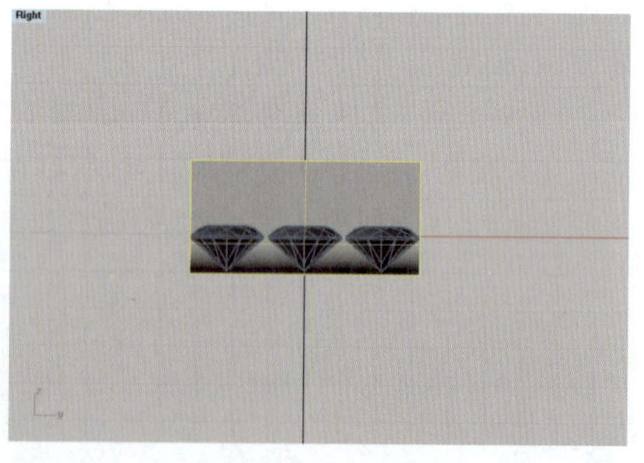

图 6-6-37 将开槽物体轮廓线挤出成实体

(8)再回到 Front 视图,选取开槽物体,执行“矩形阵列”命令(按钮),按命令栏中提示依次设置“x 方向项目数=4”“y 方向项目数=1”“z 方向项目数=1”,点击开槽物体左边线,将其作为 x 方向第一个参考点,再点击右侧的外圆辅助四分点处,将其作为第二参考点,回车后即向右阵列复制出 3 个开槽物体。接着,选取右侧阵列复制出 3 个开槽物体,执行“镜像”命令(按钮)，向左对称复制，如图 6－6－38 所示。

然后，切换到 Perspective 视图，观察宝石和开槽物体的排列情况，如图 6－6－39 所示。

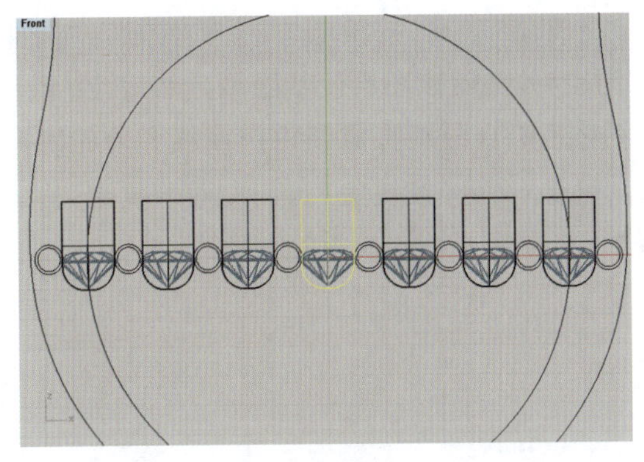

图 6－6－38 阵列和镜像开槽物体

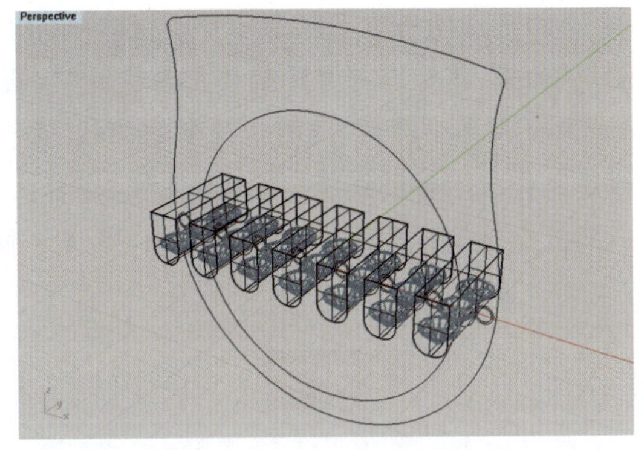

图 6－6－39 排列开槽物体后的三维图

(9)运用 Rhino 的“沿着曲线流动”功能，可以将宝石队列排布到戒圈顶部位置，执行该命令前，需要先绘制基准曲线和目标曲线。在 Front 视图中，使用“直线：从中点”工具(按钮)沿宝石腰棱线绘制一条与队列长度(20mm)相当的基准曲线①，再使用“圆弧：起点、终点、通过点”工具(按钮)沿戒圈弧顶线绘制一条对应长度(20mm)的圆弧线，并执行“偏移曲线”命令(按钮)将该曲线向下偏移 0.3mm，复制得到目标曲线②，如图 6－6－40 所示。

(10)框选宝石队列，执行“沿着曲线流动”命令(按钮)，在命令栏中点选“复制(C)＝否”“刚体(R)＝是”和“延展(S)＝是”，先单击基准曲线①的右端点，再单击目标曲线②的右端点，宝石队列就立即映射到戒圈顶部的指定位置，如图 6－6－41 所示。

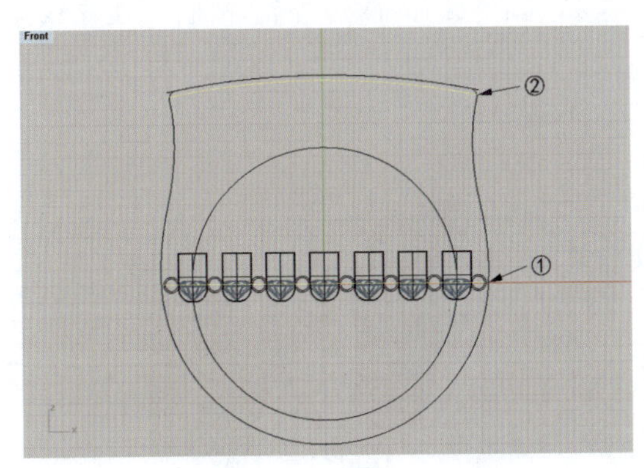

图 6－6－40 绘制基准曲线和目标曲线

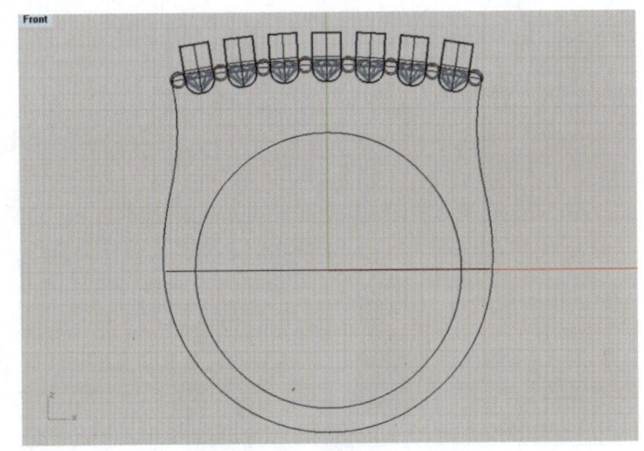

图 6－6－41 将宝石排列到戒圈顶部

3. 绘制戒圈立体曲线

(1)在 Right 视图中，先使用“圆：中心点、半径”工具(按钮)，在戒圈曲线及宝石队列的右侧紧挨开槽物体绘制一个直径为 1mm 的圆形曲线，然后使用“多重直线”工具（按钮），沿其四分点向下绘制一条斜向 3D 辅助线（红线），线下端距戒圈曲线约 2mm，如图 6-6-42 所示。

（2）框选所有宝石队列和开槽物体，单击“编辑图层”工具（按钮），打开“图层”/“全部图层”面板，将宝石与开槽物体都改变到“宝石”图层，并关闭该图层使其隐藏。然后，在 Perspective 视图中执行“从两个视图的曲线”命令（按钮），分别将戒圈内圆曲线和外轮廓曲线都制作成沿辅助线展布的 3D 曲线，接着执行“镜像”命令（按钮）再向左对称复制，构成戒圈的立体曲线草图，如图 6-6-43 所示。随后，将中间原始的戒圈曲线隐藏。

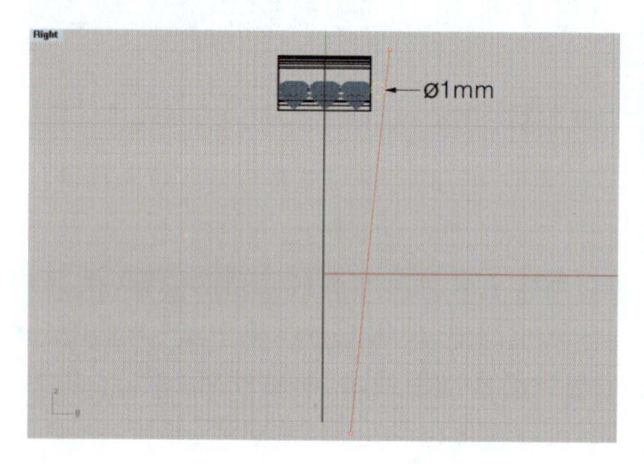

图 6-6-42　绘制 3D 辅助线

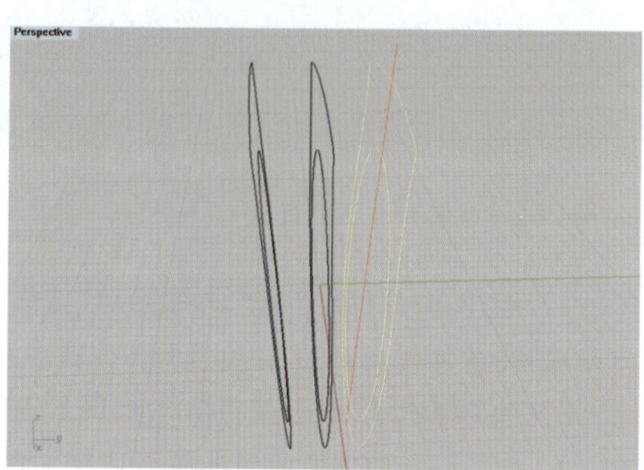

图 6-6-43　制作戒圈立体曲线

4. 建立戒圈曲面

（1）选取戒圈的两边内圆曲线，执行“放样”命令（按钮），建立成戒圈内圆曲面，如图 6-6-44 所示。再次执行“放样”命令（按钮），选取戒圈的两边外轮廓曲线，建立戒圈外部曲面，如图 6-6-45 所示。

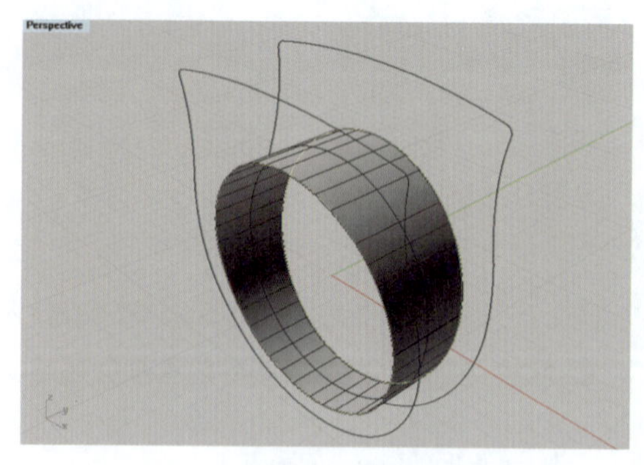

图 6-6-44　放样建立戒圈内圆曲面

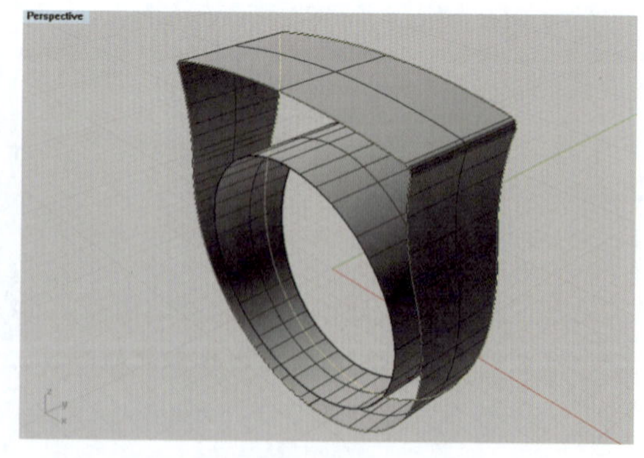

图 6-6-45　放样建立戒圈外部曲面

(2)重复执行“以平面曲线建立曲面”命令(按钮),利用戒圈的内圆曲面和外部曲面的边缘或曲线,建立戒圈的前后两个曲面,如图 6-6-46 所示。

(3)执行“组合”命令(按钮),将戒圈的各个曲面组合为一体,如图 6-6-47 所示。

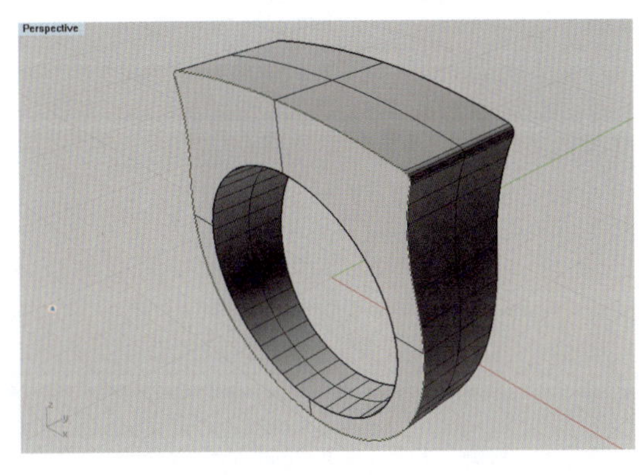

图 6-6-46 以戒圈边缘线建立前后曲面

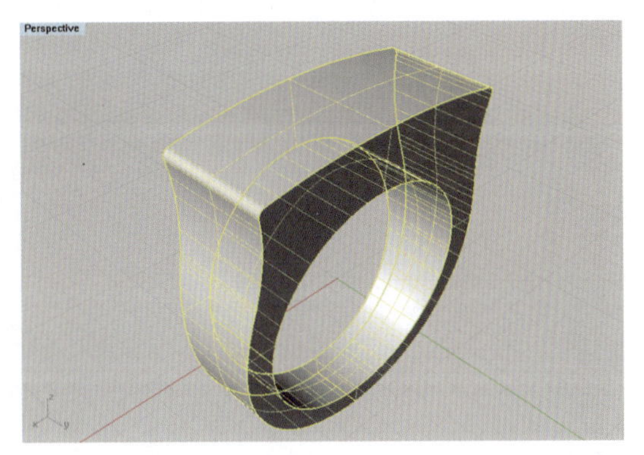

图 6-6-47 将戒圈各曲面组合成一体

5. 开镶石槽位

(1)单击工作视窗下状态栏上的“Default”按钮,在其下拉栏中开启“宝石”图层,让宝石和开槽物体显示出来,如图 6-6-48 所示。

(2)执行“布尔运算差集”命令(按钮),先单击戒圈模型本体,回车,再单击所有开槽物体后回车,即刻在戒圈顶部镶石位处开挖出相应的槽状镶口,如图 6-6-49 所示。

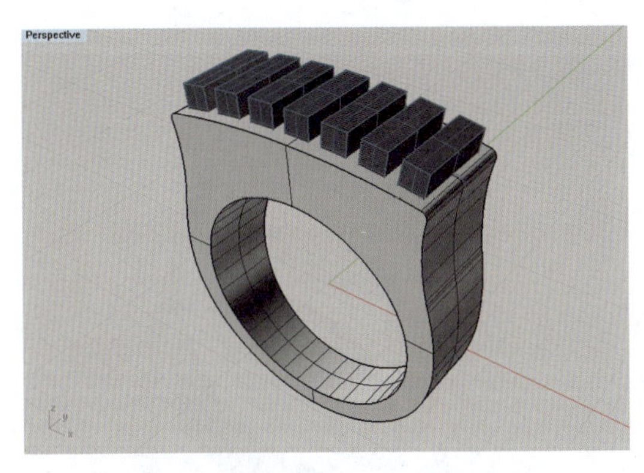

图 6-6-48 显示出开槽物体

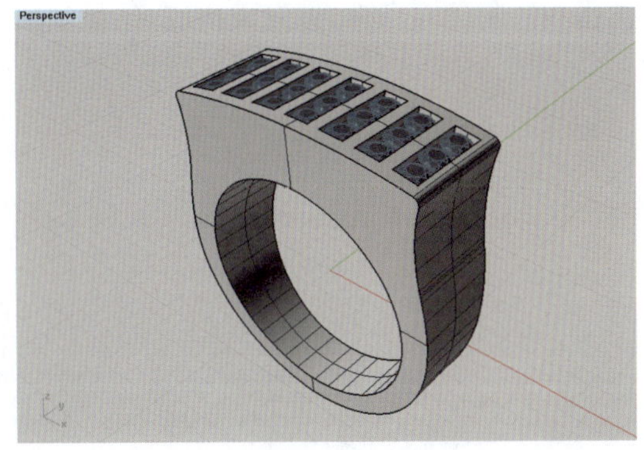

图 6-6-49 布尔运算差集完成镶口开槽

6. 制作掏底

(1)执行“显示选取的物件”命令(按钮),让原始的戒圈外轮廓曲线显示出来,然后,在 Front 视图中执行“偏移曲线”命令(按钮),将曲线向内偏移 1mm,用于制作掏底物体的曲线,如图 6-6-50 所示。

(2)选取偏移复制得到的掏底曲线，执行“开启控制点”命令(按钮)显示出曲线控制点，框选下半部的曲线控制点，开启正交模式，拖动控制点使之适当上移，将曲线修改成如图 6－6－51 所示的形态，随后执行“关闭点”命令(右击按钮)，关闭曲线控制点。

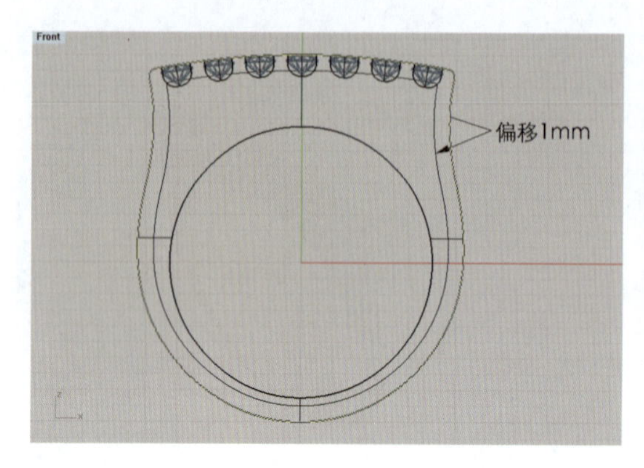

图 6－6－50　偏移复制戒圈原始曲线

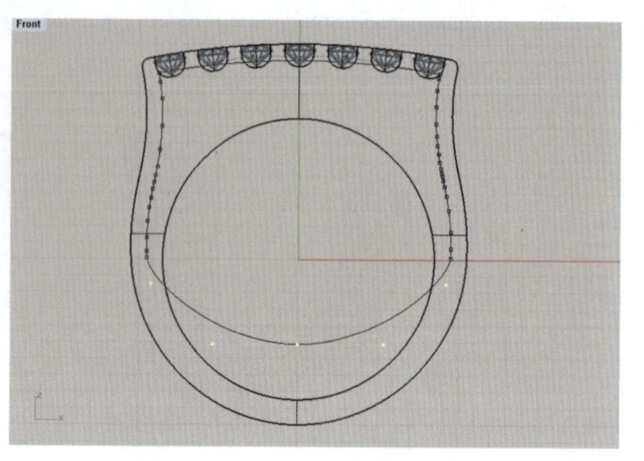

图 6－6－51　修改掏底曲线形态

(3)选取掏底曲线，在 Right 视图中执行“挤出封闭的平面曲线”命令(按钮)，在命令栏中点选“两侧(B)＝是”和“加盖(C)＝是”，将挤出距离设置为 3.2mm(与开槽物体厚度相当)，将曲线挤出成实体曲面，然后，再执行“锥状化”命令(按钮)，点选命令栏中的“平坦模式(F)＝是”和“无限延伸(I)＝是”，将曲面下部锥状化变形，形成如图 6－6－52 所示的掏底物体。

(4)在 Perspective 视图中，执行“布尔运算差集”命令()，先单击戒圈本体并回车，再单击掏底物体并回车，即完成掏底，结果如图 6－6－53 所示。

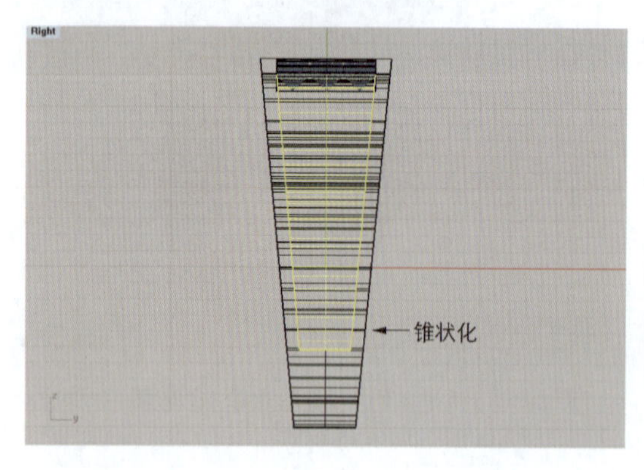

图 6－6－52　挤出和锥状化掏底物体

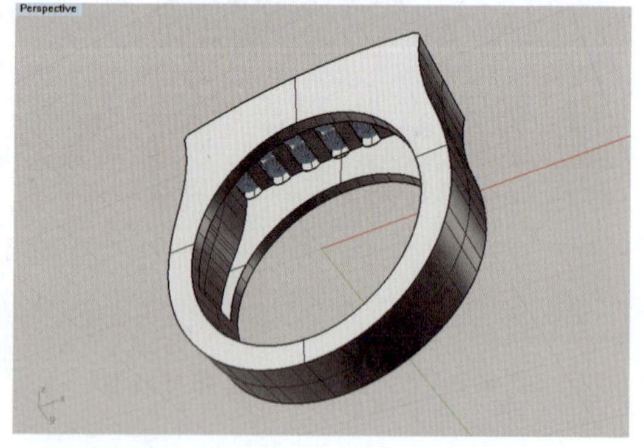

图 6－6－53　布尔运算差集完成掏底

7. 开夹层

(1)在 Front 视图中，右键单击按钮切换到线框模式工作视窗，使用“圆弧：起点、终点、通过点”(按钮)、“控制点曲线”(按钮)和“多重直线”(按钮)等工具，在戒圈的上部左边位置绘制出如图 6－6－54 所示的开夹层曲线草图，注意曲线离戒圈的边距不得小于 0.8mm。

(2)框选各条曲线，执行“修剪”命令(按钮)，将曲线修剪成如图 6－6－55 所示的图案，然后执行“组合”命令(按钮)，将曲线组合成各个封闭的曲线，接着执行“镜像”命令(按钮)，向右对称复制。

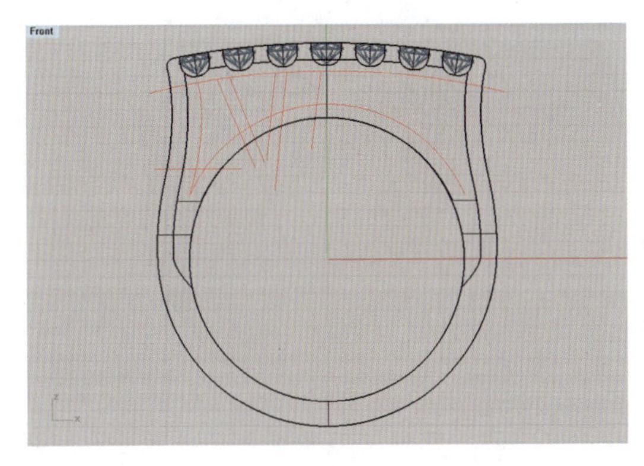

图 6－6－54　绘制开夹层曲线草图

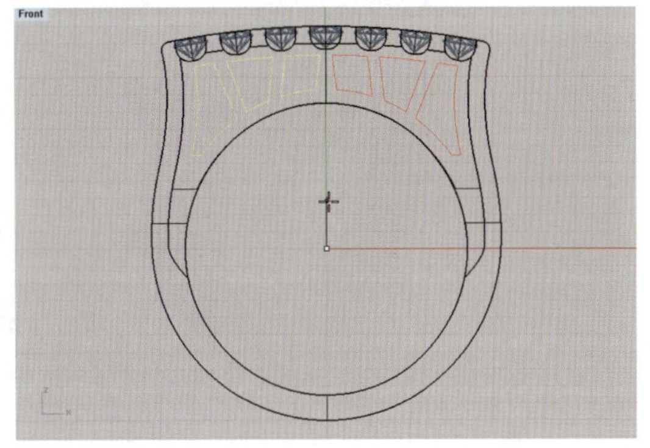

图 6－6－55　修剪并镜像开夹层曲线

(3)选取开夹层曲线图案，执行“挤出封闭的平面曲线”命令(按钮)，在命令栏中点选“两侧(B)＝是”和“加盖(C)＝是”，将曲线挤出成一定长度(大于戒圈宽度)的实体曲面，即开夹层物体，如图 6－6－56 所示。

(4)执行“布尔运算差集”命令(按钮)，先单击戒圈本体并回车，再框选所有开夹层物体并回车，完成后如图 6－6－57 所示。

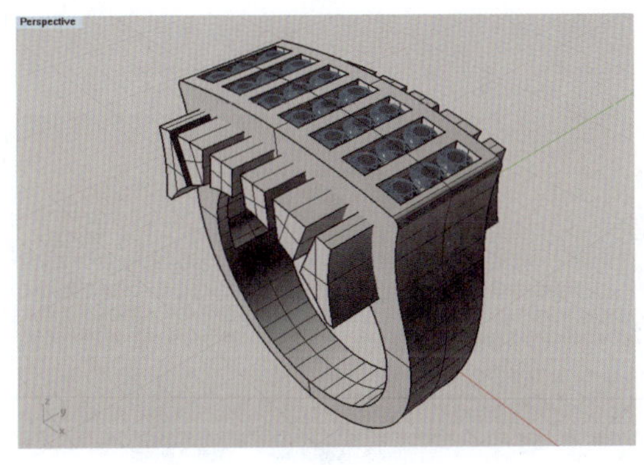

图 6－6－56　将开夹层曲线挤出成曲面

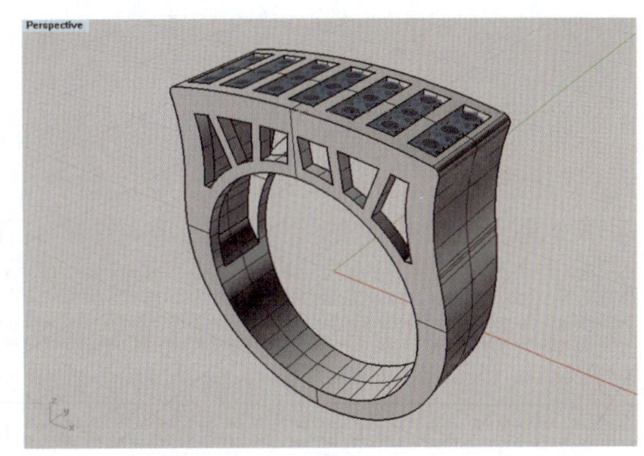

图 6－6－57　布尔运算差集完成开夹层

(5)执行“不等距边缘圆角”命令(按钮)，选取戒圈的内、外边缘部位，在命令栏中将圆角半径设置为 0.25mm，回车，使戒圈的内外边棱圆角化，如图 6－6－58 所示。

8. 渲染戒指模型

(1)着色渲染:打开属性面板,在“材质设置”对话框中,指定戒圈的基本颜色为黄金色(Gold),光泽度为15,选取所有宝石,勾选“纹理”选项,贴上钻石材质图片,开启渲染模式,查看制作效果,如图6-6-59所示。

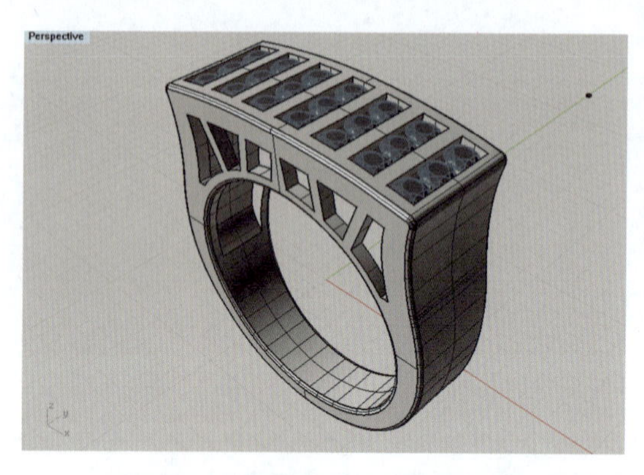

图6-6-58 使戒圈边棱圆角化

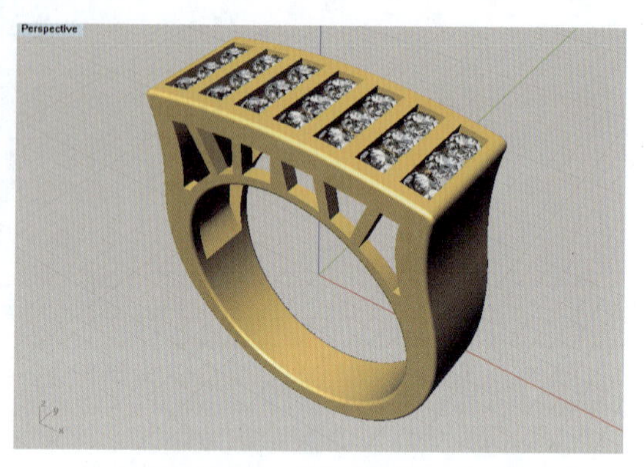

图6-6-59 圆形宝石槽镶马鞍戒指着色渲染图

(2)拟实渲染:把戒指模型导入KeyShot渲染器软件中,将戒圈材质设置为18K黄金,宝石材质设置为钻石,渲染效果如图6-6-25所示。

6.7 钉镶戒指

6.7.1 线形钉镶戒指

本例戒指如图6-7-1所示。从整体上看,戒圈为圆形,上部较宽厚,下部较窄薄,表面略呈弧形;在戒圈的上半部区域,多颗小粒宝石沿戒圈方向分三行线形分布于槽位中,钉在宝石之间呈“日”字形排列,属于多行排列的有边线形二钉镶戒指。由于槽位基底是拱形曲面,直接在槽位中排石和排钉不太容易,但可以先用矩形阵列法将宝石和钉排列成直线队列,然后应用Rhino的“沿着曲线流动”功能将宝石和钉队列以直线变形方式对应到槽底的曲线上,实现排石和排钉。

图6-7-1 线形钉镶戒指
(KeyShot渲染)

制作尺寸:戒圈内径为17mm;顶部高

3mm，宽 7.1mm；底部厚 1.5mm，宽 4mm；半环位厚 1.7mm；宝石直径为 1.3mm，圆钻型，每行 17 粒，三行共 51 粒。

1. 制作戒圈

1)绘制戒圈曲线

(1)在 Front 视图中，使用“圆：中心点、半径”工具(按钮)，绘制一个直径为 17mm 的圆，作为戒圈内圆曲线，然后使用“多重直线”工具(按钮)在圆形曲线的上、下、左、右四分点处，向外绘制出长度分别为 3mm、1.7mm 和 1.5mm 的戒圈厚度辅助线，如图 6-7-2 所示。

(2)通过捕捉戒圈厚度辅助线端点，使用“圆弧：起点、终点、通过点”工具(按钮)绘制出下半部的外圈圆弧线①，再使用“圆弧：中心点、起点、角度”工具(按钮)绘制出上半部的外圈圆弧线②，并使用“移动”工具(按钮)将后者上移至辅助线端点位置，如图 6-7-3 所示。

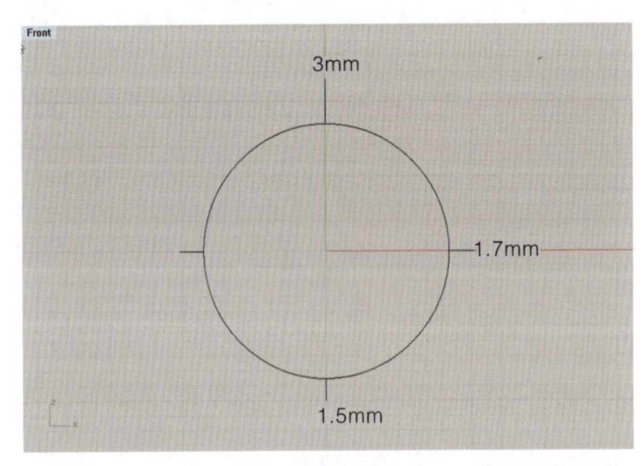

图 6-7-2 绘制戒圈内圆线及厚度辅助线

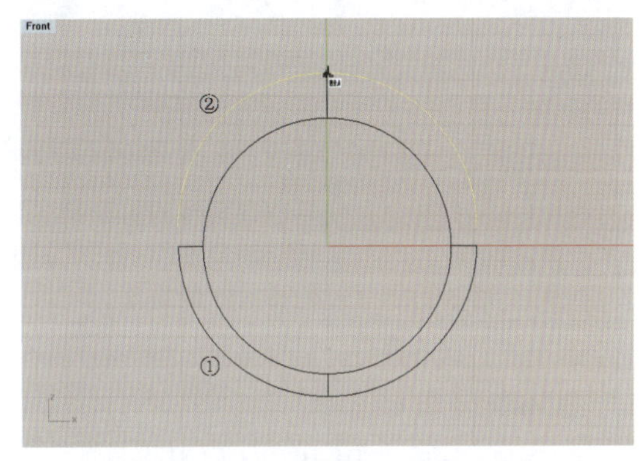

图 6-7-3 绘制戒圈上、下外圆弧线

(3)使用“延伸曲线(平滑)”工具(按钮)，分别选取圆弧线②的两个端点，使之向下延伸与圆弧线①的端点对接，如图 6-7-4 所示。

(4)执行“组合”命令(按钮)，将圆弧线①和圆弧线②组合成封闭曲线，并执行“调整封闭曲线的接缝”命令(按钮)，将曲线的接缝点调整到其底部的四分点位置，如图 6-7-5 所示。

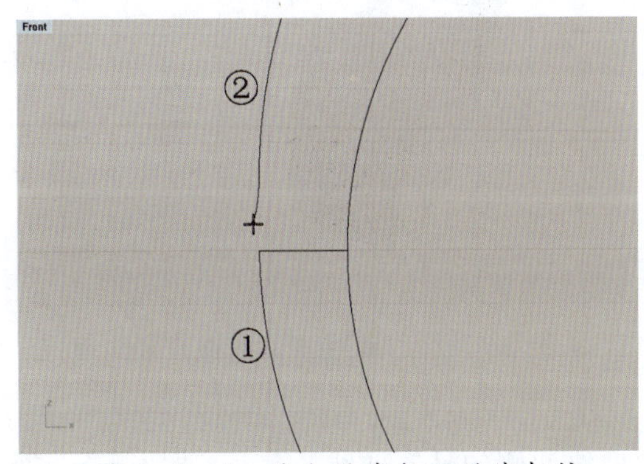

图 6-7-4 使上弧线与下弧线相接

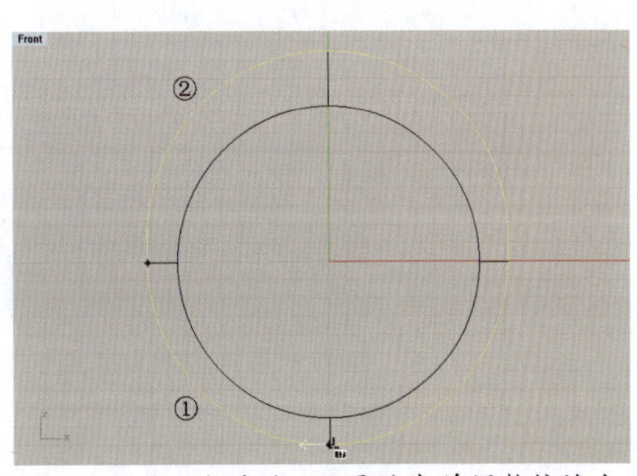

图 6-7-5 组合上、下圆弧线并调整接缝点

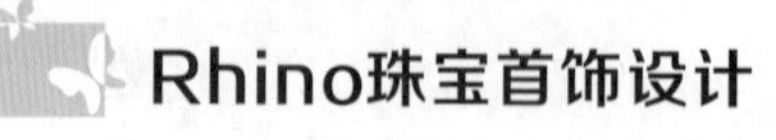

(5)切换到 Right 视图,先用“直线”工具(按钮),在戒圈顶部四分点处向右绘制一条长度为 3.55mm 的线段,然后使用“控制点曲线”工具(按钮),沿该线段的端点向下绘制一条如图 6－7－6 所示的红色曲线,作为绘制 3D 戒圈曲线草图的辅助线。

(6)切换到 Perspective 视图,执行“从两个视图的曲线”命令(按钮),分别将戒圈内圆曲线和外圈曲线制作成沿辅助线展布的 3D 戒圈曲线,接着执行“镜像”命令(按钮)再向左对称复制,构成戒圈的立体曲线草图,随后将中间的原始戒圈曲线隐藏,如图 6－7－7 所示。

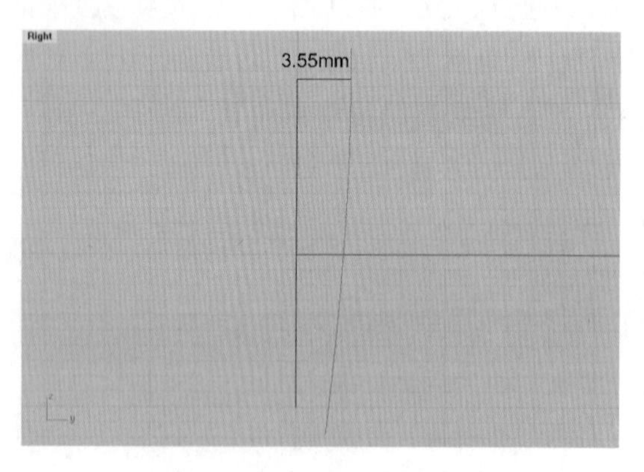

图 6－7－6　绘制 3D 辅助线

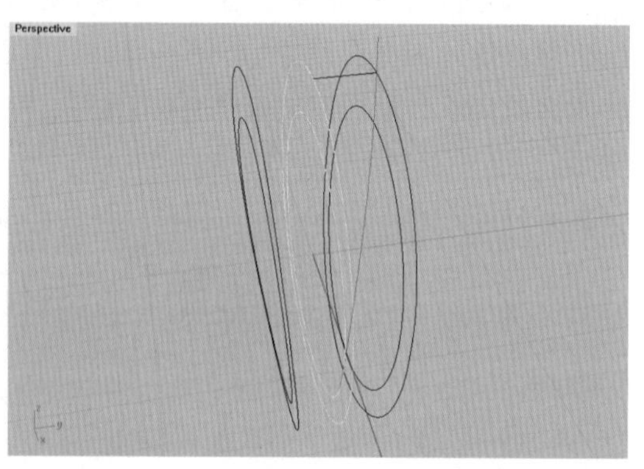

图 6－7－7　建立 3D 戒圈曲线草图

2)制作戒圈弧面

(1)在 Right 视图中,使用“圆弧:起点、终点、通过点”工具(按钮),在戒圈曲线的顶部,连接两侧外圈曲线的四分点,绘制一条略向上拱起的弧形断面曲线,如图 6－7－8 所示。

(2)在 Perspective 视图中,选取戒圈曲线两侧的两个内圆曲线,执行“放样”命令(按钮),建立戒圈内部曲面,如图 6－7－9 所示。

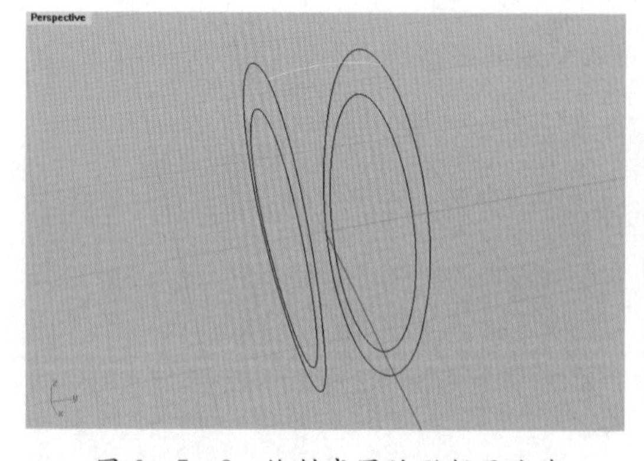

图 6－7－8　绘制戒圈弧形断面曲线

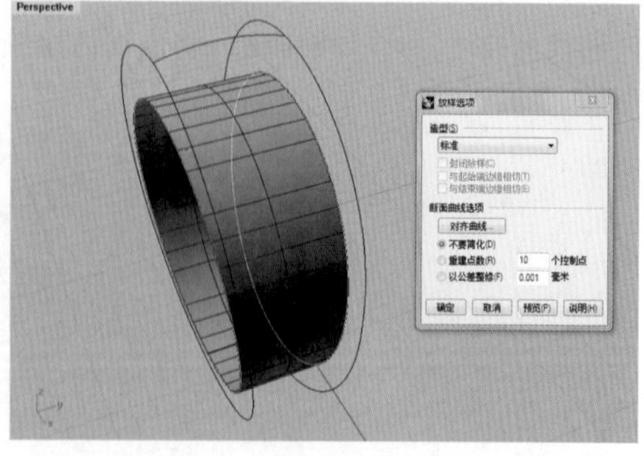

图 6－7－9　放样建立戒圈内部曲面

(3)执行“双轨扫掠”命令(按钮),以戒圈曲线两侧的外圈曲线为路径,选取弧形断面曲线后回车，建立戒圈的外部曲面，如图6-7-10所示。

(4)执行“混接曲面”命令(按钮)，选取戒圈内部曲面边缘和外部弧形曲面边缘，弹出“调整混接转折”对话框，勾选锁定滑块复选框，并向左拖动滑块调整混接曲面转折值，使上、下两个数值都为0.25，同时勾选“一样的高度形状”和“预览”选项，单击“确定”按钮，建立侧部的曲面，然后用同样的方法建立另一侧的曲面，如图6-7-11所示。

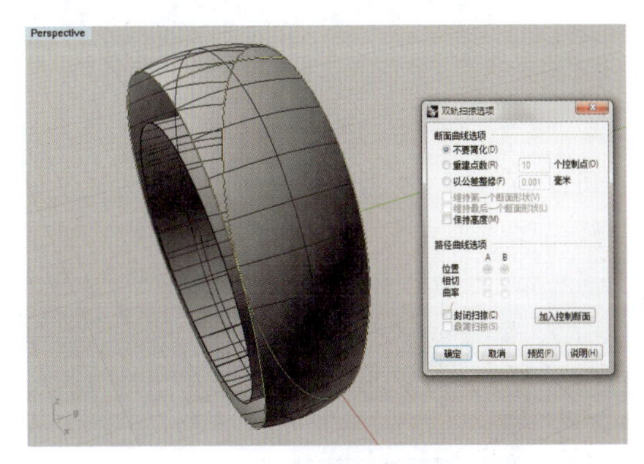

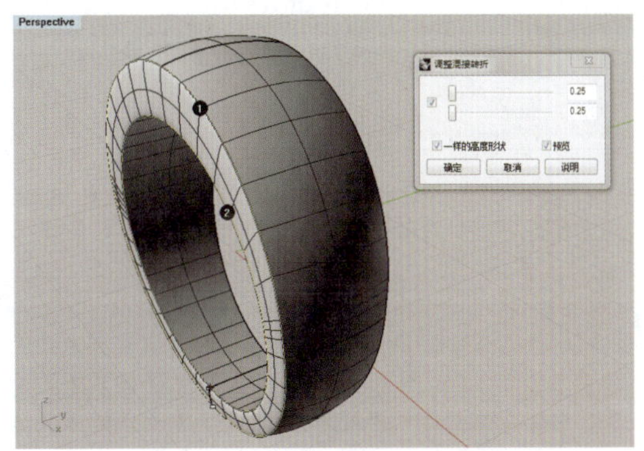

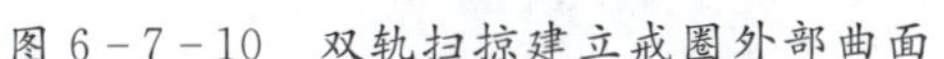
图6-7-10 双轨扫掠建立戒圈外部曲面

图6-7-11 混接建立戒圈侧部曲面

(5)框选弧面戒圈的内外和两侧各部分曲面，执行“组合”命令(按钮)，将它们组合成一个整体。然后，单击“编辑图层”工具(按钮)，弹出“图层”/“全部图层”面板，单击面板中的“新图层”按钮，定名为“弧面戒圈”图层，同时将弧面戒圈改变到该图层，随后关闭图层。

3)制作戒圈槽面

(1)关闭弧面戒圈图层后，视窗中仅剩下戒圈3D曲线。选取其中的弧形断面曲线，在Right视图中执行“偏移曲线”命令(按钮)，将曲线向内侧偏移0.6mm，得到另一弧形曲线，如图6-7-12所示。

(2)在Right视图中，使用“圆：中心点、半径”工具(按钮)，在两条弧形曲线的中点处，绘制一个直径为1.3mm的圆；接着，使用“直线：从中点”工具(按钮)，通过捕捉圆形曲线的右边四分点绘制一条竖线，再执行“偏移曲线”命令(按钮)，向右依次偏移0.2mm、0.5mm、0.2mm、1.3mm、0.2mm，共得到6条边位线；再使用“多重直线”工具(按钮)，通过捕捉边位曲线与弧形曲线的交点，绘制出其间的斜位曲线；最后，框选所绘制的边位曲线和斜位曲线，执行“镜像”命令(按钮)，向左对移复制，如图6-7-13所示。

(3)框选所有弧形曲线、边位曲线和斜位曲线，执行“修剪”命令(按钮)，将它们修剪成槽形断面曲线，随后执行“组合”命令(按钮)将各线段组合成连续曲线，如图6-7-14所示。

(4)在Perspective视图中，选取戒圈曲线两侧的两个内圆，执行“放样”命令(按钮)，建立戒圈内部曲面，如图6-7-15所示。

(5)执行“双轨扫掠”命令(按钮)，以戒圈曲线两侧的外圈曲线为路径，再选取槽形断面曲线后回车，建立槽形戒圈的外部曲面，如图6-7-16所示。

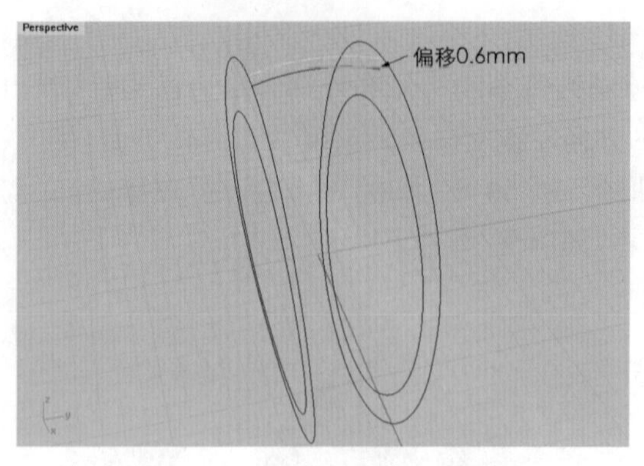

图 6-7-12 偏移戒圈弧形断面曲线

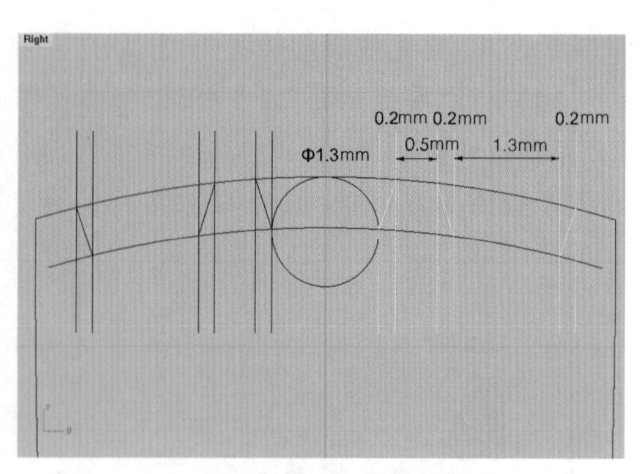

图 6-7-13 绘制边位曲线和斜位曲线草图

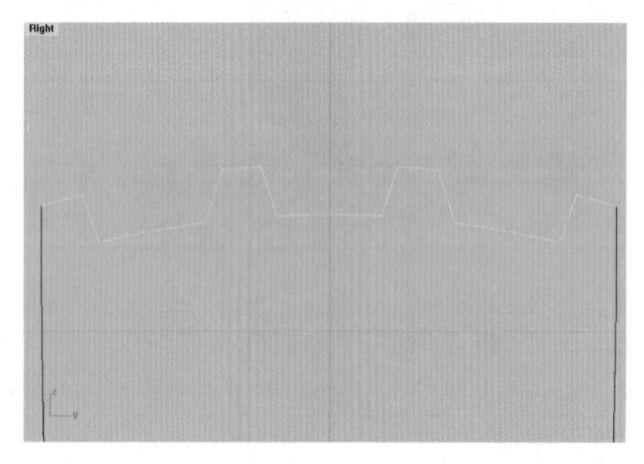

图 6-7-14 修剪后的槽形断面曲线

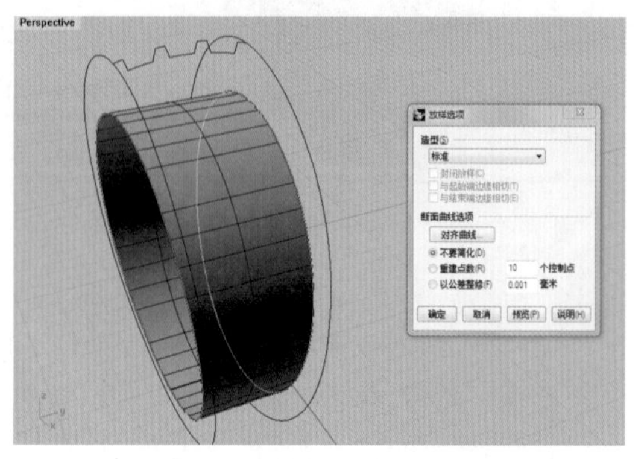

图 6-7-15 放样建立戒圈内部曲面

(6)执行“混接曲面”命令(按钮),选取戒圈内部曲面边缘和外部槽形曲面边缘,弹出“调整混接转折”对话框,勾选核取方块,锁定两个滑杆,并向左拖动滑杆对称调整混接曲面两侧转折值,使之同为 0.25,同时勾选“一样的高度形状”和“预览”选项,单击“确定”按钮,建立侧部的曲面,然后用同样的方法建立另一侧的曲面,如图 6-7-17 所示。

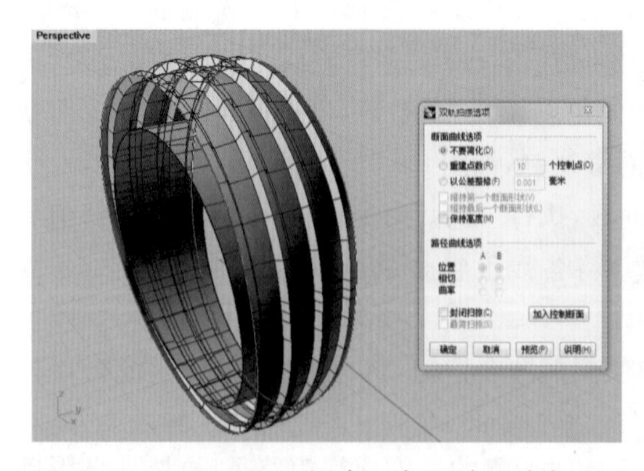

图 6-7-16 双轨扫掠建立戒圈槽形外部曲面

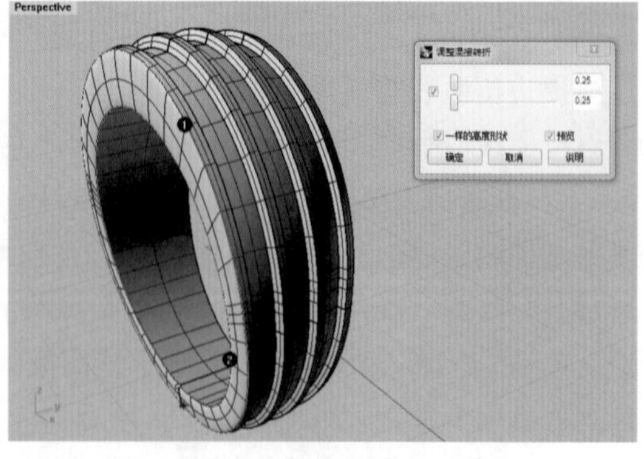

图 6-7-17 混接建立戒圈侧部曲面

(7)框选槽面戒圈的内外和两侧各部分曲面,执行“组合”命令(按钮),将它们组合成一个整体。然后,单击“编辑图层”工具(按钮),弹出“图层”/“全部图层”面板,在面板中新建一个名为“槽面戒圈”的图层,并将槽面戒圈改变到该图层,随后关闭图层。

(8)选取视窗中的戒圈曲线和断面曲线,执行“隐藏物件”命令(按钮)将其隐藏。

2. 插入宝石、制作镶钉

1)插入宝石

在 Top 视图中,插入一个直径为 1.3mm 的圆钻型宝石,并单击“编辑图层”工具(按钮),打开“图层”/“全部图层”面板,新建一个名为“宝石”的图层,将宝石改变到该图层,如图 6-7-18 所示。

2)绘制辅助线

使用“圆:中心点、半径”工具(按钮),绘制一个与宝石直径等大的圆,然后选取该圆,执行“偏移曲线”命令(按钮),使之向内侧偏移 0.05mm,得到用于控制吃石位的辅助线;向外侧偏移 0.2mm,得到用于控制石间距及钉位的辅助线,如图 6-7-19 所示。

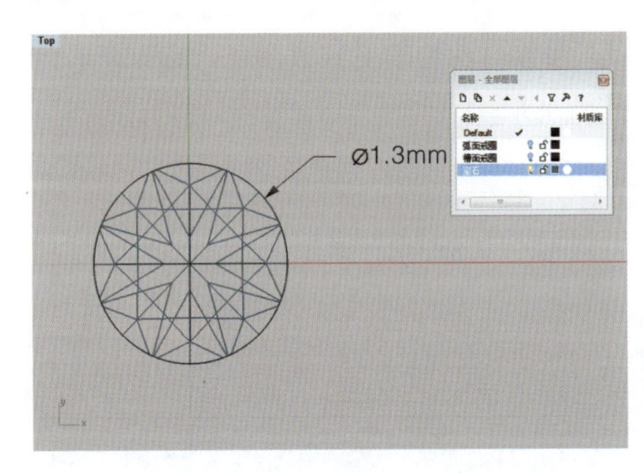

图 6-7-18 插入宝石

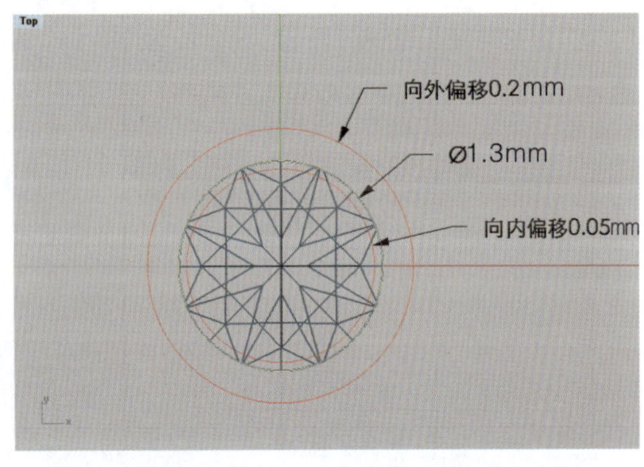

图 6-7-19 绘制石距及钉位辅助线

3)制作打孔物体

(1)在 Front 视图中,使用“多重直线”工具(按钮),沿着宝石的右侧,通过捕捉吃石位辅助线四分点,向下绘制出打孔物体轮廓曲线,如图 6-7-20 所示。

(2)执行“旋转成形”命令(按钮),将打孔物体轮廓曲线旋转成为曲面,并执行“将平面洞加盖”命令(按钮),将曲面上下封口,使之成为实体,然后单击“编辑图层”(按钮),打开“图层”/“全部图层”面板,新建一个名为“打孔物体”的图层,将打孔物体曲面改变到该图层,如图 6-7-21 所示。

4)制作镶钉

(1)在 Front 视图中,使用“椭圆:从中心点”工具(按钮)在宝石的上方约 0.6mm 处绘制一个长轴、短轴直径分别为 0.5mm 和 0.3mm 的椭圆,再使用“多重直线”工具(按钮)在椭圆的上四分点处绘制一段竖线,在右四分点处向下绘制一条至宝石腰棱以下的直线,然后执行“修剪”命令(按钮),将它们修剪成镶钉的轮廓曲线,如图 6-7-22 所示。

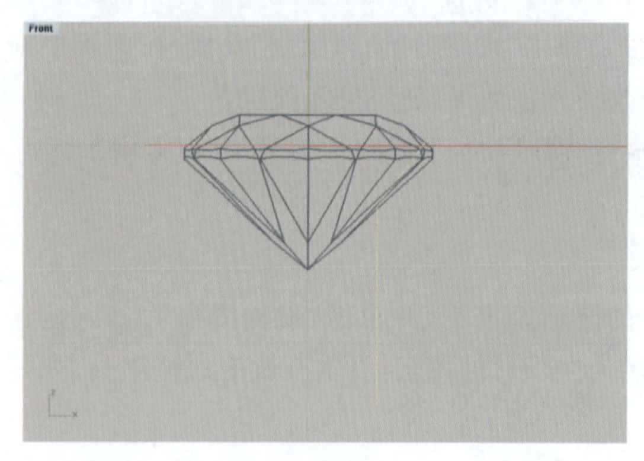

图 6-7-20　绘制打孔物体轮廓线

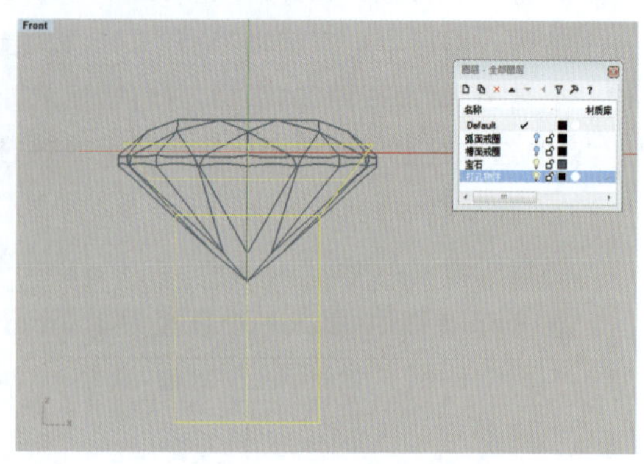

图 6-7-21　旋转形成打孔物体

(2)执行“旋转成形”命令(按钮)，将镶钉轮廓曲线旋转成曲面，并执行“将平面洞加盖”命令(按钮)，将曲面底部封口，使之成为实体，然后单击“编辑图层”(按钮)，打开“图层”/“全部图层”面板，新建一个名为“镶钉”的图层，将镶钉曲面改变到该图层，如图 6-7-23 所示。

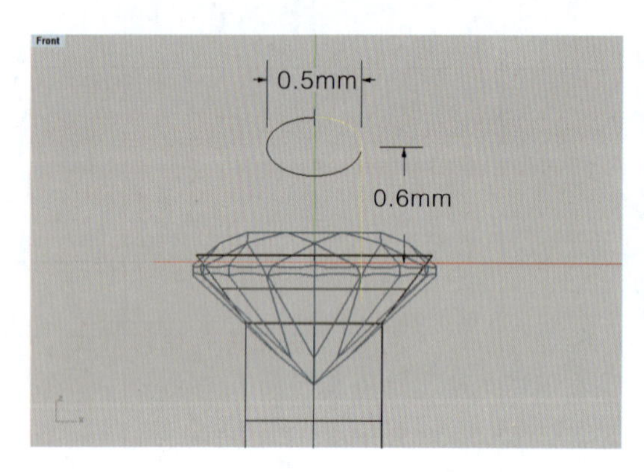

图 6-7-22　绘制镶钉轮廓线

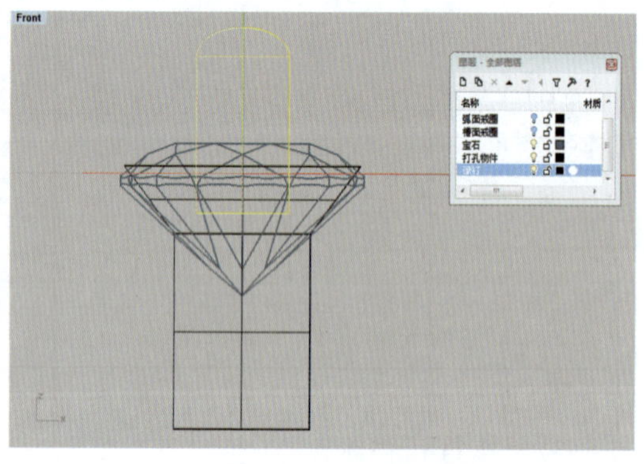

图 6-7-23　旋转形成镶钉

3. 排列宝石和镶钉

1)排列宝石

选取宝石(连同吃石位线和石距辅助线)和打孔物体，在 Top 视图中执行“矩形阵列”命令(按钮)，按命令栏中提示依次设置“x 方向项目数=9”“y 方向项目数=1”“z 方向项目数=1”，点击宝石中心处，将其作为 x 方向第一个参考点，向右拖动鼠标并同时在命令栏中键入距离值 1.5，确定第二个参考点，回车后即向右阵列复制出 8 粒宝石及打孔物体，如图 6-7-24 所示。

2)排列镶钉

(1)选取镶钉，在 Top 视图中执行“移动”命令(按钮)，将镶钉从宝石中心位置移动到右上方两个相邻石距辅助线的交点位置，且镶钉边缘与相邻吃石位线接触，再执行“镜像”命令(按钮)向下对称复制出一个镶钉，如图6-7-25所示。

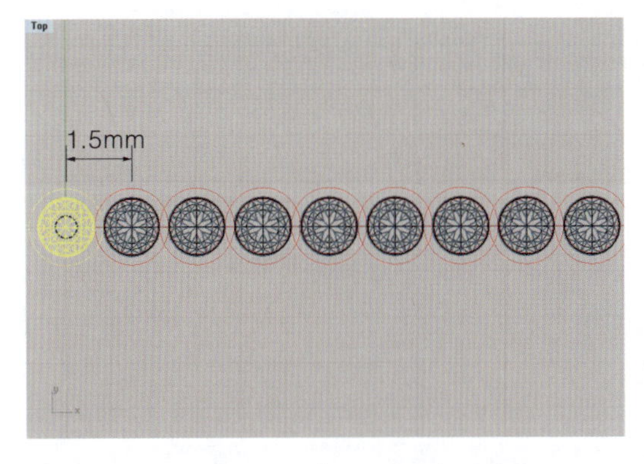

图6-7-24　单行矩形阵列宝石

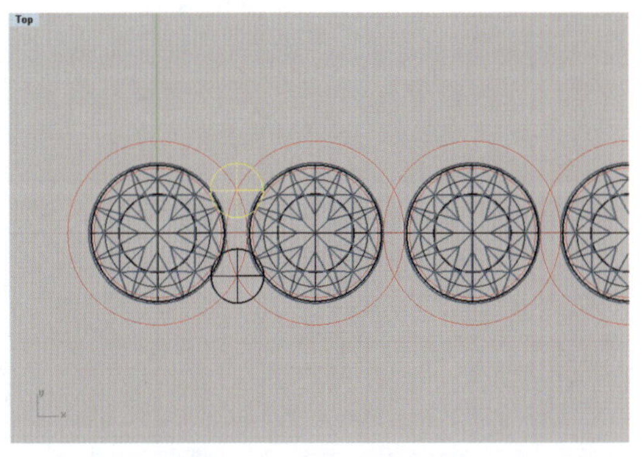

图6-7-25　将镶钉放置到指定位置

(2)选取上、下两个镶钉，执行“矩形阵列”命令(按钮)，按命令栏中提示依次设置“x方向项目数=9”“y方向项目数=1”“z方向项目数=1”，点击第一个镶钉的中心处，将其作为x方向第一个参考点，向右拖动鼠标并同时在命令栏中键入距离值“1.5”，确定第二个参考点，回车后即向右阵列复制出8对镶钉，如图6-7-26所示。

(3)框选上述阵列复制出来的8粒宝石和8对镶钉，执行“镜像”命令(按钮)，向左对称复制，形成一行由17粒宝石和36个镶钉组合而成的线形二钉镶队列，如图6-7-27所示。

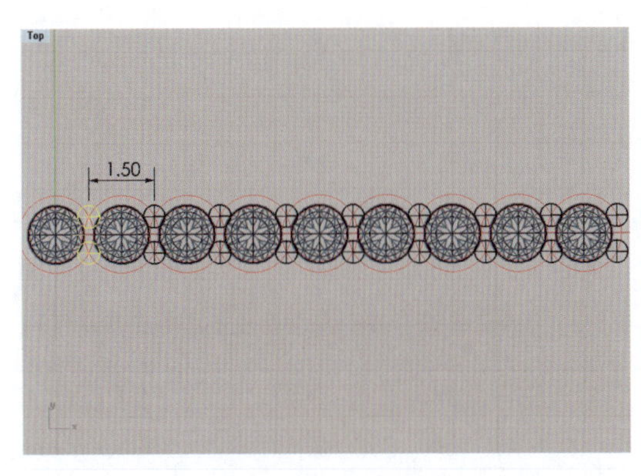

图6-7-26　单行矩形阵列镶钉

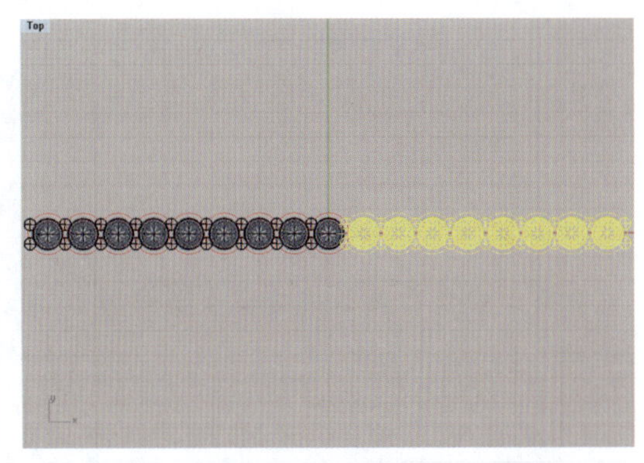

图6-7-27　镜像复制宝石及镶钉

3)旁侧复制

(1)在Right视图中，执行“显示选取的物件”命令(按钮)，让戒圈的槽形断面曲线显示出来，并将其复制(按钮)或移动(按钮)到宝石腰棱线稍下一点的位置，如图6-7-28所示。

(2)框选宝石及打孔物体和镶钉队列,执行“复制”命令(按钮),向右复制放置到断面曲线的右侧槽中,同时执行“2D旋转”命令(按钮)和“移动”命令(按钮)进行调整,摆放好其队列位置,如图 6-7-29 所示。

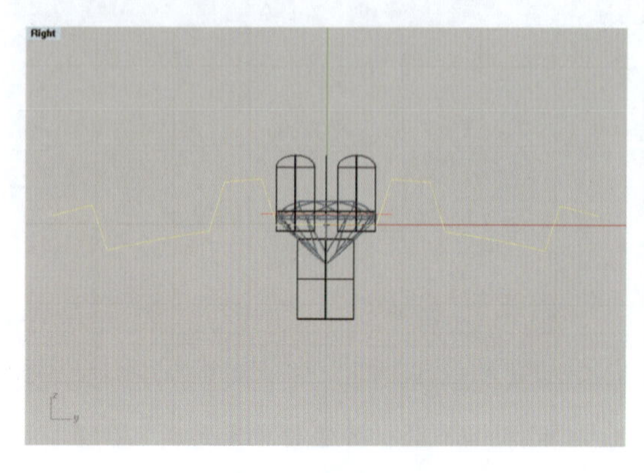

图 6-7-28 复制槽形断面曲线到指定位置

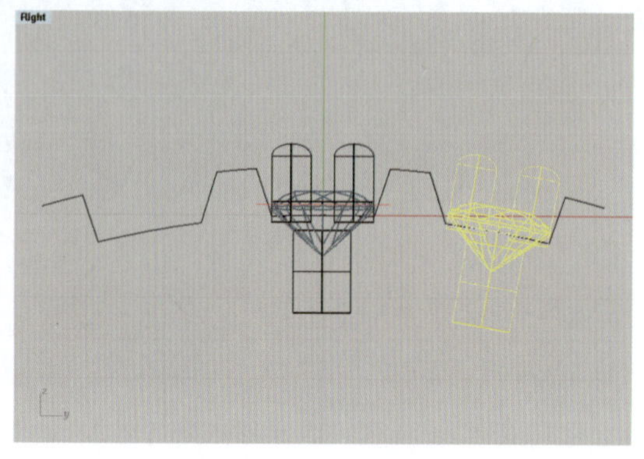

图 6-7-29 复制宝石和钉队列到右槽位置

4)沿曲线流动

(1)在 Front 视图中,使用“直线:从中点”工具(按钮),沿宝石腰棱线稍下位置绘制一条比宝石和镶钉队列略长一点(0.2mm)的直线,作为基准曲线,如图 6-7-30 所示。

(2)执行“显示选取的物件”命令(按钮),让原始的戒圈外圆曲线显示出来,再执行“复制”命令(按钮),将基准曲线向上复制到戒圈线顶部,作为目标曲线,操作时要注意勾选“物件锁定”栏中的“中点”和“四分点”,使目标曲线的中点与戒圈外圆线的四分点重合,如图 6-7-31 所示。

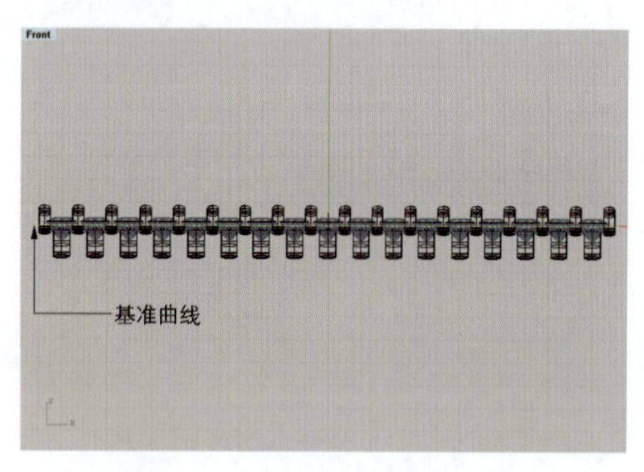

图 6-7-30 沿宝石阵列方向绘制一条基准曲线

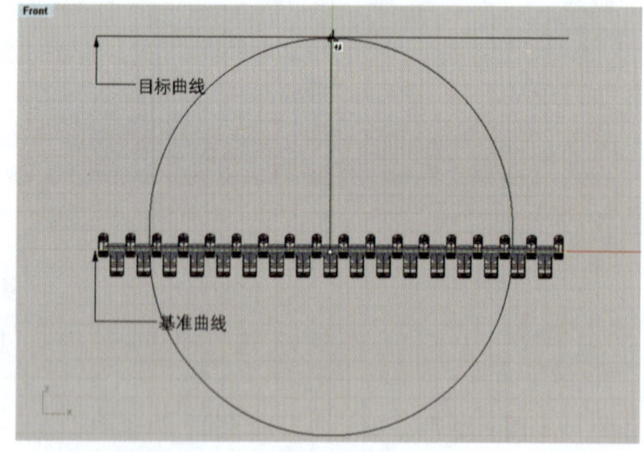

图 6-7-31 将基准曲线复制到戒圈顶部作为目标曲线

(3)执行“弯曲”命令(按钮),勾选“物件锁定”栏中的“端点”和“接近点”,将目标曲线的两端分别弯曲到与戒圈曲线一致,如图 6-7-32 所示。

(4)框选宝石、打孔物体和镶钉的队列,执行“沿着曲线流动”命令(按钮),点选命令栏中的“复制(C)=否”和“刚体(R)=是”,单击基准曲线的左近端点处,再单击目标曲线的左近端点处,随即将宝石、打孔物体和镶钉队列变形流动到对应的目标曲线上,亦即戒圈的上部位置,如图 6-7-33 所示。

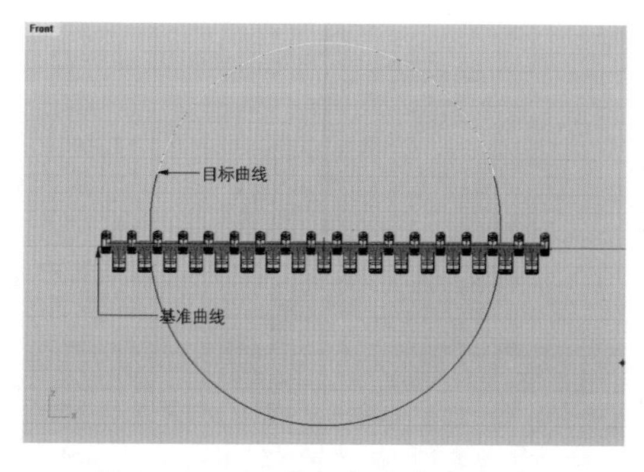

图 6-7-32 将目标曲线弯曲到与戒圈曲线一致

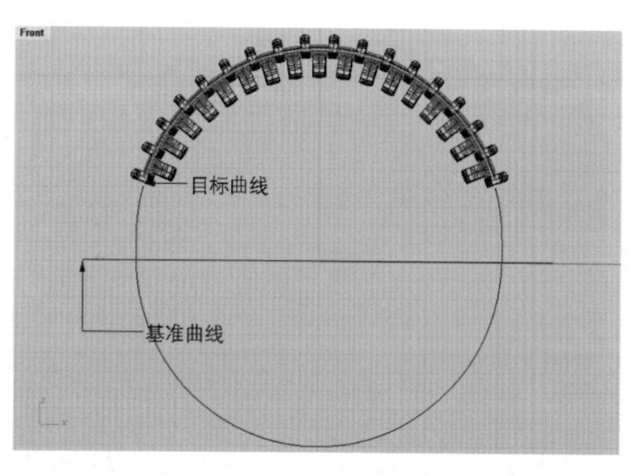

图 6-7-33 将宝石和钉变形流动到目标曲线上

4. 修剪和拼合戒圈

1)修剪戒圈

(1)在 Front 视图中,单击视窗下的“Default”按钮打开“弧面戒圈”图层,使用“直线:从中点”工具(按钮),在目标曲线的左端点处绘制一条垂直于戒圈的直线,然后执行“镜像”命令(按钮)向右对称复制,作为切割用曲线,如图 6-7-34 所示。

(2)关闭“宝石”图层、“打孔物体”图层和“镶钉”图层,执行“修剪”命令(按钮),利用切割用曲线剪除掉弧面戒圈的上半部分,如图 6-7-35 所示。

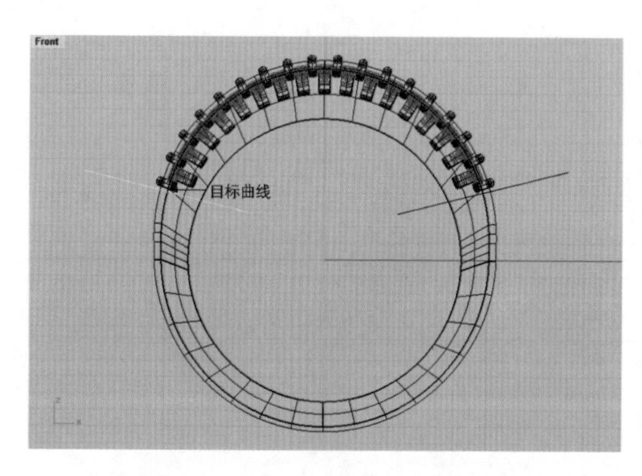

图 6-7-34 绘制切割用曲线

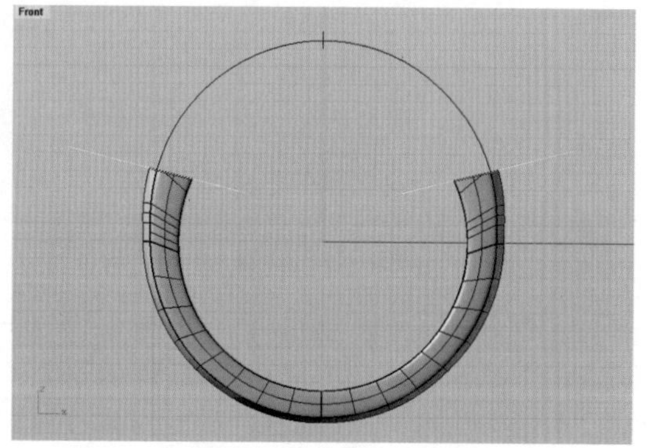

图 6-7-35 剪除弧形戒圈上半部分

(3)关闭“弧面戒圈”图层,再打开“槽面戒圈”图层,利用切割用曲线剪除槽面戒圈的下半部分,如图 6-7-36 所示。

2)拼合戒圈

在Perspective视图中，打开“弧面戒圈”图层，此时视图中同时显示有上述修剪剩下的槽面戒圈上半部分和弧面戒圈下半部分，执行“将平面洞加盖”命令（按钮），将二者的切割断面封口，使之成为实体，然后执行“布尔运算并集”命令（按钮）将二者拼接合并为一个整体戒圈，如图6-7-37所示。

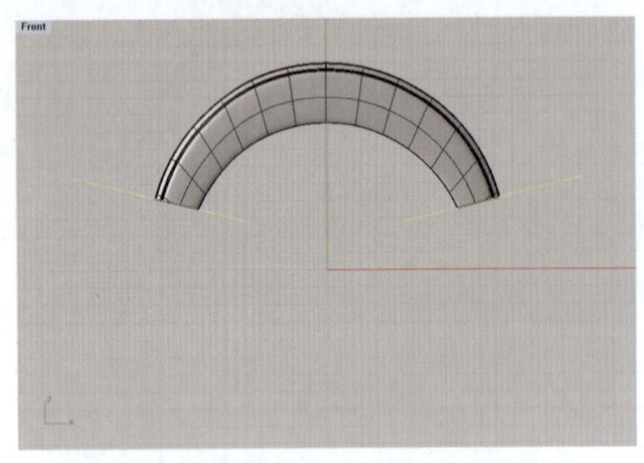

图6-7-36　剪除槽形戒圈下半部分

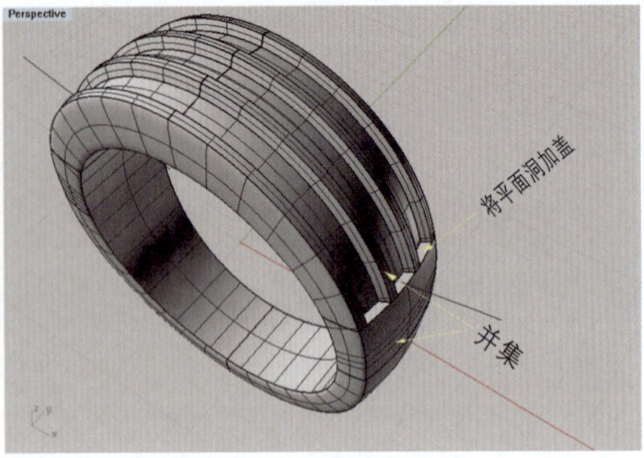

图6-7-37　将上下戒圈断口封闭并合为一体

5. 在戒圈上打孔和并集镶钉

1)在戒圈上打出镶石位孔

(1)在Right视图中，打开“宝石”图层、“打孔物体”图层和“镶钉”图层，框选右侧槽中的宝石、打孔物体和镶钉队列，执行“镜像”命令（按钮），对称复制到左侧的槽中，如图6-7-38所示。

(2)关闭“宝石”图层和“镶钉”图层，执行“布尔运算差集”命令（按钮），利用打孔物体在戒圈上打出镶石位下的孔洞，如图6-7-39所示。

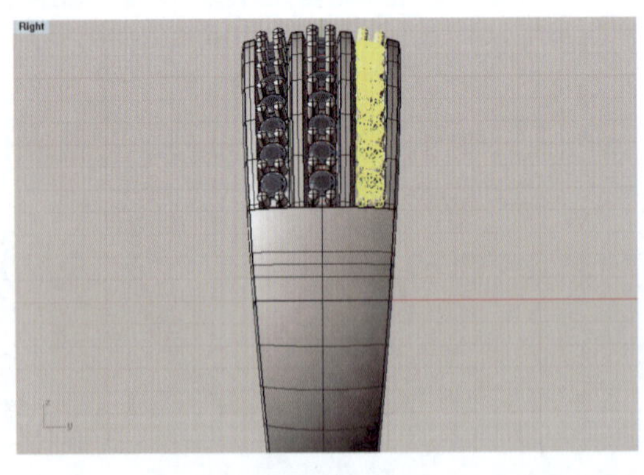

图6-7-38　将右槽的宝石和钉向左镜像复制

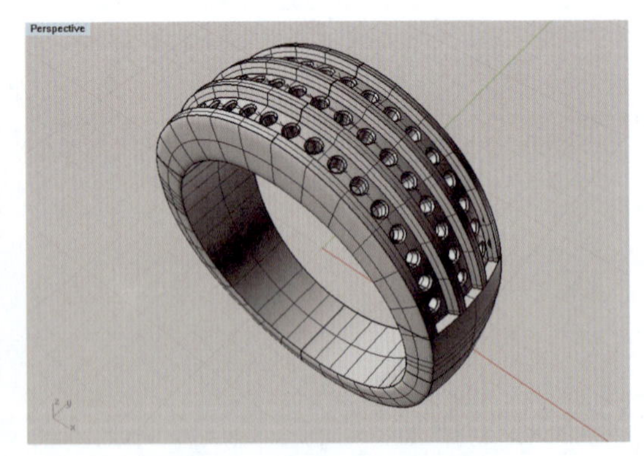

图6-7-39　用打孔物体打出镶石位下孔洞

2)将钉与戒圈并集合为一体

(1)打开“镶钉”图层，执行“布尔运算并集”命令（按钮），将镶钉和戒圈合并为一个整体，如图 6－7－40 所示。

（2）打开“宝石”图层，显示出制作完成的线形二钉镶宝石戒指完整模型，如图 6－7－41 所示。

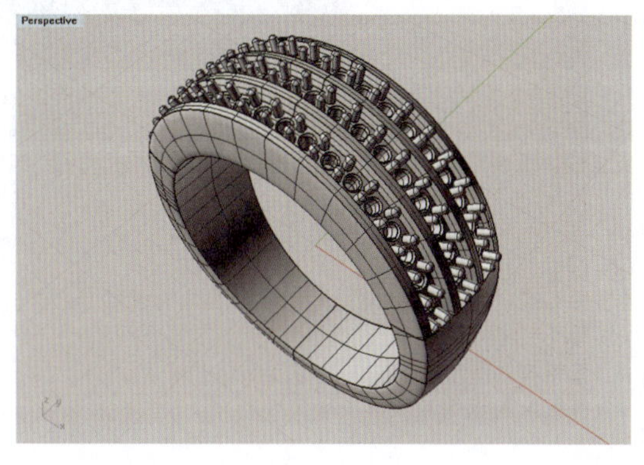

图 6－7－40 将钉和戒圈并集合为一体

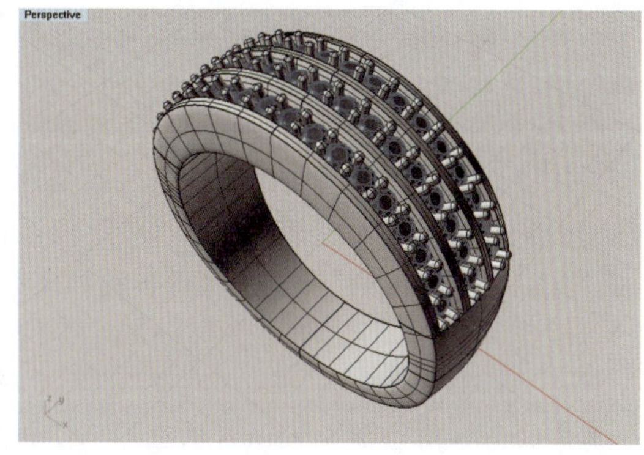

图 6－7－41 制作完成的线形二钉镶戒指模型

6. 渲染戒指

1）着色渲染

打开属性面板，在“材质设置”对话框中，指定戒圈的基本颜色为黄金色（Gold），光泽度为 15，然后关闭戒圈图层，框选所有宝石，设置为红色或其他颜色，再打开戒圈图层，开启渲染模式，查看制作效果，如图 6－7－42 所示。

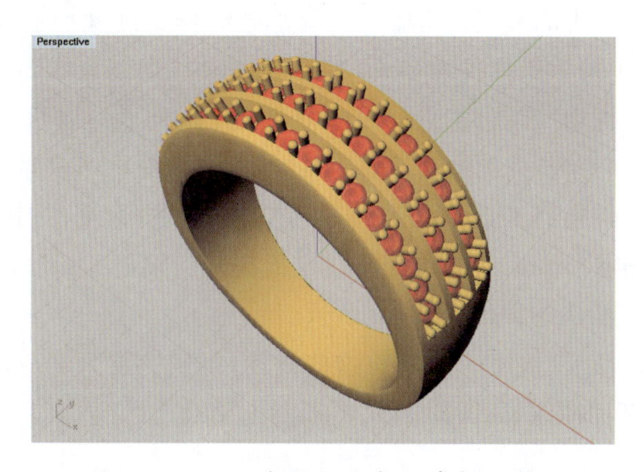

图 6－7－42 线形钉镶戒指着色渲染图

2）拟实渲染

把戒指模型导入 KeyShot 渲染器软件中，将戒圈材质设置为 18K 黄金，宝石材质设置为钻石，渲染效果如图 6－7－1 所示。

6.7.2 面形钉镶戒指

本例是一款典型的面形钉镶戒指，宝石呈"品"字形错位排列，采用这种排法的宝石间隙最小，钉种在宝石之间的空隙中，整体排列布满首饰表面，有"见石不见金"的效果，故被称为浑身镶戒指。由于宝石和钉的排布基底面是圆弧形的曲面，因而需要应用 Rhino 的"定位至曲面"功能和"环形阵列"功能来实现排石和排钉。

制作尺寸：戒圈内径为 18mm，外径为 2.3mm，厚 2.5mm，宽 9mm；边宽 0.6mm，斜位宽 0.2mm，槽位深 0.6mm，槽底厚 0.7mm；宝石直径为 1.3mm，圆钻型，共 200 粒。

图 6-7-43　面形钉镶戒指(KeyShot 渲染)

1. 制作戒圈

1)绘制戒圈曲线

使用曲线工具中的"圆：中心点、半径"命令(按钮)，在 Top 视图中绘制一个直径为 18mm 的圆，作为戒圈内圆曲线，再用"偏移曲线"命令(按钮)向外偏移出一个外圆曲线，偏移距离为 2.5mm。

2)绘制断面曲线

首先，使用"直线：从中点"工具(按钮)，在戒圈曲线顶部分别以内圆线和外圆线的四分点为中心绘制出上下两条长度各为 9mm 的横线，并用"多重直线"工具(按钮)在其左右端点绘制竖线连接，再用"圆弧：起点，终点，通过点"工具()以两条竖线与外圆线的交点为起点和终点，绘制一条与外圆曲线一致的弧形线段，如图 6-7-44 所示。

接着，将这些线段转换到 Right 视图中，执行"偏移曲线"命令(按钮)，将弧形线段向下依次偏移 0.6mm 和 1.3mm，将两边的竖线也依次向内偏移 0.6mm 和 0.8mm，再用"直线"工具(按钮)绘出两边的斜位线，如图 6-7-45 所示。

然后，执行"修剪"命令(按钮)，修剪这些线段，得到宽度为 9mm、槽深为 0.6mm、底厚为 0.7mm 的戒圈断面曲线，如图 6-7-46 所示。

3)建立戒圈曲面

切换到 Perspective 视图，执行"双轨扫掠"命令(按钮)，点击戒圈曲线和断面曲线，生成戒圈曲面，如图 6-7-47 所示。

2. 排石和打孔

1)插入宝石

在 Top 视图中，在戒圈左侧插入一个直径为 1.5mm 的圆钻型宝石，同时调用曲线工具中的"圆：中心点、半径"工具(按钮)绘制一个与宝石直径等大的辅助圆①；接着用"偏移曲

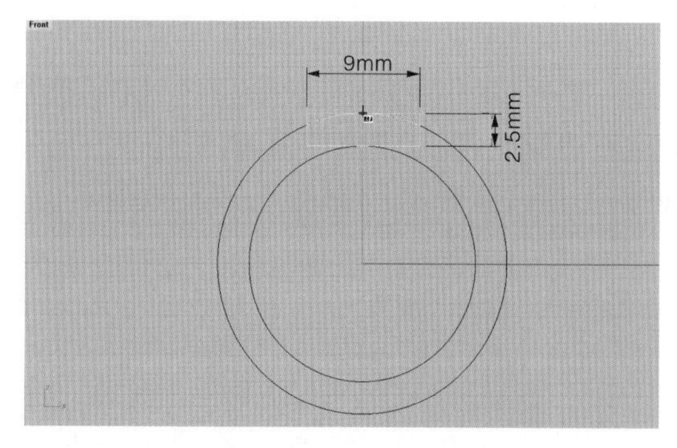

图 6-7-44 绘制戒圈曲线及横、竖线

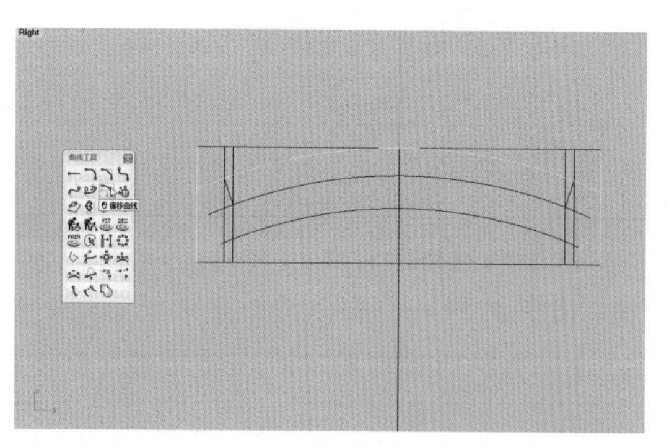
图 6-7-45 绘制戒圈断面曲线

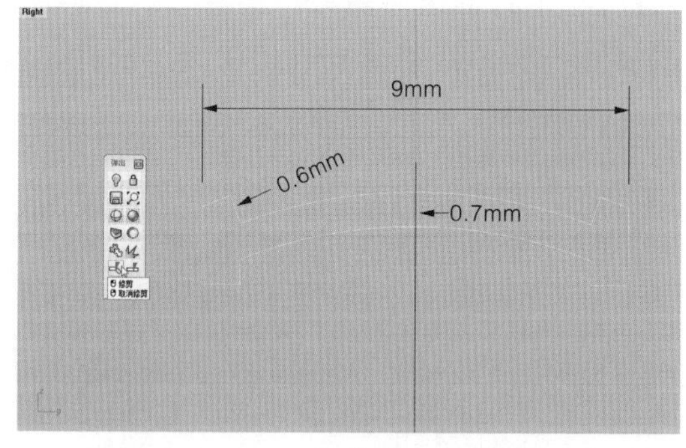

图 6-7-46 修剪出戒圈断面曲线

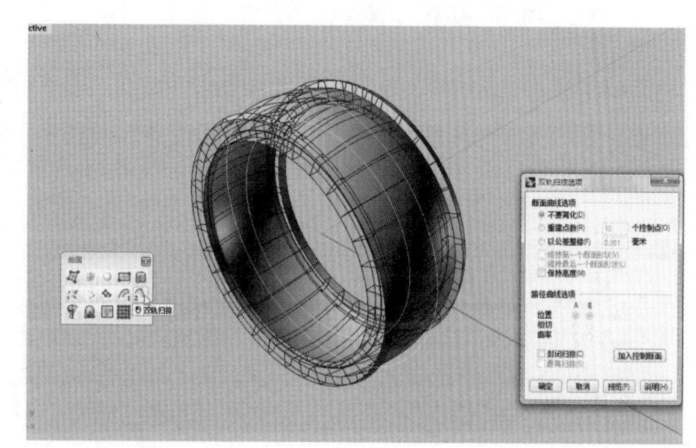
图 6-7-47 建立戒圈曲面

线"命令(按钮)，向内偏移一个辅助圆②，偏移距离为 0.06mm，用于控制镶钉的吃石深度；再向外偏移一个辅助圆③，偏移距离为 0.2mm，用于控制宝石间距，如图 6-7-48 所示。

2)制作打孔物体和镶钉

切换到 Right 视图，调用"多重直线"命令(按钮)，沿宝石的侧边绘制打孔物体的轮廓线，再调用"旋转成形"命令(按钮)将其旋转成曲面，并用"将平面洞加盖"命令(按钮)封口，使之成为实体；采取同样的方法，用曲线工具在宝石中心绘制出半径为 0.3mm 的镶钉轮廓线，也将其旋转成曲面并封口，使之成为实体，如图 6-7-49 所示。

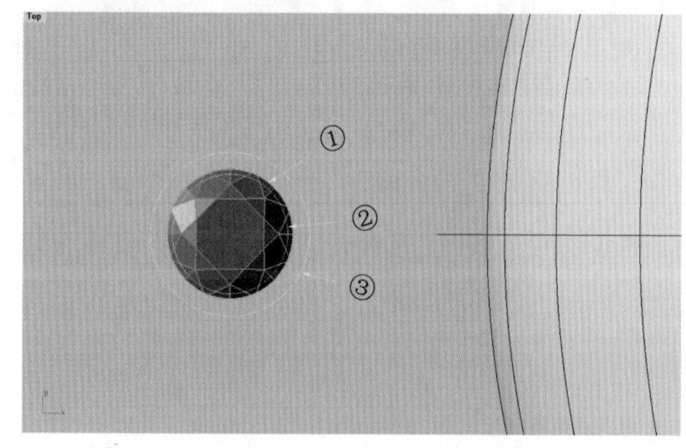

图 6-7-48 插入宝石及绘辅助圆线

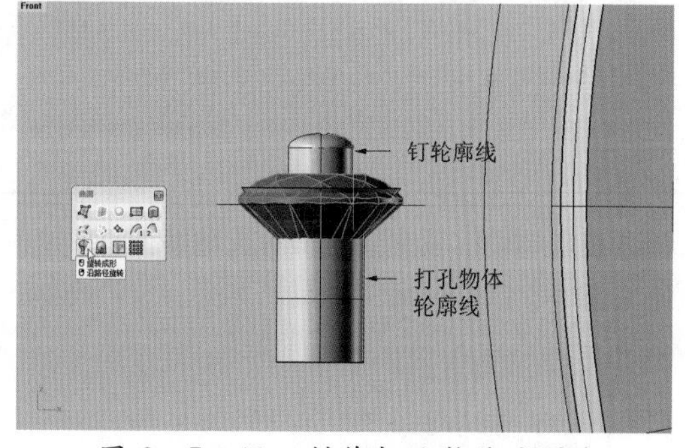

图 6-7-49 制作打孔物体和镶钉

3)定位宝石及打孔物体

在 Top 视图中,选取宝石、辅助线及打孔物体,执行“定位至曲面”命令(按钮),按命令栏提示,参考点 1 取宝石中心点,参考点 2 取宝石边缘点,再点击戒指曲面,把宝石和钉一起复制并定位到戒指表面上的镶石位置,自中间向上错位排列 3 个,如图 6-7-50 所示。

4)排列宝石及打孔

切换到 Front 视图,先仅选取宝石,执行“环形阵列”命令(按键),在命令栏中输入项目数“40”,执行后即沿戒圈环形复制出 40 组宝石,如图 6-7-51 所示。

然后,再切换到 Top 视图,执行“镜像”命令(按钮),将阵列后的宝石上面的两行向下镜像复制,使宝石在整个镶石槽位中有序排满,如图 6-7-52 所示。

宝石排列好后,执行“群组”命令(按钮),将所有宝石群组后隐藏。接着,按照排列宝石同样的方法排列打孔物体,而后执行“布尔运算差集”命令(按钮),利用排列后的打孔物体在戒圈上一次打出所有镶石位孔洞,如图 6-7-53 所示。

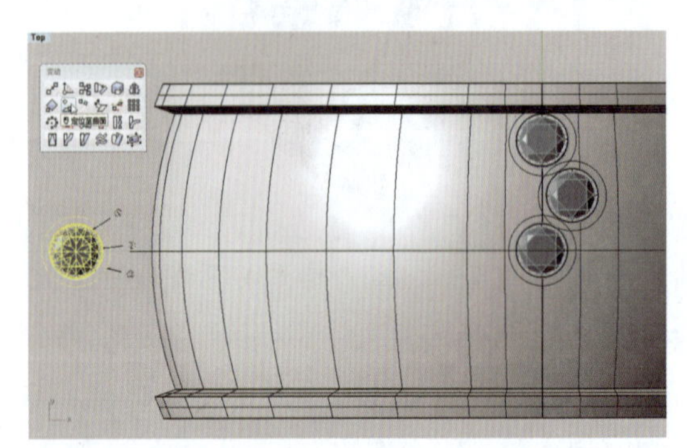

图 6-7-50 将宝石定位至戒圈曲面

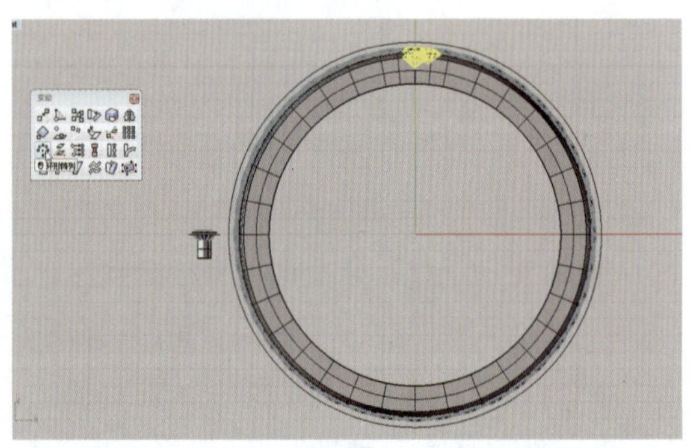

图 6-7-51 沿戒圈环形阵列宝石

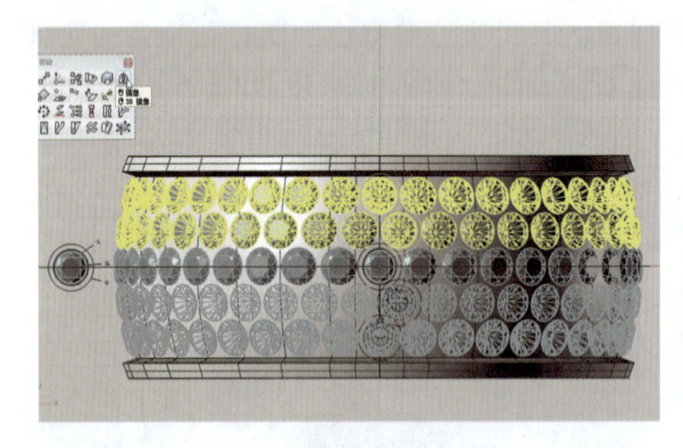

图 6-7-52 镜像复制宝石

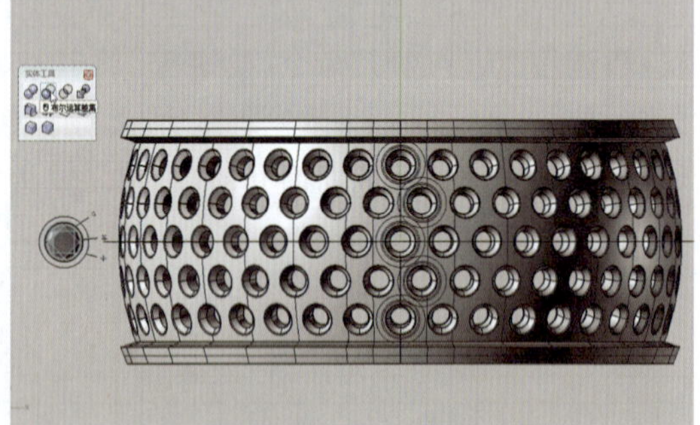

图 6-7-53 在戒圈上排列打孔物体并打孔

3. 排列镶钉

1)定位镶钉

与定位宝石的方法相同,在 Top 视图中,将预先制作好的宝石和打孔物体隐藏,仅显示和选取镶钉,执行“定位至曲面”命令(按钮),按命令栏提示,参考点 1 取钉的中心点,参考点 2 取镶的边缘，再点击戒指曲面，把镶钉逐个定位复制到戒指上，安插在图 6-7-54 所示宝石之间的空隙中，自中而上排列 5 个。

2)阵列镶钉

在 Front 视图中，选取安插在宝石之间的 5 个镶钉，调用“环形阵列”命令(按钮)，项目数为 40，如图 6-7-55 所示。

然后，切换到 Top 视图，调用“镜像”命令(按钮)，将阵列后的镶钉向下镜像复制，使镶钉布满所有宝石之间的空隙，如图 6-7-56 所示。

最后，将宝石群组暂时隐藏，框选所有镶钉和戒圈，执行“布尔运算并集”命令(按钮)，将镶钉和戒圈合并为一个整体，完成面型钉镶戒指模型的创建。

4. 渲染模型

1)着色渲染

为了便于观察钉镶版的模型效果，将制作好的钉镶版模型复制成 2 个，在 Perspective 视图中，打开“编辑图层”(按钮)面板，分别选取钉版和宝石对象，分配到不同图层，设置不同的颜色或材质，隐藏其中一个钉版上的宝石，然后在着色模式下渲染观察效果，如图 6-7-57 所示。

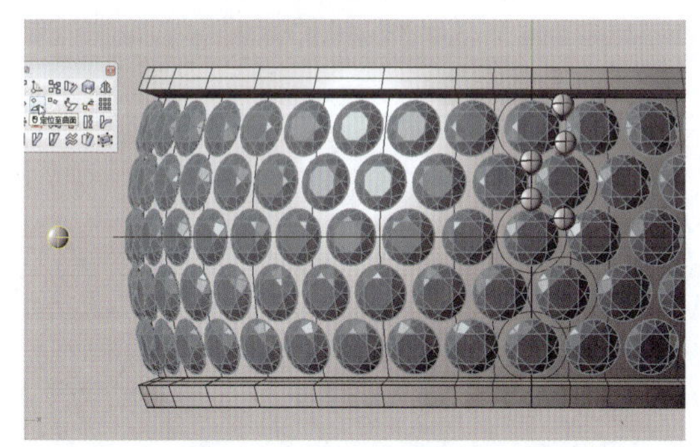

图 6-7-54 将镶钉定位至戒圈曲面

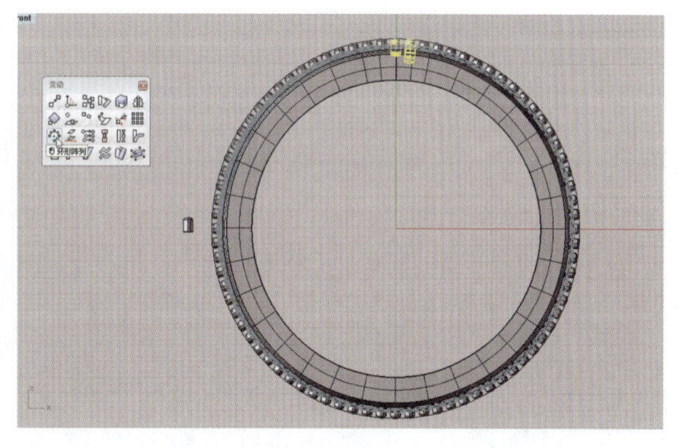

图 6-7-55 沿戒圈环形阵列镶钉

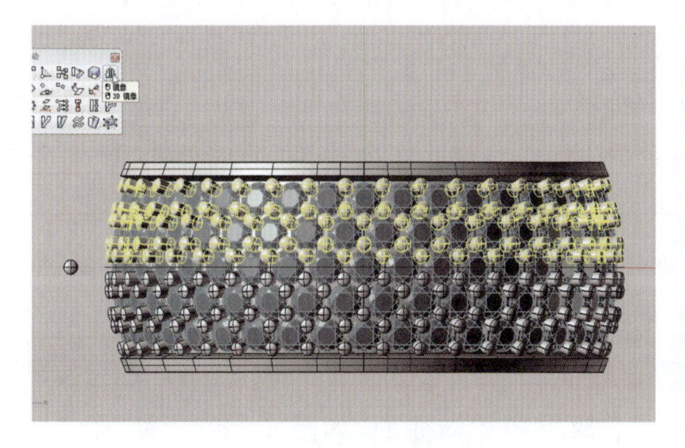

图 6-7-56 镜像复制镶钉

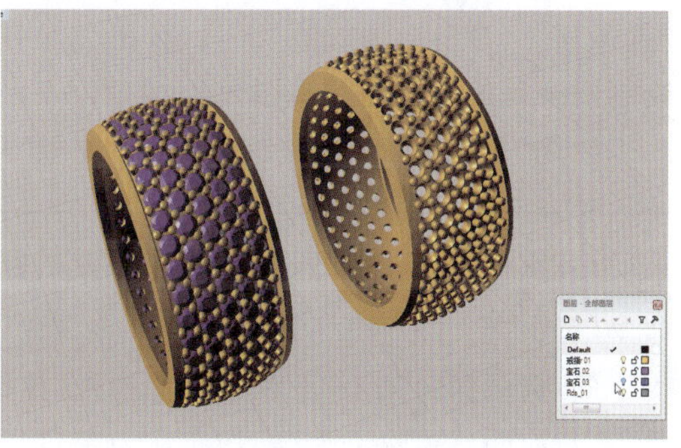

图 6-7-57 面形钉镶戒指着色渲染图

2)拟实渲染

把戒指模型导入 KeyShot 渲染器软件中，将戒圈材质设置为 18K 黄金，宝石材质设置为钻石，渲染效果如图 6-7-43 所示。

6.8 组合镶戒指

组合镶即是指同一种首饰中涉及多种镶嵌结构。组合镶戒指的结构复杂多样，常用于一些豪华款的戒指首饰。本节仅介绍一款组合镶红宝石戒指的设计和制作技巧。

本范例涉及包镶、钉镶和槽镶三种镶嵌结构，如图 6-8-1 所示。主石为一粒较大的圆钻型宝石，包镶结构；主镶口是上下两层的环形石碗，其表面排满钉镶结构的副石，在两侧戒圈还排列着数粒槽镶结构的副石，整体造型显得豪华典雅。

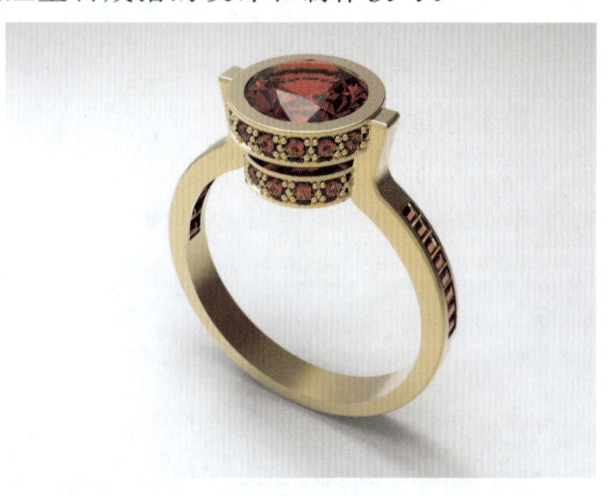

图 6-8-1　组合镶红宝石戒指
(KeyShot 渲染)

制作尺寸：主石直径为 7.5mm，圆钻型，包边厚 1.0mm，吃石位深 0.15mm；钉镶副石也为圆钻型，直径为 1.25mm，上下两层排列，共 24 粒，其镶座的边宽 0.3mm、斜位宽 0.15mm、槽深 0.4mm、镶钉直径为 0.4mm；戒圈的内径为 18mm，底部厚 1.2mm，宽 3.0mm；槽镶副石为长方形阶梯型，尺寸规格为 1mm×1.5mm，排布于戒圈两侧，共 16 粒。

1. 制作主石镶口

(1)在 Top 视图中，插入一个直径为 7.5mm 的圆钻型主石，然后使用“圆：中心点、半径”工具(按钮)绘制一个与宝石直径等大的圆，再执行“偏移曲线”命令(按钮)将圆形曲线向内偏移 0.15mm，作为主石的吃石位线，如图 6-8-2 所示。

(2)在 Right 视图中，使用“多重直线”工具(按钮)、“偏移曲线”命令(按钮)，以及“圆弧：起点、终点、通过点”工具(按钮)，在宝石的左侧，由吃石位线四分点向外，自上而下绘制出镶口的断面曲线草图，尺寸如图 6-8-3 所示。

(3)框选镶口断面曲线草图，执行“修剪”命令(按钮)，剪除多余线段，形成如图 6-8-4 所示的镶口断面曲线轮廓。

(4)执行“组合”命令(按钮)，将镶口断面曲线轮廓组合成封闭曲线，然后执行“复制”命令(按钮)，复制出一个镶口断面曲线到下层指定位置，如图 6-8-5 所示。

(5)选取镶口的上、下两条断面曲线，执行“旋转成形”命令(按钮)，以宝石中心为旋转轴，将断面曲线沿纵向旋转，使之成为镶口的上、下两层环状体曲面，如图 6-8-6 所示。

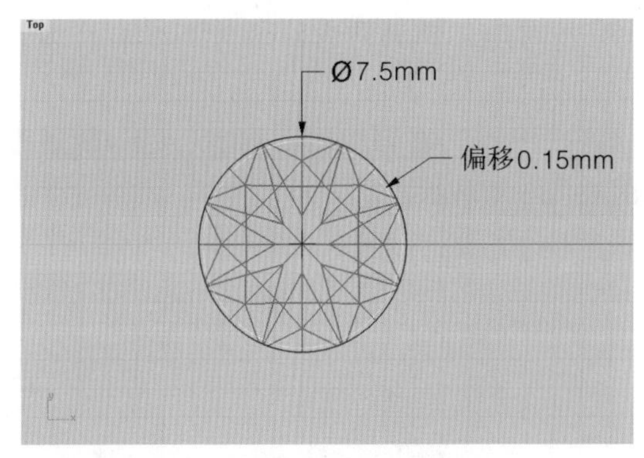

图 6-8-2 插入主石及绘制吃石位线

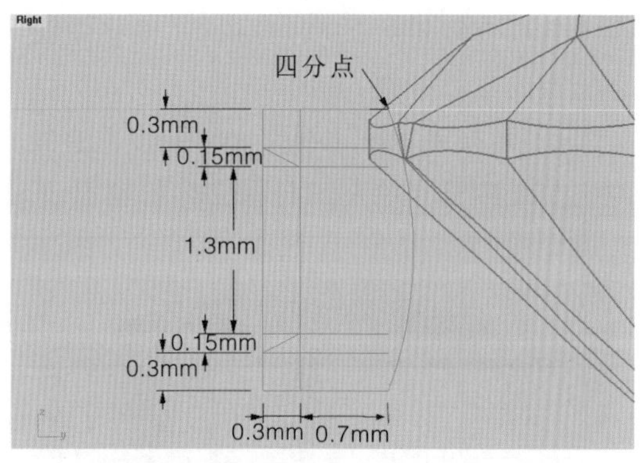

图 6-8-3 绘制镶口断面曲线草图

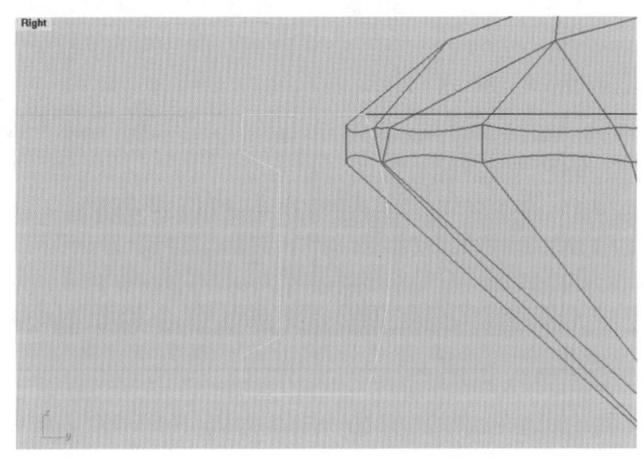

图 6-8-4 修剪后的镶口断面曲线轮廓

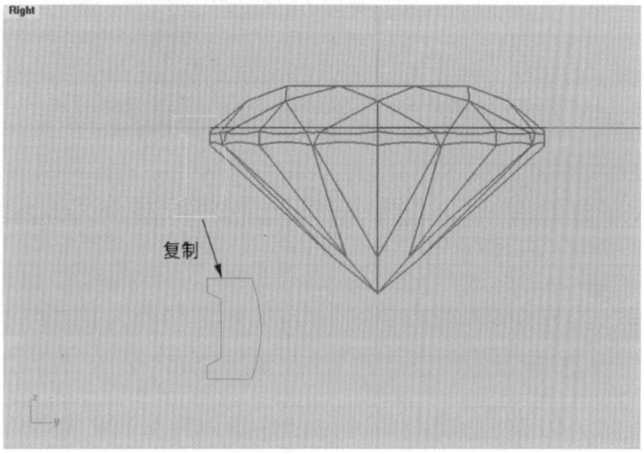

图 6-8-5 复制镶口断面曲线到下层指定位置

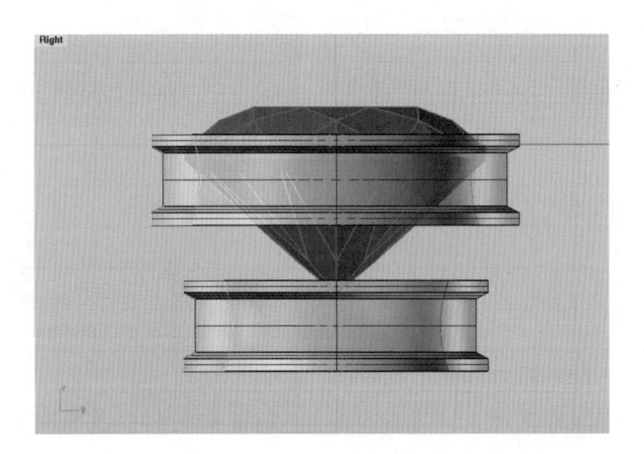

图 6-8-6 将镶口断面曲线旋转形成曲面

2. 排列钉镶副石及打孔

(1)在 Front 视图中,勾选物件锁定栏中的“中点”,在上层镶口断面曲线外侧中点位置插入一个直径为 1.25mm 的圆钻型副石,然后使用“圆:中心点、半径”工具(按钮)绘制一个与宝石直径等大的圆，再执行“偏移曲线”命令（按钮），将其向内偏移0.05mm，作为钉镶副石的吃石位线，如图6-8-7所示。

(2)切换到Right视图，使用“多重直线”工具（按钮），在钉镶副石的上（或下）侧通过吃石位线四分点绘制出打孔物体的轮廓线，如图6-8-7所示。

图6-8-7　插入钉镶副石及绘制吃石位线

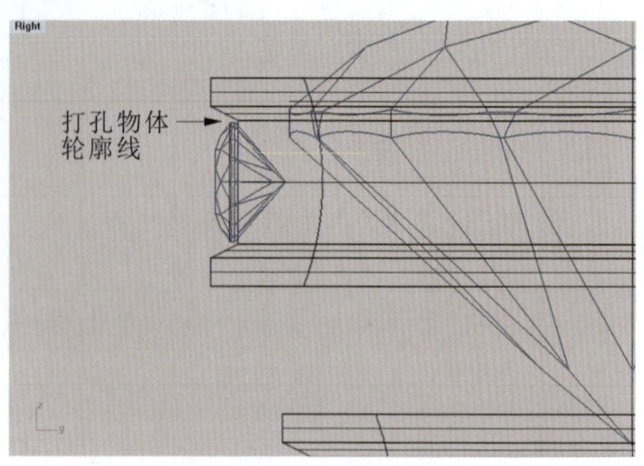

图6-8-8　绘制打孔物体轮廓线

(3)选取副石的打孔物体轮廓线，执行“旋转成形”命令（按钮），以宝石中心为旋转轴，将打孔物体轮廓线沿横向旋转，使之成为打孔物体曲面，如图6-8-9所示。

(4)框选副石和打孔物体，执行“复制”命令（按钮），将其复制并移动到下层镶口的对应位置，如图6-8-10所示。

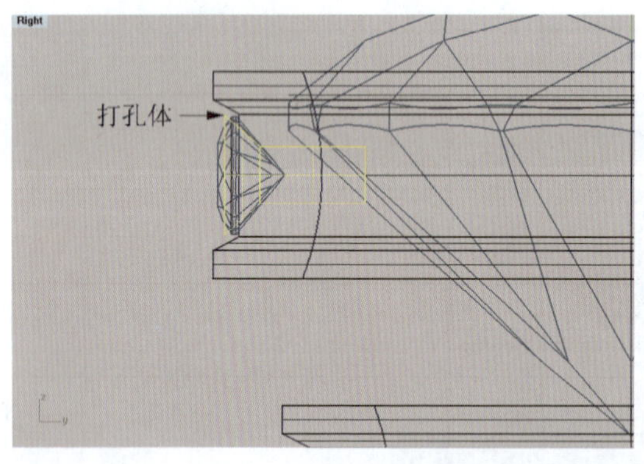

图6-8-9　将打孔物体轮廓线旋转形成曲面

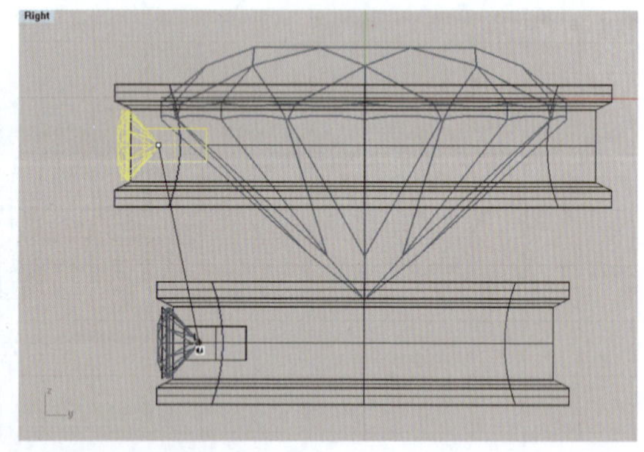

图6-8-10　复制副石和打孔物体并下移

(5)选取上层镶口的副石和打孔物体，在Top视图中执行“环形阵列”命令（按钮），在命令栏中设置项目数为4、步进角为22°，即向右环形复制出3个，如图6-8-11所示。

(6)同样，选取下层镶口的副石和打孔物体，执行“环形阵列”命令（按钮），在命令栏中设置项目数为3、步进角为27.5°，即向右环形复制出2个，如图6-8-12所示。

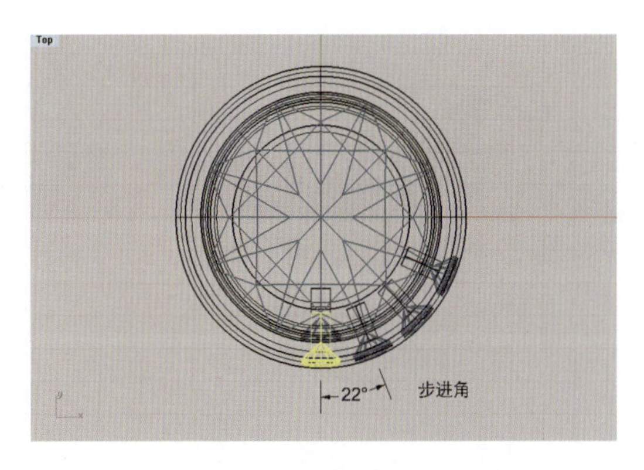

图 6-8-11 环形阵列上层的宝石及打孔物体

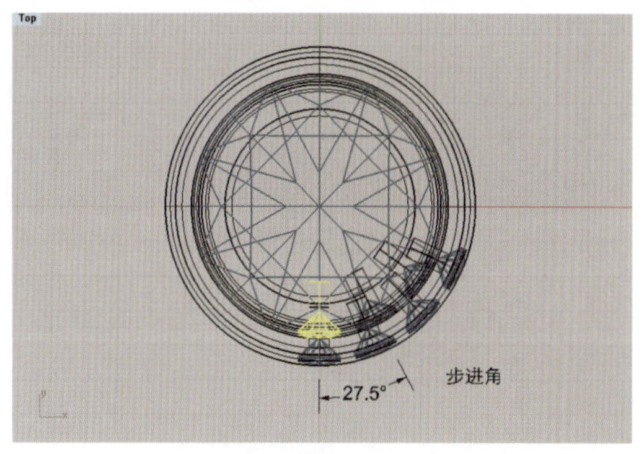

图 6-8-12 环形阵列下层的宝石及打孔物体

(7)在 Top 视图中,框选下方的所有副石和打孔物体,执行"镜像"命令(按钮),向上方镜像复制,如图 6-8-13 所示。

(8)同样,框选右半部分的所有副石和打孔物体,执行"镜像"命令(按钮),向左镜像复制,如图 6-8-14 所示。

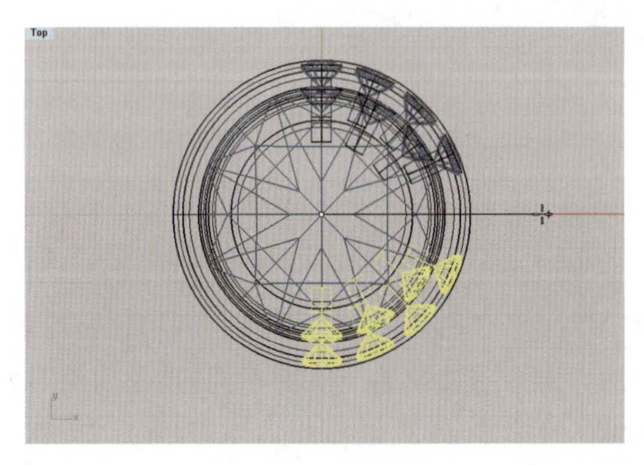

图 6-8-13 上下镜像复制宝石及打孔物体

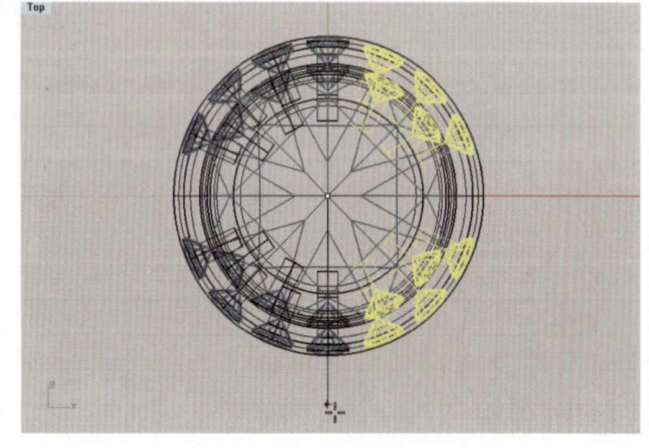

图 6-8-14 左右镜像复制宝石及打孔物体

(9)在 Perspective 视图中,单击"编辑图层"(按钮),打开"图层"/"全部图层"面板,将主石、副石和镶口分别设置到不同图层,如图 6-8-15 所示。

(10)在"图层"/"全部图层"面板中,关闭主石和钉镶副石图层,仅显示镶口和打孔物体,如图 6-8-16 所示。

(11)执行"布尔运算差集"命令(按钮),先框选所有打孔物体,回车,再单击镶口本体,回车,即利用打孔物体在镶口上打出副石位下的镶石孔,如图 6-8-17 所示。然后,打开主石和副石图层,让主石和副石显示出来。

3. 定位和排列镶钉

(1)在 Front 视图中,在宝石镶口的左边空白位置,执行"球体:中心点、半径"命令(按钮

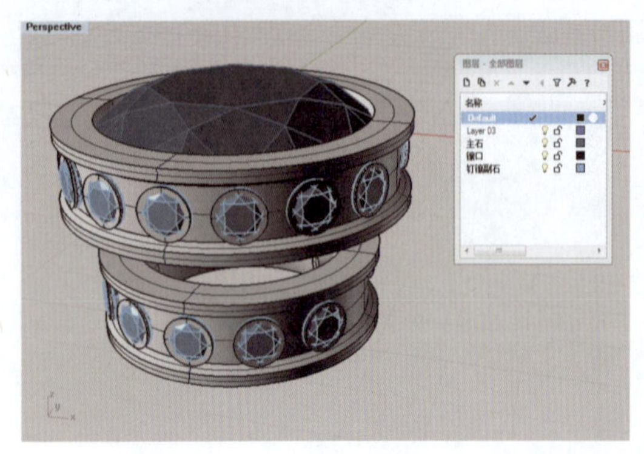

图 6-8-15　将主石、副石和镶口分设到不同图层

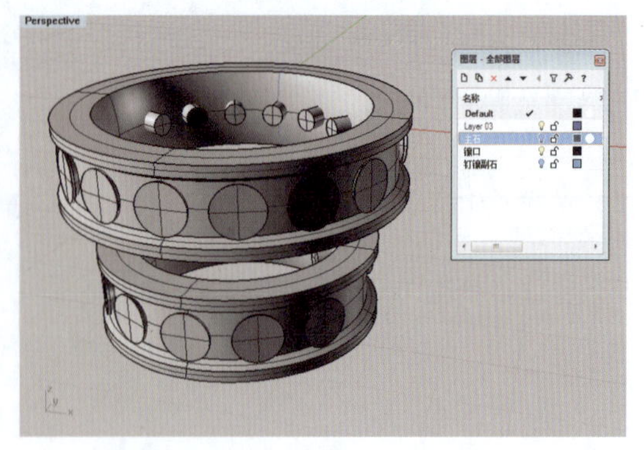

图 6-8-16　关闭主石和副石图层

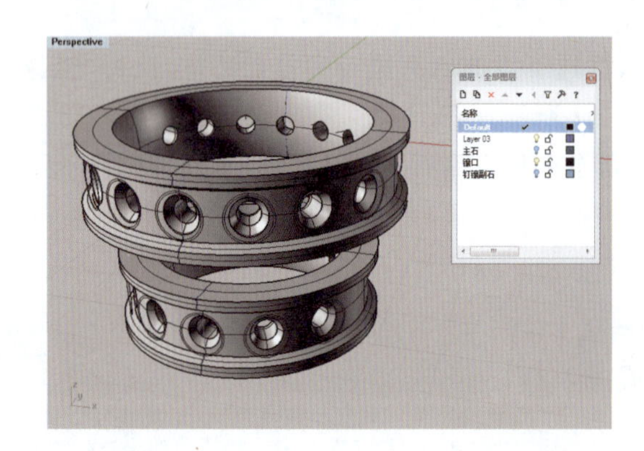

图 6-8-17　利用打孔物体打出镶石孔

），创建一个直径为 0.4mm 的圆球体曲面，如图 6-8-18 所示。接下来，将利用该圆球体曲面制作成镶钉。选择圆球体曲面，执行“重建曲面”命令（按钮），在弹出的“重建曲面”对话框中，设置“点数”的 U 值和 V 值各为 12，“阶数”的 U 值和 V 值各为 2，单击“确定”按钮，如图 6-8-19 所示。

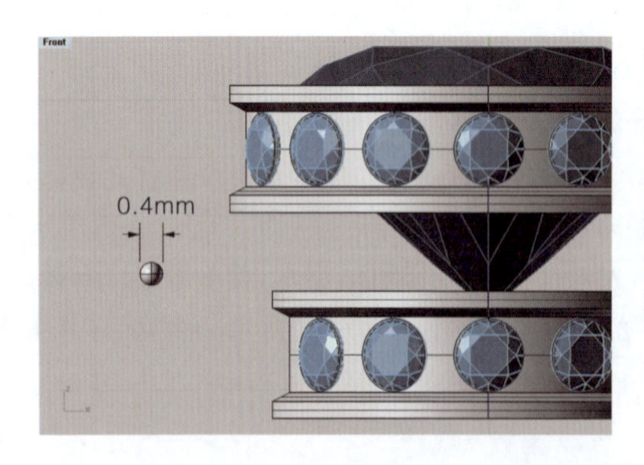

图 6-8-18　创建直径为 0.4mm 的圆球体

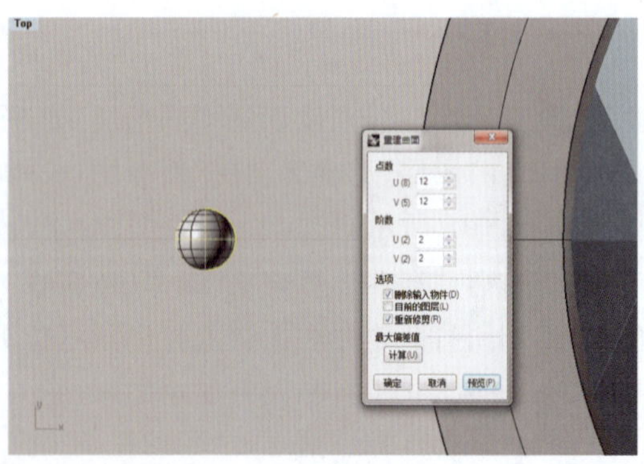

图 6-8-19　重建球体曲面

（2）在 Top 视图中，选取圆球体曲面，执行“开启控制点”命令（按钮），显示出圆球体曲面的控制点，框选圆球体曲面下半部分的控制点并向下拖动，将圆球体拉长，使之变形成圆柱体曲面，其基线以下高度为 0.4mm。然后，使用“直线”工具（按钮），在靠近圆柱体曲面上端部位绘制一条横向线段；执行“修剪”命令（按钮），利用该线段将圆柱体曲面的上端部分剪除；执行“关闭点”命令（右击按钮），关闭圆柱体曲面的控制点；执行“将平面洞加盖”命令（按钮），将修剪后的断口封闭，即完成镶钉的制作。如图 6-8-20 所示。

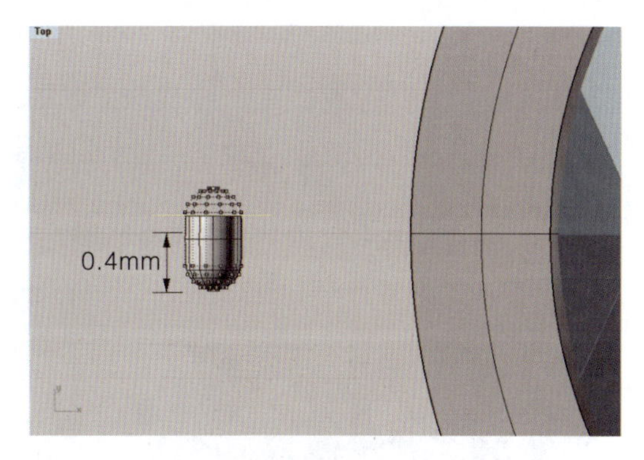

图 6-8-20　将球体拉长和修剪成镶钉

（3）下面进行将镶钉定位到镶口曲面的操作。首先，将 Front 视图和 Perspective 视图适当放大。然后，在 Front 视图中选取镶钉，执行“定位至曲面”命令（按钮），按命令栏提示，单击镶钉中心，将其作为参考点 1，再单击镶钉边缘，将其作为参考点 2（图 6-8-21），再在 Perspective 视图中单击上层镶口的基底曲面，在弹出的“定位至曲面”对话框中勾选“等比例”“复制物件”和“刚体”选项，单击“确定”按钮（图 6-8-22），此时鼠标会携带镶钉移动，先在两粒宝石中间单击一次，定位一个镶钉（图 6-8-23），再在其上、下依次单击定位 4 个镶钉，排列成五钉镶（梅花钉镶）。使用同样的方法，在下层镶口上也排列成五钉镶，如图 6-8-24 所示。

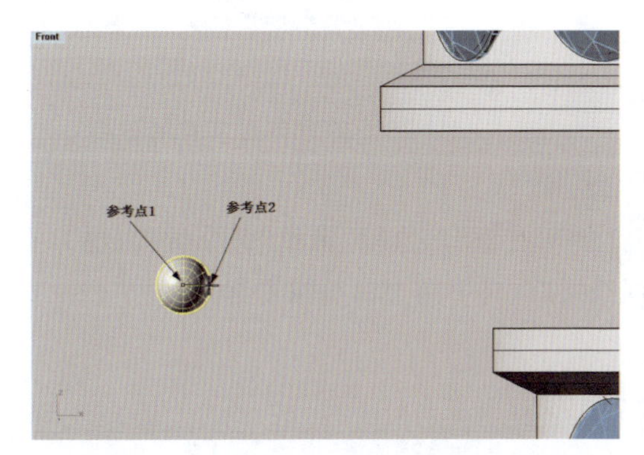

图 6-8-21　选取镶钉的参考点

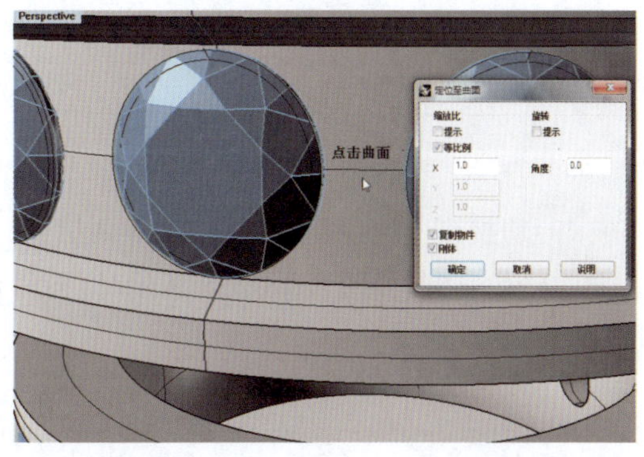

图 6-8-22　定位至曲面的设置

（4）框选上层镶口的 5 个镶钉，在 Top 视图中执行“环形阵列”命令（按钮），在命令栏中设置项目数为 4、步进角为 22°，即向右环形复制出 3 组镶钉，如图 6-8-25 所示。

（5）同样地，选取下层镶口的 5 个镶钉，在 Top 视图中执行“环形阵列”命令（按钮），在命令栏中设置项目数为 3、步进角为 27.5°，向右环形复制出 2 组镶钉，如图 6-8-26 所示。

（6）在 Right 视图中，选取上层镶口末尾的 3 个镶钉和下层镶口末尾的 2 个镶钉，执行“删除”命令或按 Delete 键将它们删除，如图 6-8-27 所示。

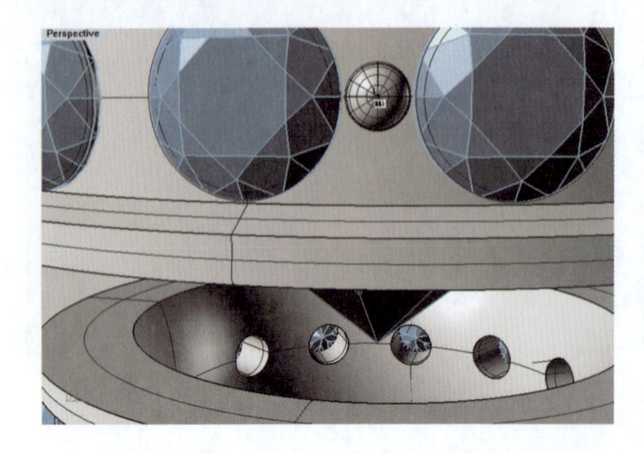

图 6－8－23　将镶钉定位至镶口基底曲面

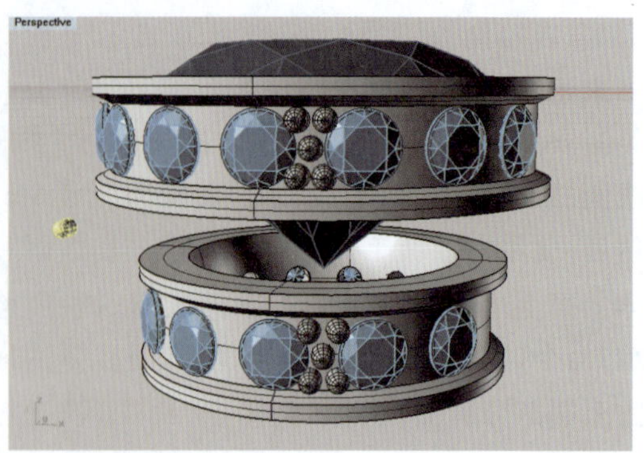

图 6－8－24　定位至曲面排列成五钉镶

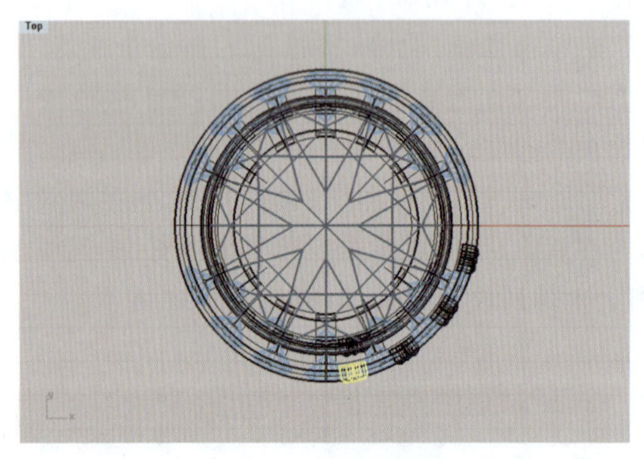

图 6－8－25　环形阵列上层的镶钉

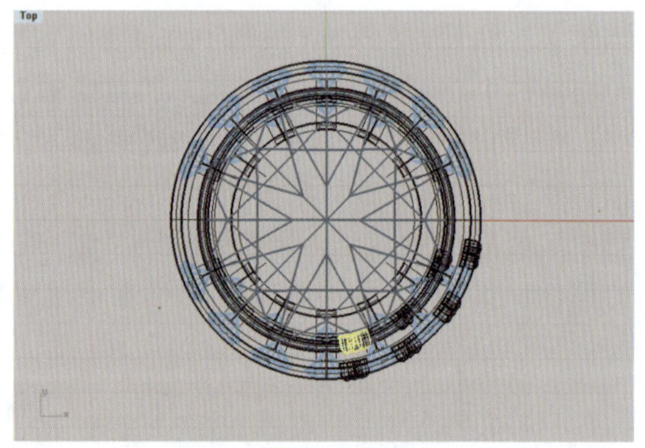

图 6－8－26　环形阵列下层的镶钉

(7)切换到 Top 视图，框选上、下两层镶口上的所有镶钉，执行“镜像”命令(按钮)，自右向左镜像复制，如图 6－8－28 所示，继而再框选镶钉，自下向上部镜像复制，如图 6－8－29 所示。

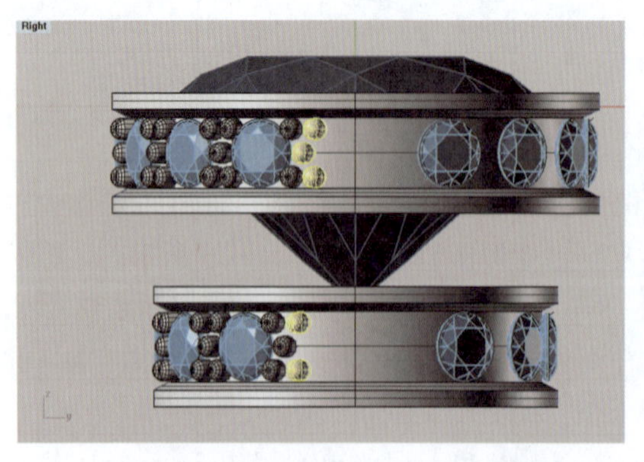

图 6－8－27　选取末尾的镶钉删除

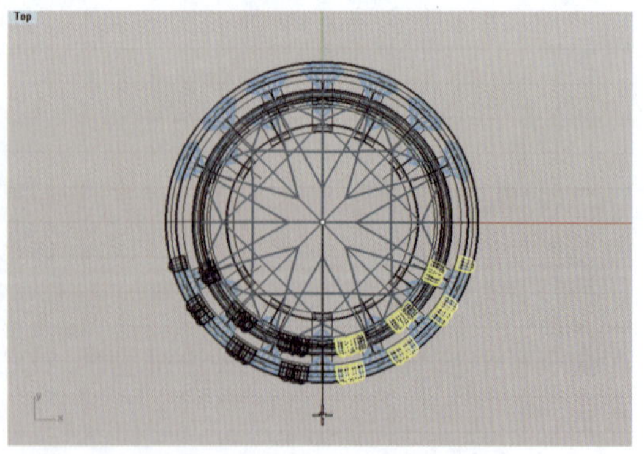

图 6－8－28　左右镜像复制镶钉

（8）在 Perspective 视图中，单击“编辑图层”（按钮），打开“图层”/“全部图层”面板，关闭主石图层和镶钉副石图层，仅在视图中显示镶口和镶钉，执行“布尔运算并集”命令（按钮），将镶口和镶钉合并为一体，之后再将它们重新调整到镶口图层，如图 6-8-30 所示。

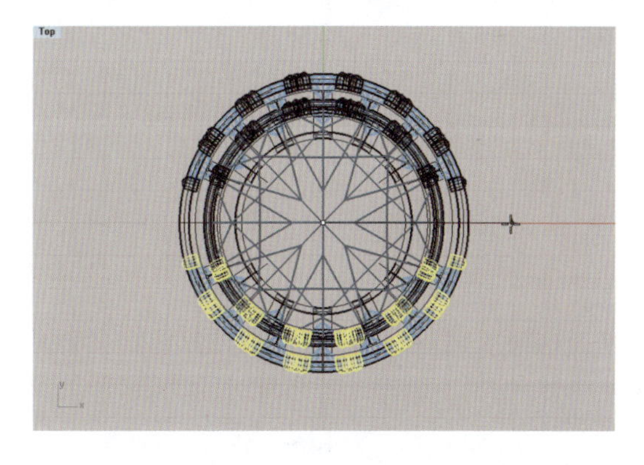

图 6-8-29 上下镜像复制镶钉

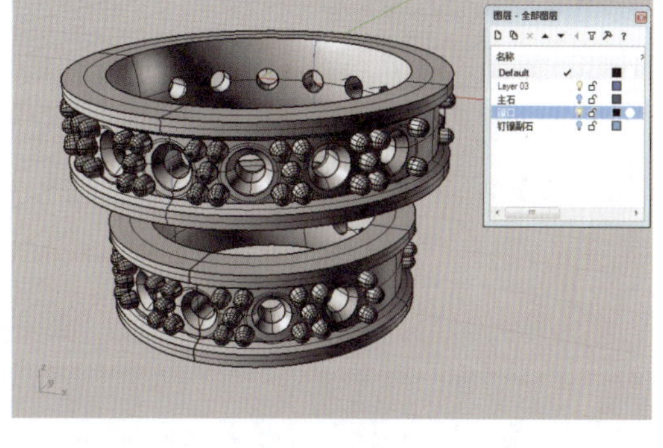

图 6-8-30 将镶口和镶钉合并为一体

4. 制作开口戒圈

（1）在 Front 视图中，使用“圆：中心点、半径”工具（按钮）绘制一个直径为 18mm 的圆，作为戒圈内圆曲线，然后单击视图下方状态栏中的“Default”，在上拉菜单中让镶口和宝石全部显示，框选镶口和宝石，向上移动到圆形曲线的顶部位置，再使用“多重直线”工具（按钮），在圆形曲线上部镶口侧边位置绘制一条斜线，在圆形曲线底部四分点位置绘一条竖线，如图 6-8-31 所示。

（2）框选所有曲线，执行“修剪”命令（按钮），剪除圆形曲线的左半部分，再执行“曲线圆角”命令（按钮），在命令栏中将半径设置为 1.5mm，点选“组合(J)＝是”和“修剪(T)＝是”，将剩余的右半部分曲线和镶口边缘斜线圆角组合成一体，然后执行“偏移曲线”命令（按钮），向外偏移 1.5mm，得到戒圈的外圈轮廓曲线，并将其略微上移，使曲线底端间距为 1.2mm，如图 6-8-32 所示。

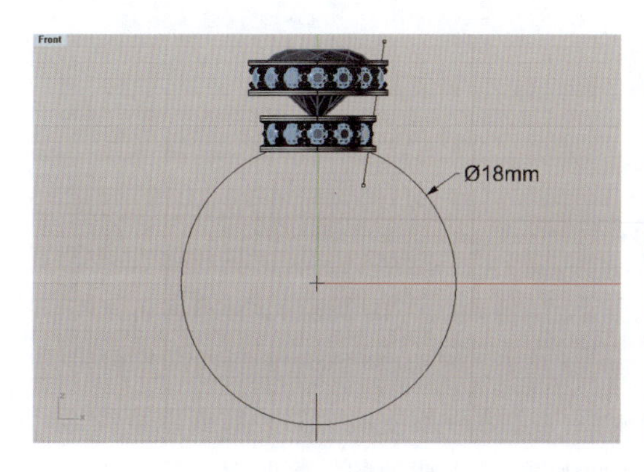

图 6-8-31 绘制戒圈基本曲线

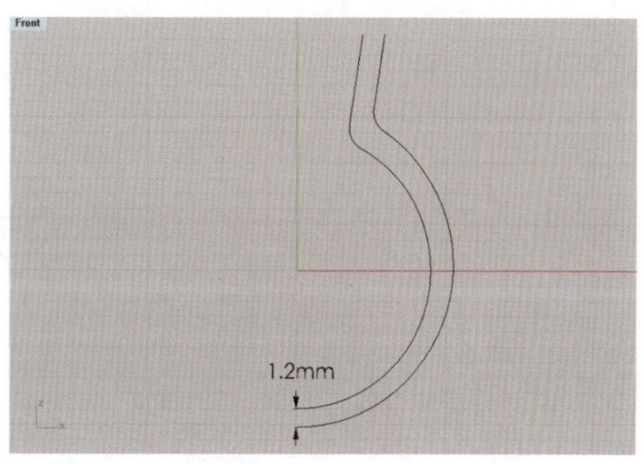

图 6-8-32 将戒圈曲线修剪、倒圆角并偏移

（3）在 Right 视图中，使用“多重直线”工具（按钮），在戒圈曲线右边绘制一条斜线，其距戒圈曲线的上端约 1mm、下端 1.5mm，作为戒圈的投影辅助线，如图 6－8－33 所示。

（4）在 Perspective 视图中，执行“从两个视图的曲线”命令（按钮），分别将戒圈的内外轮廓曲线复制到投影辅助线上，如图 6－8－34 所示。

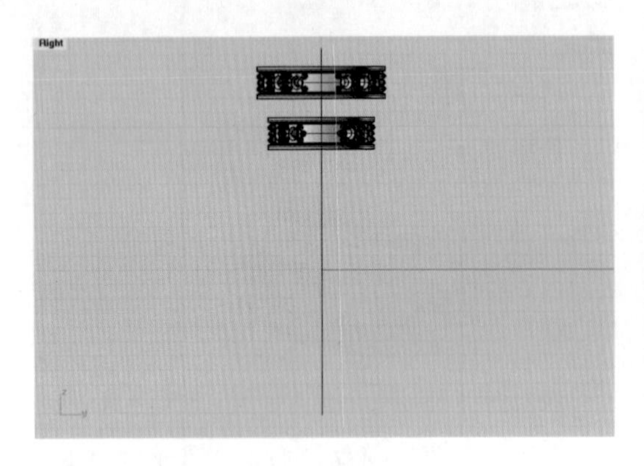

图 6－8－33　在 Right 视图中绘制辅助线

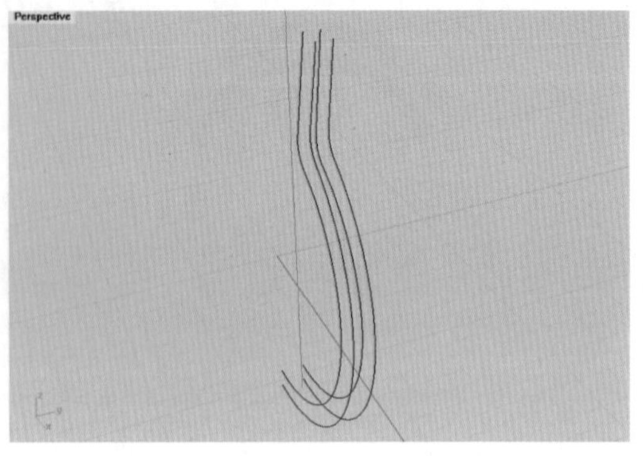

图 6－8－34　从两个视图的平面曲线建立戒圈 3D 曲线

（5）单击视窗下方状态栏中“Default”，在其上拉菜单中关闭镶口和宝石图层，隐藏或删除投影辅助线，选取右边的戒圈 3D 曲线，执行“镜像”命令（按钮），向左边复制，如图 6－8－35 所示。

（6）勾选“物件锁定”栏中的“端点”项，通过捕捉戒圈曲线的下端的 4 个端点，使用“多重直线”工具（按钮）绘制出戒圈前后及内面的断面轮廓曲线，使用“圆弧：起点、终点、通过点”工具（按钮）绘制戒圈外面的断面轮廓曲线，如图 6－8－36 所示。

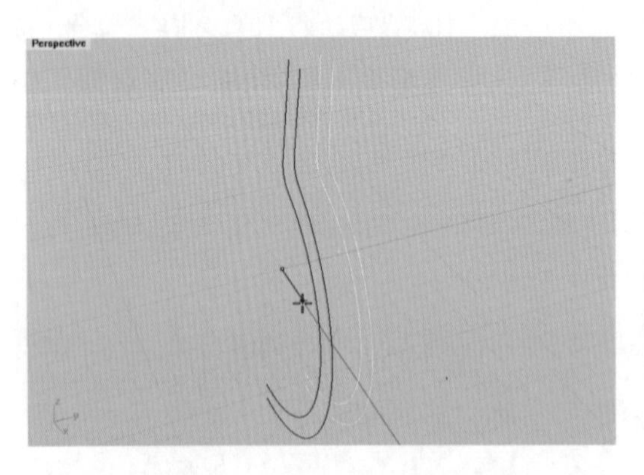

图 6－8－35　镜像复制戒圈 3D 曲线

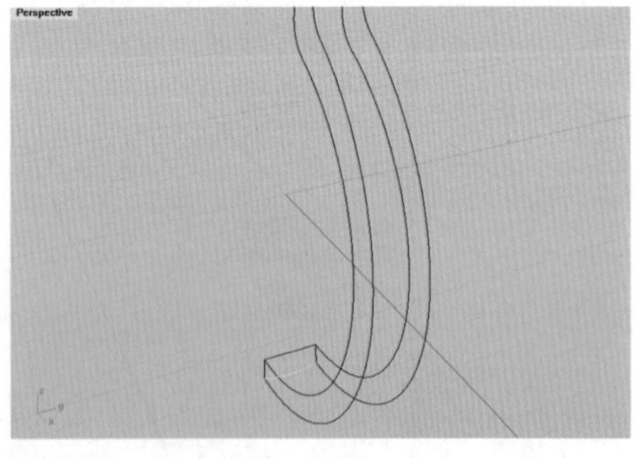

图 6－8－36　绘制戒圈断面曲线

（7）执行“双轨扫掠”命令（按钮），利用戒圈内边的两条曲线为路径和断面直线，建立戒圈的内部曲面，利用戒圈外边的两条曲线和断面弧线，建立戒圈的外部曲面，如图 6－8－37 所示。

(8)同样，执行“双轨扫掠”命令(按钮)，利用戒圈前面的两条曲线和断面直线，建立戒圈前侧面曲面，如图 6-8-38 所示，但操作时要注意在“双轨扫掠选项”对话框中单击“加入控制断面”按钮，在戒圈的弯折处适当加入额外的断面曲线(如图中的控制断面 1、2、3 位置)，控制曲面断面结构线的方向。然后，执行“镜像”命令(按钮)，将刚建立的前侧曲面镜像复制成后侧面曲面。

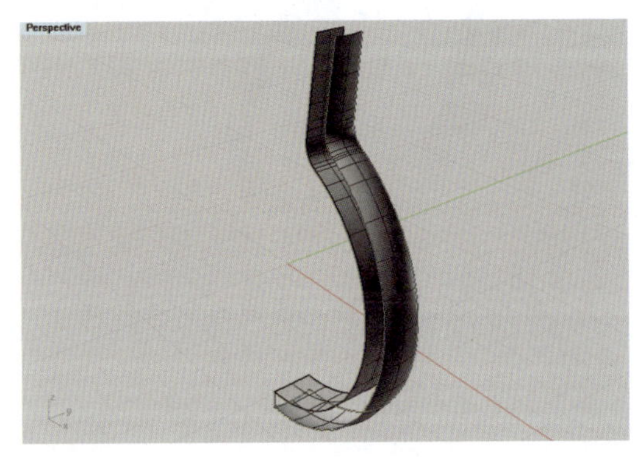

图 6-8-37 双轨扫掠建立戒圈内、外曲面

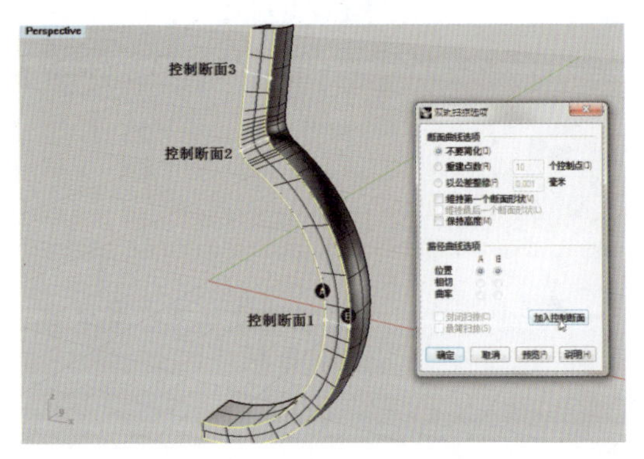

图 6-8-38 双轨扫掠建立戒圈的侧面曲面

(9)选取戒圈的前后内外曲面，执行“镜像”命令(按钮)向左复制，然后框选左右所有曲面，执行“组合”命令(按钮)，使之成为一体，如图 6-8-39 所示。

(10)在 Front 视图中，单击视窗下方状态栏中“Default”，在其上拉菜单中打开镶口图层，使用“多重直线”工具(按钮)，在靠近主石镶口边缘位置绘制一条切割直线，用于修剪戒圈，如图 6-8-40 所示。

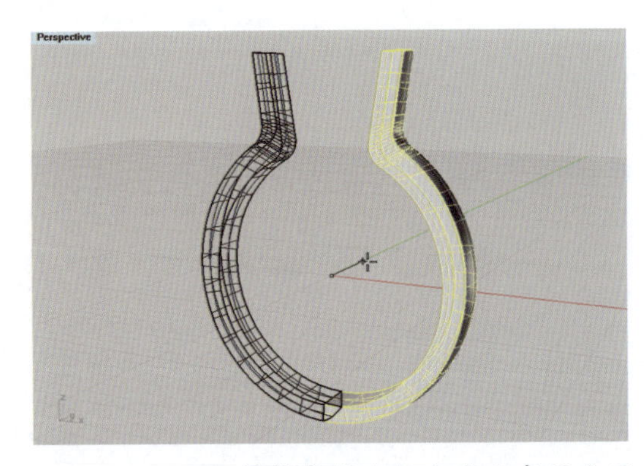

图 6-8-39 镜像复制和组合左右戒圈曲面

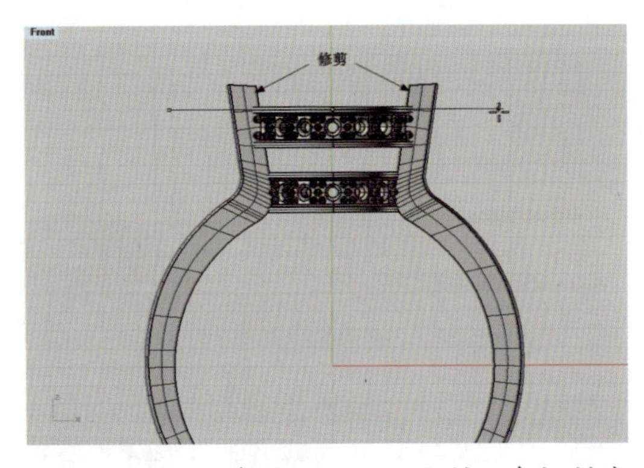

图 6-8-40 在镶口顶端处绘制一条切割线

(11)执行“修剪”命令(按钮)，利用切割直线剪除戒圈两侧顶端的多余部分，如图 6-8-41 所示。

(12)单击“编辑图层”工具(按钮)，打开“图层”/“全部图层”面板，在面板中关闭镶口和宝石图层，仅保留戒圈图层在视图中显示，在 Perspective 视图中执行“将平面洞加盖”命令(按钮)，将戒圈曲面的两个顶端封口，并执行“不等距边缘圆角”命令(按钮)，在命令

栏中设置圆角半径为0.5mm，使开口戒圈的两个顶端形成圆角边缘，如图6-8-42所示。

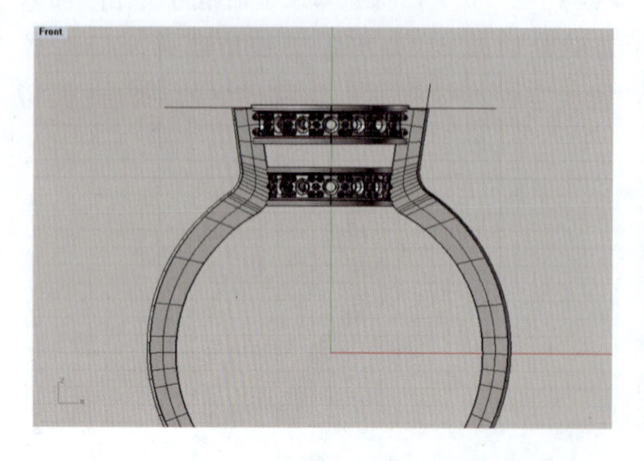

图6-8-41 利用切割线剪除戒圈顶端多余部分

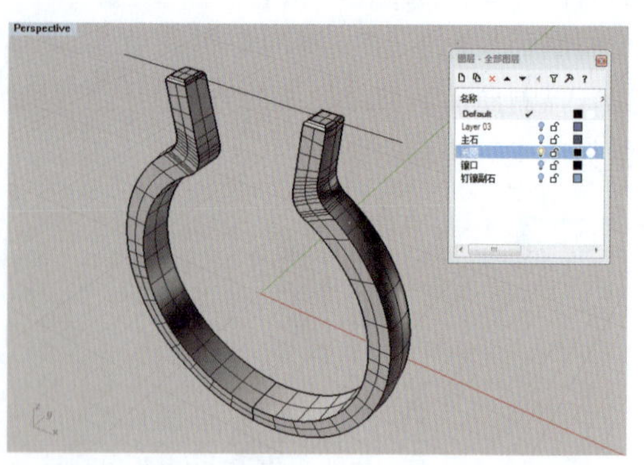

图6-8-42 将戒圈曲面顶端封口并对边缘倒圆角

5. 在戒圈上开槽镶嵌副石

(1)在Top视图中，插入一个尺寸规格为1mm×1.5mm的长方形阶梯型宝石，用来复制群嵌于戒圈上的副石，如图6-8-43所示。

(2)转换到Front视图，选取宝石，执行"矩形阵列"命令(按钮▦)，按命令栏中提示依次设置：x方向项目数=8，y方向项目数=1，z方向项目数=1，点击宝石左边棱或中心处，使之作为x方向第一个参考点，向右拖动鼠标并同时在命令栏中键入距离值"1.15"确定第二个参考点，回车后即向右阵列复制出7个宝石，如图6-8-44所示。

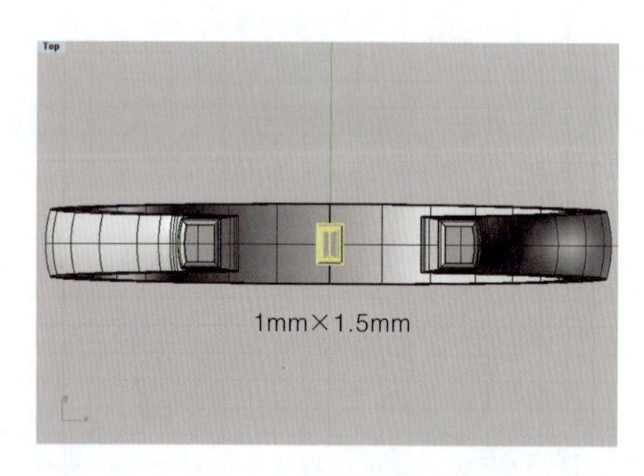

图6-8-43 插入长方形阶梯型副石

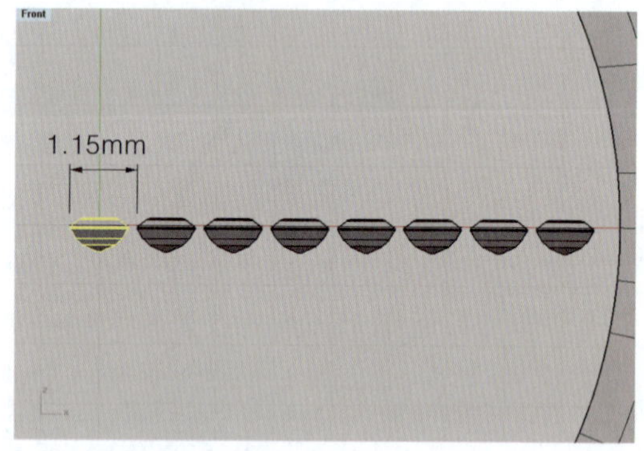

图6-8-44 矩形阵列副石

(3)执行"显示选取的物件"命令(按钮💡)，让戒圈原始的外圈曲线显示出来，用其作为目标曲线，使用"多重直线"工具(按钮⋀)，在如图6-8-45所示位置绘制一条垂直于戒圈的直线，作为切割用曲线，并沿着宝石腰棱位置绘制一条与宝石队列长度相当的直线作为基准曲线。

(4)执行“修剪”命令(按钮),利用切割用曲线剪除戒圈曲线(目标曲线)上段,然后框选宝石队列执行“沿着曲线流动”命令(按钮),先点选基准曲线的靠近左端处,再点选目标曲线的靠近左端处,长方形阶梯型副石随即被流动排列到戒圈上的指定位置,如图 6-8-45 所示。

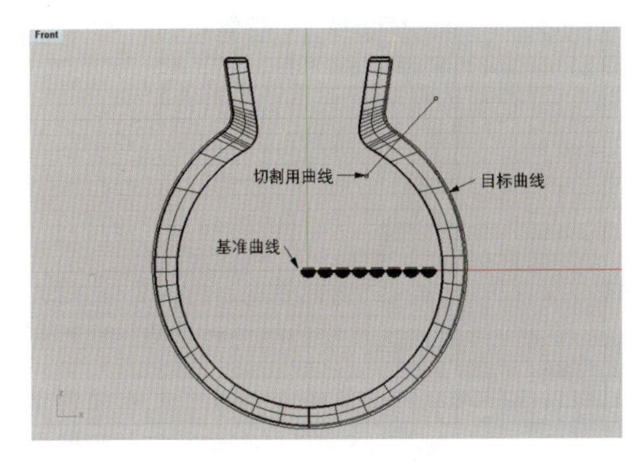

图 6-8-45 绘制基准曲线和目标曲线

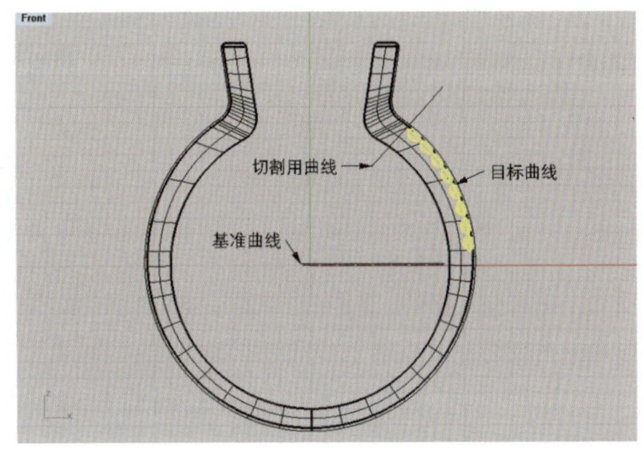

图 6-8-46 将副石流动排列到戒圈

(5)在 Front 视图中,使用“多重直线”工具(按钮),在流动到戒圈上的宝石队列末端位置再绘制一条切割用曲线,执行“修剪”命令(按钮),剪除戒圈曲线的下段,如图 6-8-47 所示。

(6)选取剩下的戒圈曲线中段,执行“偏移曲线”命令(按钮),将修剪后的曲线向外偏移 1mm 或更大距离,用于制作开槽物体的曲线,如图 6-8-48 所示。

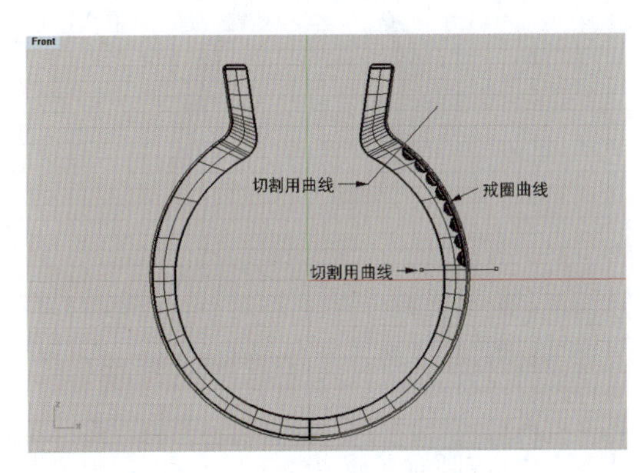

图 6-8-47 修剪戒圈曲线下段

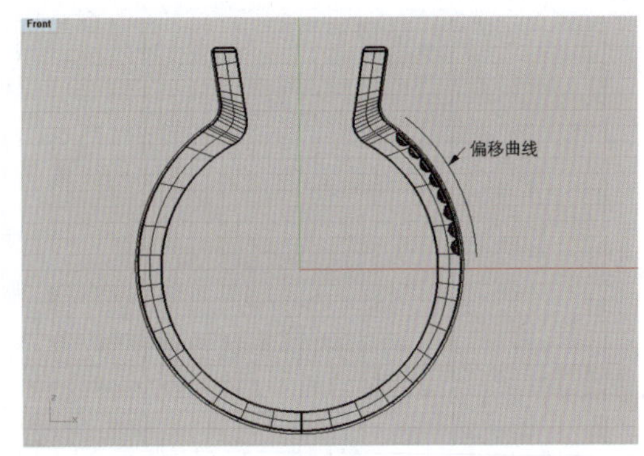

图 6-8-48 偏移修剪后的曲线

(7)选取开槽曲线,在 Right 视图中执行“直线挤出”命令(按钮),在命令栏中设置挤出距离为 0.55mm,点选“两侧(B)=是”,将曲线挤出槽宽曲面,吃石位深度控制在 0.15mm 左右,如图 6-8-49 所示。

(8)在 Perspective 视图中,选取槽宽曲面,执行“偏移曲面”命令(按钮),在命令栏中将偏移距离设置为3mm，点选“全部反转”和“实体”选项，回车后即形成了一个用于开槽的物体曲面，如图6-8-50所示。

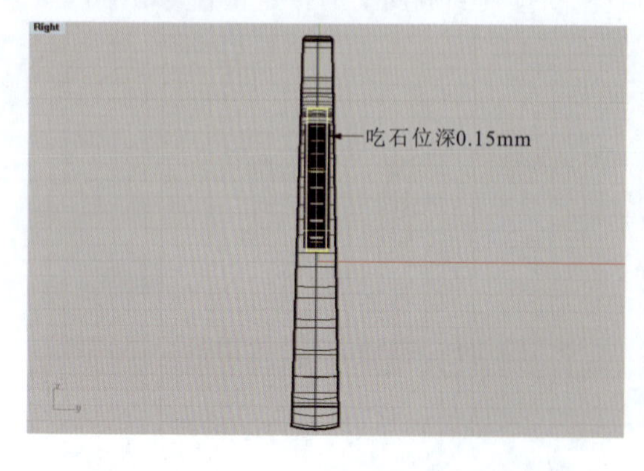

图6-8-49　将曲线挤出成槽宽曲面

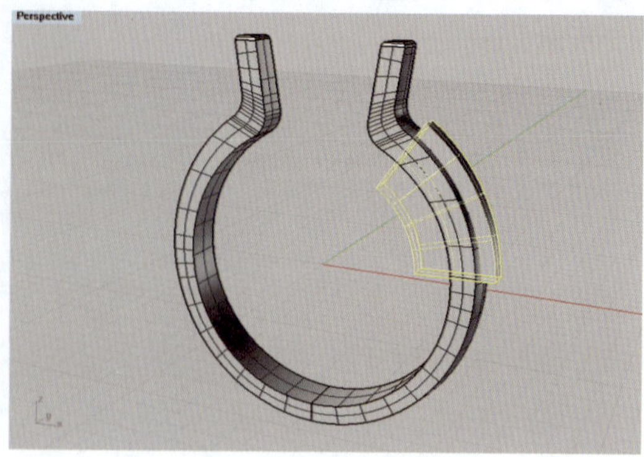

图6-8-50　将槽宽曲面偏移形成开槽物体

(9)框选戒圈右边的宝石和开槽物体，执行“镜像”命令(按钮)，向戒圈左边镜像复制，如图6-8-51所示。

(10)执行“布尔运算差集”命令(按钮)，先单击戒圈本体，回车，再单击其两边的开槽物体，回车，即刻在戒圈上开出了副石的槽形镶口，如图6-8-52所示。

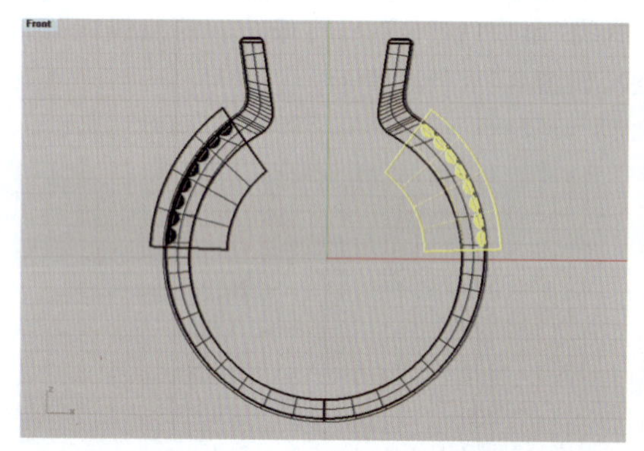

图6-8-51　镜像复制开槽物体

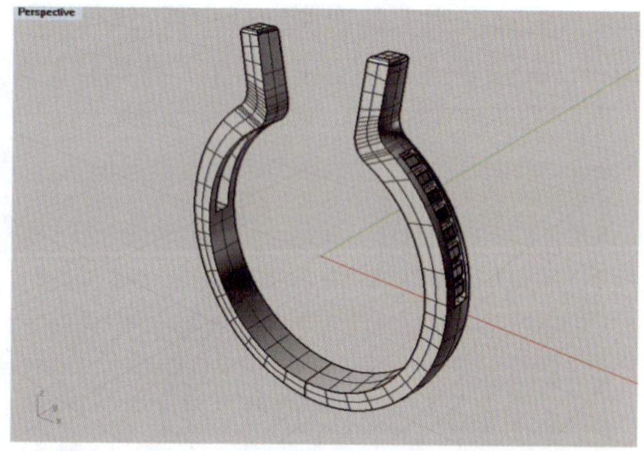

图6-8-52　利用开槽物体在戒圈上开槽

(11)单击“编辑图层”工具(按钮)，打开“图层”/“全部图层”面板，打开主石、镶口和钉镶副石等图层，并新建一个名为“槽镶副石”的图层，然后框选戒圈两边的槽镶副石，改变到该图层中，如图6-8-53所示。

(12)执行不等距“边缘圆角”命令(按钮)，在命令栏中设置圆角半径为0.15mm，单击主石镶口包边外边缘棱线，将其棱角圆角化，如图6-8-54所示。

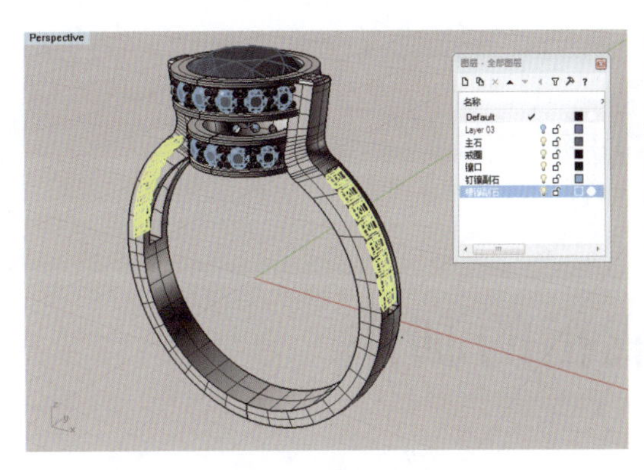

图 6-8-53　设置槽镶副石图层

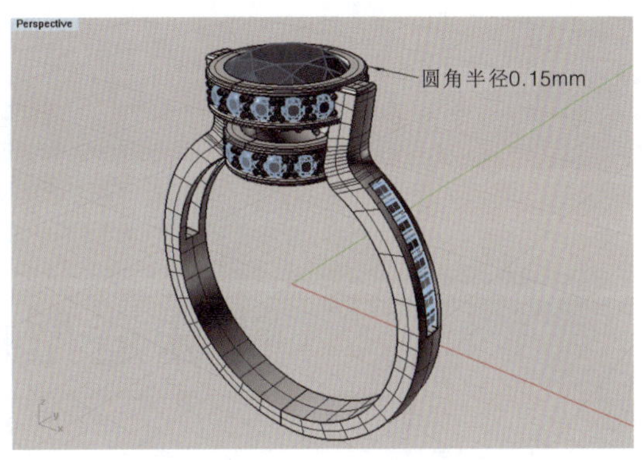

图 6-8-54　圆角化镶口边缘

6. 渲染戒指模型

1)着色渲染

打开属性面板,在“材质设置”对话框中,指定戒圈和镶口的基本颜色为黄金色(Gold),光泽度为15,然后关闭戒圈和镶口图层,框选主石和所有副石,设置为红色或其他颜色,再打开戒圈和镶口图层,开启渲染模式,查看制作效果,如图 6-8-55 所示。

图 6-8-55　着色渲染戒指模型

2)拟实渲染

把戒指模型导入 KeyShot 渲染器软件中,将戒圈材质设置为 18K 黄金,主石和所有副石材质设置为钻石,渲染效果如图 6-8-1 所示。

第7章

特殊造型戒指的制作

7.1 分叉戒指

如图 7-1-1 和图 7-1-2 所示为两款分叉造型的素金戒指，前者造型简单，后者造型比较夸张，且表面有条纹状凹凸肌理，但两者的制作方法基本相同。下面以夸张形分叉戒指为例，介绍其制作方法。

图 7-1-1 简单形分叉戒指

图 7-1-2 夸张形分叉戒指

1. 绘制戒圈曲线

(1)首先，用鼠标单击工具栏中的“文件属性”(按钮)，弹出文件属性面板，在其“格线”页面中，设置“格点锁定间距”为 0.5mm，以便于精确绘制戒圈曲线。

(2)在 Front 视图中，使用“圆：中心点、半径”工具(按钮)绘制一个直径为 17mm 的内圆和一个直径为 21mm 的外圆，然后，执行“移动”命令(按钮)，将外圆曲线向上移动 0.5mm，这样戒圈顶厚 2.5mm，底厚 1.5mm，如图 7-1-3 所示。

(3)在 Top 视图中，选取内圆曲线，使其高亮度显示，以便于对照，使用“控制点曲线”工

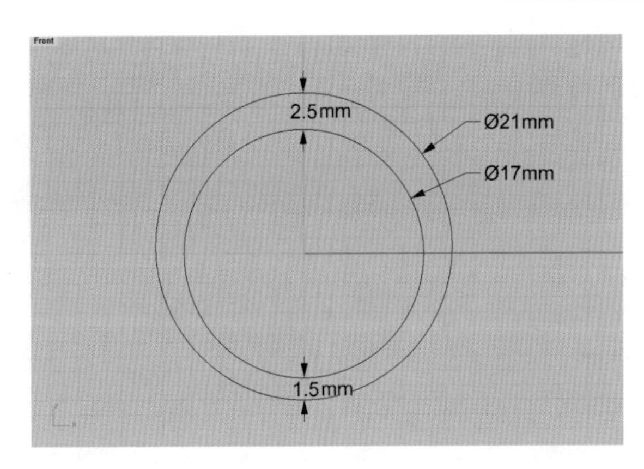

图 7-1-3 绘制戒圈内外圆曲线

具(按钮),在内圆曲线的左四分点正上方和正下方各 1.5mm 处,向右绘制两条戒指内圈的平面分叉曲线 A1 和 A2,两线的左端间距为 3mm,末端相交,如图 7-1-4 所示。

(4)再次使用“控制点曲线”工具(按钮),在外圆曲线的左四分点正上方和正下方各 1.5mm 处,向右沿 A1 和 A2 曲线的轨迹,叠加绘制两条戒指外圈的平面分叉曲线 B1 和 B2,绘制时需要开启曲线控制点,并调整控制点使上下曲线的重叠形态一致,如图 7-1-5 所示。

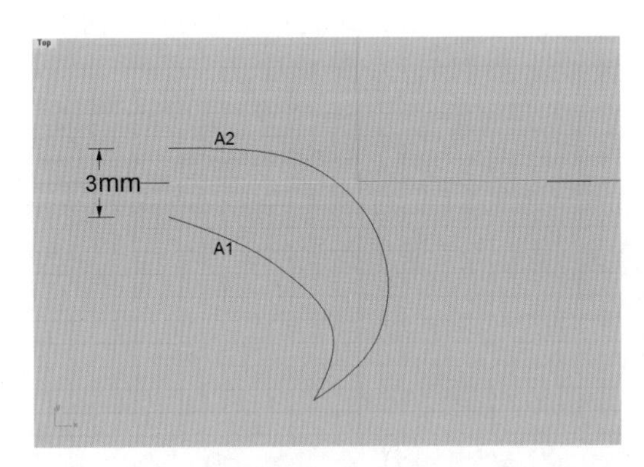

图 7-1-4 绘制内圈平面分叉曲线 A1 和 A2

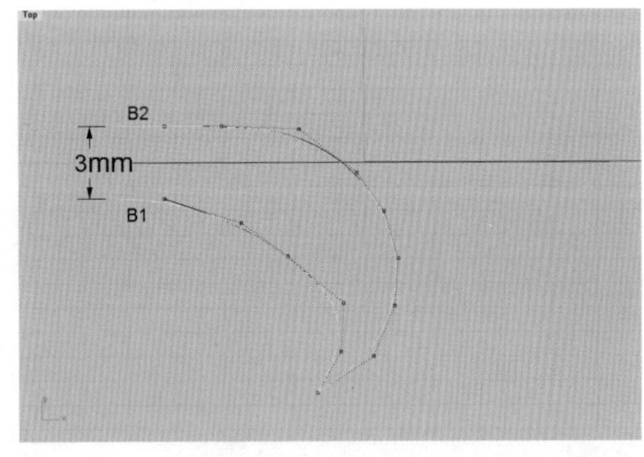

图 7-1-5 绘制外圈平面分叉曲线 B1 和 B2

(5)在 Perspective 视图中,按住键盘 Shift 键,先选取曲线 A1,再选取内圆曲线,执行曲线菜单下的“从两个视图的曲线”命令(也可以用鼠标单击曲线工具栏中的“从两个视图的曲线”命令(按钮),先单击曲线 A1,再单击内圆曲线),曲线被投影到内圆曲线的圆周上,得到曲线 A3;使用同样的方法,再为曲线 A2 进行投影,得到曲线 A4,构成两条戒圈的内部分叉结构线,如图 7-1-6 所示。

(6)使用与上一步相同的方法,执行“从两个视图的曲线”命令(按钮),分别将曲线 B1 和 B2 投影到外圆曲线的圆周上,得到曲线 B3 和 B4,构成戒圈的外部分叉结构线,如图 7-1-7 所示。

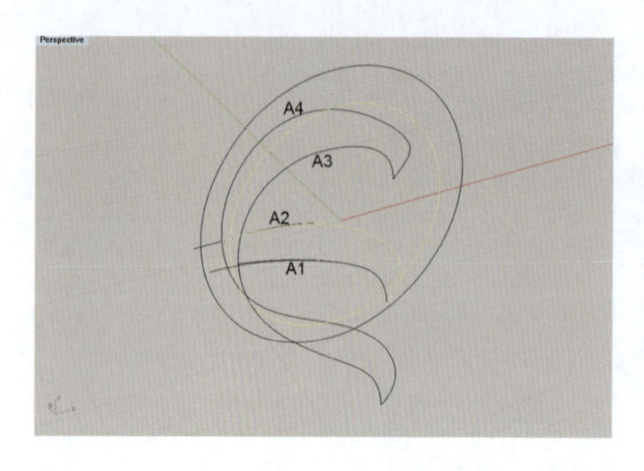

图 7-1-6 投影出内部分叉结构线 A3 和 A4

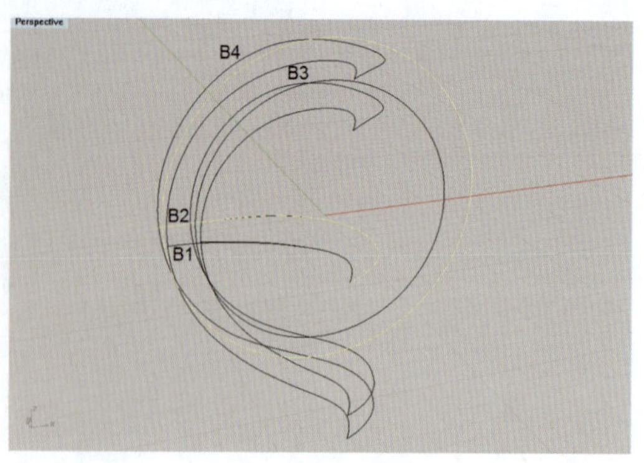

图 7-1-7 投影出外部分叉结构线 B3 和 B4

(7)执行“修剪”命令(按钮),利用曲线 A1 和 A2,分别剪除分叉结构线 A3、A4 的下半部分;同样,利用曲线 B1 和 B2,分别剪除分叉结构线 B3 和 B4 的下半部分,如图 7-1-8 所示。

(8)在 Front 视图中,勾选“物件锁点”栏中的“端点”项,开启“锁定格点”和“平面模式”,使用“圆弧:起点、终点、通过点”工具(按钮),从分叉结构线 A3 的端点向下到四分点之间重新绘制一条与内圆曲线一致的圆弧线;使用同样的方法,从分叉结构线 B3 的端点向下到四分点之间也重新绘制一条与外圆曲线一致的圆弧线,如图 7-1-9 所示。

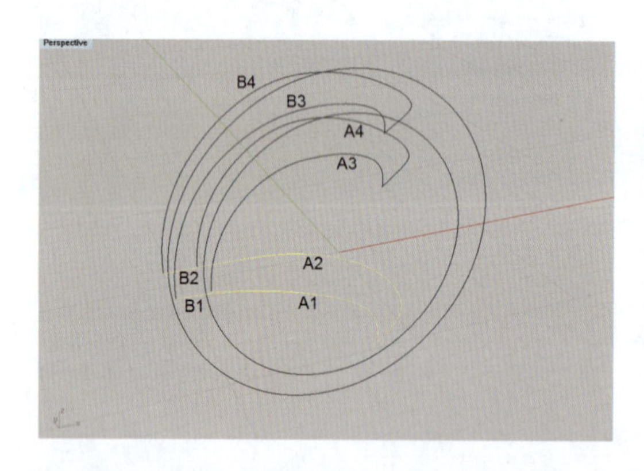

图 7-1-8 修剪分叉结构线的下半部分

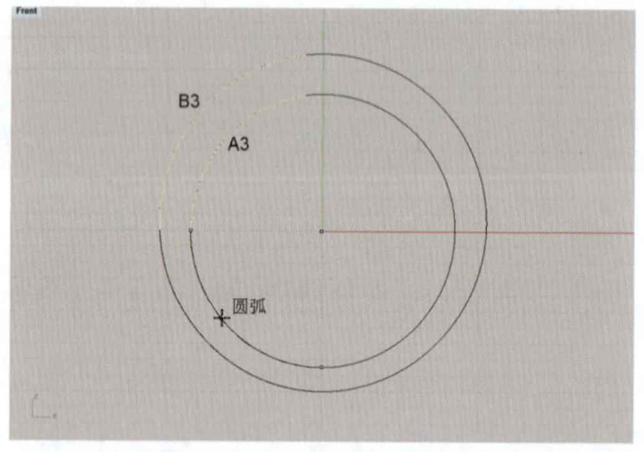

图 7-1-9 重绘分叉结构线的下部圆弧

(9)在 Perspective 视图中,开启正交模式,选取分叉结构线 A3 和 B3 的下部圆弧线,执行“镜像”命令(按钮),复制到分叉结构线 A4 和 B4 的下部位置,如图 7-1-10 所示。

(10)执行“组合”命令(按钮),分别将分叉结构线 A3、A4、B3、B4 与其下部的圆弧线进行组合,形成上下连续的曲线,如图 7-1-11 所示。

(11)由于投影后的分叉结构线会生成许多控制点,曲线的控制点若过于密集则不容易

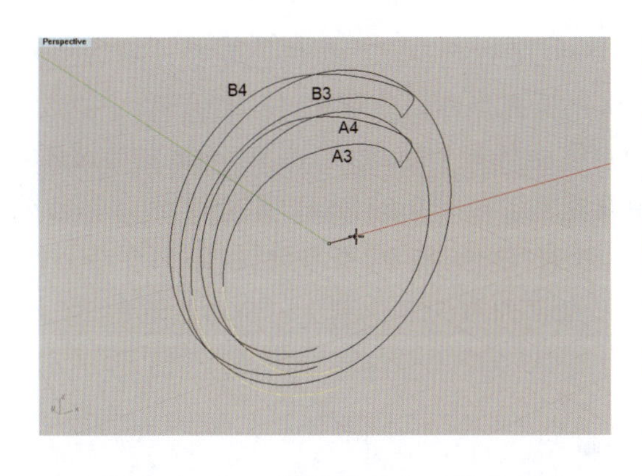

图 7-1-10 镜像复制分叉结构线的下部圆弧线

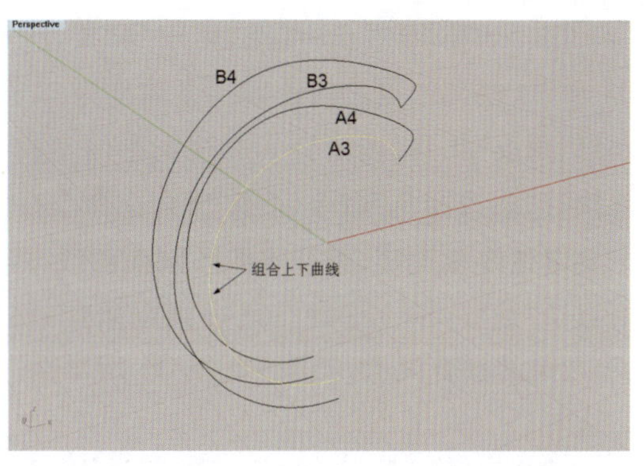

图 7-1-11 将各分叉结构线与其下部圆弧线组合

进行变形操作，需要通过重建曲线来适当减少其控制点。选取外圈的分叉结构线 B3 和 B4，执行“重建”命令（按钮），在弹出的“重建曲线”对话框中将它们重新设置成曲线的常规参数，即“点数”为“10”、“阶数”为“3”，单击“确定”按钮，如图 7-1-12 所示。

(12)接着，继续选取外圈的分叉结构线 B3 和 B4，执行“开启控制点”命令（按钮），显示出曲线控制点，框选两线相交的端点，执行“移动”命令（按钮），向下拖动到与 A3 和 A4 的端点相交，如图 7-1-13 所示。然后，执行“关闭控制点”命令（右击按钮），关闭曲线的控制点。

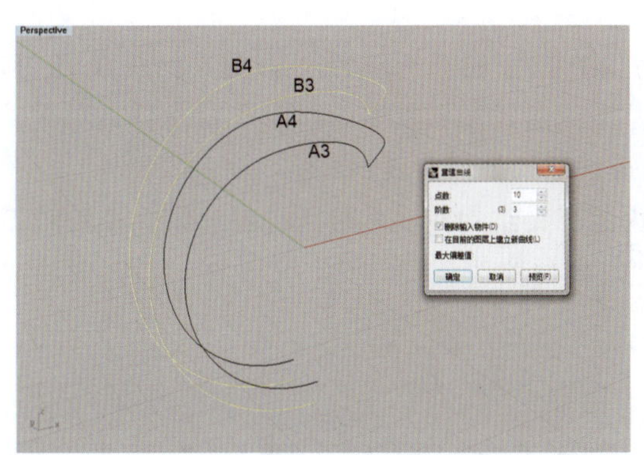

图 7-1-12 重建外圈分叉结构线

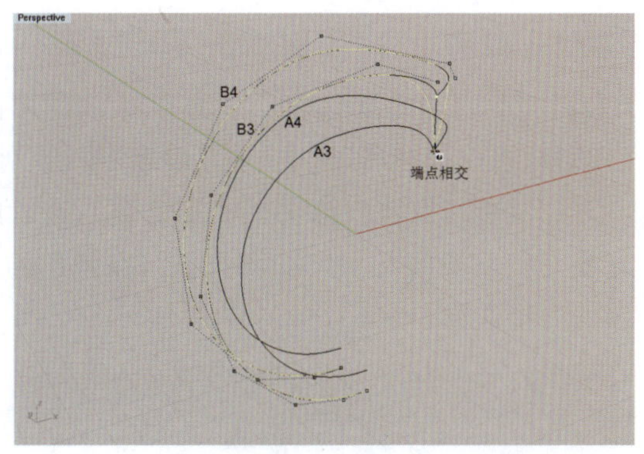

图 7-1-13 移动外圈结构线端点与内圈结构线端点相交

(13)在 Perspective 视图中，使用“多重直线”工具（按钮），在 A3 和 B3、A4 和 A3、A4 和 B4 结构线的底部端点之间绘制断面直线①、②、③；使用“点”工具（按钮），在 4 条结构线的顶部端点相交位置绘制一个断面点⑥；另外，再使用“直线：与两条曲线垂直”工具（按钮），在 B3 和 B4 结构线之间的上段位置绘制一条垂直线，用于定位凹凸断面曲线，如图 7-1-14 所示。

(14)切换到 Right 视图,使用"圆弧:起点、终点、通过点"工具(按钮),在外圈结构线 B3 和 B4 底部端点之间绘制一条高度为 0.5mm 的圆弧形断面曲线④;使用"圆弧:中心点、起点、角度"工具(按钮),在视图中的空白处连续绘制 3 个宽 1mm、高 0.5mm 的半圆弧,并执行"曲线圆角"命令(按钮),在命令栏中设置半径为 0.2mm,点选"组合(J)=*是*",使 3 个半圆弧线相连接,组合成凹凸断面曲线,然后,执行"定位:两点"命令(按钮),在命令栏中点选"缩放(S)=*三轴*",通过锁定端点,将凹凸断面曲线⑤定位到上一步所绘制的 B3 和 B4 之间的垂直线上,如图 7-1-15 所示。

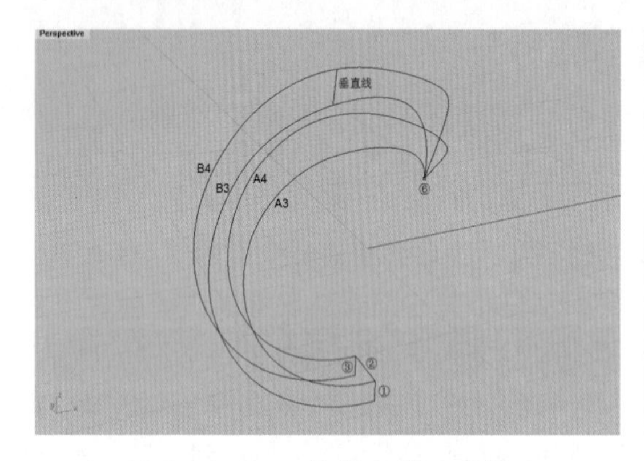

图 7-1-14　绘制内圈及两侧的断面曲线和点

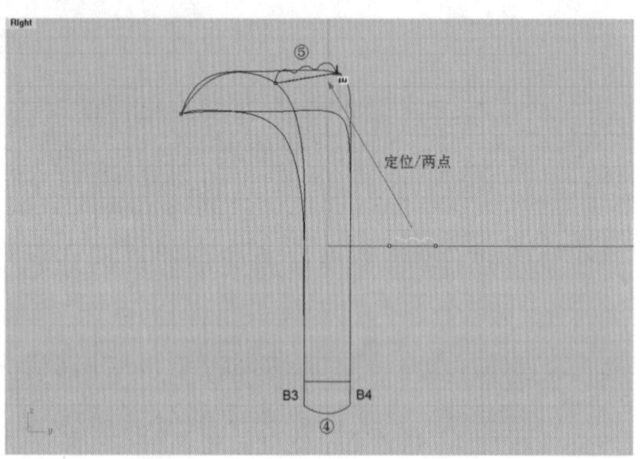

图 7-1-15　绘制外圈的弧形和波形断面曲线

2. 建立戒圈曲面

(1)在 Perspective 视图中,执行"双轨扫掠"命令(按钮),选取外圈分叉结构线 B3 和 B4,再选取底端的弧形断面曲线④、中间的凹凸断面曲线⑤和顶端的断面点⑥,回车后,在弹出的"双轨扫掠选项"框中单击"确定"按钮,形成戒圈的外部曲面,如图 7-1-16 所示。

(2)执行"双轨扫掠"命令(按钮),选取内圈分叉结构线 A3 和 A4,再选取底端的断面直线②和顶端的断面点⑥,回车后,在弹出的"双轨扫掠选项"框中单击"确定"按钮,形成戒圈的内部曲面,如图 7-1-17 所示。

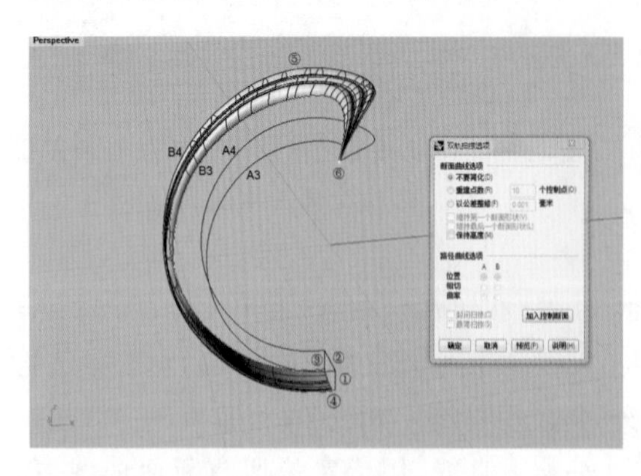

图 7-1-16　双轨扫掠出外部曲面

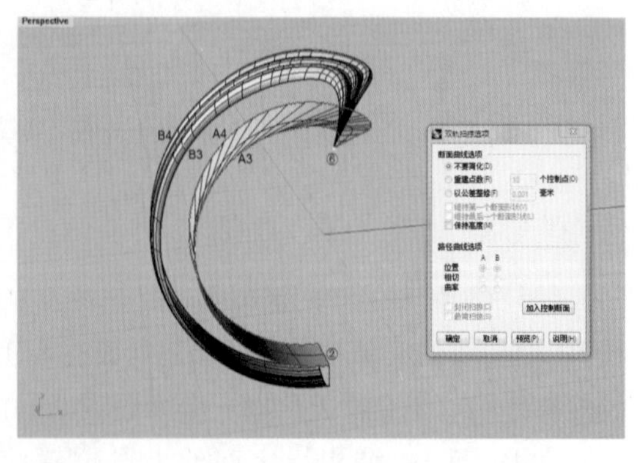

图 7-1-17　双轨扫掠出内部曲面

(3)执行“双轨扫掠”命令(按钮),选取分叉结构线A3和B3,再选取底端的断面直线①和顶端的断面点⑥,回车后,在弹出的“双轨扫掠选项”框中单击“确定”按钮,形成戒圈的前侧曲面,如图7-1-18所示。

(4)执行“双轨扫掠”命令(按钮),选取分叉结构线A4和B4,再选取底端的断面直线③和顶端的断面点⑥,回车后,在弹出的“双轨扫掠选项”框中单击“确定”按钮,形成戒圈的后侧曲面,如图7-1-19所示。

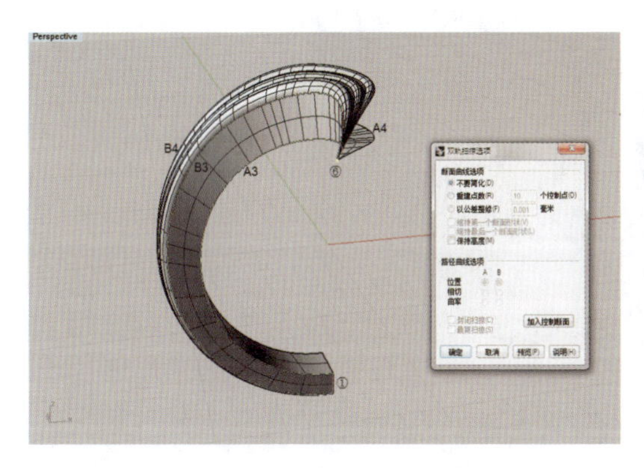

图7-1-18 双轨扫掠出前侧曲面

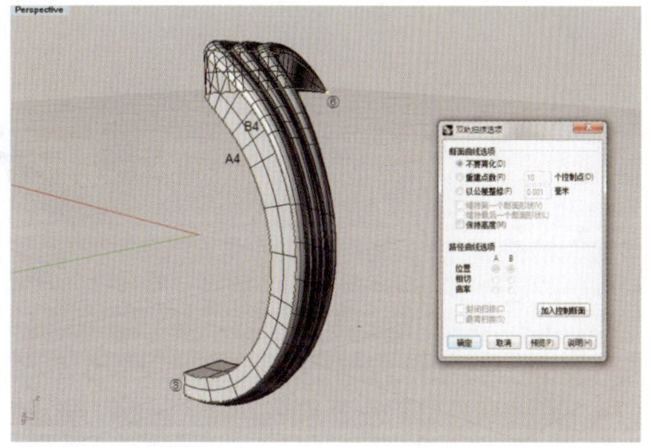

图7-1-19 双轨扫掠出后侧曲面

(5)在Top视图中,框选左边已建立的戒圈分叉曲面模型,执行“2D旋转”命令(按钮),点选命令栏中的“复制”,以视图的坐标原点为旋转中心,向右旋转复制,如图7-1-20所示。

(6)执行“选取曲线”命令(按钮)和“选取点”命令(按钮),分别选取视图中的所有曲线和点,隐藏或删除;然后,框选左右两边的戒圈分叉模型的所有曲面,执行“组合”命令(按钮),将它们组合为一体,完成分叉戒指模型的建模,如图7-1-21所示。

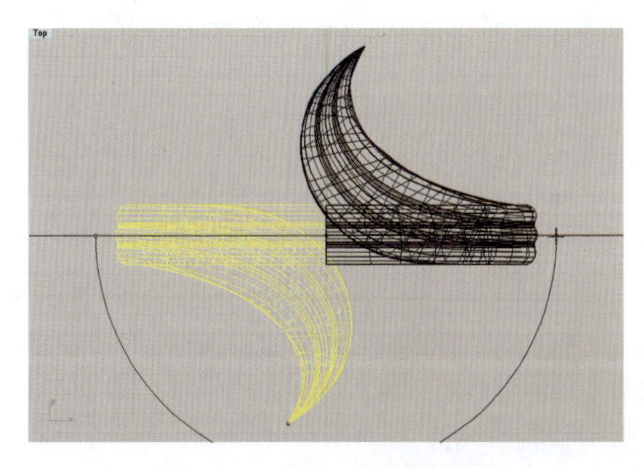

图7-1-20 旋转复制戒圈分叉曲面

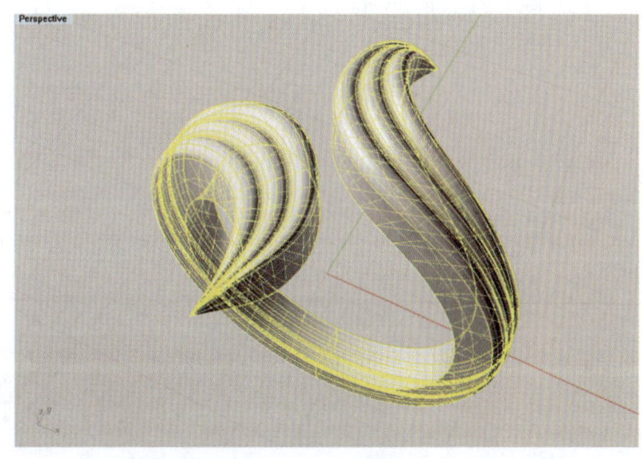

图7-1-21 组合戒圈分叉曲面

3. 渲染戒指模型

1)着色渲染

打开属性面板,在“材质设置”对话框中,设定戒指基本颜色为黄金色(Gold),光泽度为15,然后开启渲染模式,查看制作效果,如图 7-1-22 所示。

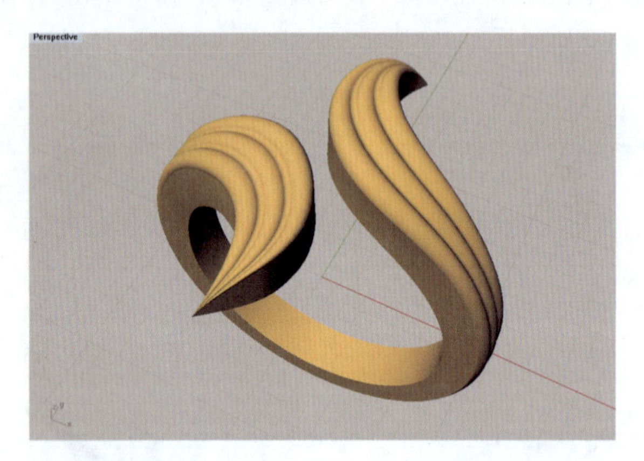

图 7-1-22　夸张形分叉戒指着色渲染图

2)拟实渲染

把戒指模型导入 KeyShot 渲染器软件中,将戒圈材质设置为 24K 黄金,渲染效果如图 7-1-2 所示。

7.2　夹石戒指

本例是一款类似于分叉结构的镶石戒指,如图 7-2-1 所示,戒圈的分叉向内弯曲,呈抱石状夹镶宝石。其制作方法与前述的分叉戒指有很大不同,主要是将戒圈的断面曲线垂直定位至圆圈曲线上,结合单轨扫掠法和曲面混接法来进行建模,具体制作方法如下。

图 7-2-1　夹石戒指(KeyShot 渲染)

1. 绘制戒圈曲线

(1)使用“圆:中心点、半径”工具(按钮),在 Front 视图中绘制一个直径为 18mm 的圆,如图 7-2-2 所示。

(2)在 Perspective 视图中,选取圆形曲线,执行“直线挤出”命令(按钮),在命令栏中设置挤出距离为 3mm,点选“两侧(B)=是”和“加盖(C)=否”,将圆形曲线挤出成宽度为 6mm 的圆圈曲面,如图 7-2-3 所示。

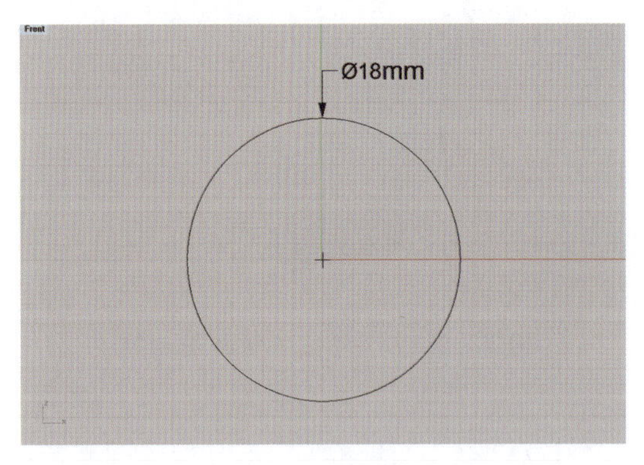

图 7-2-2 绘制戒圈基础圆形曲线

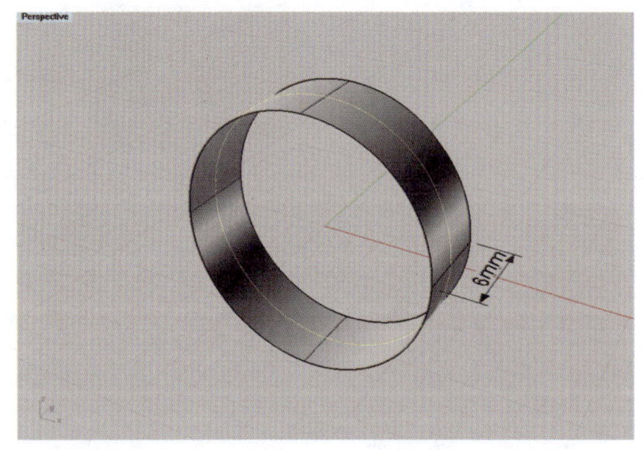

图 7-2-3 将圆形曲线挤出成圆圈曲面

(3)在 Top 视图中,插入一个直径为 5.5mm 的圆钻型宝石,如图 7-2-4 所示。

(4)切换到 Front 视图,执行“移动”命令(按钮),将宝石向上移动到圆圈曲面之上,两者间距约为 0.8mm,如图 7-2-5 所示。

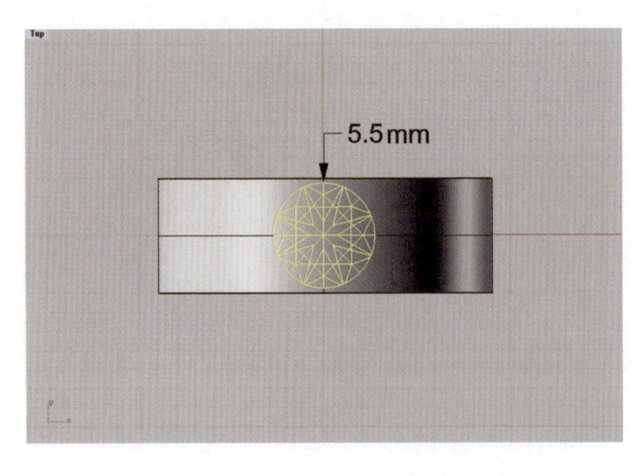

图 7-2-4 插入宝石

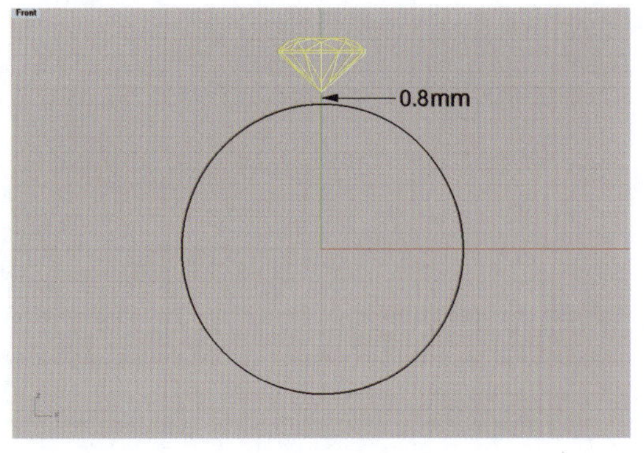

图 7-2-5 将宝石移到圆圈曲面之上

(5)在 Top 视图中,使用“圆角矩形”工具(按钮),在圆圈曲面的左边外侧绘制一个长 3mm、宽 2mm 的圆角矩形,作为戒圈的断面曲线①,如图 7-2-6 所示。

(6)在 Perspective 视图中,勾选物件锁定栏中的“端点”项,开启正交模式,选取断面曲线①，执行“垂直定位至曲线”命令（按钮），点击断面曲线①左边角，将其作为“基准点”，再选取位于圆圈曲面中间的基础圆形曲线，单击“曲线上新的基准点”部位，点选命令栏中的“复制(C)＝是”和“旋转”，操作时将圆角矩形曲线向上旋转90°，使之垂直定位到圆形曲线上，作为戒圈的断面曲线②，如图7－2－7所示。

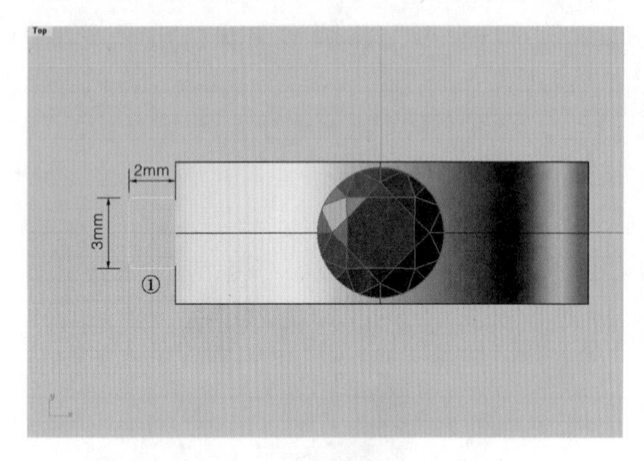

图7－2－6　绘制断面曲线①

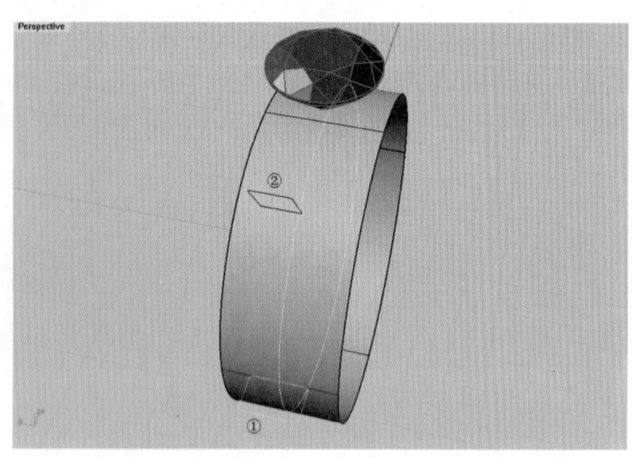

图7－2－7　定位复制断面曲线②

(7)选取断面曲线②，在Front视图中执行“2D旋转”命令（按钮），将其调整到断面曲线①与宝石之间的大约中间位置，如图7－2－8所示。

(8)选取断面曲线①，再次执行“垂直定位至曲线”命令（按钮），点击断面曲线①右边角，将其作为“基准点”，选取圆圈曲面的右边棱曲线，在上四分点处单击作为“曲线上新的基准点”，点选命令栏中的“复制(C)＝是”和“旋转”，同时将圆角矩形曲线向上旋转90°，垂直定位到圆圈曲面的右边棱曲线上，作为戒圈的断面曲线③，如图7－2－9所示。

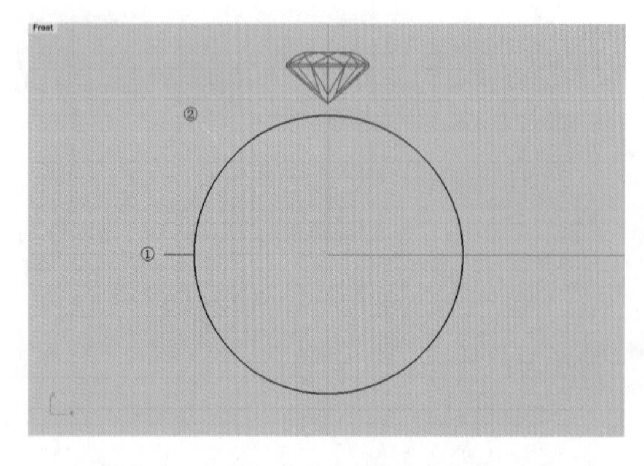

图7－2－8　旋转调整断面曲线②方位

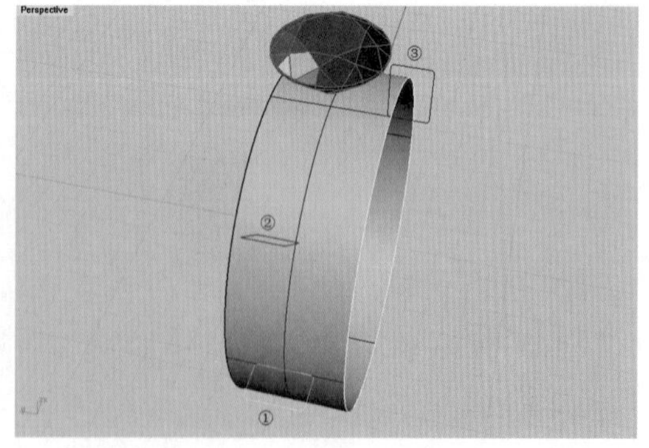

图7－2－9　定位复制断面曲线③

(9)选取断面曲线③，在Right视图中修改其曲线形态。首先，执行“单轴缩放”命令（按钮），将断面曲线自下而上拉伸至略高于宝石台面，自左而右缩窄至宽1mm左右；然后，执行“开启控制点”命令（按钮）显示出曲线控制点，使用“移动”工具（按钮）拖拽控制点，使断面曲线中部向外弯曲、底部向内（宝石方向）收敛，呈近似弯月形，如图 7－2－10 所示。

（10）在 Top 视图中，框选宝石和断面曲线③，执行“2D 旋转”命令（按钮），向逆时针方向轻微旋转一定角度，调整断面曲线③方位，以适于改变后续延伸曲面的弯曲方向，如图 7－2－11 所示。

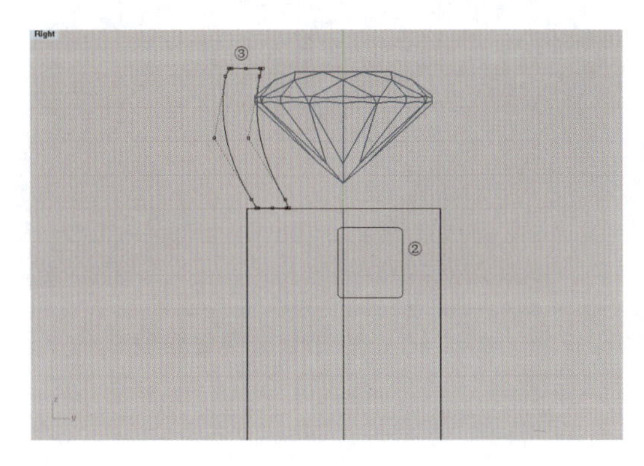

图 7－2－10　修改断面曲线③的形态

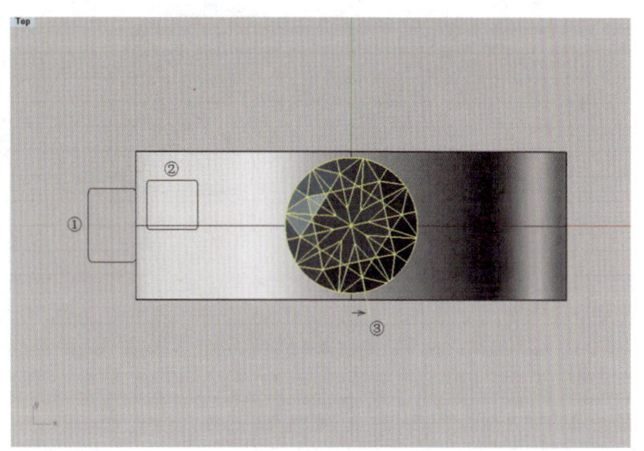

图 7－2－11　调整断面曲线③的方位

2. 建立戒圈曲面

（1）在 Perspective 视图中，勾选“物件锁定”栏中的“四分点”项，使用“曲面上的内插点曲线”工具（按钮），沿着断面曲线③、断面曲线②和断面曲线①的底边中点，绘制一条戒圈结构路径曲线，如图 7－2－12 所示。

（2）执行“单轨扫掠”命令（按钮），先选取戒圈结构路径曲线，再选取断面曲线①、断面曲线②和断面曲线③，建立戒圈的中上段曲面，如图 7－2－13 所示。

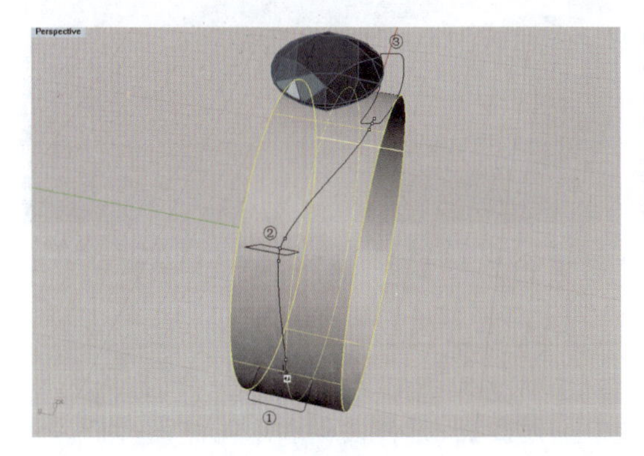

图 7－2－12　绘制戒圈结构路径曲线

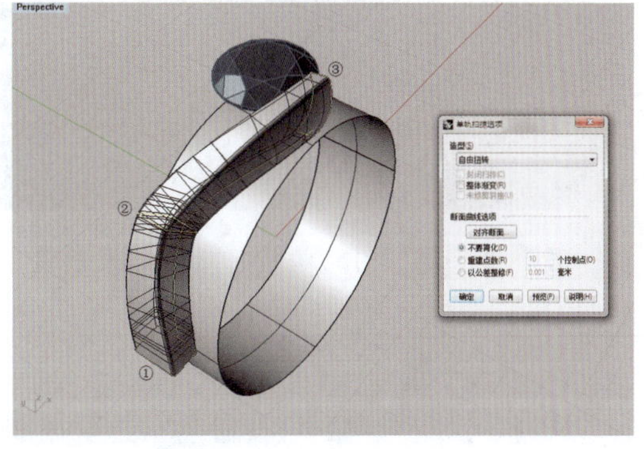

图 7－2－13　单轨扫掠建立戒圈中上段曲面

（3）选取断面曲线③，执行“直线挤出”命令（按钮），在命令栏中点选“两侧（B）＝否”和“加盖（C）＝否”，设置挤出距离为 1mm，形成一段延伸曲面，如图 7－2－14 所示。

(4)执行"抽离结构线"命令(按钮![]),分别在延伸曲面的前后两侧曲面上的中部抽离出两条结构线,用于分割曲面,如图 7-2-15 所示。

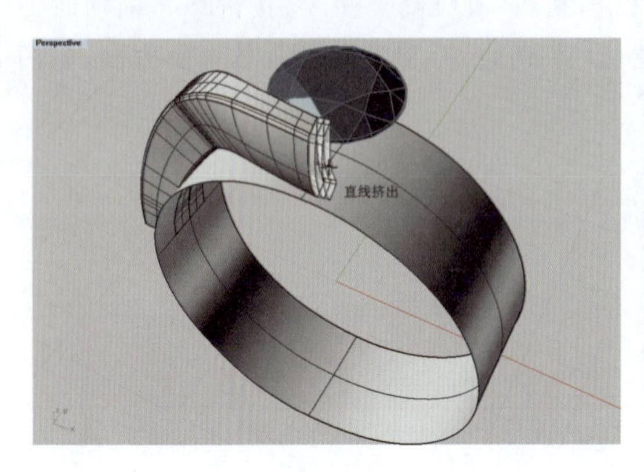

图 7-2-14　直线挤出延伸曲面

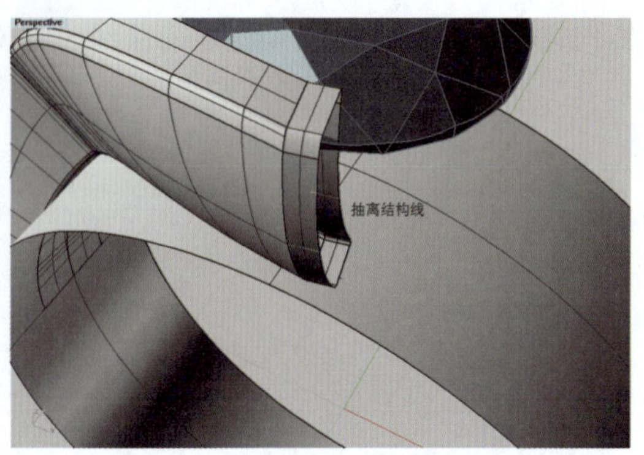

图 7-2-15　抽离延伸曲面的结构线

(5)执行"分割"命令(按钮![]),先选取延伸曲面,回车,再选取从延伸曲面上抽离出来的两条结构线,回车,即刻将延伸曲面分割成为上、下两个部分,如图 7-2-16 所示。

(6)执行"混接曲面"命令(按钮![]),先选取延伸曲面的上半部的边缘,回车,再选取下半部的曲面边缘,回车,在弹出的"调整混接转折"对话框中,向左拖动上方的滑块,设定值为 0.25,拖动下方的滑块,设定值为 0.75,形成戒圈的末端曲面,如图 7-2-17 所示。

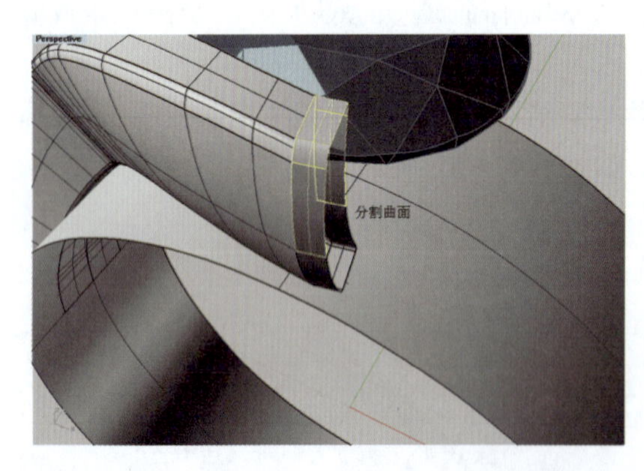

图 7-2-16　用结构线将延伸曲面分割成上下两部分

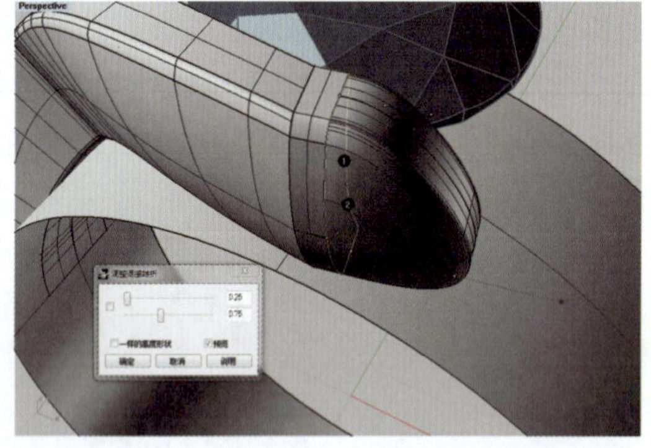

图 7-2-17　将分割的上下两部分曲面混接

(7)执行"组合"命令(按钮![]),选取戒圈的中上段曲面、延伸曲面和末端曲面,回车,将它们组合成为一体,如图 7-2-18 所示。

(8)在 Top 视图中,选取左边已建立的戒圈上部曲面及断面曲线①,执行"2D 旋转"命令(按钮![]),在命令栏中点选"复制",向右旋转复制,如图 7-2-19 所示。

(9)在 Perspective 视图中,执行"单轨扫掠"命令(按钮![]),选取戒圈基础圆形曲线,再

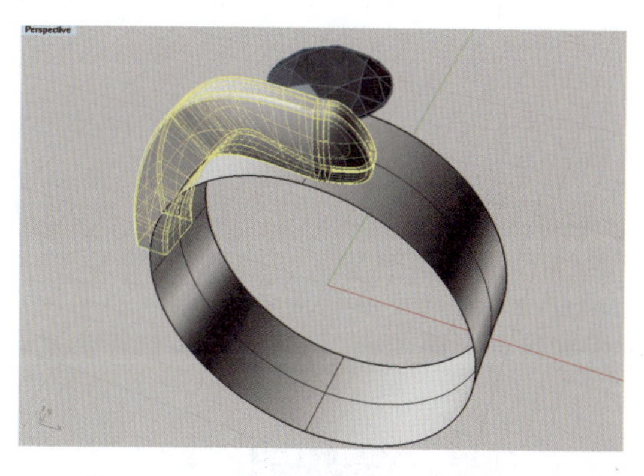

图 7-2-18 组合戒圈上部各段曲面

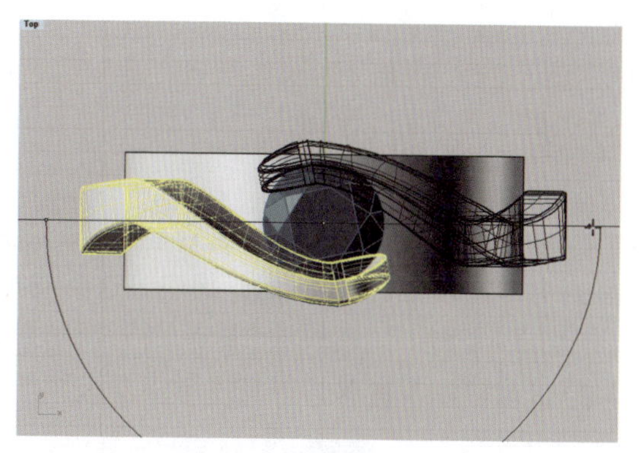

图 7-2-19 旋转复制戒圈上部曲面

选取两边的断面曲线①，建立戒圈的下部曲面，如图 7-2-20 所示。

(10)选取所有曲线和圆圈曲面，隐藏或删除，执行“组合”命令(按钮)，将戒圈的上部两侧曲面和下部曲面组合为一体，完成夹石戒指的建模。

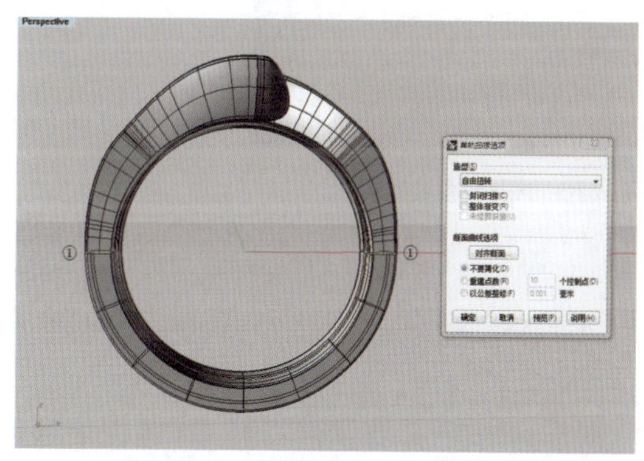

图 7-2-20 单轨扫掠建立戒圈下部曲面

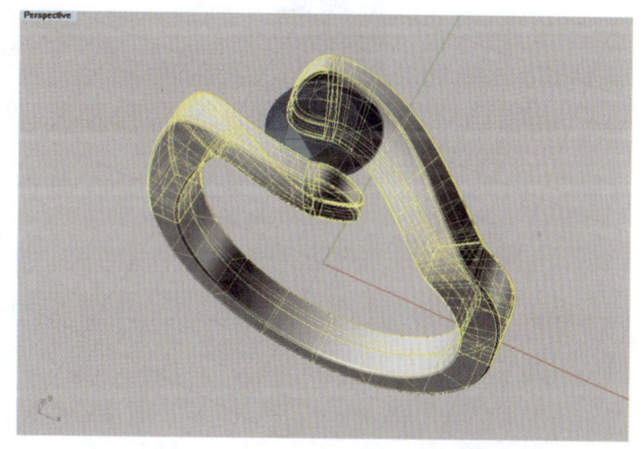

图 7-2-21 将戒圈上部和下部曲面组合为一体

3. 渲染戒指模型

1)着色渲染

打开属性面板，在“材质设置”对话框中，设定戒指基本颜色为黄金色(Gold)，光泽度为15，然后开启渲染模式，查看制作效果，如图 7-2-22 所示。

2)拟实渲染

把戒指模型导入 KeyShot 渲染器软件中，将戒圈材质设置为 18K 黄金，宝石材质设置为钻石或其他宝石，渲染效果如图 7-2-1 所示。

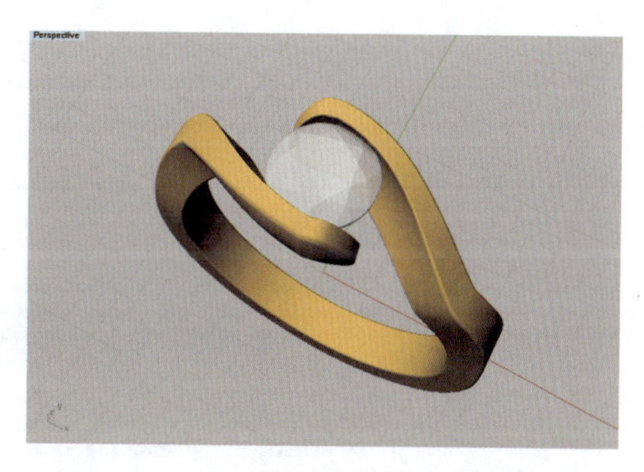

图 7-2-22 着色渲染夹石戒指模型

7.3 波面戒指

本例是一款波纹面造型的素金戒指，如图 7-3-1 所示，戒指上宽下窄，上部的外表面呈斜向的波形起伏纹理，内部掏底。这款戒指的制作难点在于波纹曲面的建模技巧，需要先用“建立/套用 UV 曲线法”来建立结构线，然后用其修剪戒圈曲面，再使用双轨扫掠法重建出波纹曲面。波面戒指的具体制作方法如下。

图 7-3-1 波面戒指(KeyShot 渲染)

1. 绘制戒圈基础曲线

(1)在 Front 视图中，使用“圆：中心点、半径”工具(按钮)，绘制一个直径为 18mm 的圆，如图 7-3-2 所示。

(2)切换到 Right 视图，使用“圆弧：中心点、起点、角度”工具(按钮)，在圆形曲线的上、下四分点处分别绘制半径为 3.5mm 和 2mm 的圆弧线，然后执行“开启控制点”命令(按钮)，显示出圆弧线控制点，通过移动控制点，将上部圆弧线修改成宽 7mm、高 3mm 的圆弧曲线；将下部圆弧线修改成宽 4mm、高 1.5mm 的圆弧曲线，随后曲线关闭控制点(右击按钮)，如图 7-3-3 所示。

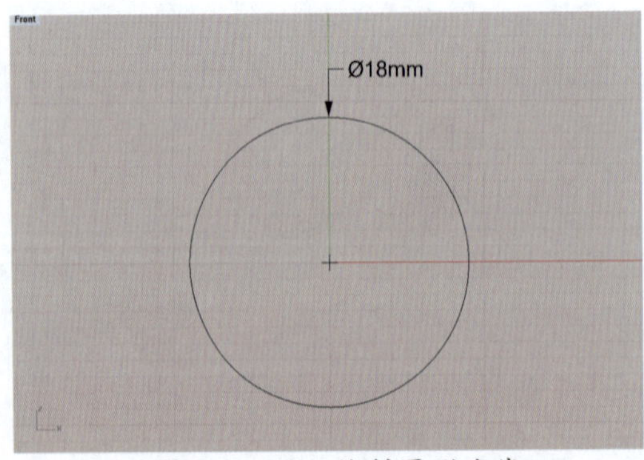

图 7-3-2 绘制圆形曲线

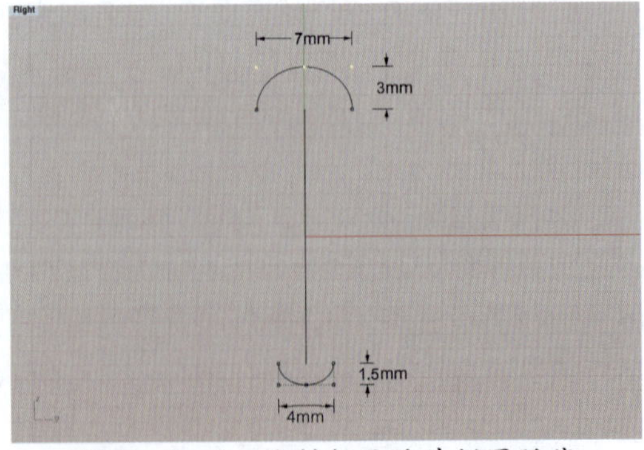

图 7-3-3 绘制断面的外侧圆弧线

(3)使用“多重直线”工具(按钮)，连接下部圆弧曲线的两端点绘制出内侧直线，构成戒圈的下部断面曲线①；连接上部圆弧曲线的两端点绘制出内侧直线，构成戒圈的上部断面曲线②，如图 7-3-4 所示。

(4)执行“曲线圆角”命令(按钮)，在命令栏中将半径设置为 0.2mm，点选“组合(J)=是”和“修剪(T)=是”，分别将断面曲线①和断面曲线②修改成封闭的圆角曲线，如图 7-3-5 所示。

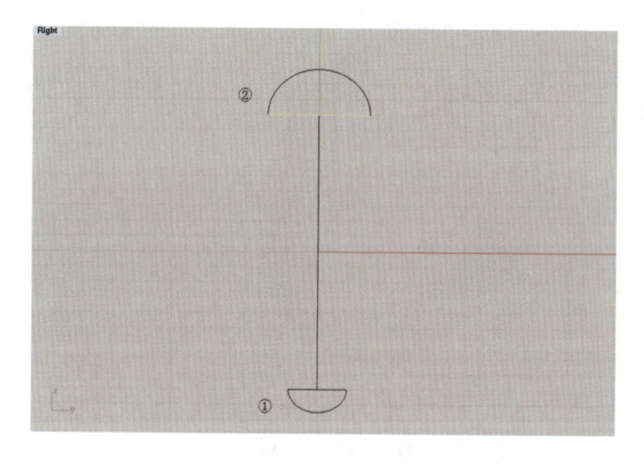

图 7-3-4 绘制断面的内侧直线

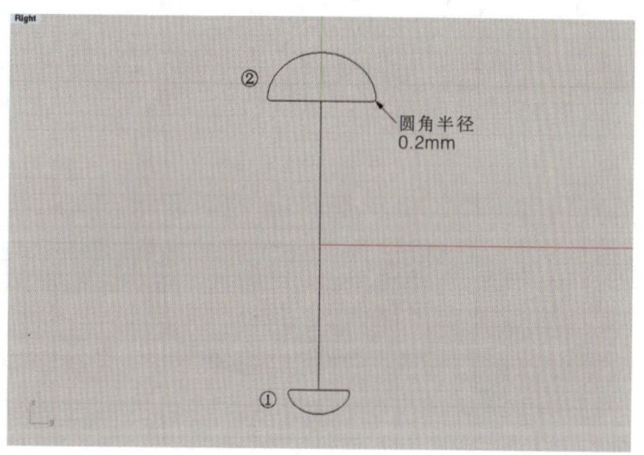

图 7-3-5 绘制断面曲线的圆角

2. 建立戒圈基础曲面

在 Perspective 视图中，执行“单轨扫掠”命令(按钮)，选取圆圈曲线作为路径，再先选取断面曲线①，后选取断面曲线②，并将上、下接缝点都调整到断面线内侧直边线的中点位置且使其方向相同，如图 7-3-6 所示；回车后，在弹出的“单轨扫掠选项”对话框中选择“自由扭转”，勾选“封闭扫掠”，即生成完整戒圈曲面，单击“确定”按钮，如图 7-3-7 所示。

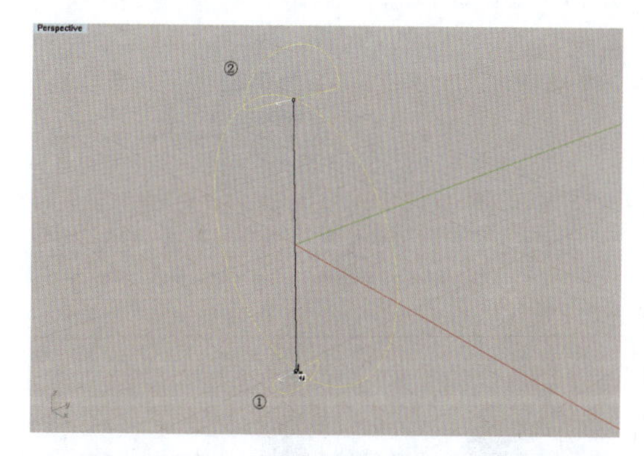

图 7-3-6 单轨扫掠调整曲线接缝

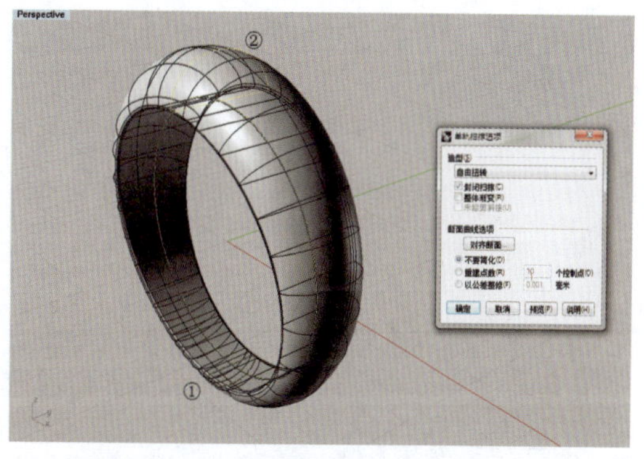

图 7-3-7 单轨扫掠形成戒圈曲面

3. 制作戒圈波形表面

(1)在 Perspective 视图中,选取戒圈,执行“炸开”命令(按钮),将戒圈炸开成内外分离的曲面,如图 7-3-8 所示。

(2)选取戒圈的外部曲面,执行“建立 UV 曲线”命令(按钮),在戒圈旁边建立一条相应的 UV 曲线(矩形平面线框),如图 7-3-9 所示。

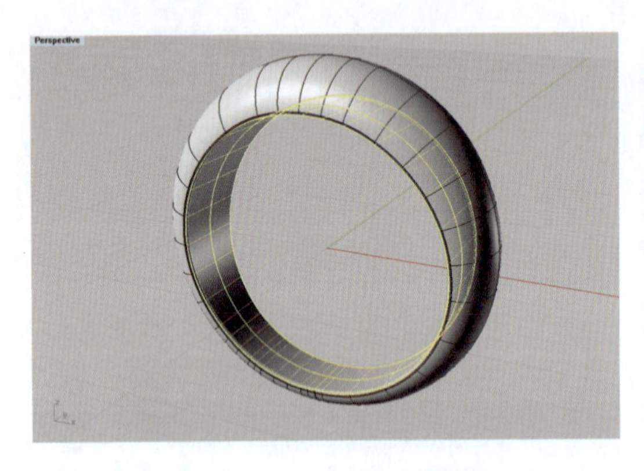

图 7-3-8 炸开戒圈曲面

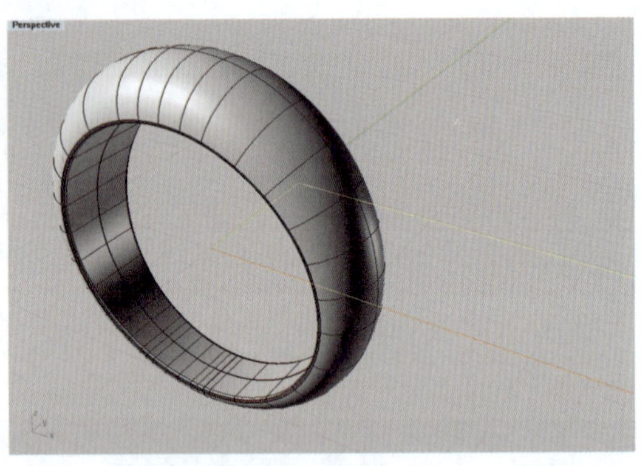

图 7-3-9 建立戒圈外部曲面的 UV 曲线

(3)在 Top 视图中,勾选物件锁定栏中的“最近点”“中点”和“中心点”,使用“直线:从中点”工具(按钮),在 UV 曲线框内中部绘制一条斜线;然后,执行“矩形阵列”命令(按钮),以斜线的中点为第一个参考点(起点),在命令栏中设置“x 数目=4”和第二个参考点“间距=5”,向右边阵列出 3 条斜线;随后,框选右边的这 3 条斜线,执行“2D 旋转”命令(按钮),以中部的斜线中点为旋转中心,在命令栏中点选“复制”,向左旋转 180°,即在左边又复制出了 3 条斜线,如图 7-3-10 所示。

(4)在 Perspective 视图中,框选 UV 曲线及其框内斜线,执行“套用 UV 曲线”命令(右击按钮),单击戒圈的外部曲面,即刻将 UV 曲线与框内斜线全部映射到戒圈曲面上,如图 7-3-11 所示。

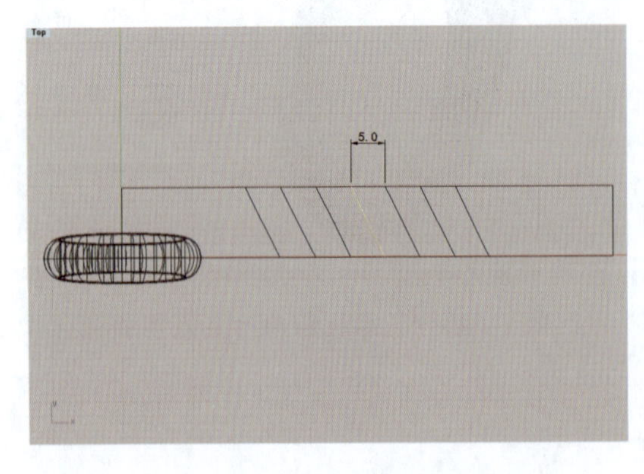

图 7-3-10 在 UV 曲线框内绘制斜线

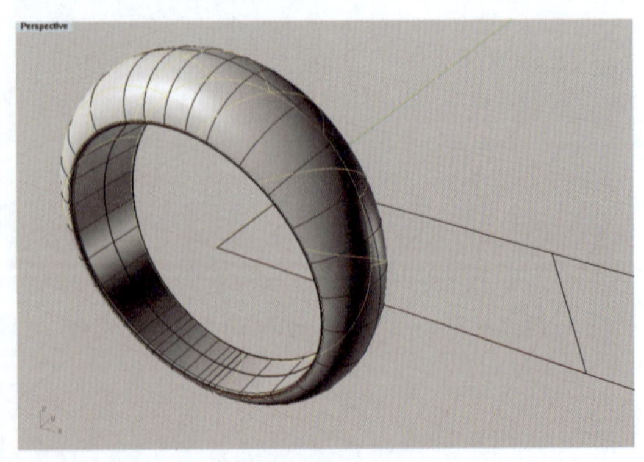

图 7-3-11 套用 UV 曲线及框内斜线

(5)选取映射到戒圈曲面上的所有斜线，将其作为切割线，执行“修剪”命令（按钮），剪除各个切割线之间的戒圈曲面，如图 7-3-12 所示。

(6)使用“直线：与两条曲线垂直”工具（按钮），在各个切割线之间绘制出与之垂直的线段，如图 7-3-13 所示。

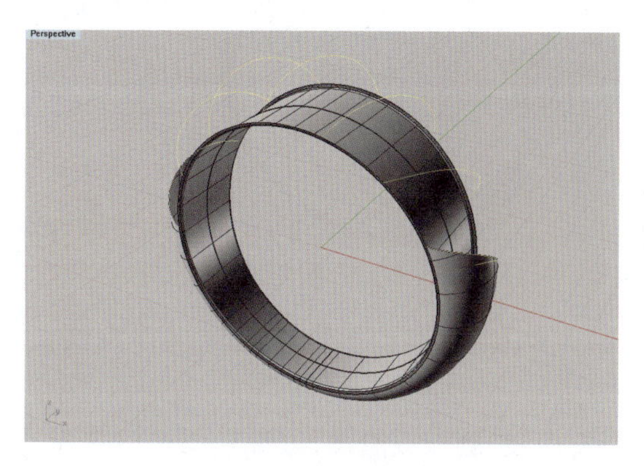

图 7-3-12　修剪戒圈曲面

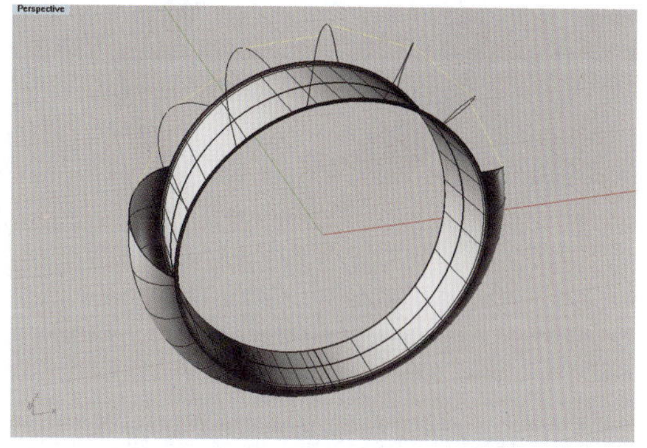

图 7-3-13　在切割线之间绘制垂直线

(7)选取所有垂直线段，执行“重建”命令（按钮），在弹出的“重建曲线”对话框中将点数设置为 4，阶数设置为 3，单击“确定”按钮，如图 7-3-14 所示。

(8)执行“开启控制点”命令（按钮），显示出各垂直线段的控制点，按住 Shift 键，用鼠标选取各个垂直线段上的中间两个控制点，然后，在 Front 视图中执行“二轴缩放”命令（按钮），向内拖拽所有选取的控制点稍许位移，使各垂直线段为向内弯曲变形为弧线，随后执行“关闭点”命令（右击按钮）关闭曲线控制点，如图 7-3-15 所示。

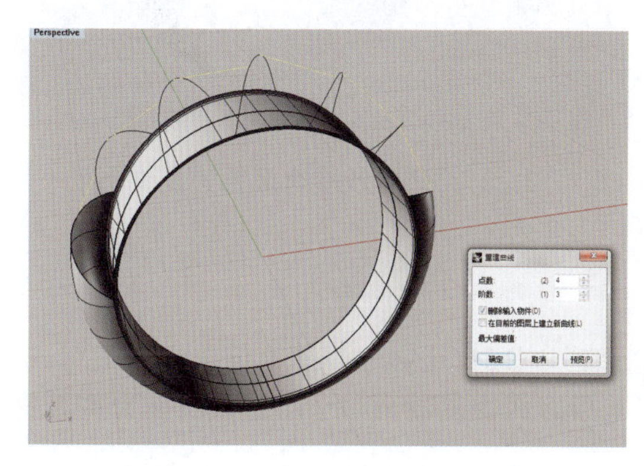

图 7-3-14　重建各垂直线段的点数值

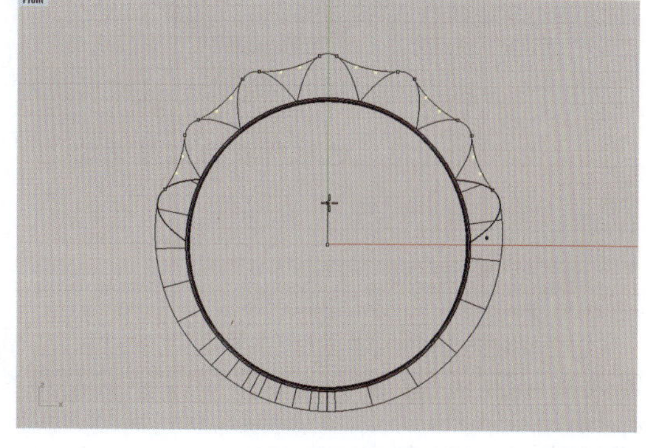

图 7-3-15　拖拽中间控制点使各垂直线段向内弯曲

(9)执行“分割”命令（按钮），先选取戒圈曲面的边框线，再选取所有与之以端点相交的切割线，将边框线进行分割，如图 7-3-16 所示。

(10)执行“双轨扫掠”命令（按钮），选取相邻的两条切割线为路径曲线，两端的边框线和中间的弧线为断面曲线，逐个重新建立成波形曲面，如图 7－3－17 所示。

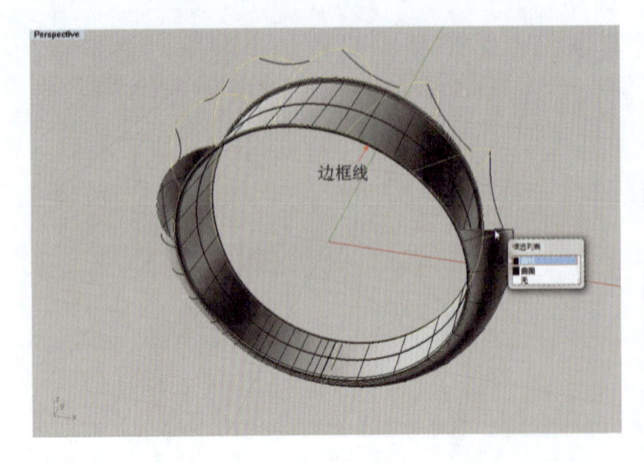

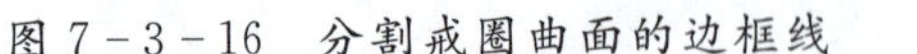
图 7－3－16　分割戒圈曲面的边框线

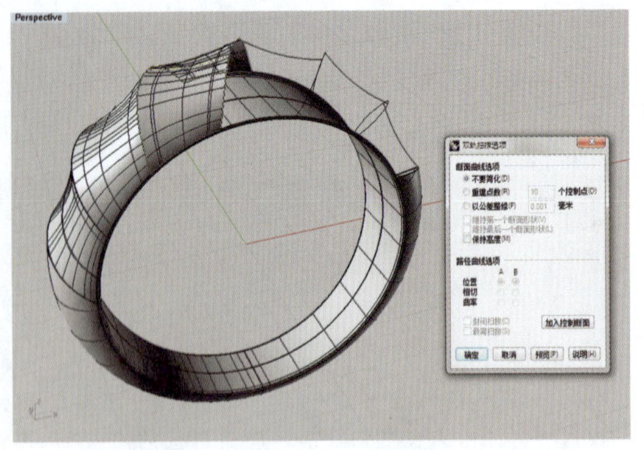

图 7－3－17　双轨扫掠建立波形曲面

（11）执行“选取曲线”命令（按钮），选取所有曲线，删除或隐藏，如图 7－3－18 所示。

（12）执行“组合”命令（按钮），框选所有曲面，将它们组合为一体，如图 7－3－19 所示。

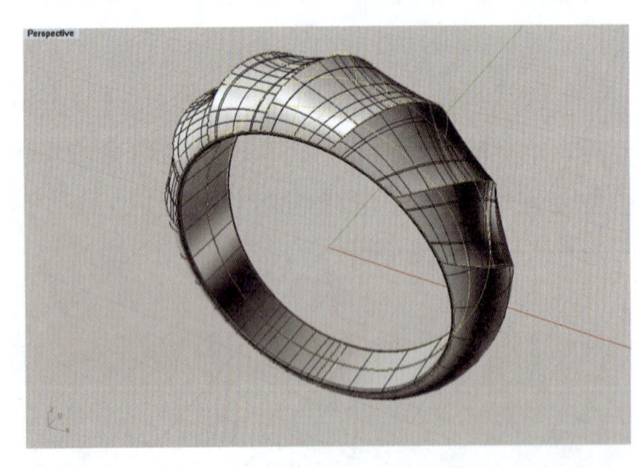

图 7－3－18　选取所有曲线并删除

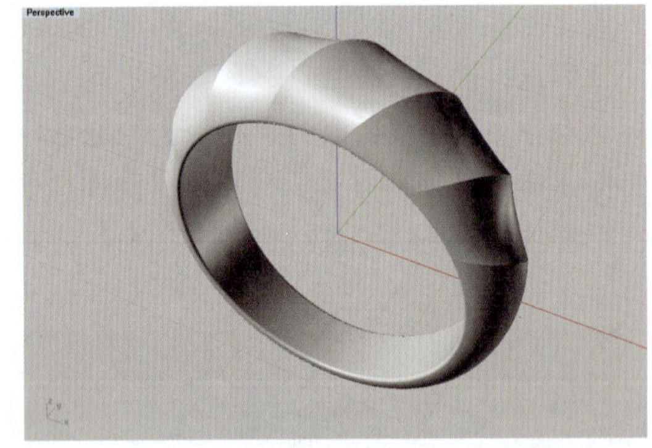

图 7－3－19　选取所有曲面并将其组合为一体

4. 戒圈掏底

（1）选取戒圈，在 Front 视图中执行“三轴缩放”命令（按钮），以戒圈的中心为基点，在命令栏中点选“复制”，将缩放比设置为 0.9，回车后即向内复制出一个小的戒圈作为掏底物体，如图 7－3－20 所示。

（2）选取掏底物体，在 Front 视图中执行“移动”命令（按钮），将其上移 1mm 左右，如图 7－3－21 所示。

（3）在 Perspective 视图中，执行“布尔运算差集”命令（按钮），先单击戒圈本体，回车，再单击掏底物体，回车，在戒圈内侧掏空底面，完成波面戒指的建模，其效果如图 7－3－22 所示。

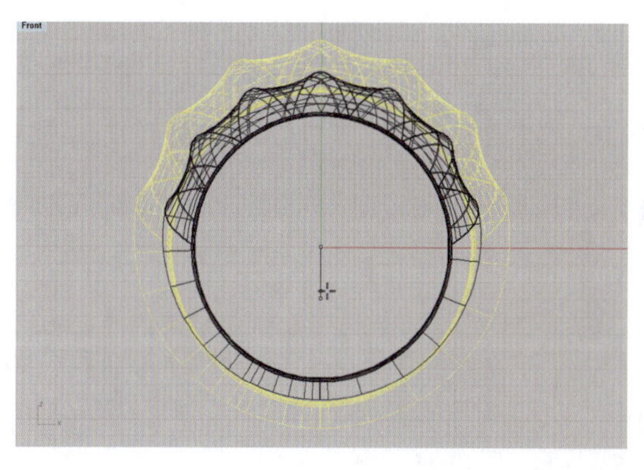

图 7-3-20 向内缩小复制戒圈用作掏底物体

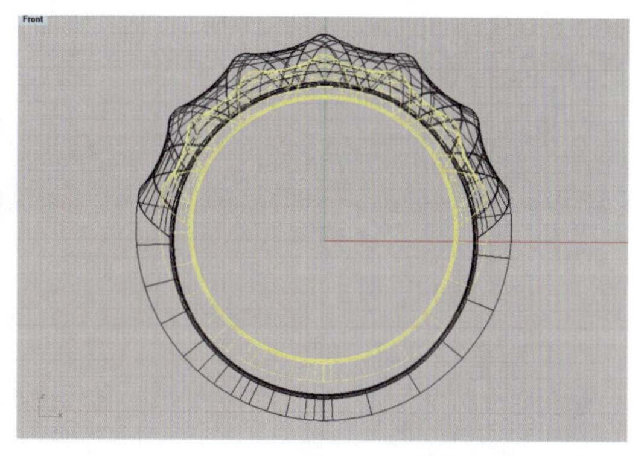

图 7-3-21 将掏底物体适当上移

5. 渲染戒指模型

1)着色渲染

打开属性面板,在"材质设置"对话框中,设定戒指基本颜色为黄金色(Gold),光泽度为15,然后开启渲染模式,查看制作效果,如图 7-3-23 所示。

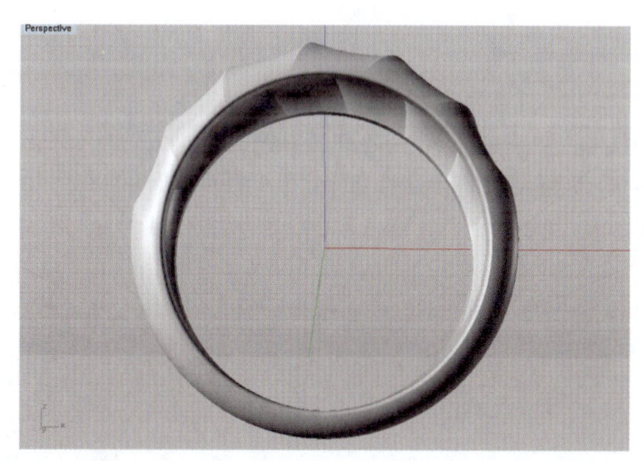

图 7-3-22 布尔运算差集掏底效果

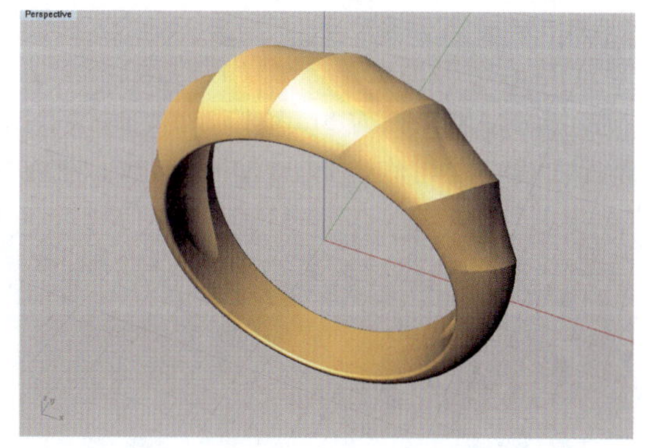

图 7-3-23 着色渲染戒指模型

2)拟实渲染

为了便于观察戒指的波面效果,把戒指模型复制成 2 个,摆好观察角度,然后导入 KeyShot 渲染器软件中,分别将其材质设置为 18K 黄金和铂金,渲染效果如图 7-3-1 所示。

7.4 网状戒指

网状戒指如图 7-4-1 所示,这是一款呈网架结构造型的指环。从 3D 建模设计与制作的角度看,这种造型主要是由两组呈环状分布的外弯弧形弯曲管状曲面相互交叉结合而成。制作的关键在于,要首先设法绘制出这种网架状结构的曲线,然后在此基础上生成管状曲面。具体制作步骤如下。

图 7-4-1 网状戒指(KeyShot 渲染)

1. 制作基础戒圈曲面

(1)在 Top 视图中,使用"圆:中心点、半径"工具(按钮),绘制一个直径为 18mm 的圆,如图 7-4-2 所示。

(2)切换到 Right 视图,用"圆弧:中心点、起点、角度"工具(按钮),在圆形曲线上方和下方分别绘制半径为 8mm 和 3mm 的弧形断面曲线,并通过开启和移动控制点,将上弧形断面曲线高度调整到 6mm,下弧形断面曲线高度调整到 2.5mm,如图 7-4-3 所示。

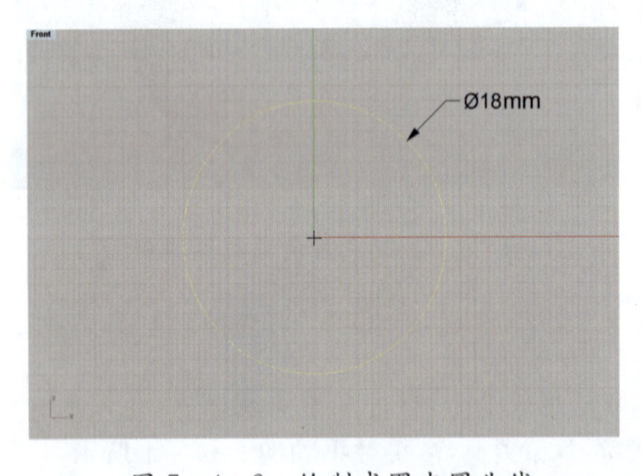

图 7-4-2 绘制戒圈内圆曲线

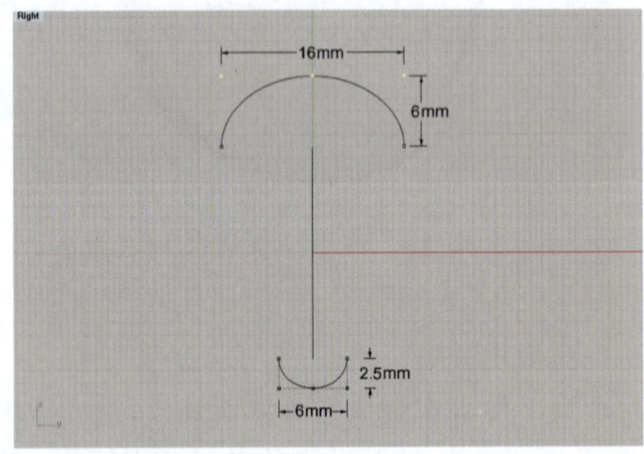

图 7-4-3 绘制戒圈断面曲线

(3)在 Perspective 视图中,执行"单轨扫掠"命令(按钮),依次点选圆形曲线路径和上、下弧形断面曲线,在弹出的"单轨扫掠选项"对话框中勾选"封闭扫掠"项,然后单出"确定"按钮,生成戒圈的基础曲面,如图 7-4-4 所示。

(4)执行"复制面的边框"命令(按钮),单击戒圈曲面,再按回车键,即复制出戒圈两侧的边框线,如图 7-4-5 所示,然后执行"隐藏物件"命令(按钮)将其隐藏备用。

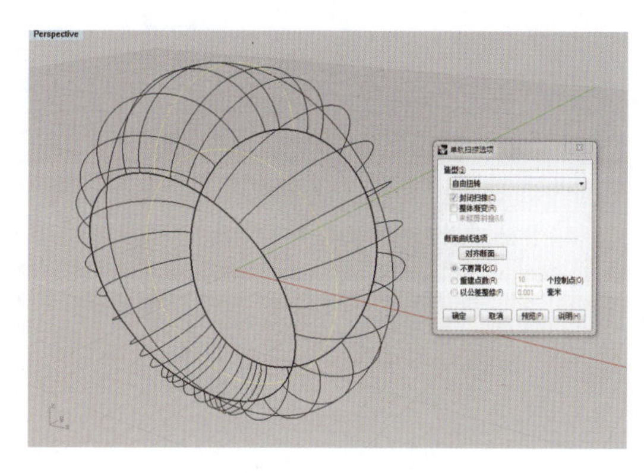

图 7-4-4 建立基础戒圈曲面

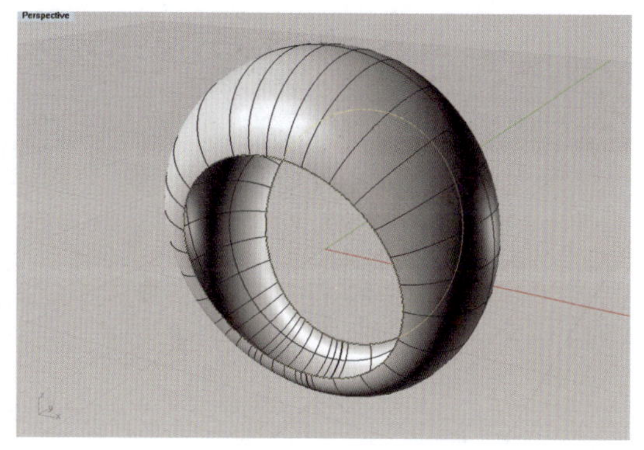

图 7-4-5 复制戒圈曲面的两侧边框曲线

2. 制作网状结构曲线

(1)在 Top 视图中,用“直线:从中点”工具(按钮)绘制一条斜向(45°)直线,如图 7-4-6 所示。

(2)切换到 Front 视图,将上述直线移动到基础戒圈曲面的上部,执行“直线挤出”命令(按钮),将其挤出成与基础戒圈曲面斜交的平面,如图 7-4-7 所示。

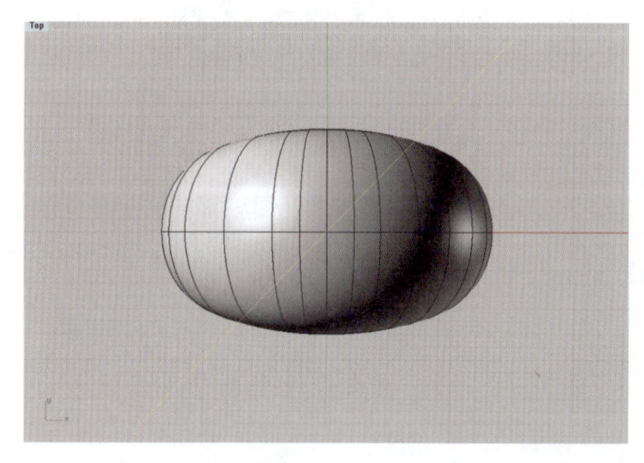

图 7-4-6 绘制一条斜向(45°)直线

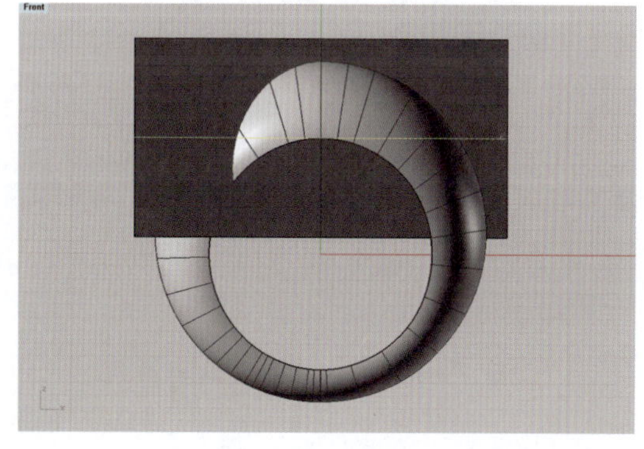

图 7-4-7 将直线挤出成与戒圈斜交的平面

(3)选取挤出的斜交平面,执行“环形阵列”命令(按钮),在命令栏中将阵列项目数设置为 20,环形复制结果如图 7-4-8 所示。

(4)框选基础戒圈曲面和全部与之相交的所有平面,执行“物件交集”命令(按钮),产生它们的交集曲线,如图 7-4-9 所示。

(5)使用“选取曲面”命令(按钮),选取戒圈曲面和所有的斜交平面,进行删除,只保留它们的相交曲线,即可获得网架状结构曲线。

图 7-4-8　环形阵列斜交平面

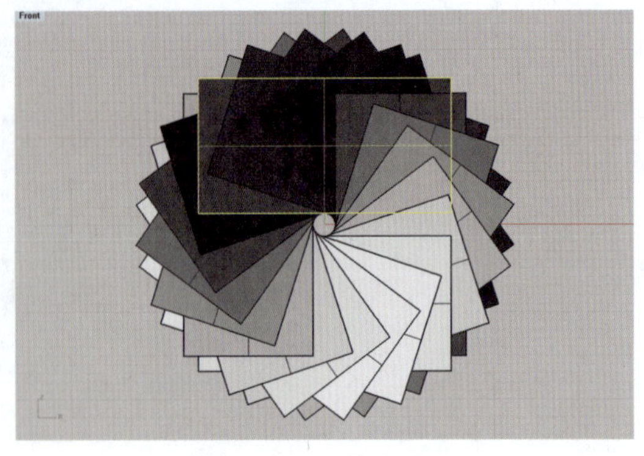

图 7-4-9　获取戒圈曲面与斜交平面的交集线

3. 制作网状结构曲面

（1）执行“圆管：圆盖头”命令（按钮），依次将网架状结构曲线转变成管状曲面，管状曲面的起点直径和终点直径均设置为 1mm，如图 7-4-10 和图 7-4-11 所示。

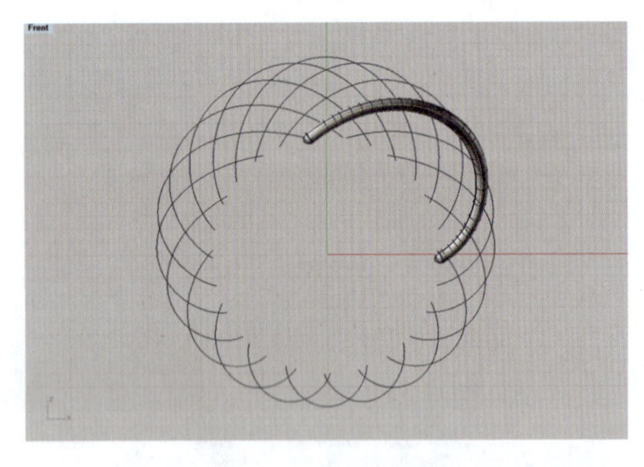

图 7-4-10　网架状结构曲线

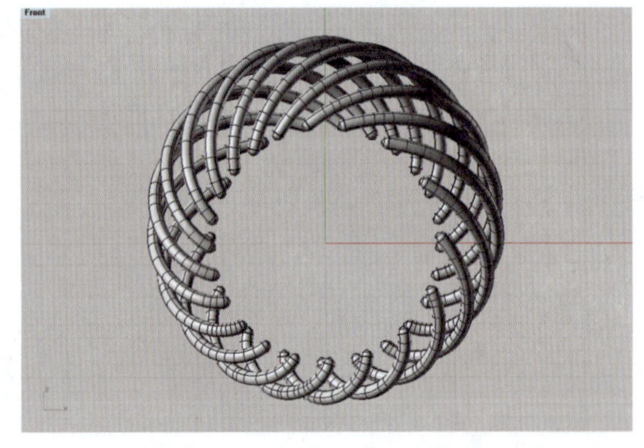

图 7-4-11　将曲线逐个制作成管状曲面

（2）在 Top 视图中，执行“镜像”命令（按钮），框选全部管状曲面，进行镜像复制，形成两组管状曲面，相互交叉构成网状曲面，如图 7-4-12 所示。

（3）执行“显示物件”命令（按钮），使前述“制作基础戒圈曲面”步骤（4）中隐藏的戒指两侧边框曲线显示出来，如图 7-4-13 所示。

（4）执行“圆管”命令（按钮），把它们制作成封闭的圆管曲面，设置圆管直径为 1.2mm，如图 7-4-14 所示。

（5）执行“布尔运算并集”命令（按钮），框选所有圆管曲面合并为一个戒指整体，至此，网状戒指的建模制作完成，如图 7-4-15 所示。

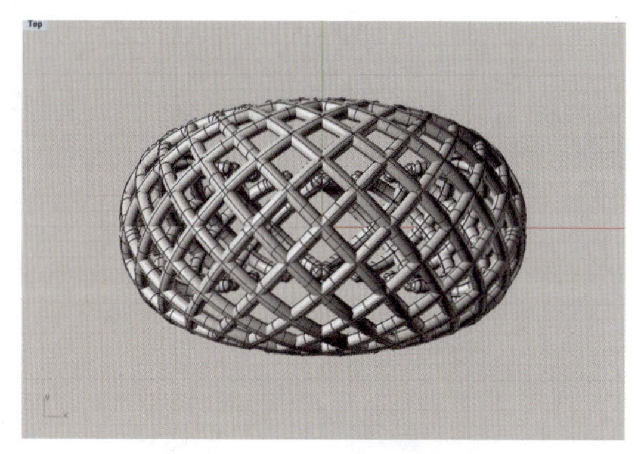

图 7-4-12 镜像复制成两组交叉的管状曲面

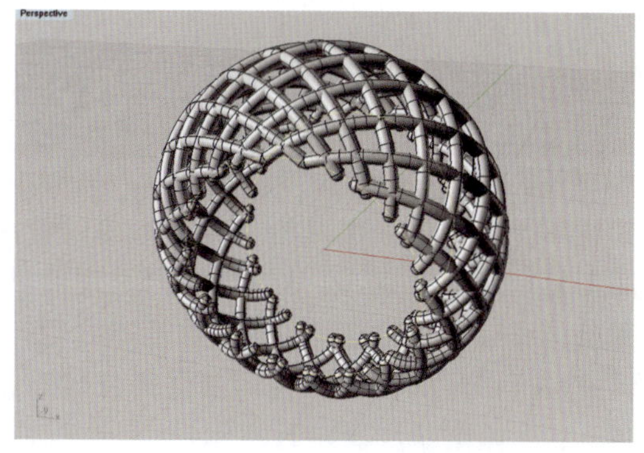

图 7-4-13 选取显示戒圈的两侧边框曲线

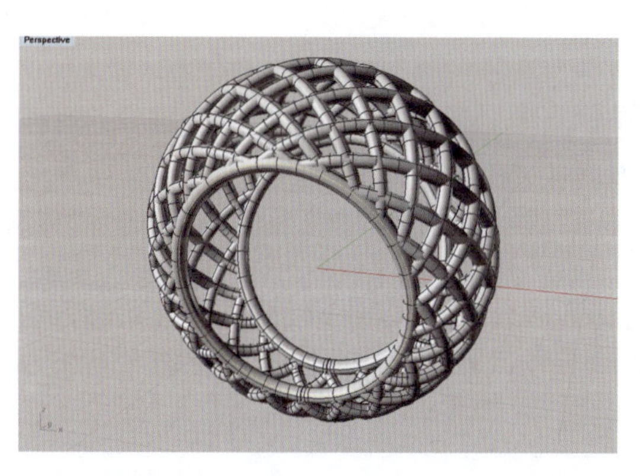

图 7-4-14 将两侧边框曲线制作成圆管曲面

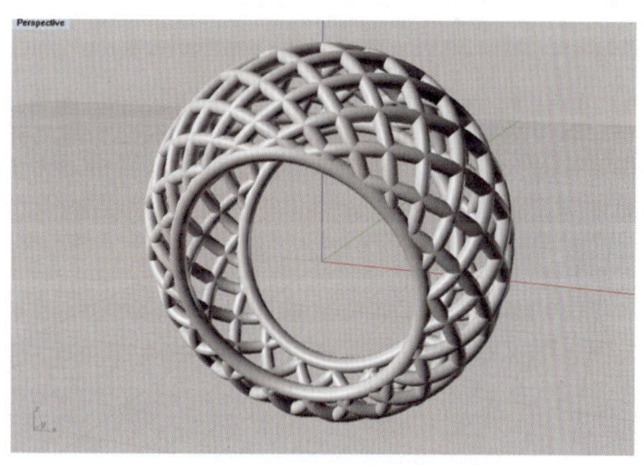

图 7-4-15 将所有管状曲面合并为一体

4. 渲染戒指模型

1)着色渲染

打开属性面板,在“材质设置”对话框中,设定戒指基本颜色为黄金色(Gold),光泽度为 15,然后开启渲染模式,查看制作效果,如图 7-4-16 所示。

2)拟实渲染

执行菜单栏中的“KeyShot/Render”命令,把网状戒指模型导入 KeyShot 渲染器软件中,将戒指材质设置为 18K 黄金,渲染效果图如图 7-4-1 所示。

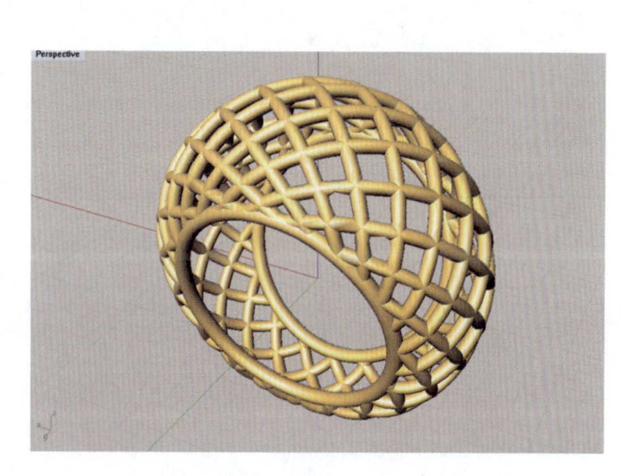

图 7-4-16 着色渲染戒指模型

7.5 藤状戒指

藤状戒指的造型设计如图 7-5-1 所示，其指环的上半部分由两组呈波形弯曲的管状曲面相互交织构成，因类似“藤编”的效果，故称藤状戒指。这种造型的建模难度相对较大，关键是制作藤状编织结构的曲线需要较高技巧。其具体制作步骤如下。

图 7-5-1　藤状戒指(KeyShot 渲染)

1. 制作基础戒圈曲面

(1)在 Front 视图中，使用曲线“圆：中心点、半径”(按钮)工具绘制一个直径为 18mm 的圆，然后在 Right 视图中使用“圆弧：中心点、起点、角度”(按钮)工具分别在圆形曲线上方绘制半径为 8mm 的上弧断面曲线，在其下方绘制半径为 3mm 的下弧断面曲线，再通过调整曲线控制点，将上弧断面曲线修改为宽 16mm、高 6mm，下弧断面曲线修改为宽 6mm、高 2.5mm，如图 7-5-2 所示。

(2)在 Perspective 视图中，执行“单轨扫掠”命令(按钮)，先点选圆形曲线路径，再点选上、下弧形断面曲线，在弹出的“单轨扫掠选项”对话框中勾选“封闭扫掠”项，然后单击“确定”按钮，建立戒圈的基础曲面，如图 7-5-3 所示。

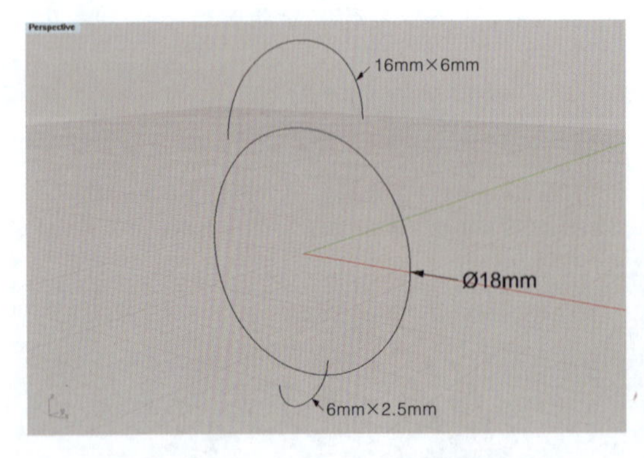

图 7-5-2　绘制基础戒圈曲线

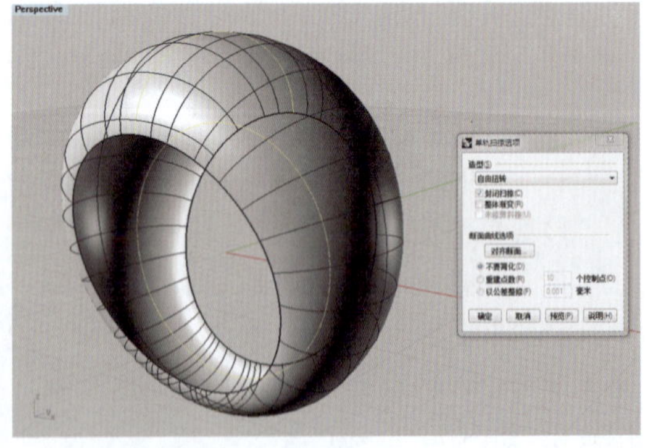

图 7-5-3　单轨扫掠建立基础戒圈曲面

2. 制作藤状结构曲线

制作藤状结构线的技法思路，是先利用基础戒圈曲面建立一个在世界 xy 平面上的平面曲线(UV 曲线)框，并在其框内制作和修剪出平直的藤状结构群组曲线，然后再流动变形到基础戒圈曲面上。其具体方法如下。

(1)选取基础戒圈曲面对象,执行“建立 UV 曲线”命令(按钮),回车后,在对象旁边出现一个矩形的平面曲线(UV 曲线)框,如图 7-5-4 所示。

(2)在 Top 视图中,用“直线:从中点”工具(按钮)在 UV 曲线框内绘制一条斜向直线,再执行“重建”命令(按钮)修改其控制点,在弹出的“重建曲线”对话框中设置点数为 15、阶数为 3,如图 7-5-5 所示。

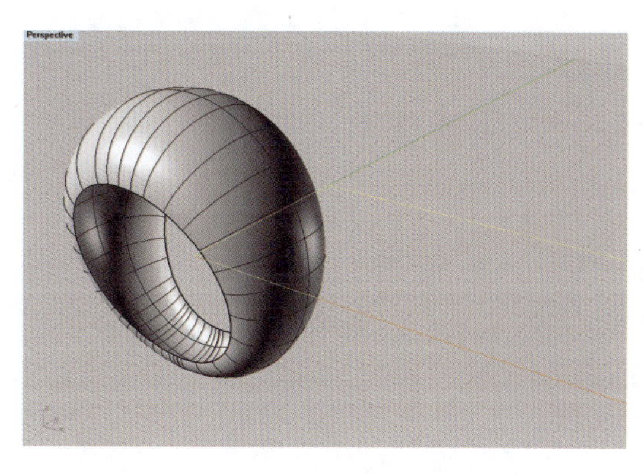

图 7-5-4 建立戒圈曲面的 UV 曲线

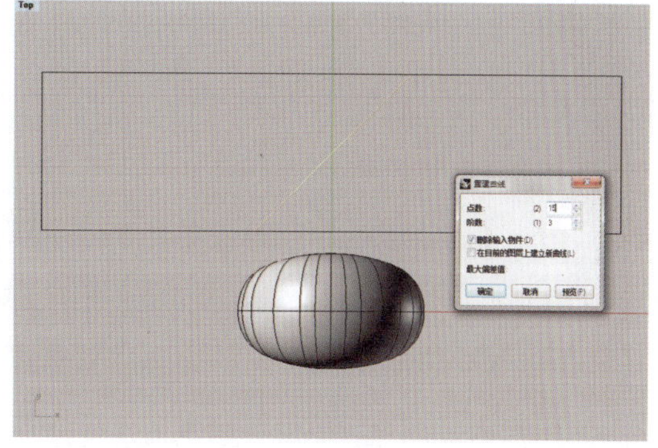

图 7-5-5 在 UV 线框内绘制一条斜向直线并修改控制点

(3)在 Top 视图中,选取 UV 曲线框内的斜向直线,执行“开启编辑点”命令(按钮),显示出直线控制点,然后间隔选取其控制点,注意两端点处的控制点不要选取,如图 7-5-6 所示。

(4)切换到 Right 视图,使用移动工具(按钮),将间隔选取的控制点向下拖动 0.5mm,再反选其间的控制点,向上拖动 0.5mm,使直线变成波形线①,波幅高度为 1mm,如图 7-5-7 所示。

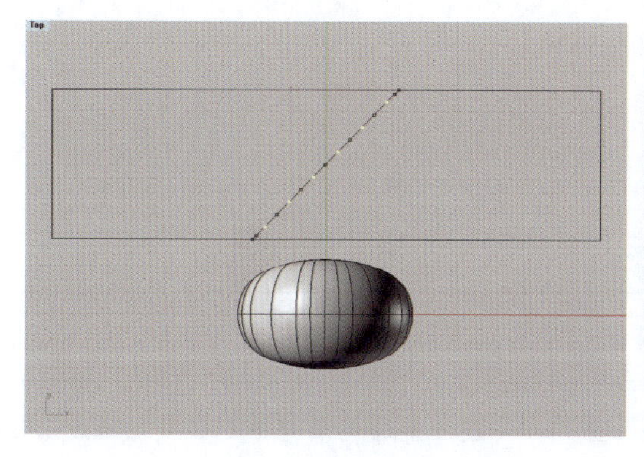

图 7-5-6 在 Top 视图中间隔选取斜向直线的控制点

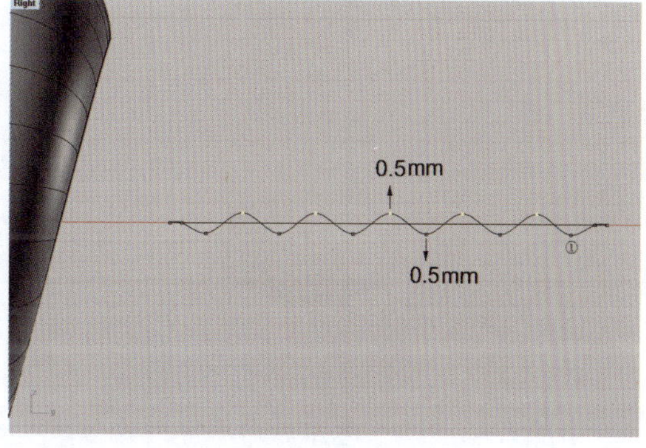

图 7-5-7 在 Right 视图中拖动控制点形成波形线

(5)在 Right 视图中,选取波形曲线①,执行"镜像"命令(按钮),向上复制出另一条对应波形线②,如图 7-5-8 所示。

(6)选取波形曲线①,在 Top 视图中执行"镜像"命令(按钮),在命令栏中点选"复制(C)=否",即将其镜像移动到左边,与波形曲线②形成交叉,如图 7-5-9 所示。

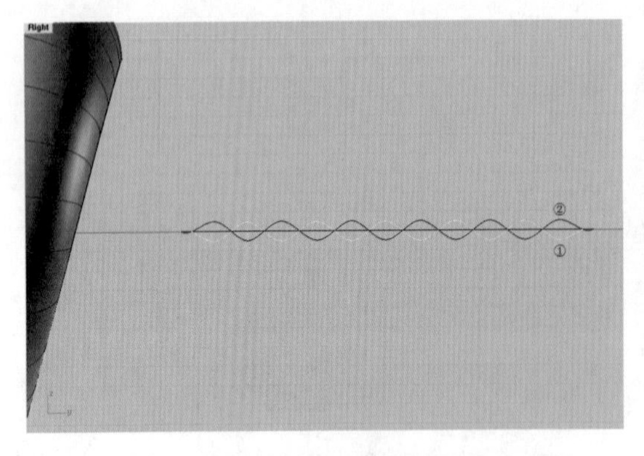

图 7-5-8 在 Right 视图中上下镜像复制波形线

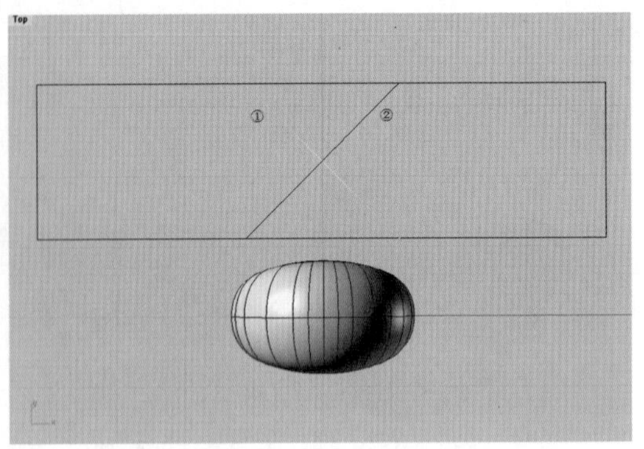

图 7-5-9 在 Top 视图中左右镜像复制波形线

(7)在 Top 视图中,框选波形曲线①和②,执行"矩形阵列"命令(按钮),在命令栏中按提示依次设置:"x 方向的数目"为 12、"y 方向的数目"为 1、"z 方向的数目"为 1、"x 方向的间距"为-3.6,回车后即向左阵列出 12 对交叉的波形曲线;按同样的方法,再向右阵列出 12 对交叉波形线,如图 7-5-10 所示。

(8)执行"修剪"命令(按钮),在命令栏中点选"视角交点(A)=是",利用 UV 线框修剪去掉波形曲线在两端超出框外的部分,如图 7-5-11 所示。

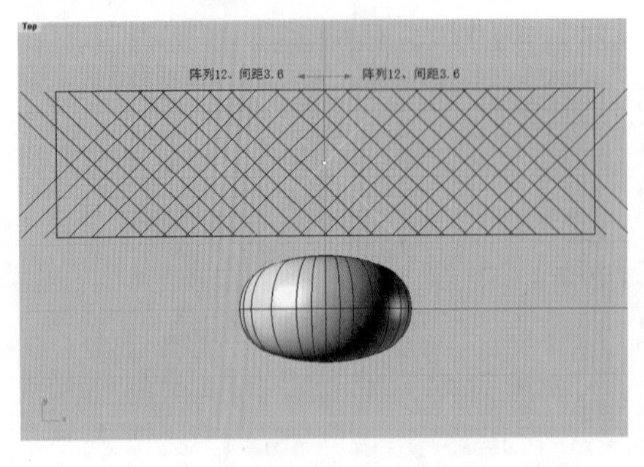

图 7-5-10 向左和向右阵列波形线

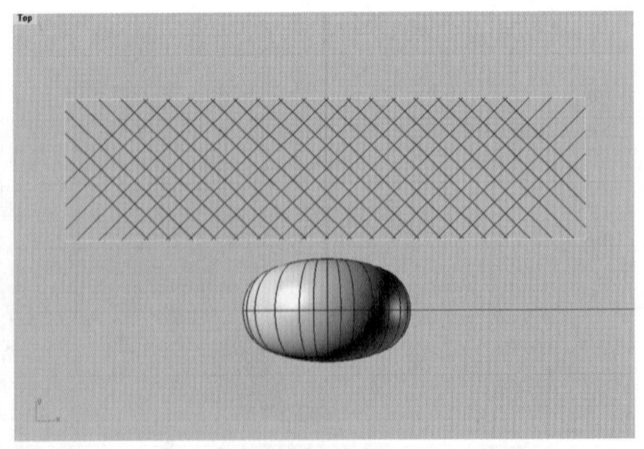

图 7-5-11 剪除两端超出 UV 线框的波形线

(9)在 Top 视图中,框选藤状结构的群组曲线,执行"沿曲面流动"命令(按钮),点选命令栏中的"平面/三点"选项,自左而右而上点取 UV 线框的 3 个角点①、②、③位置,分别作为基准曲面的“边缘起点”、“边缘终点”和“宽度”，再点击目标曲面——基础戒圈曲面，随即藤状结构的群组曲线就流动映射到了基础戒圈曲面上，图 7-5-12 所示。

(10)删除原始的 UV 平面线框及框内的波形曲线，选取基础戒圈曲面，执行“隐藏物件”命令(按钮)将其隐藏备用，仅保留藤状戒圈的结构曲线，结果如图 7-5-13 所示。

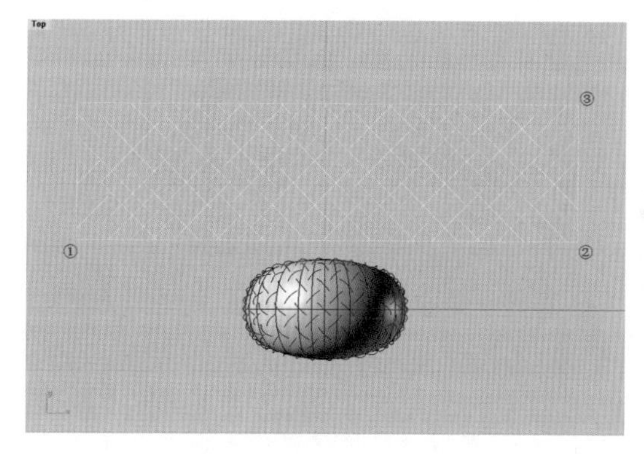

图 7-5-12 将波形线流动映射到基础戒圈曲面上

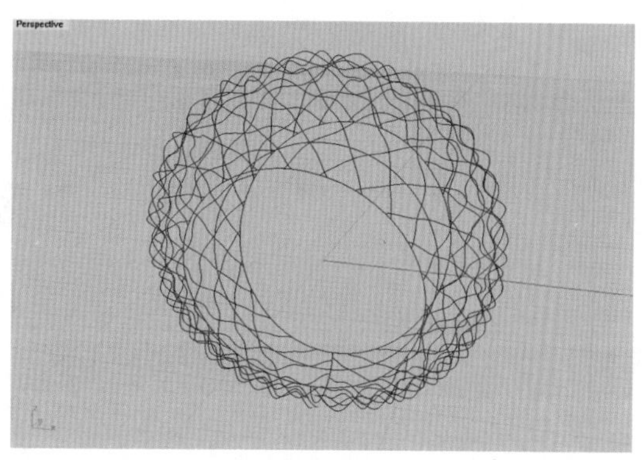

图 7-5-13 藤状戒圈的结构曲线

3. 制作藤状结构曲面

(1)在 Perspective 视图中，执行“圆管(圆头盖)”命令(按钮)，设置命令参数——起点直径 0.8mm，加盖(C)=*圆头*，终点直径 0.8mm，将藤状戒圈的结构曲线逐个制作成管状曲面，如图 7-5-14 所示，形成由管状曲面构成的藤状结构戒圈，如图 7-5-15 所示。

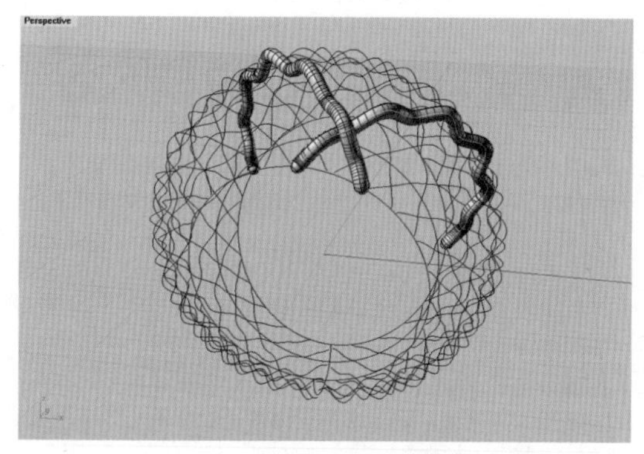

图 7-5-14 将藤状结构曲线逐个制作成圆管曲面

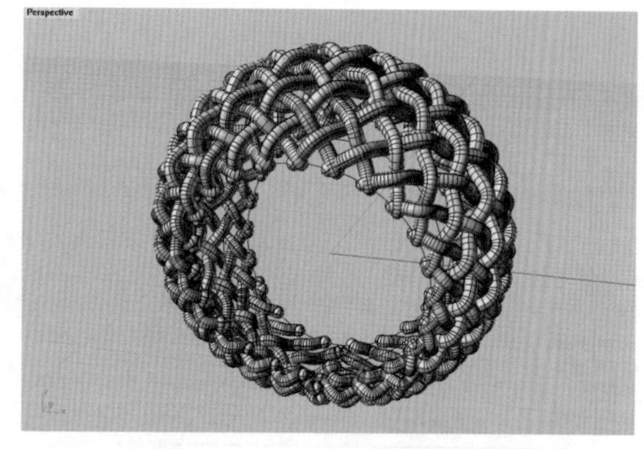

图 7-5-15 藤状结构的管状曲面戒圈

(2)在 Front 视图中，使用“直线：从中点”工具(按钮)，沿戒圈的中部绘制一条水平直线，然后执行“分割”命令(按钮)，先框选全部管状曲面，作为“要分割的物体”，回车，然后选取水平直线，作为“切割用物体”，即利用水平直线把由管状曲面构成的的藤状结构圈分割成上、下两个部分，最后再删除下半部分，只保留上半部分曲面，如图 7-5-16 所示。

(3)框选藤状结构戒圈的上半部分管状曲面,执行"将平面洞加盖"命令(按钮),使底部切割面封口,然后执行"群组"命令(按钮),将它们组合成藤状结构的曲面群组,再执行"隐藏"命令(按钮)待用,如图7-5-17所示。

图7-5-16　分割后删除藤状结构戒圈的下半部分

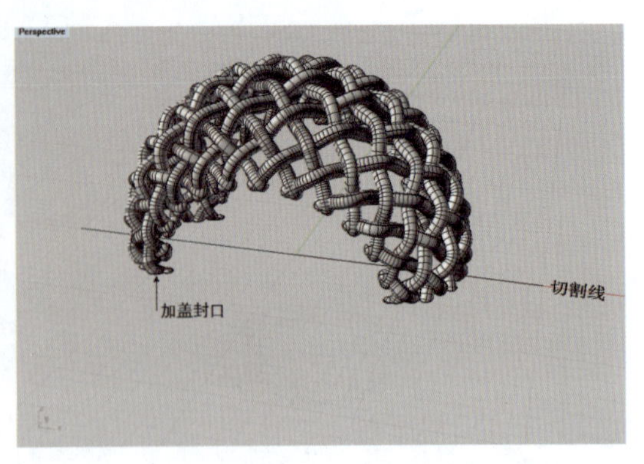

图7-5-17　将藤状结构曲面封口并群组

4. 制作戒圈曲面实体

(1)在Perspective视图中,执行"显示选取的物件"命令(按钮),使前述"制作藤状结构曲线"步骤(10)中隐藏的基础戒圈曲面对象显示出来,执行"偏移曲面"命令(按钮),在命令栏中点选"实体"和"两侧","偏移距离"设定为1mm,即将基础戒圈曲面偏移成厚度为2mm的戒圈实体模型,如图7-5-18所示。

(2)在Front视图中,使用"圆弧:中心点、起点、角度"工具(按钮)、"直线工具"(按钮)和"组合"工具(按钮),在戒圈上半部绘制一个半圆扇形的封闭曲线,其内弧半径为10.5mm,如图7-5-19所示。

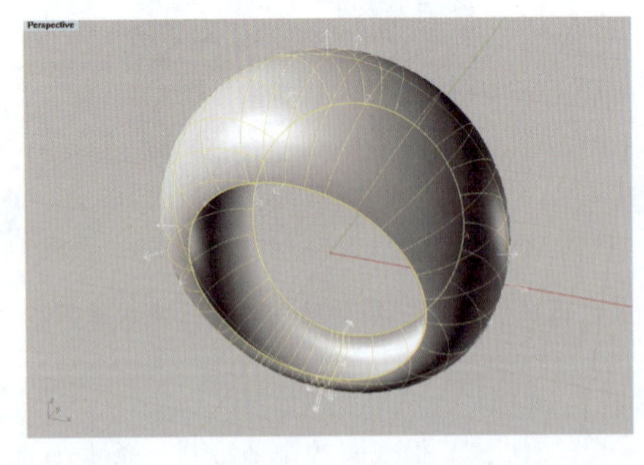

图7-5-18　将基础戒圈曲面偏移成实体

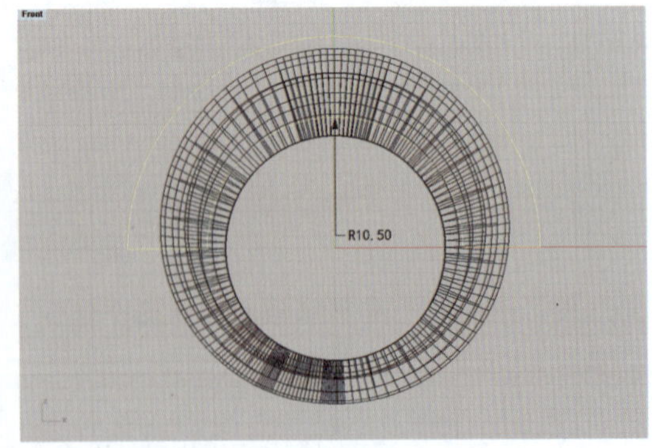

图7-5-19　绘制扇形曲线

(3)选取半圆扇形曲线,执行"挤出封闭的平面曲线"命令(按钮),将其挤出成具有一定长度的曲面实体，如图 7－5－20 所示。

(4)执行“布尔运算差集”命令(按钮)，先单击戒圈本体，回车，再单击半圆曲面实体，回车，即可减去戒圈上部的部分曲面，结果如图 7－5－21 所示。

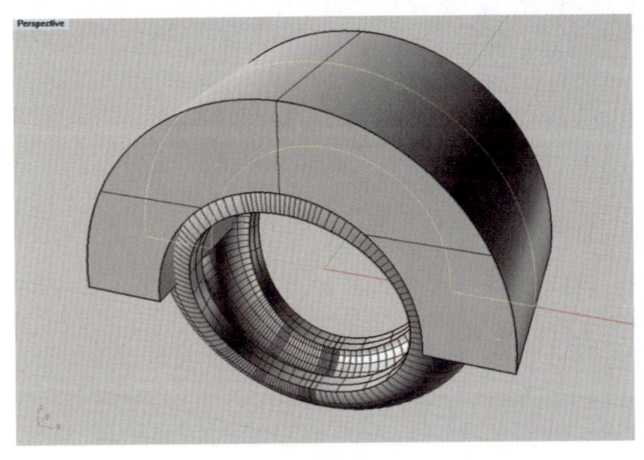

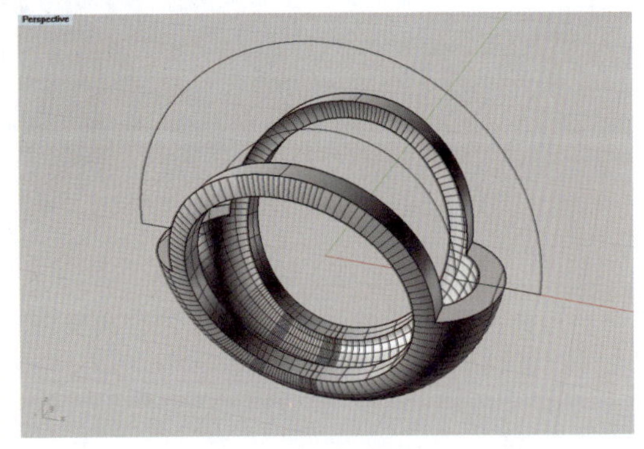

图 7－5－20　将扇形曲线挤出成实体

图 7－5－21　用扇形体减去戒圈实体上部曲面

5. 修饰戒圈的内壁

(1)执行“显示选取的物件”命令(按钮)，选取显示前述隐藏的藤状结构曲面群组和内圆曲线，可见藤状结构曲面群组中有些管状曲面体的端头穿透了戒圈的内壁，需要进一步修饰，如图 7－5－22 所示。

(2)选取内圆曲线，执行“挤出封闭的平面曲线”命令(按钮)，将其挤出成具有一定长度的圆柱体，用以修饰戒圈内壁，如图 7－5－23 所示。

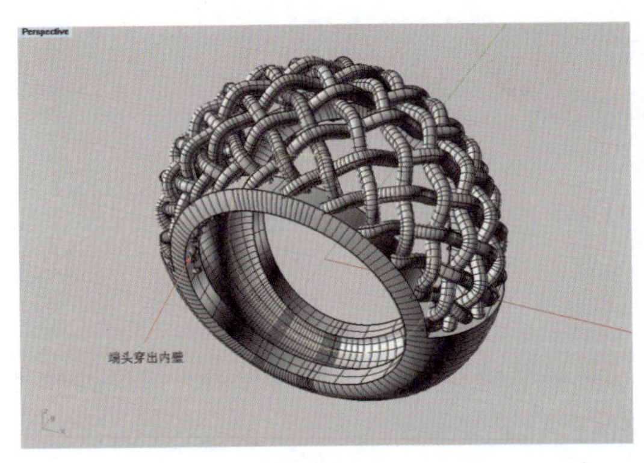

图 7－5－22　管体穿透戒圈内壁

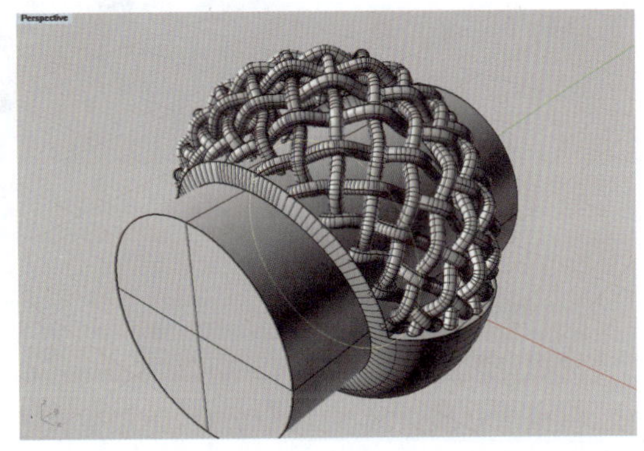

图 7－5－23　将戒圈内圆线挤出成圆柱体

(3)执行“布尔运算差集”命令(按钮)，先单击藤状结构曲面群组本体，回车，再单击上一步挤出的圆柱体，回车，即可修整去掉穿透戒圈内壁的藤状结构曲面群组管体端头，呈现出光滑的戒圈内壁，结果如图 7－5－24 所示。

至此，藤状戒指的建模制作完成。

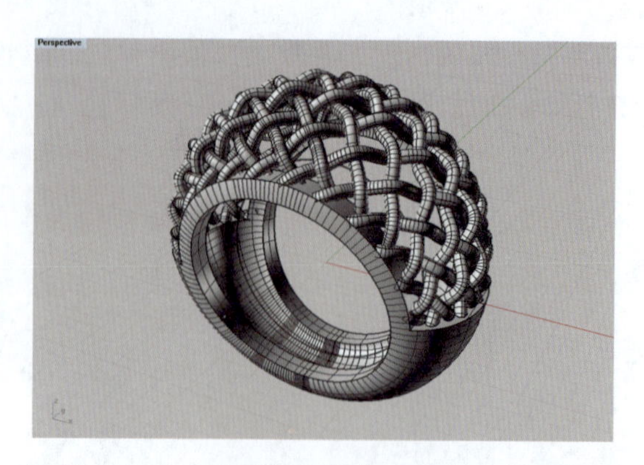

图 7-5-24　用圆柱体修饰后的戒圈内壁光滑

6. 渲染戒指模型

1)着色渲染

打开属性面板,在“材质设置”对话框中,设定戒指基本颜色为黄金色(Gold),光泽度为15,然后开启渲染模式,查看制作效果,如图 7-5-25 所示。

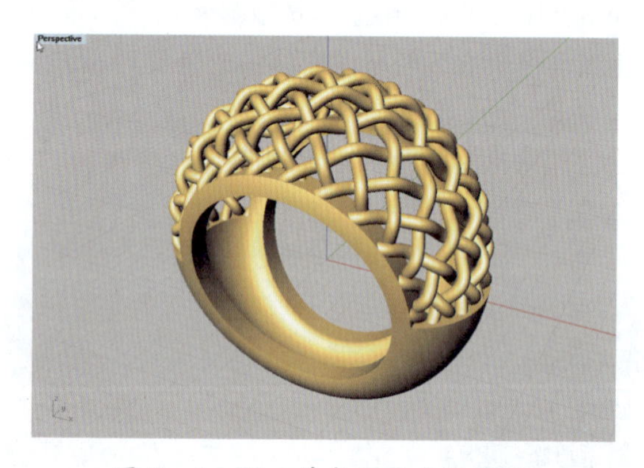

图 7-5-25　着色渲染戒指模型

2)拟实渲染

执行菜单栏中的“KeyShot”/“Render”命令,把藤状戒指模型导入 KeyShot 渲染器软件中,将戒指材质设置为 18K 黄金,渲染效果如图 7-5-1 所示。

第8章 耳饰的设计与制作

8.1 耳饰设计概述

耳饰是对人体耳朵的装饰性首饰，大多左右对称。耳钉和耳坠是耳饰最常见的两种形式。耳钉往往是以背面的插针穿过耳洞，通过耳扣将耳钉固定在耳朵上；耳坠则是以环形针穿过耳洞或者是通过耳钩将耳坠垂挂在耳朵上。

耳钉的体积一般较小，形如钉状，其结构包括耳钉本体和耳扣。在耳钉本体的背后焊接有一根与主面垂直的插针（或称为耳针），在针杆的后端设有小凹槽。耳扣也称耳背，有卡扣式、圆环扣等多种形式，用于固定耳钉的插针，避免其松动和滑脱出耳洞。由于耳钉一般需穿过耳洞才能佩戴，后面仅用耳扣加固，且装饰造型都在正面，所以在设计时应考虑重心问题，耳钉不宜过大或者过重，防止耳钉翻转。

耳坠有些是圈状的，有些是垂吊式的，并且通过环状针或者耳钩来佩戴。从设计上来说，耳坠通常比耳钉要大，在设计时也一定要注意耳坠的佩戴方向。一般在佩戴时，耳坠的主体结构、宝石镶嵌等都应尽量朝外。耳坠的质量和大小主要取决于佩戴者的承受能力，通常受限较小，所以设计也会相对夸张和大胆。

本章将通过对复古耳饰、戴妃款耳钉、珍珠耳坠这3款不同的耳饰实例进行分析，讲解耳钉和耳坠的Rhino设计与制作方法。

8.2 复古耳饰

8.2.1 复古耳饰的设计构思

如图 8-2-1 所示，此款耳饰属于复古款，采用对称造型，呈现出典雅高贵的浪漫主义风格。它运用了“S”形对称造型，设计简约，又能体现出庄重和优雅的双重气质，适合性格稳重，但又不失俏皮的年轻职场女士佩戴。

图 8-2-1 复古耳饰

8.2.2 制作复古耳饰所需的材料

该款复古耳饰的主体金属材质是 18K 黄金，主要由上、下两个部分构成。上半部分为耳钉，上面镶嵌有 1 颗 5 分钻石（直径为 2.39mm）作为副石，以及 18 颗 3 分钻石（直径为 2.02mm）用作群镶石。下半部分是镶嵌的主石——一颗尺寸规格为 4.5mm×7.5mm 的水滴形石榴石。

8.2.3 复古耳饰的制作步骤

8.2.3.1 耳钉主体造型的制作

点击基本工具栏中“编辑图层”工具（按钮），在工作区右侧会出现“图层”面板，双击“layer01”图层，将其重命名为“耳钉主体”，以便后期编辑。

1. 绘制耳饰上半部分的耳钉主体造型

（1）由于本例是根据预先设计的耳饰实物图片来进行建模的，故需要导入实物图片作为背景图，用于描绘耳钉主体造型。在 Top 视图中，调用菜单栏中“查看”/“背景图”/“放置”命令，通过命令栏提示，在存放目录中选择耳饰图片并点击“打开”，然后按命令栏中“第一角”和“第二角或长度”的分步提示，在视图中用鼠标在坐标点(−5,5)处，单击并拖动光标到坐标点(5,−11)处，单击，将耳饰图片放置到两个标点之间的指定位置，作为背景图，如图 8-2-2 所示。

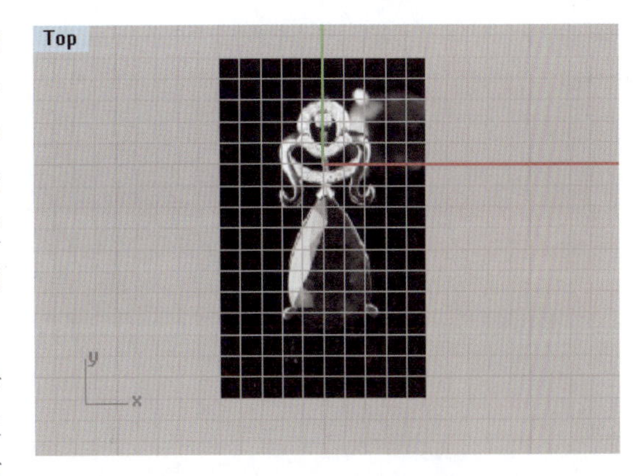

图 8-2-2 放入背景图

(2)使用工具栏中的“控制点曲线”工具(按钮)，按照耳饰背景图的造型绘制出上部耳钉主体的造型曲线。注意这里根据耳钉主体形态的构成特点又可进一步将其划分为上、中、下 3 个部分，分别绘制出 3 条封闭曲线，然后使用“以平面曲线创建曲面”工具(按钮)，将 3 条封闭曲线变成 3 个曲面，完成后如图 8-2-3 所示。

(3)使用“挤出曲面”工具(按钮)，将生成的 3 个曲面分别挤出成曲面实体。为了让耳钉的主体造型有层次感，可以将它的上、中、下三部分分别挤出成不同高度，中间部分的挤出距离为 2mm，上、下两个部分的挤出距离为 1.5mm，如图 8-2-4 所示。

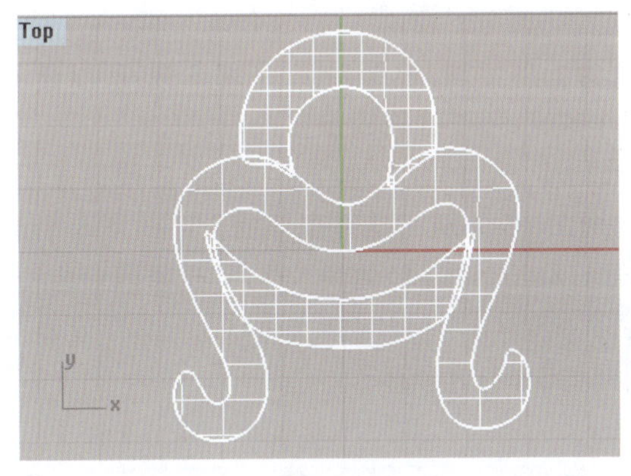

图 8-2-3 曲线“嵌面”成曲面

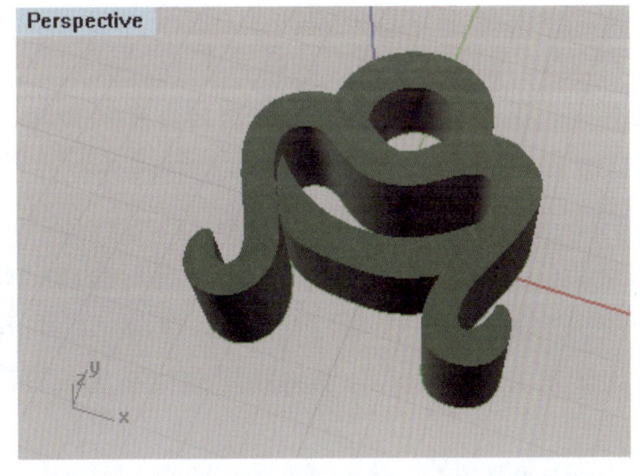

图 8-2-4 分别挤出成不同高度的曲面实体

2. 在耳饰主体上挖镶石槽

(1)在 Top 视图中，先使用工具栏中的“控制点曲线”工具(按钮)，在耳饰主体的中部和下部的曲面上分别绘制出镶石槽位的大体曲线。然后调用“编辑”/“控制点”/“开启控制点”命令，对曲线进行编辑，拖动控制点精细调整曲线形状，如图 8-2-5 所示。

(2)使用“直线挤出”工具(按钮)，在命令栏中点选“两侧(B)=否”和“实体(C)=是”，挤出距离设置为 0.5mm，分别将上述两条镶石槽位曲线挤出成实体。再使用“移动”工具(按钮)，在 Front 视图中将它们分别上移，中部实体上移 1.5mm，下部实体上移 1mm。这 2 个挤出的实体将被分别用作耳饰主体中部和下部的挖槽物体，如图 8-2-6 所示。用同样的方法，在耳饰主体的上部弯弧形部位也可以制作出一个弯弧形挖槽物体。

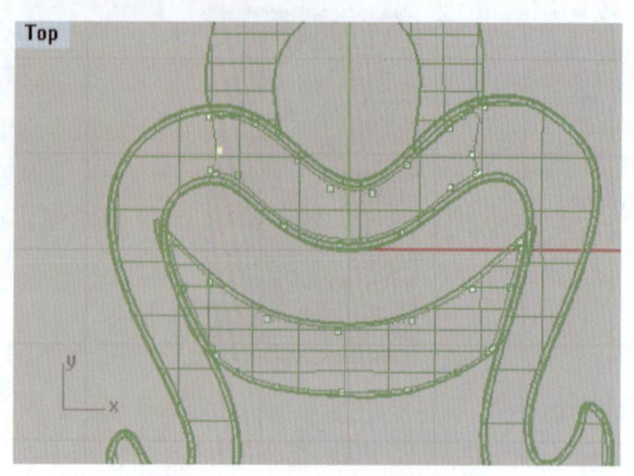

图 8-2-5　开启曲线控制点

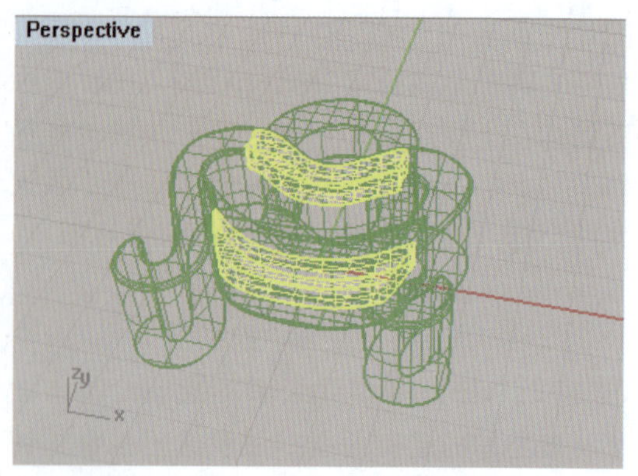

图 8-2-6　挤出并移动挖槽物体

(3)在 Perspective 视图中,使用工具栏中的"布尔运算差集"工具(按钮),先选择耳饰主体,然后选择挖槽物体,使二者相减,回车或点击鼠标右键,于是在耳饰主体的上、中、下 3 处部位挖出镶石槽的造型,如图 8-2-7 所示。

3. 耳饰主体造型打孔、镶嵌

耳钉的主体造型分为上、中、下 3 个部分,这 3 个部分都镶有 3 分(直径为 2.02mm)的钻石,但是不同部位镶嵌的钻石个数有区别,分别为上部 7 颗、中部 5 颗、下部 6 颗,所以需要分别打 7 个、5 个和 6 个孔,然后在孔的周围制作镶钉,用于镶嵌固定宝石。

(1)分别在 3 个镶石槽中绘制圆并制作打孔物体。圆的直径应略小于钻石的腰棱直径。点击"圆:中心点、半径"工具(按钮),在 Top 视图中,分别在耳钉主体的上、中、下 3 个造型部位绘制如图 8-2-8 所示的圆形曲线(直径 1.8mm)和路径曲线。然后,选择圆形曲线,使用"直线挤出"工具(按钮),在命令栏中点选"两侧(B)=否"和"实体(C)=是",设置挤出距离为 2.5mm,分别将圆形曲线挤出成圆柱体,用作打孔物体。

图 8-2-7　差集完成镶石槽

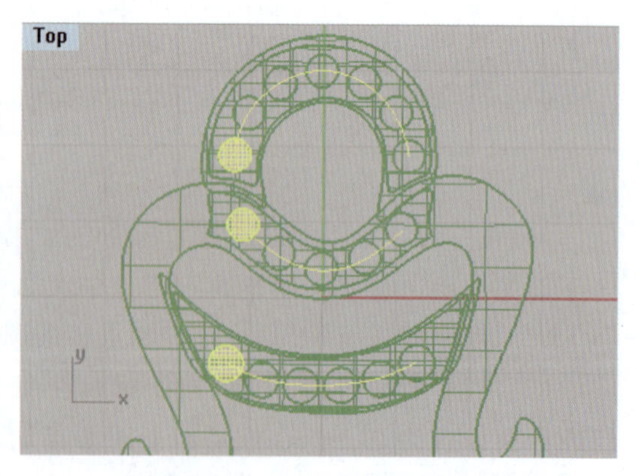

图 8-2-8　沿曲线阵列实体

(2)使用“沿着曲线阵列”工具(按钮),分别将3个镶石槽中的打孔物体沿路径曲线阵列复制7个、5个和6个,阵列完成以后如图8-2-9所示。

(3)使用“布尔运算差集”工具(按钮),先选择耳钉主体,再框选打孔物体,执行完成后,实现相减,打出镶口孔,如图8-2-10所示。

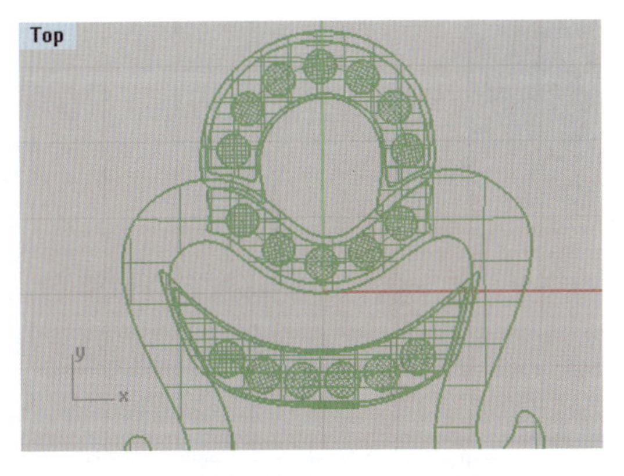

图8-2-9 阵列之后的效果

图8-2-10 差集打出镶口孔

(4)在镶口孔边缘制作镶钉,制钉的方式与制孔的方式大致相同,只是最后不要相减而已。我们以中间造型为例,使用“圆:中心点、半径”工具(按钮)在第一个孔边上绘制一条直径为0.7mm的圆形曲线;使用“直线挤出”工具(按钮),在命令栏中点选“两侧(B)=否”和“实体(C)=是”,挤出距离设置为0.2mm,将圆形曲线挤出成圆柱体;使用“圆弧:起点、终点、通过点”工具(按钮),在圆柱体顶端绘制出圆顶轮廓线,并使用“嵌面”工具(按钮),选取圆柱体顶端的边缘线和刚绘制的圆顶轮廓线,回车或单击右键,在弹出的“嵌面曲面选项”对话框中调节合适的“硬度”值,点击“确定”按钮,完成一个圆顶镶钉制作,如图8-2-11、图8-2-12所示。

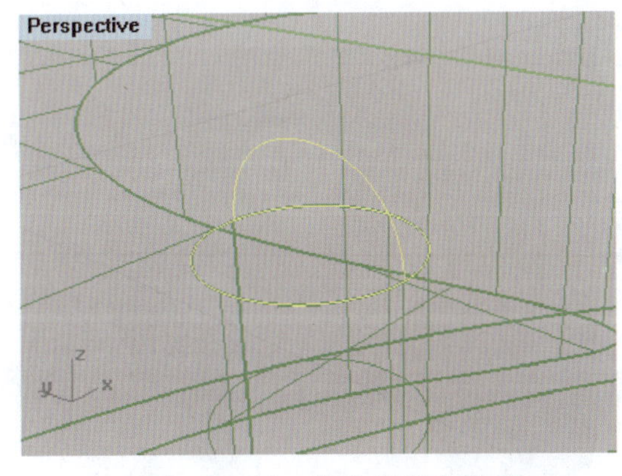

图8-2-11 将曲线嵌成曲面

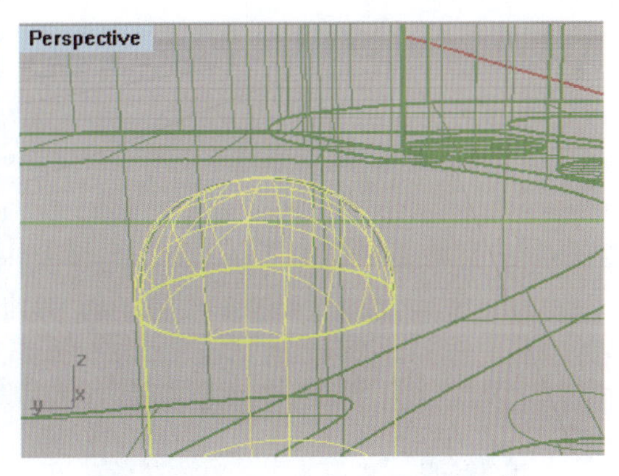

图8-2-12 完成圆顶镶钉制作

(5)使用工具栏中的“环形阵列”工具(按钮)，按命令栏提示，选择镶口孔的中心点为“环形阵列中心点”，将阵列项目数设置为4，旋转总合角度设置为360，回车或单击右键，得到首个镶口的4个镶钉，如图8-2-13所示。

(6)接着选取这首个镶口的4个镶钉，再使用“沿着曲线阵列”工具(按钮)，单击前述制作打孔物体时绘制的路径曲线(图8-2-8)，在弹出“沿着曲线阵列选项”对话框中，输入阵列数目5，点击“确定”按钮，完成耳钉主体造型中部5个镶口的镶钉排列，如图8-2-14所示。

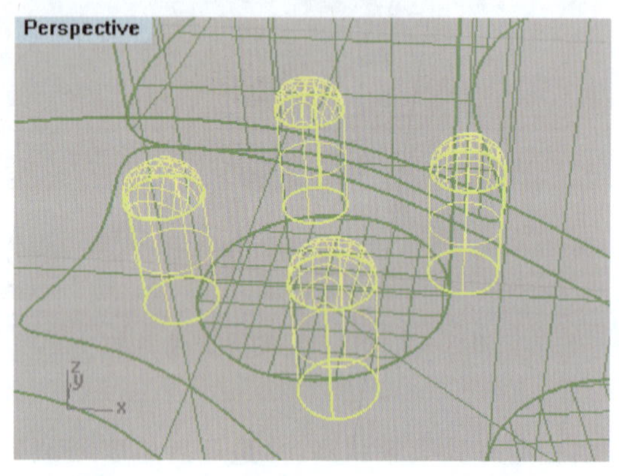

图8-2-13　环形阵列完成首个镶口的镶钉排列

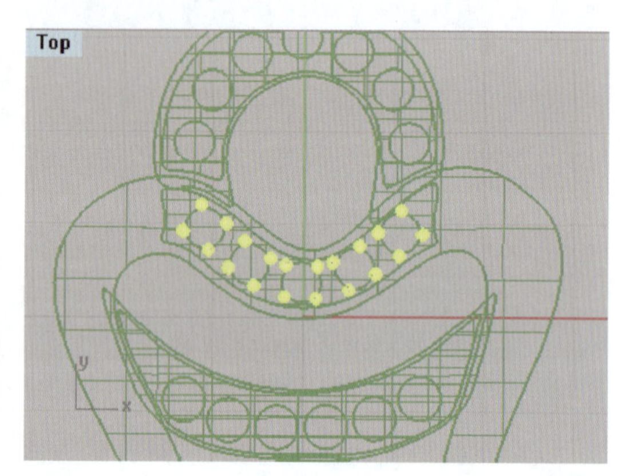

图8-2-14　沿曲线阵列完成5个镶口的镶钉排列

(7)选取排列在耳钉主体造型中部的所有镶钉，在Front视图中使用“移动”工具(按钮)，将它们向上移动1.5mm，效果如图8-2-15所示。

(8)用相同的方法，将耳钉主体造型上部和下部镶口槽上的镶石孔和镶钉都制作完成，但是由于上部和下部镶口槽的造型高度比中部低，所以这两个部分镶钉移动的距离不同，只需向上移动1mm，如图8-2-16所示。

图8-2-15　将中部镶钉向上移动到合适的位置

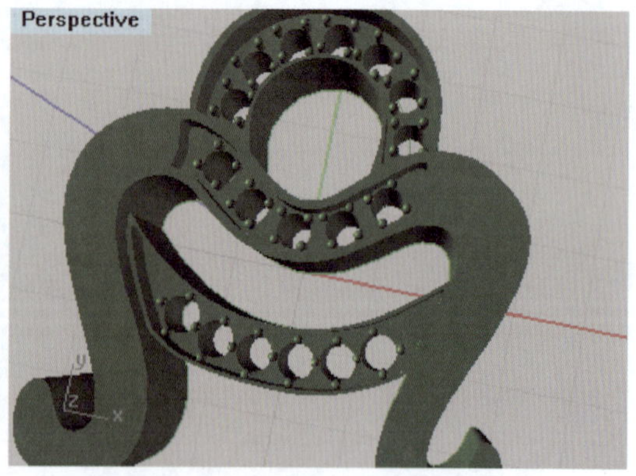

图8-2-16　将下、下部镶钉上移

(9)最后镶嵌宝石。调出直径为2.02mm标准圆形钻石放到镶口上,将其上移到合适的位置,同样使用"沿着曲线阵列"工具(按钮),将钻石分别排列镶嵌到耳钉主体造型的各个镶口上,如图8-2-17所示。

(10)最终效果如图8-2-18所示。

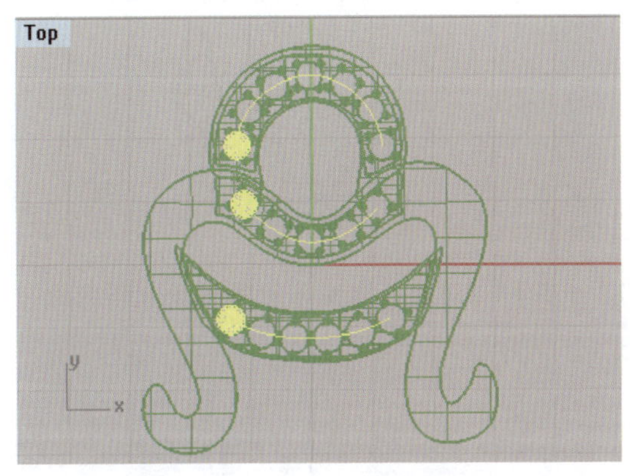

图8-2-17 沿直线阵列镶嵌宝石

图8-2-18 最终效果

8.2.3.2 耳饰主石的镶嵌

本款耳饰的主石为水滴形刻面型,采用组合式镶嵌,镶口由底座、上端1个包角镶爪、下端2个瓜子扣镶爪构成。3个镶爪的顶部都为抓扣式造型,若用一般方法制作则难度相对较大,下面将尝试应用Rhino的"布帘"功能来快速实现这种造型。

首先建立图层,点击"编辑图层"工具(按钮),在工作区的右侧会出现"图层"面板,双击"layer02"图层,将其重命名为"耳饰主石",以便后期编辑。

1. 制作主石的镶口

(1)在Top视图中,执行文件菜单下的"插入"命令,插入一个事先准备好的水滴形刻面型宝石,并将其移动到耳饰下方相应的位置,使用缩放工具,将其大小调整为4.5mm×7.5mm,如图8-2-19所示。

(2)在Top视图中,使用"控制点曲线"工具(按钮)沿着宝石腰棱绘制一个略小于琢型边缘的水滴形曲线,作为双轨扫掠用的第一条路径线,如图8-2-20所示。

(3)使用"偏移曲线"工具(按钮),将刚绘制的曲线往内偏移0.2mm,复制出用于双轨扫掠的第二条路径线,如图8-2-21所示。

(4)在Right视图中,使用"矩形:角对角"工具(按钮),绘制一个长1.2mm、宽0.2mm的矩形作为双轨扫掠的断面曲线,效果如图8-2-22所示。

(5)接下来运用"双轨扫掠"工具(按钮),按命令栏提示,依次选取第一条路径线、第二条路径线和断面曲线,回车或点击右键,弹出"双轨扫掠选项"对话框,勾选"保持高度"选项,点击"确定"按钮,如图8-2-23所示。

(6)至此,主石镶口的基础底座制作完成,如图8-2-24所示。

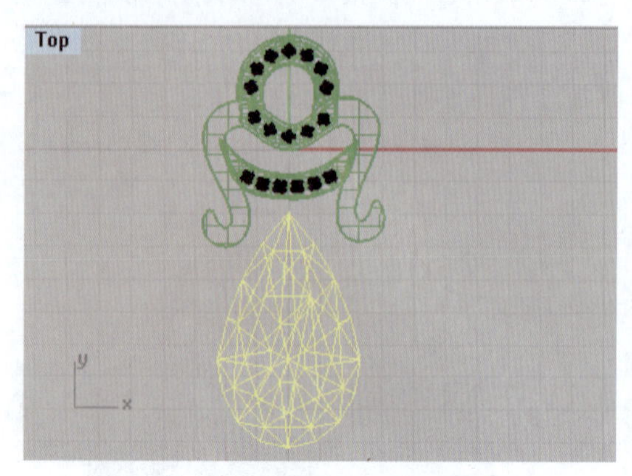

图 8－2－19　在耳饰下方插入宝石

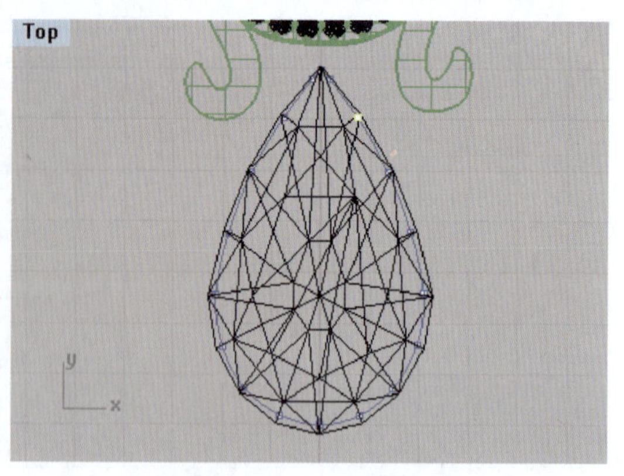

图 8－2－20　沿宝石边缘内绘制路径线

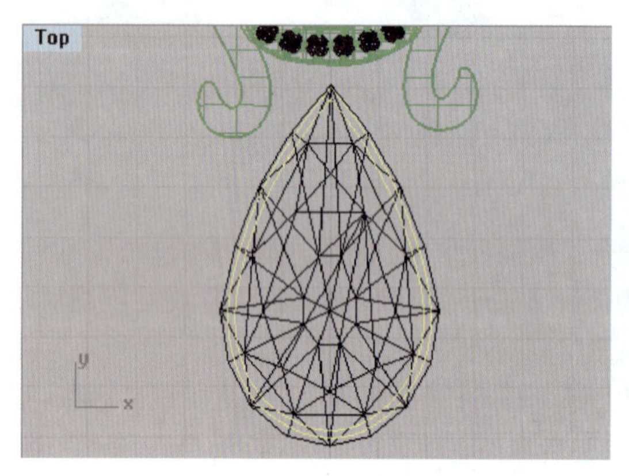

图 8－2－21　偏移复制路径线

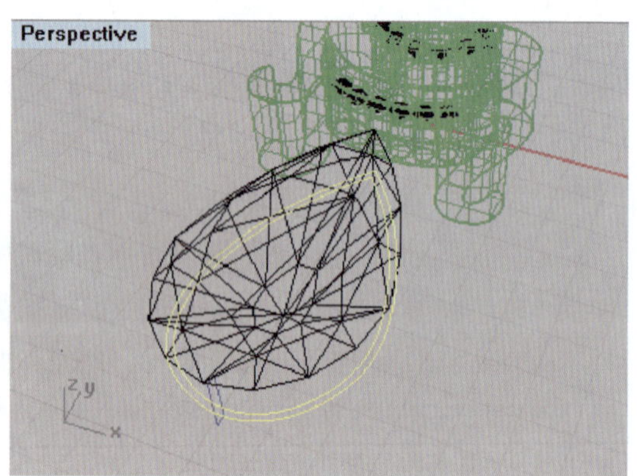

图 8－2－22　绘制断面曲线

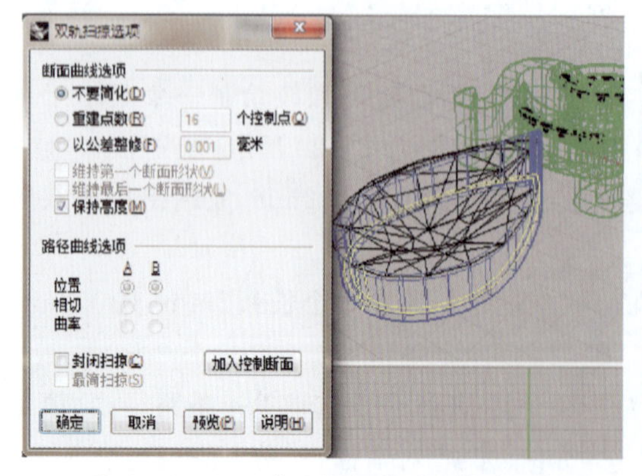

图 8－2－23　“双轨扫掠选项”对话框

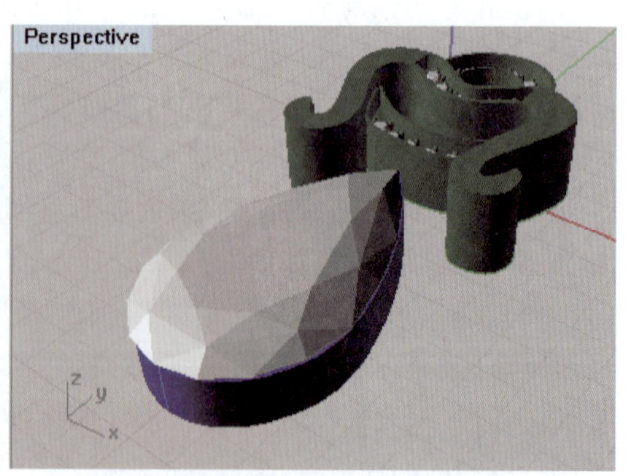

图 8－2－24　完成主石镶口底座

2. 制作主石镶口下端镶爪

(1)在 Top 视图中,使用“圆:中心点、半径”工具(按钮),在主石左下角的位置绘制一个直径为 1mm 的圆,再用“直线挤出曲面”工具(按钮),在命令栏中点选“两侧(B)=否”和“实体(C)=是”,挤出距离设置为 1.2mm,将圆形曲线挤出成圆柱体,如图 8-2-25 所示。

(2)使用“控制点曲线”工具(按钮),在挤出的圆柱体顶端绘制一条爪子形曲线,结合“开启控制点”命令拖动控制点,调整好曲线形态和大小,如图 8-2-26 所示。

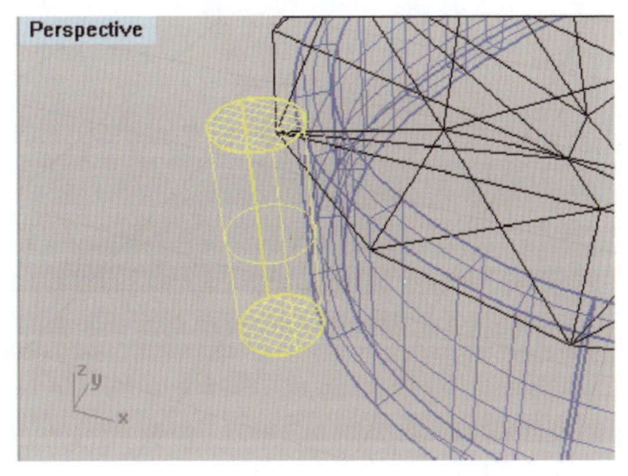

图 8-2-25 挤出圆形曲线成圆柱体

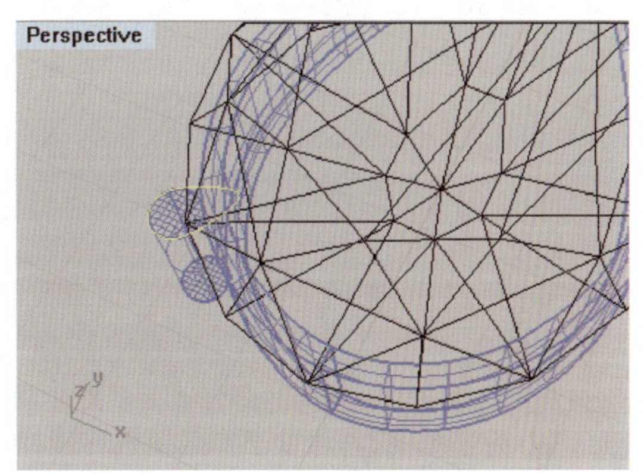

图 8-2-26 绘制爪子形曲线

(3)使用“曲面”展开工具栏中的“在物件上产生布帘曲面”工具(按钮),在 Top 视图中按命令栏提示框选要产生布帘的范围,注意框选范围要完全包含爪子形曲线及其涉及的琢型边部,但不宜过大或过小,框选后随即在该范围产生一片布帘曲面,如图 8-2-27 所示。

(4)点击使用“投影至曲面”工具(按钮),先选取爪子形曲线,再选取布帘曲面,完成后爪子形曲线即被投影到布帘曲面上,如图 8-2-28 所示。

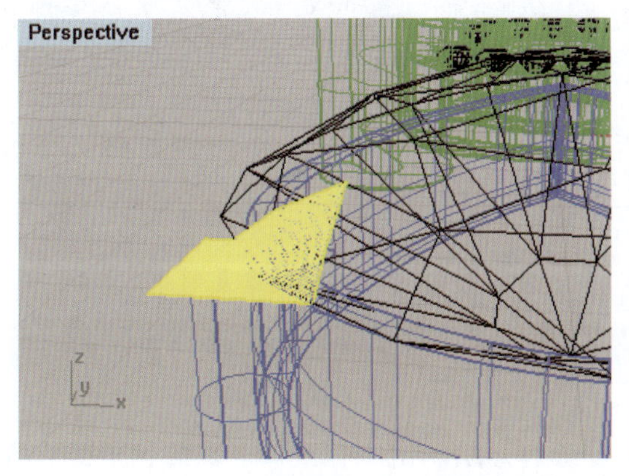

图 8-2-27 在物件上产生布帘曲面

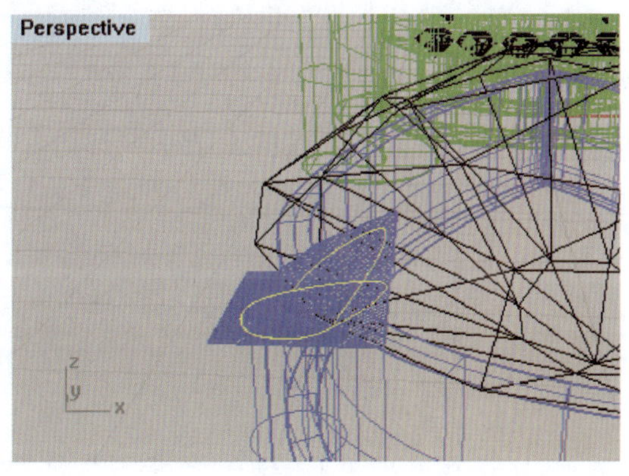

图 8-2-28 投影爪子形曲线到布帘曲面

(5)将布帘曲面隐藏或者删除，保留投影的曲线，点击曲面展开工具栏里的"嵌面"工具(按钮)，将投影的曲线嵌成曲面，如图 8-2-29 所示。

(6)选取嵌面生成的曲面，使用"挤出曲面"工具(按钮)，再将其挤出成实体，挤出距离为 0.2mm，形成一个瓜子扣爪顶，如图 8-2-30 所示。

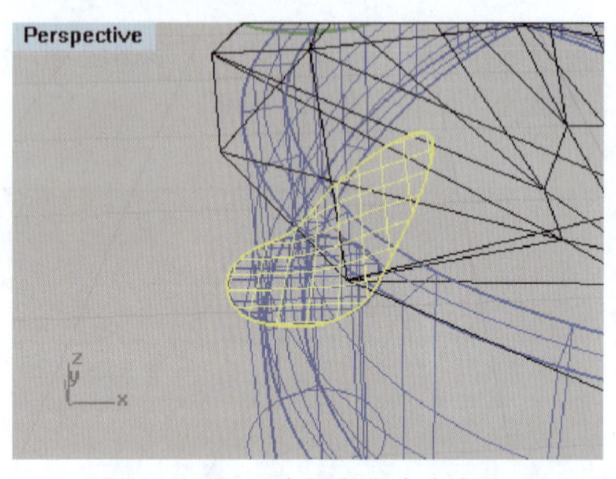

图 8-2-29　将投影曲线嵌成曲面

图 8-2-30　挤出嵌面曲面形成瓜子扣爪顶

(7)为了美观，需将瓜子扣爪顶进行倒圆角处理。点击"曲面圆角"工具(按钮)，在命令栏中输入圆角半径 0.05mm，选取瓜子扣爪顶边棱两侧曲面，结果如图 8-2-31 所示。

(8)选取瓜子扣爪顶和下部圆柱爪体(二者合为一个镶爪)，使用"镜像"工具(按钮)，在 Perspective 视图中关于 y 轴镜像复制，至此完成主石镶口下端 2 个镶爪的制作，如图 8-2-32 所示。

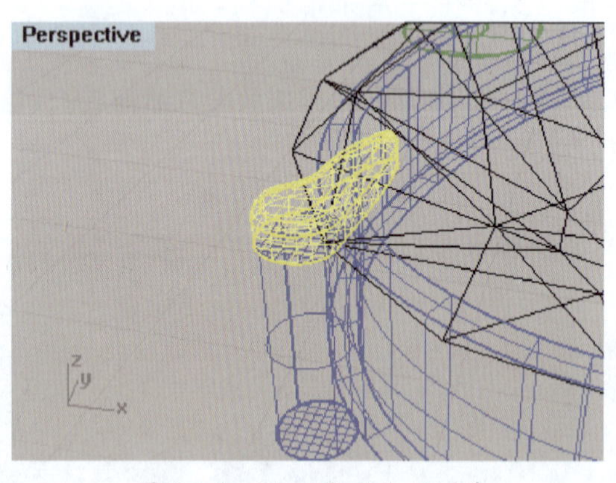

图 8-2-31　爪顶曲面圆角

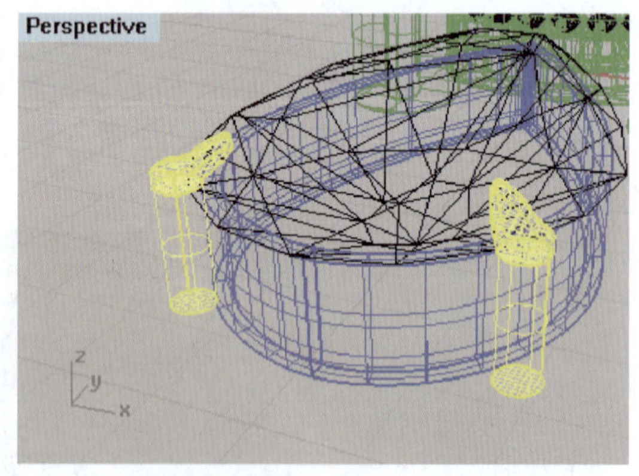

图 8-2-32　镜像复制镶爪

3. 制作主石镶口上端镶爪

(1)在 Top 视图中，使用"多重直线"工具(按钮)，绘制出主石镶口上端的包角镶爪的底部轮廓曲线，如图 8-2-33 所示。

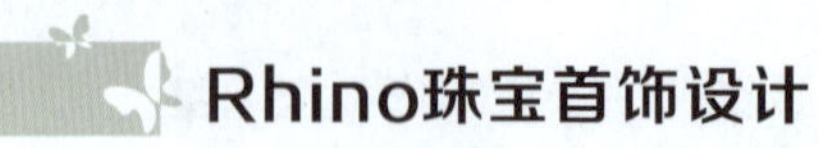

(2)使用“直线挤出”工具(按钮)，在命令栏中点选“两侧(B)=否”和“实体(C)=是”，挤出距离设置为 1.2mm，将包角镶爪和轮廓曲线挤出成实体，用作包角镶爪的爪体，如图 8-2-34 所示。

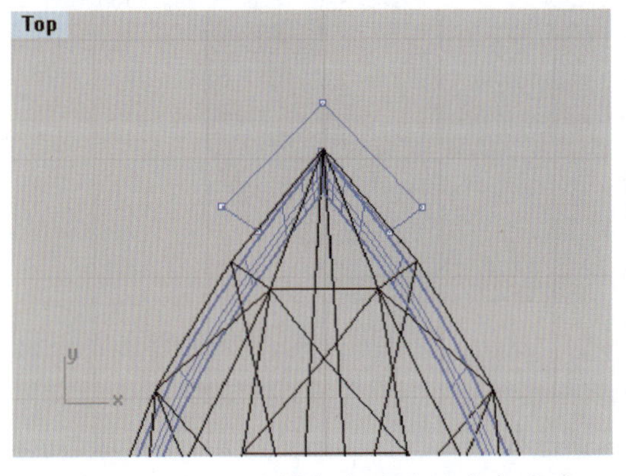

图 8-2-33 绘制包角镶爪的底部曲线

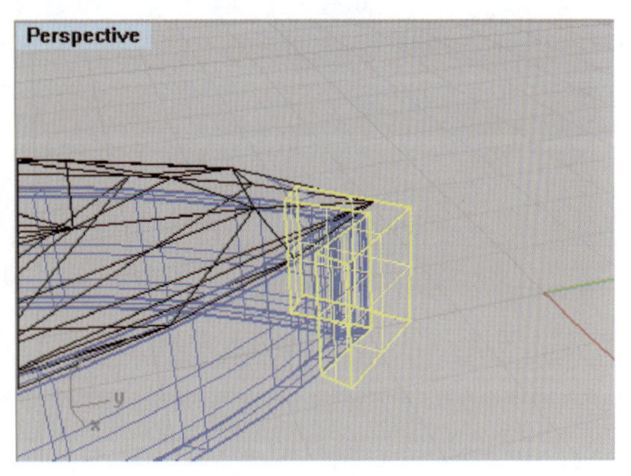

图 8-2-34 挤出包角镶爪体

(3)在 Top 视图中，使用“多重直线”工具(按钮)，在包角镶爪的顶部绘制出一个多边形的爪扣曲线，如图 8-2-35 所示。

(4)使用“在物件上产生布帘曲面”工具(按钮)，框选爪扣曲线及其涉及的琢型边缘，于是在选框范围内产生一片布帘曲面；然后使用“投影至曲面”工具(按钮)，将绘制的多边形爪扣曲线投影到布帘曲面上，如图 8-2-36 所示。

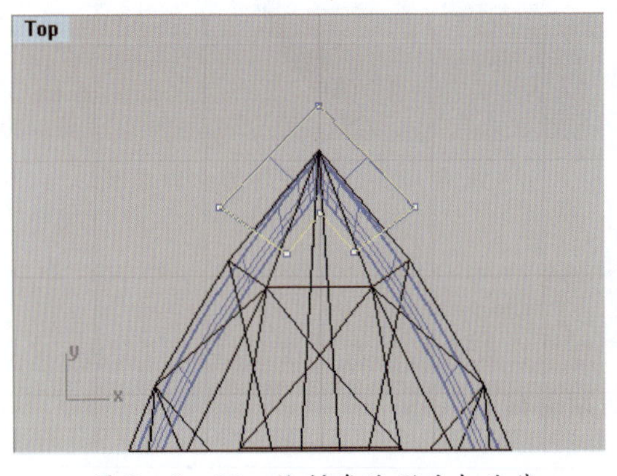

图 8-2-35 绘制多边形爪扣曲线

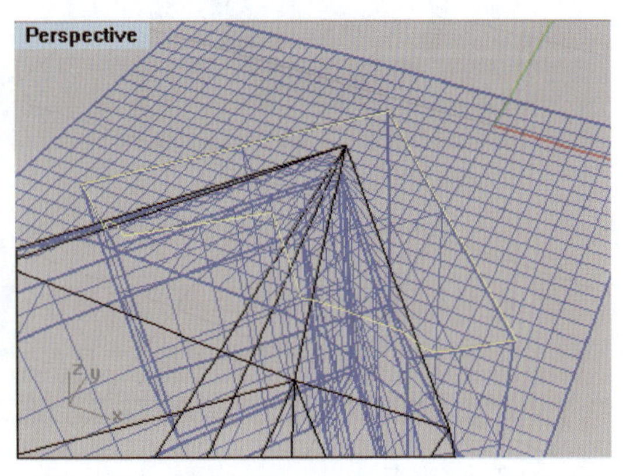

图 8-2-36 将爪扣曲线投影至布帘曲面

(5)将布帘曲面隐藏或者删除，保留投影后的爪扣曲线，使用“嵌面”工具(按钮)，将投影的爪扣曲线嵌成曲面，如图 8-2-37 所示。

(6)使用“挤出曲面”工具(按钮)，将嵌面生成的曲面挤出成实体，挤出距离为 0.2mm，形成包角镶爪的顶部爪扣，如图 8-2-38 所示。

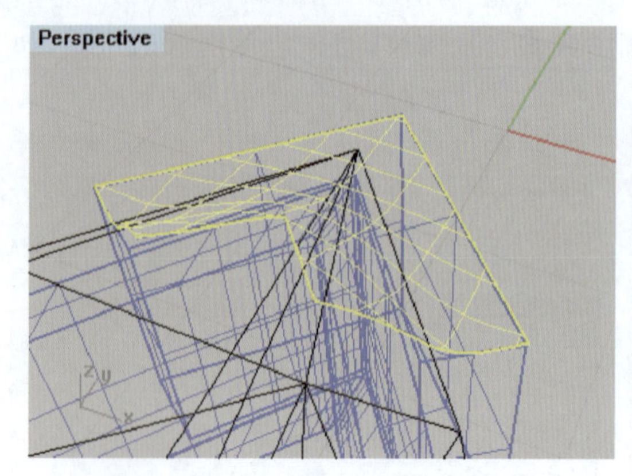

图 8-2-37 将投影的曲线"嵌面"

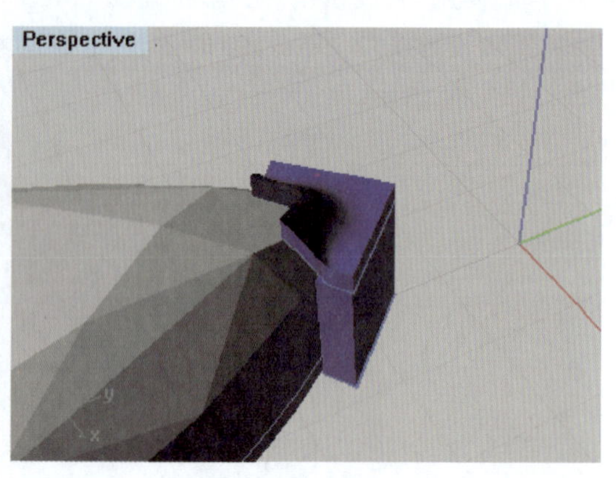

图 8-2-38 挤出爪扣

(7)至此，主石镶口的3个镶爪都制作完成，镶嵌效果如图8-2-39所示，整体耳饰也初具雏形，如图8-2-40所示。

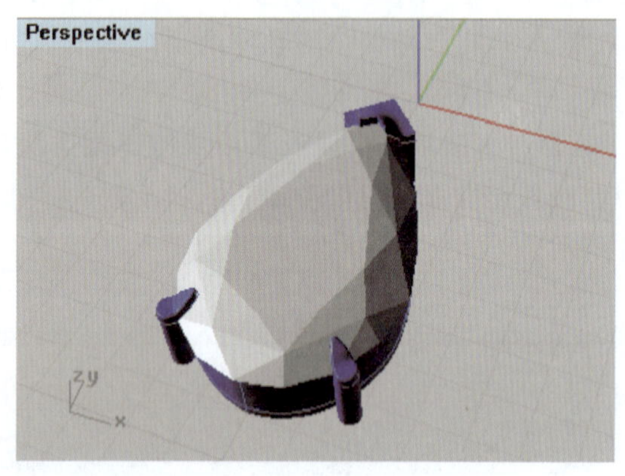

图 8-2-39 主石镶嵌效果图

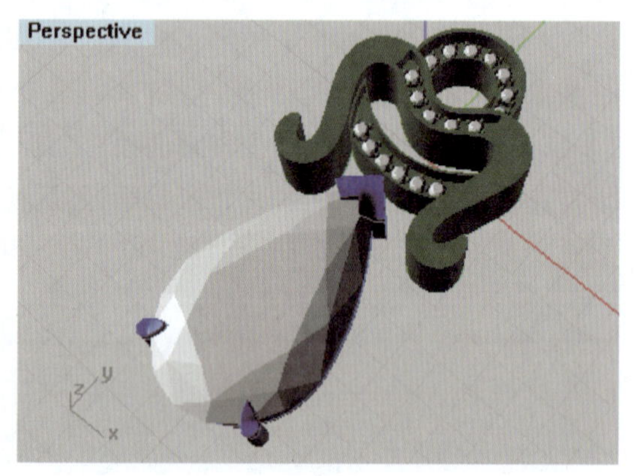

图 8-2-40 耳饰雏形效果图

8.2.3.3 副石镶嵌及支撑杆的制作

点击基本工具栏中"编辑图层"工具(按钮)，在工作区的右侧出现"图层"面板，双击"layer03"图层，将其命名为"耳饰副石"，以便后期编辑。

1. 制作副石镶口

(1)在Top视图中，使用"圆:中心点、半径"工具(按钮)，以坐标点(0，－2.5)为圆心，分别绘制半径为0.3mm和0.4mm的2个同心圆，然后在Front视图中，使用"直线挤出"工具(按钮)，在命令栏中点选"两侧(B)＝否"和"实体(C)＝是"将2段同心圆曲线分别挤出成内、外2个圆柱实体，其中半径为0.3mm的圆挤出距离设置为0.8mm，半径为0.4mm的圆挤出距离设置为1.2mm，并将内部挤出的圆柱体上移，让内、外2个圆柱体顶面重合，如图8-2-41所示。

(2)使用“布尔运算差集”工具(按钮),先选取外部的圆柱体,再选取内部的圆柱体,使二者相减,掏出用于镶嵌副石的孔位,如图8-2-42所示。

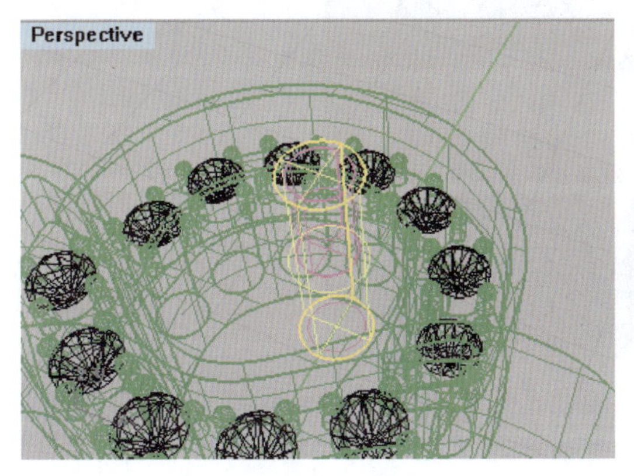

图8-2-41 挤出内、外2个同心圆柱体

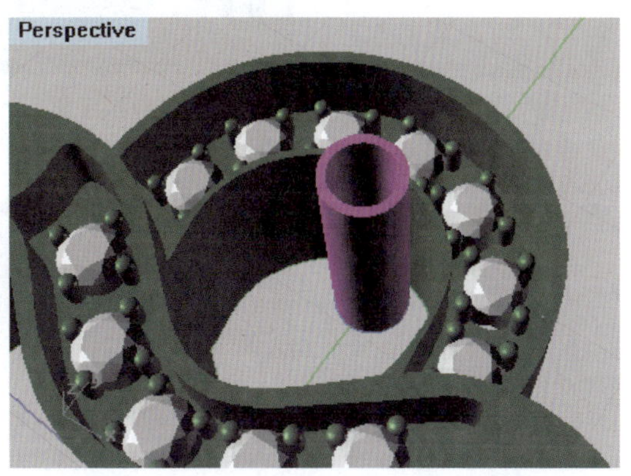

图8-2-42 差集减出耳钉副石镶嵌孔位

(3)在Top视图中,使用“圆:中心点、半径”工具(按钮),于坐标点(0,-2.5)的位置分别绘制半径为0.2mm和0.35mm的2个同心圆,并将它们上移到距离副石镶口顶面0.1mm的位置,作为双轨扫掠的内、外2条路径线。然后,在Right视图中,使用“矩形:角对角”工具(按钮),在路径线上绘制一个边长为0.2mm的正方形作为扫掠用断面曲线,如图8-2-43所示。接着,使用“双轨扫掠”工具(按钮),选取两条路径线和断面曲线,扫掠生成一个圆环状物体。

(4)使用“布尔运算差集”工具(按钮),先单击副石镶口的圆柱体,再单击扫掠生成的圆环状物体,回车或点击右键,将包镶的镶口内侧减出卡口。然后,使用“曲面圆角”工具(按钮),将包镶的镶口外侧边棱做倒圆角处理,圆角半径为0.05mm,如图8-2-44所示。

图8-2-43 双轨扫掠路径与断面曲线

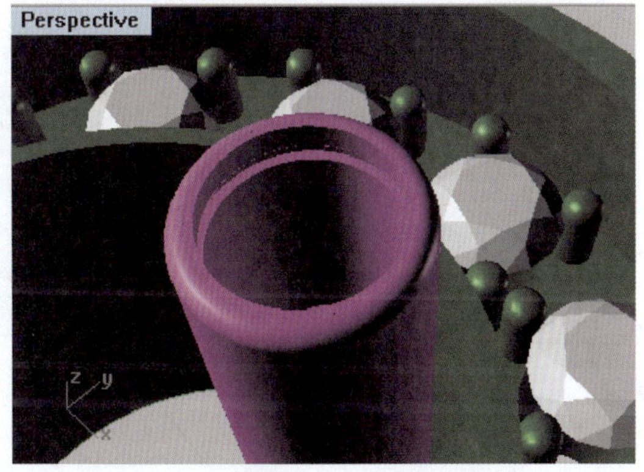

图8-2-44 副石包镶的镶口

(5)在Top视图中,插入一个直径为0.5mm的圆钻型宝石,镶嵌到包镶的镶口中,并注意卡口要卡在宝石的腰棱部位,效果如图8-2-45所示。

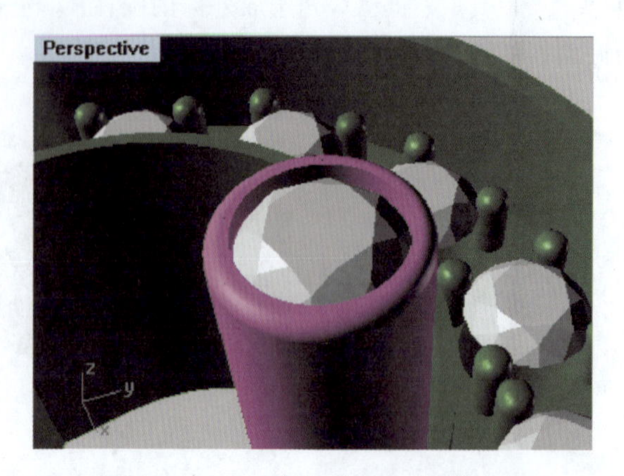

图 8-2-45　在包镶口上镶嵌宝石

2. 制作支撑杆

(1)在 Front 视图中,使用“圆:中心点、半径”工具(按钮),以坐标点(0,0.2)为圆心绘制一个半径为 0.2mm 的圆。然后,在 Right 视图中,使用“直线挤出”工具(按钮),在命令栏中点选“两侧(B)=否”和“实体(S)=是”,挤出距离设置为 4.2mm,创建一个圆形长条状支撑杆,让其从基部贯穿耳钉主体造型,并在两端分别与主石镶口底座、副石镶口底座相连接,如图 8-2-46 所示。

(2)使用“布尔运算并集”工具(按钮),选取支撑杆和耳钉主体造型,将它们合并成一个整体。

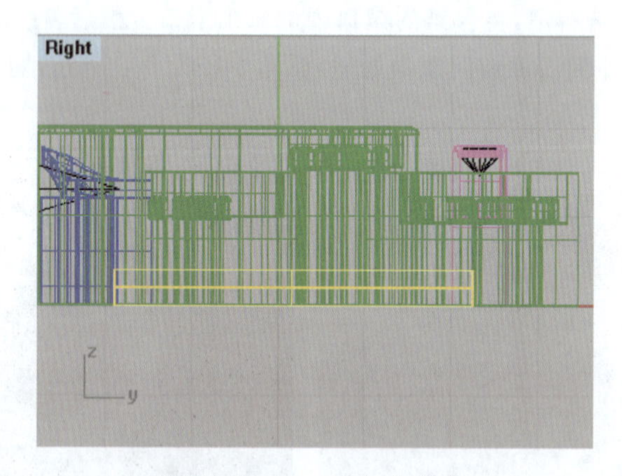

图 8-2-46　耳钉支撑杆

(3)再次选取支撑杆和两端的主石镶口底座、副石镶口底座,重复执行“布尔运算并集”命令(按钮),使它们连接为一体,如图 8-2-47 所示。

(4)至此,除耳针和耳背部件尚缺外,耳饰的整体造型基本完成,其正面整体效果如图 8-2-48 所示。

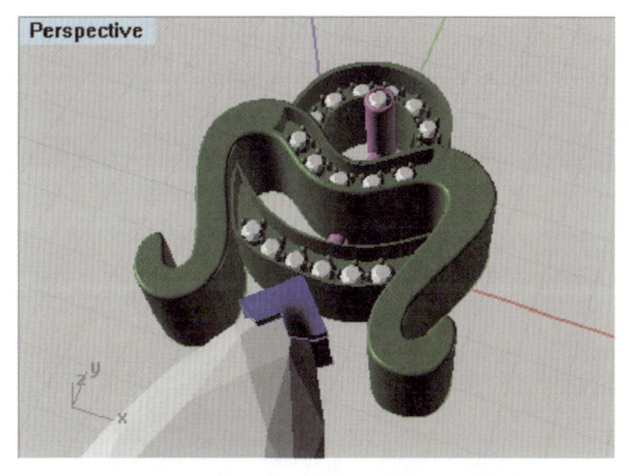

图 8-2-47 支撑杆与镶口底座连接

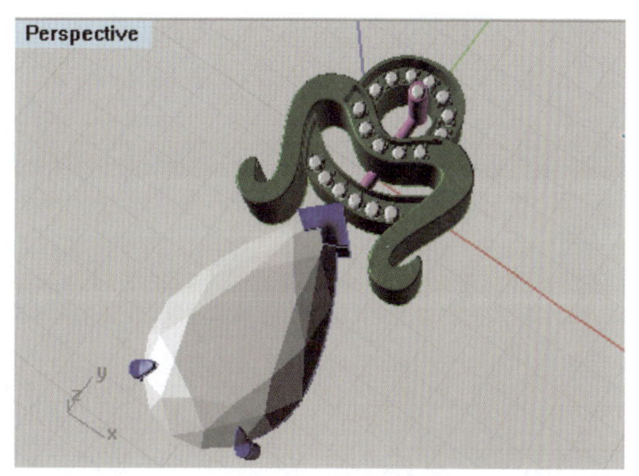

图 8-2-48 耳饰正面整体效果

8.2.3.4 耳针、耳背的制作

点击基本工具栏中的“编辑图层”工具(按钮)，在工作区右侧出现图层面板，双击“layer04”图层，将其重命名为“耳针、耳背”，以便后期编辑。另外，为了避免干扰，可以将其他图层暂时关闭，或者将前面已完成的模型及结构线等暂时隐藏。

(1)在 Front 视图中，使用“多重直线”工具(按钮)，绘制一条长 3.2mm 的轮廓线，其起点位于坐标(−0.15,0)处，注意在轮廓线下段绘制 2 个小凹槽，并结合使用“曲线圆角”工具(按钮)将下端修改成圆角线，如图 8-2-49 所示。

(2)选取轮廓线，使用“旋转成形”工具(按钮)，让其沿 z 轴方向旋转 360°，形成耳针的造型，如图 8-2-50 所示。

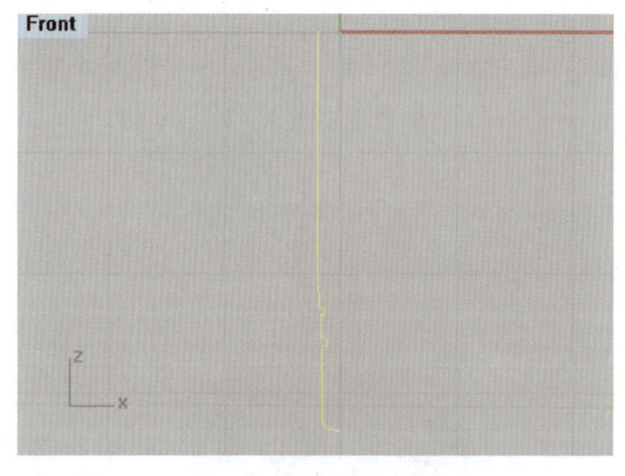

图 8-2-49 耳针结构线

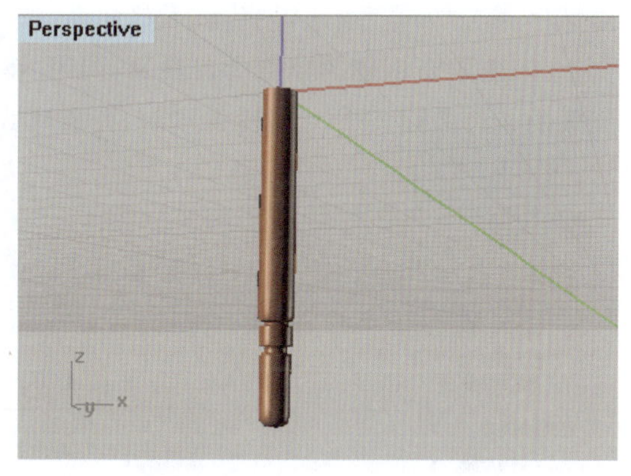

图 8-2-50 旋转形成耳针

(3)用同样的方式，在 Front 视图中，使用“圆角矩形”工具(按钮)，在命令栏提示“半径或圆角通过的点”后输入 60，在耳针下段的凹槽部位左侧绘制一个长 0.5mm、宽 0.2mm，的圆角矩形，并使用“旋转成形”工具(按钮)，将其沿 z 轴方向旋转 360°，形成耳背的造型，如图 8－2－51 所示。

(4)在 Front 视图中，使用“控制点曲线”工具(按钮)绘制出一条耳背卡口的轮廓曲线，用作扫掠的路径线，可以开启控制点，调整控制点使曲线形态圆顺和大小适中，如图 8－2－52 所示。

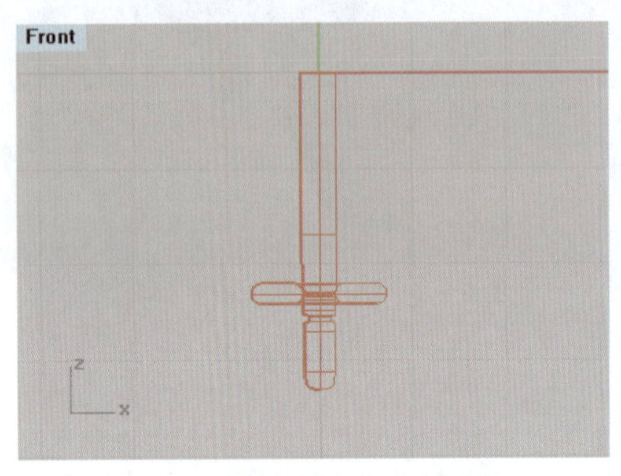

图 8－2－51 旋转形成耳背

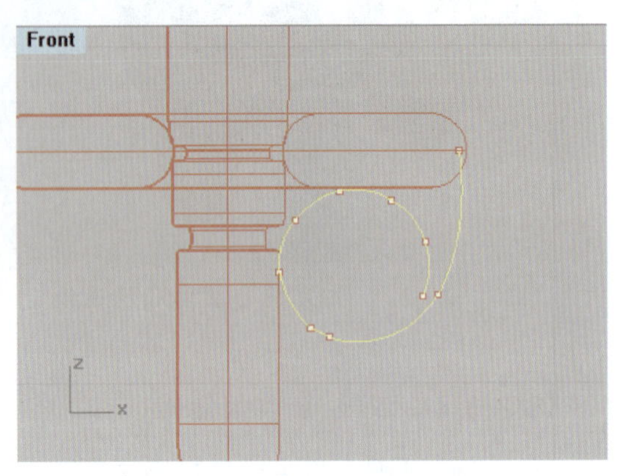

图 8－2－52 绘制耳背卡口轮廓曲线

(5)在 Top 视图中，使用“圆角矩形”工具(按钮)，在命令栏提示“半径或圆角通过的点”后输入 60，在耳背卡口轮廓线上绘制一个长 0.5mm、宽 0.05mm 的圆角矩形，作为耳背卡口的断面曲线。然后，使用“移动”工具(按钮)在 Perspective 视图中通过捕捉圆角矩形中心点和路径线端点将圆角矩形移动到路径线端点处，同时使用“2D 旋转”工具(按钮)在 Right 视图中将圆角矩形旋转至与路径线垂直，作为耳背卡口的断面曲线。接着，使用“单轨扫掠”工具(按钮)，依次选取耳背卡口的路径曲线和断面曲线，在弹出的“单轨扫掠选项”对话框点击“确定”按钮，创建成卡口曲面，如图 8－2－53 所示。

(6)选取新创建的单侧卡口曲面，调用“镜像”工具(按钮)，在 Perspective 视图中将已完成的卡口曲面关于 y 轴镜像复制，完成耳背另一侧卡口的制作，如图 8－2－54 所示。

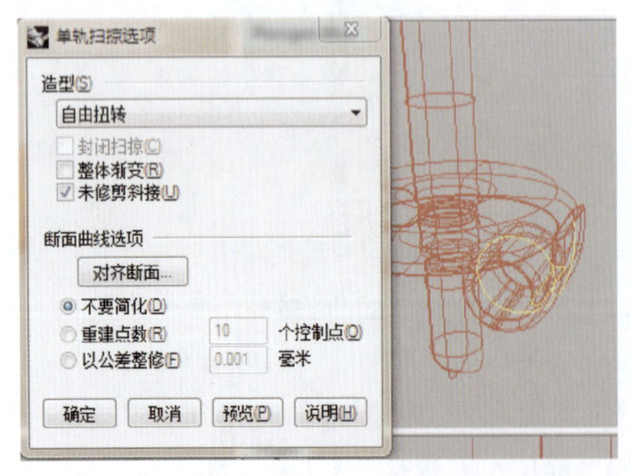

图 8－2－53 “单轨扫掠选项”对话框

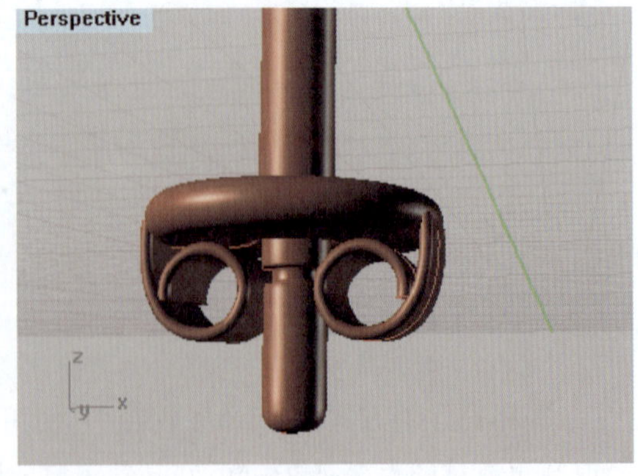

图 8－2－54 耳背两侧卡口制作完成

(7)至此，复古耳饰的模型全部制作完成，如图 8-2-55 所示。

(8)将耳饰模型导入 KeyShot 中进行渲染，图 8-2-56～图 8-2-58 为不同视角的渲染效果。

图 8-2-55 复古耳饰模型效果图

图 8-2-56 复古耳饰 KeyShot 渲染效果图(1)

图 8-2-57 复古耳饰 KeyShot 渲染效果图(2)

图 8-2-58 复古耳饰 KeyShot 渲染效果图(3)

8.3 戴妃款耳钉

8.3.1 戴妃款耳钉的设计构思

1981 年，戴安娜王妃和查尔斯王子订婚时，在王室众多首饰中，戴安娜王妃对一枚镶着一圈钻石的椭圆形宝石戒指情有独钟，从此掀起了一股时尚潮流，这枚戒指就是戴妃款首饰的原型。戴妃款在珠宝界是这么一个爆款，从明星到平民，没有一个人不喜欢，人人都想复制拥有，因为它不仅仅是经典的重现，更代表着美丽、高贵、优雅。

本节介绍的这款戴妃款耳钉(图 8-3-1),就是从经典的戴妃款戒指(图 8-3-2)演变而来的,它中间镶嵌着 1ct 的坦桑石,大方而又华丽。

图 8-3-1 戴妃款耳钉

图 8-3-2 戴妃款戒指

8.3.2 制作戴妃款耳钉所需的材料

此款耳钉主材质是 18K 白金,镶嵌的主石是两颗 1ct(直径为 6.5mm)的圆形坦桑石,副石主要是 12 颗 4 分(直径为 2.22mm)的群镶钻石。

8.3.3 戴妃款耳钉的制作步骤

1. 主石镶口的制作

戴妃款耳钉主要由主石镶口、副石镶口、耳针和耳背组成。主石镶口基本上是四爪镶,副石镶口是共爪三爪镶嵌。

制作前先建立图层,点击基本工具栏中的“编辑图层”工具(按钮),在工作区的右侧出现“图层”面板,双击“layer01”图层,将其重命名为“耳钉主石”,以便后期编辑。主石镶口的制作步骤如下。

(1)在 Top 视图中,插入直径为 6.5mm 的标准圆钻型宝石,放置于视图中心。然后使用“圆:中心点、半径”工具(按钮),绘制一条直径为 6mm 的圆形曲线。接着选取圆形曲线,使用“偏移曲线”工具(按钮),偏移距离 0.5mm,向内偏移复制出一条圆形曲线,如图 8-3-3 所示。

(2)在 Perspective 视图中,隐藏宝石,选取内、外两条圆形曲线,使用“直线挤出”工具(按钮),在命令栏中点选“两侧(B)=否””和“加盖(C)=是””,设置挤出距离为 2mm,挤出成圆环状实体,作为主石镶口的底座,如图 8-3-4 所示。

(3)在 Top 视图中,使用“圆:中心点、半径”工具(按钮),在主石镶口底座的右上边部,以坐标点(2.3,2.3)为圆心绘制一个直径为 1mm 的圆形曲线,然后使用“直线挤出”工具(按钮),在命令栏中点选“两侧(B)=否”和“实体(C)=是”,挤出距离设置为 2.5mm,将

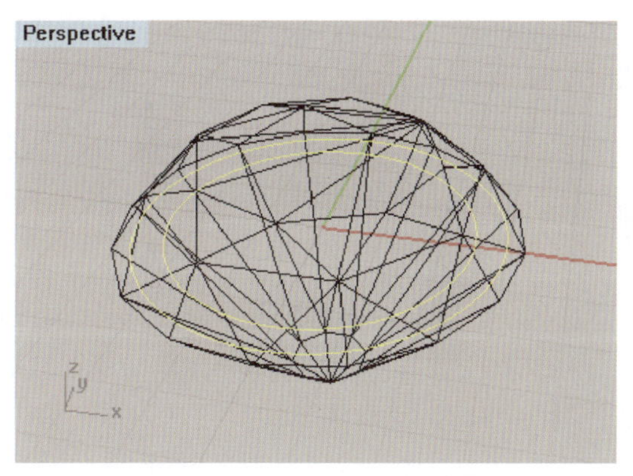

图 8-3-3 向内偏移曲线

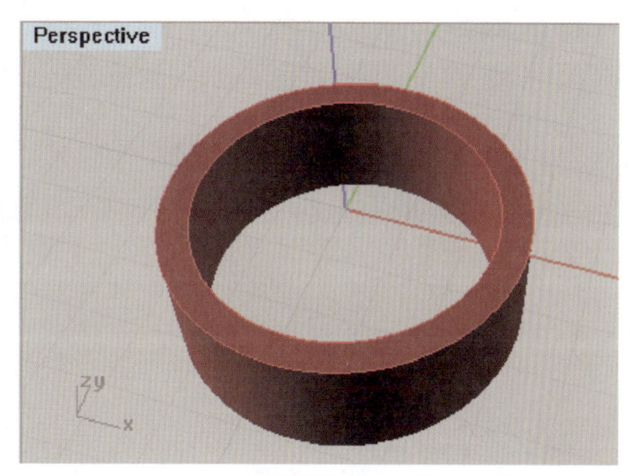

图 8-3-4 挤出曲面形成主石镶口底座

圆形曲线挤出成圆柱体,成为镶口的镶爪,如图 8-3-5 所示。

(4)使用“圆弧:中心点、起点、角度”工具(按钮),通过先在 Perspective 视图中捕捉圆柱体镶爪顶端中心点,然后将鼠标光标移到 Right 视图捕捉其边缘线四分点,绘制一条 180°的圆弧线,如图 8-3-6 所示。

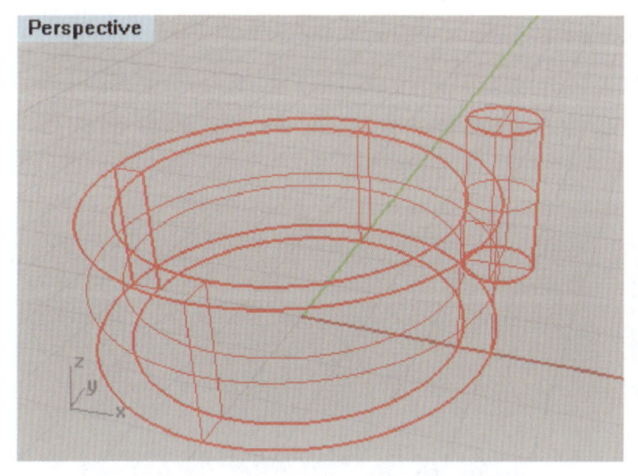

图 8-3-5 挤出镶爪

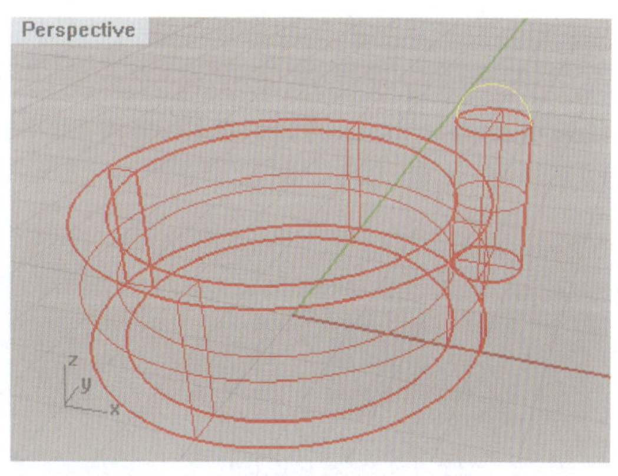

图 8-3-6 在镶爪顶部绘制圆弧线

(5)使用“嵌面”工具(按钮),选取圆柱体镶爪的顶面边缘线和圆弧线,将镶爪的顶端做成圆顶形,如图 8-3-7 所示。

(6)在 Top 视图中,使用“环形阵列”工具(按钮)选取镶爪,以主石镶口底座中心点为阵列中心,在命令栏中将阵列数设置为 4,旋转角度总合设置为 360°,随即环形阵列复制成 4 个镶爪,主石的镶口制作完成,如图 8-3-8 所示。

2. 耳钉副石的镶嵌

首先建立图层,点击基本工具栏中的“编辑图层”工具(按钮),在工作区的右边出现“图层”面板,双击“layer02”图层,将其重命名为“耳钉副石”,以便后期编辑。耳钉副石镶嵌的制作步骤如下。

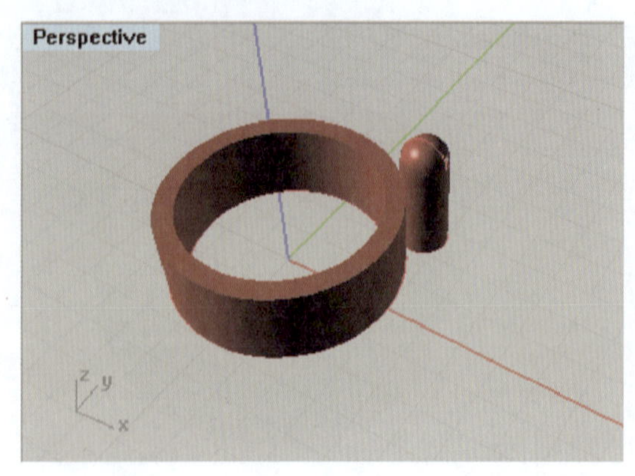

图 8－3－7　制作完成一个镶爪

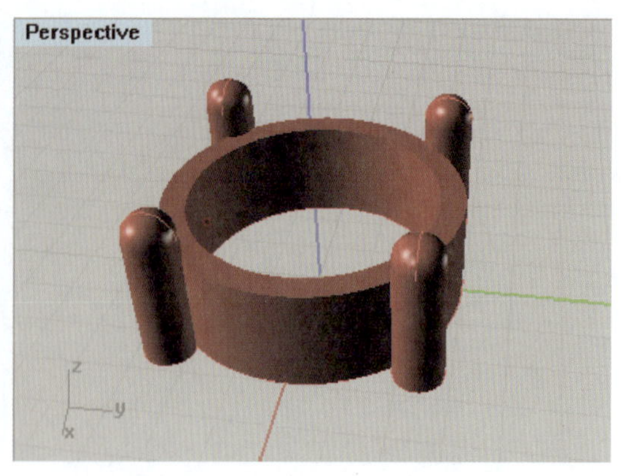

图 8－3－8　完成主石镶口制作

(1)在 Top 视图中，插入一颗直径为 2.22mm 的圆钻型，放置在主石镶口的上方，坐标点(0，4.05)的位置。使用“圆：中心点、半径”工具(按钮)，以坐标点(0，4.05)为圆心，绘制直径为 2mm 的圆形曲线，然后使用“偏移曲线”工具(按钮)，偏移距离为 0.2mm，将圆形曲线向内偏移复制。接着在 Perspective 视图中，使用“以平面曲线创建曲面”工具(按钮)，将 2 条圆形曲线创建为一个圆环曲面，再使用“挤出曲面”工具(按钮)，挤出距离为 0.5mm，将生成的圆环曲面挤出成圆环柱体，作为副石镶口，如图 8－3－9 所示。

(2)在 Top 视图中，使用“圆：中心点、半径”工具(按钮)，在主石镶口和副石镶口之间绘制直径为 0.5mm 的圆形曲线，再用“以平面曲线创建曲面”工具(按钮)，将圆形曲线创建为曲面，如图 8－3－10 所示。

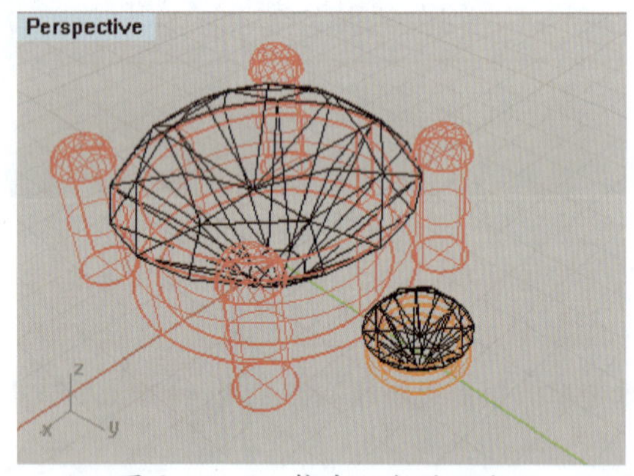

图 8－3－9　挤出一个副石镶口

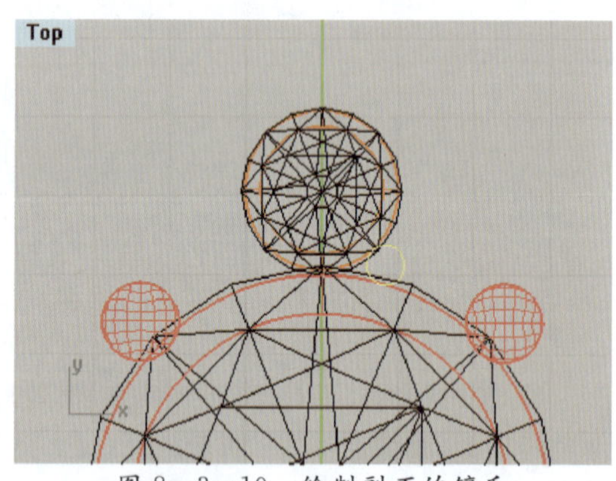

图 8－3－10　绘制副石的镶爪

(3)使用“直线挤出”工具(按钮)，在命令栏中点选“两侧(D)＝否”和“实体(C)＝是”，挤出距离设置为 1mm，将圆形曲线挤出成圆柱体，作为副石的镶爪。接下来在 Right 视图中，使用“圆弧：中心点、起点、角度”工具(按钮)，在其镶爪顶端绘制 180°的圆弧线，如图 8－3－11 所示。

(4)使用“嵌面”工具(按钮)，选取镶爪的顶面边缘线和圆弧线，将镶爪顶端做成圆顶形，如图 8－3－12 所示。

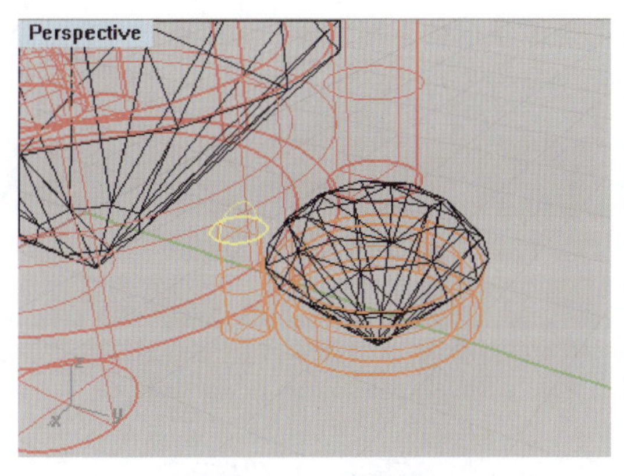

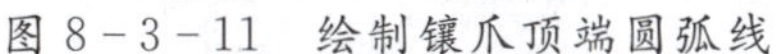
图 8-3-11 绘制镶爪顶端圆弧线

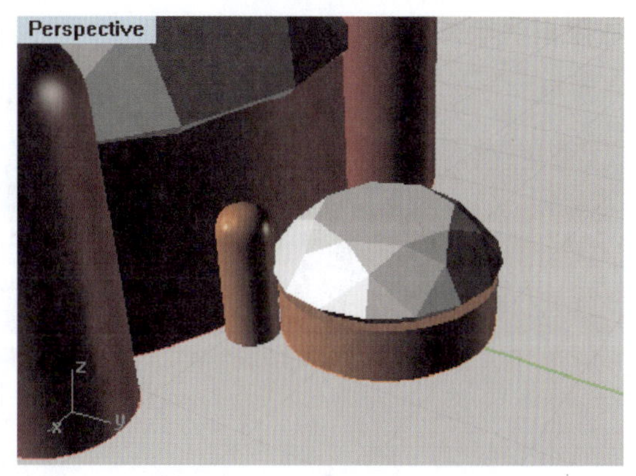

图 8-3-12 副石的镶口和镶爪

(5)在 Top 视图中,使用"环形阵列"工具(按钮),选择副石及镶口和镶爪,以坐标点(0,0)为阵列中心,在命令栏设置阵列数为 12,回车后,副石及镶口和镶爪环绕主石镶口排列。注意此时有 4 个副石镶爪与主石镶爪重合,可以将其删掉,让其共用主石镶爪,如图 8-3-13 所示。

(6)在 Top 视图中,使用"复制"工具(按钮),选取副石镶口的任意一个内围镶爪进行复制并移动至镶口外围坐标点(0,5.25)位置,然后在 Right 视图中使用"控制点曲线"工具(按钮),从该镶爪的底面中心坐标点(0,5.25)向下往内到坐标点(0.3,-2)绘制一条延伸曲线,同时点击"开启编辑点"工具(按钮),拖动控制点使曲线顺滑,用作下一步骤挤出曲面的路径线,如图 8-3-14 所示。

图 8-3-13 副石镶口与共爪

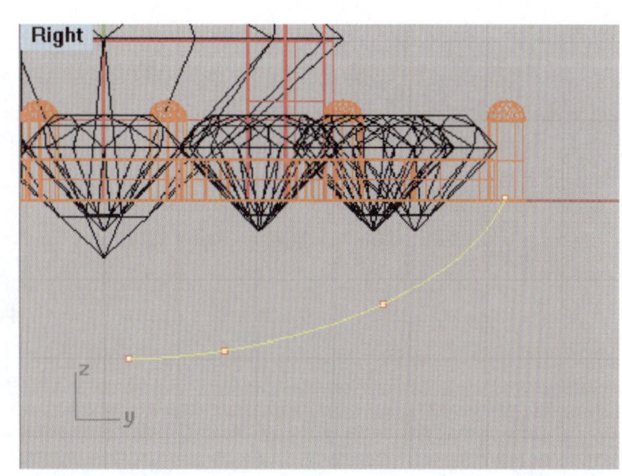

图 8-3-14 绘制副石外围镶爪的延伸曲线

(7)调用"挤出曲面"/"沿着曲线挤出曲面"工具(按钮),按命令栏提示,依次选取镶爪的底面作为挤出曲面,选取上一步骤绘制的路径曲线,在靠近起点处单击,随即形成一个由镶爪向下沿路径线延伸的曲面造型,如图 8-3-15 所示。

(8)使用"环形阵列"工具(按钮),选取上一步骤制作的副石镶口外围镶爪和向下挤出的延长曲面,以坐标点(0,0)为阵列中心,在命令栏中设置阵列数为 12,回车或点击右键,完成副石镶口外围镶爪的环形排列，注意这时各个外围镶爪的下部延伸曲面端点在耳钉底部交会在一起，呈放射状结构，如图 8－3－16 所示。

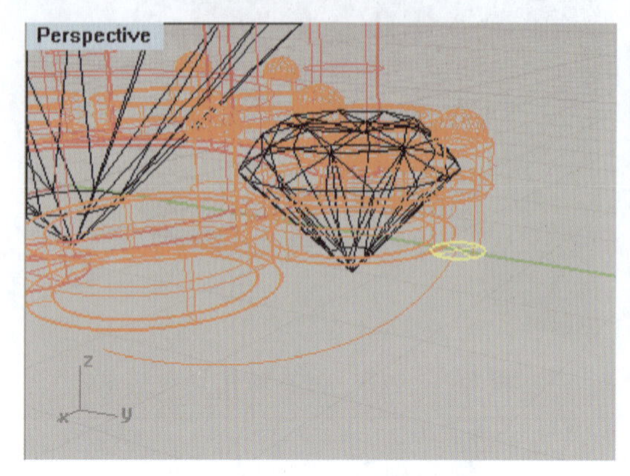

图 8－3－15　沿着曲线挤出曲面

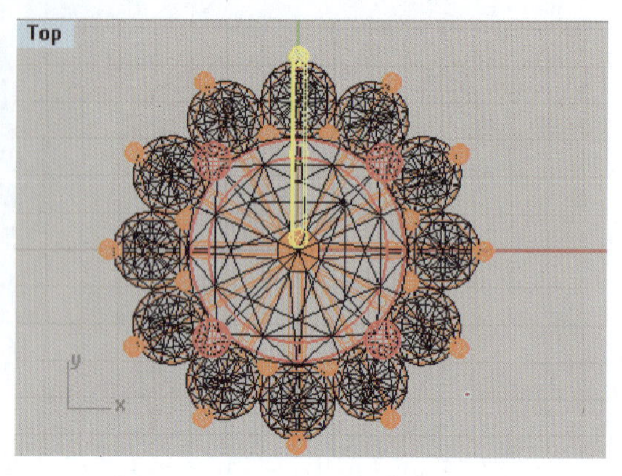

图 8－3－16　环形阵列外围镶爪

3. 耳针、耳背的制作

首先建立图层，点击工具栏“编辑图层”工具（按钮），在工作区右边出现“图层”面板，双击“layer03”图层，将其重命名为“耳针、耳背”，以便后期编辑。耳针、耳背的制作步骤如下。

(1)在 Front 视图中，使用“多重直线”工具（按钮），在耳钉外围镶爪下延曲面端点的交会部位，即坐标(－0.15，－2)处，向下绘制一条长度为 6.2mm 的耳针轮廓线，注意在轮廓线下段绘制 2 个小凹槽，并结合使用“曲线圆角”工具（按钮）将下端修改成圆角线，如图 8－3－17 所示。

(2)选取耳针轮廓线，使用“旋转成形”工具（按钮），将其沿着 z 轴旋转 360°形成耳针的造型，如图 8－3－18 所示。

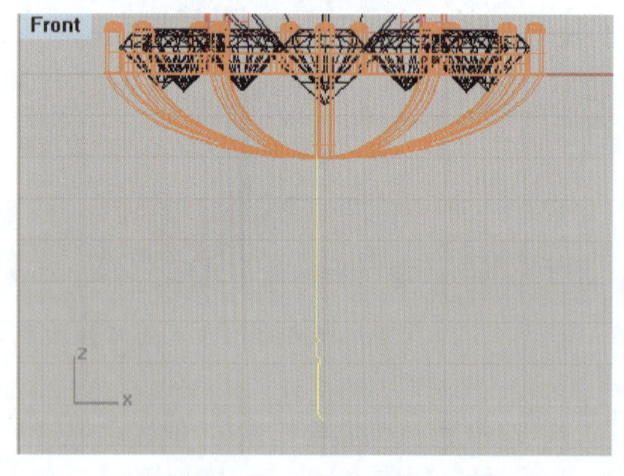

图 8－3－17　绘制耳针轮廓线

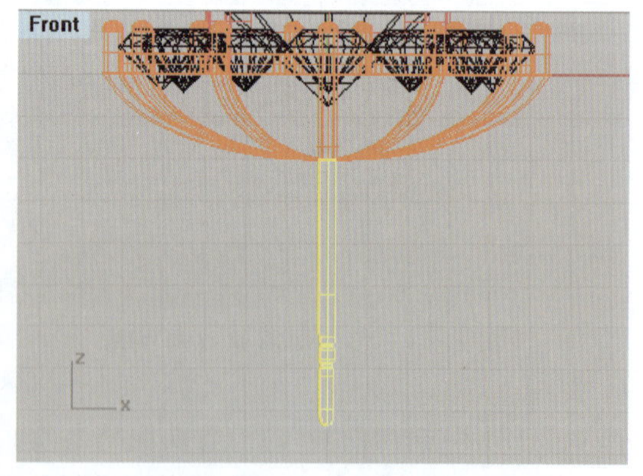

图 8－3－18　旋转形成耳针

(3)用同样的方式，在 Front 视图中，使用“圆角矩形”工具（按钮），在命令栏提示“半径或圆角通过的点”后输入 60，在耳针下段的凹槽部位左侧，绘制一个长 1.85mm、宽

0.25mm 的圆角矩形，并使用“旋转成形”工具（按钮），将其沿 z 轴旋转 360°，形成耳背的造型，效果如图 8-3-19 所示。

(4)在 Front 视图中，使用“控制点曲线”工具（按钮），从耳背向下沿顺时针方向绘制一条耳背卡口的轮廓曲线，用作扫掠的路径线，可以开启控制点，调整控制点使曲线形态圆顺、大小适中，如图 8-3-20 所示。

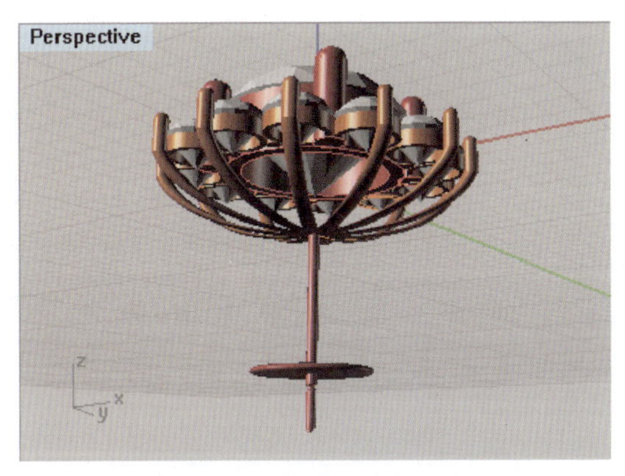

图 8-3-19 旋转形成耳背造型

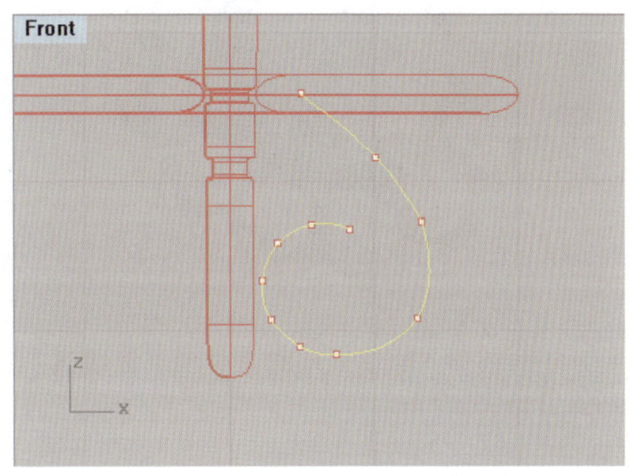

图 8-3-20 绘制耳背卡口轮廓曲线

(5)在 Top 视图中，使用“圆角矩形”工具（按钮），在命令栏中提示“半径或圆角通过的点”后输入 60，绘制一个长 2.65mm、宽 0.2mm 的圆角矩形。然后，使用“移动”工具（按钮），在 Perspective 视图中，通过捕捉圆角矩形中心点和路径线端点，将圆角矩形移动到路径线端点处，同时使用“2D 旋转”工具（按钮），在 Right 视图中，将圆角矩形旋转至与路径线垂直，作为耳背卡口的断面曲线（图 8-3-21）。接着，使用“单轨扫掠”工具（按钮），依次选取耳背卡口的路径曲线和断面曲线，在弹出的“单轨扫掠选项”对话框点击“确定”按钮，创建卡口曲面。

(6)在 Right 视图中，使用“镜像”工具（按钮），将耳背卡口沿 z 轴镜像复制，完成耳背的制作，效果如图 8-3-22 所示。

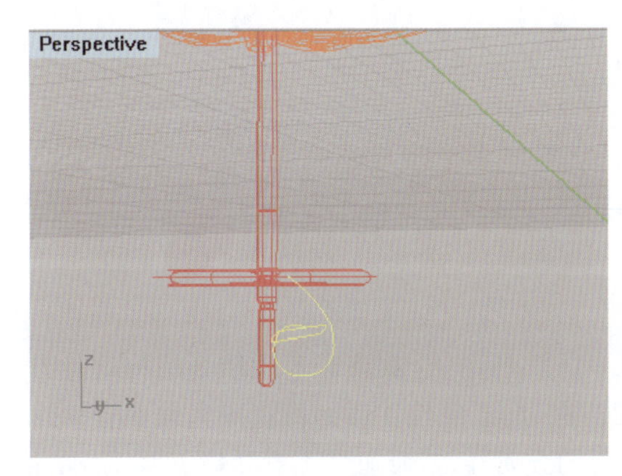

图 8-3-21 耳背一侧卡口的断面曲线与路径曲线

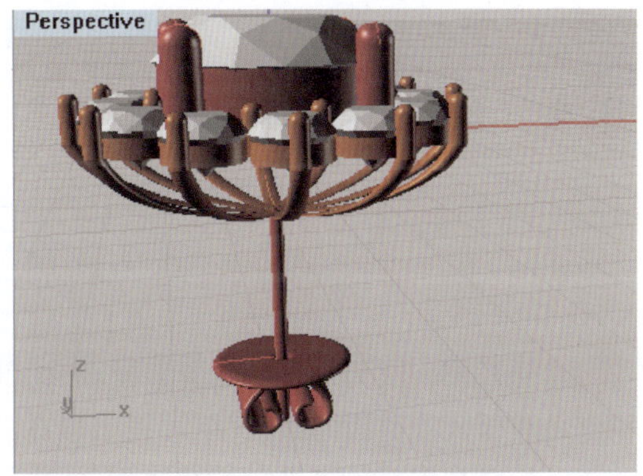

图 8-3-22 耳背制作完成

(7)至此，戴妃款耳钉全部制作完成，其整体造型效果如图 8-3-23 所示。

(8)最后，将模型导入 KeyShot 中，赋予相应的材质进行渲染，图 8-3-24～图 8-3-26 为不同视角下模型的渲染效果。

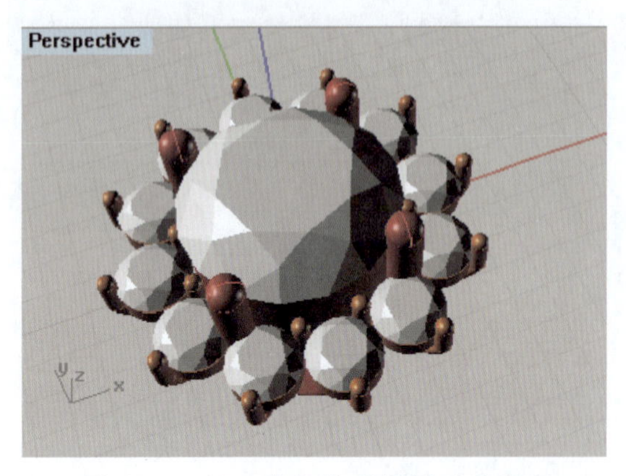

图 8-3-23 戴妃款耳钉模型效果图

图 8-3-24 戴妃款耳钉 KeyShot 渲染效果图(1)

图 8-3-25 戴妃款耳钉 KeyShot 效果图(2)

图 8-3-26 戴妃款耳钉 KeyShot 渲染效果图(3)

8.4 珍珠耳坠

8.4.1 珍珠耳坠的设计构思

珍珠耳饰一直为众多女性所喜爱，如图 8-4-1 所示，这款珍珠耳坠结合腊梅的造型，以红色碧玺代表腊梅的红艳，更衬托出珍珠的洁白，寓意现代女性如梅花般坚强而有韧性。此款耳坠对耳钩部分也进行了设计，不再是单调的金属耳钩，而加强了对耳钩正面部分的修饰，作了一个逐渐变宽的设计，并镶嵌上一排钻石，让整个耳坠外观更加饱满、璀璨。

碧玺、钻石、珍珠，由这三者搭配出的耳坠秀气、华丽又不累赘，适合自信、优雅、有魅力的女性佩戴。

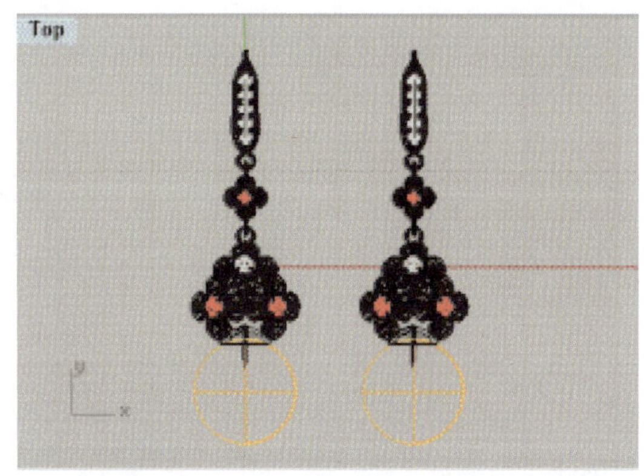

图 8-4-1 珍珠耳坠

8.4.2 珍珠耳坠所需的材料

此款耳坠主材质是18K白金，镶嵌的主石是2颗直径为10mm的珍珠，副石为2颗3分(直径为2.02mm)钻石、10颗1分(直径为1.4mm)钻石和4颗直径为2.02mm的红碧玺、2颗直径为1.4mm的红碧玺。

8.4.3 珍珠耳坠的制作步骤

8.4.3.1 珍珠部位的装饰及镶口制作

1. 制作装饰花

(1)在Top视图中，使用"控制点曲线"工具(按钮)，分别经过坐标点(2,3)、(3,5)、(0,6)、(−3,5)、(−2,3)绘制一条曲线，如图8-4-2所示。

(2)使用"环形阵列"工具(按钮)，选取曲线，以Top视图原点为阵列中心，在命令栏中输入阵列数4，回车后，将曲线环形复制成4个，如图8-4-3所示。

(3)从菜单栏调用"曲线"/"连接曲线"命令，在命令栏中点选"组合(J)=是"，依次点击相邻曲线端点，将4条曲线连接为一体，如图8-4-4所示。

(4)使用"控制点曲线"工具(按钮)，分别经过坐标点(2,2)、(3.5,4.2)、(2.5,6.5)、(0,7)、(−2.5,6.5)、(−3.5,4.2)、(−2,2)绘制一条曲线，如图8-4-5所示。

(5)按上述步骤同样的方式，使用"环形阵列"工具(按钮)将新绘制的控制点曲线环形复制4个，并调用"连接曲线"命令将它们连接为一体，如图8-4-6所示。

至此，上述内、外两条曲线构成了花朵的基本轮廓，下述步骤主要是通过选择曲线不同

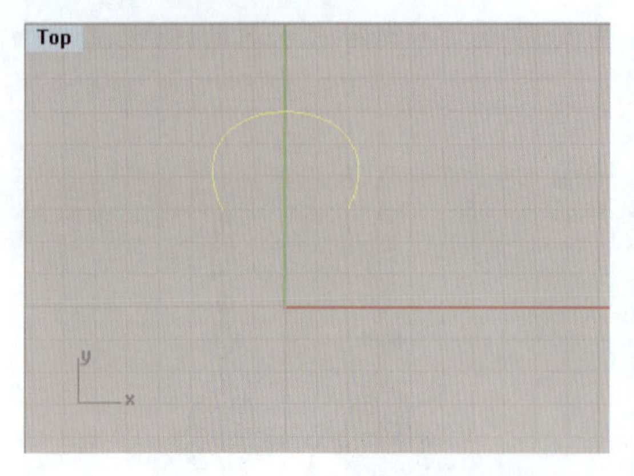

图 8-4-2 绘制花瓣曲线

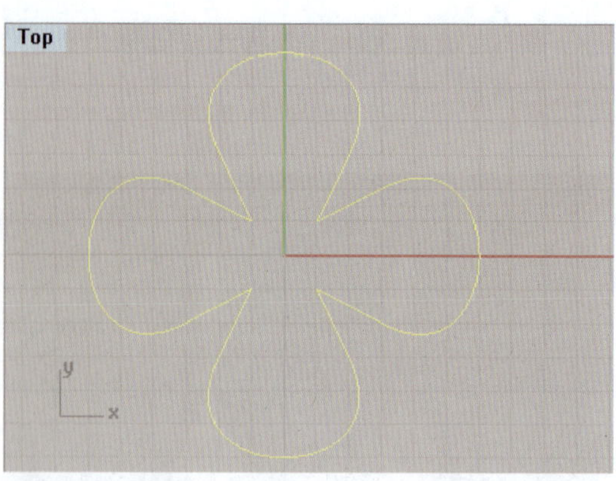

图 8-4-3 环形阵列曲线

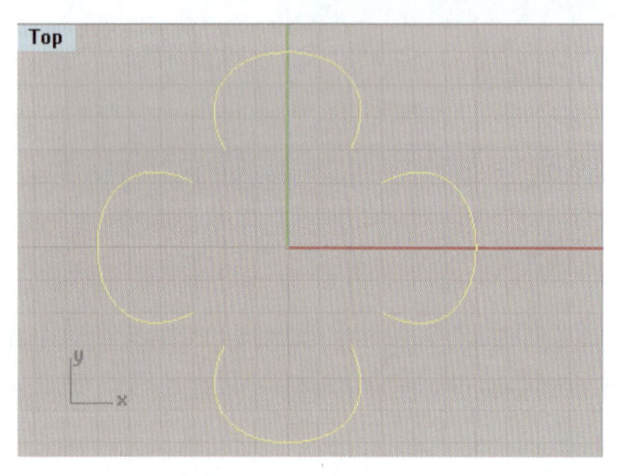

图 8-4-4 连接曲线

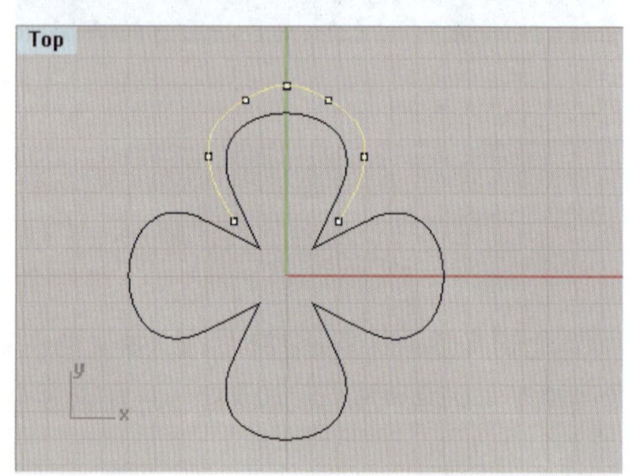

图 8-4-5 绘制控制点曲线

部位的控制点，使用“移动”工具(按钮)上下调整控制点位置，编辑花朵形态。

(6)选取内外两条花朵曲线，点击“开启控制点”命令使曲线控制点显示，在 Top 视图中按住 Shift 键，选择如图 8-4-7 所示的控制点，在 Front 视图中将其集体上移 1mm。

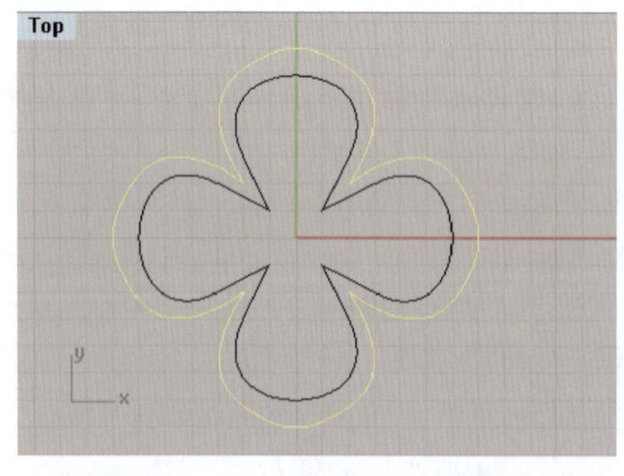

图 8-4-6 环形阵列并连接曲线

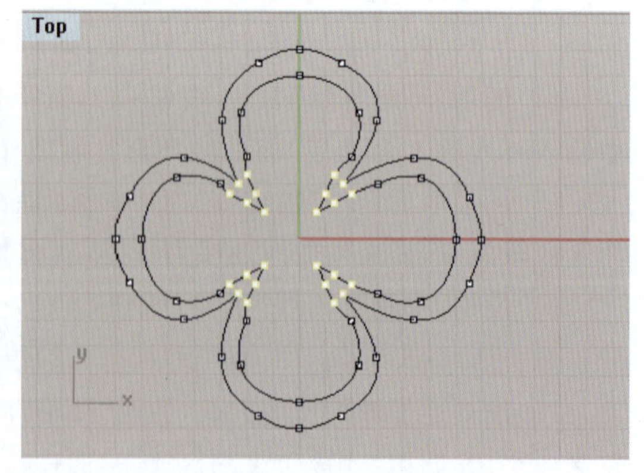

图 8-4-7 选取上移控制点

(7)在 Top 视图中按住 Shift 键,选取如图 8-4-8 所示的控制点,在 Front 视图中将其集体下移 0.6mm。

(8)在 Top 视图中按住 Shift 键,选取如图 8-4-9 所示的控制点,在 Front 视图中将其集体下移 0.3mm。

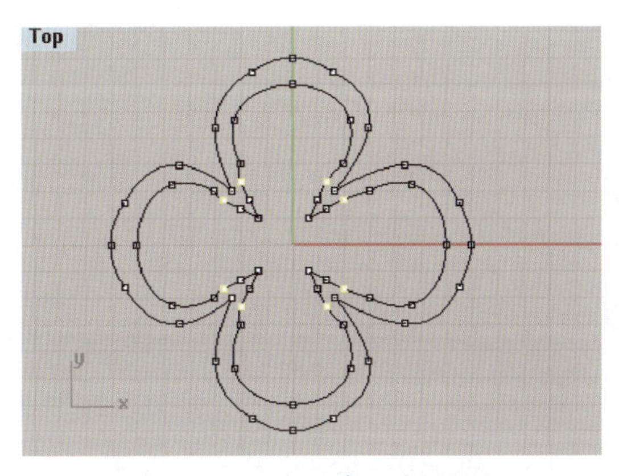

图 8-4-8 选取并下移控制点 1

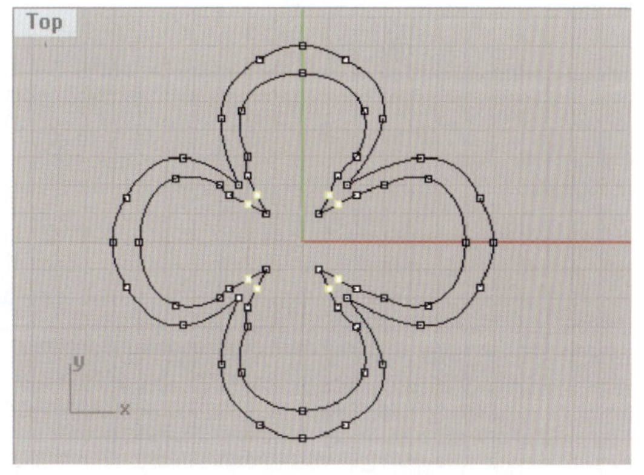

图 8-4-9 选取并下移控制点 2

(9)在 Top 视图中按住 Shift 键,选取如图 8-4-10 所示的控制点,在 Front 视图中将其集体上移 1mm。

(10)在 Top 视图中按住 Shift 键,选取如图 8-4-11 所示的控制点,在 Front 视图中将其集体上移 0.6mm。

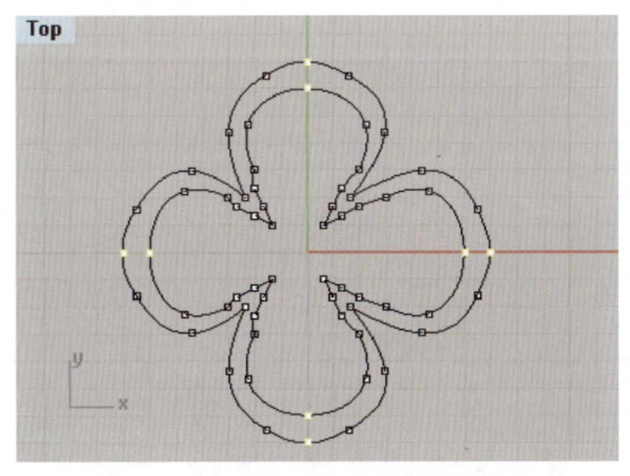

图 8-4-10 选取并上移控制点 1

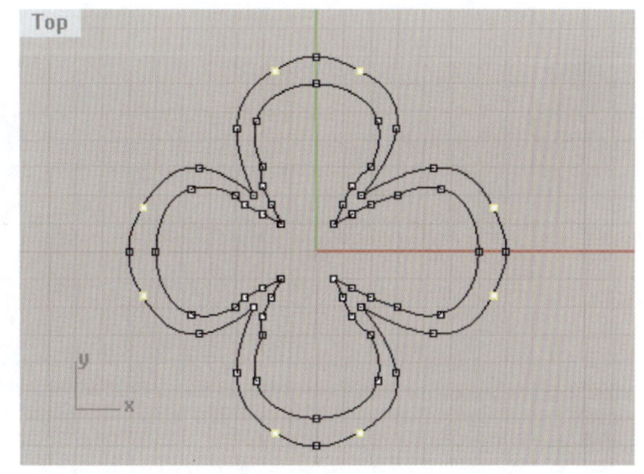

图 8-4-11 选取并上移控制点 2

(11)点击“关闭控制点”命令使曲线控制点隐藏,图 8-4-12 是曲线编辑完毕后花瓣的四视图效果。

(12)在 Top 视图中,点击“曲面”展开工具栏的“嵌面”工具(按钮),将花瓣的外圈曲线嵌面形成曲面,如图 8-4-13 所示。

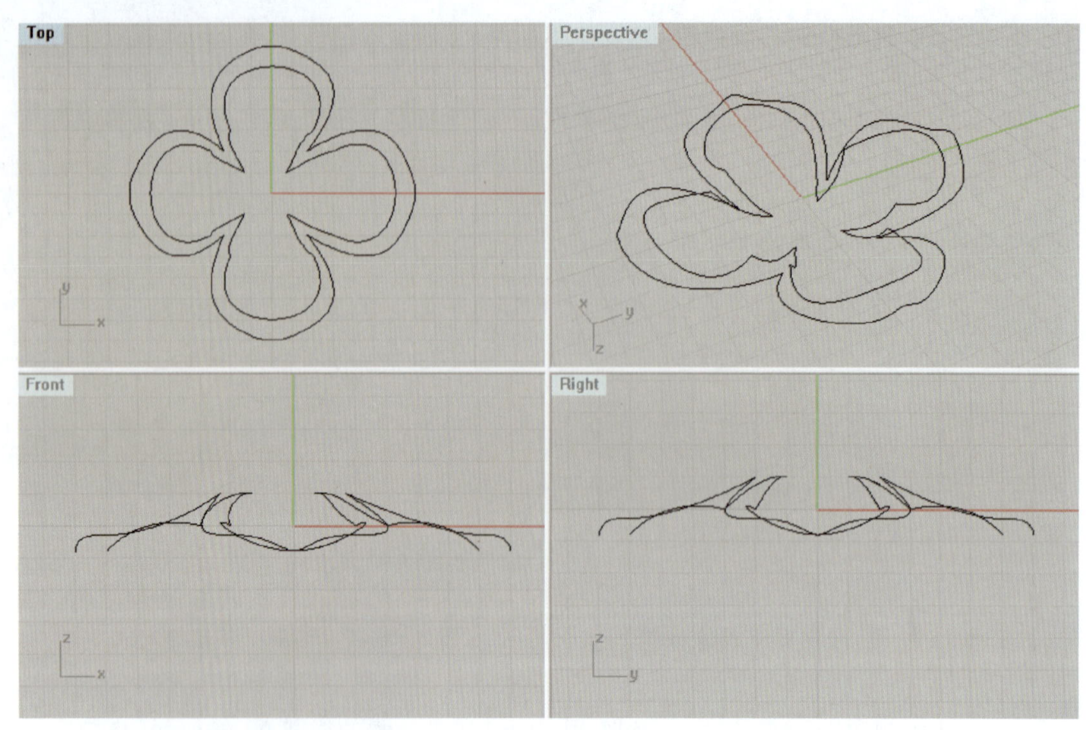

图 8-4-12　花瓣四视图效果

(13)使用工具栏中的“修剪”工具(按钮)，先选取嵌面曲面，再选取内圈曲线，即让内圈的曲线减掉嵌面曲面的中心部分，如图 8-4-14 所示。

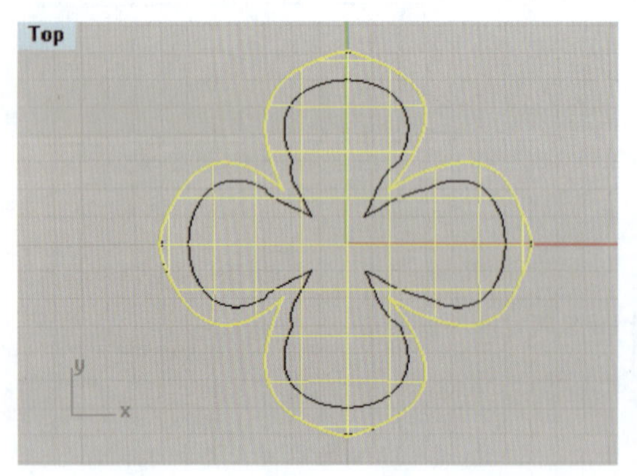

图 8-4-13　花瓣外圈曲线嵌面

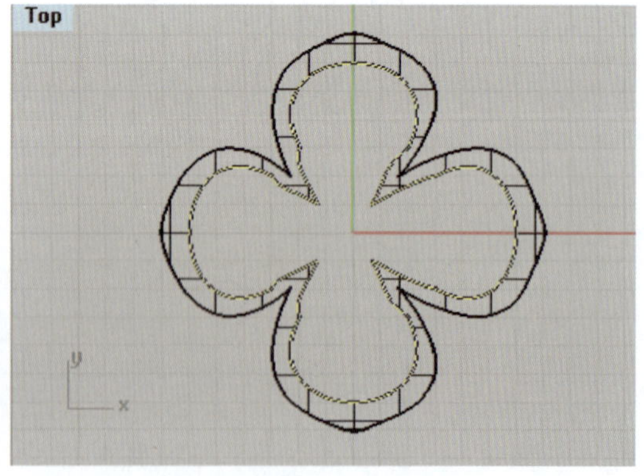

图 8-4-14　修剪去掉嵌面曲面中心部分

(14)使用“挤出曲面至点”工具(按钮)，将修剪后的曲面在 Front 或 Right 视图中向下挤出至坐标(0,−2)点位，形成花的造型，如图 8-4-15 所示。

(15)在 Top 视图中，使用“圆:中心点、半径”工具(按钮)在坐标点(1.2,1.5)位置绘制直径为 0.4mm 的圆形曲线；使用“直线挤出”工具(按钮)，在命令栏中点选“两侧(B)＝

否”和“实体(C)＝是”，挤出距离设置为1mm，将圆形曲线挤出成圆柱体；在Front视图中，使用“圆弧：中心点、起点、角度”工具（按钮）在圆柱体顶端绘制180°圆弧线，并使用“嵌面”工具（按钮）选取圆柱体顶面边缘线和圆弧线嵌面而成圆顶曲面，制作完成一个副石镶爪，效果如图8－4－16所示。

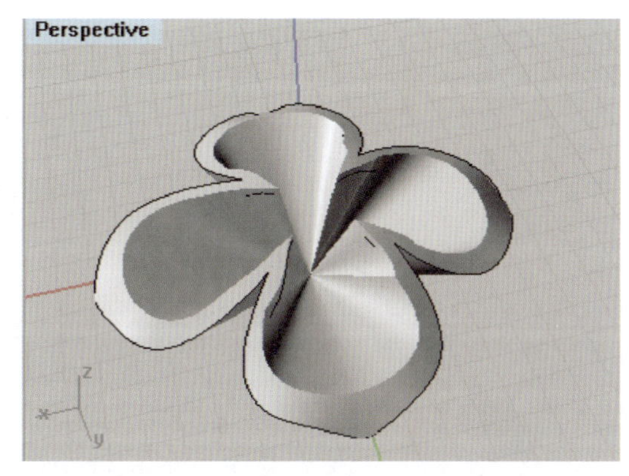

图8－4－15 挤出曲面形成花型

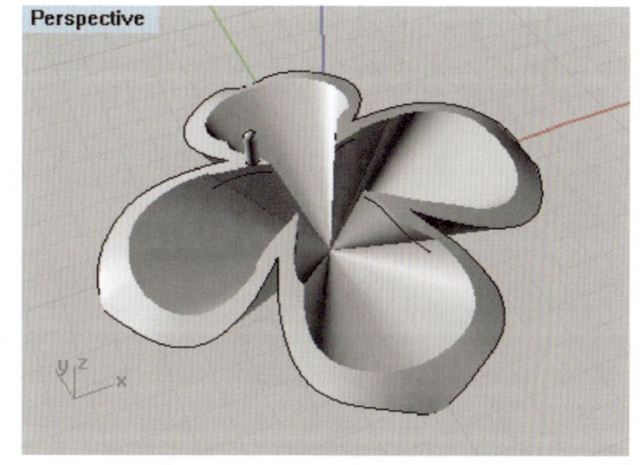

图8－4－16 制作副石的镶爪

(16)在Top视图中，选取副石镶爪，使用“环形阵列”工具（按钮），以视图原点(0,0)为阵列中心，在命令栏中输入阵列数“4”，将镶爪阵列复制4个到相应的花瓣位置，效果如图8－4－17所示。

(17)在Top视图中，插入一个圆钻型，并使用“三轴缩放”工具（）将其直径调整为2.02mm，安放在4个镶爪之间，然后框选花朵、镶爪和宝石，点击工具栏中的“群组”工具（按钮），将它们合并成一个整体，效果如图8－4－18所示。

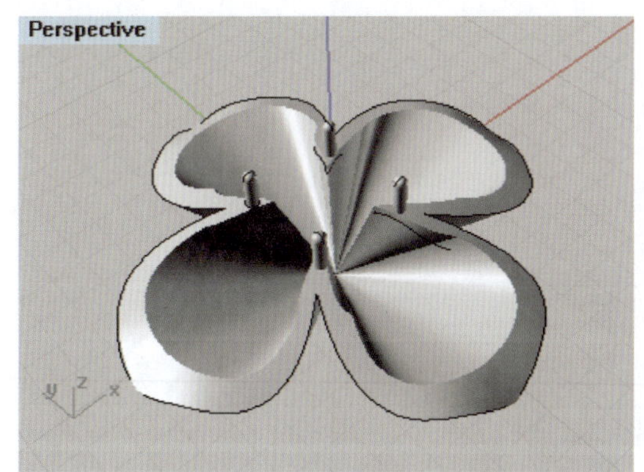

图8－4－17 环形阵列爪

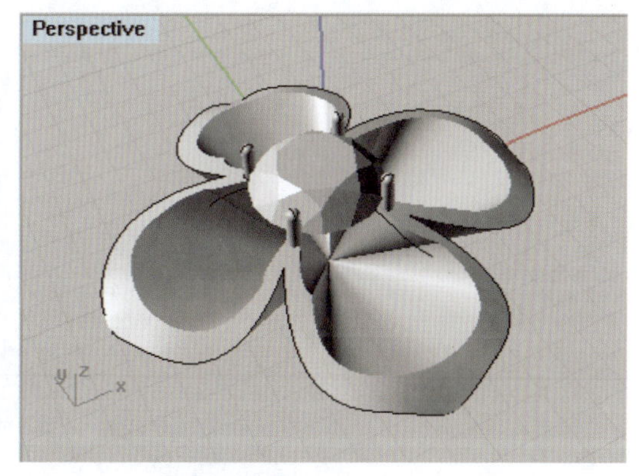

图8－4－18 镶嵌上宝石

(18)在Top视图中，使用“复制”工具（按钮），将群组后的花朵造型（含宝石）原地复制两个，选取其中一个，点击“隐藏物件”工具（按钮）将其隐藏备用；再选取另一个，使用

“移动”工具(按钮)，以(0,0)作为移动起点，以坐标点(−5,−7)为移动的终点，在 Front 视图中，使用“2D 旋转”工具(按钮)，以(−5,−2)为旋转中心点，旋转 30°。

(19)选取原有的一个群组花朵造型，在 Right 视图中，使用“2D 旋转”工具(按钮)，以(0,−2)为旋转中心点，旋转 325°，如图 8-4-19 所示。

(20)在 Top 视图中，选取在上述步骤位移到左下方的群组花朵造型，使用“镜像”工具(按钮)，沿 y 轴镜像复制，于是构成了上方、左下方和右下方 3 个群组花朵相连组合的装饰花造型，效果如图 8-4-20 所示。

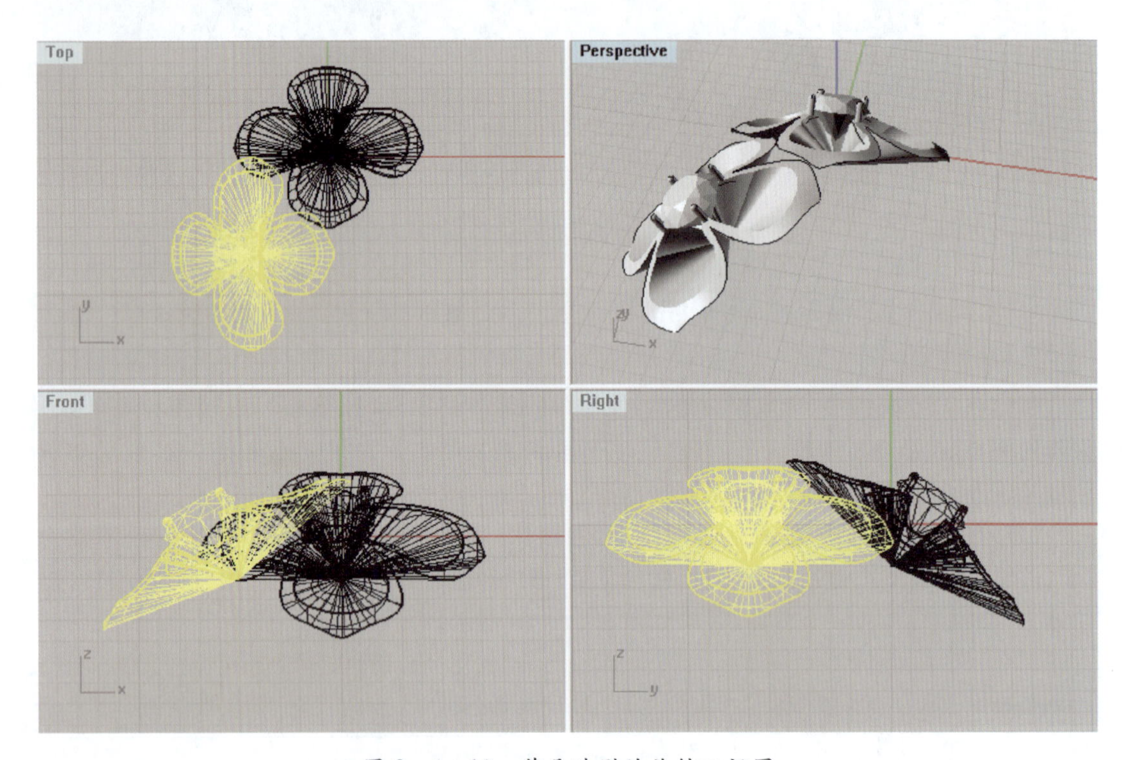

图 8-4-19　花朵造型的旋转四视图

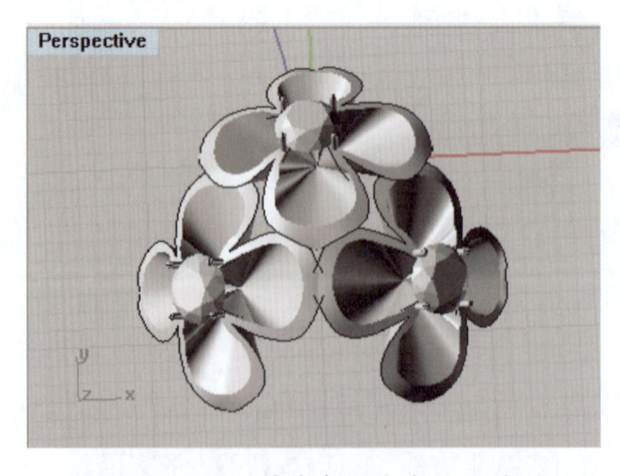

图 8-4-20　镜像复制完成镶口造型

2. 制作珍珠镶口

(1)在 Top 视图中,使用“控制点曲线”工具(按钮),在装饰花造型的下方,通过坐标点(0,-11)、(-3,-12)、(-4,-13)、(-6,-15)、(-5,-15)、(-3,-13)、(0,-12)绘制曲线,并打开和拖动控制点适当调整曲线形态,然后使用“旋转成形”工具(按钮),将其沿 y 轴旋转 360°,形成珍珠主石镶口的底座,如图 8-4-21 所示。

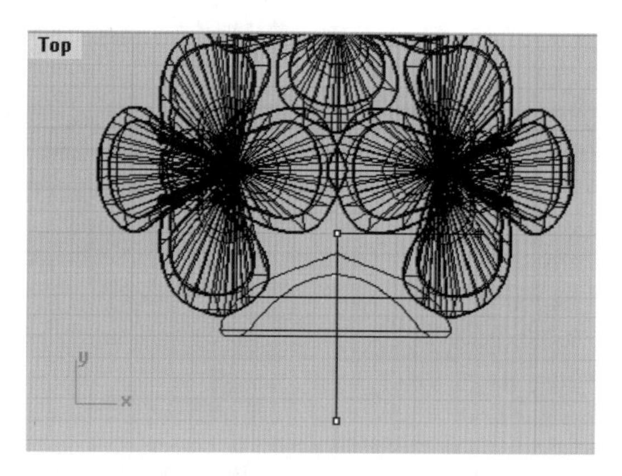

图 8-4-21 旋转出珍珠镶口

(2)在 Top 视图中使用“控制点曲线”工具(按钮)绘制曲线,坐标点分别为(0.5,-11.5)、(0.5,-15)、(0.5,-19)、(0,-20),使用“旋转成形”工具(按钮),将其沿 y 轴旋转 360°形成针状,用作固定珍珠,这样珍珠的镶口就制作完成,效果如图 8-4-22 所示。

(3)在 Top 视图中,使用“球体:中心点、半径”工具(按钮),以坐标点(0,-22)为圆心,绘制一个半径为 5mm 的圆球体,作为一颗镶嵌的珍珠,效果如图 8-4-23 所示。

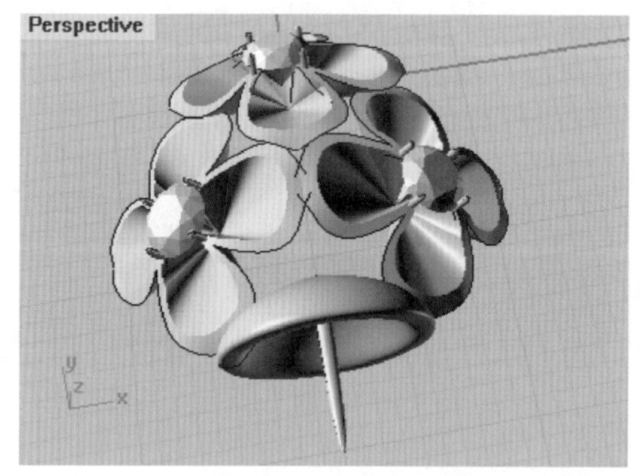

图 8-4-22 主石装饰及镶口

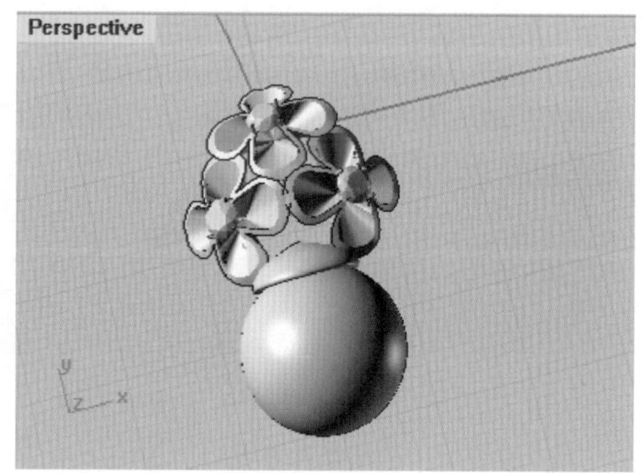

图 8-4-23 镶嵌上主石珍珠

8.4.3.2 中间装饰花及连接环的制作

这一部分结构主体是中间装饰花的造型,上下分别由两个环连接,是一个可以活动的部分。

(1)在 Top 视图中,使用“圆:中心点、半径”工具(按钮),以坐标点(0,10)为圆心,绘制 2 条半径分别为 2mm 和 1.2mm 的同心圆曲线,然后切换到 Right 视图,以坐标点(11.5,0)为圆心,绘制半径为 0.4mm 的圆形断面曲线,效果如图 8-4-24 所示。

(2)选取上述两条同心圆曲线作为路径曲线和圆形断面曲线,使用“双轨扫掠”工具(按钮),制作圆形环状体。

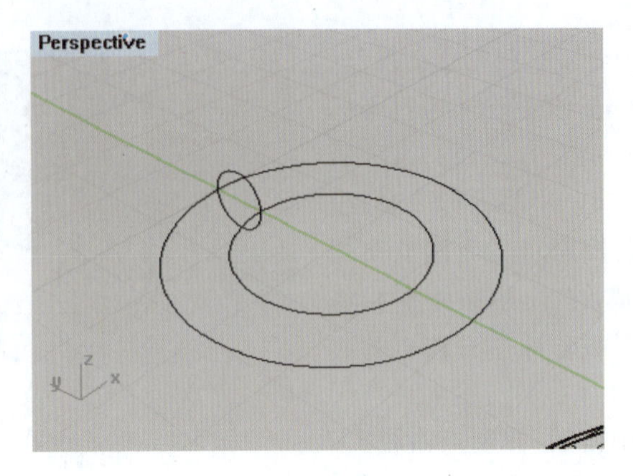

图 8-4-24　圆形断面曲线和路径曲线

(3)在 Right 视图中,使用“移动”工具(按钮),将圆环体下移 4.5mm,再左移 2mm,使圆环体与主石的装饰花造型边部连接,如图 8-4-25、图 8-4-26 所示。

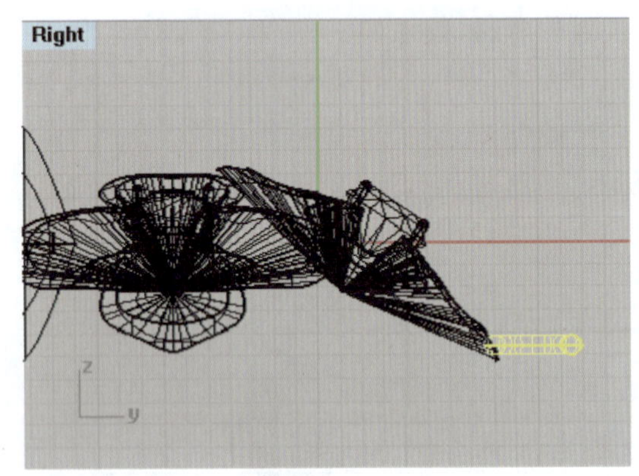

图 8-4-25　调整圆环体位置使之与装饰花连接

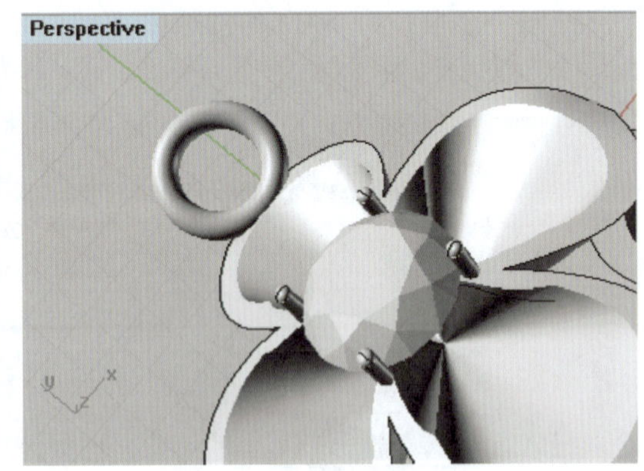

图 8-4-26　调整后的效果图

(4)在 Top 视图中,选取制作完成的圆环体,使用“复制”工具(按钮),原地复制一个;然后在 Front 视图中,使用“2D 旋转”工具(按钮),让其中一个圆环体旋转 90°,并在 Right 视图中,右移到两环相扣的位置,效果如图 8-4-27 所示。

(5)在 Right 视图中,点击基本工具栏中“显示选取物件”工具(按钮),将前述制作及隐藏备份的群组花朵造型显示出来,并使用“三轴缩放”工具(按钮),将其整体缩小 3mm,再使用“移动”工具(按钮)向右移动到如图 8-4-28 所示的位置,与圆环体相连接。

(6)继续在 Right 视图中使用“镜像”工具(按钮),选取左边 2 个连接环,以花朵造型为中心向右边镜像复制,如图 8-4-29 所示。

(7)至此,珍珠耳坠的中间连接部分制作完成,如图 8-4-30 所示。

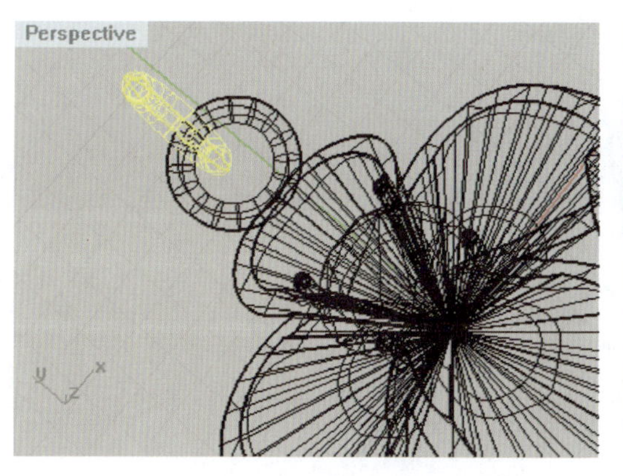

图 8-4-27 旋转移动环形

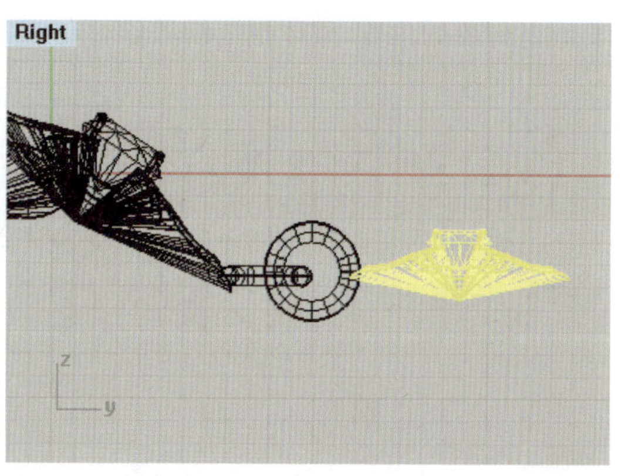

图 8-4-28 调整花朵造型的大小和位置

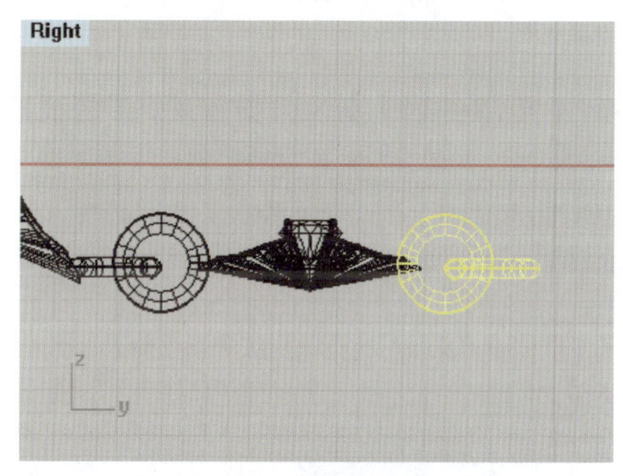

图 8-4-29 镜像复制连接环

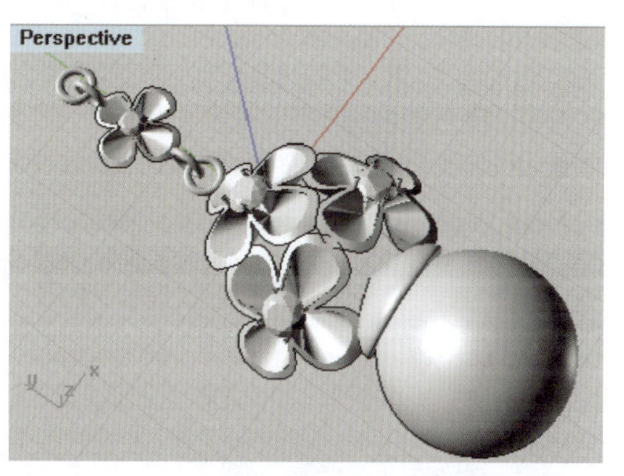

图 8-4-30 珍珠耳坠的中间连接及下部装饰花造型效果图

8.4.3.3 装饰耳钩的制作

接下来制作珍珠耳坠上部的装饰耳钩，可以先用放样法制作钩体，然后在钩体上镶嵌副石。

1. 制作耳钩

(1)在 Right 视图中，使用“控制点曲线”工具(按钮)绘制一条钩形曲线，其形状和长度大小如图 8-4-31 所示，并点击“开启控制点”工具(按钮)，拖动控制点使曲线形态完美，此曲线用作下一放样步骤的辅助线。

(2)在 Front 视图中，使用“圆角矩形”工具(按钮)绘制一个圆角矩形曲线，并使用“复制”工具(按钮)在 Right 视图中将圆角矩形曲线依次复制 12 个，分别放置到辅助线上的不同部位，作为耳钩的放样曲线。然后，使用“2D 旋转”工具(按钮)调整它们在各个部位的摆放角度，同时使用“二轴缩放”工具(按钮)在 Front 视图中调整它们的大小。总之，分布在各个部位的圆角矩形曲线的尺寸根据绘制耳钩比例而定，其中 8 个最小的圆角矩形需要根据辅助曲线的弯曲弧度而变换方向，其他 4 个稍大的圆角矩形在同一个角度上，只是需要调整前后的位置，具体摆放结果如图 8-4-32 所示。

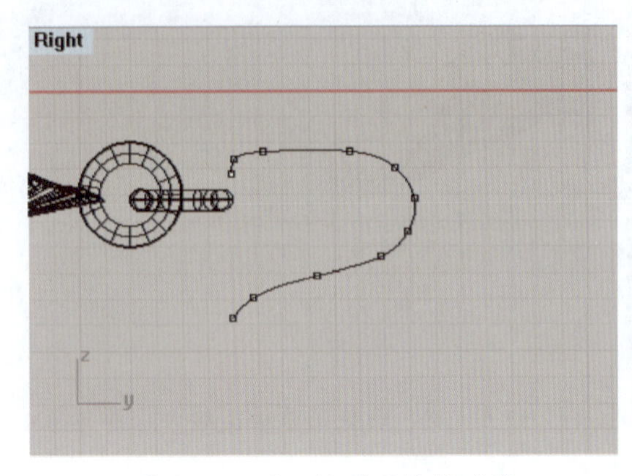

图 8-4-31　绘制耳钩辅助线

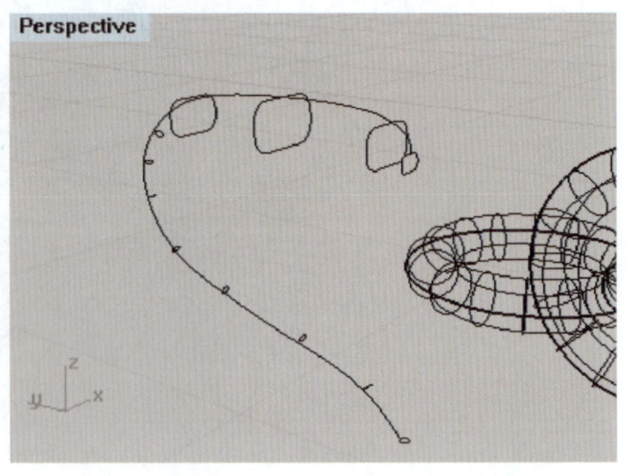

图 8-4-32　依次摆放放样曲线

（3）在 Right 视图中，调用工具栏中的“放样”工具（按钮），依次点击圆角矩形的放样曲线，回车或点击鼠标右键，在弹出的“放样选项”对话框中点击“确定”按钮，然后使用“将平面加盖”工具（按钮）将曲面封口，完成耳钩的制作，如图 8-4-33 所示。

（4）在 Right 视图中，使用“移动”工具（按钮），移动耳钩与连接环相连接，构成耳坠的整体雏形，如图 8-4-34 所示。

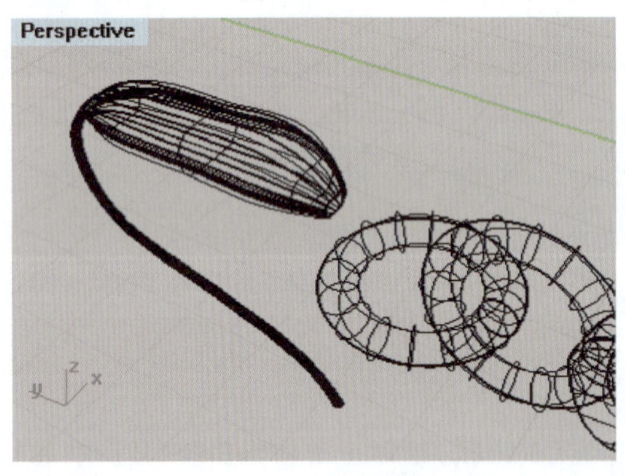

图 8-4-33　放样完成耳钩

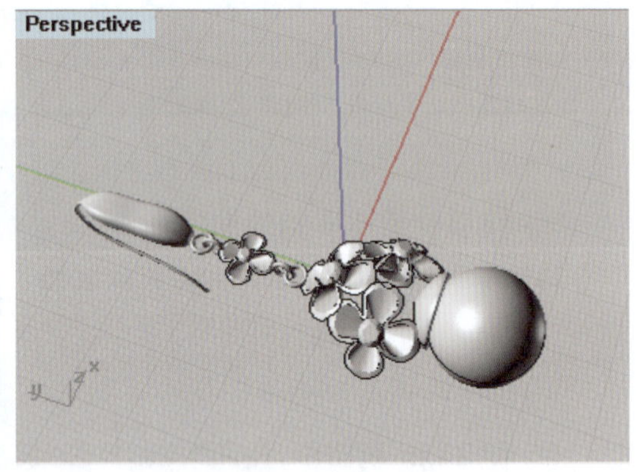

图 8-4-34　耳坠整体雏形

2. 在耳钩正面镶嵌副石

（1）在 Top 视图中，使用“控制点曲线”工具（按钮）在耳钩的正面绘制一条闭合圆矩形曲线，效果如图 8-4-35 所示。

（2）在 Right 视图或 Perspective 视图中，使用“直线挤出”工具（按钮），在命令栏中点选“两侧(B)=否”和“加盖(C)=是”，挤出距离设置为 1mm，将绘制的圆头矩形曲线创建成实体，用作在耳钩正面开槽的物体，如图 8-4-36 所示。

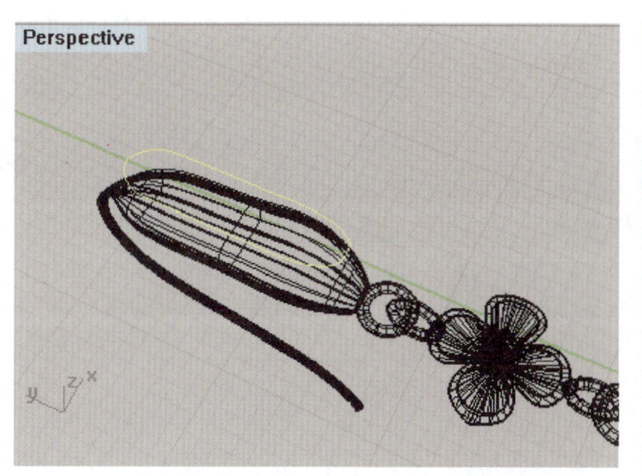

图 8-4-35 镶嵌槽轮廓线

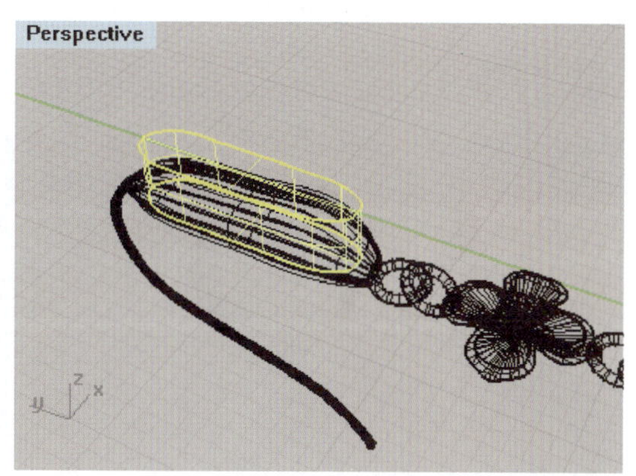

图 8-4-36 挤出开槽物体

(3)在 Perspective 视图中,使用“布尔运算差集”工具(按钮),选取耳钩,再选取开槽物体,回车后,即刻在耳钩正面开出了镶石槽,如图 8-4-37 所示。

(4)在 Top 视图中,插入一个直径为 1.4mm 的标准圆钻型,放置到耳钩镶石槽的上端位置,如图 8-4-38 所示。

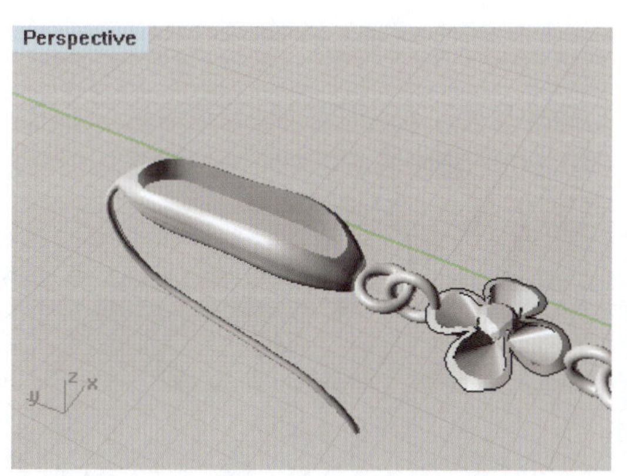

图 8-4-37 在耳钩上开镶嵌槽

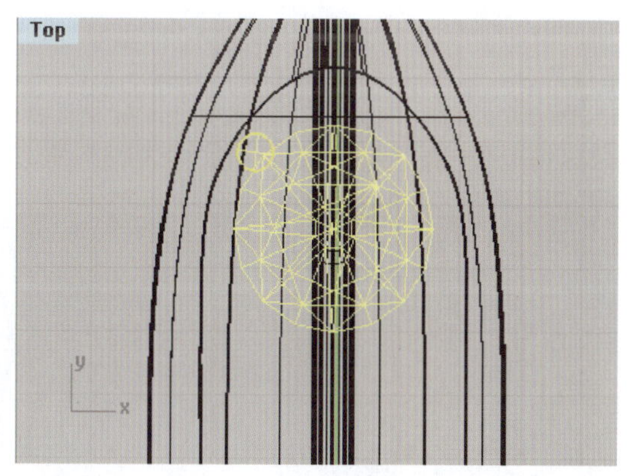

图 8-4-38 插入宝石及绘制镶爪

(5)在 Top 视图中,使用“圆:中心点、半径”工具(按钮),在镶石槽内壁与宝石之间绘制直径为 0.6mm 的圆形曲线(图 8-4-38),并使用“直线挤出”工具(按钮),在命令栏中点选“两侧(B)=否”和“加盖(C)=是”,设置挤出距离为 2mm,在 Right 视图中将圆形曲线挤出成圆柱体镶爪,效果如图 8-4-39 所示。

(6)在 Right 视图中,使用“圆弧:中心点、起点、角度”工具(按钮),在圆柱体的顶端绘制一条 180°的圆弧线,再使用“嵌面”工具(按钮),选择圆柱体顶面曲线和圆弧线,制作成圆弧形爪顶,效果如图 8-4-39 所示。

(7)在 Top 视图中,使用“环形阵列”工具(按钮),选取镶爪,以宝石中心点为阵列中心,在命令栏将阵列数设置为 4,生成环绕宝石的四爪镶排列,如图 8-4-40 所示。

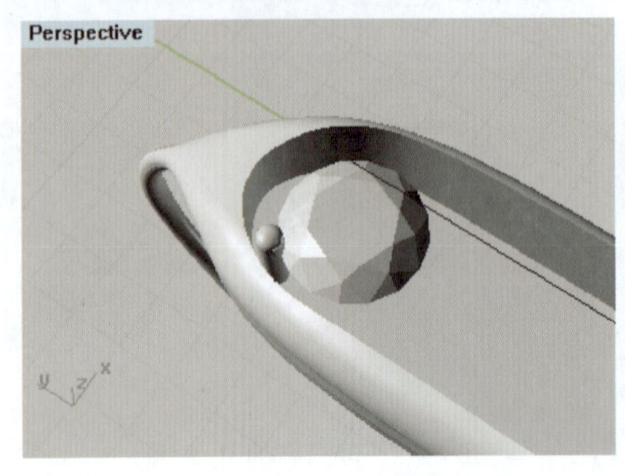

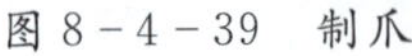
图 8-4-39　制爪

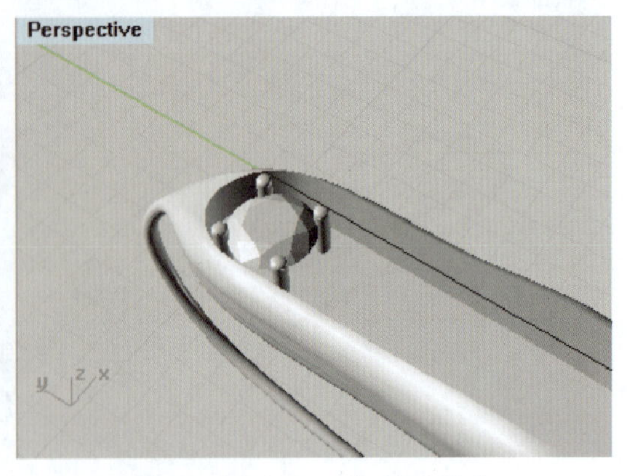

图 8-4-40　一组副石及爪

(8)在 Top 视图中，使用“多重直线”工具(按钮)，在镶石槽的中间绘制一条直线，作为阵列排放宝石的路径线，如图 8-4-41 所示。

(9)在 Top 视图中，使用“沿着曲线阵列”工具(按钮)，选取第一颗宝石及其周边镶爪，在命令栏输入阵列数 5，将其沿直线阵列复制 5 个，在镶石槽中排满，效果如图 8-4-42 所示。

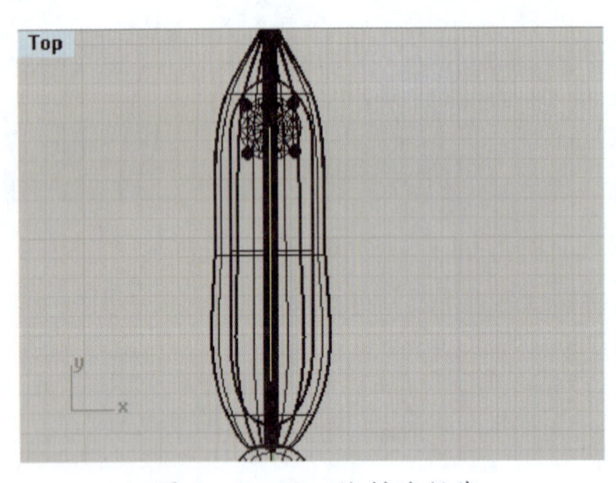

图 8-4-41　绘制路径线

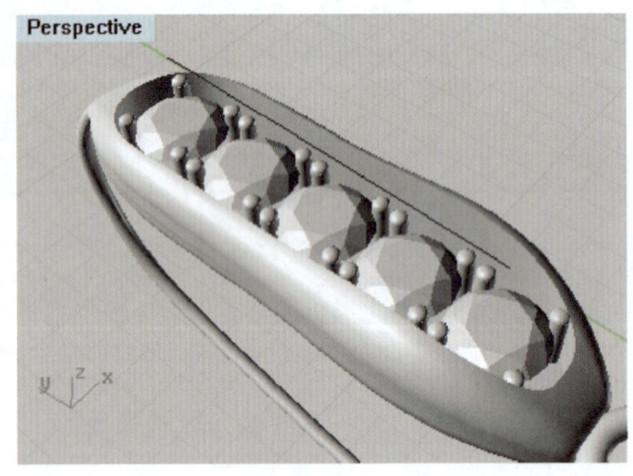

图 8-4-42　直线阵列排放副石及镶爪

至此，珍珠耳坠的建模全部完成，其整体造型效果如图 8-4-43 所示。

(10)为了便于 KeyShot 渲染，需要在渲染之前在 Rhino 中调用“解散群组”命令，把前述经群组的装饰花朵造型全部解散，把耳坠模型的各部分组件按材质分配到不同的图层，如珍珠、红碧玺、钻石需要分别建立 3 个不同的图层。点击“编辑图层”工具(按钮)，在工作区右边出现的“图层”面板中双击“layer01”图层，将其重命名为“珍珠”，再在 Top 视图中选择珍珠，用鼠标右键点击“珍珠”图层的菜单栏，选择“改变物件至目前图层”命令，于是主石珍珠就调整到了“珍珠”图层，用同样的方法将红碧玺和钻石也分别建立图层。最后，将珍珠耳坠整体复制，形成一对，如图 8-4-44 所示。

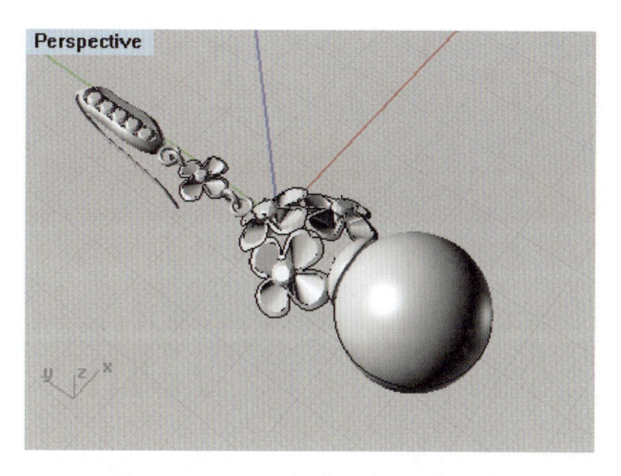

图 8-4-43 珍珠耳坠制作完成

(11)将一对珍珠耳饰模型导入到 KeyShot 渲染器中,分别赋予模型各个组成部分的相应材质,进行渲染,图 8-4-45～图 8-4-47 为不同视角和背景下模型的渲染效果。

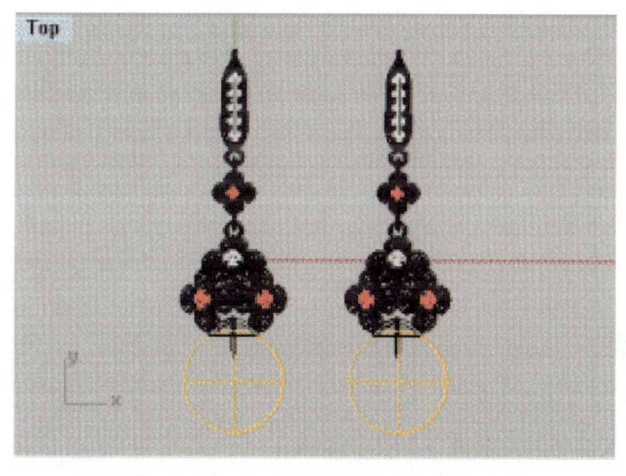

图 8-4-44 将宝石按材质分图层

图 8-4-45 珍珠耳饰 KeyShot 渲染效果图(1)

图 8-4-46 珍珠耳饰 KeyShot 渲染效果图(2)

图 8-4-47 珍珠耳饰 KeyShot 渲染效果图(3)

第9章

胸针的设计与制作

9.1 胸针设计概述

胸针主要依靠背面的别针与衣物连接到一起，所以胸针的设计有别于其他的首饰，它除了要符合设计的形式美以外，还要求胸针本身的平衡与稳定，这样在佩戴时才不至于歪斜或者翻转。在设计胸针的时候往往要先确定重心的位置，以保证结构与视觉的平衡。尽管有些设计元素在空间关系中并不对称，但是设计师可以通过调节元素的大小、高矮、疏密等使局部达到平衡效果。如果是镶嵌宝石的胸针，那么宝石的排放位置就显得尤为重要，设计合理的排石位不仅能满足审美需求，还能够起到平衡整个胸针的作用。当胸针中一些元素失衡时，通常我们的眼睛会作出反应，会觉得看起来不舒服，这也就是视觉的不平衡感。

另外，在设计胸针时一定要注意控制整体大小以及金的用量，因为胸针是最适合自由设计的首饰，它的设计空间最大，其结构造型及大小都没有严格限制，所以在设计时一定要控制好重量，要不然会显得过于累赘。

本章将通过“商务领扣胸针”和“多功能吊坠胸针”这两个实例，讲解借助 Rhino 软件设计制作胸针的方法。

9.2 商务领扣胸针

9.2.1 商务领扣胸针的设计构思

如图 9－2－1 所示，此款胸针属于多部位佩戴首饰，既可以当胸针佩戴，也可以当领扣佩戴。从设计上看，它运用了多种几何形的组合，设计简单、时尚，适合商务人士在正式场合佩戴；在材质上，结合了祖母绿的沉稳和珍珠的俏皮；从结构上讲，通过不固定的分件组合，可以随佩戴者在活动时自由摆动，在灵动中又不失稳重。

图 9-2-1 商务领扣胸针

9.2.2 制作商务领口胸针所需的材料

此款胸针主材质是18K黄金,镶嵌的宝石有祖母绿、钻石和珍珠。主石是一颗直径为14mm的金色珍珠,副石包括12颗边长为4.3mm的正方形祖母绿,1颗23分(直径为3.98mm)的钻石,15颗4分(直径为2.22mm)的钻石和26颗1分(直径为1.4mm)的钻石。

9.2.3 商务领扣胸针的制作步骤

从结构上看,此款胸针自上而下可分为三大部分:胸针主体、胸针连接链和胸针珍珠坠。

9.2.3.1 胸针主体的制作

首先建立图层,单击基本工具栏中"编辑图层"工具(按钮),在工作区的右边会出现"图层"面板,双击"layer01"图层,将其重命名为"胸针主体",以便于后期编辑。

1. 绘制胸针上半部分的主体造型

(1)在Top视图中,使用"矩形平面:角对角"工具(按钮),以坐标点(10,10)为平面第一角,长度设置为20mm,宽度设置为20mm,建立一个正方形曲面,然后在Front视图中,使用"挤出曲面"工具(按钮),将正方形曲面向下挤出10mm,使其成为立方体,并在Front视图中,使用"移动"工具(按钮)将其上移2mm,如图9-2-2所示。

(2)以同样的方式,在Top视图中,使用"矩形平面:角对角"工具(按钮),以坐标点(9,14)为平面第一角,长度设置为17mm,宽度设置为28mm,建立矩形曲面,然后在Front视图中,使用"挤出曲面"工具(按钮),将矩形曲面向下挤出7mm,建立开夹层物体1。

(3)同样在Top视图中,使用"矩形平面:角对角"工具(按钮),以坐标点(13,8)为平面第一角,长度设置为28mm,宽度设置为17mm,建立矩形曲面,并在Front视图中,使用"挤出曲面"工具(按钮),将矩形曲面向下挤出7mm,建立开夹层物体2,如图9-2-3所示。

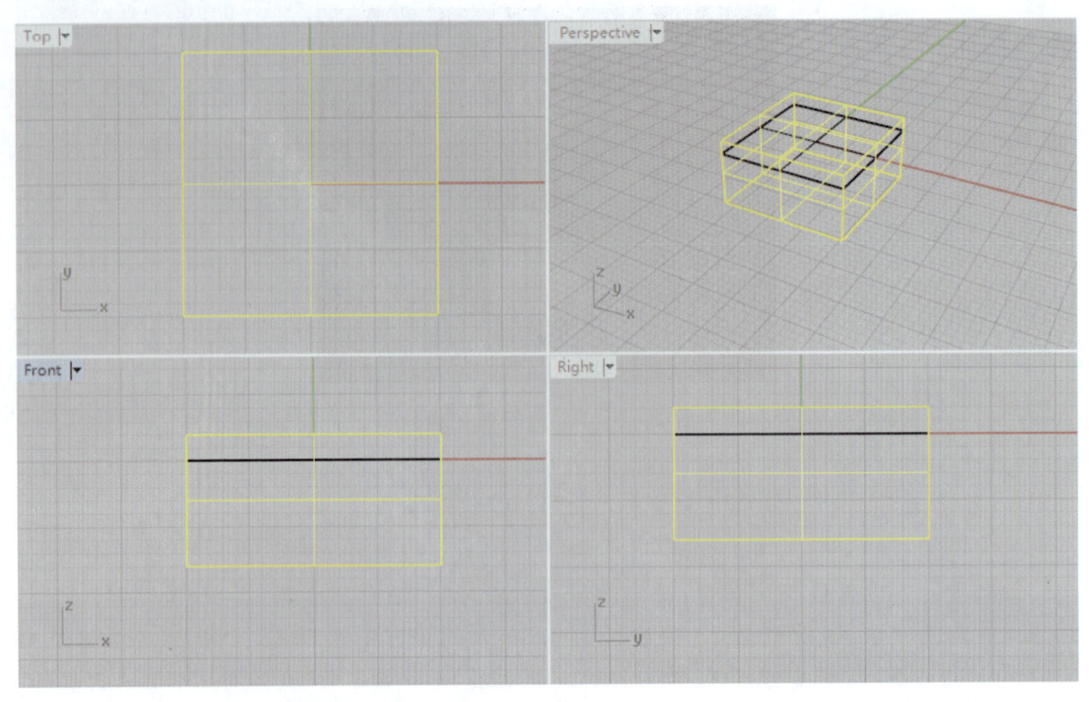

图 9－2－2　绘制主体立方体

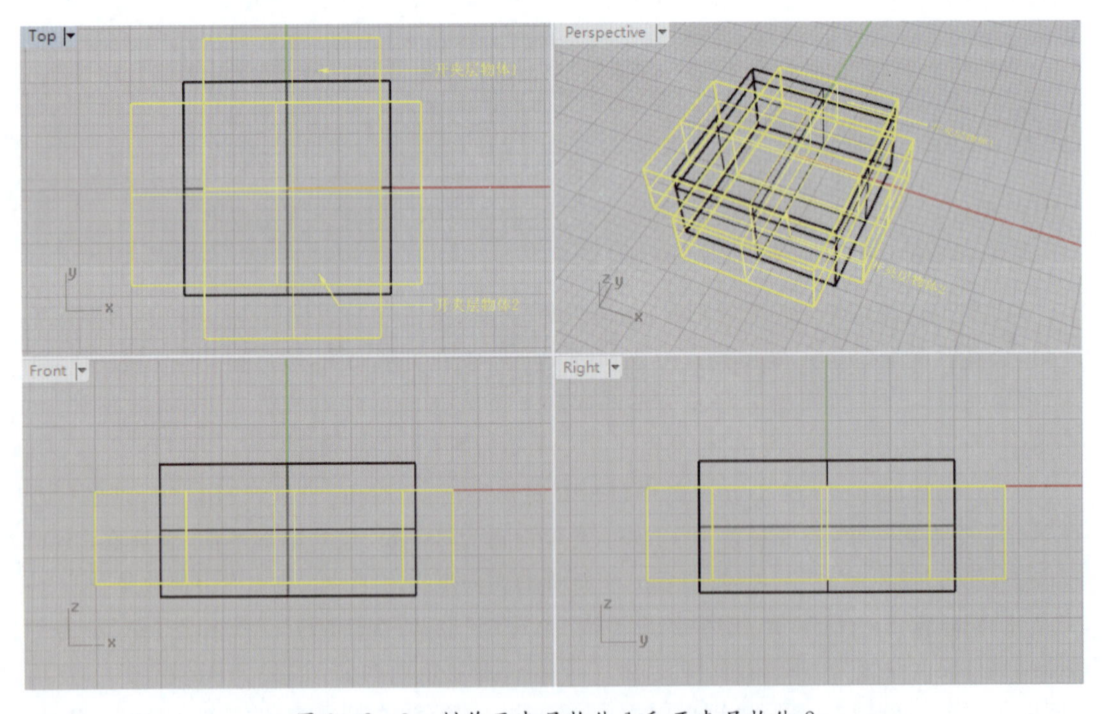

图 9－2－3　制作开夹层物体 1 和开夹层物体 2

(4)使用“布尔运算差集”工具(按钮)，先单击主体立方体，回车，再单击开夹层物体 1 和开夹层物体 2，回车后得到一个中空的立方体，即为我们需要的胸针主体造型，如图 9-2-4 所示。

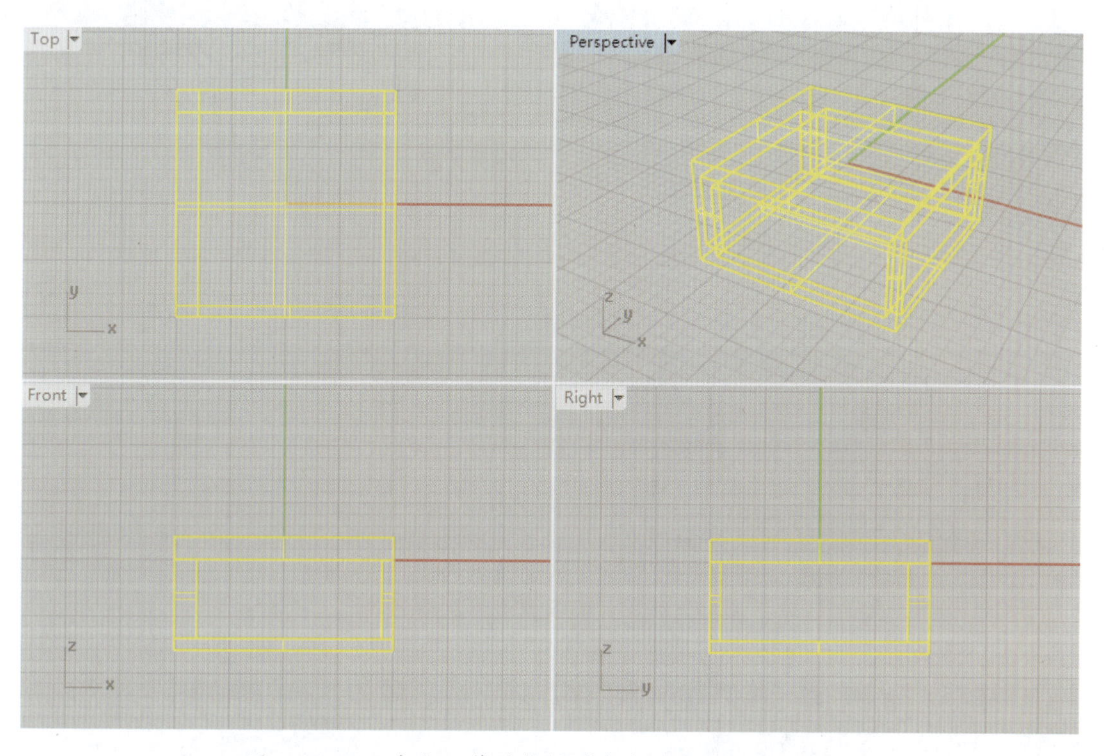

图 9-2-4 布尔运算差集得到中空的主体立方体造型

2. 主体配石(祖母绿)槽镶镶口的制作

(1)在 Top 视图中，使用“立方体”工具(按钮)，以(-8,8)为第一点，长度设置为 16mm，宽度设置为 4mm，高度设置为 2mm，绘制一个长方体，并通过点击“环形阵列”工具(按钮)命令，将其环形复制为 4 个，用作槽形镶口的开槽物体，如图 9-2-5 所示。

(2)使用“布尔运算差集”工具(按钮)，先点击主体造型，再点击 4 个长方形开槽物体，回车，完成槽形镶口的制作。

(3)在 Top 视图中，使用“立方体”工具(按钮)，以坐标点(-8.2,8)为第一点，长度设置为 16.4mm，宽度设置为 0.2mm，高度设置为 0.2mm，生成一个细长条形物体，用于制作镶石卡槽 1 的开槽物体；同样使用“立方体”工具(按钮)，以坐标点(-4.2,4)为第一点，长度设置为 8mm，宽度设置为 0.2mm，高度设置为 0.2mm，再生成一个细长条形物体，用于制作镶石卡槽 2 的开槽物体，如图 9-2-6 所示。

(4)在 Front 视图中，选取上一步骤制作的镶石卡槽 1 和 2 的开槽物体，使用“移动”工具(按钮)将其向上移动 1.2mm；在 Top 视图中，使用“环形阵列”工具(按钮)，将其环形复制为 4 个，并通过执行“布尔运算差集”命令(按钮)，与主体造型相减，于是在镶口的

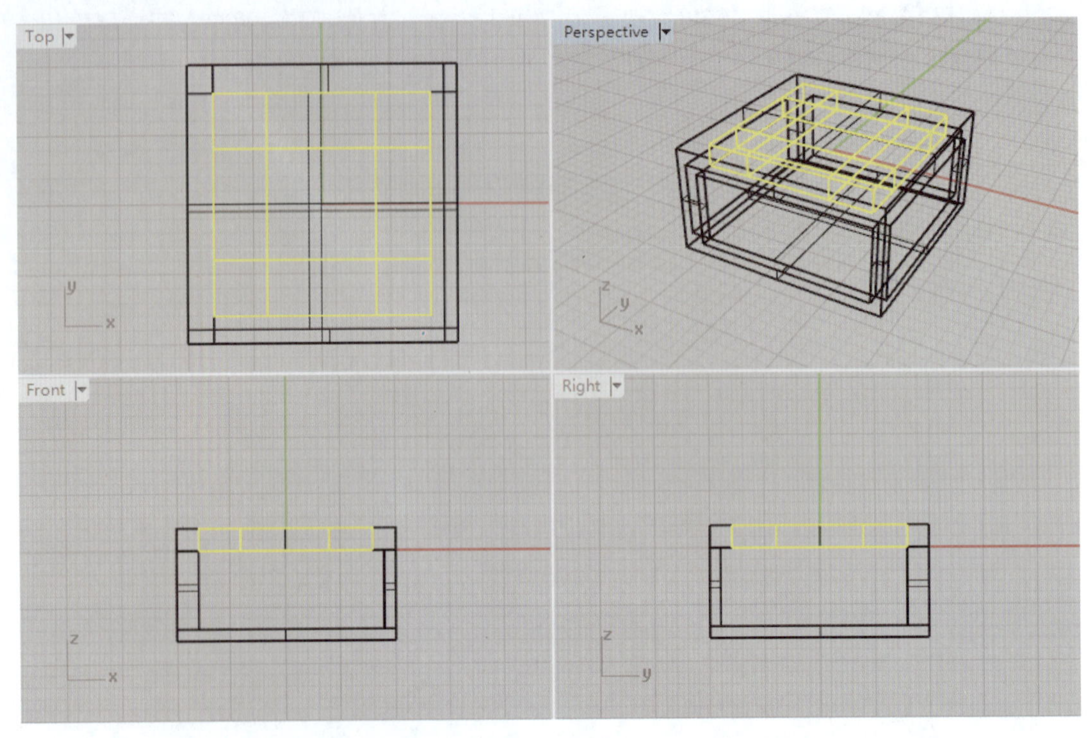

图 9-2-5　配石槽形镶口的制作

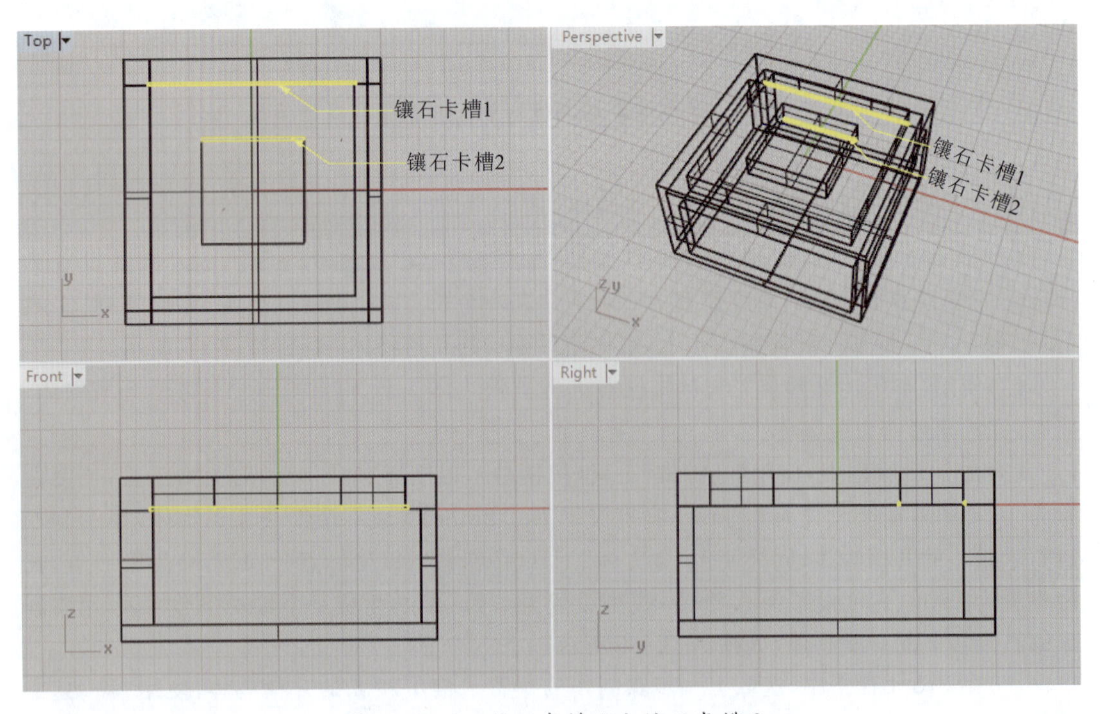

图 9-2-6　镶石卡槽 1 和镶石卡槽 2

内侧形成小凹槽，用于镶嵌配石卡住腰棱，如图 9－2－7 所示。

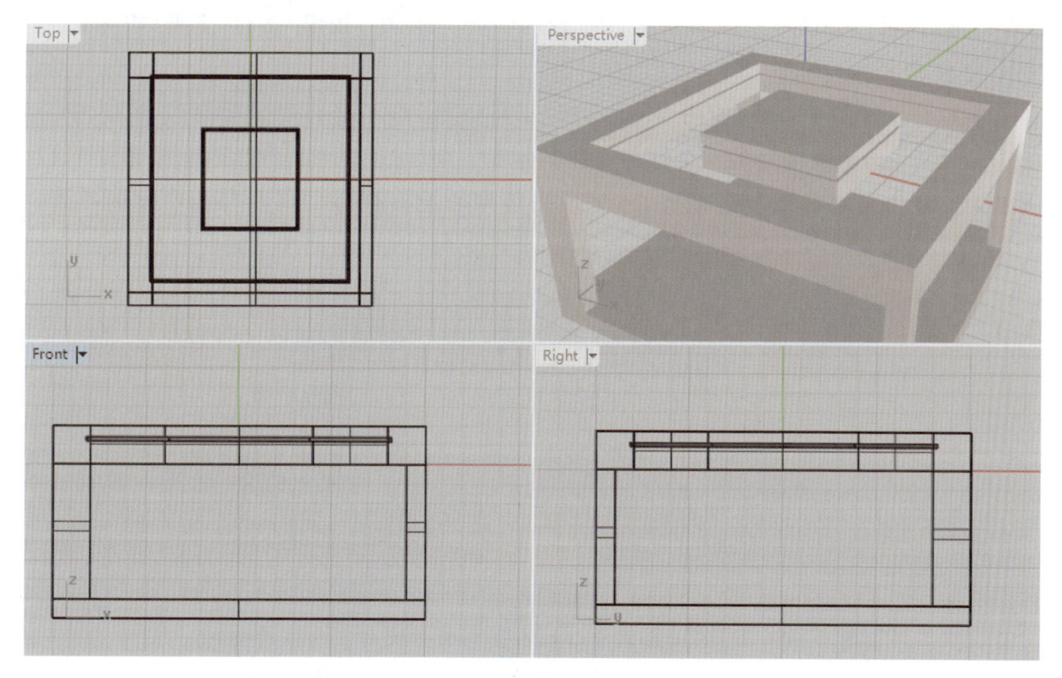

图 9－2－7 制作完成槽镶配石的镶口

3. 主体配石（钻石）钉镶镶口的制作

（1）在 Front 视图中，使用“多重直线”工具（按钮），分别通过坐标点（0，2）、（1，2）、（0.5，1）、（0.5，0）绘制出如图 9－2－8 所示的打孔物体轮廓线，执行关于 y 轴的“旋转成形”命令（按钮），将轮廓线旋转成一个漏斗状曲面，并要注意结合调用“将平洞加盖”命令（按钮）将其上下封口，制成打孔物体，见图 9－2－8。

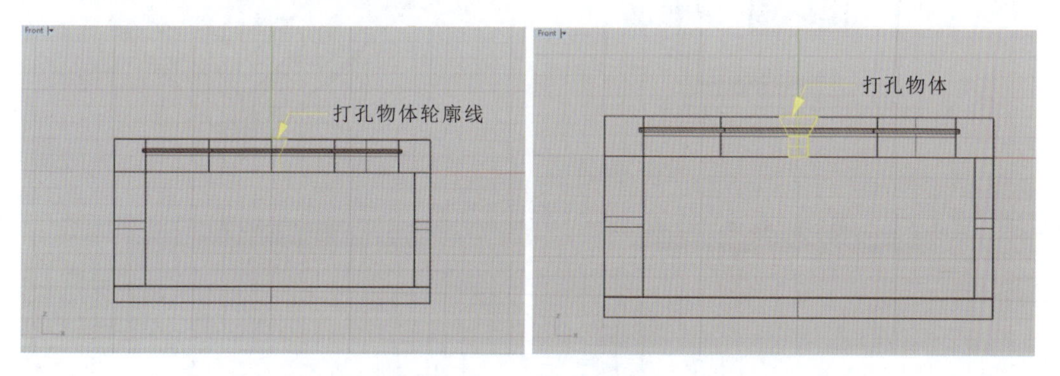

图 9－2－8 制作打孔物体

（2）在 Top 视图中，通过点击“复制”工具（按钮），“原地复制”打孔物体，并使用“移动”工具（按钮）将复制体移动到坐标点（2，2），作为打孔物体 2；再使用“圆柱体”工具（按钮），以坐标点（1，1）为圆柱体底面中心点，设置底面半径为 0.8mm，高度为 0.5mm，绘制出圆柱体，并使用“不等距边缘圆角”工具（按钮），设置圆角半径0.3mm，将其顶面倒成圆角，作为镶口的钉，如图9－2－9所示；然后在Front视图中，使用“移动”工具（按钮），将镶钉向上移动2mm。

（3）在Top视图中，通过使用“环形阵列”工具（按钮），将钉以坐标点（2，2）为中心环形复制成4个，再将复制后的4个钉与打孔物体2一起通过“环形阵列”工具（按钮），以坐标原点（0，0）为中心环形复制成4个，完成主体中心配石嵌口的钉及打孔物体的排列，如图9－2－9所示。

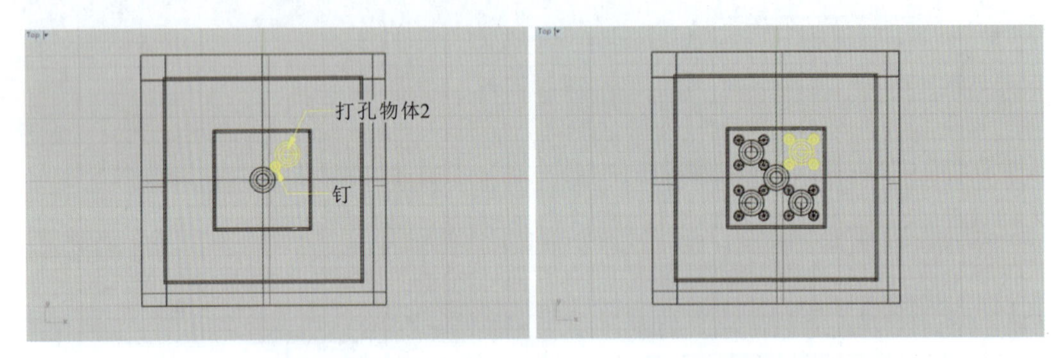

图9－2－9　完成主体中心配石嵌口的钉及打孔物体的排列

（4）使用“布尔运算差集”工具（按钮），先选取主体中心曲面，再选取5个打孔物体，完成后打出镶口的孔洞，完成主体中心配石（钻石）钉镶镶口的制作，如图9－2－10所示。

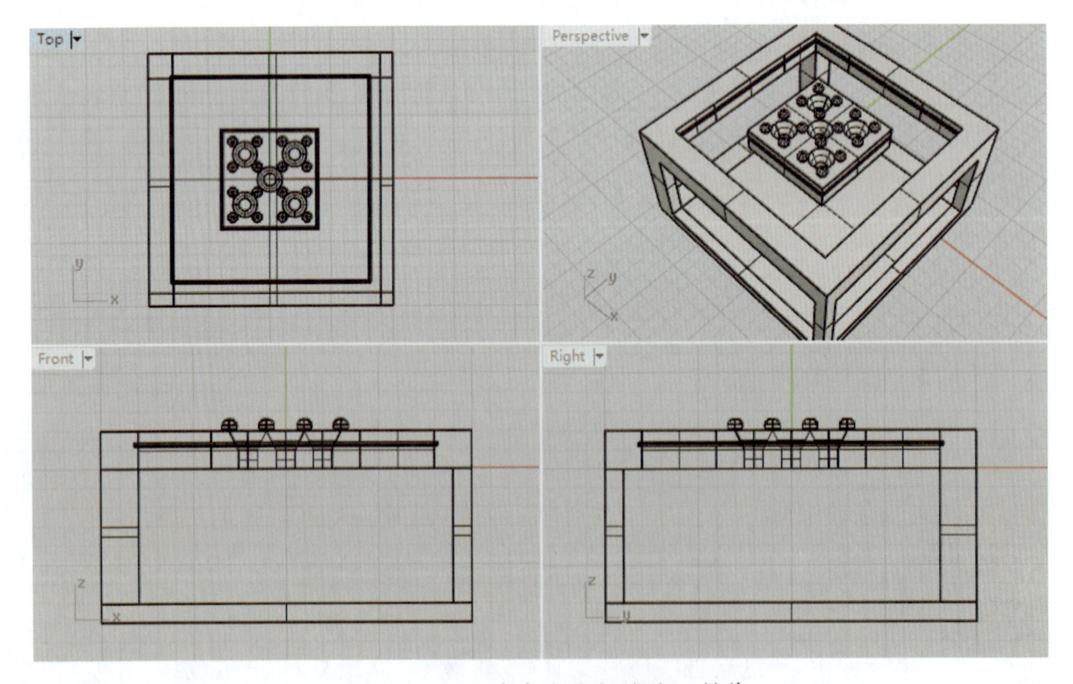

图9－2－10　完成主体钉镶镶口制作

4. 整理主体造型

(1)在 Top 视图中,使用“立方体”工具(按钮),以坐标点(-8,8)为第一点,绘制 16mm×16mm×1mm 的长方体,然后在 Front 视图中,使用“移动”工具(按钮),将其向下移动 8mm,接着使用“布尔运算差集”工具(按钮),利用该立方体将主体造型的背部镂空,减去边框以内的部分,如图 9-2-11 所示,这样做的目的是减少背部的金重。设计胸针最重要的就是需要控制金重和重心问题,因此在主体造型基本完成时需要对金重和重心进行考量。

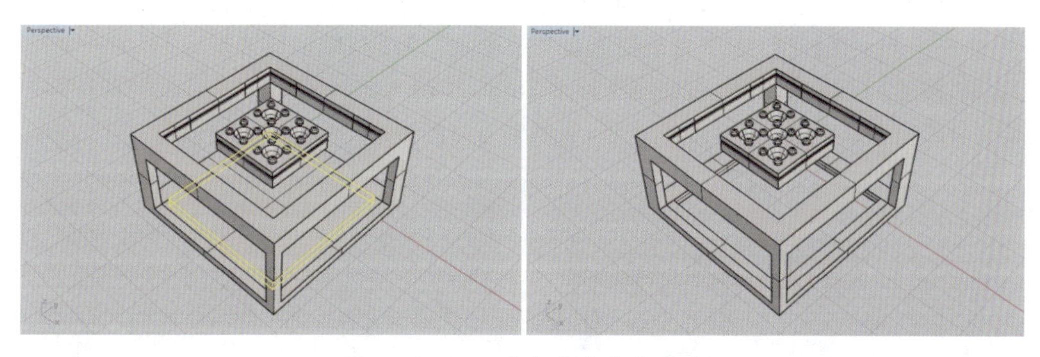

图 9-2-11 背部镂空减少金重

(2)在 Top 视图中,使用“立方体”工具(按钮),以坐标点(1,8)为第一点,绘制 6mm×4mm×0.8mm 的长方体,然后通过执行“环形阵列”命令(按钮),以坐标原点(0,0)为阵列中心,环形复制 4 个,通过它们将主体造型的中心部位与边框连接为一个整体,如图 9-2-12 所示。

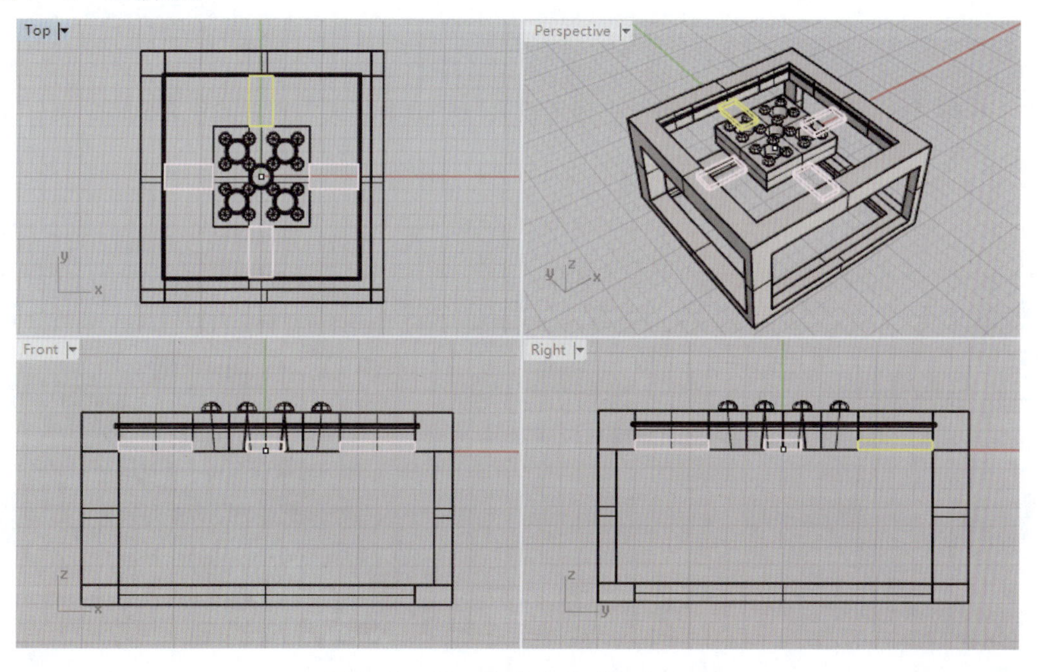

图 9-2-12 连接完成的主体造型

(3)胸针的重心要求向下,在佩戴时又不能翻转,因此要将主体造型修改一下。在 Perspective 视图中(或者同时在 Front 和 Right 视图中),使用“变形控制器编辑”工具(按钮),按命令栏中的逐步提示操作:选取主体造型为“受控制物件”,回车;依次点选“立方体”和“三点”选项;按命令栏提示的“边缘起点”“边缘终点”“宽度”和“高度”,依次点击主体造型边框底部相应的 3 个边角点和顶部的 1 个边角点,取它们之间的距离;在命令栏中设置“变形控制器点(x 点数(X)=2　y 点数(Y)=2　z 点数(Z)=3　x 阶数(D)=1　y 阶数(E)=1　z 阶数(G)=1)”,回车;在提示“要编辑的范围”后,点选“整体”,回车;于是建立出变形控制器,显示出其控制点,如图 9-2-13 所示。

(4)在 Front 视图中,选取变形控制器右下角(主体造型最窄的边框底部)的一个控制点,使用“移动”工具(按钮)将其向上移动 2mm,如图 9-2-14 所示。注意,在这里要保证其他的部位尤其是镶口不能一起变形,否则宝石可能镶嵌不牢固。

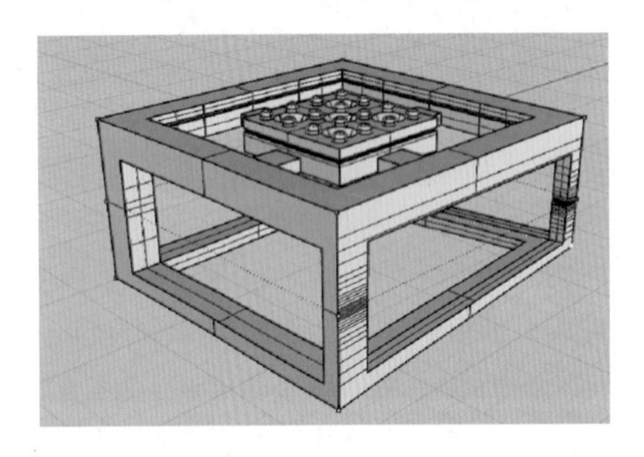

图 9-2-13　建立主体造型物体的变形控制器

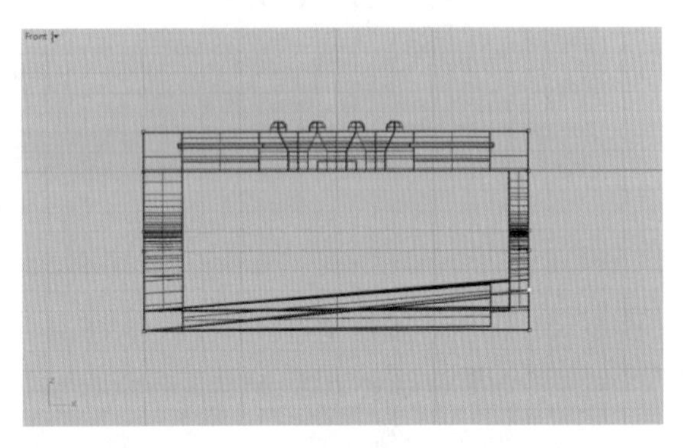

图 9-2-14　选取窄边棱底部控制点向上移动 2mm

(5)在 Perspective 视图中,切换到“着色模式”和“渲染模式”,查看制作完成后的胸针主体造型效果,如图 9-2-15 所示。

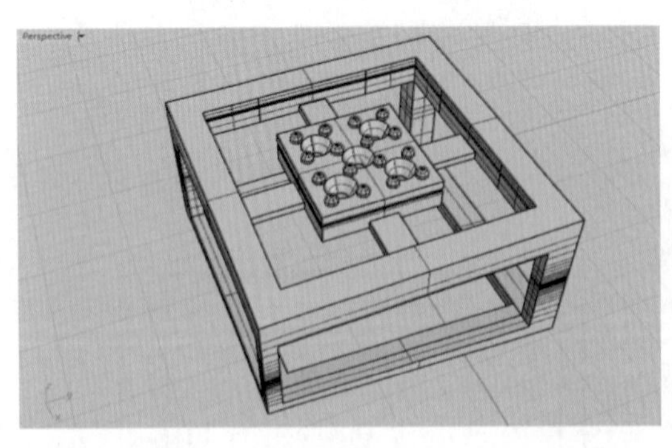

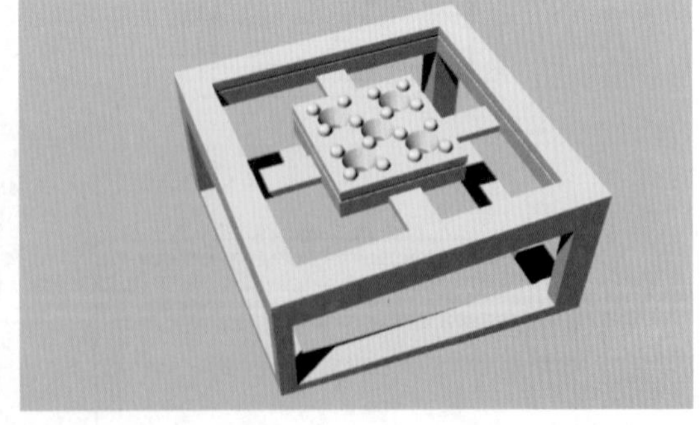

图 9-2-15　完成主体造型

5. 镶嵌宝石

(1)在图层面板中新建名称为“槽镶方形宝石”的图层，然后在 Top 视图中，插入一个边长为 4.3mm 正方形宝石，并在 Front 视图中，将其放入槽镶配石的镶口中，注意宝石腰棱要放置在前述制作的镶口内侧卡槽部位。然后，使“矩形：角对角”工具(按钮)，以坐标点(－6,6)为第一角、(6,－6)为第二角，绘制边长为 12mm 的正方形曲线，用作阵列排布宝石的路径曲线，如图 9-2-16 所示。

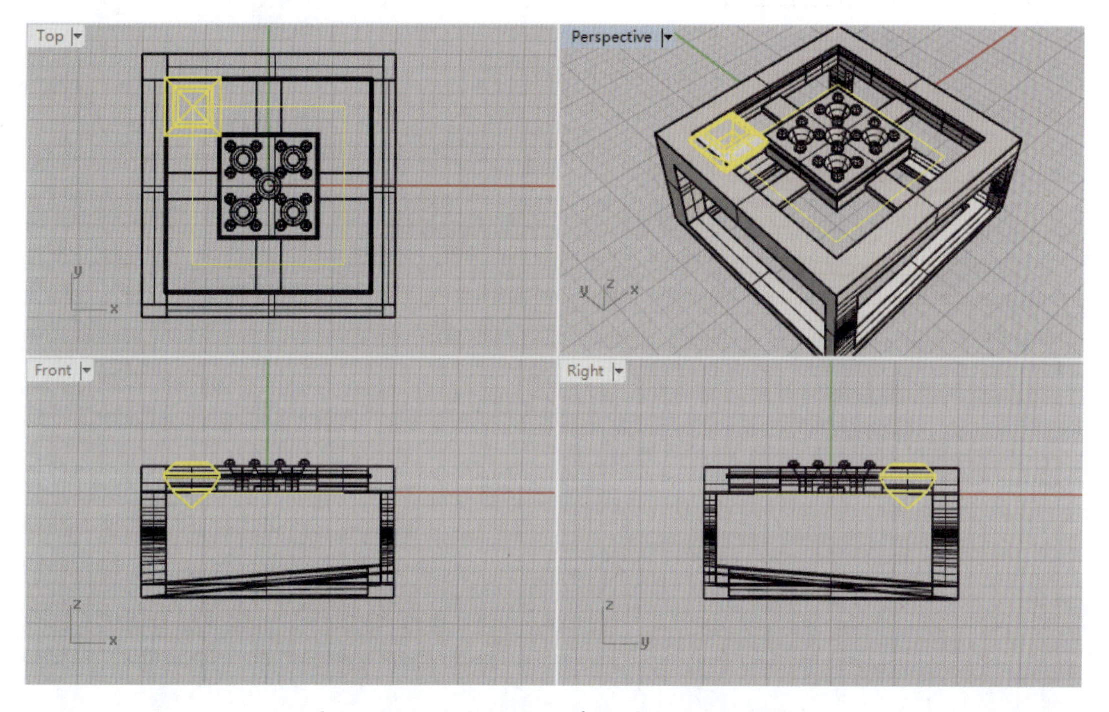

图 9-2-16 插入配石并绘制阵列路径曲线

(2)在 Top 视图中，选取插入的宝石，使用“沿着曲线阵列”工具(按钮)，在命令栏中设置阵列数为 12，将宝石沿着正方形路径曲线阵列复制成 12 个，使之布满槽镶镶口，如图 9-2-17 所示。

(3)在图层面板中新建名称为“中心钉镶宝石”的图层，然后在 Top 视图中，插入一个直径为 2.02mm 的标准圆钻型宝石，将其放入主体造型中心部位的钉镶镶口中，调整其大小，注意宝石的腰棱部位要稍微卡入周边的镶钉，如图 9-2-18 所示。

(4)在 Top 视图中，通过使用“复制”工具(按钮)，选取刚插入到中心的宝石，复制的起点为坐标点(0,0)，复制的终点分别为坐标点(2,2)、(－2,2)、(2,－2)(－2,－2)，即连续复制 4 个放置在周围的钉镶镶口中，完成主体造型中间部位钉镶宝石的镶嵌，如图 9-2-19 所示。

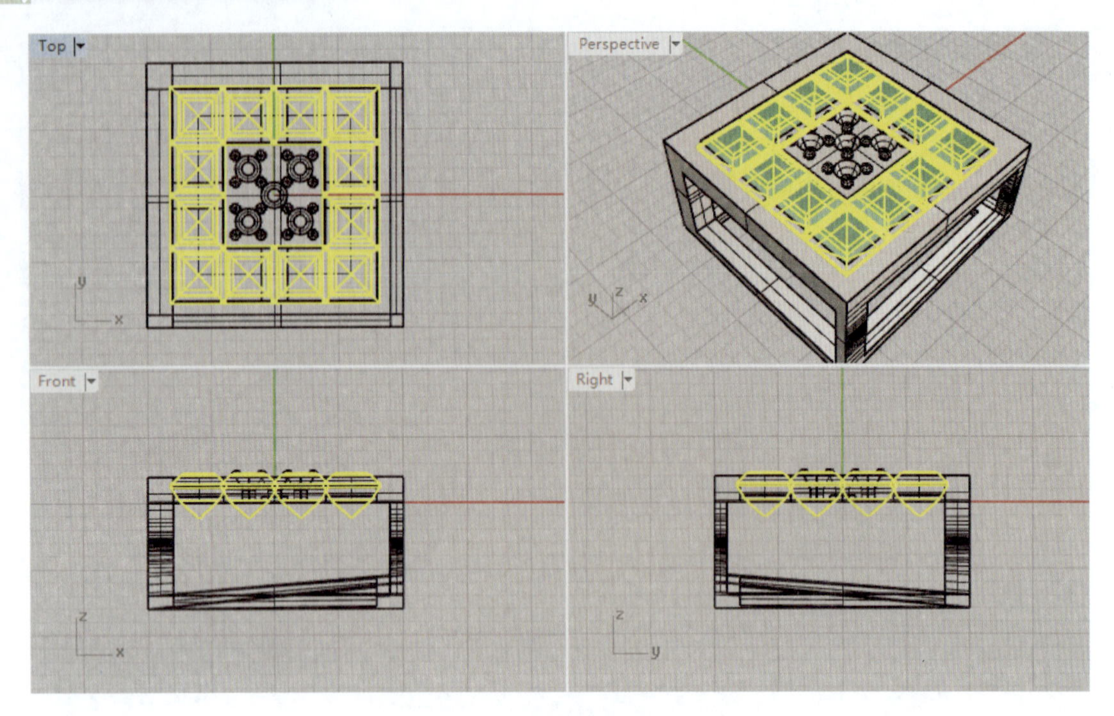

图 9-2-17　完成槽镶配石的镶嵌

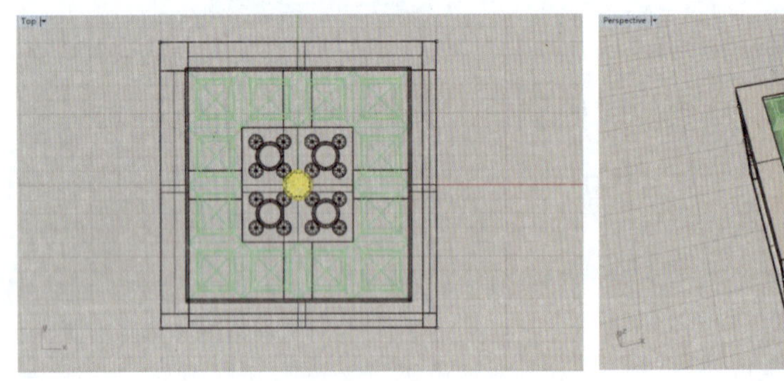

图 9-2-18　在中心部位插入圆钻型宝石　　图 9-2-19　完成中心部位钉镶宝石的镶嵌

6. 背部别针的制作

别针是胸针特有的结构，其款式类型多样，这里我们选用最常见的别针款式进行讲解。

(1)在 Top 视图中，使用“2D 旋转”工具(按钮)，将主体造型旋转 45°，如图 9-2-20 所示。

(2)由于别针在主体造型的背面，需要在 Bottom 视图中绘制图形，用鼠标右键单击视图名“Top”，在弹出的下拉菜单中点击“设置视图”/“Bottom”命令，即切换到 Bottom 视图。在 Bottom 视图中，点击“控制点曲线”工具(按钮)，在胸针主体背面靠右边的跨角位置绘制一段马蹄形曲线，并使用“嵌面”工具(按钮)，将曲线转化为曲面，如图 9-2-21 所示。绘制完毕后，再通过右键点击 Bottom 视图名，从下拉菜单中点击“设置视图”/“Top”命令，切换到 Top 视图。

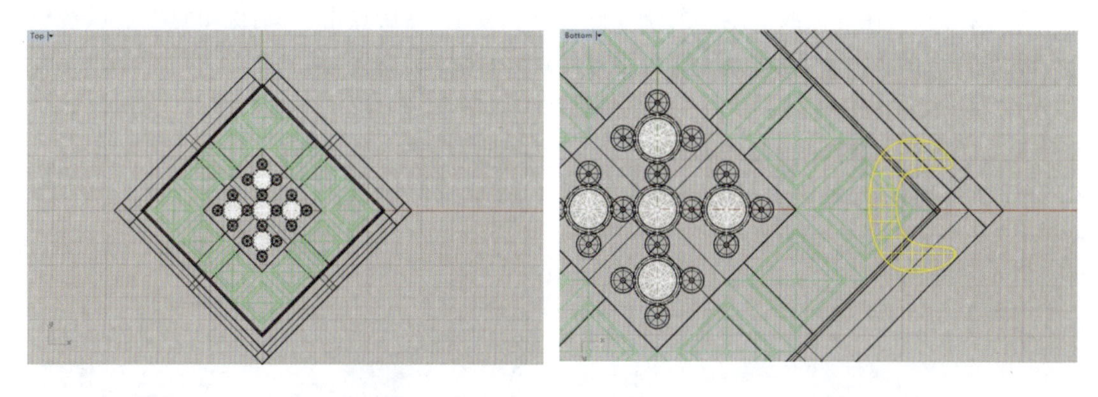

图 9-2-20 将主体旋转 45°　　　　图 9-2-21 绘制马蹄形曲面

(3)在 Front 视图中，使用“挤出曲面”工具(按钮)，将马蹄形曲面挤出成 1mm 厚的马蹄扣实体；并使用“圆柱体”工具(按钮)，选择马蹄扣上的合适位置，绘制半径为 0.3mm、长度为 4mm 的圆柱体，用作穿插马蹄扣固定别针的轴栓，如图 9-2-22 所示。

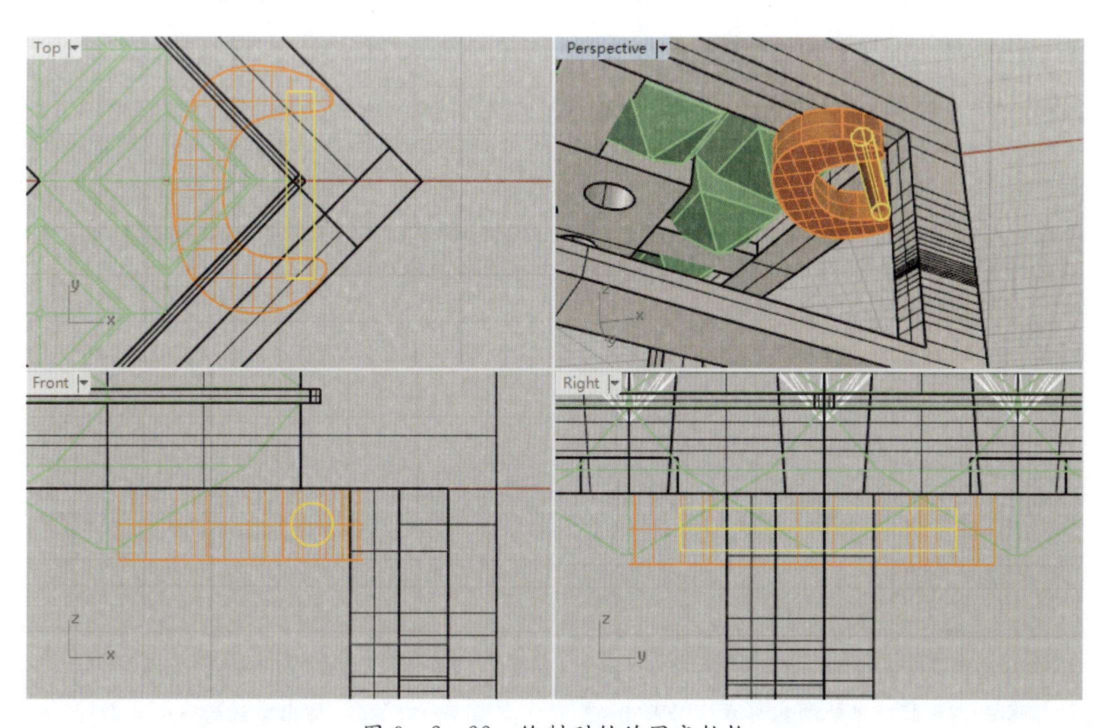

图 9-2-22 绘制别针的固定轴栓

7. 制作别针的弯针

(1)在 Front 视图中,使用“控制点曲线”工具(按钮),在主体造型的下方自左向右绘制一条弯针曲线,注意曲线的尾端要绕在圆柱体轴栓上,然后点击“开启编辑点”工具(按钮),调整曲线的控制点,使曲线形态顺滑自然,如图 9-2-23 所示。

(2)在 Front 视图中,使用“圆:环绕曲线”工具(按钮),在弯针曲线的端点处,绘制出半径为 0.3mm 的圆形断面曲线,如图 9-2-24 所示。

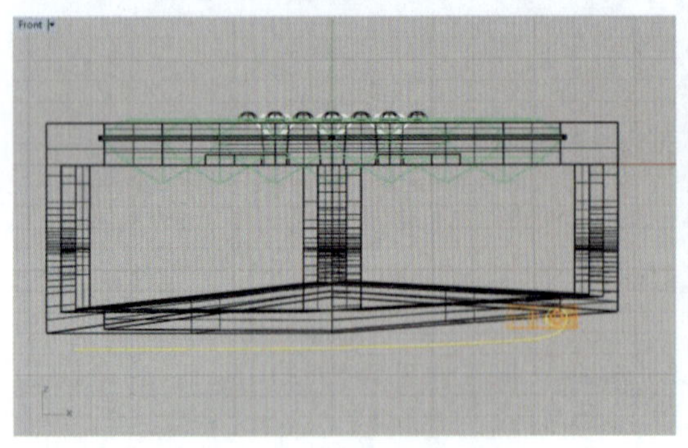

图 9-2-23 绘制弯针曲线

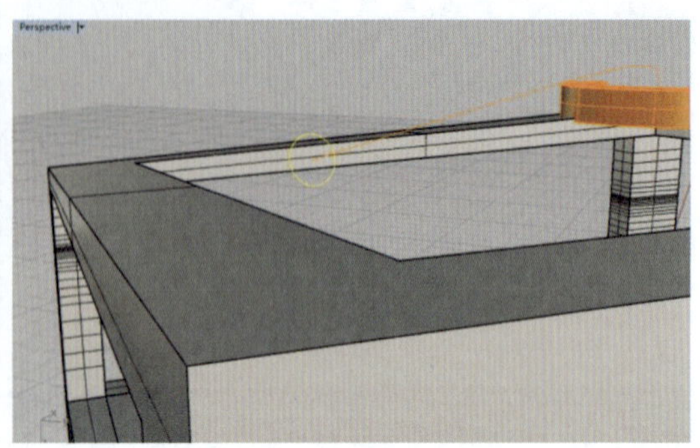

图 9-2-24 绘制弯针的断面曲线

(3)在 Perspective 视图中,使用工具栏中“单轨扫掠”工具(按钮),选取弯针曲线为路径曲线,再选取圆形断面曲线,扫掠形成弯针曲面,如图 9-2-25 所示。

(4)在 Right 视图中,选取弯针曲面,使用“将平面洞加盖”工具(按钮),将弯针曲面的两端封口。然后,使用“挤出曲面至点”工具(按钮),选取弯针前端的封口曲面向外挤出成具有一定长度的针尖曲面(图 9-2-26)。接着,执行“布尔计算并集”命令(按钮),将针尖曲面与弯针曲面合并为一个整体,这样别针的弯针部分就制作完成。

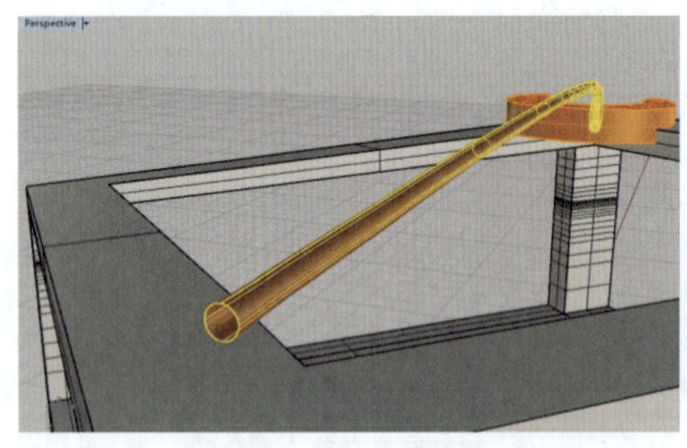

图 9-2-25 单轨扫掠形成弯针曲面

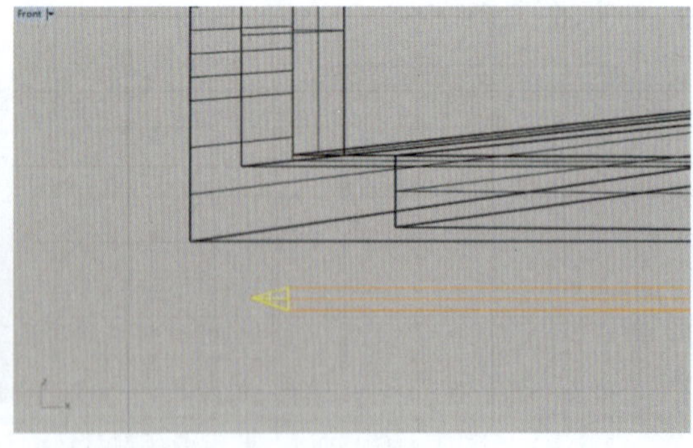

图 9-2-26 挤出弯针的针尖曲面

8. 制作别针的卡口

(1)在 Right 视图中,使用“多重直线”工具(按钮)绘制出别针的卡口曲线,形状如图 9-2-27 所示。

(2)在 Front 视图中,将别针卡口曲线移动到胸针主体背面靠左边框的位置,即靠近针头的部位,结果如图 9-2-28 所示。

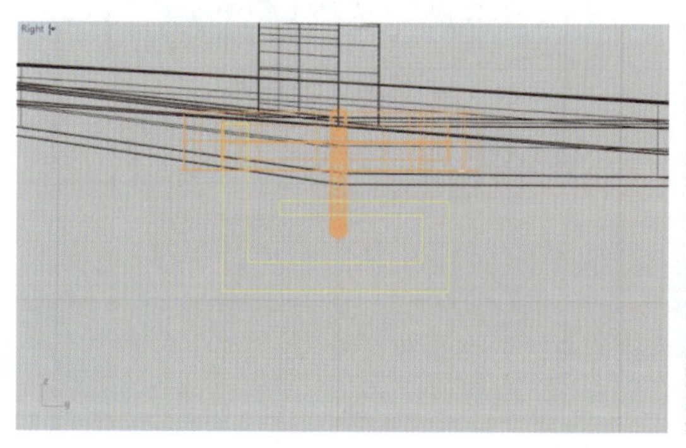

图 9-2-27 绘制别针卡口曲线

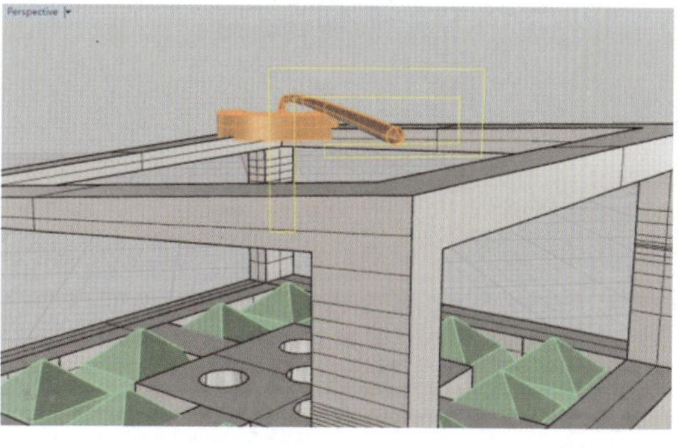

图 9-2-28 移动卡口曲线到靠近针头部位

(3)在 Right 视图中,使用“嵌面”工具(按钮),将卡口曲线转化为曲面,然后在 Front 视图中,使用“挤出曲面”工具(按钮),挤出距离设置为 1mm,将卡口曲面挤出成实体,如图 9-2-29 所示。

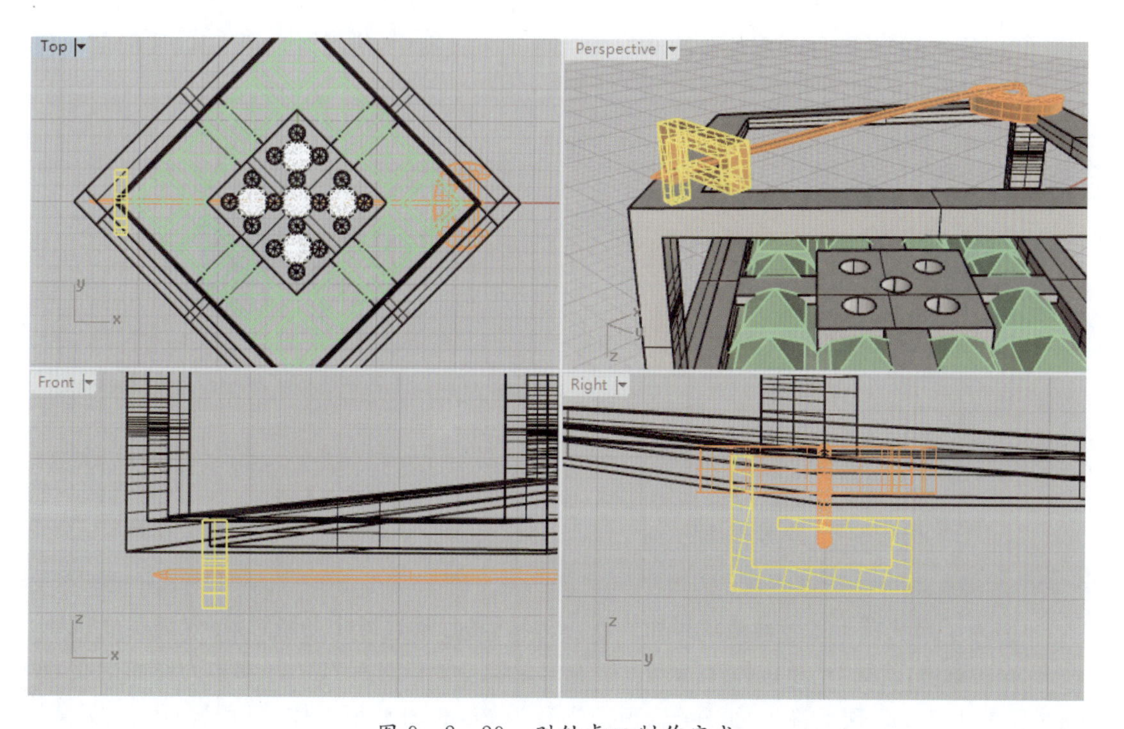

图 9-2-29 别针卡口制作完成

(4)至此，胸针主体的制作已全部完成，为了美观，需将胸针主体的框架曲面全部进行圆角化处理。在 Perspective 视图中，使用“不等距边缘圆角”工具(按钮)，选取主体框架曲面，圆角半径设置为 0.1mm，结果如图 9-2-30 所示。

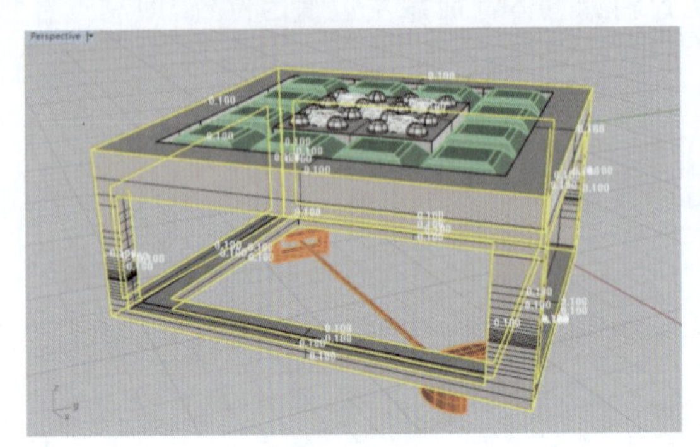
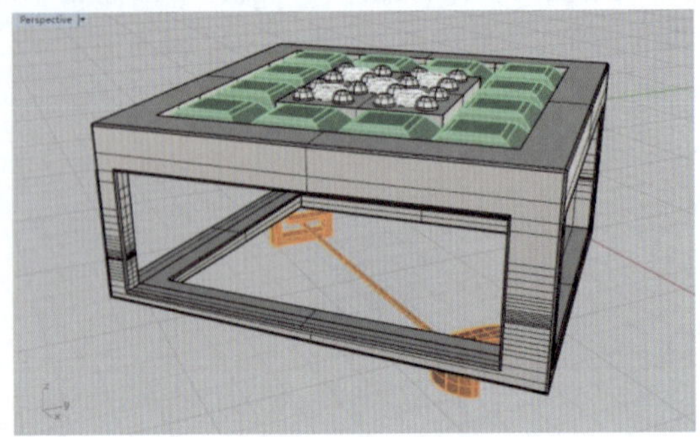

图 9-2-30　对胸针主体框架曲面进行圆角化处理

9.2.3.2　胸针连接链的制作

(1)首先在图层面板中创建新图层，命名为“胸针连接链”。然后在 Top 视图中，使用“环状体”工具(按钮)，以坐标点(0，－14)为圆心，绘制直径为 4mm、第二(断面)直径为 0.8mm 的环状体，并在 Right 视图中使用“移动”工具(按钮)，将其向下移动 3mm，如图 9-2-31 所示。

(2)在 Front 视图中，使用“复制”工具(按钮)，将环状体原地复制一个，并使用“2D 旋转”工具(按钮)将复制的圆环旋转 90°，然后在 Top 视图中，使用“移动”工具(按钮)，将其向下移动 2mm，使两个圆环相套连接，如图 9-2-32 所示。

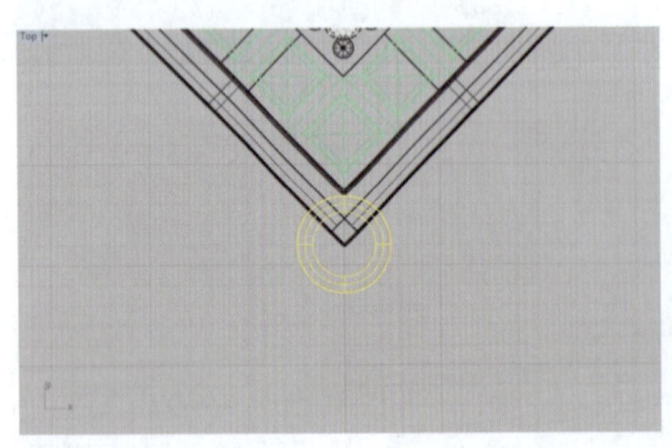

图 9-2-31　绘制连接环

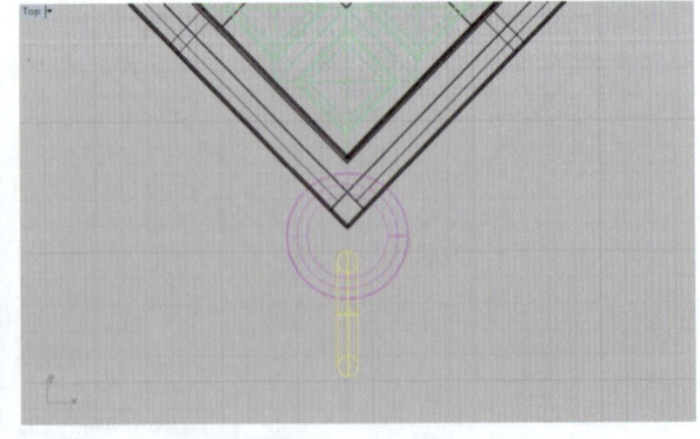

图 9-2-32　连接环相套组合

(3)为了避免图形太多而造成操作失误，我们把之前做的胸针主体隐藏，仅显示连接环。在 Top 视图中，使用“平顶锥体”工具(按钮)，绘制一个以坐标点(0，－21)为底面中心，底面半径为 1.5mm，顶面高度为 4mm，顶面半径为 2mm 的平顶锥体；再用同样的方法，在

Top 视图中，使用“平顶锥体”工具（按钮）在同一中心点位置，绘制一个底面半径为 1mm，顶面高度为 4mm，顶面半径为 1.5mm 的平顶锥体。绘制完后，两个平顶锥体叠加在一起，其中内面的一个平顶锥体用作打孔物体。

(4)在 Right 视图中，使用“移动”工具（按钮），将两个平顶锥向下移动 5mm。然后，在 Perspective 视图中，使用“布尔运算差集”工具（按钮），使内、外两个平顶锥体相减，利用后者将前者打出孔洞，形成镶口的底座，如图 9-2-33 所示。

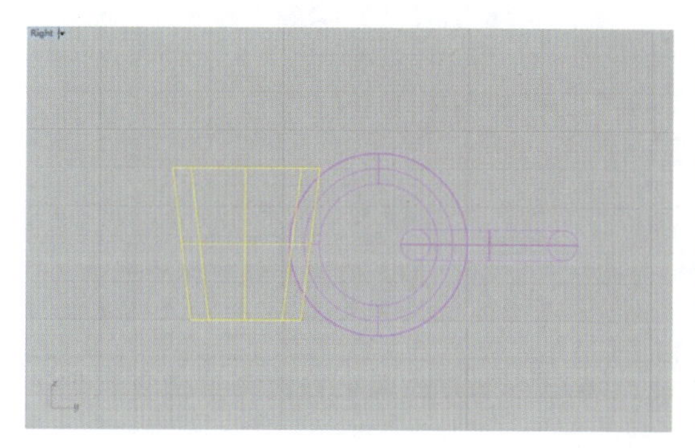
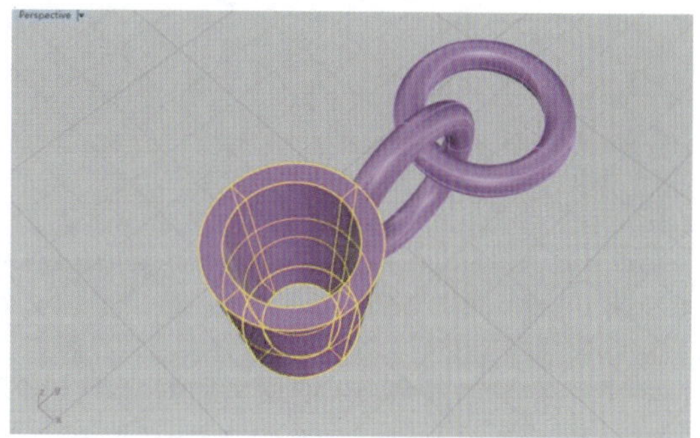

图 9-2-33　完成镶口底座制作

(5)在 Top 视图中，使用“圆柱体”工具（按钮），在坐标点(0，−21)位置，绘制一个直径为 0.5mm、高度为 5mm 的圆柱体，调用“不等距边缘圆角”命令（按钮），设置圆角半径为 0.2mm，将圆柱体的顶面和底面倒成圆角，作为镶口的爪，如图 9-2-34 所示。

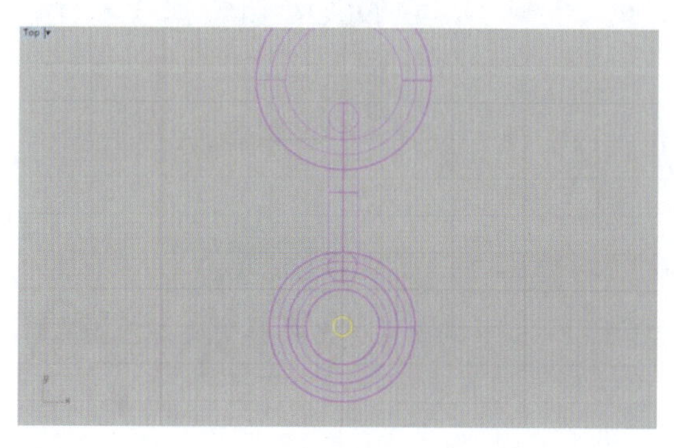
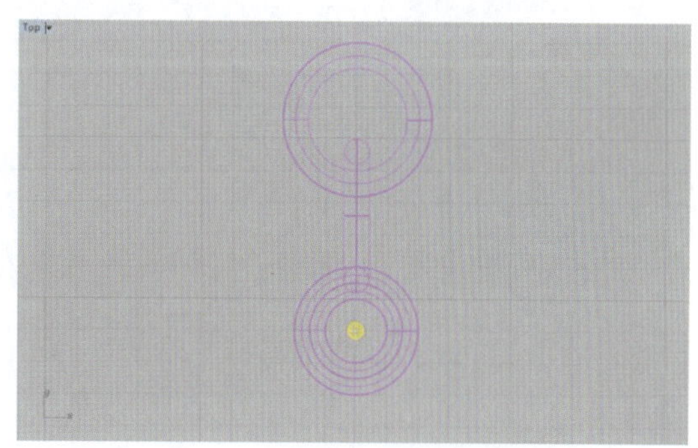

图 9-2-34　绘制镶口的爪

(6)在 Right 视图中，使用“移动”（按钮）工具，将倒过圆角的圆柱体向下移动 5mm，再向右移动 2mm，并使用“2D 旋转”工具（按钮）将其旋转 8°，如图 9-2-35 所示。

(7)在 Top 视图中，使用“2D 旋转”工具（按钮），将镶口的爪旋转 45°，并使用“环形阵列”工具（按钮），以坐标点(0，−21)为中心，将爪环形阵列复制为 4 个，完成四爪镶口。

(8)在 Top 视图中，插入标准圆钻型宝石，并在视图中心的坐标原点(0，0)位置，使用“三轴缩放”工具(按钮)将其调整到直径为3.98mm大小,然后使用“移动”工具(按钮),将其下移到坐标点(0,−21)的位置,卡入镶口的镶爪之中,结果如图9-2-36所示。

图9-2-35　将镶口的爪倒角、移动和旋转到位

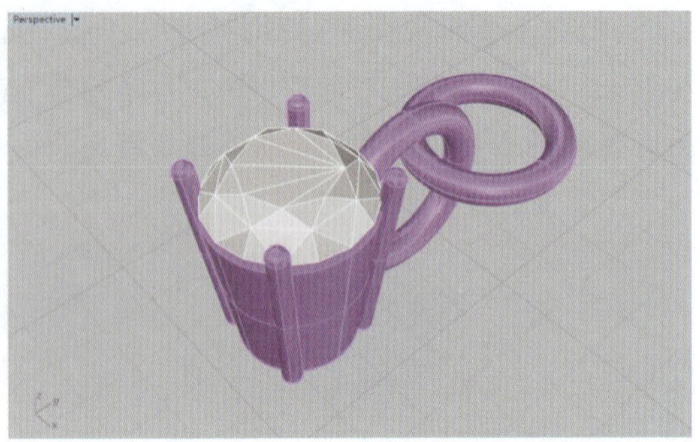

图9-2-36　配石的四爪镶口制作完成

(9)在Top视图中,使用“镜像”工具(按钮),将宝石上方的两个连接环镜像复制到下方,构成完整的连接链,图9-2-37所示。

(10)右键点击“显示物件”工具(按钮),将之前隐藏的胸针主体打开,在Perspective视图中观察制作效果,如图9-2-38所示。

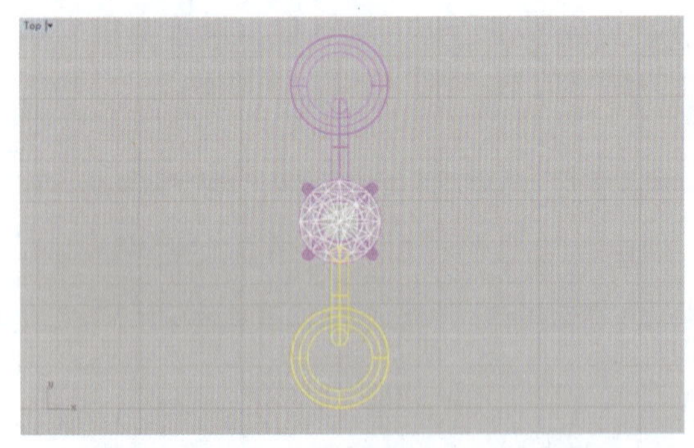

图9-2-37　镜像复制连接环

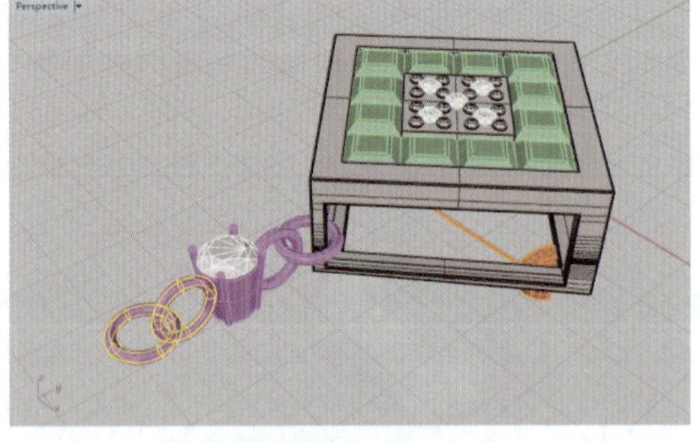

图9-2-38　胸针主体与连接链的着色效果图

9.2.3.3　胸针珍珠坠的制作

1. 制作珍珠坠镶口

(1)首先在图层面板中创建一个新图层,命名为“胸针珍珠坠”。然后,在Top视图中,使用工具栏中的“抛物面锥体”工具(按钮),在命令栏中点选“加盖(C)=是”,将鼠标在坐标点(0,−30)处单击,以此点为抛物面锥体焦点,向下拖动鼠标使抛物面锥体方向朝下,至距离为8mm处单击,再向两侧拖动鼠标,在“抛物面锥体端点”距离为12mm处单击,绘制出抛物面锥体。

(2)在Top视图中,使用“复制”工具(按钮),将抛物面锥体向下移动2mm,复制出第二个抛物面锥体,用作掏孔物体。然后使用“布尔运算差集”工具(按钮),使内、外两个抛物面锥体相减,利用前者将抛物面锥体内面掏空,得到珍珠坠的镶口,图 9-2-39 所示。

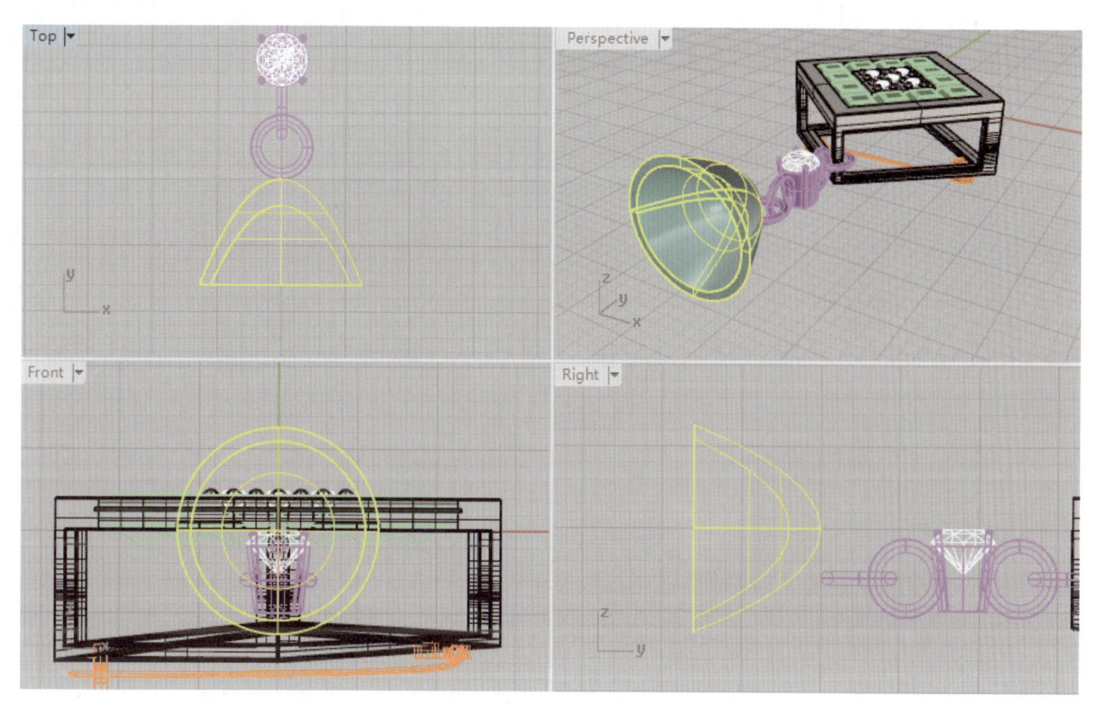

图 9-2-39 制作珍珠坠的抛物面锥形镶口

2. 对珍珠坠镶口进行镂空处理

(1)在 Top 视图中,使用“多重直线”工具(按钮),以坐标点(0,—33)、(2,—36)、(—2,—36)绘制一条三角形曲线,并使用“投影至曲面”工具(按钮)将其投影到珍珠镶口上,如图 9-2-40 所示。

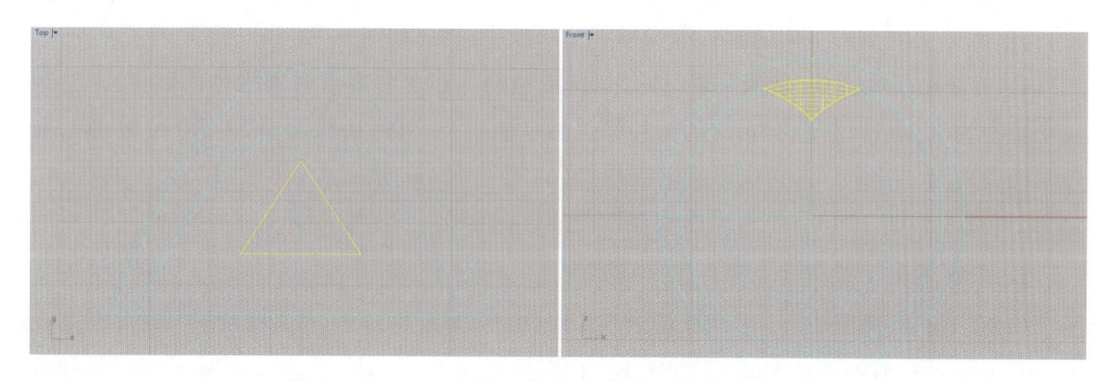

图 9-2-40 绘制三角形曲线并投影至珍珠镶口

(2)在 Front 视图中，选取一个外表面的三角形投影线(其他投影线删除)，通过使用"嵌面"工具(按钮)将其转化为三角形曲面，然后在 Right 视图中使用"挤出曲面"工具(按钮)，挤出距离设置为 3mm，将嵌面的曲面挤出成三角形实体，再使用"移动"工具(按钮)将三角形实体向下移动 1mm，用于制作镂空镶口的物体，如图 9-2-41 所示。

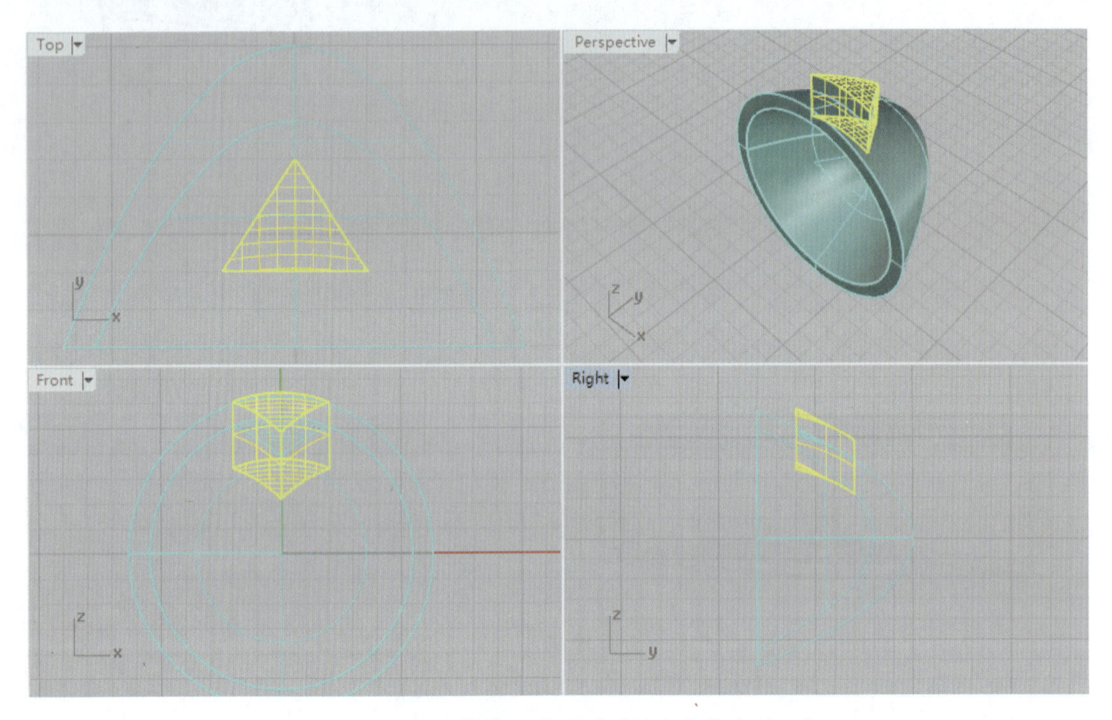

图 9-2-41 制作三角形实体(用于镂空镶口)

(3)在 Front 视图中，使用"环形阵列"工具(按钮)，选取三角形实体，以视图坐标原点为阵列中心，设置阵列数为 5，旋转角度总合为 360°，将其环形阵列复制成 5 个。

(4)在 Perspective 视图中，使用"布尔运算差集"工具(按钮)，先选取珍珠坠镶口，回车，再框选 5 个三角形实体，回车，得到镂空的珍珠坠镶口，如图 9-2-42 所示。

(5)在 Front 视图中，使用"圆柱体"工具(按钮)，以坐标原点为圆柱体底面中心，绘制一个直径为 0.5mm，高为 16mm 的圆柱体。然后使用"不等距边缘圆角"工具(按钮)，圆角半径设置为 0.2mm，将圆柱体前端倒成圆角，再在 Right 视图中，使用"移动"工具(按钮)将其往左移动 30mm，作为珍珠坠镶口的插针，如图 9-2-43 所示。

3. 在珍珠坠主镶口上打孔和制作镶钉

(1)在 Front 视图中，使用"2D 旋转"工具(按钮)，将珍珠坠镶口旋转 180°，以便在 Top 视图中进行编辑。在 Top 视图中，使用"平顶锥体"工具(按钮)，绘制一个以坐标点(0，-33)为平顶锥底面中心，底面半径为 1mm，顶面高度为 4mm，顶面半径为 0.5mm 的平顶锥体，用于制作镶口的打孔物体；然后，在平顶锥的旁边，坐标点(-0.8，-32.3)位置，使

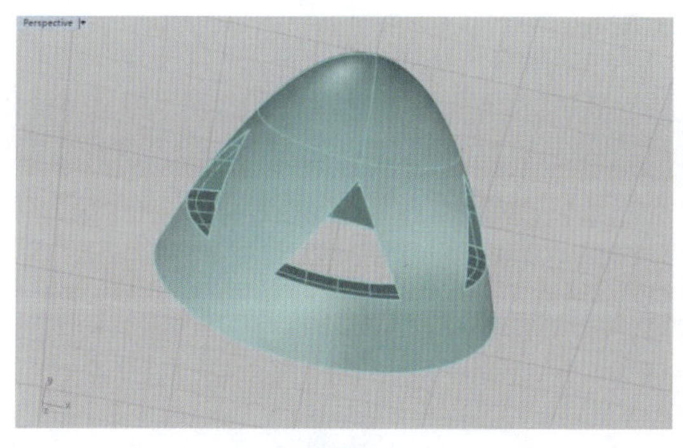

图 9-2-42 对珍珠坠镶口进行镂空处理

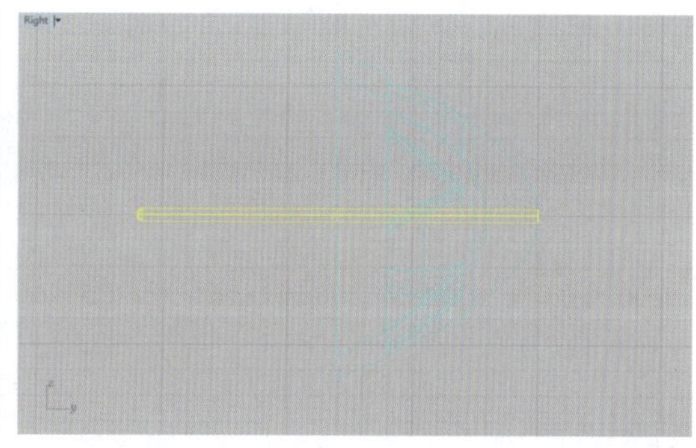

图 9-2-43 制作珍珠坠镶口的插针

用“圆柱体”工具(按钮)，绘制一个直径为 0.5mm，高度为 0.5mm 的圆柱体，并使用“不等距边缘圆角”工具(按钮)，圆角半径设置为 0.2mm，将圆柱体顶面倒成圆角，用作镶宝石的钉；接着，使用“环形阵列”(按钮)工具，以坐标点(−33,0)为中心，将镶钉环形阵列复制成 4 个，如图 9-2-44 所示。

(2)在 Right 视图中，使用“移动”工具(按钮)，将平顶锥打孔物体和 4 个镶钉向上移动 4mm，同时使用“复制”工具(按钮)将其原地复制成两组，再使用“2D 旋转”工具(按钮)将其中一组以(−33,1)为中心向右旋转 40°，如图 9-2-45 所示。

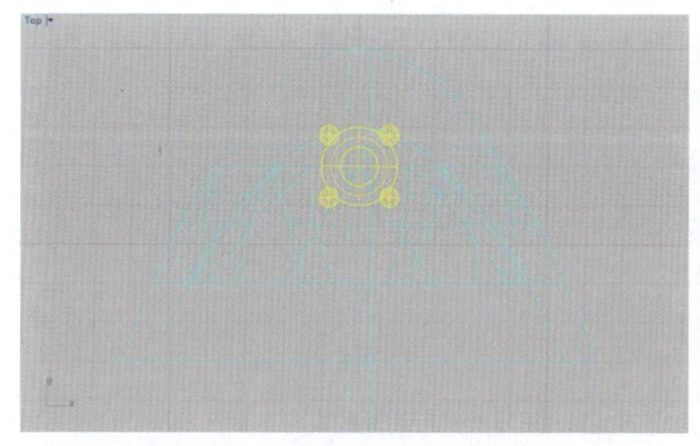

图 9-2-44 制作平顶锥打孔物体和圆柱体镶钉

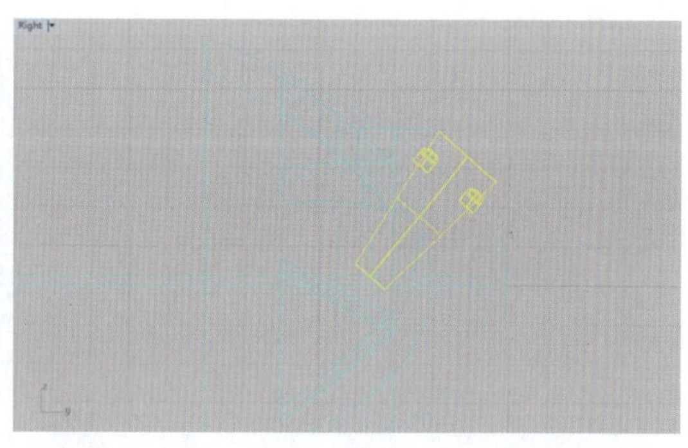

图 9-2-45 移动、复制、旋转一组打孔物体和镶钉

(3)在 Right 视图中，使用“移动”工具(按钮)，将另一组平顶锥打孔物体和 4 个镶钉向左移动 3mm，再向上移动 2mm，然后使用“2D 旋转”工具(按钮)，以(−36,0)为中心，将其向右旋转 30°，如图 9-2-46 所示。

(4)在 Front 视图中，框选两组平顶锥打孔物体和镶钉，使用“环形阵列”工具(按钮)，在命令栏中设置阵列项目数为 5，旋转角度总合为 360°，于是阵列复制出 5 组，分布在珍珠坠镶口的镂空区域之间。然后在 Perspective 视图中，使用“布尔运算差集”工具(按钮)，先

点击珍珠坠镶口，回车，再选取所有的平顶锥打孔物体，回车，在珍珠坠主镶口上打出孔洞，与钉一起构成钉镶副石的小镶口，如图 9-2-47 所示。

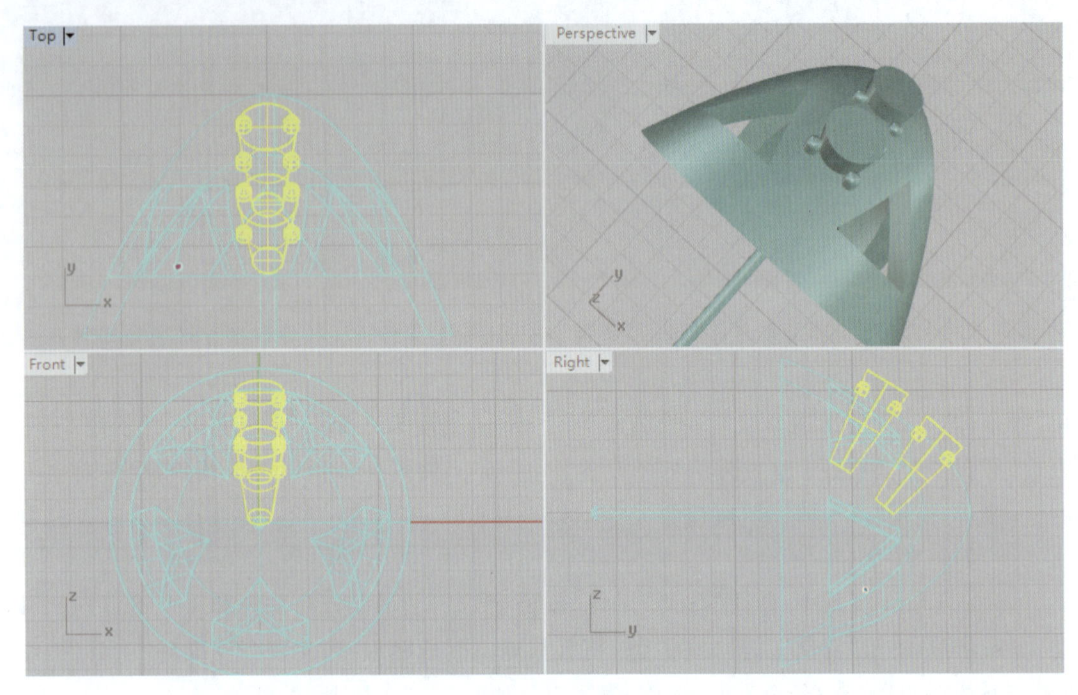

图 9-2-46　移动、旋转另一组平顶锥打孔物体和镶钉

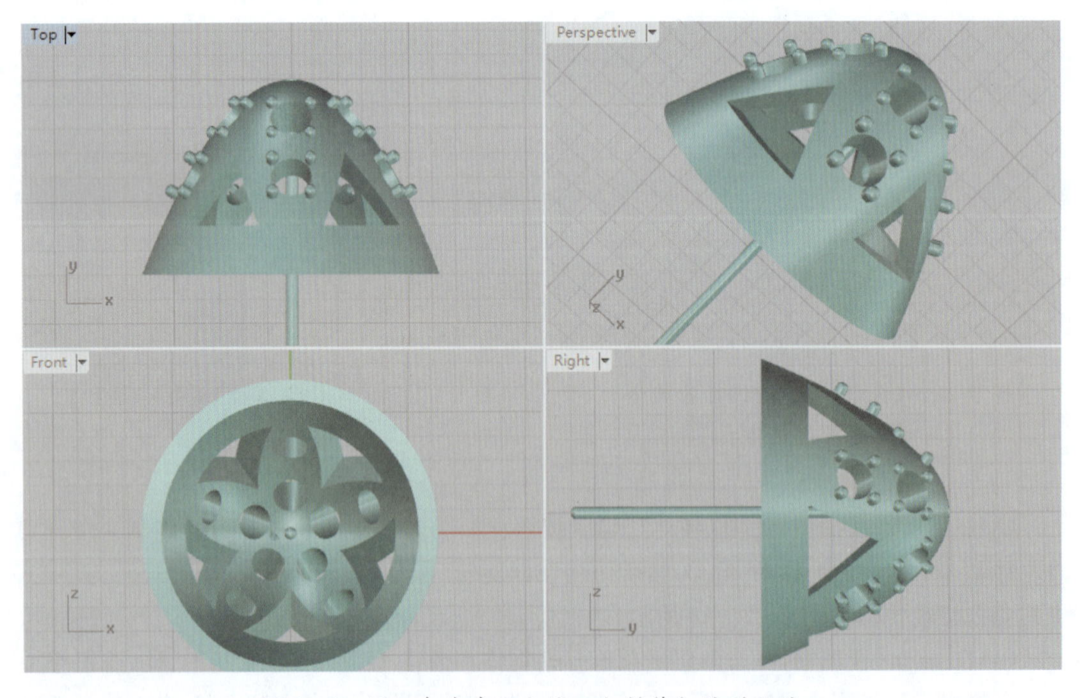

图 9-2-47　在珍珠坠主镶口上制作钉镶副石镶口

4. 在珍珠坠主镶口下沿制作镶石槽

(1)在 Front 视图中,使用“环状体”工具(按钮),以坐标点(0,0)为中心,绘制一个直径为 12mm,第二直径为 1.5mm 的圆形环状体,然后在 Right 视图中,使用“移动”工具(按钮),向左移动 37mm,即放置在珍珠坠主镶口的下沿部位,如图 9-2-48 所示。

(2)在 Perspective 视图中,使用“布尔运算差集”工具(按钮),将珍珠坠主镶口与圆环体相减,在珍珠坠主镶口的下沿部位生成凹槽,用于群镶小颗粒宝石,如图 9-2-49 所示。

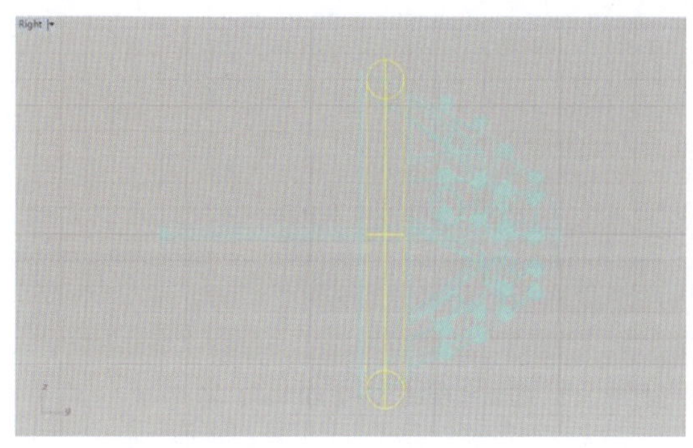

图 9-2-48 移动圆环

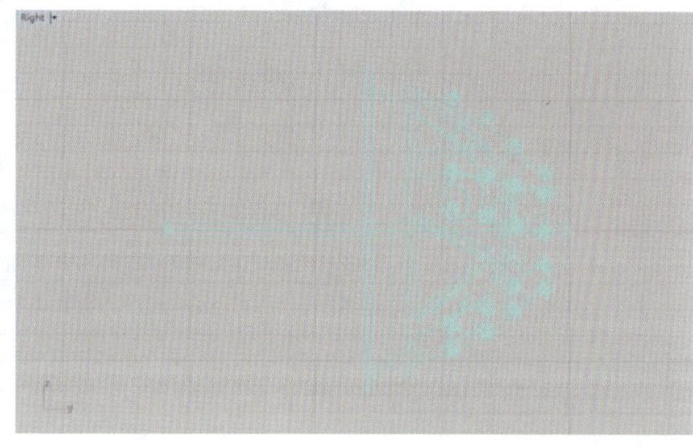

图 9-2-49 完成珍珠坠的镶口

5. 给珍珠坠镶嵌宝石和珍珠

(1)在 Top 视图中,先插入一颗直径为 2.02mm 的标准圆钻型宝石,然后在 Right 视图中旋转、移动、复制成 2 颗,分别调整好落石位置,放置于珍珠坠主镶口上部的钉镶镶口中,如图 9-2-50 所示。

(2)在 Front 视图中,使用“环形阵列”工具(按钮),选取 2 颗镶好的宝石,在命令栏中设置阵列数为 5,旋转角度总合为 360°,回车后,即完成珍珠坠主镶口上部钉镶宝石的排列,如图 9-2-51 所示。

图 9-2-50 调整钉镶宝石的落石位置

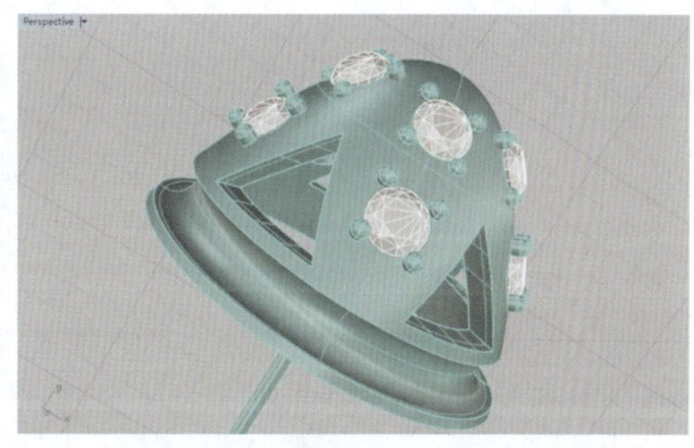

图 9-2-51 完成珍珠坠主镶口上部的钉镶排石

(3)在 Top 视图中,插入一颗直径为 1.4mm 的标准圆钻型宝石,使用“移动”工具(按钮),将其向下移动 37mm,然后在 Right 视图中将其向上移动 5.5mm,同时使用“旋转”工具

(按钮),以宝石自身为中心,向右 2D 旋转 25°,将宝石放入珍珠坠主镶口下沿的镶石槽中,如图 9-2-52 所示。

(4)在 Front 视图中,使用"环形阵列"工具(按钮),选取镶石槽中的宝石,在命令栏中设置阵列项目数为 26,旋转角度总合为 360°,回车后,即完成珍珠坠主镶口下沿的槽镶排石,如图 9-2-53 所示。

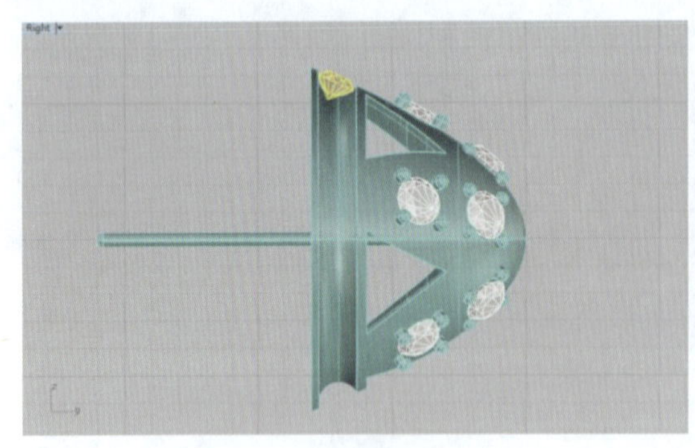

图 9-2-52 调整槽镶宝石的落石位置

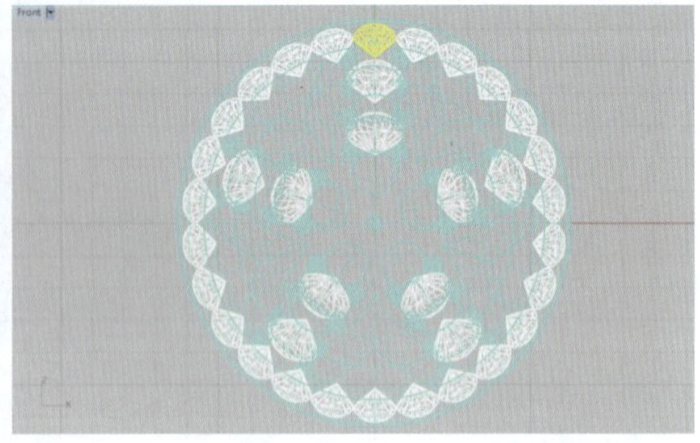

图 9-2-53 珍珠坠主镶口下沿槽镶宝石排列

(5)在 Top 视图中,使用"球体"工具(按钮),以坐标点(0,-42)为中心,绘制一个直径为 14mm 的球体作为珍珠。然后,在 Right 视图中,使用"移动"工具(按钮),将珍珠放入珍珠坠主镶口中,同时再将珍珠连同镶口一起向下移动 3mm,使珍珠坠镶口与连接链相接。至此,胸针的所有结构全部制作完成,如图 9-2-54 所示。

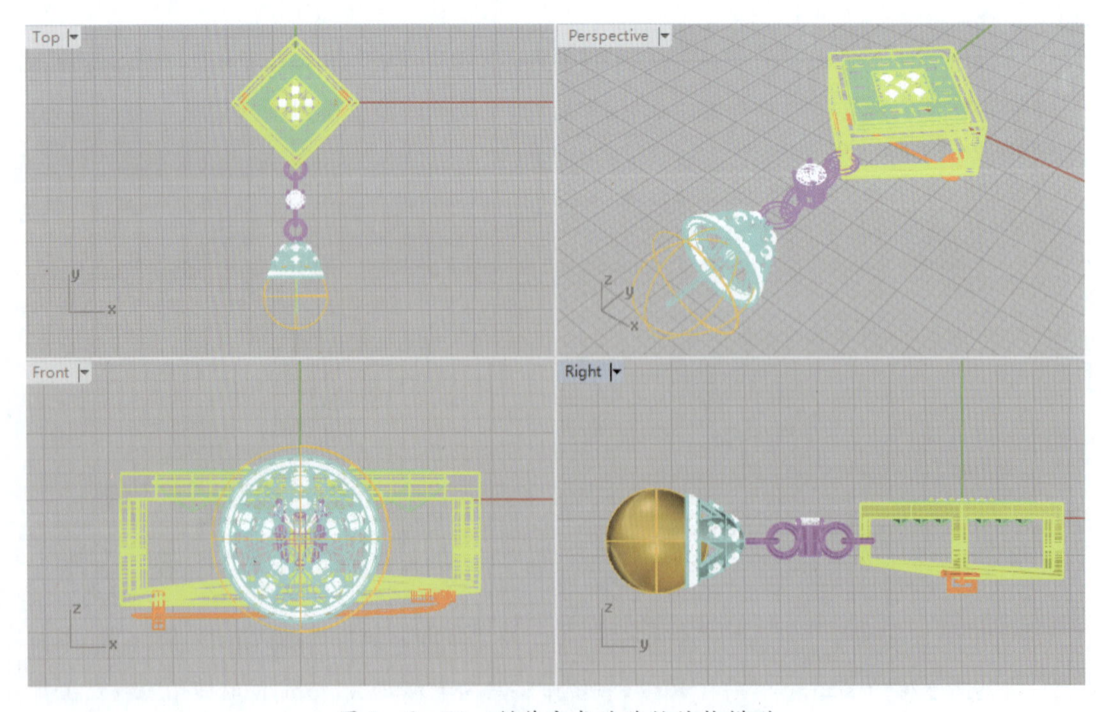

图 9-2-54 制作完成的胸针结构模型

9.2.3.4 渲染商务领扣胸针模型

由于在上述制作步骤中，对大部分首饰部件都建立了不同颜色的图层，所以点击基本工具栏中的“着色”工具(按钮)，可以直接观察到制作完成的商务领扣胸针模型的着色效果，如图 9-2-55 所示。

如果将制作的商务胸针模型导入到 KeyShot 中渲染，则需要在 Rhino 中为胸针模型的各种部件按材质重新调整或分配图层，如将黄金、祖母绿、钻石、珍珠等分别建立图层，然后将模型导入到 KeyShot 中，分别赋予各种相应的材质进行渲染，渲染效果如图 9-2-56 所示。

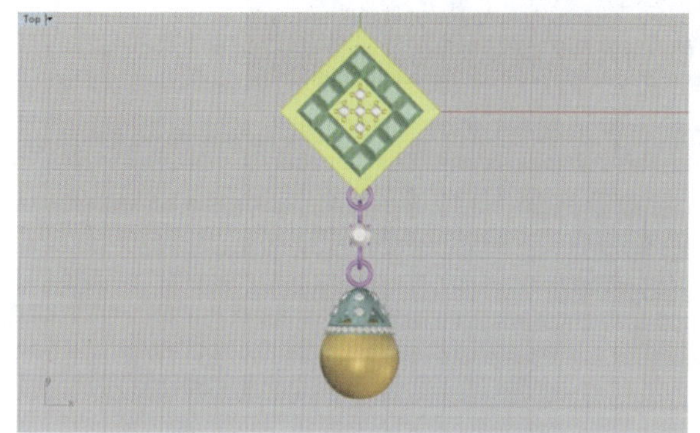

图 9-2-55 商务领扣胸针着色效果图

图 9-2-56 商务领扣胸针 KeyShot 渲染效果图

9.3 多功能吊坠胸针

9.3.1 多功能吊坠胸针的设计构思

如图 9-3-1 所示，从设计上来看，此款胸针运用了流线型设计，通过完美的线条感，体现出女性佩戴者的柔美、温婉；在功能上，它不仅可以组合起来当作胸针佩戴，也可以从机关卡扣处分开，单件当作吊坠来佩戴。首饰功能的多样性符合当代年轻人寻求多变的个性，给人以新颖、别致的感觉。

9.3.2 制作多功能吊坠胸针所需要的材料

此款胸针的主要材质是 18K 白金，主石是直径为 8mm 的白色珍珠，还需要用到 8 颗 3 分(直径为 2.02mm)的钻石，2 颗 2 分(直径为 1.75mm)的钻石。

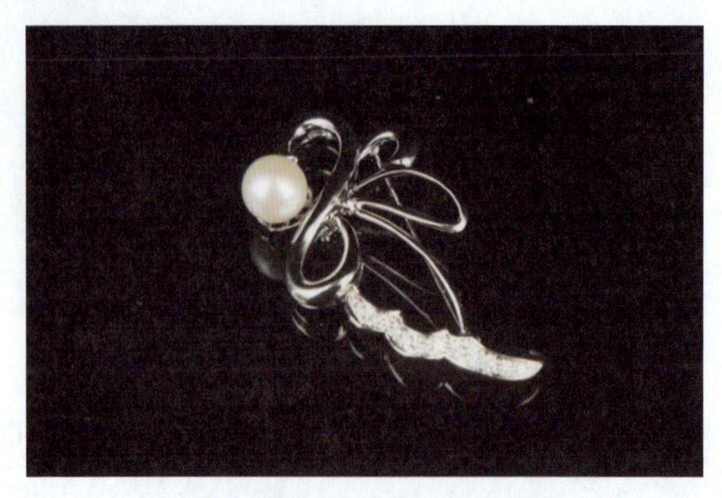

图 9-3-1　多功能吊坠胸针(实物)

9.3.3　多功能吊坠胸针的制作步骤

9.3.3.1　吊坠组件的制作

首先建立图层,单击基本工具栏中“编辑图层”工具(按钮),在工作区的右边出现“图层”面板,双击“layer01”图层,将其重命名为“吊坠组件”,以便于后期编辑。

1. 制作吊坠胸针金属部分

(1)在 Top 视图中,使用“控制点曲线”工具(按钮),绘制两条“S”形曲线,然后点击“开启控制点”命令(按钮),拖动控制点调整曲线形态,直至得到完美曲线,如图 9-3-2 所示。

(2)在 Right 视图,使用“控制点曲线”工具(按钮),绘制一条如图 9-3-3 所示的拱形曲线,再使用“多重直线”工具(按钮)通过捕捉拱形曲线的两个端点绘制一条直线,然后用“组合”工具(按钮)将两线组合成封闭曲线,作为断面曲线。

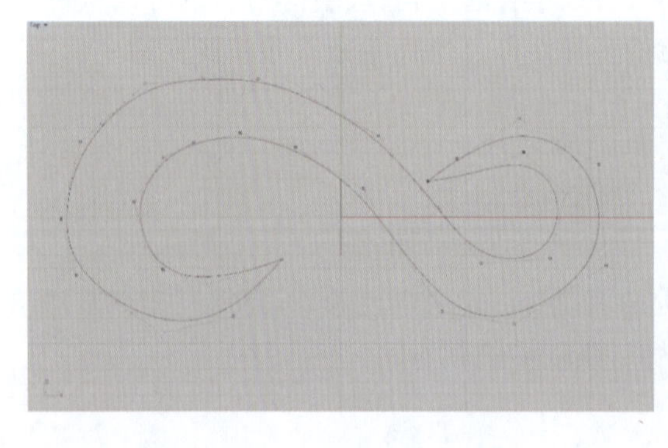

图 9-3-2　绘制“S”形曲线

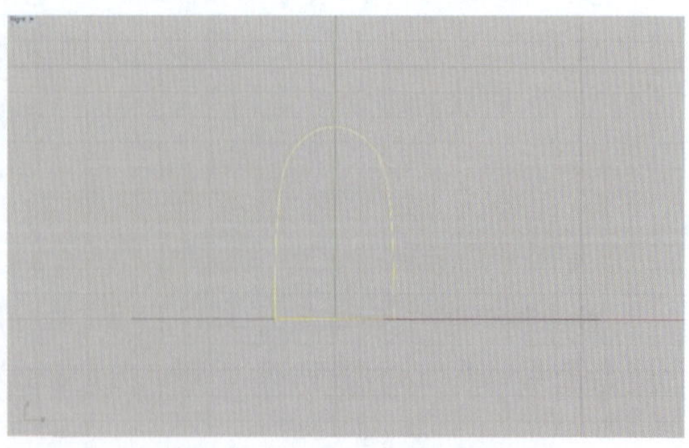

图 9-3-3　绘制断面曲线

(3)在 Perspective 视图中，使用菜单栏中“变动”/“定位”/“两点”命令(按钮)，在命令栏中点选“复制(C)=是”和“缩放(S)=三轴”选项，将断面曲线依次定位到“S”形曲线上的相应位置，如图 9-3-4 所示。

(4)在 Top 视图中，使用“双轨扫掠”工具(按钮)，依次点击两条“S”形路径线和断面曲线，选择完成后会弹出“双轨扫掠”对话框，注意在对话框中勾选“保持高度”选项，点击“加入控制断面”选项可以在曲线上增加断面，使生成的曲面匀称顺滑，结果如图 9-3-5 所示。

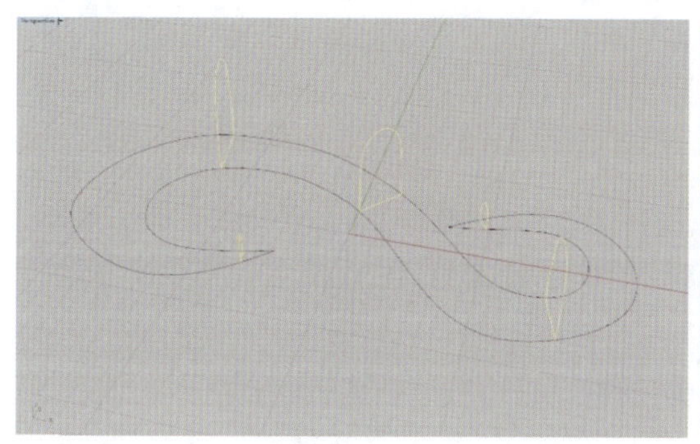

图 9-3-4 将断面曲线定位复制到“S”形曲线上指定位置

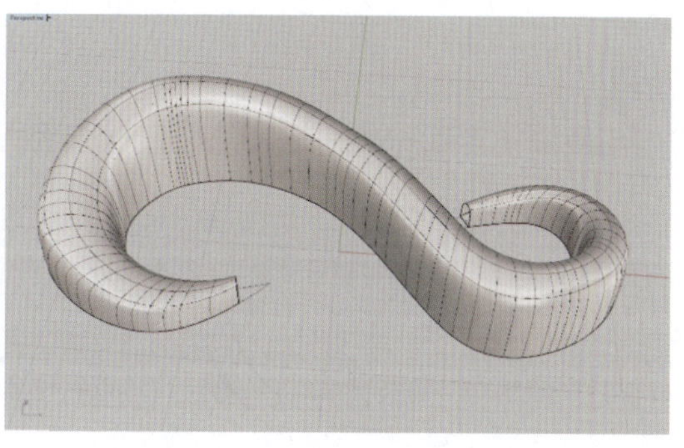

图 9-3-5 双轨扫掠形成“S”形曲面

2. 制作珍珠的镶口和插针

(1)在 Front 视图中，使用“球体：中心点、半径”工具(按钮)，分别绘制一个直径为 6mm 的大球体和一个直径为 5mm 的小球体，两个球体叠加(图 9-3-6)，并使用“多重直线”工具(按钮)在球体中部绘制一条平直线，然后使用“修剪”工具(按钮)，剪掉球体的上半部分，如图 9-3-7 所示。

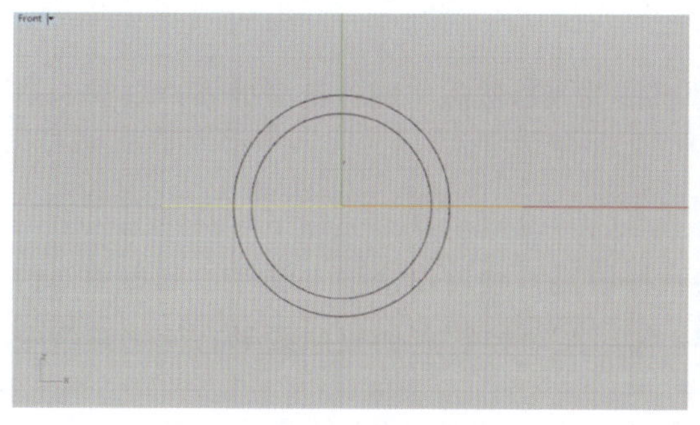

图 9-3-6 绘制两个大小叠加的球体

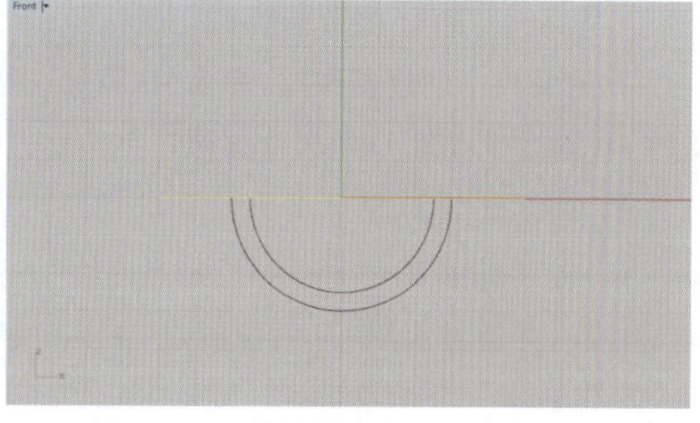

图 9-3-7 剪掉球体的上半部分

(2)在 Perspective 视图中，使用“以平面曲线创建曲面”工具(按钮)，选择内、外两个半球曲面的边缘曲线，回车后，生成封口曲面，创建出一个半球形的实体，作为珍珠的镶口，如图 9-3-8 所示。

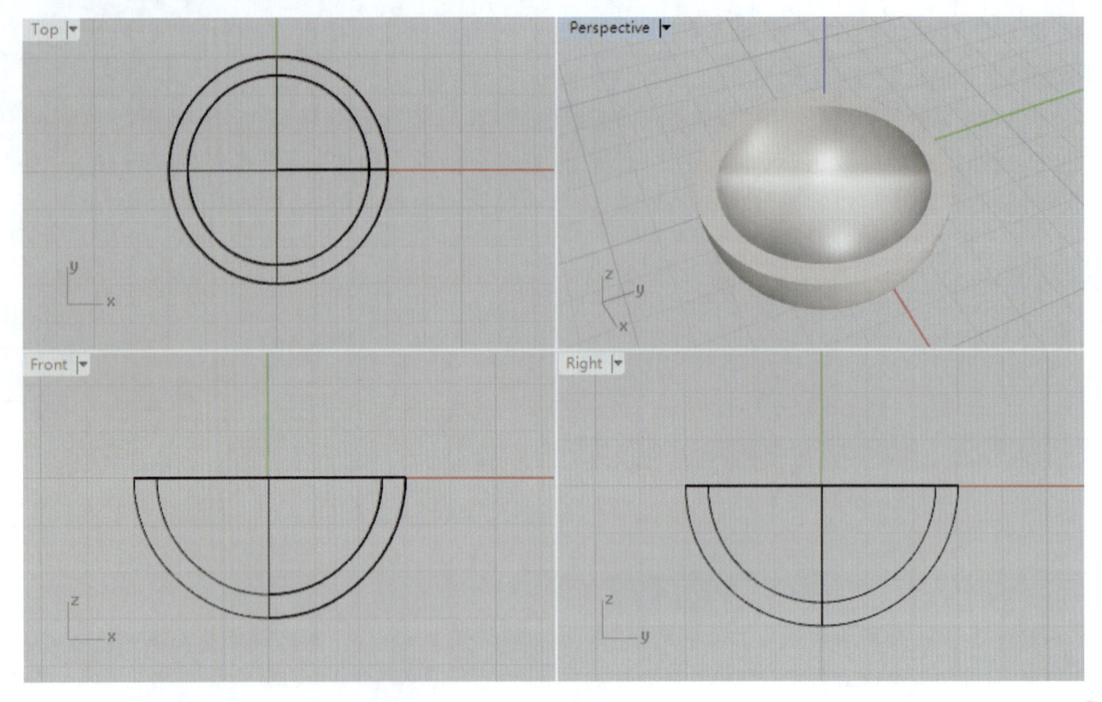

图 9-3-8　创建珍珠镶口实体

(3)在 Top 视图中,使用“圆柱体”工具(按钮),在球体的圆心位置绘制直径为 0.5mm,高为 9mm 的圆柱体,作为珍珠镶口上的孔镶插针;然后在 Front 视图中,使用“不等距边缘圆角”工具(按钮),设置圆角半径为 0.2mm,将整体镶口及插针倒成圆角,并使用“移动”(按钮)工具,将插针向下移动 3mm,使之与镶口连接为一整体,如图 9-3-9 所示。

9.3.3.2　胸针花型制作

在图层板中创建新图层,命名为“胸针花型组件”图层,然后将胸针花型拆分为造型 1、造型 2、造型 3 和造型 4,分别进行制作。

1. 制作造型 1、造型 2 和造型 3

(1)在 Top 视图中,使用“控制点曲线”工具(按钮),绘制出造型 1、造型 2 和造型 3 的轮廓曲线,并通过使用“开启控制点”工具(按钮),拖动控制点调整曲线形态使之顺滑完美,如图 9-3-11 所示。

(2)同前述绘制“S”形曲面的断面曲线和定位方法一样,首先在 Front 视图中联合使用“控制点曲线”工具(按钮)、“多重直线”工具(按钮)及“组合”工具(按钮),绘制出 3 种造型的断面曲线;然后在 Perspective 视图中,使用“定位:两点”工具(按钮),在命令栏中点选“复制(C)=是”和“缩放(S)=三轴”,将断面曲线分别定位复制到 3 种造型轮廓曲线上的指定位置。但需要注意的是,在造型 1 的两条轮廓曲线左端相交部位需要使用“点”工

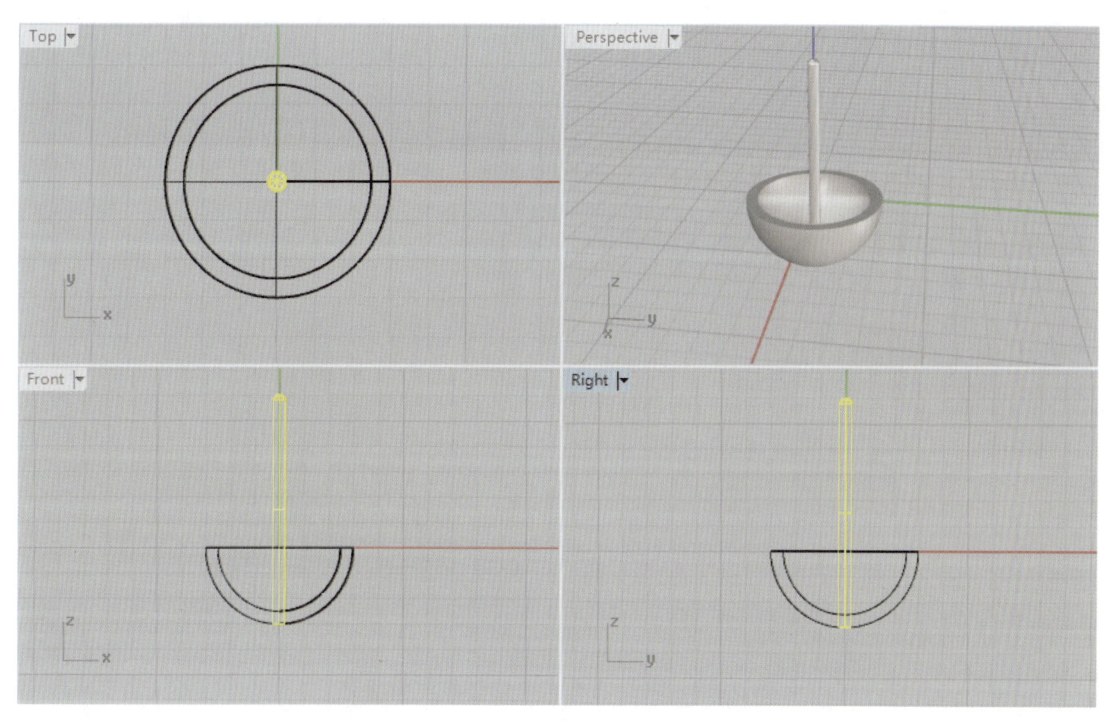

图 9-3-9 珍珠镶口及插针

具(按钮)绘制一点,目的是可以扫掠得到曲面的尖角,如图 9-3-11 所示。

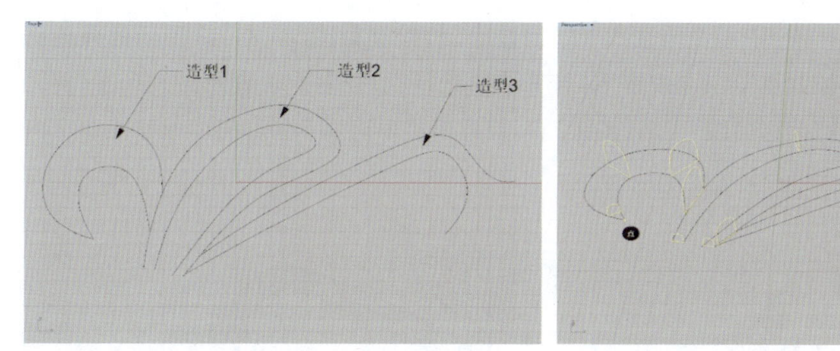

图 9-3-10 绘制 3 种造型的轮廓曲线

图 9-3-11 绘制及定位断面曲线

(3)在 Perspective 视图中,使用“双轨扫掠”工具(按钮),依序点击造型 1 的 2 条轮廓曲线、点和断面曲线,在弹出的“双轨扫掠选项”对话框中,勾选“保持高度”选项,点击“加入控制断面”选项可以在曲线上增加断面,扫掠形成曲面。再用同样的方式,分别将造型 2 和造型 3 的轮廓曲线和断面曲线双轨扫掠形成曲面。最后使用“将平面洞加盖”工具(按钮),将 3 种造型的曲面进行封口,使之成为实体,结果如图 9-3-12 所示。

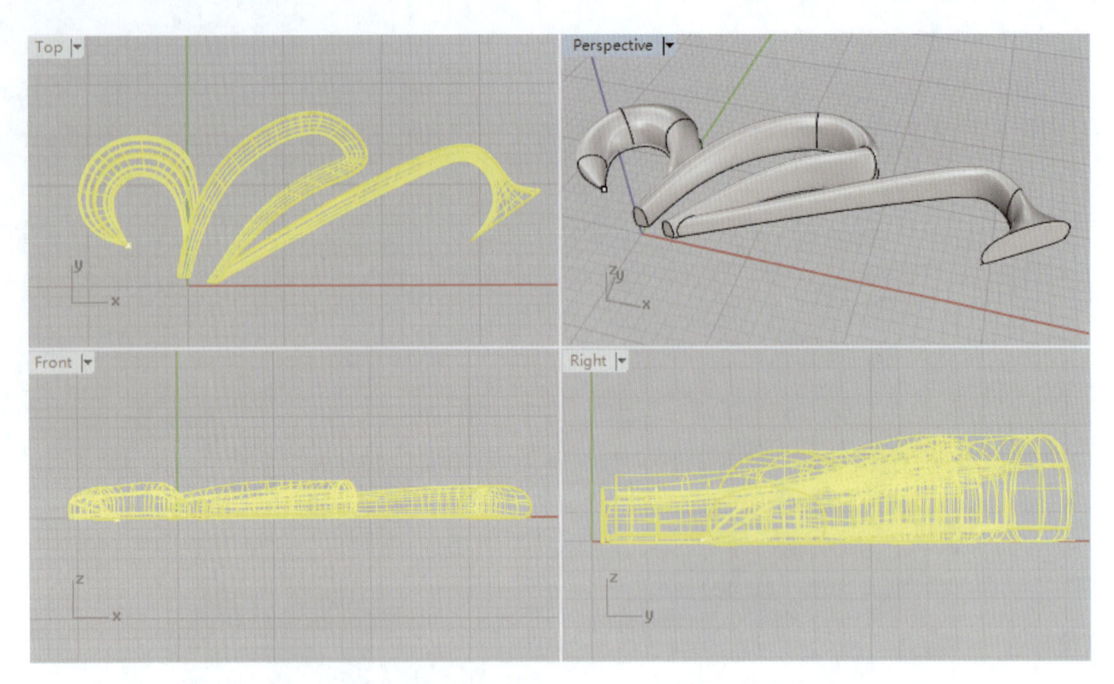

图 9-3-12　完成 3 种造型的曲面实体

2. 制作造型 4

造型 4 与造型 3 的末端相连，从结构上可以看成是造型 3 的补充造型，但它却是此款胸针主要的宝石镶嵌部位。

(1)在 Top 视图中，使用“控制点曲线”工具(按钮)绘制如图 9-3-13 所示的外轮廓线，并通过点击“开启控制点”工具(按钮)打开控制点，调整控制点位置及曲线形态，使之看起来顺滑美观；通过“偏移曲线”工具(按钮)，设置偏移距离 0.5mm，向内偏移复制出内轮廓线，如图 9-3-14 所示。

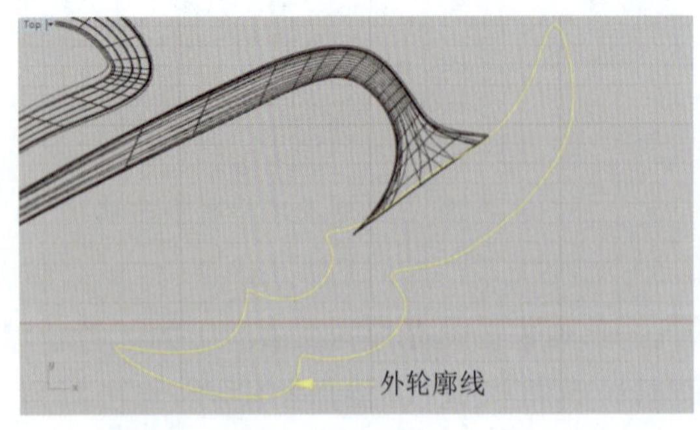

图 9-3-13　绘制外轮廓线

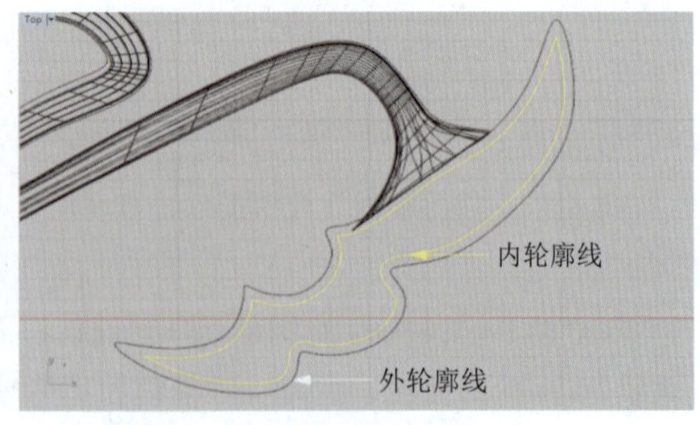

图 9-3-14　偏移复制出内轮廓线

(2)在 Right 视图中,使用“直线挤出”工具(按钮),并在命令栏点选“两侧(B)＝否”和“实体(S)＝是”,挤出距离设置为 3.5mm,将内、外两条轮廓线同时向上挤出成实体;然后使用“移动”工具(按钮),将内轮廓线挤出的实体向上移动 2mm,结果如图 9-3-15 所示。

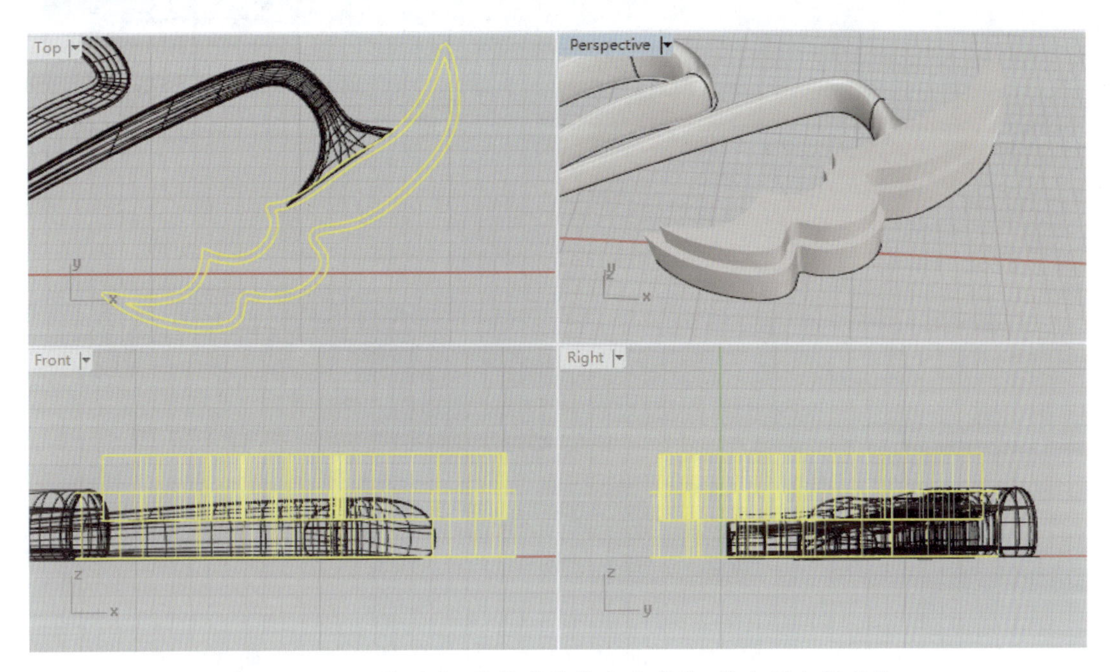

图 9-3-15 将两内、外轮廓线挤出成实体,并上移内部实体

(3)在 Perspective 视图中,使用“布尔运算差集”工具(按钮),将上、下两个实体相减,去掉二者相交的部分,得到在下部的实体上开出凹槽的造型,如图 9-3-16 所示。

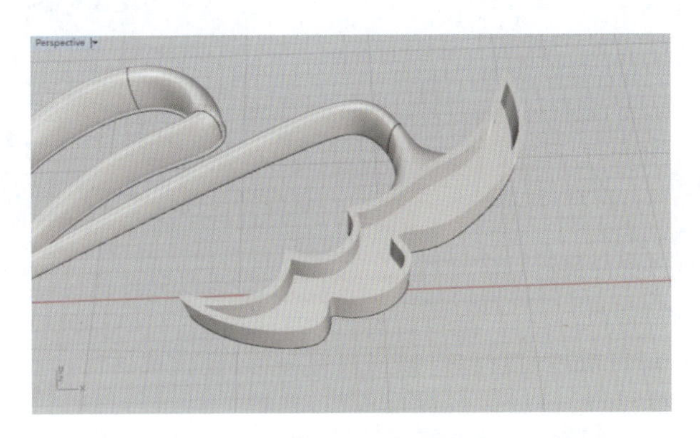

图 9-3-16 使用布尔运算差集开出凹槽

(4)在 Top 视图中,使用“控制点曲线”工具(按钮)绘制如图 9-3-17 所示的轮廓线①和轮廓线②,然后点击“开启控制点”工具(按钮),在 Front 和 Right 视图中向上调整控制点位置,绘制成三维曲线。

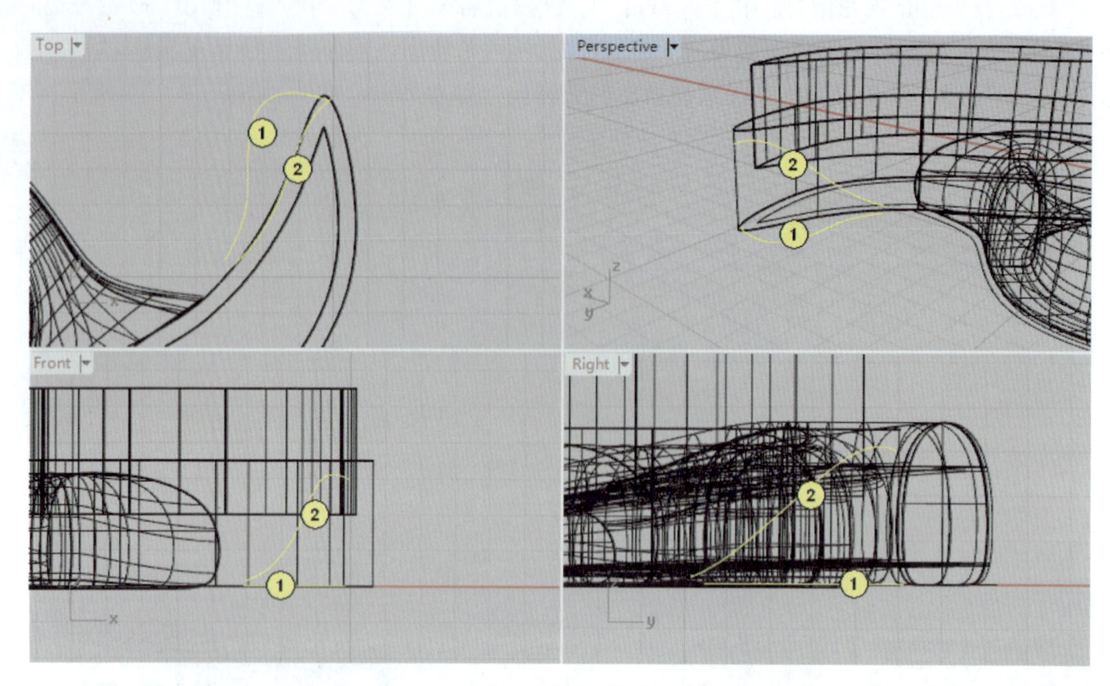

图 9-3-17　绘制三维的轮廓曲线

(5)在 Front 视图中,使用"控制点曲线"(按钮)等工具绘制断面曲线,使用"定位:两点"工具(按钮)将断面曲线分别定位复制到轮廓曲线上的标注点(a、b、c)位置,以及使用"点"工具(按钮)在轮廓线端点相交位置绘制一个角点,如图 9-3-18 所示。

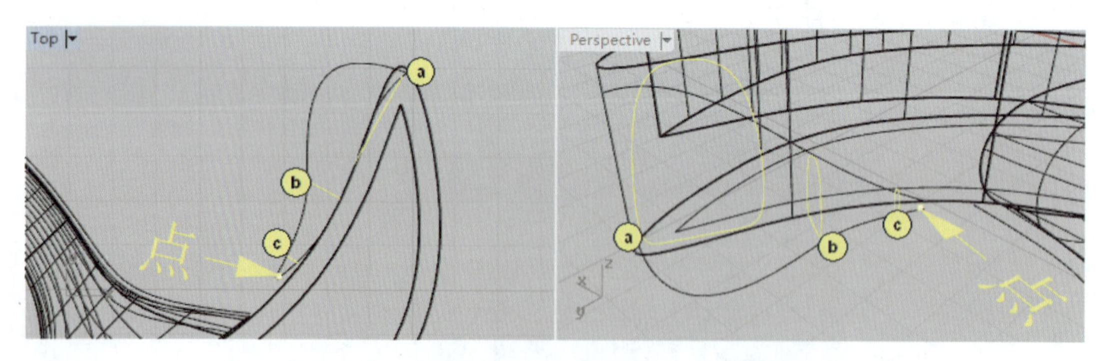

图 9-3-18　绘制断面曲线 a、b、c 及点

(6)在 Top 或 Perspective 视图中,使用"双轨扫掠"工具(按钮),依序点击轮廓线①、轮廓线②和断面曲线 a、b、c 及"点",扫掠形成曲面,然后使用"将平面洞加盖"工具(按钮),将曲面的右端进行封口处理,于是形成一个在造型 4 侧边的附加装饰造型,如图 9-3-19 所示。

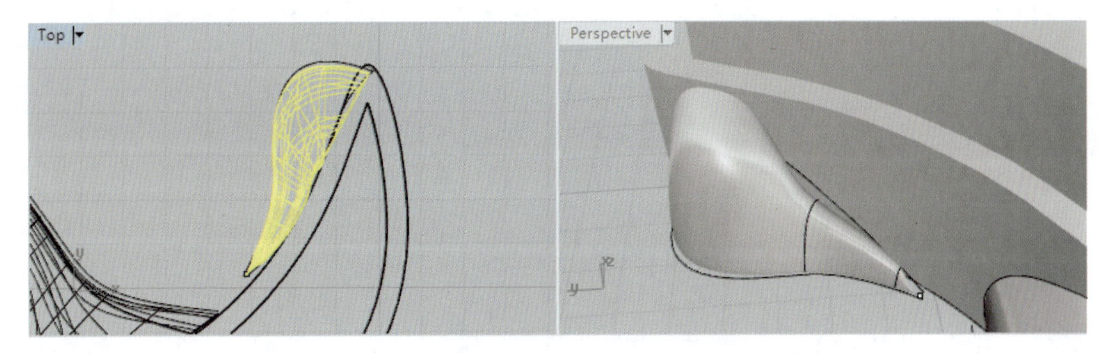

图 9-3-19 制作完成造型 4 侧边的附加装饰造型

3. 镶嵌宝石

(1)在 Top 视图中,插入一个直径为 2.02mm 的标准圆钻型。在 Right 视图中,使用“多重直线”工具(按钮),绘制出如图 9-3-20 所示的打孔物体轮廓线,然后执行“旋转成形”命令(按钮)将轮廓线旋转成一个漏斗状曲面,并注意结合使用“将平洞加盖”工具(按钮)将其上下封口使之形成实体,作为打孔物体,如图 9-3-21 所示。

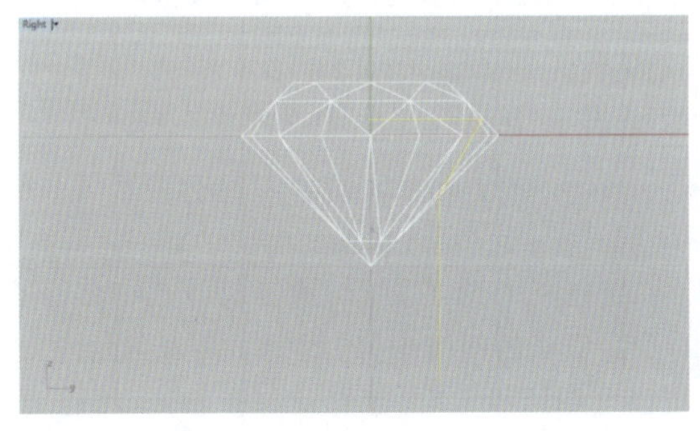
图 9-3-20 绘制打孔物体轮廓线

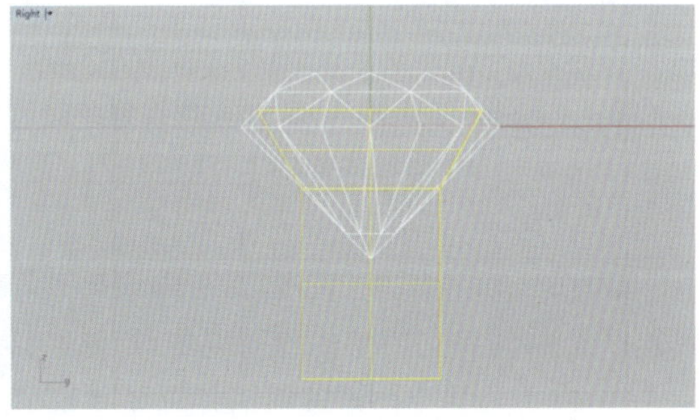
图 9-3-21 旋转形成打孔物体

(2)在 Top 视图中,使用“圆柱体”工具(按钮),以坐标点为(0,1.2)为底面中心,绘制一个直径为 0.6mm,高度为 1mm 的圆柱体,并在 Front 视图中,使用“不等距边缘圆角”工具(按钮),圆角半径设置为 0.2mm,将圆柱体顶部倒成圆角,作为镶钉。然后,在 Top 视图中,使用“环形阵列”工具(按钮),以坐标原点为中心,将镶钉环形复制成 4 个,完成一组宝石、镶钉及打孔物体的组合,如图 9-3-22 所示。

(3)在 Top 视图中,使用“控制点曲线”工具(按钮),在造型 4 的凹槽内绘制一条排列宝石的路径曲线,然后使用“移动”工具(按钮),将宝石、镶钉及打孔物体一起移动到路径线上靠近端点的位置(图 9-3-23),并在 Front 视图中再将这三者向上移动到镶石部位,如图 9-3-24 所示。

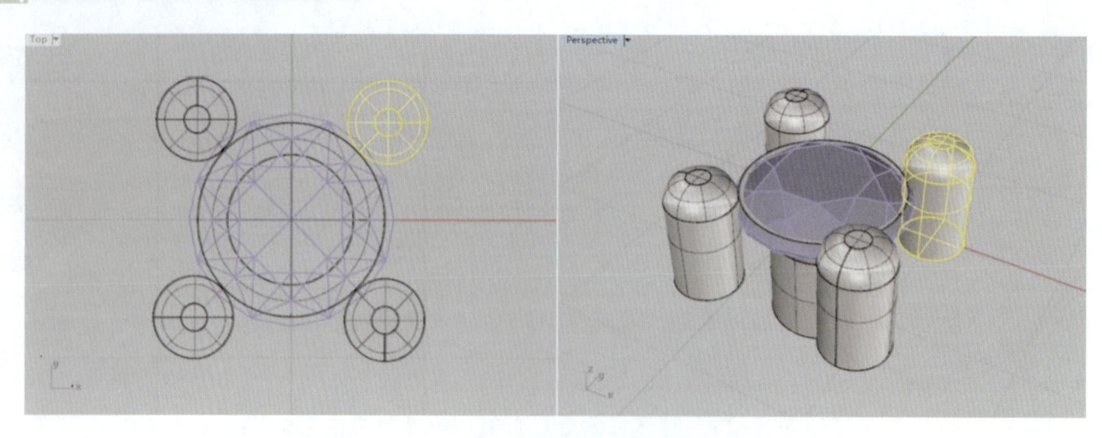

图 9-3-22 将宝石、镶钉及打孔物体组合

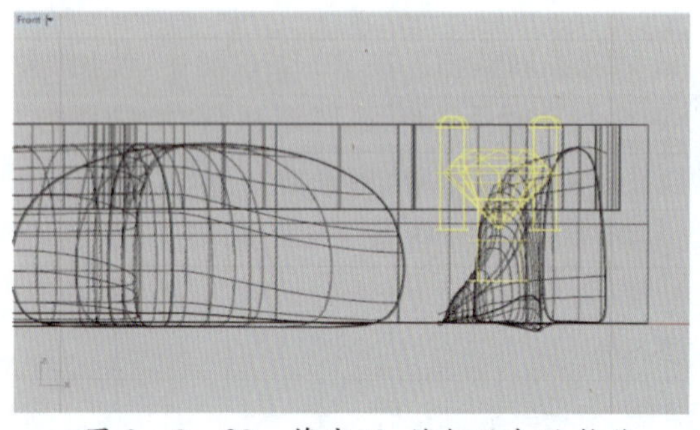

图 9-3-23 将宝石、镶钉及打孔物体移动到路径线上

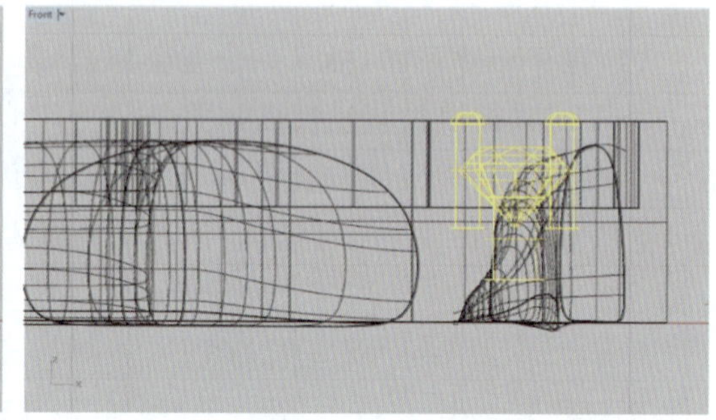

图 9-3-24 向上移动到镶石部位

(4)在 Top 视图中,使用“沿着曲线阵列”工具(按钮),选取宝石、镶钉及打孔物体,阵列数设置为 8,将它们整体阵列复制,沿路径排列于造型 4 的凹槽中,如图 9-3-25 所示。

(5)由于造型 4 凹槽的两端部位相对较窄,可以复制两组宝石、镶钉及打孔物体,然后适当缩小,分别放置于两端部位,如图 9-3-26 所示。

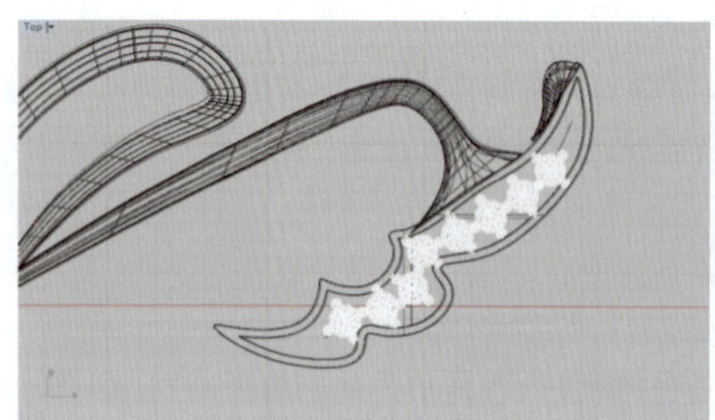

图 9-3-25 沿曲线阵列宝石、镶钉及打孔物体

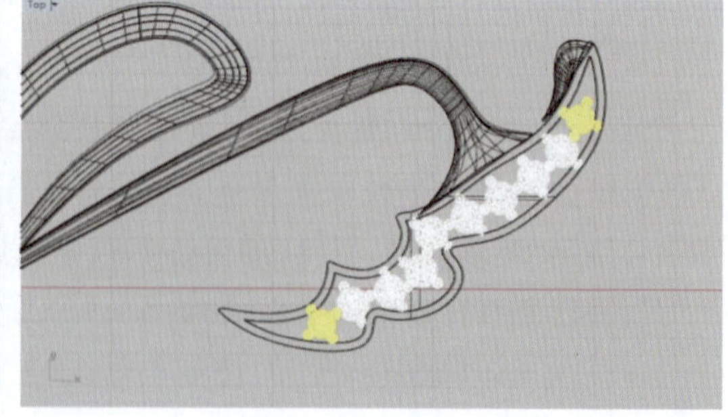

图 9-3-26 复制两组缩小放置于凹槽两端

(6)在 Front 视图中，通过使用“群组”工具（按钮），选取所有打孔物体，将它们群组在一起，以便于进行下一步打孔操作，如图 9-3-27 所示。

(7)Perspective 视图中，使用“布尔运算差集”工具（按钮），将造型 4 本体与打孔物体群组相减，打出孔洞，完成造型 4 上的群镶宝石的镶口制作，其效果如图 9-3-28 所示。

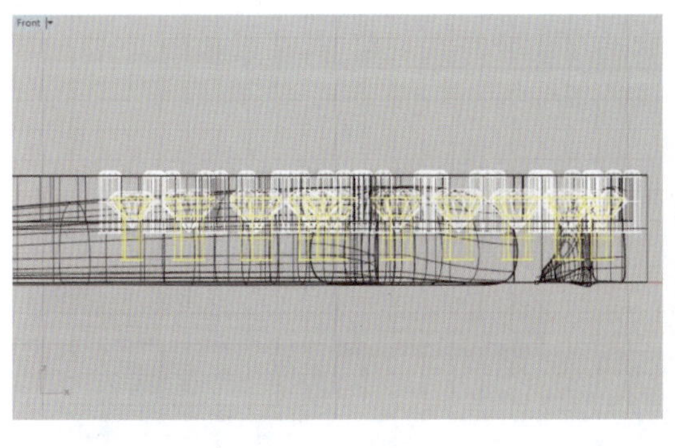

图 9-3-27　群组 10 个打孔物体

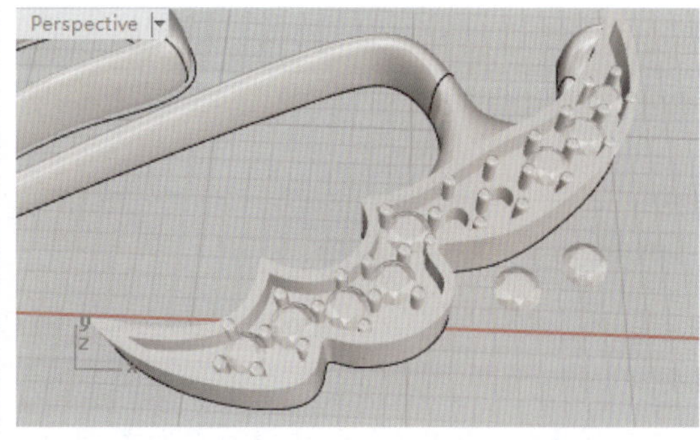

图 9-3-28　完成后的钉镶镶口

9.3.3.3　机关搭扣的制作

在图层板中创建新图层，命名为“机关搭扣”图层，这时需要把前述创建的图层都打开查看，以便于制作胸针主体的“S”造型与造型 2 等花型两大部分之间的连接机关装置，即插扣和搭扣。

1. 制作插扣

(1)在 Top 视图中，使用“矩形：角对角”工具（按钮），绘制一个以坐标点(2,1.5)为第一角，长度为 4mm，宽度为 3mm 的矩形曲线，然后使用“2D 旋转”工具（按钮）和“移动”工具（按钮），将矩形曲线移动到图 9-3-29 所示的位置。

(2)在 Top 视图中，使用“修剪”工具（按钮），利用矩形曲线修剪去掉造型 2 与“S”造型相接触部位的多余部分，并用“将平洞加盖”命令（按钮）将其上下封口，使之成为实体，运用“组合”工具（按钮）将其组合，如图 9-3-30 所示。

图 9-3-29　绘制及移动矩形曲线

图 9-3-30　修剪造型 2 与 S 造型的接触部位

(3)在 Front 视图中,点击“直线挤出”工具(按钮),在命令栏中点选“实体(S)=是”,挤出设置为 2mm,将矩形曲线挤出成矩形体;然后使用“移动”工具(按钮)将其向上移动 0.5mm(图 9-3-31),右键点击“原地复制物件”工具(按钮),将矩形体原地复制一个。

(4)在 Perspective 视图中,使用“布尔运算差集”工具(按钮),将胸针主造型减去其中一个矩形体形成插扣的插口;然后使用“布尔运算并集”工具(按钮),将另一个矩形体与造型 2 合并形成插扣的插头,再与相邻的造型 1 和造型 3 合并在一起,其结果如图 9-3-32 所示。

图 9-3-31　移动矩形体

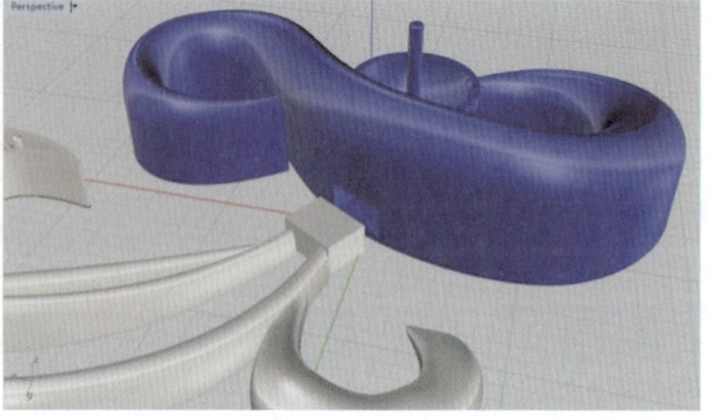

图 9-3-32　布尔运算差集和并集制作插扣

2. 制作第一层搭扣

搭扣位于胸针首饰背面的插扣之上,是对插扣的固定装置。为了便于描述,可细分为第一层搭扣和第二层搭扣。下面先介绍第一层搭扣的制作,制作时可先将其他组件的图层隐藏,第一层搭扣的造型结构如图 9-3-33 所示。

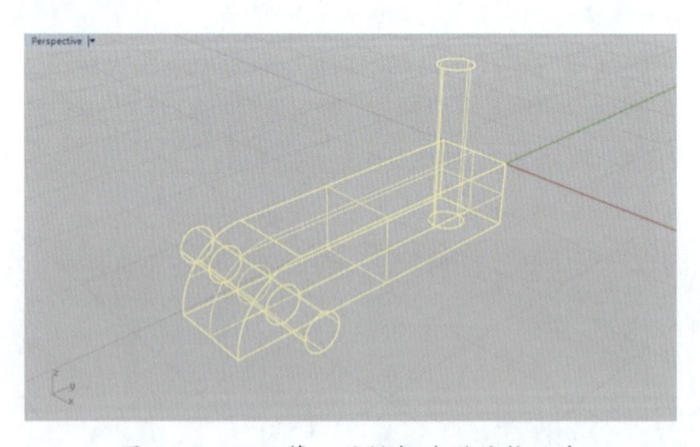

图 9-3-33　第一层搭扣造型结构示意

(1)在 Bottom 视图中,使用“立方体:角对角、高度”工具(按钮)绘制一个长度为 4mm,宽度为 2mm,高度为 1mm 的长方体,用作搭扣的主体;并在 Perspective 视图中,使用

“不等距边缘圆角”工具(按钮)，圆角半径设置为 0.8mm，将其一端倒成圆角，目的是使搭扣容易开合，如图 9－3－34 所示。

(2)这一步骤需要在 Bottom 视图和 Front 视图中切换操作。首先在 Bottom 视图中如图 9－3－35 所示“扣”的位置，使用“圆柱体”工具(按钮)，绘制圆柱体的圆底面(直径为 0.6mm)，然后把光标移到 Front 视图中将圆底面向上拉长成为圆柱体(长度为 2mm)；使用“复制”工具(按钮)，将圆柱体原地复制成两个，将其中一个圆柱体留在原地用于制作扣和打孔物体；通过使用“2D 旋转”工具(按钮)在 Front 视图中将另一个圆柱体旋转 90°，然后切换到 Bottom 视图，将其向上移动到如图 9－3－35 所示“旋转轴”的位置，用于制作旋转轴和打孔物体。

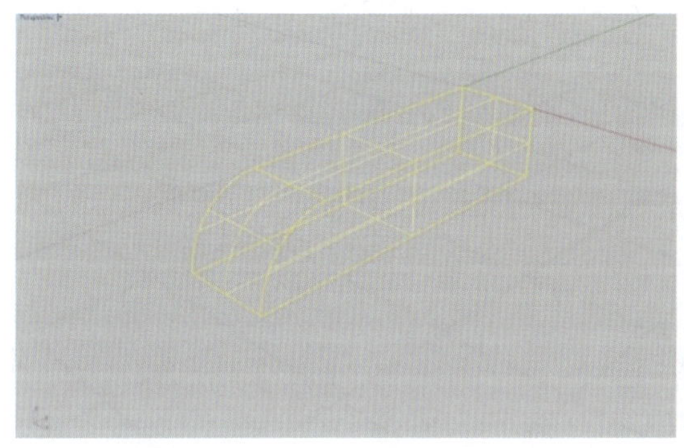
图 9－3－34 制作搭扣主体

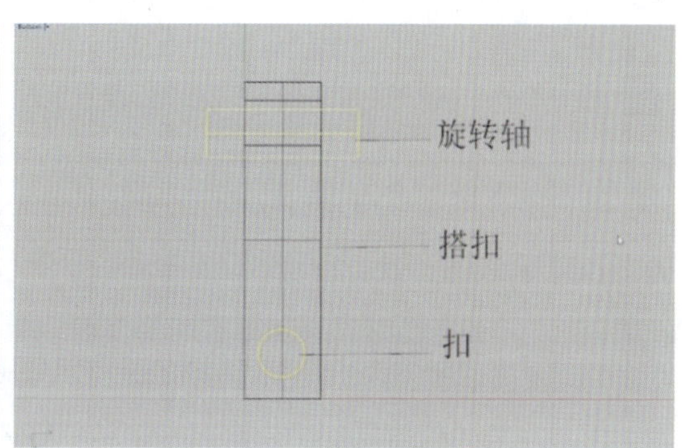

图 9－3－35 制作扣和旋转轴

(3)此时需要将隐藏的胸针主体造型和胸针花型都显示出来，将搭扣连同圆柱体一起移动到前述制作的插扣位置。在 Perspective 视图中，使用“复制”工具(按钮)将处在“扣”位置上的圆柱体原地复制成两个，通过使用“布尔运算差集”工具(按钮)将其中一个圆柱体与插口相减，在插扣上打出孔洞；通过使用“布尔运算并集”工具(按钮)将另一个圆柱体与搭扣本体合并，成为搭扣的“扣”，如图 9－3－36 和图 9－3－37 所示。

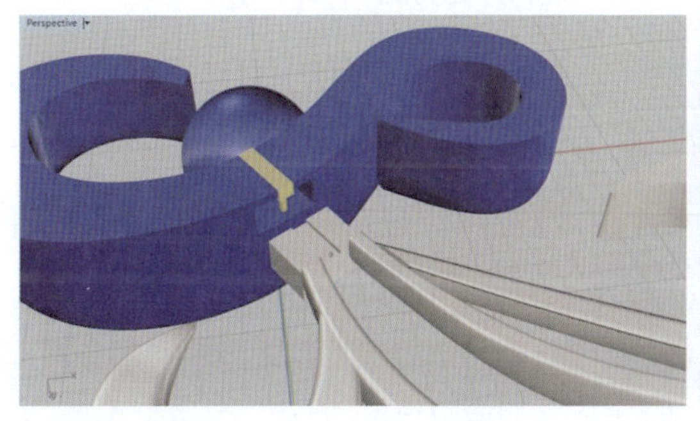
图 9－3－36 搭扣安装部位

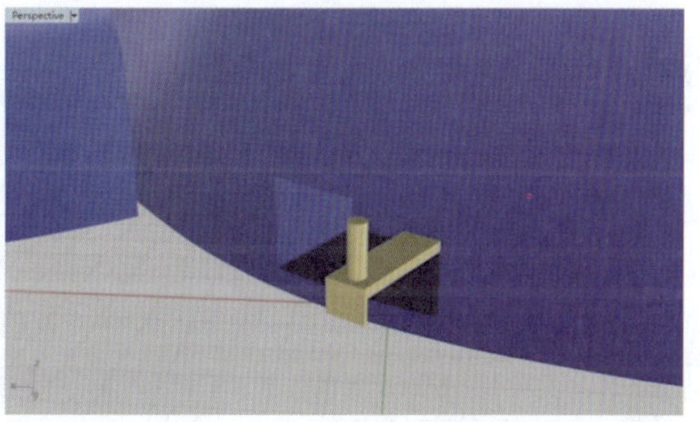
图 9－3－37 搭扣安装部位局部放大

(4)接下来制作搭扣的旋转轴部分，制作方法与制作扣基本相同，由于该部分处在模型内部，在图中不易显示，这里仅用文字简述其制作方法。先将处在“旋转轴”位置上的圆柱体原地复成3个，其中：一个通过使用“布尔运算差集”工具（按钮）与胸针主体造型相减，在插孔两侧打出孔洞；一个通过使用“布尔运算差集”工具（按钮）与搭扣本体相减，在搭扣上打出横向孔洞；一个留在原地，作为搭扣的旋转轴，贯穿于搭扣本体和插孔两侧孔洞。

3. 第二层搭扣的制作

（1）对于本款胸针而言，一个搭扣往往不能很好地扣牢胸针主体与胸针花型两大部分组件，所以需要采用双搭扣的设计方式。在Bottom视图中，使用“圆柱体”工具（按钮）在第一层搭扣的左边绘制一个底面直径为1mm，高度为2mm的圆柱体，然后在其同一个圆心位置使用“球体”工具（按钮）绘制一个直径为1.5mm的圆球体，并移动到圆柱体的顶端，作为第二层搭扣的栓，如图9-3-38所示。

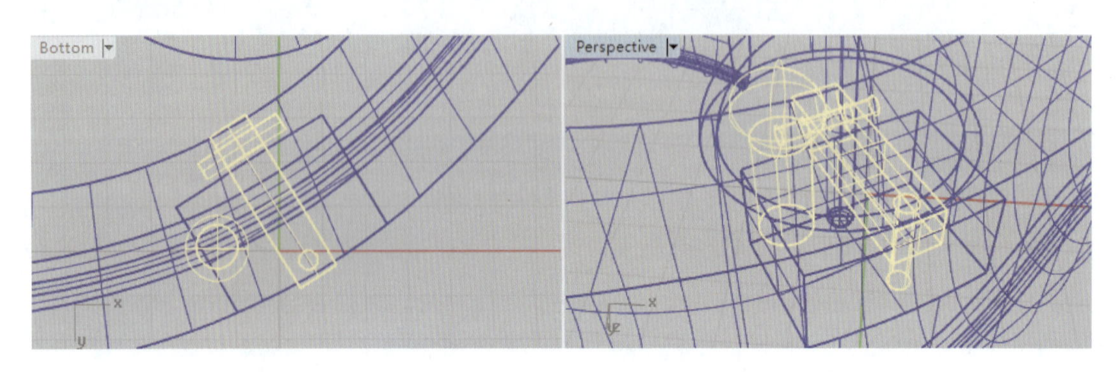

图9-3-38 第二层搭扣的栓

（2）第一层搭扣的另外一侧还需要制作一个扣环，以配合刚才制作的栓。这时我们可以将其他组件的图层隐藏，仅保留搭扣模型显示。在Bottom视图中，使用“控制点曲线”工具（按钮）在搭扣的另一侧与栓对应的位置绘制一条曲线作为路径线，并使用“圆管（圆头盖）”工具（按钮），起点和终点的断面直径均设置为0.5mm，将曲线变为圆头长条形管状实体，作为搭扣环的一半，如图9-3-39所示。

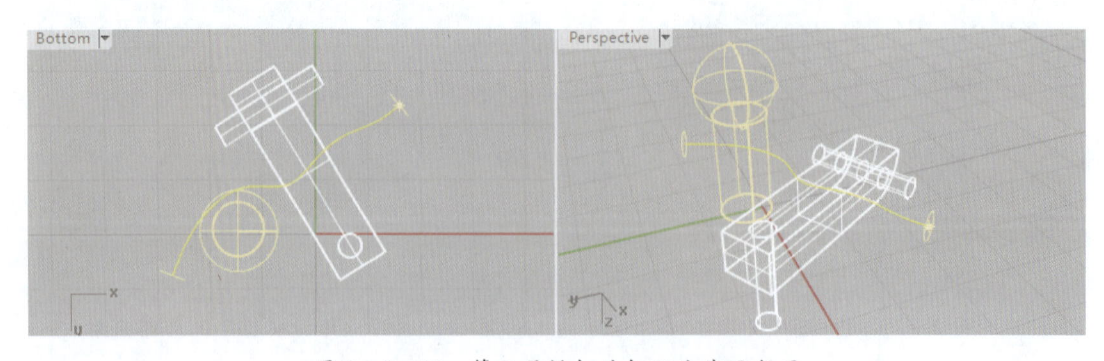

图9-3-39 第二层搭扣的扣环曲线及断面

(3)在 Front 视图中,使用“移动”工具(按钮)将上一步骤制作的长条形管状体向下移动 0.6mm,并使用“镜像”工具(按钮),以搭扣的栓为对称中心,镜像复制出另一个长条形管状体,成为搭扣环的另一半,如图 9-3-40 所示。

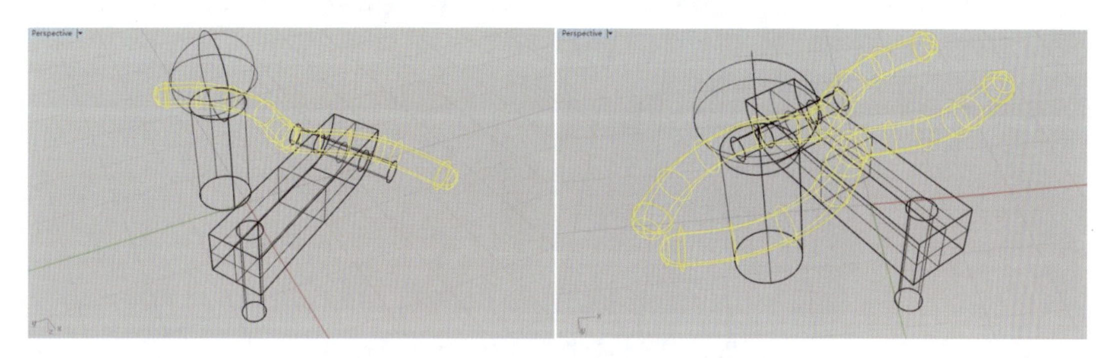

图 9-3-40 第二层搭扣的主体

(4)在 Bottom 视图中,在两半搭扣环的前端相交处,使用“球体”工具(按钮)绘制一个直径为 1mm 的圆球体,作为闭合口,并使用“布尔运算并集”工具(按钮)将它们合并为一个整体。然后,在 Front 视图中,使用“圆柱体”工具(按钮),在扣环的尾端部位,绘制两个底面直径为 0.4mm、高为 2mm 的圆柱体,并使用“不等距边缘圆角”工具(按钮),圆角半径设置为 0.1mm,将其两端进行圆角化处理,这两个圆柱体一个作为第二层搭扣旋转轴,另一个用作连接柱的打轴孔物体,如图 9-3-41 所示。

(5)在 Top 视图中,使用“圆柱体”工具(按钮),在搭扣栓的对侧位置绘制一个底面直径为 1mm、高为 2mm 的圆柱体,作为支撑搭扣并与胸针主体连接的连接柱,并使用“不等距边缘圆角”工具(按钮),圆角半径设置为 0.1mm,对其顶面边缘进行圆角处理。然后,使用“布尔运算差集”工具(按钮),将连接柱与上一步骤绘制的打轴孔物体相减,在连接柱上打出轴孔,用于穿过第二层搭扣的旋转轴,如图 9-3-42 所示。

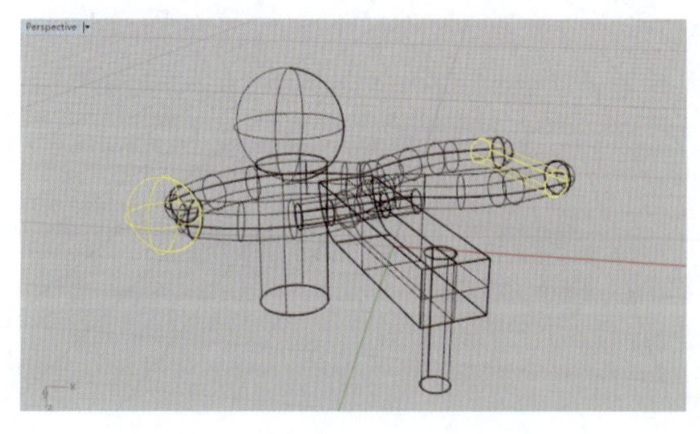

图 9-3-41 绘制扣环的闭合口旋转轴

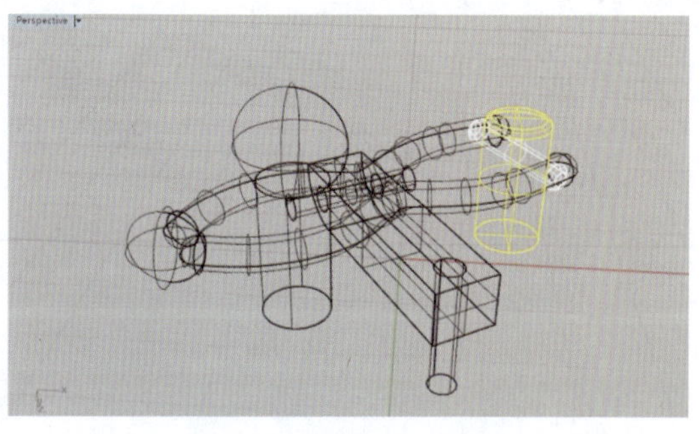

图 9-3-42 绘制连接柱并打出轴孔

(6)至此，整体搭扣机关的设计造型制作完成，如图 9－3－43 所示，从图中可以直观地看到第一层搭扣和第二层搭扣的结构关系。

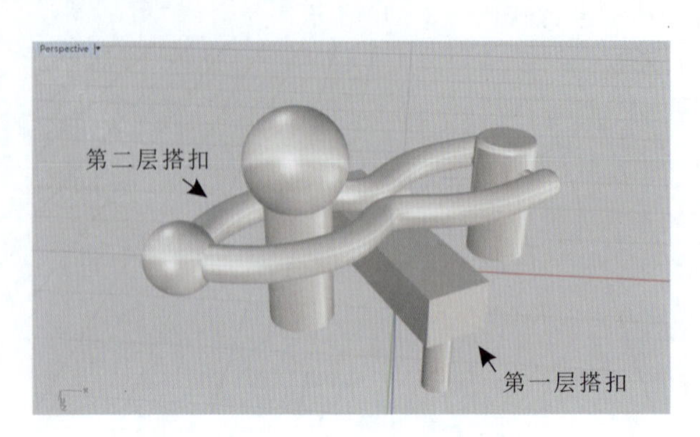

图 9－3－43　整体搭扣机关设计

9.3.3.4　开夹层

搭扣机关制作完成以后，为了控制首饰材料的用金量，下面采用开夹层的方式适当降低多功能吊坠胸针首饰的金重。

(1)在 Top 视图中，使用“指定三或四个角建立曲面”工具(按钮)，分别通过坐标点(10,4)、(16,4)、(16,－15)、(10,－15)绘制一个四边形曲面。然后，在 Front 视图中使用“挤出曲面”工具(按钮)，挤出距离设置为 3mm，将四边形曲面挤出为实体，作为开夹层物体。接着，使用“移动”工具(按钮)，将开夹层物体在 Front 视图中上移 1mm，放置于开夹层部位，并使用“复制”工具(按钮)将开夹层物体在 Top 视图中向左 22mm 复制出另一个开夹层物体，让 2 个开夹层物体贯穿“S”形主体，如图 9－3－44 所示。

(2)在 Perspective 视图中，使用“布尔运算差集”工具(按钮)，将“S”形主体与开夹层物体相减，使二者相交部分镂空，如图 9－3－45 所示。

图 9－3－44　制作开夹层物体

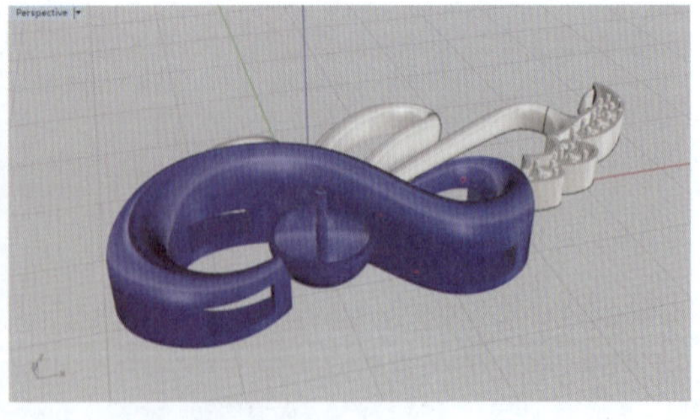

图 9－3－45　开夹层后的胸针

(3)由于设计的“S”形主体包括珍珠组件可以从胸针上拆开，单独作为吊坠佩戴，所以必须有穿链用的孔位。在 Top 视图中，使用环状体工具(按钮)在“S”形主体的前端绘制一个圆环直径为 8mm，断面直径为 2mm 的环状体，并在 Front 视图中上移 2mm，让其平行穿过“S”形主体前端，然后使用“布尔运算差集”工具(按钮)，将“S”形主体减去环状体，打出穿链孔洞，如图 9-3-46 所示。

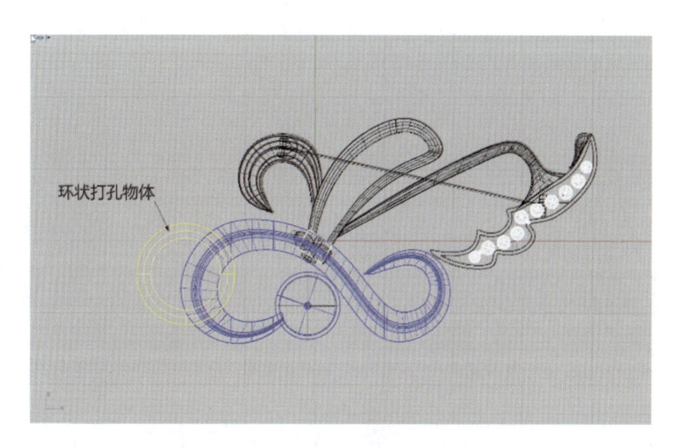

图 9-3-46 绘制环状打孔物体

(4)在 Top 视图中，点击“球体”工具(按钮)，绘制一个直径为 8mm 的球体，作为珍珠。并在 Front 视图中，使用“移动”工具(按钮)将珍珠上移 6mm，放置珍珠的镶口中。此时，多功能胸针的主体基本制作完成，如图 9-3-47 所示。

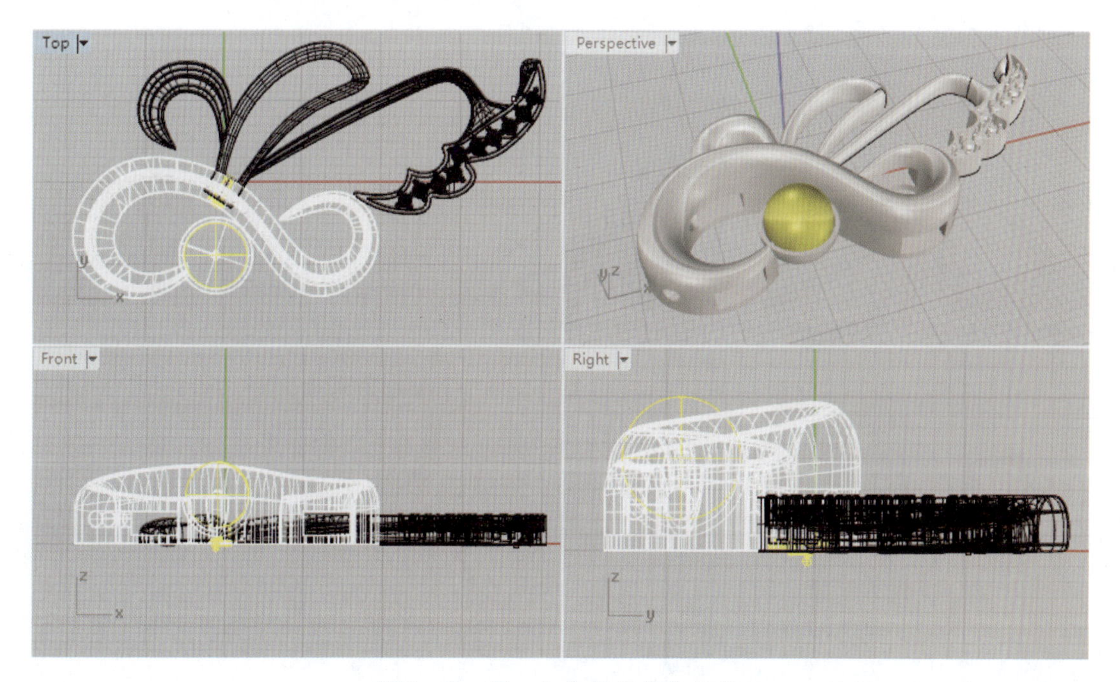

图 9-3-47 主体部分基本完成

9.3.3.5 制作别针

本实例制作别针的方法与前述制作商务领扣胸针的别针相同，也是按如下步骤进行。

(1)在 Bottom 视图中，点击“控制点曲线”工具(按钮)，在胸针主体背面靠右边的跨角位置绘制出如图 9-3-48 所示的马蹄形曲线，并使用“以平面曲线创建曲面”工具(按钮)，将马蹄形曲线转化为曲面。

(2)在 Front 视图中，使用“挤出曲面”工具(按钮)，将马蹄形曲面挤出成 2mm 厚的马蹄扣实体，如图 9-3-49 所示。

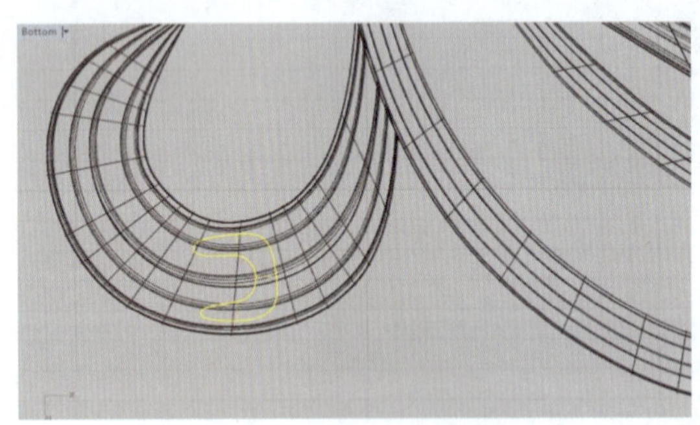

图 9-3-48 绘制马蹄形曲线

图 9-3-49 挤出马蹄形实体曲面

(3)在 Front 视图中，使用“圆柱体”工具(按钮)，选择马蹄扣上的合适位置，绘制半径为 0.8mm、高 2.5mm 的圆柱体，用作穿插在马蹄扣上的固定轴栓，并使用“控制点曲线”工具(按钮)，在主体造型的下方自左向右绘制一条弯针轮廓线，注意曲线的尾端要绕在圆柱体轴栓上，如图 9-3-50 所示。

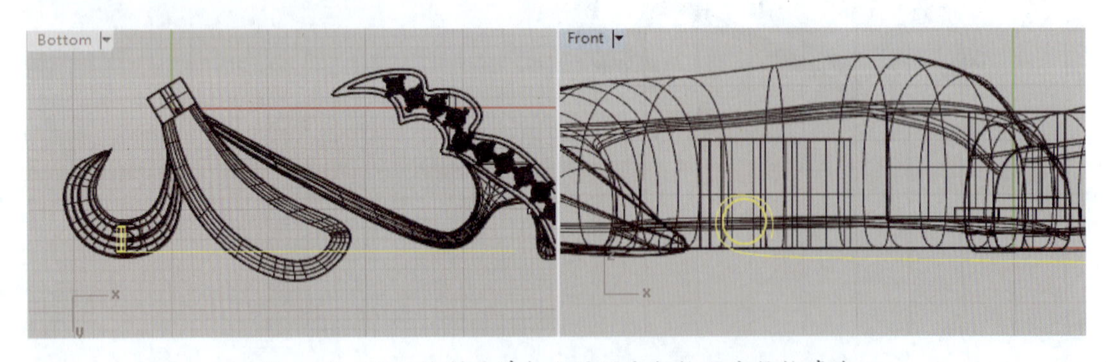

图 9-3-50 绘制马蹄扣上的固定轴栓及弯针轮廓线

(4)在 Bottom 视图中，使用“2D 旋转”工具(按钮)，将固定轴栓和弯针轮廓线旋转至如图 9-3-51 所示位置。

(5)在 Front 视图中，点击“圆：环绕曲线”工具(按钮)，在弯针轮廓线的近端点处绘制出半径为 0.3mm 的圆形断面曲线，如图 9-3-52 所示。

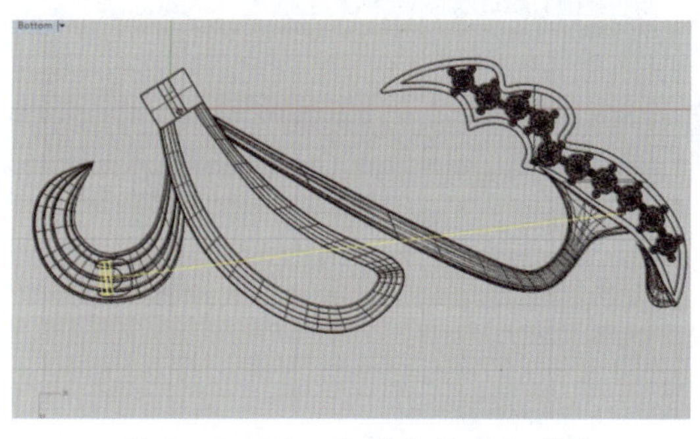

图 9-3-51 旋转轴栓和轮廓线

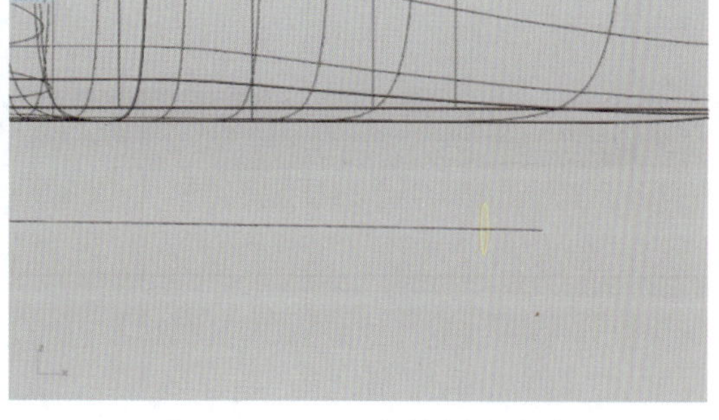

图 9-3-52 绘制断面曲线

(6)在 Perspective 视图中,使用工具栏中"单轨扫掠"工具(按钮),选取弯针轮廓线为路径曲线,再选取圆形断面曲线,扫掠形成弯针曲面。再在 Front 视图中,使用"挤出至点"工具(按钮),将弯针曲面的前端部位挤出到轮廓线的端点形成针尖,并执行"布尔运算并集"命令(按钮),将针尖与弯针曲面合并成一个整体,如图 9-3-53 所示。

(7)在 Front 视图中,通过"移动"工具(按钮)将别针、轴栓、马蹄形扣向下移动 1.5mm,如图 9-3-54。

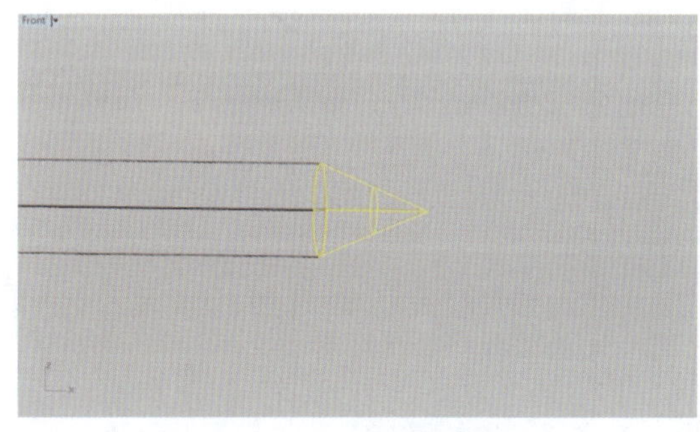

图 9-3-53 挤出针尖

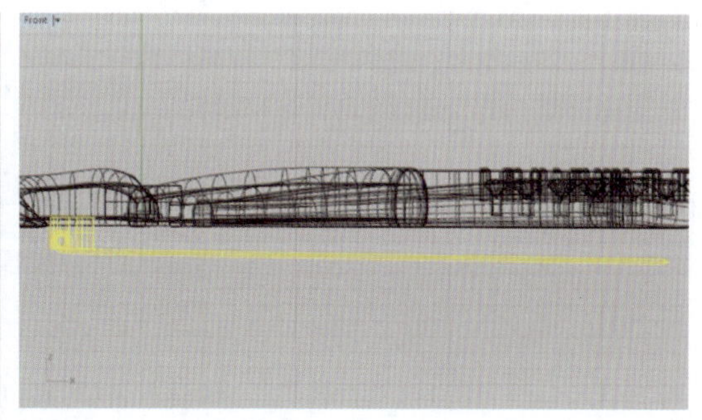

图 9-3-54 向下移动

(8)在 Right 视图中,使用"多重直线"工具(按钮)绘制出别针的卡口曲线,在 Front 视图中,通过"移动"工具(按钮)将别针卡口曲线移动至胸针主体背面靠左边的位置,即靠近针头的部位,如图 9-3-55 所示。

(9)在 Right 或 Perspective 视图中,使用"直线挤出"工具(按钮),选取别针卡口曲线,在命令栏中点选"两侧(B)=否"和"加盖(C)=是""选项,挤出距离设置为 1mm,将卡口曲线挤出成实体,如图 9-3-56 所示。

(10)至此,多功能吊坠胸针制作全部完成,其组合与分开效果分别如图 9-3-57 和图 9-3-58 所示。

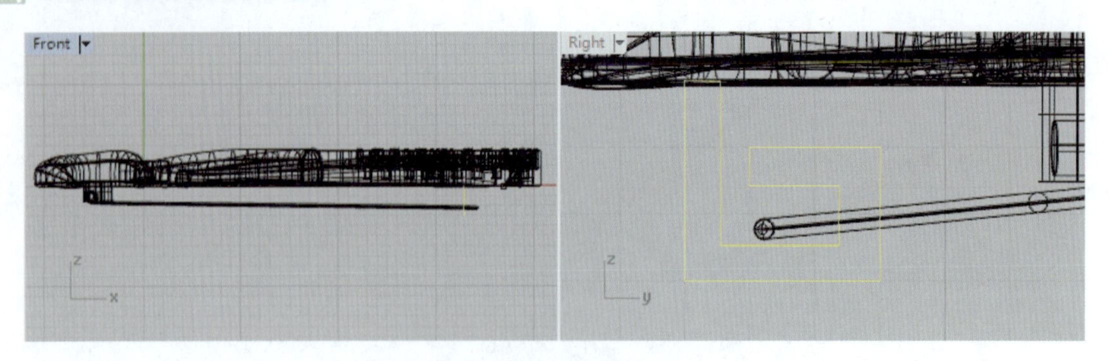

图 9－3－55　绘制别针的卡口曲线

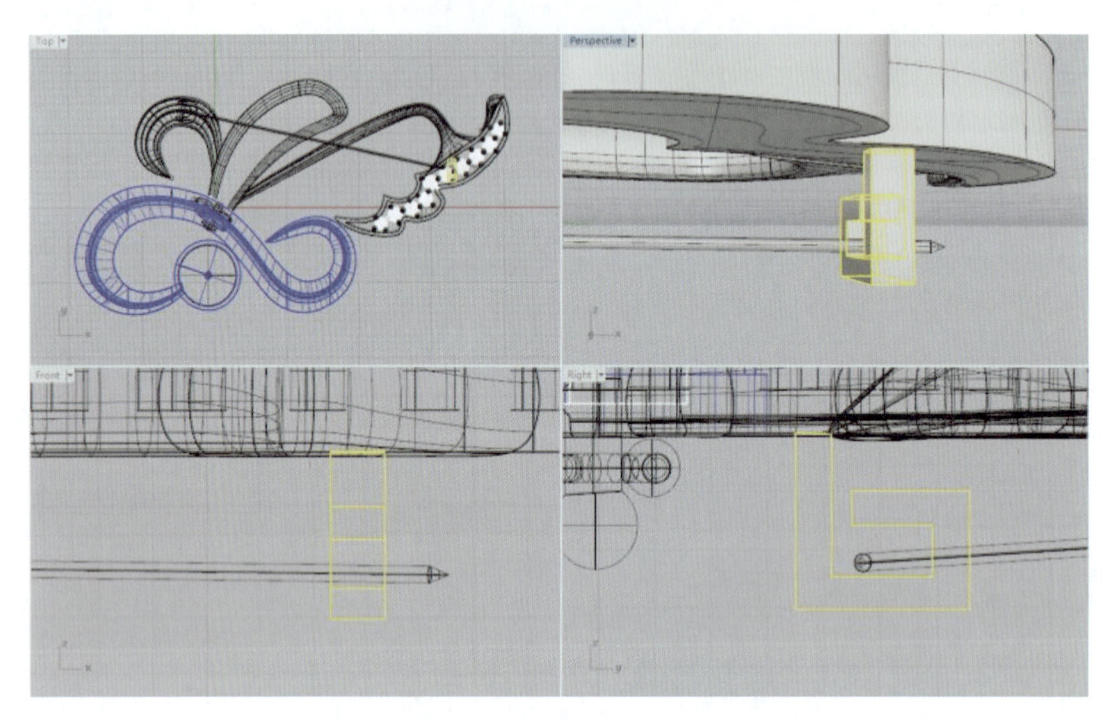

图 9－3－56　将别针卡口曲线挤出成实体

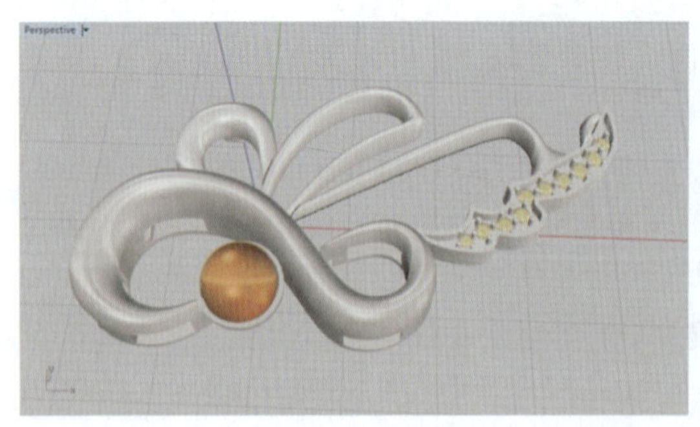

图 9－3－57　多功能吊坠胸针的组合效果

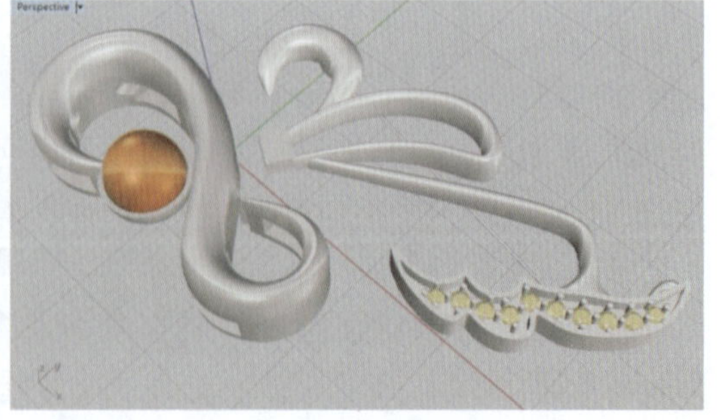

图 9－3－58　多功能吊坠胸针的分开效果

9.3.3.6 渲染多功能吊坠胸针模型

在 Rhino 中完成多功能吊坠胸针模型后，还需要对模型的各个部分组件进行图层调整，按材质分配不同的图层，然后导入到 KeyShot 中赋予相应的材质进行渲染。我们可以赋予多种的材质组合来对比观察渲染效果，如图 9－3－59 所示的是金属部分为白金，主石为金色珍珠，副石为钻石的渲染效果；图 9－3－60 所示是金属部分为黄金，主石为白色珍珠，副石为红宝石的渲染效果。

图 9－3－59 多功能吊坠胸针 KeyShot 渲染效果(1)

图 9－3－60 多功能吊坠胸针 KeyShot 渲染效果(2)